TCP/IP 通訊協定 第三版

TCP/IP Protocol Suite, 3e

Behrouz A. Forouzan

Sophie Chung Fegan

著

陳中和

王振傑

譯

 Education

US   Boston Burr Ridge, IL Dubuque, IA Madison, WI New York
San Francisco St. Louis

International   Bangkok Bogotá Caracas Kuala Lumpur Lisbon London
Madrid Mexico City Milan Montreal New Delhi, Santiago
Seoul Singapore Sydney Taipei Toronto

國家圖書館出版品預行編目資料

TCP/IP 通訊協定 / Behrouz A. Forouzan, Sophia
 Chung Fegan 著；陳中和, 王振傑譯 -- 初版.
 -- 臺北市：麥格羅希爾, 2006[民 95]
  面； 公分. -- (資訊科學叢書；CI010)
 參考書目：面
 含索引
 譯自：TCP/IP Protocol Suite, 3rd ed.
 ISBN 978-986-157-321-2(平裝)

 1. 通訊 - 標準 2. 網際網路

312.9162   95019660

資訊科學叢書 CI010

TCP/IP 通訊協定 第三版

作   者 Behrouz A. Forouzan, Sophia Chung Fegan
譯   者 陳中和 王振傑
業 務 經 理 張雲欣
業 務 行 銷 黃永傑 李本鈞 曾時杏 陳佩狄
出 版 經 理 張景怡
企 劃 編 輯 林妙秋
教 科 書 編 輯 許潔嵐
特 約 編 輯 黃正賢

出   版   者 美商麥格羅·希爾國際股份有限公司 台灣分公司
地   址 台北市 100 中正區博愛路 53 號 7 樓
網   址 http://www.mcgraw-hill.com.tw
讀 者 服 務 E-mail: tw_edu_service@mcgraw-hill.com
         TEL：(02) 2311-3000   FAX：(02) 2388-8822
法 律 顧 問 悍安法律事務所盧偉銘律師、蔡嘉政律師及江宜蔚律師
總經銷(台灣) 全華圖書股份有限公司
地   址 台北縣土城市忠義路 21 號
         TEL：(02) 2262-5666   FAX：(02) 2262-8333
         http://www.chwa.com.tw
         E-mail：book@chwa.com.tw
         郵政劃撥：0100836-1
出 版 日 期 2010 年 3 月 (三版三刷)

ISBN：978-986-157-321-2

尊重智慧財產權！

依據我國著作權法第九十一條：「擅自以重置之方法侵害他人之著作財產權者，處**三年以下有期徒刑**、**拘役，或科或併科新台幣七十五萬以下罰金**」。

前言
Preface

在今日的科技與文化中，進步最快的也許就數網路相關的技術。這樣的趨勢造成了眾多現象，其中之一便是以掌握這些關鍵（網路）技術所形成的相關專業領域，在數量上有戲劇性的增加。這個現象同時也使得修習這些網路相關課程的學生種類和數量隨之增加。

這是一本有關 TCP/IP 通訊協定組的書籍，它提供了想要修得資料通訊和網路相關學位的學生所有必要的資訊，同時對那些從事或準備從事於 TCP/IP 網路為基礎的相關工作的專家來說，是一本不可或缺的參考書。總之，這本書適合任何想要了解 TCP/IP 通訊協定組的人。

本書假定讀者先前並未涉獵過有關 TCP/IP 通訊協定組的知識，不過還是希望讀者有修習過資料通訊的相關課程。

本書安排

本書的內容分為五個部分。第一部分，包括第 1 章到第 3 章，複習網路的基本觀念與底層技術，這些雖然與 TCP/IP 通訊協定無直接的關係，但 TCP/IP 卻需要它們的支援。

本書的第二部分，主要介紹網路層及傳輸層的通訊協定，分別為第 4 章到第 10 章介紹網路層通訊協定、第 11 章到第 13 章介紹傳輸層通訊協定、第 14 章和第 15 章詳細說明路由通訊協定 (routing protocol) 的運作。

本書的第三部分討論一些使用網路層及傳輸層通訊協定的應用程式，而第 16 章到第 22 章介紹這些應用程式。

本書的第四部分（第 23 章到第 27 章）介紹網路上新的議題，我們討論了 ATM 上執行 IP、行動 IP、多媒體、私有與虛擬私有網路，以及下一代的 IP 等議題。

本書的第五部分（第 28 章）專注於網路安全 (network security)，本章會先介紹一般情況下安全機制的基本概念與議題，然後會說明如何將它們應用到網路上。

本書特色

本書內容安排以讓學生很容易了解 TCP/IP 為目的，具有下列特色：

以圖解說

本書使用大量圖形協助讀者了解複雜的技術問題。圖形對網路觀念的解釋特別重要,因為網路常用到連線及傳輸,以視覺方式呈現這些內容,比以敘述的方式更容易讓人了解。本書使用超過 600 張的圖形來幫助了解本文。

重點提示

重要的觀念以影框加以重複提示,如此一來讀者可以容易找到。

範例與應用

儘可能加入範例說明,提供實際應用的方式來加強讀者了解所介紹的觀念。

通訊協定設計

雖然沒有以詳細的程式來介紹每個通訊協定,但是以通訊協定設計的基本模組,呈現通訊協定實現的方式與觀念。這些通訊協定設計的章節可依教學的時間,調整為選讀項目。

重要名詞

在每章後面加入重要名詞的中英對照。

摘要

每一章的最後一節列出摘要,以複習這整章的重要觀念。

習題

每一章均包含習題以加強重要觀念的練習。習題包含了兩個部分,即練習題與資料檢索。「練習題」測驗學生是否真的吸收了章節的內容;「資料檢索」則是用來挑戰那些想要更進一步探究章節內容的讀者。

第三版新加入的章節

第三版更動的部分如下:

❑　第 3 章包括了更多底層技術的介紹。

❑　第 4、5、6 章包括了更多關於無級式定址 (classless addressing) 的進階討論。

❑　第 12 章增加了更多 TCP 的特色介紹。

❑　第 13 章是全新的章節,討論 SCTP 這個新的傳輸層通訊協定。

❑　第 14、15 章的內容經過修訂,讓讀者更容易地閱讀關於路由通訊協定的介紹。

❑　FTP 和 TFTP 被整合成一個章節。WWW 和 HTTP 也被合併成一個章節。

❑　網路安全的章節中,我們新增並修訂更多安全的議題。

❑　更多符合實際且可以讓讀者能親自動手做的範例,在適當的章節中我們新增了使用 ping、grep 及 netstat 等系統工具的範例。

❑　多重選擇題的部分已經從習題中刪除，我們將它們修訂後放到網路上。

❑　用來挑戰學生的「資料檢索」則新增到習題中。

如何使用本書

本書同時寫給學校教學及TCP/IP網路工作者使用，也可作為專業工作者自行修讀之用。如果當作教科書，可做為一個學期或一學年的課程，建議以下列的方式安排：

❑　如果學生已經修過資料通訊與網路的課程，第 1 章到第 3 章可以在課程中忽略。

❑　第 4 章到第 15 章是 TCP/IP 的重點。

❑　第 16 章到第 22 章可以視課程進度來決定是否要詳述或簡介。

❑　如果時間不允許，第 23 章到第 27 章可以跳過不教。

❑　第 28 章可做為自修之用。

第三版的致謝

要寫出一本關於這個領域的教科書是需要很多人的幫忙，我們在本書第一版及第二版的前言部分已經感謝過很多對本書付出貢獻的人。然而在第三版中，我們還要感謝下面這些檢閱者對本書的貢獻。

Paul D. Amer, *University of Delaware*

Edward Chebus, *Illinois Institute of Technology*

Anthony Chung, *DePaul University*

Isaac Ghansah, *California State University, Sacramento*

Khalen Harfoush, *North Carolina State University*

Doug Jacobson, *Iowa State University*

Tulin Mangir, *California State University, Long Beach*

Xiao Su, *San Jose State University*

Mark Weiser, *Oklahoma State University*

在第三版中文翻譯本的部份，感謝國立成功大學電機系暨電通所計算機架構與系統研究室的王振華、詹博凱、黃若鵬、邱泰恩、梁文宗、陳萬軍等同學的幫忙，讓本書能順利完成，另外特別感謝McGraw-Hill的全體員工以及本書的編輯許絜嵐小姐，讓本書能順利地出版。最後，歡迎您到國立成功大學電機系暨電通所計算機架構與系統研究室的網站http://caslab.ee.ncku.edu.tw參觀瀏覽；若您有任何關於本書的寶貴建議或疑問，敬請利用本書封底的客服信箱與客服專線，俾備來日修訂。

商標使用

本書內容所提到的商標名稱都列在這裡。我們完全沒有侵犯版權的意圖，所有的產品名稱、商標都屬於原來的擁有者。

❑　Apple、AppleTalk、EtherTalk、LocalTalk、TokenTalk 及 Macintosh 為 Apple Computer, Inc.的註冊商標。

目錄
Contents

CHAPTER 1

導論

Introduction

網際網路使我們的日常生活產生了重大的變化,它改變了我們做生意的方式,也影響了我們的休閒生活。想想你最近怎麼使用網際網路?也許你傳送了一封電子郵件 (e-mail) 給你生意上的伙伴,繳交一份帳單,讀了一份來自遙遠城市的報紙,查了一下附近電影院的放映時刻表,或者你為了找一個醫療問題的答案而上網,預訂一間旅館房間,與別人聊天,以及找一輛比較便宜的汽車。透過網際網路將許多豐富的資訊帶到我們手邊,供我們使用。

網際網路是一個有組織且結構化的系統。在我們介紹它如何與 TCP/IP 運作的關係前,我們先介紹一下網際網路的歷史。然後,我們定義所謂的通訊協定與標準,及兩者之間的關係。我們也要了解哪些團體參與網際網路標準的建構。而網際網路的標準是來自使用者的共同協議而制訂的,並非由特定的組織來訂定。我們將討論這些標準的起源與其來龍去脈,另外也要介紹網際網路的管理單位。

1.1 網路的歷史 *A Brief History*

網路 (network) 是由一群通訊裝置(像是電腦、列表機等)所組成的。一個互連網路 (internet) 是指兩個或更多能互相通訊的網路。最有名的互連網路就是所謂的 **網際網路 (Internet)**。它是由數以萬計的網路所組成,其超過 100 個國家的各種組織使用網際網路,包括政府單位、學校、研究團體、公司,以及圖書館,而個別使用者更是數以億計。然而,這個令人訝異的通訊系統才剛誕生於 1969 年。

ARPANET

1960年代中期,研究機構的大型電腦是以獨立裝置的型態存在,不同廠商所設計的電腦無法彼此通訊。美國國防部的**高等研究計畫局 (Advanced Research Projects Agency, ARPA)** 對於電腦連接很感興趣,因為電腦連起來後可讓ARPA的研究者共享研究成果,降低成本並減少不必要的重複工作。

1967 年,在一次**計算機器協會 (Association for Computing Machinery, ACM)** 的會議裡,ARPA的代表提出了**ARPANET**的概念,希望將電腦連在一起而組成小網路。這個概念是將可能來自不同製造商的任何一台電腦,連接到一台稱為**介面訊息處理器 (Interface Message Processor, IMP)** 的特別電腦上,而 IMP 也彼此連接在一起。換句話說,每台 IMP 能夠與其他 IMP 通訊,也可以與它相連接的電腦來通訊。

ARPANET 在 1969 年就已經實現。當時有 4 個節點，分別位於洛杉磯的加州大學 (UCLA)、聖塔巴巴拉的加州大學 (UCSB)、史丹佛研究中心 (SRI)，以及猶他大學。它們分別連接到 IMP 而形成一個網路，稱為**網路控制通訊協定 (Network Control Protocol, NCP)**，此軟體提供電腦間通訊的功能。

網際網路的誕生

敏特‧克夫 (Vint Cerf) 與巴伯‧坎恩 (Bob Kahn) 二人原為 ARPANET 核心的成員，在 1972 年合作一個網際網路工程的計畫。他們希望將不同網路連在一起，所以在某個網路上的電腦可以與另一個不同網路上的電腦來通訊。要達到此目標有很多困難必須克服，包括**封包 (packet)** 大小的不同、介面的不同、傳輸率的不同，以及不同可靠度的需求等。克夫和坎恩構思一種稱為**閘道器 (gateway)** 的裝置做為一種中介的硬體，使資料（封包）可以由一個網路傳送到另一個網路。

傳輸控制通訊協定／網際網路通訊協定 (TCP/IP)

克夫與坎恩在 1973 年發表一篇劃時代的論文，其敘述了如何達到端點對端點資料（封包）傳送的通訊協定，也就是 NCP 的更新版本。這篇有關**傳輸控制通訊協定**的論文，內容包括**封裝 (encapsulation)**、**資料包 (datagram)** 的觀念及閘道器的功能，其中最為突破的觀念是將錯誤更正的工作由 IMP 交給了主機電腦。這個 ARPA 的網際網路現在成為對通訊研究的焦點所在。大約在此時，ARPANET 的管理移交給了**國防通信局 (Defense Communication Agency, DCA)**。

1977 年 10 月，由 ARPANET、封包式無線通訊，及封包式衛星通訊三個不同網路所構成的網際網路成功地展示出來，使得不同網路間的通訊成為可能。

不久之後，當局決定將 TCP 分成兩個通訊協定：**傳輸控制通訊協定 (Transmission Control Protocol, TCP)** 和**網際網路通訊協定 (Internetworking Protocol, IP)**。IP 用來處理資料包的路徑選擇或繞路 (routing)，而 TCP 負責較高層的功能如分段、重組及錯誤偵測。這套網路互連通訊協定即為 TCP/IP。

到了 1981 年，加州柏克萊大學 (UC Berkeley) 獲得 DARPA 合約，將 UNIX 作業系統修改加入 TCP/IP。將網路軟體加入一個受歡迎的作業系統，更使得網路流行起來。柏克萊 UNIX 的開放式系統給製造者一個很好的工作基礎，使其可以開發自己的產品。

在 1983 年時，原來 ARPANET 的通訊協定被放棄使用，而由 TCP/IP 正式成為 ARPANET 的通訊協定。從此，想要在網際網路上到不同的電腦去存取東西都需要執行 TCP/IP。

MILNET

在 1983 年，ARPANET 分為兩個網路：一個是給軍方用的 **MILNET**，另一個是非軍方人員用的 ARPANET。

CSNET

另一個有關 Internet 歷史的重要事件是在 1981 年建立了**計算機科學網路** (Computer Science Network, CSNET)。**CSNET**是由美國國家科學基金會 (National Science Foundation, NSF) 贊助，孕育於一些想要使用網路通訊，卻與 DARPA 沒有國防上關係而無法加入 ARPANET 的大學。 CSNET 為成本較低的網路，沒有備份的連線且傳輸率較低。 CSNET 可以連到 ARPANET，有 Telnet 的功能。而 Telnet 是第一個提供封包式傳送服務的商業產品。

1980 年代中期之前，大多數設有資工系的美國大學都是 CSNET 的一份子。機關和公司單位也各自以 TCP/IP 來形成自己的網路。而網際網路原來只是政府出錢的網路，現在變成以 TCP/IP 通訊協定連接在一起的網路。

NSFNET

由於 CSNET 的成功，在 1986 年由 NSF 出資建立 **NSFNET**。這是一條使用 T1 線路的骨幹網路，以 1.544 Mbps（Mbps 即每秒百萬位元）的傳輸速率將美國的 5 個超級電腦中心連接在一起。在 1990 年，ARPANET 正式退休，取而代之的是 NSFNET。而在 1995 年，NSFNET 重新回到以研究為主的網路定位。

ANSNET

1991 年，美國政府決定，因 NSFNET 無法支援快速成長的網際網路流量，改由 IBM、Merit 及 MCI 三家公司組成一個非營利性的組織，稱為**先進網路與服務** (advanced network and services, ANS)，由 ANS 建立一條高速網際網路骨幹，稱為 **ANSNET**。（譯註：ANSNET 將傳輸速率提升到 45 Mbps）

今日的網際網路

今日的 Internet 不只是簡單的階層式架構，它是由很多廣域和區域網路以交換器所連接而成。因為 Internet 不斷地在改變，有新的網路加進來，網址也不斷增加，也有不用的網路需要移除，所以無法精確地描述 Internet 的樣子。

現在有很多用戶透過**網際網路服務提供者** (Internet Service Provider, ISP) 上網。 ISP 可以分為國際級 ISP、國家級 ISP、地區性 ISP 及本地 ISP。現今的 Internet 是由私人的公司所經營而不是政府。圖 1.1 為 Internet 的概念圖。

國際級 ISP

在 Internet 階層的最頂端是**國際級 ISP (international ISP)**，將各國家的網路連在一起。

國家級 ISP

國家級 ISP (national ISP) 為主要網路骨幹的建構及維護者，由特定公司所經營。在北美有許多有名的國家級 ISP，例如 SprintLink、PSINet、UUNet、AGIS、MCI 等。為了讓一般用戶能上網，這些骨幹網路由一些複雜的交換站台連接，這些交換站台稱為**網路存取點 (Network Access Point, NAP)**。有些國家級 ISP 使用私有的交換站台相互

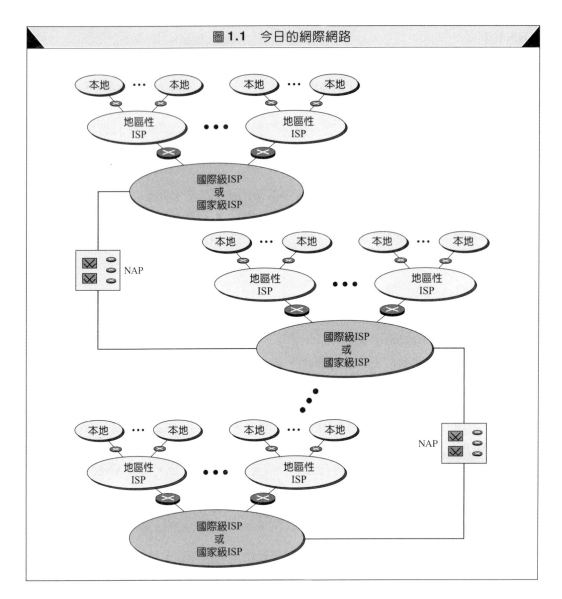

圖 1.1 今日的網際網路

連接，這些交換站台稱為**對等點 (peering point)**。一般國家級 ISP 的資料傳輸率較大，可達 600 Mbps。

地區性 ISP

地區性 ISP (regional ISP) 是比較小型的 ISP 提供者，它們會連接到一個或一個以上的國家級 ISP。在 Internet 階層裡，它們位於第三層，且資料傳輸率較低。

本地 ISP

本地 ISP (local ISP) 提供直接的服務給一般用戶。本地 ISP 可以連接到地區性 ISP 或直接連接到國家級 ISP。一般使用者大部分會連接到本地 ISP。本地 ISP 可以是提供上網的公司、提供自己員工上網的公司，或是有自己網路的大專院校。這些都可以接到地區性 ISP 或國家級 ISP。

時程

以下是 Internet 依發生時間先後的一些重要事件：

- ❑ 1969 年，4 個節點的 ARPANET 建立。
- ❑ 1970 年，ARPA 主機加入 NCP 軟體。
- ❑ 1973 年，開始研發 TCP/IP。
- ❑ 1977 年，一個使用 TCP/IP 的互連網路被測試。
- ❑ 1978 年，UNIX 分布到各學術研究單位。
- ❑ 1981 年，CSNET 建立。
- ❑ 1983 年，TCP/IP 成為 ARPANET 之官方通訊協定。
- ❑ 1983 年，MILNET 誕生。
- ❑ 1986 年，NSFNET 建立
- ❑ 1990 年，ARPANET 被 NSFNET 取代。
- ❑ 1995 年，NSFNET 回歸為一研究網路。
- ❑ 1995 年，出現**網際網路服務提供者 (ISP)** 的公司。

網際網路的成長

在短短幾十年內 Internet 成長驚人，網路的數目從數十個增加到數十萬個。現在連接到 Internet 的電腦相當多，並且持續地在成長當中。影響 Internet 成長的因素有下列幾點：

- ❑ **新通訊協定**：新的通訊協定要加入，而舊的要移除。例如，很多方面比 IPv4 都優異的 IPv6 通訊協定已經成為標準，但尚未被全部實現到網路系統內。
- ❑ **新科技**：未來的新科技將提升整體網路的處理能力，並提供更多的頻寬給使用者。
- ❑ **多媒體使用的增加**：在 Internet 上預期多媒體（聲音或影像）的使用將更加地頻繁。

1.2　通訊協定和標準　*Protocols and Standards*

這一節，我們要定義兩個被廣泛使用的名詞，即**通訊協定 (protocol)** 與**標準 (standard)**。通訊協定也就是規則的意思，標準則是大家同意的規則。

通訊協定

在電腦的網路世界裡，通訊發生在不同系統中的**實體 (entity)**。一個實體指的是有能力發送或接收資訊的軟硬體。不同的實體不可能只簡單地送出**位元串 (bit stream)**，便期望對方看得懂意義。要達到通訊的目的，這些實體必須互相協議一個相同的協定。**通訊協定 (protocol)** 是一些規範資料通訊的規則。通訊協定定義了送出的資料是什麼意義，如何溝通，及何時溝通。換言之，通訊協定裡最重要的內容包括**語法、語義**及**時序**。

- ❑ **語法 (syntax)**：指的是資料的結構、格式，及次序裡的位元所表示的意義。例如，一個簡單的通訊協定可以定義最前面的 8 個位元代表傳送者的位址，接下來的 8 個位元則是代表接收者的位址，後面跟著的是被傳送的訊息本身。

- **語義 (semantics)**：是指某個特定位元串代表的意義。基於這樣的位元串，要如何解釋、要執行什麼樣的動作。例如，若這是一個代表位址的位元串，那麼這個位址是代表傳送訊息的經過路徑，或是這個訊息的目的地。

- **時序 (timing)**：有兩個基本意義，即什麼時候送這些資料和可以送得多快。例如，傳送者每秒送出 10^8 位元，但是接收者每秒只能處理 10^6 位元，這樣接收者會超載，而傳送的資料會遺失。

標準

對於建立及維持一個開放且具競爭性的市場給設備製造者而言，**標準 (standard)** 是不可或缺的，同時標準也確保資料與電訊科技在國際間能相互地運作。在市場及國際通訊環境裡，標準提供製造者、販賣者、政府相關單位或者各種服務提供者提供一套共同遵循的指南，藉以確保所需的互連性。

資料通訊標準基本上分成兩大類：一是**事實上 (de facto)** 的標準（意指根據「事實」或「常規」而形成的標準）；二是**法規上 (de jure)** 的標準（意指根據「法律」或「規章」而形成的標準）。

- **事實上的標準 (de facto standards)**：這種標準並沒有經由相關組織團體核定，因為已經被廣泛使用而成為大家接受的標準。這些標準通常是由那些試圖去定義新產品及新科技之功能的製造商所建立。

- **法規上的標準 (de jure standards)**：這是經由正式官方認可的團體所制訂而來。

1.3 制訂標準的團體 *Standards Organizations*

標準是經由很多標準建立委員會、論壇及政府制訂而形成的。

標準建立委員會

雖然很多團體致力於各種標準的建立，在北美有關資料通訊的標準主要由下列組織來出版：

- **國際標準組織 (International Standards Organization, ISO)**：國際標準組織是一個多國組織，其成員來自世界各國政府的標準建立委員會。ISO 建立於 1947 年，是一個完全義務性的組織，致力於建立各種國際性標準。目前成員有來自82個工業化國家的代表，其目標在於藉由提供各種規範，提高品質與生產力，降低價格，並由相容性規範之建立來促進國際間物品及各種服務的交換。ISO在科技及經濟相關領域促進合作，與本書有關的是ISO在資訊科技方面的貢獻，即其為網路通訊所建立的**開放式系統互連 (Open Systems Interconnection, OSI)** 模型。在美國，ANSI 為 ISO 的代表。

- **國際電訊聯盟之電訊標準部門 (International Telecommunications Union-Tele-communications standards sector, ITU-T)**：早在 1970 年代，即有部分國家一起定義各種電訊標準，但是一直存有相容的問題。之後，由聯合國建立一個**國際電報**

電話諮詢委員會 (**Consultative Committee for International Telegraphy and Telephony, CCITT**)，這個委員會有一部分的工作，是致力於發展建立各種電訊、電話及資訊系統的標準。在 1993 年 3 月 1 日，這個委員會更名為 ITU-T。

❑ **美國國家標準協會 (American National Standards Institute, ANSI)**：儘管名字是這樣稱呼，但 ANSI 是一個完全私立非營利性的組織，不附屬於美國聯邦政府。雖然如此，所有 ANSI 的活動皆以美國國家及其人民的利益為考量。ANSI 所揭示的目標包括：作為美國國內標準化服務的組織，藉由各種標準的採用以提升美國經濟及確保公眾利益。ANSI 的成員包括專家團體、工業協會、政府相關團體及消費者團體。

❑ **電子電機工程師協會 (Institute of Electrical and Electronics Engineers, IEEE)**：IEEE 是世界上最大的專業工程師協會，致力於電子、電機、無線電等工程領域的理論、創新及產品的提升。其目標之一在於管理及制訂電腦及通訊方面的相關標準。

❑ **電子工業協會 (Electronic Industries Association, EIA)**：EIA 跟 ANSI 一樣也是非營利性組織。主要目標為促進發展電子製造業者所關心的議題。其活動除了標準的制訂外，尚包括公眾教育及遊說法案等。在資訊科技領域，EIA 主要在定義各種傳輸介面及電子訊號規格方面做出貢獻。

論壇

標準委員會依序行事，而電訊技術發展速度遠快於各種委員會確認標準的能力。為了促進及加速標準化的速度，很多相關團體組成所謂的論壇。論壇與大學及使用者一同合作來進行新科技的測試、評估及標準化。因為是針對某項特別的科技，論壇能加快新科技的使用及接受度，之後將其獲得的結果提交給制訂標準的團體。以下介紹電訊方面主要的論壇組織：

❑ **訊框轉送論壇 (Frame Relay forum)**：訊框轉送論壇是由迪吉多 (Digital) 電腦公司、北方電訊 (Northern Telecom)、思科 (Cisco) 及 StrataCom 等公司組成來促進**訊框轉送 (Frame Relay)** 的使用。目前它大約有 40 個成員，分別來自北美、歐洲及環太平洋區域的國家。其討論的議題包括流量管制、封裝、轉換及群播傳輸等，將所獲得的結論交付給 ISO。

❑ **ATM 論壇 (ATM forum)**：ATM 論壇是為了促進**非同步傳輸模式 (Asynchornous Transfer Mode, ATM)** 科技的使用而設立。ATM 論壇由設備系統商及電信公司組成，主要關心各種標準化服務的相互運作性。

控管機構

所有通訊的科技如無線電、有線及無線電視都必須接受政府委託的機構像是 FCC 等的管制，以保障公眾利益。

❑ **聯邦通訊委員會 (Federal Communications Commission, FCC)**：在美國，FCC 對於關係到通訊方面的州際性商務及國際性商務具有管轄之權責。

1.4　網際網路標準　*Internet Standards*

一個**網際網路標準 (Internet standard)** 是經過仔細測試後的規格 (specification)，網路上的運作必須遵守它。一個規格要成為網際網路標準，需要經過相當嚴謹的審查過程。一開始規格是以**網際網路草約 (Internet draft)** 的身分存在。一個網際網路草約為一進行中的文件，不具有官方身分且僅有 6 個月的效力。經由網際網路管理當局的推薦，草約可以以**要求建議 (Request for Comment, RFC)** 的形式發表。每份 RFC 有一個號碼，任何有興趣知道的人都可以獲得。

所有 RFC 可位於不同的**成熟層次**，並且依其**需求層次**而分類。

成熟層次

一份 RFC 在其有效期間內，可以在建議標準、準標準、網際網路標準、歷史性、實驗性及資訊性等六種**成熟層次 (maturity level)** 中的其中一層（見圖 1.2）。

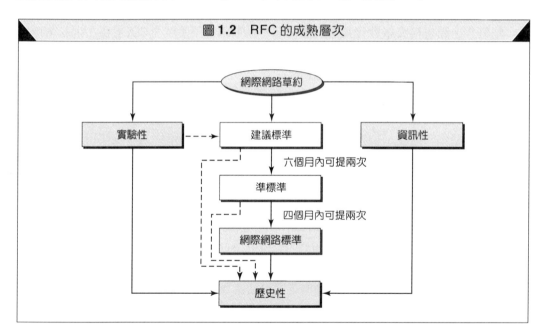

圖 1.2　RFC 的成熟層次

建議標準

建議標準 (proposed standard) 是一份穩定且廣為人知的規格，網際網路使用者對它有很大的興趣。在這個層次，通常有很多團體實現及測試這個規格。

準標準

一份建議標準要經過至少兩個不一樣的實現，成功後升為**準標準 (draft standard)**。準標準在解決問題後，通常就可成為網際網路標準。

網際網路標準

準標準在成功驗證後即成為**網際網路標準 (Internet standard)**。

歷史性

此類 RFC 具有**歷史性 (historic)** 的意義。它可能是被後來的標準所取代，或者是根本無法成為網際網路標準。

實驗性

一份**實驗性 (experimental)** 的 RFC 主要描述一些實驗，這些實驗不會影響到網際網路的運作。不可以將實驗性的 RFC 做到任何網際網路的服務內。

資訊性

一份**資訊性 (informaional)** 的 RFC 通常描述網際網路的概況、歷史或與教學相關的訊息。通常為非網際網路組織的人（如廠商）所寫。

需求層次

RFC 分為需要、推薦、選擇、有限度使用及不推薦五種**需求層次 (requirement level)**（見圖 1.3）。

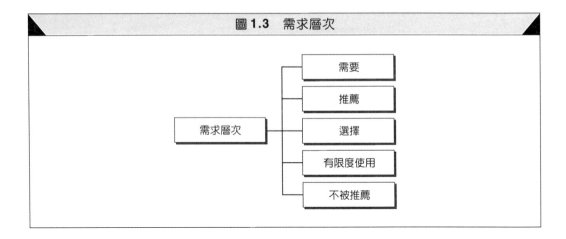

圖 1.3　需求層次

需要

若一份 RFC 要被實現在所有的網際網路系統內才能達到最低的符合條件，此 RFC 的需求層次為**需要 (required)**。例如，IP（見第 8 章）及 ICMP（見第 9 章）都是屬於需要的通訊協定。

推薦

一個標示為**推薦 (recommended)** 的 RFC 並不需要實現在所有系統內，但是它有些特定用途，所以被推薦使用。例如，FTP（見第 19 章）及 TELNET（見 18 章）都是屬於被推薦的通訊協定。

選擇

一個標示為**選擇 (elective)** 的 RFC 既非需要也非推薦，不過系統可以自己使用它。

有限度使用

一個標示為**有限度使用 (limited use)** 的 RFC 通常只用在測試。大多實驗性的 RFC 屬於這個分類。

不被推薦

一個標示為**不被推薦 (not recommended)** 的 RFC 並不適合一般用途,如一個已成歷史不用的 RFC 就屬於這個分類。

RFC 網址:http://www.faqs.org/rfcs

1.5　網際網路管理　*Internet Administration*

網際網路原本是為研究用途而設,如今演變為很多人使用且充滿商業性的活動。有很多團體負責協調網際網路的管理與發展。圖 1.4 說明了網際網路管理的組織架構。

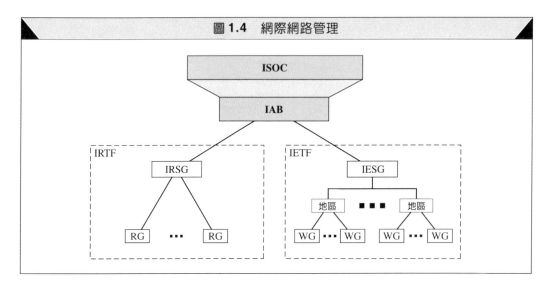

圖 1.4　網際網路管理

網際網路協會

網際網路協會 (Internet Society, ISOC) 是一個國際性的非營利組織,在 1992 年成立。ISOC 旗下的 IAB 、 IETF 、 IRTF 及 IANA(見下列各節)等單位,提供網際網路規範的標準化及技術支援, ISOC 同時也鼓勵從事與網際網路相關的學術研究。

網際網路架構委員會

網際網路架構委員會 (Internet Architecture Board, IAB) 是 ISOC 的技術顧問團,IAB 主要目的在於管理 TCP/IP 的持續發展,為網際網路研究成員提供技術諮詢。 IAB 透過旗下的 IETF 及 IRTF 做這些事情。而 IAB 的任務還包括 RFC 的編輯管理。 IAB 也是網際網路和其他訂定標準的組織或論壇的溝通橋樑。

網際網路工程工作群

網際網路工程工作群 (**Internet Engineering Task Force, IETF**) 是由**網際網路工程主控組** (**Internet Engineering Steering Group, IESG**) 所管理的工作群。它負責找出網際網路運作上的問題且提出解決方案。 IETF 同時也制訂和審查可能成為網際網路標準的各種規範。工作群依特定的領域而劃分,目前有 9 個領域,這些領域包括:

- ❑ 應用 (applications)
- ❑ 網際網路通訊協定 (Internet protocols)
- ❑ 路徑選擇 (routing)
- ❑ 運作 (operations)
- ❑ 使用者服務 (user servers)
- ❑ 網路管理 (network management)
- ❑ 傳輸 (transport)
- ❑ 下一代的網際網路通訊協定 (Internet protocol next generation, IPng)
- ❑ 資訊安全 (security)

網際網路研究工作群

網際網路研究工作群 (**Internet Research Task Force, IRTF**) 是由**網際網路研究主控組** (**Internet Research Steering Group, IRSG**) 所管理的工作群。IRTF 致力於長期性的研究工作,如有關於網際網路的通訊協定、應用、架構及相關科技。

網際網路區號管理局及網際網路名號管理公司

網際網路區號管理局 (**Internet Assigned Number Authority, IANA**) 是由美國政府支援,在1998年10月以前負責網際網路的**網域名稱** (**domain name**) 及位址的管理工作。之後,由**網際網路名號管理公司** (**Internet Corporation for Assigned Names and Numbers, ICANN**) 取代。 ICANN 為一非營利組織由國際相關單位管理。

網路資訊中心

網路資訊中心 (**Network Information Center, NIC**) 負責有關 TCP/IP 通訊協定資訊之蒐集與發布。

1.6 重要名詞 *Key Terms*

高等研究計畫局 (ARPA)	ARPANET
美國國家標準協會 (ANSI)	ATM 論壇 (ATM forum)
ANSNET	國際電報電話諮詢委員會 (CCITT)
	CSNET

事實上的標準 (de facto standards)

法規上的標準 (de jure standards)

電子工業協會 (EIA)

美國聯邦通訊委員會 (FCC)

訊框轉送論壇 (Frame Relay Forum)

電子電機工程師協會 (IEEE)

國際標準組織 (ISO)

國際電訊聯盟之電訊標準部門 (ITU-T)

網際網路 (Internet)

網際網路架構委員會 (IAB)

網際網路區號管理局 (IANA)

網際網路名號管理公司 (ICANN)

網際網路草約 (Internet draft)

網際網路工程工作群 (IETF)

網際網路研究工作群 (IRTF)

網際網路服務提供者 (ISP)

網際網路協會 (ISOC)

網際網路標準 (Internet standard)

本地的網際網路服務提供者 (local ISP)

成熟層次 (maturity level)

MILNET

網路 (network)

網路存取點 (Network Access Points, NAPs)

網路資訊中心 (NIC)

NSFNET

通訊協定 (protocol)

要求建議 (RFC)

需求層次 (requirement levels)

語義 (semantics)

語法 (syntax)

時序 (timing)

傳輸控制通訊協定／網際網路通訊協定 (TCP/IP)

1.7　摘要　*Summary*

❑　網際網路包含超過百萬個個別的網路。

❑　ARPANET 開始時，只有 4 節點組成網路。

❑　TCP/IP 是網際網路使用的通訊協定組。

❑　CSNET 提供無法加入 ARPANET 網路的成員使用。

❑　NSFNET 提供美國境內網路通訊用。

❑　本地的網際網路服務提供者 (local ISP) 提供區域性使用者上網的服務。

❑　地區性的網際網路服務提供者 (regional ISP) 提供本地 ISP 的連接服務。

❑　國家級的網際網路服務提供者 (national ISP) 為主要的網路骨幹，由特定公司負責建立與維護。

❑　通訊協定是一套規則，用來安排資料的通訊，通訊協定的主要部分有語法、語義及時序。

❑　標準可以使來自不同製造者的產品如預期地運作在一起。

❑　ISO、ITU-T、ANSI、IEEE 及 EIA 是建立標準的組織團體。

❑　論壇為一特定群組，可以很快地評量一新科技並將之標準化。兩大重要論壇分別是訊框轉送論壇及 ATM 論壇。

❑　FCC 是管制單位，負責管制無線電、有線及無線電視。

❑　一份要求建議 (RFC) 是指一個創見或觀念，往往是一份網際網路標準的前身。

❑   一份 RFC 在變成標準前須經過建議標準及準標準兩個階段。

❑   一份 RFC 可被歸類為需要、被推薦、選擇、有限度使用或不被推薦。

❑   網際網路協會 (ISOC) 提倡網際網路相關之研究及學術活動。

❑   網際網路架構委員會 (IAB) 為 ISOC 的技術顧問。

❑   網際網路工程群 (IETF) 負責找出網際網路運作的問題並提出解決之道。

❑   網際網路研究工作群 (IRTF) 致力於網際網路通訊協定、應用、架構及科技等議題之長期性研究。

❑   網際網路名號公司 (ICANN) 前身是 IANA，負責網域名稱及網址的管理。

❑   網路資訊中心 (NIC) 負責有關 TCP/IP 通訊協定之蒐集與發布。

1.8   習題   *Practice Set*

練習題

1.   使用網際網路找出一些 RFC 的號碼。

2.   使用網際網路找出 RFC 2418 及 RFC 1603 的主題。

3.   使用網際網路找出討論 IRTF 工作群組指南及程序的 RFC。

4.   使用網際網路找出兩個歷史性 RFC 範例。

5.   使用網際網路找出兩個實驗性 RFC 範例。

6.   使用網際網路找出兩個資訊性 RFC 範例。

7.   使用網際網路找出討論 FTP 應用的 RFC。

8.   使用網際網路找出 IP 的 RFC。

9.   使用網際網路找出 TCP 的 RFC。

10. 使用網際網路找出網際網路標準處理程序的 RFC。

資料檢索

11. 調查並找出 3 個由 ITU-T 所制訂的標準。

12. 調查並找出 3 個由 ANSI 所制訂的標準。

13. EIA 制訂了許多關於介面的標準，請調查並找出兩個相關的標準。而 EIA 232 又是什麼？

14. 調查並找出 3 個由 FCC 所制訂關於 AM 和 FM 的傳輸規範。

CHAPTER 2

OSI 分層模型與
TCP/IP 通訊協定組

The OSI Model and the TCP/IP Protocol Suite

在 1990 年以前主宰資料通訊及網路規範的文件是**開放式系統互連 (Open Systems Interconnection, OSI)** 的網路分層模型。當時，所有人都認為 OSI 的分層模型將是資料通訊的最終標準，但是這並沒有發生。由於在 Internet 上廣泛的應用與測試的結果，使得 TCP/IP 通訊協定能成為主要的商業使用架構，而 OSI 的分層模型從未被全部實現出來。

本章我們將簡短討論 OSI 的分層模型。然後，我們要多花一點時間在 TCP/IP 通訊協定組。

2.1　OSI 分層模型　　*The OSI Model*

國際標準組織 (International Standards Organization, ISO) 是一個由多國參與的國際組織，於 1947 年成立，致力於國際標準之制訂。ISO 所制訂的標準中，牽涉到網路通訊方面的就是 OSI 分層模型，是在 1970 年代後期所提出來的。所謂的**開放式系統 (open system)**，指的是一些共同的通訊協定，可以讓不同架構的系統得以互相通訊。OSI 分層模型的目的是在不改變軟體與硬體的邏輯架構下，使不同的系統能夠互相通訊。OSI 分層模型並不是一個通訊協定，它只是一個模型，用來了解及設計一個具有彈性、穩定性及可互相運作的網路架構。

> ISO 是一個團體組織，而 OSI 則是網路的分層模型。

OSI 分層模型主要是為了設計網路系統而發展出來的一種分層架構，可以讓不同類型的電腦相互通訊。OSI 的網路分層模型分為 7 層，其每一層定義了資料在網路上移動的方式及過程 (見圖 2.1)。了解 OSI 模型，可為探索資料通訊的問題提供很好的基礎。

分層架構

OSI 分層模型包括 7 層：第 1 層為**實體層 (physical)**、第 2 層為**資料鏈結層 (data link)**、第 3 層為**網路層 (network)**、第 4 層為**傳輸層 (transport)**、第 5 層為**會議層 (session)**、第 6 層為**表達層 (presentation)**，以及第 7 層為**應用層 (application)**。圖 2.2 中說明了

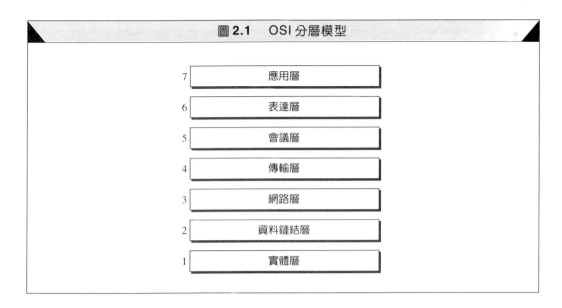

圖 2.1 OSI 分層模型

7	應用層
6	表達層
5	會議層
4	傳輸層
3	網路層
2	資料鏈結層
1	實體層

訊息由裝置 A 送到裝置 B 經過各層的情形。當訊息從 A 送達到 B 時，可能經過很多中繼站，對於這些中繼站而言，這個訊息傳送的動作通常只會涉及到 OSI 分層模型中最下面的三層。

在發展 OSI 分層模型時，設計者要分析資料傳遞過程中的各種重要因素，分辨哪些網路功能具有其相關性，而將這些功能歸屬到各個分層，使每一個分層定義出有別於其他分層的功能。這樣，設計者可以建立一個清楚且具備彈性的網路架構。更重要的是，OSI 分層模型允許不相容系統互相操作的特性。

在一台電腦裡，每一個分層所需的服務是由它下方的那一個分層所提供。例如，第 3 個分層使用第 2 個分層所提供的服務；第 3 個分層提供服務給第 4 個分層。在兩台電腦間，一台電腦的第 x 層，與另外一台電腦的第 x 層通訊，它們通訊的方式即是透過彼此同意的通訊協定，這些對等層通訊的程序稱為**點對點程序 (peer-to-peer process)**。因此，電腦間的通訊可視為一種使用標準通訊協定的點對點程序運作。

點對點程序

在實體層，通訊會直接進行，如圖 2.2 中的裝置 A 傳送一串資料給裝置 B，其過程經過一些中繼站。在較高的分層通訊時，必須由 A 端的高層往下層走，然後到 B 的對等層。當資料由上面分層傳來時，每一分層加上自己的資訊後交給下一個分層。

在第 1 層，整個封包被轉換成能傳送到接收裝置的形式。而接收端收到的訊息在各分層依次拆開，取出各自所需要的資料。例如，第 2 層取出它要的資料，剩下的往上交給第 3 層，第 3 層取出它要的資料，剩下的交給第 4 層，以此類推。

分層間的介面

資料由傳送端的分層送往其底層，然後到達接收端，由下往上的分層傳送，其間透過各分層間的**介面 (interface)**。每個介面定義了有哪些資訊及服務必須提供給在其上的分層。介面及分層功能，若能定義得好，才能建立良好的模組化規範。只要每一個分層能

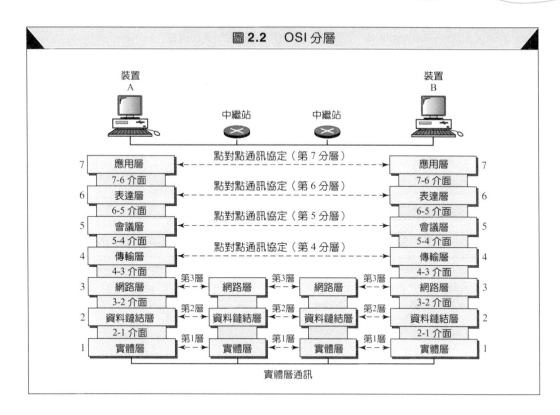

夠提供預期的服務給其上的分層，那麼即使是在一個分層中，功能的實現方式被改變或更換，也用不著改變其他的分層。

分層的結構

7個分層可以被分為3個子群，前3層（實體層、資料鏈結層，及網路層）屬於**網路支援層**，負責處理有關資料從一個裝置移到另一個裝置的各種實體面的問題。例如：訊號規格、連接方式、實體位址、傳輸時序，以及可靠性管理等。第5、6、7層（會議層、表達層，及應用層）可視為**使用者支援層**，它們能夠允許在不同的整體系統下建立可以互相運作的特性。第4層是傳輸層，負責連接網路支援層及使用者支援層，並確保較低層所傳送的資料可以被上層使用。OSI分層模型中較上面的分層幾乎都是以軟體的方式實現，而較下面的分層則是以軟硬體共同實現，而實體層則是以硬體實現為主。

　　圖2.3展示了OSI分層模型的概念圖，圖中D7指的是在第7層的資料單元；D6指的是在第6層的資料單元，以此類推。我們可以看到資料由第7層（應用層）開始依序往下層送。在每一層中，都會將上層傳送下來的資料單元前面加上自己的標頭後再往下送，另外在第2層中還會加入一個尾端資訊。最後這個資料單位到達實體層時，它會被轉換為電磁訊號並透過實體線路傳送出去。

　　當訊號送達到目的地時，這些電磁訊號再度被轉換回數位的格式（0與1的格式），然後依序往上傳送到各分層，其屬於各個分層的標頭及尾端資訊分別被取出，最後送到第7層時，這個訊息又回復到應用程式所需的形式，以交給其接收者。

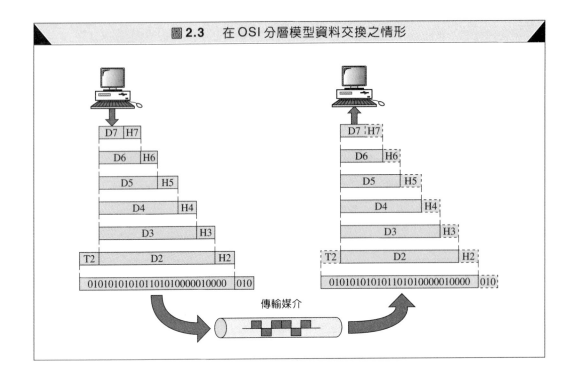

圖 2.3　在 OSI 分層模型資料交換之情形

封裝

圖 2.3 說明了 OSI 分層模型中的另外一個概念：**封裝 (encapsulation)**。一個第 7 層的**封包 (packet)** 被封裝在第 6 層的封包中；一個完整的第 6 層封包被封裝在第 5 層的封包中，依此類推。

換言之，第 $N-1$ 層封包的資料部分運送了來自第 N 層的完整封包（包括資料和負載）。因為第 $N-1$ 層並沒有察覺來自第 N 層的封包中哪些部分屬於資料及哪些部分屬於標頭或尾端資訊，所以稱這樣的概念為**封裝**。對第 $N-1$ 層來說，它會將來自第 N 層的封包視為一個完整的單元。

2.2　OSI 分層模型中的各個分層　*Layers in the OSI Model*

在本節中，我們簡短地描述 OSI 分層模型中各分層的功能。

實體層

實體層 (physical layer) 協調在實際傳輸媒介上傳送**位元串 (bit stream)** 的各種功能。它處理有關介面與傳輸媒介的機器及電氣規格，同時定義傳輸裝置及介面必需的運作程序及功能，使傳輸發生。圖 2.4 說明了實體層相對於傳輸媒介及資料連接層的關係。

> 實體層主要是負責某一個節點到下一個節點之間的位元移動。

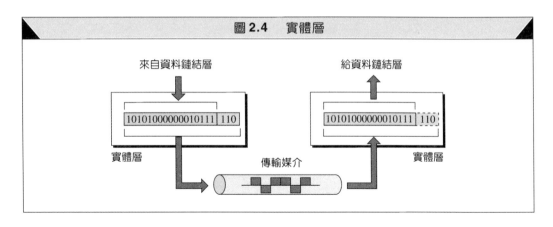

圖 2.4　實體層

與實體層相關的事項有：

❑ **介面與傳輸媒介的物理特性**：實體層定義傳輸裝置與傳輸媒介間的介面，它也定義傳輸媒介的種類（見第 3 章）。

❑ **位元的表示方法**：實體層的資料是一串 0 與 1 的資料流，要傳送這些資料必須將每個位元編碼成電氣或光的訊號。而實體層定義了編碼方法的類型（如何將 0 與 1 變成訊號）。

❑ **資料速率**：實體層也定義了資料的**傳輸速率 (transmission rate)**，即每秒傳送幾個位元。換句話說，實體層定義了每個位元以多少時間來傳送。

❑ **位元同步**：傳送裝置與接收裝置不只要用相同的傳輸速率，它們也必須從傳送的位元中取得同步，亦即傳輸裝置與接收裝置的時脈必須同步。

❑ **線路設定**：實體層考慮傳輸裝置與傳輸媒介如何連接。在**點對點連接設定 (point-to-point configuration)** 下，兩個裝置透過專有的傳輸線路來連接。在**多點連接設定 (multipoint configuration)** 下，由多個裝置共享一條傳輸線路。

❑ **實體拓樸**：實體拓樸定義各個裝置如何連接起來而形成網路。裝置連接成網路的方式可以是**網狀拓樸（mesh topology**，每個裝置皆與其他裝置相連）、**星狀拓樸（star topology**，所有的裝置皆連到單一中央裝置）、**環狀拓樸（ring topology**，每個裝置皆與另一個裝置連接並形成一個環狀），或是**匯流排拓樸（bus topology**，每個裝置皆連接到一個共用的線路上）的方式。（譯註：拓樸 (topology) 這個名詞在網路領域中指的是實體網路架構的型態。）

❑ **傳輸模式**：實體層也定義了兩個裝置之間的傳輸模式，包括單工、半雙工，以及全雙工。**單工模式 (simplex mode)** 是指只有一個裝置可傳送，而另一個只可接收；**半雙工模式 (half-duplex mode)** 是指兩個裝置都可以傳送和接收，但不能同時進行；**全雙工模式 (full-duplex mode)** 則是指兩個裝置均可同時傳送及接收。

資料鏈結層

資料鏈結層 (data link layer) 將純粹為了傳輸作用的實體層，轉換成一條可靠的鏈結路徑，它讓上層的網路層覺得由實體層傳送來的資料是正確無誤的。圖 2.5 說明了資料鏈結層與網路層、實體層之關係。

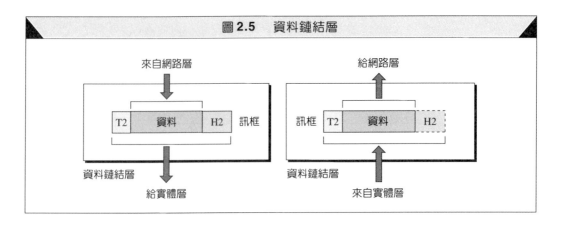

圖 2.5 資料鏈結層

> 資料鏈結層主要是負責某一個節點到下一個節點之間的訊框移動。

資料鏈結層主要負責的功能如下：

❑ **將資料流分封成訊框**：資料鏈結層將來自網路層的位元串分成比較容易處理的資料單元，稱為**訊框 (frame)**。

❑ **實體位址**：假如訊框是要送到網路上的其他系統，則資料鏈結層會在每個訊框前加標頭來說明接收者和傳送者的身分。如果某個訊框打算傳送到一個不與傳送者相同網路的接收者時，那麼此訊框的接收者位址要使用一個網路連接裝置的位址。此網路連接裝置連接傳送者所在的網路與下一個網路。

❑ **流量控制**：如果接收者接收資料的速度小於傳送者所傳送的速度，那麼資料鏈結層要實施流量控制的機制，以防止接收者來不及接收資料。

❑ **錯誤控制**：資料鏈結層增加了偵測及重新傳送受損或遺失的訊框能力，藉此提高實體層的可靠度。另外，它也有方法來防止訊框重複存在。通常在訊框尾端加上尾端資訊，來達到錯誤偵測與控制的目的。

❑ **存取控制**：當兩個或兩個以上的裝置連到相同的傳輸線時，資料鏈結層必須有一個通訊協定來確定該裝置在何時使用這個傳輸線。

圖 2.6 展示資料鏈結層做**節點對節點**（hop-to-hop 或 node-to-node）傳送的情況。

網路層

網路層 (network layer) 負責將封包由來源端傳送到目的端，這可能經過數個網路的傳遞。相對於資料鏈結層負責封包在同一網路上之傳遞，而網路層則在於確保每個封包由起源端送出到其目的地。

假如傳送與接收的系統位於同一條網路上，通常就沒有必要使用網路層。如果傳送與接收的系統位於不同的網路上，那麼就需要網路層來完成封包傳遞的工作。圖 2.7 說明了網路層與資料鏈結層、傳輸層的傳輸關係。

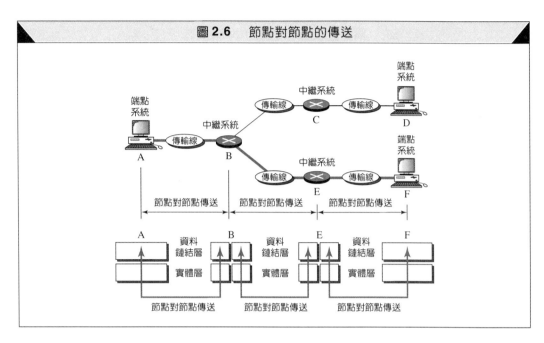

圖 2.6　節點對節點的傳送

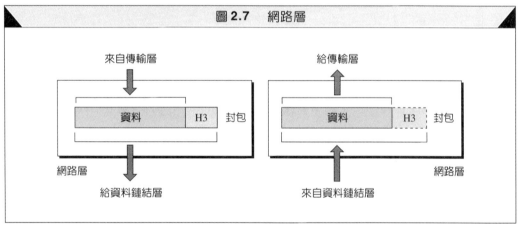

圖 2.7　網路層

網路層主要是負責來源端主機到目的端主機之間的封包傳遞。

網路層主要負責的功能如下：

❏ **邏輯位址**：資料鏈結層處理區域性的實體位址問題，如果封包傳遞超出本身網路的範圍，我們需要另一種定址方法來識別封包的來源端及目的端。網路層將來自上層的封包加上標頭，其標頭包含了傳送者與接收者的邏輯位址，我們將會在後面討論邏輯定址的問題。

❏ **路徑選擇**：當數個獨立的網路連接在一起成為較大的互連網路時，需要一種稱為 **路由器 (router)** 或 **交換器 (switch)** 的網路連接裝置來將封包傳送到目的端。而網路層的其中一項功能就是提供封包路徑選擇的機制。

圖 2.8 展示由網路層所做的端點對端點的傳遞情況。

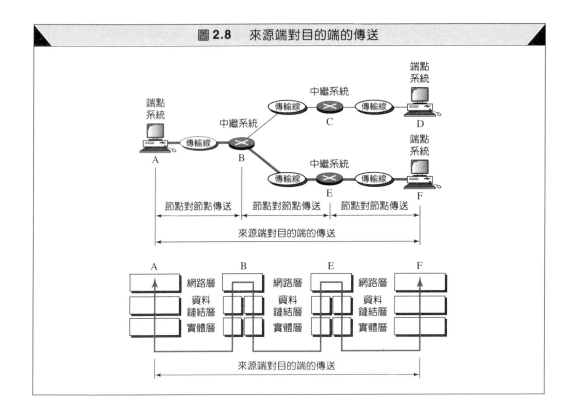

圖 2.8 來源端對目的端的傳送

傳輸層

傳輸層 (transport layer) 負責**程序對程序傳遞 (process-to-process delivery)**。程序指的是正在主機上執行的一個程式。鑑於網路層是負責管理來源端到目的端之間的封包傳遞，網路層並不去識別這些被傳輸的封包有任何關係。無論這些封包是否屬於相同的訊息，網路層會分別處理各個封包。所以需要上層的傳輸層來確保整個訊息完好且依序的到達目的地。傳輸層在來源端及目的端之間使用**錯誤控制 (error control)** 及**流量控制 (flow control)**。圖 2.9 說明了傳輸層與網路層、會議層的關係。

傳輸層主要是負責從一個程序到另一個程序之間的訊息傳遞。

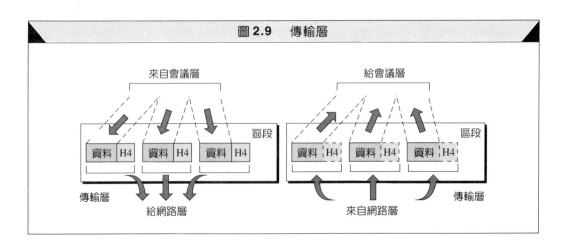

圖 2.9 傳輸層

傳輸層的主要功能如下：

❑ **服務點定址**：電腦常在同一個時間同時執行數個不同的程式。因此，由來源端傳遞資料到目的端時不只是一台電腦傳送到另一台電腦，而是在一台電腦中的特定程序（正在執行的程式），傳送到另一台電腦中的特定程序。所以傳輸層的標頭裡加入一個**服務點位址 (service-point address)** 或稱**通訊埠位址 (port address)** 來辨認程序。網路層將每一個封包送到正確的目的端電腦，而傳輸層則是將整筆訊息正確地交給那台電腦上的接收程序。

❑ **區段與重組**：被傳送的訊息，首先要分成若干個可傳輸的區段 (segment)。而每個區段含有一個序號，傳輸層可藉由這些序號在目的端重新組合回原來的訊息，並且識別及補回在傳輸過程中所遺失的封包。

❑ **連線控制**：傳輸層可分為非預接式或者是預接式。**非預接式 (connectionless)** 的傳輸層視每一區段為一獨立的封包，將之傳送到目的端的傳輸層。而**預接式 (connection-oriented)** 的傳輸層則是先與目的端的傳輸層建立起連線，然後再傳送封包，等全部的資料都傳送完後才結束連線。

❑ **流量控制**：如同資料鏈結層一樣，傳輸層也負責流量控制。但是傳輸層的流量控制是實施在**端點對端點 (end-to-end)** 的層次，而不是只在單一條的鏈結路徑之間。

❑ **錯誤控制**：如同資料鏈結層一樣，傳輸層也負責錯誤控制。傳輸層所負責的錯誤控制是實施在程序對程序的層次上，而不是只在單一鏈結路徑之間。傳送端的傳輸層要確保整個訊息無誤地送到接收端，錯誤更正的方法通常是藉由重送。

圖 2.10 說明了傳輸層所支援的程序對程序的訊息傳遞。

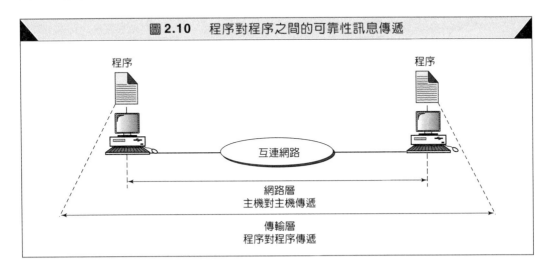

圖 2.10　程序對程序之間的可靠性訊息傳遞

會議層

由實體層、資料鏈結層及網路層所提供的服務，對某些程序來講仍然不足。**會議層 (session layer)** 為網路對話的控制者。它負責兩個系統通訊時的對話建立、維護與同步來回的交互動作。

會議層主要的任務有：

❑ **對話控制**：會議層讓兩個系統進入對話的狀況，它可以讓溝通的兩個程序建立半雙工或全雙工的對話。

❑ **同步**：會議層可以讓一個程序在資料流中加入檢查點，又稱為**同步點 (synchronization point)**。例如，一個系統正傳送出一個2,000頁的檔案，我們可以在每100頁傳送出後就加上一個檢查點，來確定這100頁是否收到。如果傳送第523頁時失敗，那麼只有第501到523頁要重送，在第500頁（含）之前的都不必重送。圖2.11說明了會議層與傳輸層、表達層的關係。

> 會議層主要是負責對話的控制及同步。

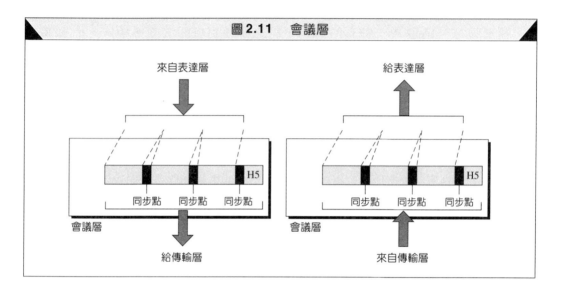

圖 2.11　會議層

表達層

表達層 (presentation layer) 涉及到兩個系統在交換訊息時所用到的語法與語義。圖2.12展示表達層與應用層、會議層的關係。

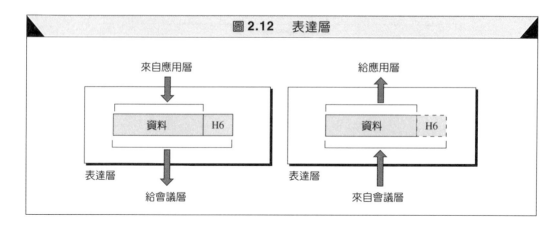

圖 2.12　表達層

表達層的主要任務有：

❑ **轉換**：兩個系統中的程序其交換資訊的模式，通常是以字串或數字為主，這樣的資料形態要轉換成位元串才能傳送。因為不同的電腦可能使用不一樣的編碼方式，表達層的任務就是讓不同編碼方式的系統可以相互運作。在傳送端的表達層將傳送者表達的資訊格式，轉換成一個共通格式；在接收端的表達層則將接收到的共同格式資料，轉換成接收者的表達格式。

❑ **加密**：對於傳送重要且敏感的資訊，傳送系統會要確保私密性。**加密 (encryption)** 是指傳送端將原始資料改變成另外的形式，然後送到網路上。**解密 (decryption)** 則是將它轉換回原來的形式。

❑ **壓縮**：資料壓縮可以減少傳送的位元數，其資料壓縮常用於多媒體資料，例如：本文、音訊及視訊。

> 表達層主要是負責資料的轉換、壓縮與加密。

應用層

應用層 (application layer) 讓使用者（可能是人或是軟體程式）使用網路。它提供使用者介面、支援電子郵件、遠端檔案存取、檔案傳遞，以及共享資料的管理等服務。

圖 2.13 說明了應用層與使用者、表達層的關係。圖中說明了 3 種應用的服務，包括 X.400 做訊息處理、X.500 做檢索服務 (directory service) 及 FTAM (File Transfer, Access, and Management) 做檔案的傳輸、存取及管理。圖中的例子則是使用 X.400 來傳送電子郵件。

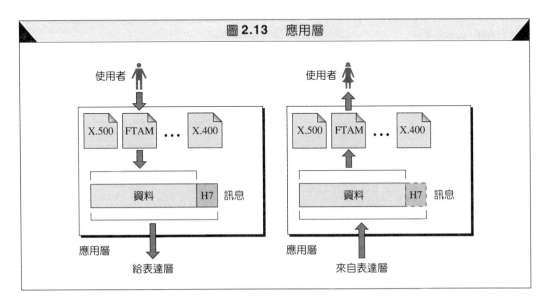

圖 2.13 應用層

應用層提供的服務內容如下：

❑ **網路虛擬終端機**：網路虛擬終端機模擬硬體終端機，這個軟體可以讓使用者登入到遠端的主機。這是在應用層建立一個模擬遠端終端機的軟體，使用者可透過這個軟體終端機與遠端的終端機交談。而遠端主機認為它是與自己的終端機交談而允許使用者登入。

❑ **檔案的傳輸、存取及管理**：應用層讓使用者可以存取遠端主機的檔案（進行更動或讀取資料），將檔案拷貝到本地端的電腦上或者直接在遠端主機上進行檔案的管理或控制。

❑ **電子郵件服務**：應用層提供電子郵件的傳送與儲存服務。

❑ **資料檢索服務**：應用層提供分散式資料庫的使用與存取。

> 應用層主要是負責提供服務給使用者。

各分層摘要

圖 2.14 說明了網路各層的功能。

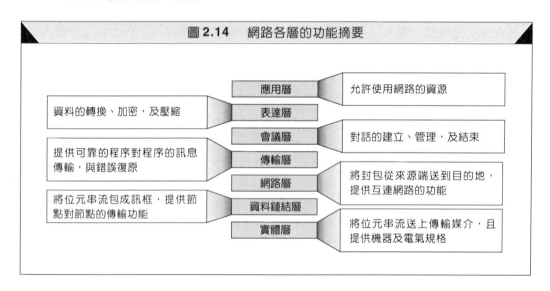

圖 2.14　網路各層的功能摘要

2.3 TCP/IP 通訊協定組　*TCP/IP Protocol Suite*

TCP/IP 通訊協定組發展於 OSI 分層模型之前，因此，TCP/IP 通訊協定組的各分層與 OSI 分層模型並不全然相同。TCP/IP 通訊協定組有 5 個分層，包括實體層、資料鏈結層、網路層、傳輸層及應用層。前 4 層提供了實體層標準、網路介面、網路互連及傳輸層的功能，剛好如同 OSI 分層模型中的前 4 層。而 OSI 分層模型中的最高 3 層則由 TCP/IP 的應用層一層來代表（見圖 2.15）。

　　TCP/IP 是一種階層式的通訊協定，由提供特定功能的**互動模組 (interactive module)** 所組成，不過這些模組並不一定相互關聯。OSI 分層模型規範了哪些功能屬於哪一分層，而 TCP/IP 分層包含的通訊協定比較有獨立性，可依系統需求加以混合搭配使用。

這裡所謂的**階層式 (hierarchical)** 是指，每一個較高階層的通訊協定是由一個或多個較低分層的通訊協定所支援。

在傳輸層，TCP/IP 定義了 3 個通訊協定：傳輸控制通訊協定 (Transmission Control Protocol, TCP)、使用者資料包通訊協定 (User Datagram Protocol, UDP)，以及串流控制傳輸通訊協定 (Stream Control Transmission Protocol, SCTP)。在網路層，TCP/IP 的主要協定為網際網路通訊協定 (Internetworking Protocol, IP)。另外，還有一些通訊協定來支援資料的移動。

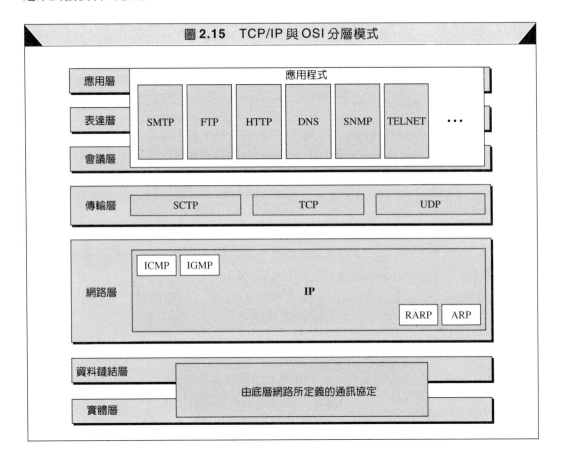

圖 2.15 TCP/IP 與 OSI 分層模式

實體層及資料鏈結層

在實體層及資料鏈結層，TCP/IP 並沒有定義任何的通訊協定，TCP/IP 支援現在所有的標準及特有的非標準通訊協定。TCP/IP 構成的互連網路可以是一個**區域網路 (Local Area Network, LAN)** 或是一個**廣域網路 (Wide Area Network, WAN)**。

網路層

在網路層（更精確地講是網際網路層），TCP/IP 支援網際網路通訊協定 (IP)。而 IP 包括 4 個支援性通訊協定：ARP、RARP、ICMP 及 IGMP，我們將會在後面各章仔細探討這些通訊協定。

網際網路通訊協定

網際網路通訊協定 (**Internetworking Protocol, IP**) 是 TCP/IP 通訊協定所使用的傳輸機制。它是一種非可靠性、非預接式的通訊協定，只提供盡力傳送的服務。所謂**盡力傳送 (best-effort delivery)** 的意義，是指 IP 沒有提供錯誤檢查或追蹤。 IP 會假設它的底層是不可靠的，而盡力將資料傳到目的地，但不一定保證傳到。

　　IP 傳送的封包資料稱為**資料包 (datagram)**，而各別的資料包被分別傳送。資料包在傳輸過程可以經過不同的路徑，可以不按順序到達，也可以被重複。當資料包到達目的地時， IP 不會記錄路徑， IP 也沒有方法將資料包調整回原本的順序。

　　然而 IP 的這些限制不應被視為缺點。 IP 提供了骨幹傳輸的功能，且讓使用者自由加入所需要的功能，因而獲得較高的效率。我們將會在第 8 章討論 IP。

位址解析通訊協定

位址解析通訊協定 (**Address Resolution Protocol, ARP**) 用來關聯一個IP位址與一個實體位址，找出與 IP 位址搭配的實體位址。例如在一個 LAN 的實體網路上，網路上的電腦用一個實體位址來認定，這個位址通常在**網路卡 (Network Interface Card, NIC)** 上。當只知道IP 位址時， ARP 是用來找使用這個IP 位址電腦的實體位址。 ARP 將會在第 7 章談到。

反向位址解析通訊協定

反向位址解析通訊協定 (**Reverse Address Resolution Protocol, RARP**) 可以讓一台只知道自己實體位址的主機去找到它的 IP 位址。此通訊協定用於電腦第一次接到網路上時或無硬碟電腦開機時。將在第 7 章詳細介紹 RARP。

網際網路控制訊息通訊協定

一台電腦或是**閘道器 (gateway)** 可以用**網際網路控制訊息通訊協定 (Internet Control Message Protocol, ICMP)** 將資料包傳送問題回報給傳送者。 ICMP 負責傳送詢問及錯誤報告訊息。我們將在第 9 章討論 ICMP 通訊協定。

網際網路群組訊息通訊協定

網際網路群組訊息通訊協定 (**Internet Group Message Protocol, IGMP**) 可將一個訊息同時傳送給一群接收者。 IGMP 將在第 10 章介紹。

傳輸層

傳統上， TCP/IP 的傳輸層有 TCP 及 UDP 兩種通訊協定。 IP 是**主機對主機通訊協定 (host-to-host protocol)**，將封包由一台電腦傳送到另一台，而 UDP 與 TCP 則是**傳輸層通訊協定 (transport level protocol)**，負責將來自於某個程序的訊息送到另一個程序。 SCTP 則是一個新興的傳輸層通訊協定，為了解決一些新的應用而發展出來。

使用者資料包通訊協定

使用者資料包通訊協定 **(User Datagram Protocol, UDP)** 是 TCP/IP 兩個傳輸層通訊協定中較簡單的一個。它是程序對程序的通訊協定，把上層送來的資料加上通訊埠位址、檢查碼及長度等訊息而送出。

傳輸控制通訊協定

傳輸控制通訊協定 **(Transmission Control Protocol, TCP)** 提供了完整的傳輸層服務給所需的應用程式。TCP 是一個可靠的資料串流傳輸通訊協定。資料串流 (stream) 在這裡有預接式的意思，即收送雙方必須先建立連線才能進行傳送。

在傳送端，TCP 將資料串流分成若干區段，每一個區段有一個序號，是給接收端用來重新排回原來次序用。另外，區段也會加上一個回應號碼來表明已收到來自對方的區段。每個區段被包在 IP 的資料包內而傳送到 Internet 上。在接收端，TCP 收集每個到來的資料包，然後用區段序號重新排回原來的次序。我們將會在第 12 章討論 TCP。

串流控制傳輸通訊協定

串流控制傳輸通訊協定 **(Stream Control Transmission Protocol, SCTP)** 是一個新興的通訊協定，主要是提供支援給一些新的應用，例如網路電話。它主要是結合了 TCP 與 UDP 的優點而成的一種傳輸層通訊協定，我們會在第 13 章討論 SCTP。

應用層

TCP/IP 的應用層相當於 OSI 分層模型中的會議層、表達層及應用層之組合。應用層有很多通訊協定，這些將在後面的章節中提到。

2.4 定址方式 *Addressing*

使用 TCP/IP 通訊協定的網路位址分為**實體位址 (physical address)**、**邏輯位址 (logical address)** 及**通訊埠位址 (port address)** 三個層次（見圖 2.16）。

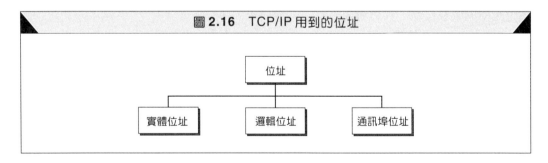

圖 2.16 TCP/IP 用到的位址

每個位址屬於 TCP/IP 架構內的某一層，如圖 2.17 所示。

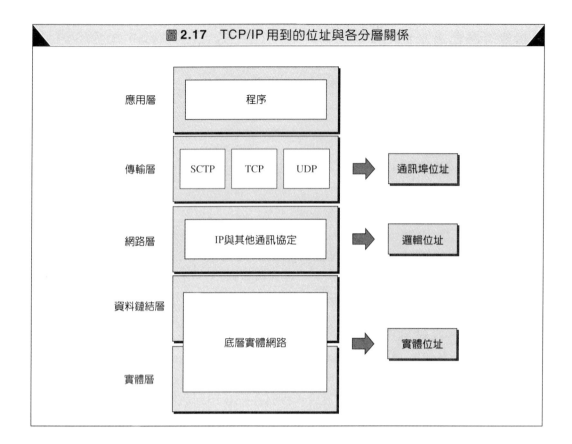

圖 2.17　TCP/IP 用到的位址與各分層關係

實體位址

實體位址 (physical address) 又稱為**鏈結位址 (link address)**，是在 LAN 或 WAN 裡一個節點（電腦）的位址。這個位址由資料鏈結層加在訊框 (frame) 裡，實體位址為這三個位址層的最低層。

　　對於 LAN 或 WAN，實體位址對網路有管理權。實體位址的長度與格式依實體網路的不同而不同。例如，乙太網路 (Ethernet) 使用 6 個位元組（48 位元）的位址，這個位址被放在網路卡 (NIC) 上。然而，像 LocalTalk (Apple) 這種網路則是使用長度為 1 個位元組的動態位址，其值會隨著每次開機而不同。

單點傳播、群播及廣播實體位址

實體位址的定址模式可以是**單點傳播模式 (unicast)**（單一接受者）、**群播模式 (multicast)**（接受者為某一個群組）或**廣播模式 (broadcast)**（在網路上的所有系統都是接受者），有些網路會同時支援這三種定址模式，例如乙太網路（見第 3 章）。而有些網路不支援群播及廣播模式的實體定址模式，假如是這種的網路，要將一個訊框送到一群或全部的接收者，可以用單點傳播模式來模擬群播或廣播模式。這意謂著很多封包是以單點傳播模式傳送出去。

範例 1

圖 2.18 有一個節點的實體位址是 10，要傳送一訊框到一個實體位址為 87 的節點。且這兩個節點位於同一條連線上，在資料鏈結層裡，此訊框的標頭部分包含著這兩個實體位址，這是唯一需要的位址。標頭的其他部分包含此層所需的其他資訊，而尾端資訊則是包括了一些位元用來做錯誤偵測用。

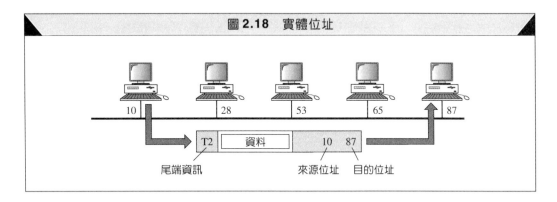

圖 2.18　實體位址

範例 2

在第 3 章我們會看到大部分的區域網路使用 48 位元（6 個位元組）的實體位址，以 12 個十六進制數字代表，每兩個數字之間以冒號隔開，如下所示：

07：01：02：01：2C：4B
一個 6 位元組（12 個十六進制數字）的實體位址

邏輯位址

為了能夠提供不受實體網路限制的通訊服務，我們需要使用邏輯位址（IP 位址）。實體位址並不適用於 Internet 的環境，因為不同實體網路會有不同的位址格式，所以需要一種通用的位址系統來辨認網路上的主機，且不用管其下的實體網路位址是什麼。

邏輯位址就是為了這個目的而設計的。一個邏輯位址目前是 32 位元，可以用來代表一台連到 Internet 上的電腦位址。在 Internet 上，不可以有兩台電腦使用相同的 IP 位址。

單點傳播、群播及廣播位址

邏輯位址可以是單點傳播模式（單一接受者）、群播模式（接受者為某一個群組）或廣播模式（在網路上的所有系統都是接受者）。廣播模式的位址是有限制的。第 4 章將介紹這三類型的定址模式。

範例 3

在圖 2.19 的範例中，我們要在一個 LAN 裡傳送資料，資料從網路位址為 A 的一個節點，其實體位址為 10，要傳送到在另一個 LAN 上網路位址為 P，實體位址為 95 的節點。因為兩個節點位在不同的實體網路上，我們不能只用鏈結層位址，因為鏈結層位址只能辨認在同一個 LAN 上的節點。

　　所以，在這裡我們需要一種通用的位址，可以跨過 LAN 的邊界。因此網路層位址（或稱邏輯位址）便具備這種特性。網路層的封包所用的邏輯位址在資料由來源端傳送到接收端時維持不變（即圖中的 A 和 P）。從一個網路到另一個網路時，邏輯位址是不會變的，但是實體位址在封包由一個網路到另一個網路是會改變的，圖中標記為**路由器 (router)** 的方塊是一個網路互連裝置，我們將在第 3 章中討論。

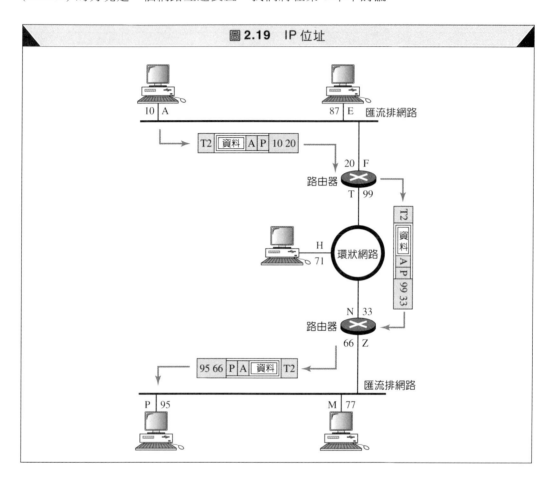

圖 2.19　IP 位址

範例 4

在第 4 章，我們會看到 IP 位址為 32 位元 (IPv4)，通常以 4 個十進制數字代表，每個數字為一個位元組 (byte) 長，數字之間以英文句點隔開，如下所示：

> **132.24.75.9**
> 在 IPv4 下的一個 IP 位址以十進制數字代表

通訊埠位址

資料從來源端送到目的端的主機需要用 IP 位址及實體位址。然而在 Internet 上，將資料送到目的端的主機並不是通訊最終的目的。在系統中，由一台電腦傳送資料給另一台電腦，這樣的功能並不完全。現在的電腦在同一時間內有多個程序在執行，因此，在 Internet 上通訊的最終目的是程序與程序的通訊。例如，電腦 A 與電腦 C 使用 Telnet 通訊，同時電腦 A 和電腦 B 使用 FTP 傳輸通訊協定來通訊。要讓這些程序同時發生，我們要找出一種方法來標示不同的程序，換句話說，要給程序一個位址。在 TCP/IP 的架構下，用來標示程序的代號稱為**通訊埠位址**或簡稱**埠位址**，TCP/IP 用的埠位址有16位元。

範例 5

圖 2.20 展示一個傳輸層通訊的範例。來自上層的資料有埠位址 *j* 及 *k*（*j* 是傳送端程序的位址，*k* 是接收端程序的位址）。因為來自上層的資料大於一次網路層能夠處理的量，因此，這個資料被拆成兩個封包，每個封包均保留服務點位址（*j* 和 *k*）。在網路層，網路位址（A 和 P）分別加到每個封包，然後這兩個封包可藉著不同的路徑照原來次序或不依原序地到達目的地，這兩個封包被送到目的端的傳輸層，傳輸層負責將網路層的標頭移去，並且組合這兩個封包，將之傳給上面的分層。

範例 6

在第 11、12 及 13 章中，我們會看到埠位址為 16 位元以十進制數字代表，如下所示：

753

一個 16 位元的埠位址，以單一數字代表

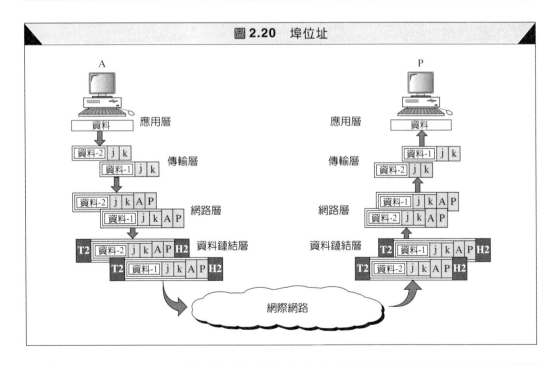

圖 2.20　埠位址

2.5　IP 版本　*IP Versions*

IP 通訊協定在 1983 年成為 Internet 的官方通訊協定（見第 1 章）。隨著 Internet 的演變，IP 通訊協定出現過 6 個版本，我們來看一下最後的 3 個版本。

第 4 版

Internet 上現在大多使用第 4 版，然而這個版本有一些嚴重的缺點。最大的問題在於 IP 位址只有 32 位元，這個位址被分成很多等級 (class)。隨著 Internet 的快速發展，32 位元無法應付未來眾多的使用者人數。另外，位址空間被分成不同等級，進一步限制了能用的位址數。

第 5 版

第 5 版是依據 OSI 分層模型所做出來的建議。由於做了很大的改變及可觀的預估改版費用，因此只停留在建議階段。

第 6 版

IETF 設計的新版稱為第 6 版。這個版本改變了網路層的通訊協定，**IPv4** (IP version 4) 變成 **IPv6** (IP version 6)，ICMPv4 變成 ICMPv6、IGMP 及 ARP 合併到 ICMPv6，且 RARP 被刪除。

IPv6 也稱為 IPng（IP next generation，也就是下一代 IP），使用了 128 位元位址。相對於目前使用的只有 32 位元，IPv6 可以容納更多的使用者。IPv6 的封包被簡化，然而同時也更具彈性允許未來加入新的功能。

新版在網路層支援認證、資料完整性及保密性。它也支援即時資料傳輸的處理，包括聲音、影像，而且可以傳送來自其他通訊協定的資料，IPng 在處理壅塞及尋找路徑的問題上要比目前版本來的好。

本書是以第 4 版為主，但在第 27 章會討論到 IPv6。

2.6　重要名詞　*Key Terms*

存取控制 (access control)

位址解析通訊協定 (Address Resolution Protocol, ARP)

應用層 (application layer)

盡力傳送 (best-effort delivery)

位元 (bits)

廣播實體位址 (broadcast physical address)

匯流排拓樸 (bus topology)

壓縮 (compression)

連線控制 (connection control)

資料鏈結層 (data link layer)

對話控制 (dialog control)

檢索服務 (directory services)

編碼 (encoding)

加密 (encryption)

錯誤控制 (error control)

檔案傳輸、存取，及管理 (File Transfer, Access, and Management, FTAM)

流量控制 (flow control)

訊框 (frames)

全雙工模式 (full-duplex mode)

半雙工模式 (half-duplex mode)

主機對主機通訊協定 (host-to-host protocol)

介面 (interface)

國際標準組織 (International Standards Organization, ISO)

網際網路控制訊息通訊協定 (Internet Control Message Protocol, ICMP)

網際網路群組訊息通訊協定 (Internet Group Message Protocol, IGMP)

網際網路通訊協定 (Internetworking Protocol, IP)

IPv4

IPv6

線路安排 (line configuration)

邏輯位址 (logical address)

邏輯定址 (logical addressing)

郵件服務 (mail service)

網狀拓樸 (mesh topology)

群播實體位址 (multicast physical address)

多點連接設定 (multipoint configuration)

網路層 (network layer)

網路虛擬終端機 (network virtual terminal)

開放式系統 (open system)

開放式系統互連模型 (Open Systems Interconnection model, OSI model)

點對點程序 (peer-to-peer process)

實體位址 (physical address)

實體層 (physical layer)

實體拓樸 (physical topology)

點對點連接設定 (point-to-point configuration)

埠位址 (port address)

表達層 (presentation layer)

程序對程序傳遞 (process-to-process delivery)

反向位址解析通訊協定 (Reverse Address Resolution Protocol, RARP)

環狀拓樸 (ring topology)

路徑選擇 (routing)

區段 (segmentation)

服務點定址 (service-point addressing)

會議層 (session layer)

單工模式 (simplex mode)

來源端到目的端傳遞 (source-to-destination delivery)

星狀拓樸 (star topology)

串流控制傳輸通訊協定 (Stream Control Transmission Protocol, SCTP)

同步點 (synchronization point)

TCP/IP 通訊協定組合 (TCP/IP protocol suite)

轉換 (translation)

傳輸控制通訊協定 (Transmission Control Protocol, TCP)

傳輸模式 (transmission mode)

傳輸速率 (transmission rate)

傳輸層 (transport layer)

傳輸層通訊協定 (transport level protocol)

單點傳播實體位址 (unicast physical address)

使用者資料包通訊協定 (User Datagram Protocol, UDP)

2.7 摘要 *Summary*

❏ 國際標準組織 (ISO) 建立了一種開放式系統互連 (OSI) 的分層模型,讓不同的系統能相互通訊。

❏ OSI 的 7 層分層模型提供了發展通用相容網路通訊協定的指導方針。

❏ 實體層、資料鏈結層及網路層是網路支援層。

❏ 會議層、表達層及應用層是使用者支援層。

❏ 傳輸層連接網路支援層及使用者支援層。

❑ 實體層負責管控將位元串傳送到實體媒介的所需功能。

❑ 資料鏈結層負責將各個資料單元無誤地從一站送到另一站。

❑ 網路層負責越過多個實體網路的封包傳送,以達成來源端到目的端的傳送。

❑ 傳輸層負責整個訊息的來源端到目的端的傳送。

❑ 會議層在兩個通訊系統中負責建立、維繫及同步各種交互動作。

❑ 表達層將資料轉變成一致認定的格式,以確保通訊者間的相互操作性。

❑ 應用層讓使用者使用網路。

❑ TCP/IP 是一組 5 個分層的通訊協定,出現在 OSI 分層模型之前。

❑ TCP/IP 的應用層相當於 OSI 分層模型中的會議層、表達層及應用層的組合。

❑ 在 TCP/IP 通訊協定裡用了三種位址,即實體位址、IP 位址及埠位址。

❑ 實體位址又稱鏈結層位址,用來定義在 LAN 或 WAN 中一個節點的位址。

❑ 一個 IP 位址只定義一台 Internet 上的主機。

❑ 埠位址用來辨認在一台主機上的程序。

❑ 目前大部分的網路使用 IPv4。

❑ IPv6 未來會取代 IPv4。

2.8 習題 *Practice Set*

練習題

1. OSI 和 ISO 彼此有何關係?

2. 將以下對應到一個或多個 OSI 的分層:

    (a) 路徑決定

    (b) 流量控制

    (c) 傳輸媒介的介面

    (d) 提供使用者存取網路

3. 將以下對應到一個或多個 OSI 的分層:

    (a) 可靠程序對程序傳輸

    (b) 路徑選擇

    (c) 定義訊框

    (d) 提供使用者電子郵件及檔案傳輸之服務

    (e) 在實體層上傳位元串

4. 將以下對應到一個或多個 OSI 的分層:

    (a) 直接與使用者應用程式通訊

    (b) 錯誤改正及重送

    (c) 機械、電器及功能性介面

    (d) 負責鄰近節點間的資訊

5. 將以下對應到一個或多個OSI的分層：

   (a) 格式與代碼轉換服務

   (b) 建立、管理及結束協議

   (c) 確保可靠資料傳輸

   (d) 登入和登出程序

   (e) 針對不同資料表示法提供獨立性

資料檢索

6. 在 TCP/IP 通訊協定組之中，DNS 為一應用程式（見第17章），找出在 OSI 分層模型中與 DNS 等效的通訊協定並加以比較。

7. 在 TCP/ IP 通訊協定組之中，FTP 為一應用程式（見第19章），找出在 OSI 分層模型中與 FTP 等效的通訊協定並加以比較。

8. 在 TCP/ IP 通訊協定組之中，TFTP 為一應用程式（見第19章），找出在 OSI 分層模型中與 TFTP 等效的通訊協定並加以比較。

9. 在 OSI 分層模型下，有好幾個傳輸層通訊協定被提出來，請找出它們，並加以比較。

10. 在 OSI 分層模型下，有好幾個網路層通訊協定被提出來，請找出它們，並加以比較。

CHAPTER 3

底層技術

Underlying Technologies

我們可以將 Internet 視為一些**骨幹網路 (backbone network)** 所組成,這些骨幹網路由一些國際級、國家級,或地區性的 ISP 所經營。骨幹網路是由交換器或路由器所連接。對端點的使用者而言,如果不是在地區性 ISP 的 LAN 上,就是透過點對點網路連到 LAN 上。從觀念上來說,Internet 是由一群交換式 WAN(骨幹)、LAN、點對點 WAN 與連接裝置所組成(見圖 3.1)。

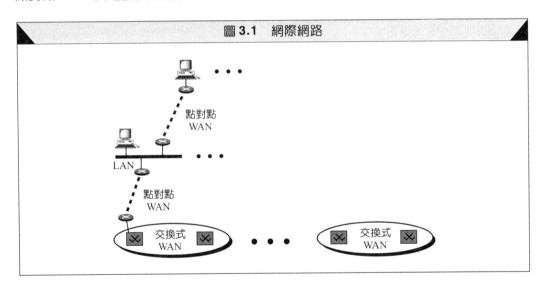

圖 3.1　網際網路

　　雖然 TCP/IP 通訊協定組一般以 5 層方式來展現。事實上,TCP/IP 只定義上面 3 層,即網路層、傳輸層,及應用層。這意味著 TCP/IP 假設 WAN、LAN 和網路連接裝置的存在。

　　在此,我們假設讀者已經熟悉底層技術,如資料通訊、電話通訊、LAN、WAN 和一些連接裝置。

　　不過,我們還是在本章簡單地複習一下這些技術。我們沒辦法很詳細地一一介紹這些議題。如果讀者需要更詳細的資料,可參考作者 Forouzan 的另一本書籍,*Data Communications and Networking*, 3 ed., McGraw-Hill, 2004。

3.1 區域網路 *Local Area Networks, LANs*

區域網路 (Local Area Network, LAN) 是指在一個有限區間內的資料通訊系統,如一個部門、一棟建築物或是一個校園的網路。它可以讓一定數量的設備彼此直接通訊,而大型的機構往往需要數個相連的 LAN。

最受歡迎的區域網路包括**乙太網路 (Ethernet)** 及**無線區域網路 (wireless LAN)**。我們在本節會簡短地介紹前兩種區域網路。其他關於區域網路的討論可參考作者 Forouzan 的另外一本書籍,*Local Area Networks*, McGraw-Hill, 2003。

有線區域網路:乙太網路

乙太網路是最受歡迎的區域網路,乙太網路通訊協定是由全錄 (Xerox) 公司在 1973 年設計的,當時資料傳輸速率為 10 Mbps,以匯流排方式連接。現在使用的乙太網路,其資料傳輸速率為 100 Mbps 及 1000 Mbps。乙太網路正式定義在 IEEE 802.3 標準。

傳統乙太網路 (10 Mbps)

原來的乙太網路,一般稱為傳統乙太網路,其資料傳輸速率為 10 Mbps,我們先介紹這個版本。

存取方法:CSMA/CD IEEE 802.3 定義了**載波感測多重存取及碰撞偵測 (Carrier Sense Multiple Access with Collision Detection, CSMA/CD)**,為傳統乙太網路的媒介存取方法。在傳統的乙太網路中,實體上各站是以匯流排或是星型方式連接,但在邏輯上,其連接方式都是匯流排。這表示傳輸媒介(通道)是由各站所共享,任何一個時段只有一站能使用。這也表示,所有各站都可以接收由某站送出的訊框。只有真正的目的站才留下訊框,其他的則會移除。

在這種情況下,我們如何確定在同一時間,不會有 2 個站同時使用傳輸媒介呢?如果它們同時使用匯流排,則其訊框會在媒介上相互碰撞。CSMA/CD 則是用來解決此一問題,其原理如下:

1. 各站使用傳輸媒介的權利相同(多重存取)。

2. 某一站要傳送訊框之前,需要先感測傳輸媒介的使用狀況。如果傳輸媒介上沒有資料,則可以開始傳送(載波感測)。

3. 可能有 2 個站同時感測到傳輸媒介上沒有資料,而各自傳送其訊框。若是這樣,則導致**碰撞 (collision)** 發生。通訊協定規定,傳送站要在開始傳送之後,繼續感測線路狀況。若有碰撞發生,所有站台會感測到此狀況,則每個傳送站接著會送出一個壅塞的訊號,以破壞在線路上的資料,然後每個發生碰撞的站會等待一段時間之後再重送。這一段時間可避免同時重送的發生。圖 3.2 展示了 CSMA/CD 的機制。

有 3 個因素與 CSMA/CD 標準有關:最小訊框長度、資料傳輸速率,及碰撞區間 (collision domain)。某一站台用來確定在線路上沒有資料傳輸所需要去等待的時間,等於最小訊框長度除以傳輸速率(也就是將最小訊框長度完全送出所需的時間)。這個時間與第一個位元要傳輸的最長網路距離(即碰撞區間)成正比。換言之,我們可得:

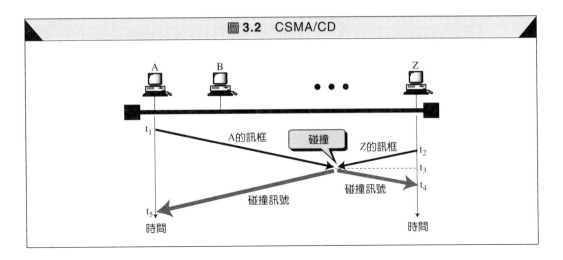

圖 **3.2**　CSMA/CD

$$\frac{最小訊框長度／傳輸速率}{正 比 於}$$
$$碰撞區間／傳播速度$$

　　以傳統乙太網路而言，最小訊框長度為 520 位元，傳輸速率為 10 Mbps，其傳播速度幾乎等於光速的 2/3 倍，而碰撞區間大約為 2,500 公尺。

分層　圖 3.3 說明了 10 Mbps 乙太網路的分層。資料鏈結層有兩個子層：**邏輯鏈結控制 (Logical Link Control, LLC)** 及**媒體存取控制 (Media Access Control, MAC)**。LLC 層負責資料鏈結層的流量及錯誤控制。MAC 層負責 CSMA/CD 的運作。MAC 負責將來自 LLC 的資料封裝成訊框，然後交給實體層做訊號的編碼。實體層在傳輸媒介上以電氣訊號傳送資料給下一站。另外，實體層偵測碰撞並回報碰撞給資料鏈結層。

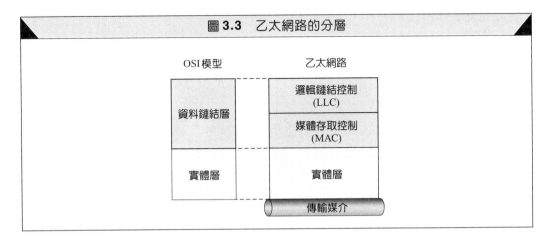

圖 **3.3**　乙太網路的分層

訊框　IEEE 802.3 定義了一種訊框，其內容包含 7 個欄位：前置碼 (preamble)、SFD、DA、SA、PDU 的長度／類別、802.2 訊框，及 CRC。乙太網路並沒有針對訊框接收提供任何回應機制，是一種不可靠的媒介。回應的機制必須由上層來做。CSMA/CD 的 MAC 訊框格式如圖 3.4 所示。

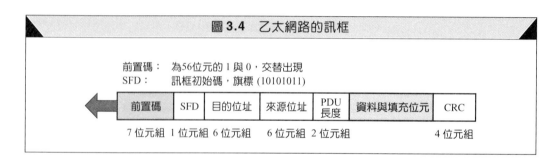

- **前置碼 (preamble)**：這個欄位有 7 個位元組，由 0 及 1 交替構成，前置碼使接收端知道有訊框進來，用在同步接收端的時序電路。前置碼通常由實體層加入，不算是訊框的一部分。

- **訊框初始碼 (Start Frame Delimiter, SFD)**：這個欄位的長度為 1 個位元組，其值為 (10101011)，代表一個訊框的開始。SFD 給接收站取得同步的最後一個機會，最後兩個位元為 11，代表下一個欄位是目的位址。

- **目的位址 (Destination Address, DA)**：DA 欄位的長度為 6 個位元組，代表訊框接收者的實體位址。

- **來源位址 (Source Address, SA)**：SA 欄位的長度為 6 個位元組，代表訊框傳送者的實體位址。

- **長度／型態 (Length / Type)**：長度欄有兩個意義。如果本欄的值小於 1518，則定義在訊框中的資料長度。如果本欄的值大於 1536，則定義使用 Internet 服務的上層通訊協定。

- **資料 (data)**：本欄的資料來自上層，而資料欄大小為 46 到 1,500 位元組。

- **CRC 檢查碼**：在 802.3 訊框中的最後一個欄位（4 個位元組）包含了錯誤偵測訊息，在此使用 CRC-32。

定址 乙太網路上的每一站台，如 PC、工作站、印表機都有自己的**網路卡 (Network Interface Card, NIC)**。NIC 安裝在站台內部，提供該站一個 6 個位元組的實體位址。乙太網路位址是 6 個位元組（48 個位元）。通常使用十六進制以冒號隔開的方式表示，如下所示：

07：01：02：01：2C：4B

位址是一個位元組接著一個位元組傳送，從左到右，但是每個位元組由**最低有效位元 (Least Significant Bit, LSB)** 先送，而**最高有效位元 (Most Significant Bit, MSB)** 則在最後送。

乙太網路的位址有 3 種型態：單點傳播 (unicast)、群播 (multicast)，及廣播 (broadcast)。單點傳播位址的第一個位元組的最低有效位元 (LSB) 為 0，群播位址則為 1。廣播位址則為 48 個 1。其來源位址一定是單點傳播位址，而目的位址可為單點傳播位址（單一接受者）、群播位址（接受者為某一個群組），或廣播位址（在 LAN 上的所有站台都是接受者）。

實現方式 對於傳統乙太網路，IEEE標準定義了4種實現方式。圖3.5說明了這4種實現方式。圖中的傳收器 (transceiver) 可以是內含或是在外部，負責編碼、碰撞偵測、傳送與接收訊號。

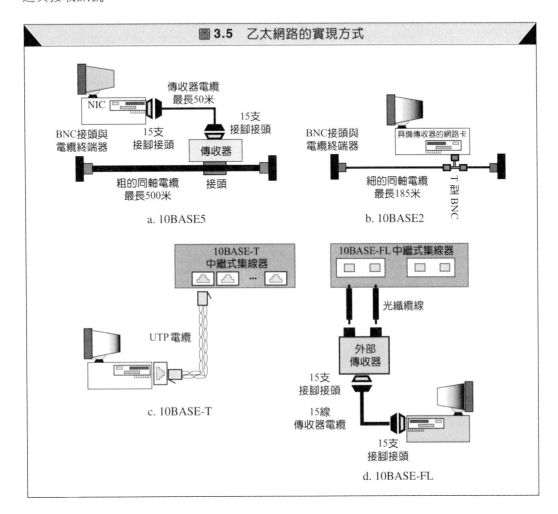

圖 3.5　乙太網路的實現方式

- **10BASE5**（粗纜乙太網路）以匯流排拓樸連接各站，使用粗的同軸電纜做為傳輸媒介。
- **10BASE2**（細纜乙太網路）以匯流排拓樸連接各站，使用細的同軸電纜做為傳輸媒介。
- **10BASE-T**（雙絞線乙太網路）使用星狀拓樸連接各站（邏輯上依舊是匯流排），每個站使用雙絞線連到集線器。
- **10BASE-FL**（光纖乙太網路）使用星狀拓樸連接各站（邏輯上依舊是匯流排），每個站以一對光纖連接到集線器。

快速乙太網路

由於高傳輸速率之需求，造就了**高速乙太網路 (Fast Ethernet)** 通訊協定 (100 Mbps) 的出現。在 MAC 層，高速乙太網路使用與傳統乙太網路相同原理 (CSMA/CD) 的通訊協定，不過傳輸率由 10 Mbps 增加到 100 Mbps。當傳輸速率增加，訊框離開傳送站的時間會相對地減少，這意指傳送站去感測碰撞的時間也相對地減少。這也代表在固定的傳播速度下，碰撞區間變得更短了。

為了讓 CSMA/CD 能夠正常運作，我們有兩種選擇：第一增加最小訊框的長度，第二是縮小碰撞區間（傳播速度無法改變）。增加訊框的最小長度將會導致額外的負擔，如果要傳送的資料不夠長，我們要加入一些額外沒有用的位元組，這樣效率就會降低。所以高速乙太網路選擇縮小碰撞區間，從 2,500 公尺降為 250 公尺。若以星狀拓樸連接時，250 公尺在許多地方都是可以被接受的。在實體層，高速乙太網路使用不同的訊號方式，也使用不同的媒介，以達到 100 Mbps 的傳輸速率。

高速乙太網路的實現方式　高速乙太網路可分為 2 線或 4 線的實現方式。2 線的實現方式稱為 100BASE-X，又分為雙絞線電纜 (100BASE-TX) 或光纖 (100BASE-FX)。4 線的實現方式只用在雙絞線電纜 (100BASE-T4)。換言之，我們擁有 3 種實現的方式：100BASE-TX、100BASE-FX，以及 100BASE-T4（見圖 3.6）。

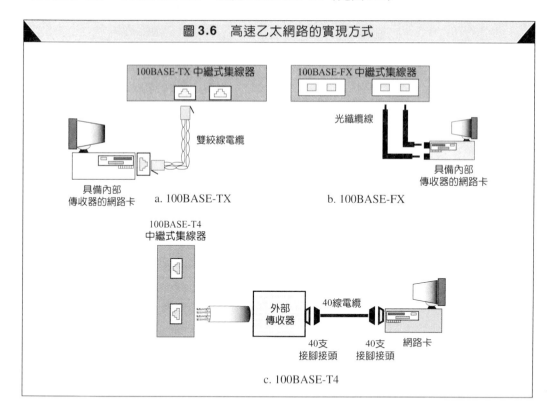

圖 3.6　高速乙太網路的實現方式

Gigabit 乙太網路

比 100 Mbps 更快的傳輸速率需求，造成了 **Gigabit 乙太網路 (Gigabit Ethernet)** 通訊協定 (1000 Mbps = 1 Gbps) 的出現。想要達到這個傳輸速率，MAC 層有兩個選項可做：保留 CSMA/CD，或是不用 CSMA/CD。如果要保留 CSMA/CD，能做的是再縮小碰撞區間，或增加最小訊框長度。但是因為 25 公尺的碰撞區間太小了，無法被接受，所以只能巧妙地增加最小訊框的長度。

　　第二種選項是不再使用CSMA/CD，那麼每個站台可以用兩條不同的路徑連到集線器。這種做法稱為**全雙工式乙太網路 (full-duplex Ethernet)**，沒有碰撞產生，因此就不需使用 CSMA/CD。

　　實體層則做了很多改變，以符合傳輸速率的需求。

Gigabit 乙太網路的實現方式　Gigabit 乙太網路可分為 2 線或 4 線的實現方式。2 線的實現方式稱為 1000BASE-X，又細分為 1000BASE-SX（使用光纖傳送短波的雷射訊號）及 1000BASE-LX（使用光纖傳送長波的雷射訊號）。而 4 線的版本是使用雙絞線電纜，稱為 1000BASE-T。如圖 3.7 說明了這些實現方式。

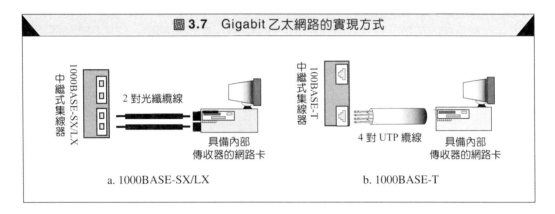

圖 **3.7**　Gigabit 乙太網路的實現方式

無線區域網路：IEEE 802.11

在本節，我們將介紹無線區域網路的技術：IEEE 802.11 無線區域網路，有時候又稱為無線乙太網路。我們將學習如果透過無線鏈結的技術，讓我們能連接到 Internet。至於連線的建立及端點對端點的通訊是如何實現等議題，則是未來章節的內容。

　　IEEE 定義了無線區域網路的規格，稱為 **IEEE 802.11**，主要涵蓋了實體層和資料鏈結層。在我們討論這些分層之前，我們先看看一般情況下通訊協定的架構。

架 構

此標準定義了兩種類型的服務：一是基本服務集合 (BSS)，另一是延伸服務集合 (ESS)。**基本服務集合 (Basic Service Set, BSS)** 為無線區域網路之基本建構單元。一個 BSS 包含靜止或無線行動站台，另外，可以包含一個稱為**無線存取點 (Access Point, AP)** 的基本中央站台。圖 3.8 說明了此一架構。

　　如果 BSS 中沒有 AP，這個 BSS 為一個單獨的網路，無法傳送資料到其他的 BSS。這就是為什麼它被稱為**特別的點對點架構 (ad hoc architecture)** 的原因。在這樣的架構下，數個站台不需要 AP 就可以構成一個網路，它們可以相互找出其他站台，並且同意成為某個 BSS 的一部分。

　　延伸服務集合 (Extended Service Set, ESS) 是由兩個以上具有 AP 的 BSS 所構成。在 ESS 的架構裡，BSS 由**傳播系統 (distribution system)** 的機制連接在一起，一個有線的 LAN，就可以當作傳播系統，而傳播系統連接每一個 BSS 中的 AP。IEEE 802.11 並

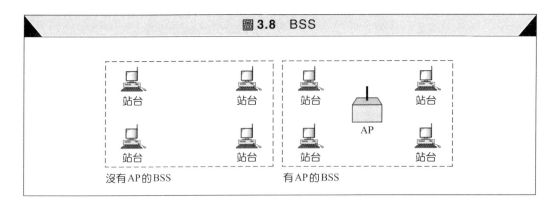

圖 3.8　BSS

未限制傳播系統的種類，它可以是任何 IEEE 的 LAN，如乙太網路。注意 ESS 使用兩種站台：一種是移動式的，而另一種則是固定式的。移動式站台為 BSS 內的一般站台，而固定式站台為 AP，是有線 LAN 的一部分。圖 3.9 說明了一個 ESS 的架構。

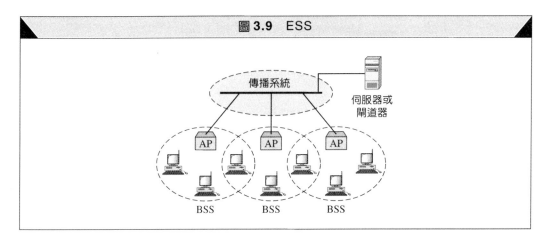

圖 3.9　ESS

　　當數個 BSS 連接在一起後，則稱為**基礎網路 (infrastructure network)**。在此網路內，通訊可以互相到達的站台，可以不經過 AP 即互相通訊。不過，在不同 BSS 的兩個站台，通常是經由兩台 AP 來通訊。這個概念如同行動電話網路 (cellular network) 一般，我們可以將每一個 BSS 想像成是一個蜂巢 (cell)，並且將每一台 AP 想像成是一個基地台 (base station)。注意一個行動站台，可以同時屬於一個以上的 BSS。

實體層

對於實體層中如何將各位元轉成訊號，IEEE 802.11 定義了一些規格。除了其中一項關於紅外線頻率的規格我們不在此討論之外，其他 5 項屬於無線電頻率範圍的規格如圖 3.10 中所示。

❑ **IEEE 802.11 FHSS**：這一個標準描述了**跳頻展頻 (Frequency Hopping Spread Spectrum, FHSS)** 的方法，訊號產生在 2.40 ~ 2.48 GHz 的頻帶上，其資料傳輸速率為 1 Mbps 或 2 Mbps。FHSS 的做法是傳送者以某一載波頻率送出訊號一段時間，然後跳到另一個載波，以相同的時間傳送訊號，之後再跳頻。等跳了 N 次之後（一個週期結束），再重複相同的週期（見圖 3.11）。如果原來訊號的頻寬為 B，則展頻被分配到的頻寬為 $N \times B$。

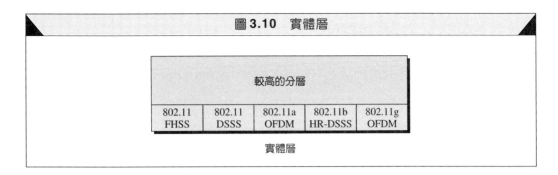

圖 **3.10** 實體層

❑ **IEEE 802.11 DSSS**：這一個標準描述了**直接序列展頻 (Direct Sequence Spread Spectrum, DSSS)** 的方法，訊號產生在 2.40 ~ 2.48 GHz 的頻帶上，其資料傳輸速率為 1 Mbps 或 2 Mbps。在 DSSS 中，傳送者送出的每一個位元以一位元串取代，此位元串稱為**晶片碼 (chip code)**。為避免緩衝發生問題，送出一個晶片碼的時間要和原本送出一個位元所需的時間一樣。如果每個晶片碼的位元數為 N，則傳送晶片碼的資料傳輸速率，為原來位元流的資料傳輸速率的 N 倍。圖 3.12 說明了一個 DSSS 的範例。

❑ **IEEE 802.11a OFDM**：這一個標準描述了**正交分頻多工 (Orthogonal Frequency-Division Multiplexing, OFDM)** 的方法，其資料傳輸率為 18 Mbps 和 54 Mbps。關於 OFDM 更詳細的資料請參考作者 Forouzan 的另外一本書籍，*Data Communications and Networking*, 3 ed., McGraw-Hill, 2004。

❑ **IEEE 802.11b HR-DSSS**：這一個標準描述了**高速直接序列展頻 (High-Rate DSSS, HR-DSSS)** 的方法，訊號產生在 2.40 ~ 2.48 GHz 的頻帶上，其資料傳輸率為 1 Mbps、2 Mbps、5.5 Mbps 或 11 Mbps。它向下相容於 DSSS。

❑ **IEEE 802.11g OFDM**：這是 OFDM 較新的版本，在 2.40 ~ 2.48 GHz 的頻帶上，其資料傳輸率可達到 54 Mbps。使用一種複雜的調頻技術來達到高度資料傳輸速率。

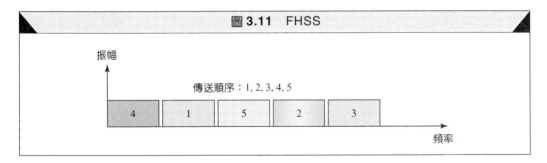

圖 **3.11** FHSS

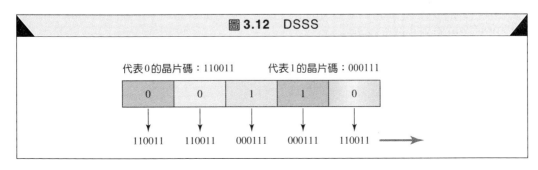

圖 **3.12** DSSS

媒體存取控制層 (MAC layer)

IEEE 802.11 定義了兩個 MAC 的子層：**分散式協調功能 (Distributed Coordination Function, DCF)** 和**集中式協調功能 (Point Coordination Function, PCF)**，如圖 3.13 所示。

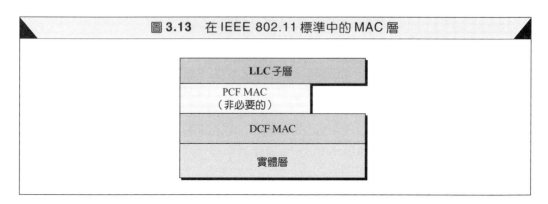

圖 **3.13**　在 IEEE 802.11 標準中的 MAC 層

　　PCF 被實現在一個基礎網路（不是在一個特別的點對點架構網路中），是一種非必要且複雜的存取方法。在此，我們並不討論它，更詳細的資料請參考作者Forouzan的另外一本書籍，*Local Area Networks*, McGraw-Hill, 2003。

　　DCF 使用一種稱為**載波感測多重存取及碰撞避免 (Carrier Sense Multiple Access with Collision Avoidance, CSMA/CA)** 的存取方法，原本在CSMA/CD中有兩個原理也應用到 CSMA/CA：第一是每個站台有相同權力存取媒介（多重存取）；第二是每個站台在傳送前先感測傳送媒介的使用狀況。然而，CSMA/CD 中的碰撞偵測並沒有被採用，主要的原因是有**終端機隱匿問題 (hidden terminal problem)** 的存在。

　　讓我們了解一下何謂隱終端機隱匿問題，假設目前我們有 3 個站台 (1、2、3)。站台 1 送一個訊框給站台 2，在同時站台 3 也送一個訊框給站台 2。有可能因為牆壁或障礙物之阻擾，站台 1 和站台 3 無法知道對方之存在，如此一來發生了碰撞。但是，站台 1 與站台 3 卻無法偵測到碰撞的發生，誤以為封包安全地送達到對方。

　　要阻止上述狀況發生，就必須避免碰撞的情況發生。各個站台必須定義它需要使用傳輸媒介多長的時間，並告訴其他各站在這段時間不要送出任何資料。圖 3.14 說明了這個程序。其步驟如下：

1.　欲傳送的站台在感測到傳輸媒介閒置後，會送出一個特別的小訊框稱為**傳送要求 (Request To Send, RTS)**。在此訊息中，傳送者定義它使用媒介的總時間。

2.　接收者送出一個小封包回應對方的傳送要求，稱為**允許傳送 (Clear To Send, CTS)**。

3.　傳送者開始傳送資料訊框。

4.　接收者回應所收到的資料。

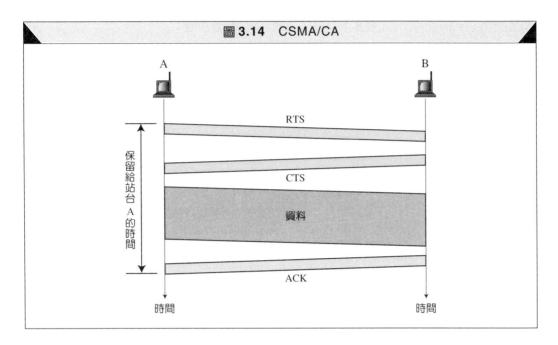

圖 3.14 CSMA/CA

訊框 MAC 層的訊框包含了 9 個欄位，如圖 3.15 所示。

圖 3.15 訊框

2 位元組	2 位元組	6 位元組	6 位元組	6 位元組	2 位元組	6 位元組	0 到 2312 位元組	4 位元組
FC	D	位址 1	位址 2	位址 3	SC	位址 4	訊框本體	FCS

- **訊框控制 (Frame Control, FC)**：FC 欄位的長度為 2 個位元組，定義了訊框的種類及許多的控制訊息。
- **D 欄位**：在大部分的控制訊框中，這個欄位定義了傳輸的持續期間。除了在某一種控制訊框中，這個欄位定義了訊框的 ID。
- **位址 (address)**：總共有 4 個位址欄位，每個位址欄位的長度為 6 位元組。每個位址欄位所代表的意義則是根據 FC 欄位中的 *To DS* 及 *From DS* 子欄位的值來決定，稍後我們將會討論。
- **控制序號 (sequence control)**：這個欄位定義了訊框在控制流程中的順序號碼。
- **訊框本體 (frame body)**：這個欄位的長度介於 0 到 2312 位元組，所包含的資訊基於 FC 欄位中的種類及子欄位的值。
- **FCS 欄位**：FCS 欄位的長度為 4 個位元組，包含一個 CRC-32 的錯誤檢查碼。

定址機制 IEEE 802.11 的定址機制較為複雜，其原因主要是由中繼站台 (AP) 所造成的。總共有 4 種定址方法，由 FC 欄位中的 To DS 及 From DS 這兩個旗標的值來決定。每個旗標不是 0 就是 1，所以有 4 種不同的情況。在 MAC 訊框中的 4 個位址欄位所代表的意義取決於這些旗標的值，如表 3.1 所列。

表 **3.1**　IEEE 802.11 的定址機制

To DS	From DS	位址 1	位址 2	位址 3	位址 4
0	0	目標站台	來源站台	BSS ID	N/A
0	1	目標站台	傳送 AP	來源站台	N/A
1	0	接收 AP	來源站台	目標站台	N/A
1	1	接收 AP	傳送 AP	目標站台	來源站台

注意，位址 1 固定代表下一個裝置的位址，位址 2 固定代表前一個裝置的位址。如果位址 1 並不是代表目標站台的位址，則由位址 3 來代表目標站台的位址。如果位址 2 並不是代表來源站台的位址，則由位址 4 來代表來源站台的位址。

3.2　點對點廣域網路　*Point-to-Point WANs*

在 Internet 中，我們遇到的第 2 種網路類型是**點對點廣域網路 (point-to-point WAN)**。一個點對點廣域網路是使用公眾網路，如電話線來連接 2 個遠端裝置。我們在此將會介紹這些技術的實體層與資料鏈結層。

實體層

在實體層，2 個裝置的點對點連線，可以使用以下的方式來連接：傳統數據機的技術、DSL 線路、有線電視數據機、 T 線路或 SONET 。

56K 數據機

我們仍然使用傳統的數據機來上傳資料到 Internet 上，以及下載 Internet 上的資料，如圖 3.16 所示。

在**上傳 (uploading)** 的部分，類比訊號必須在交換機中取樣 (sampling)，這也代表上傳時的資料傳輸速率被限制在 33.6 kbps 。然而在**下載 (downloading)** 時並不需要取樣的動作，所以訊號不受量化雜訊的影響與 Shannon 容量理論的限制。其上傳的最大傳輸速率為 33.6 kbps ，而下載的最大傳輸速率為 56 kbps 。

有人可能很納悶為什麼是 56 kbps 。電信公司的聲音取樣頻率是每秒 8,000 次，每次取樣 8 位元。每次取樣中有 1 位元是為了控制目的，所以其實每次只取樣 7 位元。因此傳輸速率就是 8,000 × 7 = 56,000 bps ，也就是 56 kbps 。**V.90** 和 **V.92** 的標準數據機皆操作在 56 kbps 的速率下，其用來連接一個主機到 Internet 中。

DSL 技術

在傳統數據機的技術已經達到極限之後，電信公司開始發展另一項稱為 DSL 的新技術，來提供與 Internet 之間的高速存取。**數位用戶線路 (Digital Subscriber Line, DSL)** 的技術是架構在現存的地區性迴路（電話線）之上，並且支援高速的數位通訊，是一種被大家看好的技術。 DSL 技術其實是一系列相關技術的統稱，這些技術的頭一個英文字母

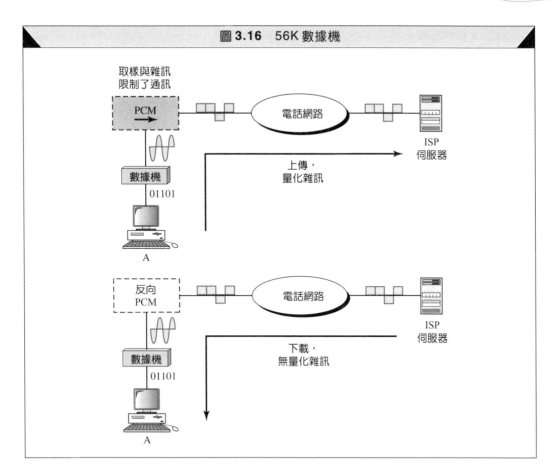

圖 3.16　56K 數據機

都不同（ADSL、VDSL、HDSL，及 SDSL）。這些技術也常被稱為 xDSL，其中 x 的部分可以是 A、V、H 或 S。

ADSL　這一系列相關技術中的第一項是**非對稱式數位用戶線路 (Asymmetric DSL, ADSL)**。ADSL 和 56K 數據機一樣，它在下載方向（從 Internet 到用戶端）提供較高的傳輸速率，而在上傳方向（從用戶端到 Internet）則傳輸速率較低。這也是為什麼它被稱為非對稱的原因。但是和 56K 數據機的非對稱有點不同，ADSL 的設計者將地區性迴路所能獲得的頻寬以非對稱的方式分配給住宅式消費者。所以此項服務並不適用於需要雙向大量頻寬需求的商業性消費者。

> **ADSL 是針對住宅式消費者所設計的一種非對稱式通訊技術；ADSL 並不適用於商業性消費者。**

圖 3.17 說明了 ADSL 頻寬的分配情況：

❑ **聲音**：頻道 0 保留給聲音通訊使用。

❑ **閒置**：頻道 1 ~ 5 並未使用，主要是要讓聲音和資料通訊之間有個空隙。

❑ **資料上傳與控制**：頻道 6 ~ 30（共 25 個頻道）使用在資料上傳時的傳輸與控制。其中 1 個頻道是為了控制，而剩下的 24 個頻道是為了資料的傳輸。如果有 24 個頻道，每個頻道使用 4 kHz（可獲得超過 4.312 kHz），而每 Hz 具有 15 位元。則我們在上傳的方向可擁有 24 × 4000 × 15 = 1.44 Mbps 的頻寬。

❑ **資料下載與控制**：頻道31 ~ 255（共225個頻道）使用在資料下載時的傳輸與控制。其中1個頻道是為了控制，而剩下的224個頻道是為了資料的傳輸。如果有224個頻道，則我們在下載的方向可擁有 224 × 4000 × 15 = 13.4 Mbps 的頻寬。

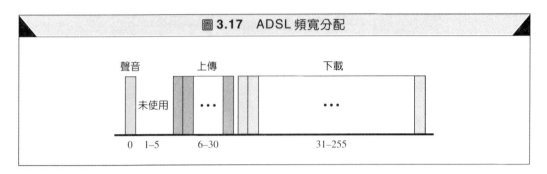

圖 3.17 ADSL 頻寬分配

因為訊號／雜訊比變差的原因，實際上的頻寬皆小於上述的值。其實際上的頻寬如下：

> **上傳**：64 kbps ~ 1 Mbps
> **下載**：500 kbps ~ 8 Mbps

圖 3.18 說明了 ADSL 數據機安裝在客戶端的示意圖。地區性迴路連接到一個過濾器，這個過濾器會將聲音和資料通訊的訊號分開。ADSL 數據機會調整資料的部分，以便建立上傳和下載的頻道。

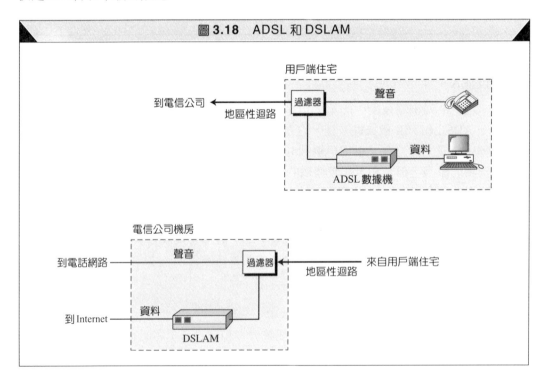

圖 3.18 ADSL 和 DSLAM

在電信公司這端，情況就不一樣。有別於ADSL數據機的裝置是一種稱為**數位用戶線路存取多工器 (Digital Subscriber Line Access Multiplexer, DSLAM)** 的裝置。DSLAM的功能類似於 ADSL 數據機，不同的地方是 DSLAM 負責將資料封包化，然後傳送到 Internet。圖 3.18 說明了安裝的情況。

其他 DSL 技術　ADSL 提供了非對稱性的通訊，下載的位元速率遠大於上傳的位元速率。儘管這樣的特色適用於大部分住宅式用戶的需求，但是它並不適用於需要雙向大量頻寬需求的商業應用。而**對稱式數位用戶線路 (Symmetric DSL, SDSL)** 就是為了這些商業應用而設計的。SDSL 將可用的頻寬平均地分配給上傳和下載的兩個方向。

高速率數位用戶線路 (High bit rate DSL, HDSL) 設計用來做為 T-1 線路 (1.544 Mbps) 之外的另一項選擇。T-1 線路 (稍後會討論) 使用**交替傳號反轉 (Alternate Mark Inversion, AMI)** 的編碼方式，在高頻的部分非常容易衰減。這也限制了 T-1 線路的長度在 1 公里長。如果需要更遠的傳輸距離時，就需要一個訊號增益器 (repeater)，這也代表成本的增加。而 HDSL 使用距離可達 3.6 公里。

超高速率數位用戶線路 (Very high bit rate DSL, VDSL) 是一種類似於ADSL的技術，使用同軸電纜、光纖或雙絞線電纜做短距離通訊用（300 ~ 1,800 公尺）。VSDL 的調變技術使用**離散複頻調變技術 (Discrete Multitone Technique, DMT)**，其下載速率可達 50 ~ 55 Mbps，而上傳速率在 1.5 ~ 2.5 Mbps 之間。

有線電視纜線數據機

有線電視公司與電信公司正在相互競爭住宅式用戶高速網路的這塊大餅。DSL的技術架構在地區性迴路（電話線）之上，提供高速率的數位通訊。然而，DSL 使用現存的無遮蔽式雙絞線 (Unshielded Twisted-Pair, UTP)，UTP 非常容易受介面的影響，這也影響到資料傳輸速率的上限。另一項選擇就是使用有線電視的網路。

傳統的有線電視網路　有線電視 (cable TV) 剛開始主要是將廣播視訊的訊號傳送到訊號微弱或是接收不到訊號的地區。它被稱之為**社區天線電視 (Community Antenna TV, CATV)**（亦稱有線電視），因為會有天線架設在高山或建築物頂端，用來接收來自TV站台的訊號，並且透過同軸電纜將這些訊號分散到各用戶住宅。

有線電視公司的機房稱為**頭端 (head end)**，它會接收來自廣播站台的訊號並將訊號轉送給同軸電纜。傳統的有線電視系統使用同軸電纜來進行端點對端點的傳輸。因為訊號的天線及大量放大器的使用，所以傳統有線電視網路的通訊只有單向傳輸。視訊的訊號傳輸只能下載，從頭端到使用者住宅。

光纖同軸混合網路　第二代的有線電視網路稱之為**光纖同軸混合網路 (Hybrid Fiber-Coaxial network, HFC network)**。HFC 網路同時使用光纖和同軸電纜的組合。從有線電視公司到**光纖節點 (fiber node)** 之間的傳輸媒介是使用光纖，從光纖節點透過鄰近社區到用戶住宅這一段的傳輸媒介還是使用同軸電纜線。從傳統有線電視系統轉換到HFC系統的主要原因是要讓有線電視網路可以雙向傳輸。

頻寬 就算是 HFC 的系統，從光纖節點到用戶住宅這一段（網路的最後一部分）還是使用同軸電纜。而同軸電纜的頻寬大約介於 5 ~ 750 MHz 之間。有線電視公司將此頻寬分割成 3 個頻帶：視訊、資料下載，及資料上傳，如圖 3.19 所示。

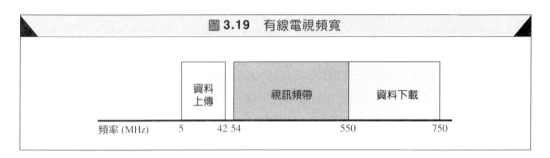

圖 3.19 有線電視頻寬

□ **視訊頻帶**：只能下載的視訊頻帶占用 54 ~ 550 MHz 之間的頻率。每個電視頻道占用 6 MHz，這也代表視訊頻帶可容納超過 80 個頻道。

□ **資料下載頻帶**：資料下載（從 Internet 到用戶端住宅）占用頻率較高的頻帶，從 550 ~ 750 MHz。這個頻帶也以 6 MHz 為單位分割成多個頻道。資料下載最快可以在 30 Mbps 的速率下接收資料，但是標準只訂在 27 Mbps。如果有線電視數據機是透過 10BASE-T 的網路線連接到電腦主機，則資料傳輸率就被限制在 10 Mbps。

□ **資料上傳頻帶**：資料上傳（從用戶端住宅到 Internet）占用頻率較低的頻帶，從 5 ~ 42 MHz。這個頻帶也以 6 MHz 為單位分割成多個頻道。因為資料上傳頻帶使用較低的頻率，因此容易受到雜訊和介面的影響。理論上，資料上傳可達到 12 Mbps (2 bits/Hz × 6 MHz)。但是，通常資料速率小於 12 Mbps。

分享 用戶端必須共享資料上傳頻帶及資料下載頻帶。而資料上傳頻帶只有 37 MHz，這也代表上傳的方向只有 6 個頻道，每個頻道為 6 MHz。在上傳的方向中，每個用戶端都需要使用一個頻道來傳送資料。現在遇到的問題是如何將這 6 個頻道分享給 1,000 個、2,000 個，甚至 100,000 個用戶端？解決的方法是應用**分時共享** (time-sharing) 的原理。頻帶被分成多個頻道，而住在鄰近的用戶端之間就必須共享這些頻道。有線電視公司會以靜態或是動態的方式分配一個頻道給一個群組的用戶端。當某一個用戶端想要傳送資料時，他就必須和同一群組中其他也想存取的用戶端爭取頻道的使用權。用戶端必須等待，直到獲得頻道的使用權。這樣的情況類似於乙太網路中的 CSMA。

我們在下載的方向也會遇到類似的情況。資料下載頻帶擁有 33 個 6 MHz 的頻道。有線電視公司非常有可能擁有超過 33 個用戶端，所以每一個頻道必須被一個群組的用戶端共同分享。但是情況和資料上傳時有所不同，在此我們會有群播的情況。如果有資料要給群組中的任何一個用戶端時，這個資料會傳送到屬於這個群組的頻道上，每個用戶端都會接收到這個資料。但是因為每個用戶端向有線電視公司註冊時會獲得一個專屬的位址，而有線電視數據機會比對資料的目的位址和用戶端的位址是否相符。如果位址符合，則保留此資料，否則就將它移除。

裝置 使用有線電視網路來傳輸資料時，我們需要 2 個主要的裝置：CM 和 CMTS。**有線電視纜線數據機 (Cable Modem, CM)** 安裝在用戶端住宅內，CM 類似於 ADSL 數據機。圖 3.20 說明了 CM 安裝的位置。**有線電視纜線數據機傳輸系統 (Cable Modem Transmission System, CMTS)** 安裝在有線電視公司的**分配中心** (distribution hub)。

CMTS 接收到來自 Internet 的資料後轉傳給**結合器** (combiner)，然後由結合器將這些資料傳送給用戶端。CMTS 也接收來自用戶端的資料，然後再轉傳到 Internet。圖 3.20 說明了 CMTS 安裝的位置。

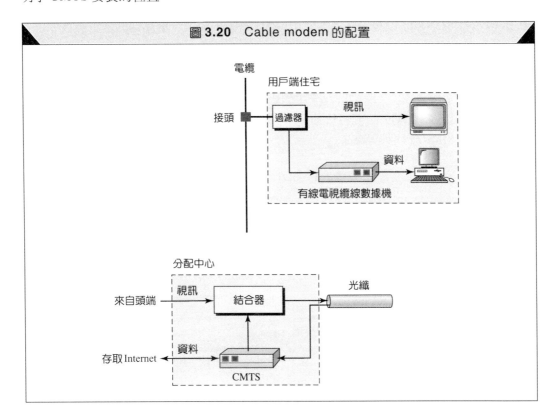

圖 **3.20** Cable modem 的配置

T 線路

T 線路是標準的數位電話線路，原來 T 線路是設計用於數位聲音頻道的多工使用。現在的 T 線路，可供家庭或公司上網用。T 線路也可以作為一交換式廣域網路節點間的連接線路。商用的 T 線路有 2 個速率：T-1 和 T-3（見表 3.2）。

表 **3.2** T 線路的速率

線路	速率 (Mbps)
T-1	1.544
T-3	44.736

T-1 線路　T-1 線路的傳輸速率為 1.544 Mbps。T-1 線路可支援 24 個聲音頻道，每個頻道經取樣後，會以 8 位元的二進制數來代表。另外再加上 1 個位元做為同步用，因此每個訊框長為 193 位元。我們只需要每秒送出 8,000 個訊框，就可得到 1.544 Mbps 的資料速率。當我們使用 T1 線路上網時，我們可以使用全部或部分的頻寬。

T-3 線路　T-3 線路的資料速率為 44.736 Mbps，等於 28 條 T-1 線路。很多用戶也許用不到那麼多，所以電信公司也發展出一種很多個用戶共享一條 T 線路的技術，其做法是透過多工處理。

SONET

光纖的高頻寬適合現今需要高速傳輸速率的應用，如視訊會議。光纖也可以同時支援大量較低傳輸速率的應用。ANSI 建立一套標準，稱為**同步光纖網路 (Synchronous Optical Network, SONET)** 以規範光纖的使用。 SONET 規範了一個高速的資料載波。

SONET 首先定義一組電氣訊號，稱為**同步傳輸訊號 (Synchronous Transport Signal, STS)**。將這些訊號轉換成光的訊號，稱為**光纖載波 (Optical Carrier, OC)**。這些光纖訊號是以每秒 8,000 個訊框的速率送出。

表 3.3 說明 STS 和 OC 的資料傳輸速率。注意，最低的速率是 51.840 Mbps，這比 T-3 的 44.736 Mbps 都要來得高。

表 **3.3** SONET 的速率

STS	OC	速率 (Mbps)
STS-1	OC-1	51.840
STS-3	OC-3	155.520
STS-9	OC-9	466.560
STS-12	OC-12	622.080
STS-18	OC-18	933.120
STS-24	OC-24	1244.160
STS-36	OC-36	1866.230
STS-48	OC-48	2488.320
STS-96	OC-96	4979.640
STS-192	OC-192	9953.280

資料鏈結層

想要有一個可靠的點對點連線，使用者需要一個資料鏈結層的通訊協定。這種情況最常使用的是**點對點通訊協定 (Point-to-Point Protocol, PPP)**。

PPP

電信公司或有線電視公司提供一個實體層線路，但是，還需要有一個特別的通訊協定來控制及管理資料的傳送。點對點通訊協定 (PPP) 就是為此目的而設計的。

PPP 層　PPP 只有實體層與資料鏈結層。不過，PPP 對實體層並未定義任何特定的通訊協定。PPP 讓操作者自行使用任何可以用的方案，而 PPP 也支援任何 ANSI 認可的通訊協定。在資料鏈結層，PPP 定義訊框之格式，以及用來做建立控制與資料傳輸之通訊協定。圖 3.21 說明了 PPP 的訊框格式。

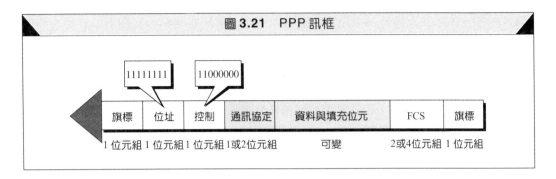

圖3.21 PPP 訊框

各欄位的描述如下：

1. **旗標欄**：旗標欄用來辨識 PPP 訊框之邊界，其值為 01111110。

2. **位址欄**：因為 PPP 使用點對點連線，如同很多 LAN 一樣，PPP 使用位址 11111111 為廣播位址，以避免通訊協定用到任何其他的資料鏈結層位址。

3. **控制欄**：控制欄的值為 11000000，訊框本身並沒有序號，因此，每個訊框都是獨立的。

4. **通訊協定欄**：通訊協定欄定義資料欄內資料的類別，是使用者資料或是其他資訊。

5. **資料欄**：資料欄內為使用者資料或是其他資訊。

6. **FCS**：FCS為訊框錯誤檢查碼，可以是2個位元組的CRC或是4個位元組的CRC。

鏈結控制通訊協定

鏈結控制通訊協定 (Link Control Protocol, LCP) 負責連線的建立、維護和結束。當資料欄內的資料與 LCP 有關時，表示 PPP 正在處理連線，而不是傳送使用者資料。

網路控制通訊協定

網路控制通訊協定 (Network Control Protocol, NCP) 的使用提升了 PPP的彈性，NCP 讓PPP可以傳送不同網路通訊協定的資料，包括IP。當連線建立之後，PPP可以在資料欄內傳送 IP 封包。

PPPoE

PPP 的設計是讓單一使用者透過傳統的數據機和電話線連上 Internet。現今，DSL、Cable Modem，及無線網路等技術允許在一個乙太區域網路中的一群使用者透過單一實體線路來存取Internet。換句話說，只要連接到LAN中的主機都可以分享這一條單一實體線路來存取Internet。**乙太網路點對點通訊協定 (PPP over Ethernet, PPPoE)** 是一個新的通訊協定，PPPoE使用一種探索技巧來尋找連接到Internet上的主機之乙太網路位址。等尋找到位址後，就使用正規的 PPP 通訊協定來提供連接的功能。

3.3 交換式廣域網路 *Switched WAN*

Internet 的骨幹網路通常為一**交換式廣域網路 (switched WAN)**。交換式廣域網路為一個涵蓋面積可達一州或一個國家之大的廣域網路，並且提供很多地點給使用者存取。在

WAN 內部，由眾多交換器連接點對點網路以構成一個網狀連結。交換器為一種多埠的連接器，允許數個輸入與輸出間的連接。

交換式廣域網路的技術與 LAN 有許多不同的地方。首先，交換式廣域網路使用交換器以建立多重路徑，它不像 LAN 使用匯流排或是星狀拓樸的連接方式。 LAN 的技術被視為非預接式的技術，也就是說封包傳輸時傳送者與接收者間並不需要事先建立特殊的連線。而交換式廣域網路則是一種預接式的技術，傳送者要送出封包之前，傳送與接收者之間必須要先有一條連線。在連線建立之後，該連線會給予一個識別碼，且在傳輸期間內使用，當傳輸結束後，連線正式宣告結束。這裡的連線識別碼可用來取代 LAN 技術中的來源與目的位址。

在本節，我們介紹 3 種常見的交換式廣域網路。首先是 X.25，不過它幾乎快絕跡不用了。第二種是**訊框轉送**，可能還會再使用個幾年。第三種則是 ATM，是目前最盛行的技術。我們會以較簡短的內容來介紹前 2 種型態的交換式廣域網路，因此會花多一點時間來介紹 ATM。

X.25

X.25 出現在 1970 年代，是第一個同時在美國及歐洲廣泛使用的交換式廣域網路。雖然，現在歐洲仍在使用，但是在美國卻已淘汰不用。 X.25 主要用來連接個人的電腦或 LAN，為一種公眾網路，其 X.25 支援點對點的服務。

雖然 X.25 用在 WAN 以傳送 IP 封包，從世界的一地到另一地，IP 和 X.25 間卻有衝突點。 IP 是第 3 層的通訊協定，其 IP 封包理應由第 2 層的訊框所傳送。而 X.25 是在 Internet 出現前所設計的，是一種 3 個分層的通訊協定，它有自己的網路層。 IP 封包必須被封裝在 X.25 的網路層封包內，以便從一個網路傳送到另一個網路。這有點像一個人已經有一輛汽車，但是，卻要將汽車放在另一輛卡車上才能旅行一樣。

X.25 的另一個問題點是它在設計的時候，當時傳輸媒介的可靠性極低（並未使用光纖），因此 X.25 執行大量的錯誤控制，這樣會讓傳輸變得很慢。所以在要求速度的情況下， X.25 愈來愈不受重視。基於上述理由， X.25 可能很快會在 Internet 上消失。

訊框轉送

訊框轉送 (Frame Relay) 是一種交換式的技術，提供底層（實體層及資料鏈結層）的服務，它是用來取代 X.25。而訊框轉送相較於 X.25 有下列幾項優點：

1. **高資料傳輸速率**：即使原先的訊框轉送設計為 1.544 Mbps 的傳輸速率（相當於 T-1 線路），現在很多訊框轉送線路傳輸速率可以高達 44.736 Mbps（相當於 T-3 線路）。

2. **突發性資料**：某些廣域網路的服務，假設使用者只有固定速率的需求。例如， T-1 線路就是給想要持續有 1.544 Mbps 速率的使用者。這種服務並不適合現今需要傳送**突發性資料 (bursty data)**（非固定速率的資料）的使用者。例如，某使用者想要在前 2 秒使用 6 Mbps 來傳送資料，接下來的 7 秒不傳送資料 (0 Mbps)，然後在最後 1 秒使用 3.44 Mbps 來傳送資料，總共在 10 秒內傳送 15.44 Mb 的資料。雖然以平均速率來看依然為 1.544 Mbps，但是 T-1 的線路卻無法提供此項需求，因為它只設計用來服務固定速率，不是突發性的方式。傳送突發性資料，需要一種稱為**隨選頻寬 (bandwidth on demand)** 的方案，使用者在不同時間，需要有不同的頻寬分配。訊框轉送則可接受突發性資料。使用者被分配給予平均的傳輸速率，但是在需要時，可以超過。

3. **由於傳輸媒介的改善，使得額外負擔較低：**過去十年來，傳輸媒介的品質已經大大的提升，變得更加可靠，較少錯誤發生。因此，WAN 不需要花太多時間和資源在過度地錯誤檢查上面。X.25 在錯誤檢查及流量控制方面的動作相當多。相對地，訊框轉送在資料鏈結層中並不提供錯誤檢查或回應的動作，所有的錯誤檢查都留給網路層和傳輸層的通訊協定來進行。

訊框轉送的架構

連接使用者到網路的裝置稱為**資料終端設備 (Data Terminating Equipment, DTE)**。在網路內，為訊框做路徑選擇的交換器稱為**資料線路設備 (Data Circuit Equipment, DCE)**，如圖 3.22 所示。訊框轉送通常使用在一個 WAN 中，用來連接多個 LAN 或大型電腦。若是要連接 LAN，可以使用一台路由器或橋接器當成 DTE，並且透過專線將 LAN 連接到訊框轉送的交換器（可視為 DCE）。若是要連接大型電腦，則在大型電腦本身內安裝適當的軟體後，就可以作為 DTE。

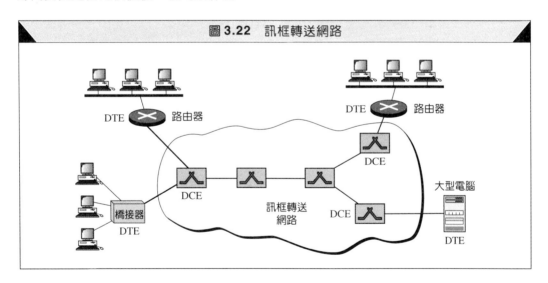

圖 3.22　訊框轉送網路

虛擬線路

訊框轉送跟其他的交換式 LAN 一樣，使用虛擬線路與虛擬線路識別碼（稱之為 DLCI）。

訊框轉送分層

訊框轉送只有實體層與資料鏈結層。在實體層方面，並沒有規範特定的通訊協定，供使用者自行選用。其訊框轉送支援 ANSI 所認可的所有通訊協定。在資料鏈結層的部分，訊框轉送使用了一個簡單的資料傳送通訊協定，其傳送來自一個 DTE 的資料到另外一個 DTE。

ATM

非同步傳輸模式 (Asynchronous Transfer Mode, ATM) 是一種資料胞轉送 (cell relay) 的通訊協定，由 ATM 論壇所設計，為 ITU-T 所認可。

設計目的

ATM 設計者所面臨的挑戰中，有六項是最突出的。第一，要能最佳化高速資料傳輸媒介的使用，特別是光纖的傳輸系統。第二，需要有一種系統，能夠連接現存的各式封包網路，且能提供廣域網路連接，但不會降低原來這些網路的效率，也不需要更換掉它們。第三，新的設計，其成本不可以成為大家採用的阻礙。如果 ATM 要成為網路的骨幹，它必須是低成本，想用的人都能採用。第四，新系統必須能與現存的電信架構（如地區性迴路、地區提供者，及長途電話等）共同運作使用。第五，新系統必須是預接式的連接，以保證正確及傳輸的可預期性。最後一點，但並不是最不重要的一點，即儘量將功能以硬體方式來實現，且儘量減少軟體的功能，以提升速度。

資料胞網路

ATM 是一種**資料胞網路 (cell network)**。**資料胞 (cell)** 為一固定長度的小資料單元，為資料胞網路內資料交換的基本單位。在這種網路內，所有資料都載入完全相似的 cell 內，傳送時具有完全的一致性並可以預期。各個 cell 之間，經過多工處理後，在資料胞網路內傳送。因為每個 cell 都是一樣大小，而且都不大，所以可以避免因為封包大小不同所帶來的多工處理問題。

資料胞網路使用 cell 作為資料交換的基本單元。

一個 cell 為一固定大小的資料區塊。

非同步 TDM

ATM 使用**非同步分時多工 (asynchronous time-division multiplexing)** 的技術，以多工方式處理來自不同通道的 cell，這也是它為什麼被稱為**非同步傳輸模式 (Asynchronous Transfer Mode, ATM)** 的原因。ATM 採用固定大小的時間空位，其固定大小和 cell 相同。ATM 以多工方式依序將 cell 填放在時間空位內，其 cell 可以來自任何一個有 cell 進來的輸入通道。如果所有的輸入通道內都沒有 cell 可送，那麼這個時間空位就會空著。

圖 3.23 說明了來自 3 個輸入通道的 cell，如何被多工處理。在第一個時脈週期時，通道 2 沒有 cell（空白輸入），所以多工器拿通道 3 的 cell 來填時間空位。當所有輸入的所有 cell 都被多工處理後，輸出空位就空著。

ATM 架構

ATM 是一種交換式網路。使用者存取的裝置稱為端點 (end point)。端點透過**用戶至網路介面 (User-to-Network Interface, UNI)** 連接到網路內的交換器。交換器以**網路至網路介面 (Network-to-Network Interface, NNI)** 相連接。圖 3.24 說明了一個 ATM 網路的範例。

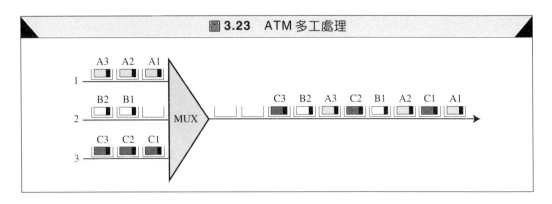

圖 3.23 ATM 多工處理

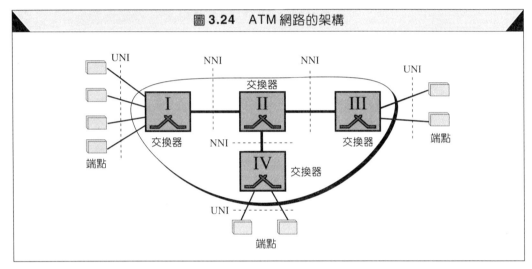

圖 3.24 ATM 網路的架構

虛擬連線 兩個端點的連線是由傳輸路徑 (TP)、虛擬路徑 (VP)，及虛擬線路 (VC) 所完成。**傳輸路徑 (Transmission Path, TP)** 為端點與交換器間，或者是兩台交換器間的實體連線（電線、同軸電纜和衛星等）。將兩台交換器想像成兩個城市，TP 即是連接兩個城市間所有高速公路的集合。

一條 TP 可分成數條 VP。一條**虛擬路徑 (Virtual Path, VP)** 提供 2 台交換器間的 1 條連線或 1 組連線。將 VP 想像成連接兩個城市的高速公路，每一條高速公路就是一條 VP，而所有的高速公路的集合則為 TP。

資料胞網路基於**虛擬線路 (Virtual Circuit, VC)** 之使用。所有屬於同一訊息的 cell，以同一條 VC 行走，且依照原來的次序到達其目的地。將 VC 想像成是一條高速公路 (VP) 上的車道，如圖 3.25 所示。

圖中也說明了一條 TP（實體連接）、VP（數條被綁在一起的虛擬線路的組合）及 VC（兩點間邏輯上的傳輸連線）的關係。

在一虛擬線路的網路裡，要先識別虛擬連線才能將資料從一個端點傳送到另一個端點。因此，ATM 的設計者定義一種 2 層的識別碼：一是**虛擬路徑識別碼 (Virtual Path Identifier, VPI)**；另一個則是**虛擬線路識別碼 (Virtual Circuit Identifier, VCI)**。VPI

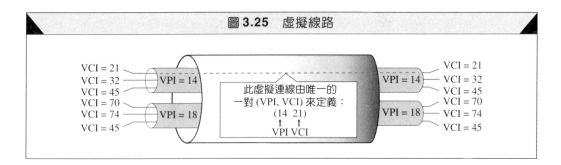

圖 3.25 虛擬線路

定義一條特定的 VP，而 VCI 定義該 VP 內的某一條特定 VC。對所有邏輯上綁在同一條 VP 的所有虛擬連線，其 VPI 都是一樣的。

> 注意，一條虛擬連線可用 VPI 和 VCI 來定義。

Cells 一個 cell 的長度為 53 位元組，其中 5 個位元組為標頭 (header)，48 個位元組為酬載資料 (payload)，而使用者資料可能少於 48 個位元組。標頭大部分是 VPI 和 VCI 的資訊。圖 3.26 說明了 cell 的結構。

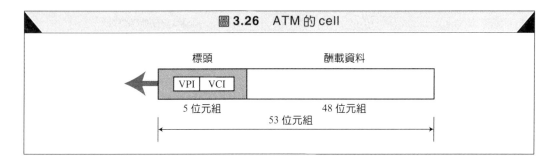

圖 3.26 ATM 的 cell

ATM 分層

ATM 標準定義了 3 個分層。從上而下分別為 AAL 層、ATM 層及實體層，如圖 3.27 所示。

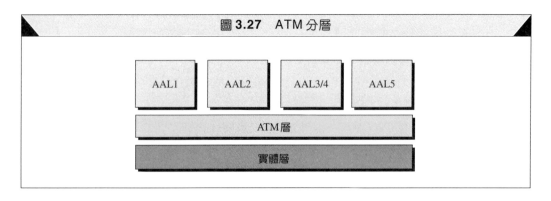

圖 3.27 ATM 分層

應用適應層 應用適應層 (Application Adaptation Layer, AAL) 允許現存的網路（例如封包網路）連接到 ATM 的設施。 AAL 通訊協定將來自上層服務的封包資料，對應到固定大小的 ATM 的 cell。其傳輸的東西可以是聲音、資料、音訊，及視訊等任何類別，而速率可以是固定的或是可變的。接收者則做相反的程序，將分段重新組合回其原來的格式，傳送給接收端的服務程序。

❑ **AAL1**：AAL1 是為了固定位元速率的資料流而設計，例如視訊或聲音。其允許 ATM 和現存的數位電話網路（例如音訊通道或 T 線路）相互連接。

❑ **AAL2**：AAL2 原本是為了可變位元速率的資料流而設計，但是它被重新設計了。現在 AAL2 使用在低位元速率的傳輸或是小訊框的傳輸，例如音訊（壓縮或未壓縮）、視訊，及傳真，而行動電話則是 AAL2 最佳的應用。 AAL2 將多個小訊框多工處理到一個 cell 中。

❑ **AAL3/4**：當初 AAL3 是為了支援預接式的資料服務，而 AAL4 則是為了支援非預接式的資料服務。但是發展的過程中明顯地發現這兩種通訊協定的根本問題是相同的，所以最後就結合成單一格式，稱之為 AAL3/4。

❑ **AAL5**：AAL3/4 提供了廣泛的序列安排與錯誤控制的技巧，但並不是所有的應用都需要。所以針對這些應用， ATM 的設計者提供了第 5 個 AAL 子層，稱之為**簡效適應層 (Simple and Efficient Adaptation Layer, SEAL)**。 AAL5 假設一個訊息中的所有 cell 在傳送過程中都已經按照順序，而控制功能的部分也已經被包含在傳送應用的上層通訊協定中。 AAL5 是為了那些使用資料包 (datagram) 方法來做路徑選擇的非預接式封包通訊協定而設計，例如 TCP/IP 中的 IP 通訊協定。

> IP 通訊協定使用 AAL5 子層。

ATM 層 ATM 層提供路徑選擇、傳輸管理、交換與多工服務。 ATM 層處理輸出的動作，它接受來自 AAL 子層的 48 位元組區段，將它加上 5 個位元組的標頭，使它成為 53 位元組的 cell。

實體層 實體層定義傳輸媒介、位元傳輸、編碼及電氣與光訊號的轉換。實體層也提供各種實體層傳輸通訊協定，如 SONET、 T-3 等匯聚之規範。實體層也提供將 cell 轉換成位元串的機制。

> 我們將在第 23 章討論在 ATM 上執行 IP 的相關議題。

3.4 連接裝置 *Connecting Devices*

LAN 或 WAN 通常不會單獨的運作，它們會與其他網路或與 Internet 連接在一起。因此，我們使用**連接裝置 (connecting device)** 將各個 LAN 或 WAN 連接在一起。連接裝置可以運作在網路模型中的不同層次。在此，我們討論 3 種類型的連接裝置：訊號增益器 (repeater) 或集線器 (hub)、橋接器 (bridge) 或第二層交換器 (two-layer switch)，及路由器 (router) 或第三層交換器 (three-layer switch)。訊號增益器或集線器運作在網路模型中的第一層。橋接器或第二層交換器運作在網路模型中的前 2 層。路由器或第三層交換器運作在網路模型中的前 3 層。圖 3.28 說明了每一個連接裝置所運作的層次。

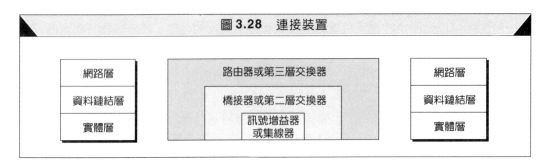

訊號增益器 (repeater) 又稱為**中繼器**，只運作在實體層。在網路內，訊號攜帶傳輸訊息，在傳輸一段固定距離後會衰減，進而影響到資料的完整性。訊號增益器在訊號變得太弱或損壞掉之前收到訊號，接著重新產生原來的位元，之後，訊號增益器送出這些被更新的訊號。訊號增益器能夠延伸網路的實際有效範圍，如圖 3.29 所示。

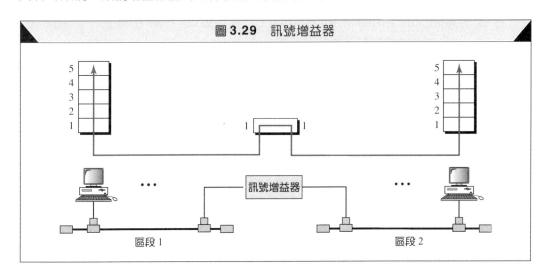

　　一個訊號增益器無法將實際上的兩個 LAN 連接在一起，而是將同一個 LAN 中的 2 個區段連接在一起。被連接在一起的各個區段仍舊屬於同一個 LAN 。

訊號增益器連接一個 LAN 中的不同區段。

　　訊號增益器克服了 10BASE5 乙太網路在長度上的限制。以 10BASE5 而言，電纜長度限制為 500 公尺。我們可以將電纜分成幾個區段，在區段之間安裝訊號增益器，就達到延長網路長度的目的。注意，這樣的網路，依舊被視為一個 LAN，被訊號增益器分開的段落稱為**區段 (segment)**。訊號增益器相當於一個雙埠的節點，但是只運作在實體層。當它從某一個埠收到封包後，它會重新產生原來的訊號，然後從另一個埠轉送出去。

> 訊號增益器轉送每一個位元，但它並沒有過濾的功能。

　　或許有些人會將訊號增益器比喻成**放大器 (amplifier)**，但是這樣的比喻是不精確的。因為放大器並沒有辦法區分資料與雜訊，它會將它接受到的所有輸入訊號放大。但是訊號增益器並不是放大訊號，而是重建訊號。當訊號增益器接收到一個微弱或損壞的訊號時，它會一個接著一個位元地創造一份新的備份，回復原本的訊號強度。

> 訊號增益器是重建訊號，而不是放大訊號。

　　訊號增益器設置的位置非常地重要。而訊號增益器的設置必須讓訊號到達它之前，不會讓雜訊導致資料中任何一個位元所代表的意義被改變。微小的雜訊可能會影響到位元電壓的精確度，並不會銷毀位元的存在，如圖3.30所示。但是如果某個損壞的位元傳輸太遠之後，累積的雜訊就有可能徹底地改變位元代表的意義。當原本的電壓已經無法復原時，我們就需要去更正這個錯誤。因此，訊號增益器必須設置在訊號尚未失去可讀性之前，仍然還足以去偵測並複製這些訊號來保持原本的格式。

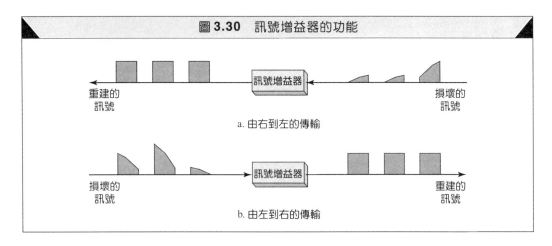

圖 3.30　訊號增益器的功能

集線器

雖然集線器這個名詞，可以指任何的連接裝置。不過，它有一個特定意義。**集線器 (hub)** 事實上為多埠的訊號增益器，通常以星狀拓樸的方式連接各個站台。

橋接器

橋接器 (bridge) 運作在實體層與資料鏈結層。就實體層而言，橋接器重新產生它收到的訊號；就資料鏈結層而言，橋接器可以檢查封包內的實體 (MAC) 位址（來源及目的地）。注意，原本訊號增益器可以讓我們將訊號傳送到任何距離遠的地方，但是因為受到碰撞區間的限制，所以傳送距離還是有所限制。然而，橋接器就必須想辦法克服碰撞區間的限制。

過濾

有人或許會問，就功能而言，橋接器與訊號增益器的區別在哪裡？橋接器有 **過濾 (filtering)** 的功能。它可以檢查封包的目的位址，並決定封包要被轉送或移除。如果封包是要轉送，還必須指出要轉送到哪一個埠。其橋接器擁有一張表格，記錄位址與埠的對應關係。

> 橋接器使用一張表格來做封包過濾的決定。

　　讓我們以圖 3.31 為例，其中有兩個 LAN 使用橋接器連接在一起。當某一封包欲送到站台 712B13456142，並且到達橋接器的埠號 1，橋接器查表以找出其離開的埠號。依照表的內容，到 712B13456142 的封包，由埠號 1 離開，所以這個封包不用被轉送，直接移除即可。不過，若是欲到 712B13456141 的封包是從埠號 2 到達，而其離開介面為埠號 1，那麼這個封包就要被轉送出去。在第 1 個例子中，LAN 2 沒有此封包的傳輸。在第 2 個例子中，兩邊的 LAN 都有此封包的傳輸。在我們的範例中，是以雙埠的橋接器為例，事實上，一個橋接器可能有多個埠。注意，橋接器不會改變封包內的實體位址。

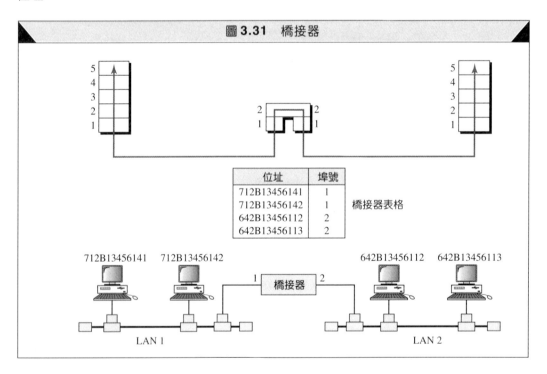

圖 3.31　橋接器

位址	埠號
712B13456141	1
712B13456142	1
642B13456112	2
642B13456113	2

橋接器表格

> 橋接器無法改變在訊框中的實體 (MAC) 位址。

透明橋接器

現今的橋接器為一種 **透明橋接器 (transparent bridge)**，各站台並不會察覺有橋接器的存在。如果要在一個系統中新增或是移除一個橋接器時，各站台並不需要重新設定。根據 IEEE 802.1d 的規格定義，一個具有透明橋接器的系統必須滿足以下幾項準則：

1. 封包必須可以從某個站台轉送到另一個站台。

2. 轉送表格必須根據網路上封包的動向來達到表格建立的自動化。

3. 必須能夠防止系統中迴圈的發生。

轉送 一個透明橋接器必須能夠正確地轉送各封包，就像前一段我們討論到的一樣。

學習 早期的橋接器所擁有的轉送表格是靜態的，系統管理員必須以人工的方式鍵入相關的資訊到表格中來設定橋接器。雖然這樣的程序很簡單，但是並不實際。如果有一個站台要新增或移除時，這個表格就需要人工修改一次。相同地，當某個站台的 MAC 位址改變時（不常發生），這個表格也需要人工修改一次。例如，某一站台新增一張網路卡時就等於新增一個 MAC 位址。

　　一個比較好的方案就是使用動態表格來取代靜態表格，動態表格可以自動地記錄位址與埠之間的對應關係。為了讓表格能動態化，我們需要一個可以漸漸學習封包動向的橋接器。為了達到這樣的目的，橋接器必須檢查封包中的目的位址與來源位址。檢查目的位址是為了用來決定轉送的動作（查詢表格）；檢查來源位址是為了要更新表格的內容。讓我們以圖 3.32 為例，說明詳細的程序。

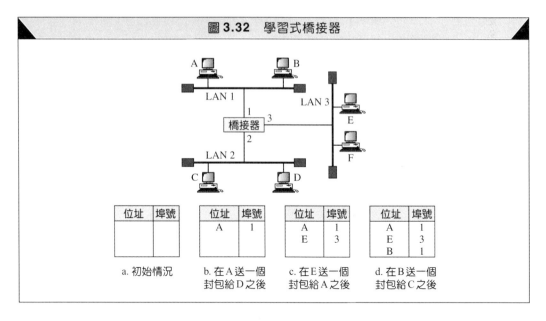

圖 3.32　學習式橋接器

1. 當 A 站台送一個封包給 D 站台，橋接器並沒有 A 或 D 的相關資料。此封包會從全部的 3 個埠都轉送出去，此封包會傳遍整個網路。然而，橋接器會檢查此封包的來源位址，並且得知 A 站台在埠號 1 所連接的 LAN 中。這也代表未來如果有封包要送到 A 站台時，只需要透過埠號 1 轉送出去即可。橋接器會將此筆資訊存到表格中，現在表格擁有它的第 1 筆資料了。

2. 當 E 站台送一個封包給 A 站台，因為橋接器已經擁有關於 A 站台的資訊，所以它只會透過埠號 1 轉送出去，沒有傳遍整個網路的情況發生。此外，根據封包中的來源位址，表格會新增第 2 筆資料記錄關於 E 站台的資訊。

3. 當 B 站台送一個封包給 C 站台，橋接器並沒有 C 的相關資料。所以此封包會再一次地傳遍整個網路，並且再新增 1 筆資料到表格中。

4. 學習的程序會伴隨著封包的轉送持續地進行。

第二層交換器

當我們使用**交換器 (switch)** 這個名詞時要小心，因為它可以表示兩個不同的東西。我們要釐清交換器是在哪一層動作，是第二層交換器或是第三層交換器。**第三層交換器 (three-layer switch)** 被使用在網路層，它屬於一種路由器。而**第二層交換器 (two-layer switch)** 則是在實體層和資料鏈結層中運作。

第二層交換器是一種具有多埠的橋接器，使用了更好的設計方案以提升效能。只有少數幾個埠的橋接器，可以將少數幾個 LAN 連接在一起。若是橋接器有多個埠，就有可能分配給每一個站台一個專屬的埠，如此，好比每一個站台擁有各自獨立的個體。這樣一來就不會有碰撞的傳輸發生，例如在乙太網路中的碰撞情況。在本書中，為了避免混淆，第二層交換器我們以橋接器稱之。

路由器

路由器 (router) 是一個三層裝置，運作在實體層、資料鏈結層與網路層。在實體層中，路由器重新建立收到的訊號。在資料鏈結層中，路由器檢查封包內的實體位址（來源與目的位址）。在網路層中，路由器檢查網路層的位址（即 IP 層的位址）。注意，橋接器改變了碰撞區間 (collision domain)，而路由器則是限制了廣播區間 (broadcast domain)。

> 路由器是一個三層裝置（實體層、資料鏈結層與網路層）。

路由器可以將數個 LAN 連接在一起，也可以將數個 WAN 連接在一起。換言之，路由器是一種互連裝置，它將獨立的網路連接在一起，以形成一個互連網路。依照這個定義，兩個網路（LAN 或 WAN）由路由器連接後，形成一個互連網路。

> 訊號增益器或橋接器連接一條 LAN 的各區段。
> 路由器連接獨立的 LAN 或 WAN 以形成互連網路。

路由器與訊號增益器、橋接器間，主要有以下三點不同：

1. 路由器的每一個介面，都有其實體位址與邏輯位址（IP 位址）。
2. 路由器只處理封包的目的位址與封包到達的介面位址相符合的封包。
3. 路由器轉送封包時，會改變封包的實體位址，包括來源及目的位址。

我們以圖 3.33 為例。圖中有 2 條 LAN 並由 1 台路由器來連接。在左邊的 LAN 分為 2 個區段，並且由 1 台橋接器來連接。路由器改變封包的來源實體位址與目的實體位址。當封包在左邊的 LAN 旅行時，它的來源實體位址是傳送站的位址，它的目的實體位址為路由器的位址。當相同的封包在第 2 條 LAN 傳送時，它的來源實體位址是路由器的位址，而目的實體位址為最後目的地的位址。

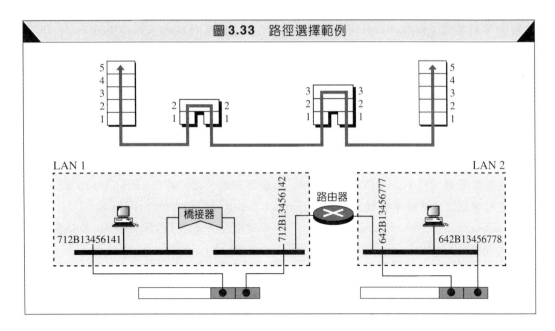

圖 3.33 路徑選擇範例

　　路由器在數個互連網路內為封包做路徑選擇。路由器將封包從一個網路繞送到可能為目的網路的任何一個網路。路由器像是網路上的一個站台，但跟大多數站台不一樣的是，路由器可以在 2 個以上的網路占有位址與介面。

路由器改變封包內的實體位址。

　　在未來介紹 IP 位址後，我們會知道更多有關路由器與路徑選擇的內容。

第三層交換器

第三層交換器是一種路由器，使用了更好的設計方案以提升效能。第三層交換器在封包接收、處理與送出介面的能力，比功能性相同的傳統路由器快很多。在本書，第三層交換器以路由器稱之。

3.5　重要名詞　*Key Terms*

1000BASE-CX

1000BASE-LX

1000BASE-SX

1000BASE-T

100BASE-FX

100BASE-T4

100BASE-TX

100BASE-X

10BASE2

10BASE5

10BASE-FL

10BASE-T

無線存取點 (Access Point, AP)

放大器 (amplifier)

應用適應層 (Application Adaptation Layer, AAL)

非對稱式數位用戶線路 (Asymmetric Digital Subscriber Line, ADSL)

非同步分時多工 (asynchronous time-division multiplexing)

非同步傳輸模式 (Asynchronous Transfer Mode, ATM)

ATM 交換器 (ATM switch)

隨選頻寬 (bandwidth on demand)

基本服務集合 (Basic Service Set, BSS)

橋接器 (bridge)

突發性資料 (bursty data)

有線電視纜線數據機 (Cable Modem, CM)

有線電視纜線據機傳輸系統 (Cable Modem Transmission System, CMTS)

有線電視 (cable TV)

載波感測多重存取及碰撞避免協定 (Carrier Sense Multiple Access with Collision Avoidance, CSMA/CA)

載波感測多重存取及碰撞偵測協定 (Carrier Sense Multiple Access with Collision Detection, CSMA/CD)

資料胞 (cell)

碰撞 (collision)

社區天線電視 (Community Antenna TV, CATV)

連線裝置 (connecting device)

目的位址 (Destination Address, DA)

數位用戶線路 (Digital Subscriber Line, DSL)

數位用戶線路存取多工器 (Digital Subscriber Line Access Multiplexer, DSLAM)

直接序列展頻 (Direct Sequence Spread Spectrum, DSSS)

分散式協調功能 (Distributed Coordination Function, DCF)

下載 (downloading)

乙太網路 (Ethernet)

延伸服務集合 (Extended Service Set, ESS)

高速乙太網路 (fast Ethernet)

過濾 (filtering)

訊框 (frame)

訊框檢查碼 (Frame Check Sequence, FCS)

訊框轉送 (frame relay)

跳頻展頻 (Frequency Hopping Spread Spectrum, FHSS)

全雙工乙太網路 (full-duplex Ethernet)

Gigabit 乙太網路 (Gigabit Ethernet)

終端機隱匿問題 (hidden terminal problem)

高速率數位用戶線路 (High bit rate Digital Subscriber Line, HDSL)

高速直接序列展頻 (High-Rate DSSS, HR-DSSS)

集線器 (hub)

光纖同軸混合網路 (Hybrid Fiber-Coaxial network, HFC network)

鏈結控制通訊協定 (Link Control Protocol, LCP)

區域網路 (Local Area Network, LAN)

地區性迴路 (local loop)

網路控制通訊協定 (Network Control Protocol, NCP)

網路卡 (Network Interface Card, NIC)

網路對網路介面 (Network-to-Network Interface, NNI)

光纖載波 (Optical Carrier, OC)

正交分頻多工 (Orthogonal Frequency-Division Multiplexing, OFDM)

集中式協調功能 (Point Coordination Function, PCF)

點對點通訊協定 (Point-to-Point Protocol, PPP)

乙太網路點對點通訊協定 (PPP over Ethernet, PPPoE)

前置碼 (preamble)

速率可調非對稱式數位用戶線路 (Rate Adaptive asymmetrical Digital Subscriber Line, RADSL)

訊號增益器 (repeater)

路由器 (router)

區段 (segment)	傳輸路徑 (Transmission Path, TP)
簡效適應層 (Simple and Efficient Adaptation Layer, SEAL)	透明橋接器 (transparent bridge)
	第二層交換器 (two-layer switch)
來源位址 (Source Address, SA)	T-1 線路(T-1 lines)
展頻 (spread spectrum)	T-3 線路(T-3 lines)
初始訊框定義 (Start Frame Delimiter, SFD)	上傳 (uploading)
交換器 (switch)	資料上傳頻帶 (upstream data band)
交換式乙太網路 (switched Ethernet)	用戶對網路介面 (User-to-Network Interface, UNI)
對稱式數位用戶線路 (Symmetrical Digital Subscriber Line, SDSL)	極高速率數位用戶線路 (Very high bit rate Digital Subscriber Line, VDSL)
同步數位階層 (Synchronous Digital Hierarchy, SDH)	虛擬線路 (Virtual Circuit, VC)
同步光纖網路 (Synchronous Optical Network, SONET)	虛擬線路識別碼 (Virtual Circuit Identifier, VCI)
同步傳輸模組 (Synchronous Transport Module, STM)	虛擬路徑識別碼 (Virtual Path Identifier, VPI)
同步傳輸訊號 (Synchronous Transport Signal, STS)	V.90
T 線路 (T lines)	V.92
第三層交換器 (three-layer switch)	廣域網路 (Wide Area Network, WAN)
	X.25

3.6　摘要　*Summary*

- 乙太網路是最廣泛使用的區域網路通訊協定。
- 傳統乙太網路使用 CSMA/CD，其資料傳輸速率為 10 Mbps，碰撞區間為 2,500 公尺。
- 乙太網路的資料鏈結層，包含 LLC 子層與 MAC 子層。
- MAC 子層，負責 CSMA/CD 存取方法的運作。
- 乙太網路的每一站台使用一個 48 位元位址，該位址置放於網路卡 (NIC) 內。
- 10 Mbps乙太網路常見的實現方式為10BASE5、10BASE2、10BASE-T和10BASE-FL。
- 高速乙太網路使用 CSMA/CD，其資料傳輸速率為 100 Mbps，碰撞區間為 250 公尺。
- 高速乙太網路常見的實現方式為 100BASE-TX、100BASE-FX 和 100BASE-T4。
- Gigabit 乙太網路之資料傳輸率為 1000 Mbps。常見的實現方式為 1000BASE-SX、1000BASE-LX 和 1000BASE-T。
- 無線區域網路的 IEEE 802.11 標準定義了兩個服務集合：基本服務集合 (BSS) 和延伸服務集合 (ESS)。一個 ESS 包含了兩個或多個 BSS，而每個 BSS 必須擁有一個無線存取點 (AP)。

❑ 使用在無線區域網路的實體層技術包括跳頻展頻 (FHSS)、直接序列展頻 (DSSS)、正交分頻多工 (OFDM)，以及高速直接序列展頻(HR-DSSS)。

❑ FHSS是一種重複載波頻率順序的訊號產生方式，可用來防護及對抗駭客。

❑ 在 DSSS 中，每一個位元由晶片碼代替。

❑ OFDM 明確地指出一個來源必須使用到頻寬中的所有頻道。

❑ HR-DSSS就是使用互補碼移位鍵 (Complementary Code Keying, CCK) 編碼方式的 DSSS。

❑ 無線區域網路的存取方式為CSMA/CA。

❑ 以點對點的連線方式上 Internet 可能的方案包括：使用一般電話線搭配傳統的數據機、DSL 線路、有線電視纜線數據機、T 線路或 SONET 網路。

❑ 點對點通訊協定 (PPP) 提供使用者一可靠的點對點連線，用來上 Internet。

❑ PPP 運作在 OSI 分層模型中的實體層與資料鏈結層。

❑ X.25 為一種交換式WAN，漸漸地被其他技術所取代。

❑ 訊框轉送 (Frame Relay) 除去一些在X.25中不必要的錯誤檢查機制。訊框轉送運作在 OSI 分層模型中的實體層與資料鏈結層。

❑ 非同步傳輸模式 (ATM) 是一種cell傳送通訊協定，用來支援資料、聲音，及視訊的傳輸，ATM 透過高速的資料傳輸媒介來達成，如光纖。

❑ ATM 的資料封包稱為資料胞，長為53 位元組，包括 5 個位元組的標頭，與48位元組的酬載資料。

❑ ATM 標準定義3個分層：應用適應層、ATM 層與實體層。

❑ AAL 共有4種，每種的資料類別不同，TCP/IP使用 AAL5。AAL5 轉換來自於非預接式封包交換網路的資料。

❑ 連接裝置可以將一網路的各個區段連接在一起，也可以將數個網路連接在一起，成為一個互連網路。

❑ 連接裝置有 3 種類型：訊號增益器（集線器）、橋接器（第二層交換器），及路由器（第三層交換器）。

❑ 訊號增益器在實體層中重新產生訊號。集線器是多埠的訊號增益器。

❑ 橋接器可以存取網路上封包的站台位址，可以轉送或過濾封包。橋接器運作在實體層與資料鏈結層。第二層交換器是比較複雜的橋接器。

❑ 路由器決定封包走哪一條路徑。其路由器運作在實體層、資料鏈結層和網路層。而第三層交換器則是比較複雜的路由器。

3.7　習題　*Practice Set*

練習題

1. 乙太網路為什麼要有一個最小的資料長度？

2. 如果有一個10BASE5的電纜為2,500公尺，而粗的同軸電纜傳輸的速度為200,000,000 m/sec，若忽略設備所造成的延遲，一個位元由網路的一端傳送到另一端，要花多少時間？

3. 使用第2題的資料，在最糟糕的情況下，即資料從電纜的一端送出，而碰撞發生在另一端，求出要感測到碰撞的最長時間，記住訊號要算往返的時間。

4. 10BASE5的傳送資料速率為10 Mbps，要建立一個最小封包要多久時間？請列出計算方法。

5. 使用第3及4題的資料，在碰撞偵測可以正常工作的情況下，求出最小的乙太網路封包大小。

6. 乙太網路MAC層收到來自LLC分層42位元組的資料。對此資料要加多少位元組的填充資料？

7. 乙太網路的MAC層收到來自LLC分層1510位元組的資料，這筆資料能被封裝在1個訊框嗎？如果不能，要幾個訊框？每個訊框的資料部分多大？

8. 請比較 CSMA/CD 與 CSMA/CA 的差異。

9. 請使用表 3.4 來比較在 IEEE 802.3 與 802.11 中各欄位的差異。

表 **3.4** IEEE 802.11 的定址方法

欄位	IEEE 802.3 欄位大小	IEEE 802.11 欄位大小
目的位址		
來源位址		
位址 1		
位址 2		
位址 3		
位址 4		
FC		
D/ID		
SC		
PDU 長度		
資料與填充位元		
訊框本身		
FCS (CRC)		

資料檢索

10. 傳統的乙太網路使用某一種版本的 CSMA/CD 存取方式，此方式稱為 1-堅持法 (1-persistent) 的 CSMA/CD。請找出此方式的相關資訊。

11. 另外一種現代的無線區域網路技術是藍芽 (bluetooth) 技術。找出關於此區域網路技術的相關資訊以及它如何被使用在 Internet 中。

12. DSL 使用一種調變的技術，稱為 DMT。找出關於此調變技術的相關資訊以及它如何被使用在 DSL 中。

13. PPP 會經過不同階段，這些階段可以用狀態轉換圖來表示。請找出關於 PPP 連線的狀態轉換圖。

14. 請找出 LCP 封包的格式（封裝在 PPP 訊框中），包含所有的欄位、編碼的方式，及其目的。

15. 請找出 NCP 封包的格式（封裝在 PPP 訊框中），包含所有的欄位、編碼的方式，及其目的。

16. 請找出 ICP 封包的格式（封裝在 PPP 訊框中），包含所有的欄位、編碼的方式，及其目的。

17. PPP 使用兩種認證的通訊協定，PAP 和 CHAP。請找出關於這 2 個通訊協定的相關資訊以及它們如何使用在 PPP 中。

18. 請找出 PPPoE 封包的格式，包含所有的欄位及其目的。

19. 請找出一個 IP 封包如何被封裝在 ATM 的 cell 中（使用 AAL5 分層）。

20. 使用透明橋接器時，為了去避免網路上的迴圈發生，我們使用了生成樹 (spanning tree) 演算法。請找出關於此演算法的相關資訊，以及它如何避免迴圈的發生。

CHAPTER 4

IP 位址：分級式定址

IP Addresses: Classful Addressing

在 網路層中，要能唯一地辨識 Internet 上的每一個裝置，才能讓這些裝置互相通訊。這與電話系統類似，每個電話用戶的電話號碼是唯一的，電話號碼包括國家碼與地區碼，也是辨識的一部分。

在本章，我們討論 IP 位址的基本概念及**分級式定址 (classful addressing)**，早期的 Internet 使用分級式定址。在第 5 章，我們會再介紹目前 Internet 較流行的定址法：**無級式定址 (classless addressing)**。

4.1　簡介　*Introduction*

在 TCP/IP 通訊協定組的 IP 層裡，用來辨識每台電腦的東西，稱為網際網路位址或**IP 位址 (IP address)**。IP 位址是一個 32 位元的二進制數字，具有全域性，用來定義 Internet 上的唯一一台電腦或一台路由器。

> 一個 IP 位址為一個 32 位元的位址。

所有 IP 位址都是唯一的。唯一是指，一個位址連接到 Internet 上是唯一且不得重複。Internet 上不可以有 2 台裝置有著相同的 IP 位址。然而，如果一個裝置同時透過 2 個網路連接到 Internet，它可以擁有 2 個 IP 位址。

> IP 位址是唯一的。

IP 位址具有通用性，這是指任何電腦要接到 Internet 上，都要接受此定址系統。

位址空間

IP 通訊協定定義的位址有其**位址空間 (address space)**。所謂位址空間，是指通訊協定所用的全部位址數目。如果一通訊協定使用 N 個位元來定義一個位址，那麼位址空間為 2^N。這是因為每個位元可以以 1 或 0 來表示，因此，N 個位元可以表示 2^N 個數值。

IPv4 使用 32 位元位址，這表示位址空間為 2^{32} 或 4,294,967,296（大於 40 億）。這意味著，理論上如果沒有別的限制，超過 40 億台電腦可以連到 Internet 上。不過，實際上的數目遠小於這個數字，我們待會兒就會了解。

IPv4 的位址空間為 2^{32} 或 4,294,967,296。

表示法

IP位址常見有 3 種表示法：**二進制表示法 (binary notation)、點式十進制表示法 (dotted-decimal notation)**，及**十六進制表示法 (hexadecimal notation)**。

二進制表示法

以二進制表示時，IP 位址以 32 位元呈現。通常為了容易閱讀，在每 8 個位元之間會插入空白。每 8 個位元稱為一個位元組 (byte)。所以，可以常聽到 IP 位址是一 32 位元或是 4 個位元組的位址。以下範例，為二進制表示法：

01110101　10010101　00011101　11101010

點式十進制表示法

為了讓 IP 位址看起來易讀，IP 位址通常以十進制表示，並用英文句點區分位元組。圖 4.1 說明了點式十進制表示法的 IP 位址。注意，每個位元組是 8 位元，所以在點式十進制表示法中，每個值介於 0 到 255 之間。

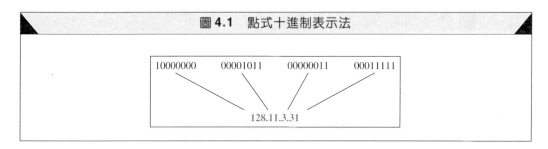

圖 4.1　點式十進制表示法

範例 1

將下列 IP 位址從二進制表示法改為點式十進制表示法。

a.　10000001 00001011 00001011 11101111

b.　11000001 10000011 00011011 11111111

c.　11100111 11011011 10001011 01101111

d.　11111001 10011011 11111011 00001111

解答

我們將每個 8 位元的群組分別改成等效的十進制數字，並用英文句點加以隔開。

a.　129.11.11.239

b.　193.131.27.255

c.　231.219.139.111

d.　249.155.251.15

範例 2

將下列 IP 位址從點式十進制表示法改為二進制表示法。

a.　111.56.45.78

b.　221.34.7.82

c.　241.8.56.12

d.　75.45.34.78

解答

我們將每個十進制數字分別改成等效的二進制數字。

a.　01101111 00111000 00101101 01001110

b.　11011101 00100010 00000111 01010010

c.　11110001 00001000 00111000 00001100

d.　01001011 00101101 00100010 01001110

範例 3

將下列 IP 位址的錯誤找出來。

a.　111.56.045.78

b.　221.34.7.8.20

c.　75.45.301.14

d.　11100010.23.14.67

解答

a.　以點式十進制表示，數字前面不用加零 (045)。

b.　IP 位址不可以超過 4 個數字。

c.　在點式十進制表示中，最大值為 255，但 301 大於 255 的範圍。

d.　不可以將二進制及點式十進制混合使用。

十六進制表示法

有時候，我們看到的 IP 位址是用十六進制表示。每個十六進制數字等於 4 個位元。所以，32 位元共有 8 個十六進制數字。通常，這種表示法用在網路程式。

範例 4

將下列 IP 位址從二進制表示法改為十六進制表示法。

a.　10000001 00001011 00001011 11101111

b.　11000001 10000011 00011011 11111111

解答

我們將每 4 個位元以其等效十六進制數字取代。注意十六進制表示法，通常不會加入空白或句點。不過，可以在前面加入 0X（或 0x）或以下標 16 說明數字為十六進制。

a. 0X810B0BEF 或 810B0BEF$_{16}$

b. 0XC1831BFF 或 C1831BFF$_{16}$

4.2 分級式定址 *Classful Addressing*

IP 位址在幾十年前開始時，使用等級 (class) 的觀念。這種架構稱為**分級式定址 (classful addressing)**。在 1990 年代中期，一種新的架構稱為**無級式定址 (classless addressing)** 被提出來。這個架構最終將會取代原來的分級式架構。儘管部分的 Internet 依舊是使用分級式定址，但轉變程序進行得相當快。本章先介紹分級式定址，而下一章將介紹無級式定址。其分級式觀念有助於了解無級式的架構。

使用分級式定址時，IP 位址分為 5 個等級：A、B、C、D 及 E。每一等級分配在整個位址空間的某一部分。圖 4.2 說明了位址空間的分配情況。

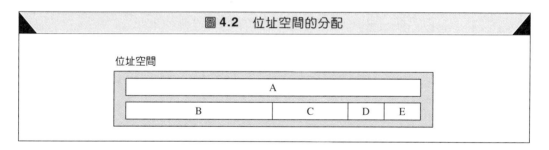

圖 4.2 位址空間的分配

位址空間

從圖中可以看到，等級 A 的位址占了一半的位址空間，這是一個嚴重的設計瑕疵。等級 B 占了 1/4 的位址空間，也是一個設計瑕疵。等級 C 占了 1/8 的位址空間，等級 D 和 E 各占 1/16 的位址空間。表 4.1 說明每一等級的位址數目。

表 4.1 各等級的定址位址

等級	位址數量	百分比
A	2^{31} = 2,147,483,648	50%
B	2^{30} = 1,073,741,824	25%
C	2^{29} = 536,870,912	12.5%
D	2^{28} = 268,435,456	6.25%
E	2^{28} = 268,435,456	6.25%

使用分級式定址時，IP 位址分為 5 個等級：A、B、C、D 及 E。

等級的分辨

我們可以根據給予的IP位址之二進制表示法與點式十進制表示法，找出該位址的等級。

從二進制表示法中找出等級

如果位址是以二進制表示，前面幾個位元就可以告訴我們該位址的等級，如圖 4.3 所示。

圖 4.3 從二進制表示法中找出等級

我們可以依照圖 4.4 的流程，有系統地檢查位元以找出等級。這個程序可以很容易地使用任何一種語言加以程式化。

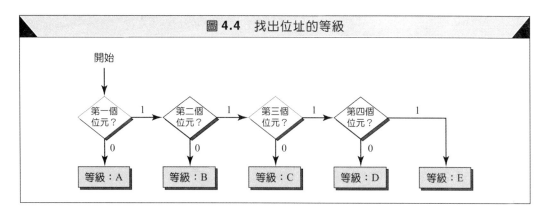

圖 4.4 找出位址的等級

要注意的是在等級 A 和等級 E 中有一些特定的位址。我們強調這些特定的位址在分級架構中屬於例外的情況。

範例 5

我們如何證明等級 A 有 2,147,483,648 個位址。

解答

在等級 A 只有一個位元定義其等級。而剩下的 31 位元，則可以作為定址用。所以，2^{31} = 2,147,483,648 個位址。

範例 6

找出下列各位址的等級。

a.　**0**0000001 00001011 00001011 11101111

b.　**110**00001 10000011 00011011 11111111

c.　**10**100111 11011011 10001011 01101111

d.　**11110**011 10011011 11111011 00001111

解答

見圖 4.4 的步驟。

a.　第一個位元 0，這是**等級 A 位址**。

b.　最前面 2 個位元為 1，第 3 位元為 0，這是**等級 C 位址**。

c.　最前 1 位元為 1，第 2 位元為 0，這是**等級 B 位址**。

d.　最前 4 位元為 1，這是**等級 E 位址**。

從點式十進制表示法中找出等級

當位址以點式十進制表示時，我們僅需要檢查第一個位元組之數值來決定該位址的等級。每個等級擁有一個特定的範圍，如圖 4.5 所示。

	第一個 位元組	第二個 位元組	第三個 位元組	第四個 位元組
等級 A	0 到 127			
等級 B	128 到 191			
等級 C	192 到 223			
等級 D	224 到 239			
等級 E	240 到 255			

圖 4.5　從點式十進制表示法中找出等級

　　如果第一個位元組的數值在 0 到 127 之間，為等級 A 的位址。如果是在 128 ～ 191 之間，則為等級 B 的位址，以此類推。

範例 7

找出下列位址的等級。

a.　**227**.12.14.87

b.　**193**.14.56.22

c.　**14**.23.120.8

d.　**252**.5.15.111

e.　**134**.11.78.56

解答

a. 第一個位元組 227（在 224 和 239 之間），等級是 D。

b. 第一個位元組 193（在 192 和 223 之間），等級是 C。

c. 第一個位元組 14（在 0 和 127 之間），等級是 A。

d. 第一個位元組 252（在 240 和 255 之間），等級是 E。

e. 第一個位元組 134（在 128 和 191 之間），等級是 B。

範例 8

在範例5，我們證明等級A的位址有2^{31}個，如果改以點式十進制表示，要如何證明呢？

解答

等級 A 的位址範圍從 0.0.0.0 到 127.255.255.255。我們必須證明這二個數值之差為 2,147,483,648。這是一個很好的題目，因為它說明 2 個位址之間的範圍有多大。我們注意到，這是基底 (base) 為 256 的數字，每個位元組有一個權重。分別是：

$$256^3, 256^2, 256^1, 256^0$$

要找出每個數目的整數值，我們將每個位元組乘以其權重：

最後一個位址： $127 \times 256^3 + 255 \times 256^2 + 255 \times 256^1 + 255 \times 256^0$

$= 2,147,483,647$

第一個位址： $= 0$

將上面第一個數字減第二個數字再加 1，我們得到 2,147,483,648 即 2^{31}。

網路代碼與主機代碼

做分級式定址時，等級A、B、C的IP位址被分成**網路代碼 (netid)** 與**主機代碼 (hostid)** 兩個部分。這二者的長度可變，取決於是哪一個等級，如圖 4.6 所示。注意，等級 D 和 E 是不分 netid 與 hostid 的，原因我們會在稍後討論。

在等級 A 中，一個位元組定義 netid，3 個位元組定義 hostid。在等級 B 中，2 個位元組定義 netid，2 個位元組定義 hostid。在等級 C 中，3 個位元組定義 netid，1 個位元組定義 hostid。

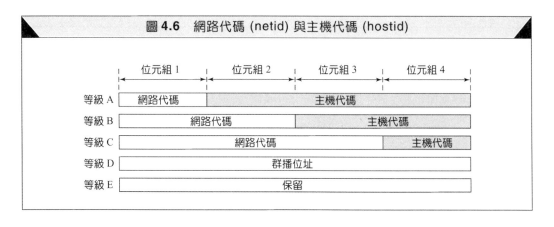

圖 **4.6** 網路代碼 (netid) 與主機代碼 (hostid)

等級和區塊

分級式定址架構的問題是，每一等級被分為一固定數目的位址區塊 (block)。讓我們一級一級來看。

等級 A

等級 A 分為 128 個區塊，每個區塊各自擁有一個不同的 netid。第一個區塊，位址範圍從 **0.0.0.0** 到 **0.255.255.255**（netid 為 **0**）。第二個區塊，位址範圍從 **1.0.0.0** 到 **1.255.255.255**（netid 為 **1**）。最後第一個區塊，位址範圍從 **127.0.0.0** 到 **127.255.255.255**（netid 為 **127**）。注意，每個區塊內的位址的第一個位元組 (netid) 是相同的，但是其他 3 個位元組 (hostid) 可以是範圍內的任意值。

　　第一和最後一個區塊的位址保留做為特殊用途，待會兒將會介紹。除此之外，netid = 10 的區塊做為私有位址 (private address) 使用。如此，剩下 125 個區塊可以分配給所需的組織單位，也就是說，使用等級 A 位址的組織只能有 125 個。但是，這些區塊每一個內含有 16,777,216 個位址。這表示，很大的組織單位才能用掉這些位址。圖 4.7 說明了等級 A 的區塊。

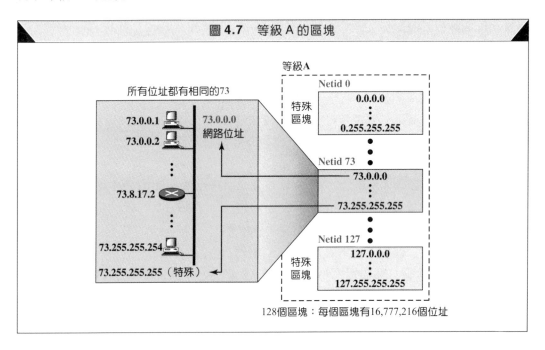

圖 4.7　等級 A 的區塊

　　圖 4.7 中說明某一組織分配到一個區塊，其 netid 為 73。這個區塊的第一個位址被用來辨識該組織，這個位址稱為**網路位址 (network address)**，用以定義該組織的網路，而不是個別的主機電腦。該組織也不能使用最後一個位址，這個位址保留做其他用途，稍後將會介紹。

　　等級 A 的位址是為大型使用單位所設計，擁有很多主機和路由器接在它的網路上。不過，每個區塊內有 16,777,216 個位址，這個數目對大多數使用單位來講，可能都大於真正所需，所以很多等級 A 的位址都被浪費掉。

很多等級 A 的位址都被浪費掉。

等級 B

等級 B 分為 16,384 個區塊，每個區塊各自擁有一個不同的 netid。有 16 個區塊，保留給私有位址 (private address) 使用，剩下 16,368 個區塊可供分配。第一個區塊，位址範圍從 **128.0.0.0** 到 **128.0.255.255**（netid 為 **128.0**）。最後第一個區塊，其位址範圍從 **191.255.0.0** 到 **191.255.255.255**（netid 為 **191.255**）。注意，每個區塊位址的前 2 個位元組 (netid) 是相同的，其他 2 個位元組 (hostid) 可以是範圍內的任意值。

16,368 個區塊可供分配，也就是說，使用等級 B 位址的組織只能有 16,368 個。每個區塊內含 65,536 個位址，這表示使用的單位也要很大，才能用掉這些位址。圖 4.8 說明等級 B 的區塊。

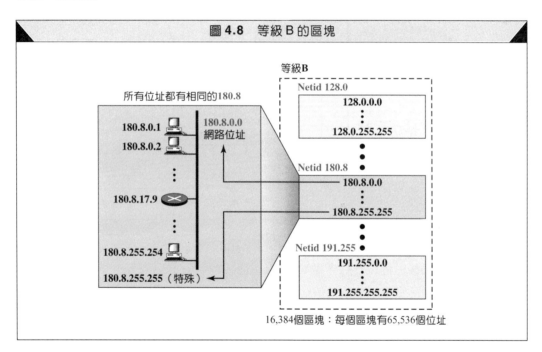

圖 4.8 等級 B 的區塊

圖 4.8 中說明某一組織分配到一個區塊，其 netid 為 180.8。這個區塊的第一個位址為網路位址，最後一個位址保留做其他用途，稍後將會介紹。

等級 B 的位址是為了中型使用單位所設計，擁有很多主機和路由器接在此網路上。不過，每個區塊內有 65,536 個位址，這個數目對大多數中型使用單位來講，可能都大於真正所需，所以很多等級 B 的位址都被浪費掉。

不少等級 B 的位址都被浪費掉。

等級 C

等級 C 分為 2,097,152 個區塊，每個區塊各自擁有一個不同的 netid。有 256 個區塊，保留給私有位址 (private address) 使用，剩下 2,096,896 個區塊可供分配。第一個區塊，

位址範圍從 **192.0.0.0** 到 **192.0.0.255**（netid 為 **192.0.0**）。最後第一個區塊，位址範圍從 **223.255.255.0** 到 **223.255.255.255**（netid 為 **223.255.255**）。注意，每個區塊位址的前 3 個位元組 (netid) 是相同的，剩下 1 個位元組 (hostid) 可以是範圍內的任意值。

有 2,096,896 個區塊可供分配，也就是說，使用等級 C 位址的組織能有 2,096,896 個。但是，這些區塊每一個只內含 256 個位址。這表示，使用的單位要夠小，不能超過這個數目。圖 4.9 說明了等級 C 的區塊。

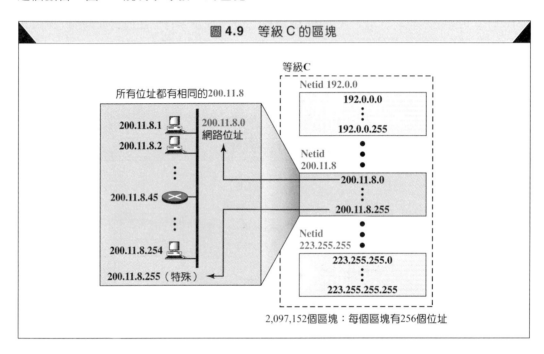

圖4.9　等級C的區塊

圖 4.9 中說明某一組織分配到一個區塊，其 netid 為 200.11.8。這個區塊的第一個位址為網路位址，最後一個位址保留做其他用途，稍後將會介紹。

等級 C 的位址是為了小型使用單位所設計。不過，每個區塊內只有 256 個位址，這個數目對大多數使用單位來講，可能都無法滿足。

> 等級 C 的位址數目對大多數使用單位來講，可能都太少。

等級 D

等級 D 的位址只有一個區塊，用來做為群播 (multicasting) 之用，我們將在稍後的章節介紹。等級 D 的每個位址用來定義一群在 Internet 上的主機。當一群組 (group) 被分配一個位址後，在群組裡的每台主機除了原來自己的位址外，還加上一個群播位址。

> 等級 D 的位址做為群播之用，只有一個區塊。

等級 E

等級 E 也只有一個區塊，作為保留位址之用。

等級 E 的位址保留給特定之用途，但大部分的位址都被浪費掉了。

網路位址

網路位址 (network address) 在分級式定址架構中，有很重要的意義。網路位址具有下列特性：

1. 網路位址為各區塊的第一個位址。
2. 網路位址定義該網路在 Internet 上的位址。在後面章節，我們會知道路由器依據網路位址來做封包的路徑選擇。
3. 給予一個網路位址，我們可以找到該位址的等級所在區塊與這個區塊的範圍。

在分級式定址架構中，核給使用單位的位址，即為網路位址（區塊的第一個位址）。給予一個網路位址，我們可以從這個位址，自動推算出來網路的位址範圍。

範例 9

給予網路位址 17.0.0.0，找出其等級、區塊與位址範圍。

解答

這是等級 A 的位址，因為第一個位元組在 0 到 127 之間。區塊的 netid 為 17 ，位址範圍從 17.0.0.0 到 17.255.255.255 。

範例 10

給予網路位址 132.21.0.0，找出其等級、區塊與位址範圍。

解答

這是等級 B 的位址，因為第一個位元組在 128 到 191 之間。區塊的 netid 為 132.21 ，位址範圍從 132.21.0.0 到 132.21.255.255 。

範例 11

給予網路位址 220.34.76.0，找出其等級、區塊與位址範圍。

解答

這是等級 C 的位址，因為第一個位元組在 192 到 223 之間。區塊的 netid 為 220.34.76 ，位址範圍從 220.34.76.0 到 220.34.76.255 。

足夠的資訊

讀者或許已經注意到。在分級式定址中，網路位址本身已可以提供足夠的網路相關資訊。給予網路位址，我們可以找出區塊內的位址數目。其原因是，每個區塊內的位址數目，事先已經規定好了。所有等級 A 的區塊有相同的位址範圍，所有等級 B 的區塊也有相同的位址範圍，而所有等級 C 的區塊，也是有相同的位址範圍。

遮罩

在前一節中，我們說過如果給予一個網路位址，就可以找到位址區塊與其大小。那反過來呢？如果給予一個位址，我們能找到網路位址（即該區塊的起始位址）嗎？這是很重要的，因為路由器要能從封包的目的位址中，摘取出來網路位址，才能將封包送到正確的網路。

找出網路位址的第一步，是先找出其等級和netid。然後，將hostid部分設為0，就找到網路位址。例如，如果知道位址為134.45.78.2，我們可以立即判斷出這個位址屬於等級 B，其 netid 為 134.45（2 個位元組），所以網路位址為 134.45.0.0。不過，這個辦法只有在網路沒有被分成子網路時才可行。一個普遍可行的步驟，是採用**遮罩 (mask)** 的方法從位址中找到網路位址。

觀念

遮罩是一個32位元的二進制數字，此數字與區塊中的任何一個位址進行位元及 (bitwise ANDed) 運算，可以找到其網路位址，如圖 4.10 所示。

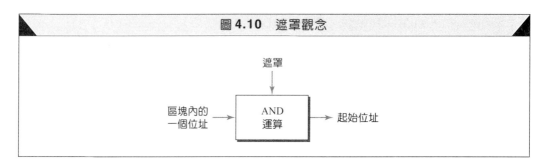

圖 4.10 遮罩觀念

AND 運算

遮罩使用到計算機科學所定義的位元及運算。其做法是，位址與其遮罩做位元對位元的 **AND 運算 (AND operation)**。AND 運算過程如下：

1. 如果在遮罩中的某個位元為 1，則位址內相對應的那個位元，即為輸出結果。
2. 如果在遮罩中的某個位元為 0，則輸出結果為 0。

換言之，位址內相對於遮罩為 1 的位元被保留下來（0 即 0；1 即 1），而位址內相對於遮罩為 0 的位元，則改為 0。圖 4.11 說明了兩個例子。

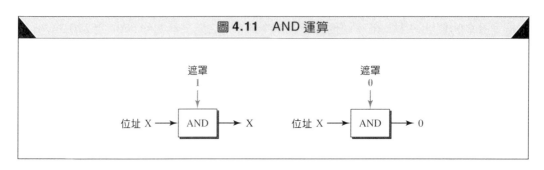

圖 4.11 AND 運算

預設遮罩

在分級式定址的 AND 運作中，有 3 個遮罩可用，每個等級 1 個，如表 4.2 所列。對等級 A 來講，其遮罩為 8 個 1 與 24 個 0。對等級 B 來講，其遮罩為 16 個 1 與 16 個 0。對等級 C 來講，其遮罩為 24 個 1 與 8 個 0。值為 1 的位元保留下 netid，值為 0 的位元則將 hostid 設為 0。表 4.2 說明了每一個等級的**預設遮罩 (default mask)**。

表 4.2　預設遮罩

等級	以二進制表示的遮罩	點式十進制表示的遮罩
A	11111111 00000000 00000000 00000000	255.0.0.0
B	11111111 11111111 00000000 00000000	255.255.0.0
C	11111111 11111111 11111111 00000000	255.255.255.0

注意，對每個等級而言，位元值為 1 的個數與其 netid 的位元個數相符合，而位元值為 0 的個數與其 hostid 的位元個數相符合。換言之，當遮罩與一個位址做 AND 後，netid 被保留下來，而 hostid 則變成 0。

> 網路位址為每一個區塊的起始位址，可藉由預設遮罩而獲得（包括它自己）。它保留了區塊的 netid，並且將 hostid 設為 0。

使用遮罩

在一個尚未分割子網路的網路中使用遮罩是很容易的。有兩個原則，可以幫助我們不需要做 AND 運算就可以找出其網路位址。

1. 如果遮罩的某個位元組是 255，則保留位址相對應的位元組。
2. 如果遮罩的某個位元組為 0，則將位址相對應的位元組設為 0。

範例 12

給予位址 23.56.7.91，找出其區塊起始位址（網路位址）。

解答

預設遮罩為 255.0.0.0，表示第一個位元組被保留，其他三個位元組則設為 0。所以網路位址為 23.0.0.0。

範例 13

給予位址 132.6.17.85，找出其區塊起始位址（網路位址）。

解答

預設遮罩為 255.255.0.0，表示前二個位元組被保留，其他二個位元組則設為 0。所以網路位址為 132.6.0.0。

範例 14

給予位址 201.180.56.5，找出其區塊起始位址（網路位址）。

解答

預設遮罩為255.255.255.0，表示前三個位元組被保留，剩下一個位元組則設為0。所以網路位址為 201.180.56.0。

> 注意，我們不可以將某一等級的預設遮罩，用到屬於其他等級的位址。

CIDR 表示法

儘管在分級式定址中每一個位址都有其預設遮罩，但是有時候明確地指出預設遮罩是比較方便的，並且還可以適用於下一章所介紹的無級式定址中。而**無級式跨網域路徑選擇 (Classless InterDomain Routing, CIDR)** 的表示法就是為了這樣的目的而使用。在CIDR表示法中，在遮罩中位元值為1的個數會加在原本的位址後面，並且使用斜線區分開來。例如，18.46.74.10 是一個等級 A 的位址（其遮罩為 255.0.0.0），可以 18.46.74.10/8 來表示遮罩中有 8 個位元為 1。同理，141.24.74.69 就可以寫成 141.24.74.69/16 來表示一個等級 B 的位址，其遮罩中有 16 個位元為 1。同樣的方法，200.14.70.22 就可以寫成 200.14.70.22/24。在下一章中，我們將會看到CIDR表示法在無級式定址中非常有用。

位址耗盡

由於分級式定址的架構和 Internet 的快速成長，剩下可用的位址已經不多。但是，目前在Internet 上的裝置卻遠少於2^{32}個位址空間。位址不夠用，是因為有很多機構被分配到的位址（等級 A、B）遠超過於他們的需求，而等級 C 對大部分的中型機構又太小了。稍後我們將會介紹一些補救的方法。

4.3　其他議題　*Other Issues*

在本節中，我們介紹其他與定址相關的議題，特別是有關分級式定址的議題。

多重位址裝置

一個 IP 位址定義連在某個網路上的一台電腦。如果有一台電腦所連的網路超過一個，那麼這台電腦就會有超過一個以上的 IP 位址。事實上，一台裝置對於每一個與其連接的網路都有不同的 IP 位址。一台電腦如果連接到不同的網路，我們稱這樣的電腦為**多重位址 (multihomed)** 電腦，它擁有多個IP位址，每個位址可能屬於不同的等級。因為路由器有路徑選擇的功能，它所連接的網路一定會超過一條以上。因此，路由器在每一個介面上，都有一個IP位址。圖 4.12 說明了一台多重位址電腦和路由器。這台電腦接到 2 個網路，所以有 2 個 IP 位址，而路由器接到 3 個網路，它有 3 個 IP 位址。

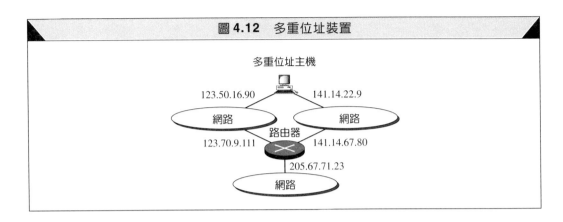

圖 **4.12** 多重位址裝置

IP 是所在地，不是名字

一個IP位址定義一台裝置（電腦）在網路上的所在地，而不是定義它的身分。換言之，因為 IP 位址是以 netid 及 hostid 構成，它定義某個裝置與某個網路的連接關係。如果一台電腦從某一個網路移到另一個網路，它的 IP 位址就必須改變。

特殊位址

網路位址中，有些是屬於特殊位址（見表 4.3）。

表 **4.3** 特殊位址

特殊位址	網路代碼	主機代碼	來源或目的
網路位址	特定	全部為0	無
直接廣播位址	特定	全部為1	目的
有限廣播位址	全部為1	全部為1	目的
此網路上的主機	全部為0	全部為0	來源
此網路上的特定主機	全部為0	特定	目的
迴路位址	127	任何	目的

網路位址

我們已經介紹過網路位址，區塊（等級 A、B 和 C）的第一個位址即為網路位址。圖 4.13 說明 3 個不同等級的網路位址。

直接廣播位址

在等級 A、B 和 C 中的 IP 位址裡，如果 hostid 全部為 1，那麼這個位址稱為**直接廣播位址 (direct broadcast address)**。這個位址是提供給路由器傳送封包到網路上的所有電腦，亦即所有在這個網路上的電腦，都會接受以此為目的位址的封包。這個位址只能當做目的位址用。這個位址減少了等級 A、B 和 C 的網路中每個 netid 下可用的 hostid 個數。在圖 4.14 中，路由器送出的封包，其目的 IP 位址的 hostid 位元全部為 1，在這個網路上的所有電腦都會接收並處理這個封包。

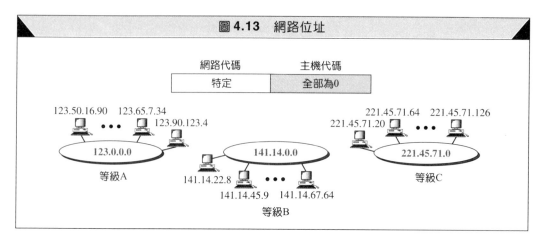

圖 4.13 網路位址

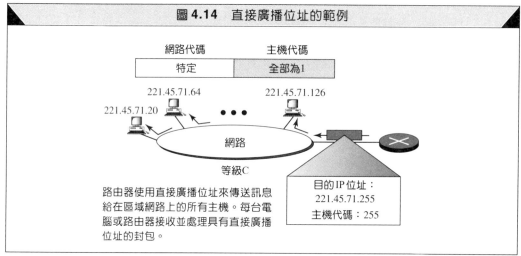

圖 4.14 直接廣播位址的範例

有限廣播位址

在等級 A、B 和 C 中，一個 netid 與 hostid 全部為 1（共 32 位元）的 IP 位址，作為所在網路的廣播位址。一台電腦若想送一個封包給在目前所在網路上的其他每一台電腦，可以用**有線廣播位址 (limited broadcast address)** 作為 IP 封包的目的位址。不過，路由器會攔下這類的封包，使其僅能在本身的區域網路中廣播。應注意的是，這個網路位址是屬於等級 E。圖 4.15 說明了一台電腦送出一個目的位址全部為 1 的封包，在這個網路上所有的電腦都會接收並處理這個封包。

此網路上的主機

如果 IP 位址全部為 0，代表**此網路上的主機 (this host on this network)**。這是給一台在開機時不知道自己 IP 位址的電腦使用。當一台電腦在開機時，送出封包給一台幫助開機的伺服器來找出自己的位址，這個封包的來源位址全部為 0，而目的位址則是用有限廣播位址。全部為 0 的這個位址，只能用在來源位址。注意這個位址屬於等級 A 的位址，它讓等級 A 的網路個數少了 1 個（見圖 4.16）。

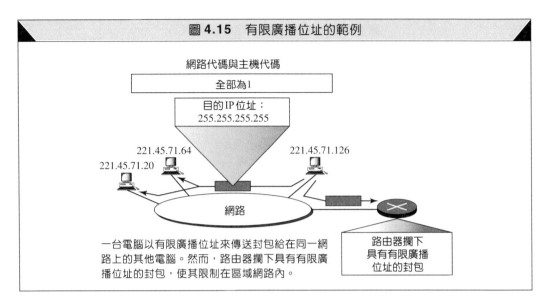

圖 4.15 有限廣播位址的範例

網路代碼與主機代碼

全部為1

目的IP位址：
255.255.255.255

221.45.71.64

221.45.71.20

221.45.71.126

網路

一台電腦以有限廣播位址來傳送封包給在同一網路上的其他電腦。然而，路由器攔下具有有限廣播位址的封包，使其限制在區域網路內。

路由器攔下
具有有限廣播
位址的封包

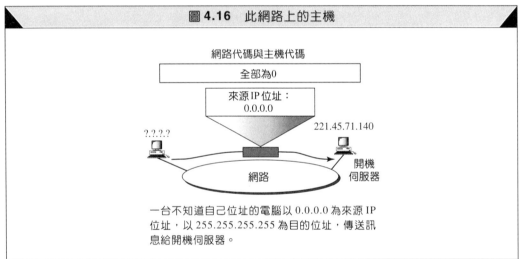

圖 4.16 此網路上的主機

網路代碼與主機代碼

全部為0

來源IP位址：
0.0.0.0

?.?.?.?

221.45.71.140

網路

開機
伺服器

一台不知道自己位址的電腦以 0.0.0.0 為來源 IP 位址，以 255.255.255.255 為目的位址，傳送訊息給開機伺服器。

此網路上的特定主機

IP位址的netid全部為0的話，代表**此網路上的特定主機 (specific host on this network)**。提供給某個主機想要傳送訊息給相同網路上的特定主機時使用。路由器會擋下這個封包，使用這種位址的封包就會被侷限在目前這個區域網路內。注意這個位址只能當作目的位址，不論是哪種網路，這個位址屬於等級 A 的位址（見圖 4.17）。

迴路位址

第一個位元組是 127 的 IP 位址是**迴路位址 (loopback address)**，用來測試電腦上的軟體。使用這個目的位址的封包，不會離開自己這台電腦，而會回到其通訊協定層的軟體。迴路位址可以用來測試 IP 的軟體，例如，ping 這個指令，可以用迴路位址來測試 IP 軟體是否可以接收與處理封包。再舉另一個例子，一個**用戶端程序 (client process)** 可以用迴路位址送給在同一台機器上的**伺服端程序 (server process)**。迴路位址只能當作目的位址，它是等級 A 的位址，因此等級 A 的網路個數會減少 1 個（見圖 4.18）。

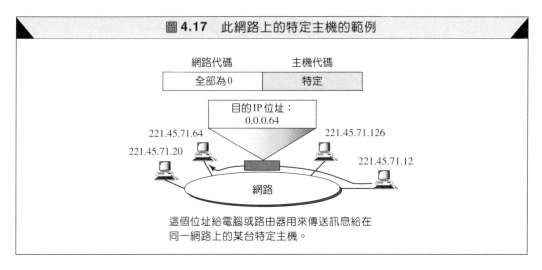

圖 4.17　此網路上的特定主機的範例

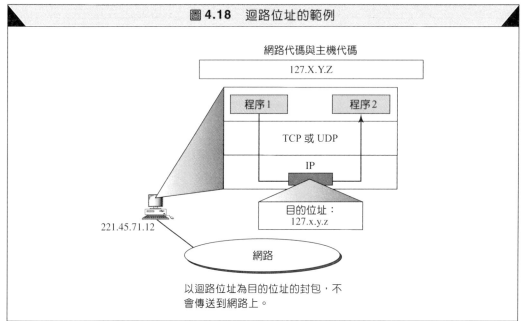

圖 4.18　迴路位址的範例

私有位址

每個等級中，都有數個區塊是給私有網路用，這些位址無法被外界認出。這些區塊列在表 4.4 中。這些位址不是獨立使用，就是與網路位址轉換 (network address translation) 的技術一起使用（見第 26 章）。

表 4.4　私有網路位址

等級	網路代碼	區塊
A	10.0.0	1
B	172.16 到 172.31	16
C	192.168.0 到 192.168.255	256

單點傳播、群播及廣播位址

在 Internet 上的通訊可藉由單點傳播、群播或廣播位址進行。

單點傳播位址

單點傳播 (unicast) 是以一對一的方式進行通訊。一個封包由一個獨立來源送出到另一個目的地,這就是單點傳播。在 Internet 上的所有電腦,至少都要有一個唯一的單點傳播位址。單點傳播位址屬於等級 A 、 B 或 C 。

群播位址

群播 (multicast) 是以一對多的方式進行通訊。封包由一個獨立的來源傳送到一群接收者,這就是群播。一個群播位址屬於等級 D 的位址,則位址會定義一個群組代號 (groupid)。在 Internet 上的系統除了單點傳播位址外,還可額外擁有超過 1 個以上的等級 D 群播位址。如果一個系統(通常是一台電腦)有很多個群播位址,表示它屬於很多群組。值得注意的是,等級 D 的位址只能當作目的位址,不可以是來源位址。

在 Internet 上可以做區域性或全域性的群播。以局部區域方式進行時,在區域網路上的電腦,可以給予一個群播位址以形成一個群組。以全域性進行時,在不同網路上的電腦,也可以用一個群播位址來形成一個群組。

在第 15 章會有更多關於群播傳遞的介紹。

已分配的群播位址 Internet 的管理當局將一些群播位址分給一些特定群組,這裡我們介紹其中 2 類:

❑ **種類 (category)**:有些群播位址有特定的用途。這些群播位址以 224.0.0 的字首開始,表 4.5 列出了其中幾個群組位址。

表 **4.5** 部門位址

位址	群組
224.0.0.0	保留
224.0.0.1	在這個子網路上的所有系統
224.0.0.2	在這個子網路上的所有路由器
224.0.0.4	DVMRP 路由器
224.0.0.5	OSPFIGP 的所有路由器
224.0.0.6	OSPFIGP 的指定路由器
224.0.0.7	ST 路由器
224.0.0.8	ST 主機
224.0.0.9	RIP2 路由器
224.0.0.10	IGRP 路由器
224.0.0.11	行動代理器

❑ **會議 (conferencing)**：有些群播位址是給一般視訊及電信會議使用。這些群播位址
以 224.0.1 的字首開始，表 4.6 列舉了一些例子。

表 **4.6**　會議用位址

位址	群組
224.0.1.7	AUDIONEWS
224.0.1.10	IETF-1-LOW-AUDIO
224.0.1.11	IETF-1-AUDIO
224.0.1.12	IETF-1-VIDEO
224.0.1.13	IETF-2-LOW-AUDIO
224.0.1.14	IETF-2-AUDIO
224.0.1.15	IETF-2-VIDEO
224.0.1.16	MUSIC-SERVICE
224.0.1.17	SEANET-TELEMETRY
224.0.1.18	SEANET-IMAGE

廣播位址

廣播是以一對全部的方式進行通訊。Internet 只允許在局部區域內進行廣播。之前，我
們介紹 2 種局部區域所用的廣播位址，分別是：有限廣播位址（位址全部為 1）和直接
廣播位址（netid 為特定值，hostid 全部為 1）。

全域網路上是不允許廣播的，這表示一台電腦或路由器，不能以廣播的方式傳送訊
息給 Internet 上所有的電腦和路由器。為什麼不能？自然是為了避免發生訊息大量壅塞
的現象。

分級式位址範例

圖 4.19 展示一個具有 5 個網路之互連網路的一部分。

1.　一個網路位址為 220.3.6.0（等級 C）的 LAN。

2.　一個網路位址為 134.18.0.0（等級 B）的 LAN。

3.　一個網路位址為 124.0.0.0（等級 A）的 LAN。

4.　一個點對點的 WAN（虛線部分）。這個網路可以是一條 T-1 線路，只連接兩台路由
器。此網路沒有主機，為節省位址，這個 WAN 不用分配給它網路位址。

5.　一個交換式 WAN（如訊框轉送或 ATM），連接到多個路由器（圖中展示了 3 個）。
其中一台將 WAN 和左邊的 LAN 相連接，一台將 WAN 和右邊的 LAN 相連接，另
一台連接 WAN 到外部的 Internet。

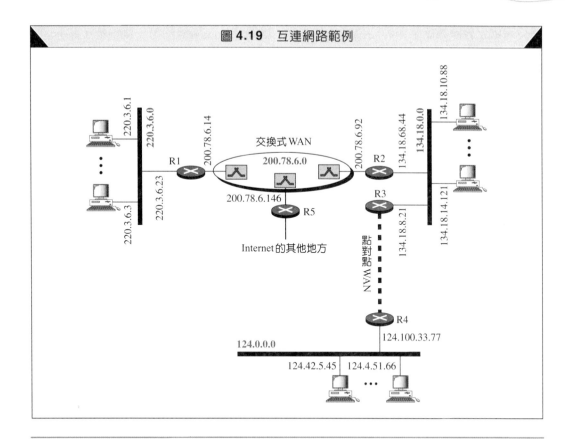

圖 **4.19** 互連網路範例

4.4 子網路化與超網路化 *Subnetting and Supernetting*

在前一節，我們討論到分級式定址的相關問題，尤其是剩下來可供申請的網路位址幾乎耗盡。然而，還有很多組織單位想要連上 Internet。在本節中，我們會介紹 2 種解決方法：子網路化與超網路化。

子網路化

子網路化 **(subnetting)** 是指將一網路分成數個較小的子網路（subnetwork 或 subnet），每個子網路有其自己的子網路位址。

二階層架構

就我們之前所學到的，IP 位址為 32 位元。位址的一部分表示網路位址 (netid)，另一個部分表示該網路上的某個主機 (hostid)。因此，IP 位址的表示方式是有階層性的。如果要找到 Internet 上的一台電腦，要先用位址的前一部分 (netid) 找到網路位址，再用第二部分 (hostid) 來找到電腦。換言之，IP 位址是兩個階層方式的設計。

IP 位址設計為兩個階層。

　　然而，在很多時候，只有兩個階層的方式是不夠的。例如，某個組織具有一個等級 B 的網路位址 141.14.0.0，這是一個二階層的定址方法，所以其實體網路只有一個（見圖 4.20）。注意，預設遮罩為 255.255.0.0，表示所有位址有 16 個相同的位元，而其他

的位元則定義該網路上不同的位址。也注意，網路位址是區塊的第一個位址，其 hostid
部分全部為 0。

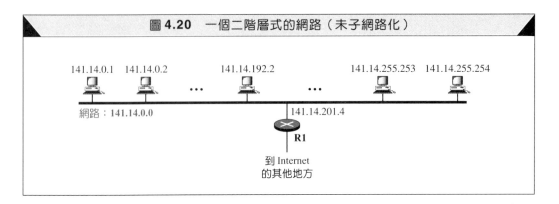

圖 4.20   一個二階層式的網路（未子網路化）

　　如果使用這個方法建構網路，則此組織的網路都在同一層，即同一網路上有很多台
主機，不能分成不同的群組。我們可用子網路化 (subnetting) 的方式來解決這個問題，
就是將原來的網路分成若干個較小的子網路（subnetwork 或 subnet）。圖 4.21 所示的網
路就是將圖 4.20 分成 4 個子網路。

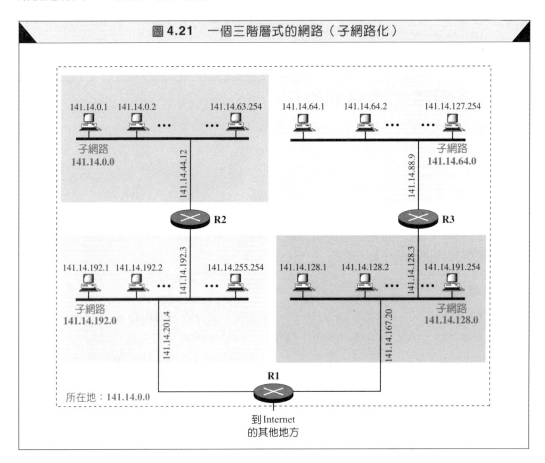

圖 4.21   一個三階層式的網路（子網路化）

以此範例來說，Internet 的其他部分，並不知道原來的網路分成 4 個實體的子網路。對 Internet 的其他地方而言，這些網路看起來，就如同一個單一網路一樣。要傳送到主機 141.14.192.2 的封包，依然經由 R1 路由器。然而，在封包抵達 R1 路由器後，IP 位址的解釋有所改變。R1 路由器知道 141.14.0.0 的網路現在被分成子網路，且路由器知道這個封包要被傳遞到子網路 141.14.192.0。

三階層架構

子網路的採用使原本 IP 位址系統中，增加一個新的分層。現在我們擁有三層：所在地、子網路及主機。所在地 (site) 是第 1 層，**子網路 (subnet)** 是第 2 層，主機 (host) 是第 3 層，用來定義連接到子網路上的一台電腦（見圖 4.22）。

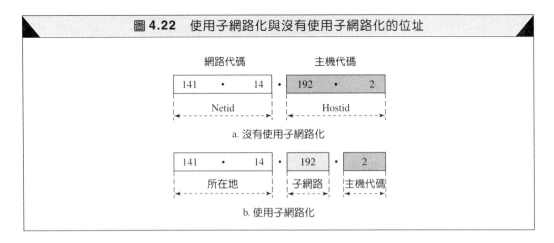

圖 4.22　使用子網路化與沒有使用子網路化的位址

使用子網路時，IP 封包的路徑選擇過程分為 3 個步驟：傳遞到目的地點，傳遞到目的子網路，然後傳遞到目的主機。

這與美國使用的 10 個數字的電話號碼類似。如圖 4.23 所示，一個電話號碼依序分為區域碼、交換碼與連接碼三部分。

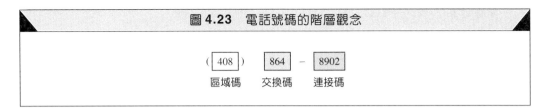

圖 4.23　電話號碼的階層觀念

子網路遮罩

我們在前面討論過預設遮罩。網路沒有子網路時，才使用預設遮罩。預設遮罩是用來找出位址區塊的第一個位址，即網路位址。不過，當網路做子網路化時，情況就不同了。我們必須使用一個子網路遮罩 (subnet mask)，子網路遮罩有更多的 1。圖 4.24 說明先前在圖 4.20 和 4.21 的情況。預設遮罩用來產生網路位址，而子網路遮罩用來產生子網路位址。

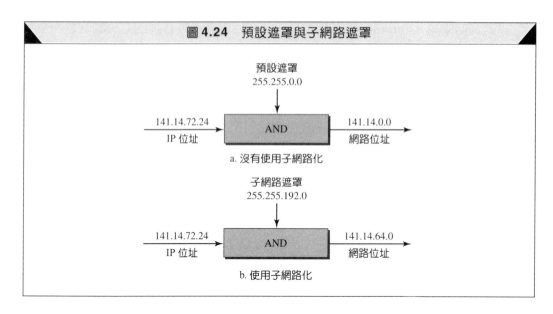

圖 4.24　預設遮罩與子網路遮罩

連續式與非連續式的子網路遮罩　早期的子網路可能使用非連續式的子網路遮罩。非連續式是指遮罩為 0 與 1 混合組成，而不是一串的 1 之後接一串的 0。不過，現今只使用連續式遮罩。

找出子網路位址　給予一個位址，我們可以找出子網路位址，就如前面章節中找網路位址一樣。我們將遮罩應用到位址上做遮取的動作。

範例 15

如果目的位址為 200.45.34.56，且子網路遮罩為 255.255.240.0，則子網路位址為何？

解答

將位址與子網路遮罩做 AND 運算

位址	→ 11001000 00101101 00100010 00111000
子網路遮罩	→ 11111111 11111111 11110000 00000000
子網路位址	→ 11001000 00101101 00100000 00000000

所以子網路位址為 200.45.32.0。

預設遮罩與子網路遮罩　預設遮罩中位元值為 1 的數目早已決定好（8、16或24）。而子網路遮罩中位元值為 1 的數目多於相對應的預設遮罩。換言之，子網路遮罩將預設遮罩最左邊的一些 0 改成 1。圖 4.25 說明了一個等級 B 的預設遮罩和同一個位址區塊內的子網路遮罩的差別。

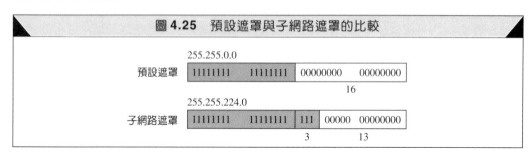

圖 4.25　預設遮罩與子網路遮罩的比較

子網路的個數 子網路的個數可以透過計數預設遮罩後面多出來的 1 而得。例如，圖 4.25 中多出來 1 的個數為 3，那麼子網路的個數則為 $2^3 = 8$。

每個子網路的位址數目 每個子網路內的位址個數可以透過計數子網路遮罩內 0 的個數而得。例如，圖 4.25 中 0 的個數為 13，所以此子網路內的位址個數為 $2^{13} = 8192$。

子網路內的特殊位址

做子網路化時，每個子網路要多出 2 個特殊位址。每個子網路的第一個位址（hostid 全為 0），為其子網路位址。每個子網路的最後一個位址（hostid 全為 1）保留做為子網路內有限廣播之用。一些其他的位址，原來也是被保留為特殊位址，但是隨著無級式定址架構的使用（我們將會在下一章介紹），有些特殊位址已經不存在。

CIDR 表示法

當我們擁有子網路時，CIDR 表示法還是可以使用。在子網路中的某一個位址可以很容易地使用 CIDR 表示法來定義。舉例來說，141.14.192.3/16 表示一個等級 B 的位址，但是 141.14.192.3/18 表示此位址屬於一個遮罩為 255.255.192.0 的子網路。當我們在下一章談到無級式定址時，仍會延續這樣的概念。

超網路化

雖然，等級 A 與等級 B 的位址已經用盡，但等級 C 的位址仍然有剩。然而，一個等級 C 的區塊最多只有 256 個位址可以使用，對中型機構而言，都是不夠用的。

解決之道就是**超網路化 (supernetting)**。所謂超網路化就是一個機構可以將數個等級 C 的區塊合併成一個位址範圍更大的區塊。換言之，就是將數個網路合併成一個超網路 (supernetwork)。藉此，一個機構就可以將數個等級 C 的區塊視為僅有一個。例如，某一個機構需要 1,000 個位址，可以申請 4 個等級 C 的區塊，再將這些位址合併在一個超網路中，如圖 4.26 所示。

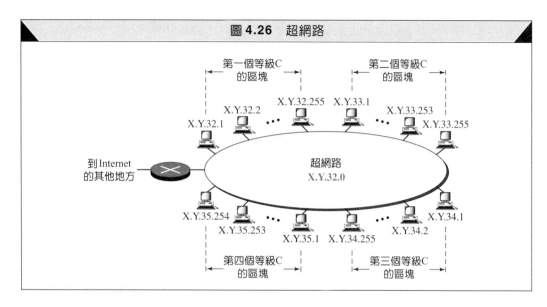

圖 4.26　超網路

超網路遮罩

當一個機構被給予一區塊的位址（等級 A 、 B 或 C），區塊的第一個位址與遮罩定義區塊的位址範圍。因為遮罩為已知（預設遮罩），所以我們一定知道位址的範圍。

當一個機構將其區塊分為若干子網路時，子區塊的第一個位址與子網路遮罩完全定義該子區塊的位址範圍。只有第一個位址是不夠的，尚需要它的子網路遮罩。

同理，當一個機構將數個區塊合併成一個超區塊時，我們也必須知道區塊的第一個位址與超網路遮罩。只有第一個位址也無法定義範圍，因此我們需要超網路遮罩，以找出有多少區塊被合併成一個超區塊。

> 實現子網路時，我們需要子網路的第一個位址與子網路遮罩以定義該子網路的位址範圍。
>
> 實現超網路時，我們需要超網路的第一個位址與超網路遮罩以定義該超網路的位址範圍。

超網路遮罩與子網路遮罩剛好相反。對等級 C 的子網路遮罩而言，其位元值為 1 的個數比其預設遮罩多；對等級 C 的超網路遮罩而言，其位元值為 1 的個數比其預設遮罩少。

圖 4.27 說明了子網路遮罩與超網路遮罩的不同處。此子網路遮罩位元值為 1 的個數比其預設遮罩多 3 個，即代表將一個區塊分成 8 個子區塊。而此超網路遮罩位元值為 1 的個數比其預設遮罩少 3 個，也就代表將 8 個區塊合併成一個超區塊。

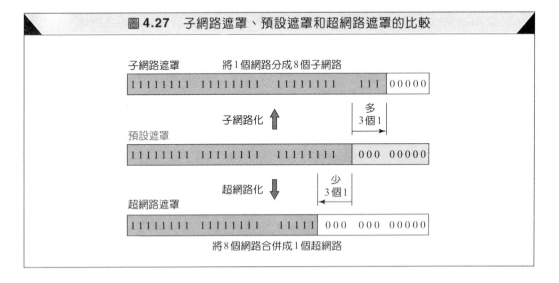

圖 4.27　子網路遮罩、預設遮罩和超網路遮罩的比較

CIDR 表示法

當我們擁有超網路時，CIDR 表示法還是可以使用。在超網路中的某一個位址可以很容易地使用 CIDR 表示法來定義。舉例來說，200.14.192.3/24 表示一個等級 C 的位址，但是 200.14.192.3/21 表示此位址屬於一個遮罩為 255.255.248.0 的超網路。當我們在下一章談到無級式定址時，仍會延續這樣的概念。

陳舊過時

自從無級式定址的出現,分級式定址中子網路化與超網路化的概念幾乎被淘汰。我們會在此介紹的原因是希望從歷史的角度來檢視,並且為下一章的無級式定址做準備。

> 分級式定址中子網路化與超網路化的概念幾乎被淘汰。

4.5　重要名詞　*Key Terms*

位址空間 (address space)

AND 運算 (AND operation)

二進制表示法 (binary notation)

位址區塊 (block of addresses)

等級 A 位址 (class A address)

等級 B 位址 (class B address)

等級 C 位址 (class C address)

等級 D 位址 (class D address)

等級 E 位址 (class E address)

分級式定址 (classful addressing)

無級式定址 (classless addressing)

無級式跨網域路徑選擇 (Classless Interdomain Routing, CIDR)

連續式遮罩 (contiguous mask)

預設遮罩 (default mask)

直接廣播位址 (direct broadcast address)

點式十進制表示法 (dotted-decimal notation)

十六進制表示法 (hexadecimal notation)

主機代碼 (hostid)

IP 位址 (IP address)

有限廣播位址 (limited broadcast address)

迴路位址 (loopback address)

遮罩 (mask)

多重位址裝置 (multihomed device)

網路代碼 (netid)

網路位址 (network address)

非連續式遮罩 (noncontiguous mask)

此網路上的特定主機 (specific host on this network)

子網路 (subnet)

子網路遮罩 (subnet mask)

子網路化 (subnetting)

子網路 (subnetwork)

超網路遮罩 (supernet mask)

超網路化 (supernetting)

此網路上的主機 (this host on this network)

4.6　摘要　*Summary*

❑　在網路層中,將一個封包由一個主機傳到另一個主機,需要一種全域性的辨識系統來辨認每台主機或路由器。

❑　Internet 位址(或 IP 位址)的長度為 32 位元 (IPv4),具備唯一性及通用性,用來定義 Internet 上的主機或路由器。

❑　IP 位址中,定義網路的部分,稱為網路代碼 (netid)。

❑　IP 位址中,定義網路上之主機或路由器的部分,稱為主機代碼 (hostid)。

❑　一個 IP 位址,定義一台裝置與網路之連接。

❑ IP 位址分為 5 個等級，等級 A、B 和 C 是依每個網路上的電腦個數而區分，等級 D 為群播位址，等級 E 則為保留。

❑ 網路的等級，可以透過位址的第一個位元組，很快地辨認出來。

❑ 一台多重位址裝置連到數個網路，而每個連上的網路都有一個 IP 位址。

❑ 就等級 A、B 和 C 而言，路由器使用直接廣播位址（hostid 全部為 1）來傳送封包到某一特定網路上的所有主機。

❑ 一台主機用有限廣播位址（全部為 1）來傳送封包給在其網路上的所有主機。

❑ 一台不知道自己 IP 位址的主機，可以在開機時使用一個全部為 0 的來源 IP 位址。

❑ 一台主機想要送封包給所在網路上的另一台電腦，可以用 netid 全部為 0 的目的 IP 位址。

❑ 第一個位元組為 127 的迴路位址，給一台主機用來檢測其內部軟體用。

❑ 在等級 A、B 和 C 中的位址大部分被使用在單點傳播通訊。

❑ 在等級 D 中的位址被使用在群播通訊。

❑ Internet 並不支援全域性的廣播通訊。

❑ 子網路化就是將一個大的網路分成數個小網路。

❑ 子網路化在 IP 的定址架構中，增加了一個中間層。

❑ 等級 A、B 和 C 的位址可以被子網路化。

❑ 使用子網路遮罩來從 IP 位址中擷取出子網路位址。

❑ 將 IP 位址與其遮罩進行位元及運算就可以獲得一個網路位址或子網路位址。

❑ 在 IP 定址中，特殊位址的概念也繼續存在於子網路化當中。

❑ 強烈地建議使用連續式遮罩（一連串的 1 之後再接一連串的 0）。

❑ 超網路化就是將數個網路合併成一個大網路。

4.7　習題　*Practice Set*

練習題

1. 下列各系統的位址空間各為何？
   (a) 一個使用 8 位元位址的系統
   (b) 一個使用 16 位元位址的系統
   (c) 一個使用 64 位元位址的系統

2. 某位址空間共有 1,024 個位址，需要多少位元代表一個位址？

3. 某位址空間使用 0、1、2 三個符號代表位址。如果每個位址由 10 個符號構成，此系統共有多少個位址？

4. 將下列 IP 位址由點式十進制表示法改為二進制表示法。
   (a) 114.34.2.8
   (b) 129.14.6.8
   (c) 208.34.54.12

    (d) 238.34.2.1

    (e) 241.34.2.8

5. 將下列IP位址由點式十進制表示法改為十六進制表示法。

    (a) 114.34.2.8

    (b) 129.14.6.8

    (c) 208.34.54.12

    (d) 238.34.2.1

    (e) 241.34.2.8

6. 將下列IP位址由十六進制表示法改為二進制表示法。

    (a) 0x1347FEAB

    (b) 0xAB234102

    (c) 0x0123A2BE

    (d) 0x00001111

7. 以十六進制表示時,以下各等級需要用幾個數字定義netid?

    (a) 等級 A

    (b) 等級 B

    (c) 等級 C

8. 將下列IP位址由二進制表示法改為點式十進制表示法。

    (a) 01111111 11110000 01100111 01111101

    (b) 10101111 11000000 11110000 00011101

    (c) 11011111 10110000 00011111 01011101

    (d) 11101111 11110111 11000111 00011101

    (e) 11110111 11110011 10000111 11011101

9. 找出下列各IP位址之等級。

    (a) 208.34.54.12

    (b) 238.34.2.1

    (c) 114.34.2.8

    (d) 129.14.6.8

    (e) 241.34.2.8

10. 找出下列各IP位址之等級。

    (a) 11110111 11110011 10000111 11011101

    (b) 10101111 11000000 11110000 00011101

    (c) 11011111 10110000 00011111 01011101

    (d) 11101111 11110111 11000111 00011101

    (e) 01111111 11110000 01100111 01111101

11. 找出下列 IP 位址之 netid 及 hostid。

    (a) 114.34.2.8

    (b) 132.56.8.6

    (c) 208.34.54.12

12. 某主機 IP 位址為 128.23.67.3 傳送訊息到另一主機其 IP 位址為 193.45.23.7，此訊息是否要經過任何路由器？（假設沒有子網路化）

13. 某主機 IP 位址為 128.23.67.3 傳送訊息到另一主機其 IP 位址為 128.45.23.7，此訊息是否要經過任何路由器？（假設沒有子網路化）

14. 某主機 IP 位址為 128.23.67.3 傳送訊息到另一主機其 IP 位址為 128.23.23.7，此訊息是否要經過任何路由器？（假設沒有子網路化）

15. 繪圖表示 IP 位址為 8.0.0.0 的網路，經由一台路由器連到某網路，而其 IP 位址為 131.45.0.0。選擇路由器每個介面的 IP 位址，畫一些主機在每個網路上，並表示其 IP 位址，並標示這兩個網路屬於哪一個等級？

16. 一台路由器使用 IP 位址 108.5.18.22 連接到一網路，它對在此網路上的所有主機送一直接廣播封包，此封包所使用的來源 IP 位址及目的 IP 位址為何？

17. 某一主機的 IP 位址 108.67.18.70 傳送一個有限廣播封包給在相同網路上的所有主機，此封包所使用的來源 IP 位址及目的 IP 位址為何？

18. 某一主機的 IP 位址為 185.67.89.34 要做迴路測試，所使用的來源位址及目的位址為何？

19. 某一主機的 IP 位址為 123.27.19.24 傳送訊息給另一主機其 IP 位址為 123.67.89.56，使用此網路上的特定主機的特殊位址，其來源和目的位址為何？

20. 某一主機在一等級 C 的網路中，不知道自己的 IP 位址，要傳送一訊息到開機伺服器去找自己的 IP 位址，其來源及目的位址為何？

21. 我們是否可以使用例如 x.y.z.t/32 這樣的位址？請說明原因。

22. 在等級 A 的網路中，其第一個位址（網路位址）為 20.0.0.0。請問第 220,000 個位址為何？

23. 在一網路中，某台電腦的位址為 201.78.24.56，另一台的位址為 201.78.120.202。請問在它們之間還有幾個位址？

24. 在某個等級 A 的子網路中，我們知道某一台主機的 IP 位址與遮罩分別如下：

    IP 位址：25.34.12.56

    遮罩：255.255.0.0

    請問此子網路的第一位址（即子網路位址）為何？

25. 在某個等級 B 的子網路中，我們知道某一台主機的 IP 位址與遮罩分別如下：

    IP 位址：125.134.112.66

    遮罩：255.255.224.0

    請問此子網路的第一位址（即子網路位址）為何？

26. 在某個等級 C 的子網路中，我們知道某一台主機的 IP 位址與遮罩分別如下：

　　IP 位址：182.44.82.16

　　遮罩：255.255.255.192

　　請問此子網路的第一位址（即子網路位址）為何？

27. 請找出下面各種情況下之連續式遮罩為何？

　　(a) 等級 A 具有 1024 個子網路

　　(b) 等級 B 具有 256 個子網路

　　(c) 等級 C 具有 32 個子網路

　　(d) 等級 C 具有 4 個子網路

28. 請找出下面各種情況下之最大子網路個數為何？

　　(a) 等級 A，遮罩為 255.255.192.0

　　(b) 等級 B，遮罩為 255.255.192.0

　　(c) 等級 C，遮罩為 255.255.255.192

　　(d) 等級 C，遮罩為 255.255.255.240

資料檢索

29. 您所屬的學校或機構是否使用分級式定址？如果是的話，請找出位址的等級。

30. 請找出所有關於 IP 位址的 RFC 文件。

31. 請找出所有關於迴路位址的 RFC 文件。

32. 請找出所有關於私有位址的 RFC 文件。

33. 請找出所有關於直接廣播位址的 RFC 文件。

34. 請找出所有關於群播位址的 RFC 文件。

CHAPTER 5

IP 位址：無級式定址

IP Addresses: Classless Addressing

分級式定址的使用衍生了很多問題，直到 1990 年代中期，某個範圍內的位址，即表示等級 A、B 或 C 的一個位址區塊。核給某一機構的最少位址數目為 256（等級 C），最大位址數目則高達 16,777,216（等級 A）。在這兩個極端之間的機構，可以用一個等級 B 的區塊或數個等級 C 的區塊。這些位址的分配個數為 256 的倍數。然而，如果某個小商家只需要 16 個位址，或是某個家庭只需要 2 個位址，該當如何呢？

在 1990 年代，出現了所謂的網際網路服務提供者 (ISP)。ISP 是一個組織，提供 Internet 的存取服務給個人、小商家或是不想自己成為 ISP，但想提供網路服務的中型組織。ISP 可以提供這樣的服務。ISP 可分配到一個很大範圍的位址，並且將整個位址範圍分成不同大小的群組，各別分配給家庭或小商家。一般客戶透過數據機、DSL 或有線電視纜線數據機撥號連接到 ISP，但是每個客戶需要一個 IP 位址（第 26 章將會介紹其他解決方案，如私有位址和網路位址轉換）。

為了促進這些演進並解決分級式定址所衍生的問題，在 1996 年，Internet 官方宣布一種新的定址架構，稱為**無級式定址 (classless addressing)**，這個新架構最終會使得舊有的分級式架構逐漸消失。

5.1　可變長度區塊　*Variable-Length Block*

無級式定址的觀念是使用可變長度的區塊，而這些區塊不再有等級。一個區塊可以是 2 個位址、4 個位址或 128 個位址等。雖然會有限制，但一般而言，一個區塊可以從很小的範圍到非常大的範圍。

無級定址架構的做法是將整個位址空間 (2^{32}) 分成若干不同大小的區塊，因此申請的機構可以分配到一個適合的大小。圖 5.1 說明了無級式定址的架構。比較本圖與第 4 章的圖 4.2。

無級式定址的限制

無級式定址可以解決一些問題，但是這樣的架構有一些限制存在。

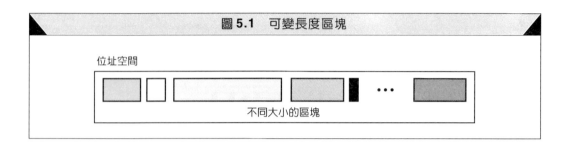

圖 5.1　可變長度區塊

位址空間

不同大小的區塊

區塊內的位址個數

對於一個區塊內的位址個數而言，只有一個限制，那就是必須是 2 的冪次方（2、4、8……）。例如，一個家庭可以給 2 個位址，小商家可以給 16 個位址，而較大的機構或許可以給 1024 個位址。

起始位址

起始位址必須可以被位址個數整除。例如，如果一個區塊包含 4 個位址，則起始位址必須可以被 4 整除，如果一個區塊包含 16 個位址，則起始位址必須可以被 16 整除。如果區塊的位址少於 256 個，我們只需檢查最右邊的位元組。如果位址少於 65,536 個，只需檢查最右邊兩個位元組，依此類推。

範例 1

以下何者為一 16 個位址區塊的起始位址？

a.　205.16.37.32

b.　190.16.42.44

c.　17.17.33.80

d.　123.45.24.52

解答

只有 a 和 c 符合。 205.16.37.32 中的 32 可以被 16 整除。 17.17.33.80 中的 80 可以被 16 整除。

範例 2

以下何者為一 256 個位址區塊的起始位址？

a.　205.16.37.32

b.　190.16.42.0

c.　17.17.32.0

d.　123.45.24.52

解答

在此，最右邊的位元組必須為 0。就我們在第 4 章所談到的，IP 位址是使用基底為 256 的計算。當最右邊的位元組為 0，則可被 256 整除只有 b 和 c 符合。

範例 3

以下何者為一 1024 個位址區塊的起始位址？

a. 205.16.37.32

b. 190.16.42.0

c. 17.17.32.0

d. 123.45.24.52

解答

在此，因為 1024 = 4 × 256，所有我們需要去檢查兩個位元組。最右邊那個位元組必須被 256 整除（也就是必須為 0）。而最右的第二位元組必須能被 4 整除，所以只有 c 才符合條件。

遮罩

在分級式定址中，每個區塊的遮罩是預先定義的。等級 A 區塊的遮罩是 255.0.0.0 (/8)，等級 B 區塊的遮罩是 255.255.0.0 (/16)，等級 C 區塊的遮罩是 255.255.255.0 (/24)。當給予一個位址時，我們首先找出此位址的等級（使用第一個位元組）。然後我們可以使用預設遮罩來找出所屬區塊的起始位址與位址的範圍。

在無級式定址中，當給予一個位址時，我們無法找出位址的所屬區塊，除非我們擁有其遮罩。換言之，在無級式定址中，位址必須再伴隨著一個遮罩。這個遮罩使用 CIDR 表示法來表示遮罩中位元值為 1 的個數。圖 5.2 說明了通常在無級式定址架構中的表示方法。

圖 5.2 無級式定址的位址格式

$$x.y.z.t/n$$

在斜線後面的 n，定義區塊每個位址相同位元的數目。例如，如果 $n = 20$，這表示每個位址的最左邊 20 位元都是相同的，而剩下右邊 12 位元則不相同。用這種表達方式，我們可以很容易找出一區塊內位址的個數與其最後一個位址。

前置位元與前置位元長度 無級式定址常使用到**前置位元 (prefix)** 與**前置位元長度 (prefix length)** 這兩個名詞。前置位元即位址範圍內共同的部分 (netid)，而前置位元長度即為前置位元的長度，也就是 CIDR 表示法中的 n。表 5.1 列出遮罩與前置位元長度之間一對一的關係。

請注意淺色字是原本等級 A、B 和 C 的預設遮罩。這表示在 CIDR 表示法中，分級式定址法屬於無級式定址法的一個特例。

分級式定址法屬於無級式定址法的一個特例。

表 5.1 前置位元長度

/n	遮罩	/n	遮罩	/n	遮罩	/n	遮罩
/1	128.0.0.0	/9	255.128.0.0	/17	255.255.128.0	/25	255.255.255.128
/2	192.0.0.0	/10	255.192.0.0	/18	255.255.192.0	/26	255.255.255.192
/3	224.0.0.0	/11	255.224.0.0	/19	255.255.224.0	/27	255.255.255.224
/4	240.0.0.0	/12	255.240.0.0	/20	255.255.240.0	/28	255.255.255.240
/5	248.0.0.0	/13	255.248.0.0	/21	255.255.248.0	/29	255.255.255.248
/6	252.0.0.0	/14	255.252.0.0	/22	255.255.252.0	/30	255.255.255.252
/7	254.0.0.0	/15	255.254.0.0	/23	255.255.254.0	/31	255.255.255.254
/8	255.0.0.0	/16	255.255.0.0	/24	255.255.255.0	/32	255.255.255.255

後置位元與後置位元長度 無級式定址有時也會使用到**後置位元 (suffix)** 與**後置位元長度 (suffix length)** 這兩個名詞。後置位元即是位址會變化的部分（類似 hostid）。而後置位元長度即為後置位元的長度，等於 $(32 - n)$，這裡的 n 為 CIDR 表示法中的 n。

尋找區塊

在無級式定址中，一個機構被分配到一個位址區塊。此區塊的大小並不固定，而是視此機構的需求而定。但是，如果授予一個無級式的位址時，我們可以找出其所屬區塊的起始位址、總位址個數，及終止位址。

尋找起始位址

在無級式定址中，前置位元長度就代表一個遮罩。因為在無級式定址中的位址被保證是連續的，而且前置位元決定了位元值為 1 的個數。所以我們只需要將遮罩與位址進行 AND 運算（保留前面 n 個位元，而其他的設為 0），就可以找到區塊的起始位址。

範例 4

某位址為 167.199.170.82/27，請問其所屬區塊的起始位址為何？

解答

前置位元長度為 27 位元，所以保留前面 27 的位元，將後面 5 個位元改為 0。過程如下：

位址的二進制表示法：	10100111 11000111 10101010 01010010
保留前面 27 的位元：	10100111 11000111 10101010 01000000
結果的 CIDR 表示法：	167.199.170.64/27

第一種速解法 我們可以使用下面的速解法來找出起始位址：

1. 將前置位元長度分成 4 個群組（各對應到位址中的 4 個位元組），並且找出各群組中位元值為 1 的個數。

2. 如果在群組中位元值為 1 的個數為 8 ，則在起始位址中所對應的位元組是相同的（沒有改變）。

3. 如果在群組中位元值為 1 的個數為 0 ，則在起始位址中所對應的位元組是 0 。

4. 如果在群組中位元值為 1 的個數介於 0 ~ 8 之間，則我們保留群組中對應的位元。

範例 5

某位址為 140.120.84.24/20 ，請問其所屬區塊的起始位址為何？

解答

圖 5.3 展示解法的過程。找出第一、二、四個位元組是容易的。對於第三個位元組，我們將群組中對應位元為 1 的位元保留下來。起始位址為 140.120.80.0/20 。

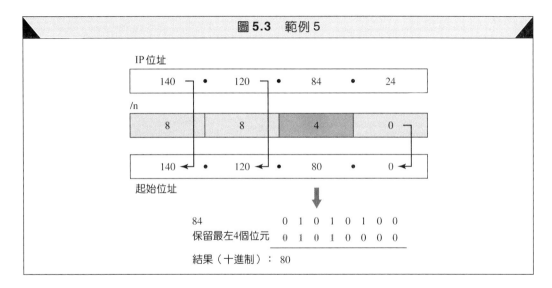

圖 5.3 範例 5

第二種速解法 為了避免使用二進制，我們針對那些位元值不全為 0 或 1 的位元組，提供另一種替代方法。將位址中的位元組寫成 2 的冪次方 (128, 64, 32, 16, 8, 4, 2, 1) 的加法組合。如果加法組合中不包含該次方，我們以 0 代替。然後選擇最高的 m 個次方的值相加即為結果，此處的 m 為前置位元長度中該位元組所對應位元值為 1 的個數。

範例 6

某位址為 140.120.84.24/20 ，請問其所屬區塊的起始位址為何？

解答

第一、二、四個位元組的求法和前一個範例相同。至於第三個位元組，我們將 84 寫成 2 的冪次方的加法組合，並且只選擇最左邊的 4 個值 ($m = 4$)，如圖 5.4 所示。起始位址為 140.120.80.0/20 。

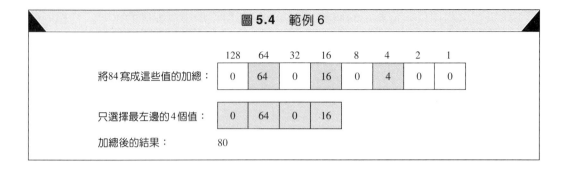

圖 5.4　範例 6

尋找區塊中位址的個數

尋找區塊中位址的個數是非常容易的，在區塊中的總位址數為 2^{32-n}。

範例 7

某位址為 140.120.84.24/20，請問其所屬區塊的位址個數為何？

解答

前置位元長度為 20，所以區塊中的總位址數為 $2^{32-20} = 2^{12} = 4096$。這是一個具有 4096 個位址的大區塊。

尋找區塊中的終止位址

我們提出兩種尋找區塊中終止位址的方法。第一種方法是將起始位址加上總位址個數再減 1。注意，減 1 是因為起始位址和終止位址都包含在內。第二種方法是將起始位址加上遮罩的補數。遮罩的補數就是將原本所有位元為 0 的改成 1，所有位元為 1 的改成 0 即可。

範例 8

某位址為 140.120.84.24/20，請使用第一種方法求出其所屬區塊的終止位址為何？

解答

我們使用前面範例的結果得知其起始位址為 140.120.80.0/20，而區塊之總位址個數為 4096。為了尋找終止位址，我們將起始位址加上 (4096 − 1) = 4095。另外我們為了保持點式十進制表示法的格式，我們必須將 4095 以基底為 256 的方式表示並計算。所以我們將 4095 寫成 15.255。然後我們將此數與起始位址相加來得到終止位址，其過程如下：

$$
\begin{array}{r}
140\ .\ 120\ .\ 80\ .\ 0 \\
0\ .\ 0\ .\ 15\ .\ 255 \\
\hline
140\ .\ 120\ .\ 95\ .\ 255
\end{array}
$$

則終止位址為 140.120.95.255。

範例 9

某位址為 140.120.84.24/20，請使用第二種方法求出其所屬區塊的終止位址為何？

解答

其遮罩有 20 個位元為 1 及 12 個位元為 0。則此遮罩的補數有 20 個位元為 0 及 12 個位元為 1。換句話說，遮罩的補數為 00000000 00000000 00001111 11111111 或 0.0.15.255。我們將遮罩的補數與起始位址相加來得到終止位址，其過程如下：

```
        140 . 120 . 80 . 0
          0 .   0 . 15 . 255
        ─────────────────────
        140 . 120 . 95 . 255
```

則終止位址為 140.120.95.255。

範例 10

某位址為 190.87.140.202/29，請問其所屬區塊的相關資訊為何？

解答

我們遵循前面範例的方式去尋找起始位址、總位址個數，及終止位址。為了尋找起始位址，我們注意到遮罩 (/29) 的最後一個位元組中，最高的 5 個位元為 1。所以將位址的最後一個位元組轉成 2 的冪次方的組合，並保留最左邊的 5 個數值，其過程如下：

202	→ 128 + 64 + 0 + 0 + 8 + 0 + 2 + 0
最左邊五個數值	→ 128 + 64 + 0 + 0 + 8
起始位址為	190.87.140.200/29

區塊之總位址個數為 $2^{32-29} = 8$。為了尋找終止位址，我們先求出遮罩的補數，遮罩有 29 個位元為 1，而遮罩的補數有 3 個位元為 1。則遮罩的補數為 0.0.0.7，如果我們將它和起始位址相加，我們便可以得到 190.87.140.207/29。換句話說，區塊的起始位址為 190.87.140.200/29，終止位址為 190.87.140.207/29，而且只有 8 個位址在這個區塊中。

範例 11

請針對前一個範例中的區塊，說明其網路配置的情況為何？

解答

得知前一個範例中之區塊的組成架構，可以將區塊中的位址分配給其網路中的各個主機。但是，起始位址被當成網路位址使用，而終止位址被保留為一個特殊位址（有限廣播位址）。圖 5.5 說明了此機構如何使用這個區塊的情況。注意，終止位址中的 207 不同於分級式定址中的 255。

在無級式定址法中，其區塊的終止位址不需要像分級式定址法一樣是 255。

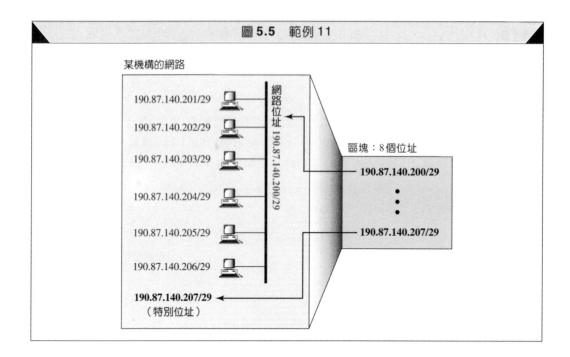

圖 5.5 範例 11

給予區塊

待會我們所見到的區塊之位址，是由 ISP 來負責分配與給予的動作。被給予的區塊是使用起始位址與前置位元長度來定義的。就我們前面所見的，CIDR 表示法完整地定義了一個區塊。例如，我們先前例子中的區塊，就是由 190.87.140.200/29 來定義的。

> 在 CIDR 表示法中，被給予的區塊是使用起始位址與前置位元長度來定義的。

5.2　子網路化　*Subnetting*

在無級式定址架構下當然也可以子網路化。當某個組織分配到一個位址區塊後，它可以依據自己的需求來建立子網路。網路管理者可以針對各個子網路來設計其子網路遮罩。增加前置位元長度 (*n*) 定義子網路的前置位元長度。

尋找子網路遮罩

我們希望擁有的子網路個數定義了子網路的前置位元。如果子網路個數為 s，則在前置位元中額外的新增 1 的位元個數為 $\log_2 s$，也就是說 $s = 2^{額外位元值為 1 的個數}$。注意，如果我們希望獲得固定長度的子網路（每個子網路擁有的位址數目皆相同），則子網路個數必須是 2 的冪次方。

> 以固定長度來子網路化時，子網路個數必須是 2 的冪次方。

範例12

某組織被給予一位址區塊130.34.12.64/26。該組織想要有4個子網路,請問其子網路之前置位元長度為何?

解答

我們需要4個子網路,這也代表我們需要再加2個值為1的位元到此所在地的前置位元中,所以子網路之前置位元長度為 /28。

尋找子網路位址

在尋找子網路遮罩之後,要尋找各個子網路的位址範圍是很容易的。

範例13

針對前一個範例,請問每一個子網路內的位址與位址的範圍為何?

解答

圖5.6說明了一種配置的方式。

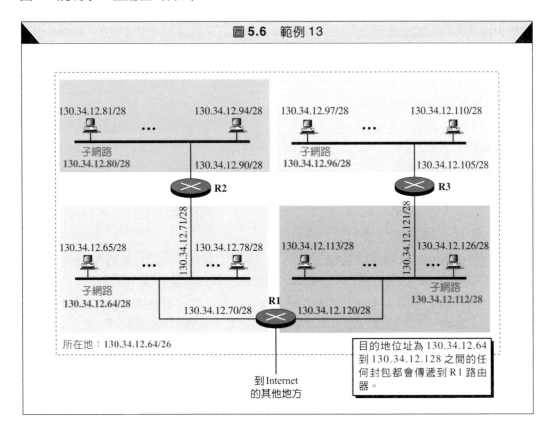

圖5.6 範例13

這個所在地擁有 $2^6 = 64$ 個位址,每個子網路則擁有 $2^{32-28} = 16$ 個位址。現在讓我們來找出每個子網路的起始位址和終止位址。

1. 使用前面範例的程序，我們可以找出第一個子網路的起始位址為 130.34.12.64/28。注意，第一個子網路的起始位址也就等於原本此區塊的起始位址。我們可以將起始位址加上 (16 − 1) 來求出終止位址，其結果為 130.34.12.79/28。

2. 可以將前一個子網路的終止位址再加 1，就可以求出第二個子網路的起始位址為 130.34.12.80/28。將起始位址再加上 15，則可求出終止位址為 130.34.12.95/28。

3. 相同地，我們可以求出第三個子網路的起始位址為 130.34.12.96/28，終止位址為 130.34.12.111/28。

4. 相同地，我們可以求出第四個子網路的起始位址為 130.34.12.112/28，終止位址為 130.34.12.127/28。

可變長度的子網路

在前面的部分中，我們所有的子網路都擁有相同的遮罩（都等於 n），但是我們可以設計可變長度的遮罩。換言之，我們可以設計不同大小的子網路。這樣就可以讓一個組織能夠根據各子網路不同的需求來分配位址。其程序和我們之前討論的類似，我們直接使用範例來說明這樣的概念。

範例 14

一個組織獲得一個起始位址為 14.24.74.0/24 的區塊。在此區塊中擁有 $2^{32-24} = 256$ 個位址。此組織需要以下 11 個子網路：

a. 2 個擁有 64 個位址的區塊。

b. 2 個擁有 32 個位址的區塊。

c. 3 個擁有 16 個位址的區塊。

d. 4 個擁有 4 個位址的區塊。

請設計這些子網路。

解答

圖 5.7 說明了一種配置的方式。

1. 我們將最前面的 128 個位址分配給 2 個子網路，其每個子網路分配到 64 個位址。注意，每個子網路的遮罩為 /26。每個子網路的子網路位址如圖中所示。

2. 我們將接下來的 64 個位址分配給另外 2 個子網路，每個子網路分配到 32 個位址。注意，每個子網路的遮罩為 /27。每個子網路的子網路位址如圖中所示。

3. 我們將接下來的 48 個位址分配給另外 3 個子網路，每個子網路分配到 16 個位址。注意，每個子網路的遮罩為 /28。每個子網路的子網路位址如圖中所示。

4. 我們將接下來的 16 個位址分配給另外 4 個子網路，每個子網路分配到 4 個位址。注意，每個子網路的遮罩為 /30。每個子網路的子網路位址如圖中所示。

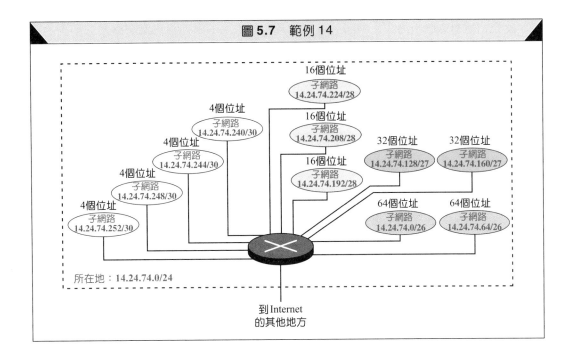

圖5.7 範例14

範例15

另外一個範例。假設某個公司擁有3個不同區域的辦公室：中部、東部，及西部。中部辦公室的網路透過私有的點對點WAN專線與東部及西部辦公室的網路相連接。此公司被授予一個起始位址為70.12.100.128/26的區塊。網路管理者決定分配32個位址給中部辦公室，並且將剩下的位址分配給其他兩個辦公室。

解答

圖5.8說明了網路管理者設計配置的情況。

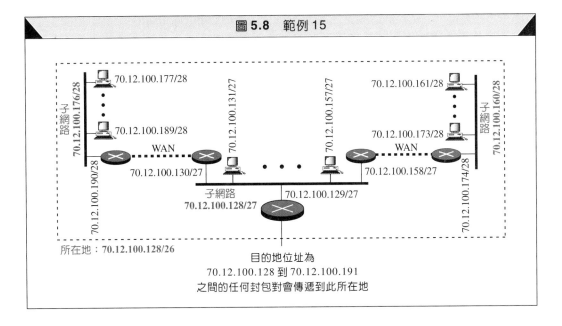

圖5.8 範例15

此公司擁有 3 個子網路（中部、東部，及西部）。下面列出每個網路被分配到的子網路區塊的情形：

a. 中部辦公室所使用的網路位址為 70.12.100.128/27，即其起始位址。遮罩為 /27，也就代表在此網路中有 32 個位址。注意，其中有 3 個位址是保留給路由器，另外此公司保留了子網路區塊中的終止位址。此子網路所擁有的位址由 70.12.100.128/27 到 70.12.100.159/27。注意，因為各子網路之間是透過點對點連接的方式，所以路由器將各子網路連上 WAN 的介面是不需要位址的。

b. 東部辦公室使用的網路位址為 70.12.100.160/28。遮罩為 /28，在此網路中只有 16 個位址。注意，其中有 1 個位址是保留給路由器，另外此公司保留了子網路區塊中的終止位址。此子網路所擁有的位址，由 70.12.100.160/28 到 70.12.100.175/28。注意，因為各子網路之間是透過點對點連接的方式，所以路由器將各子網路連上 WAN 的介面是不需要位址的。

c. 西部辦公室使用的網路位址為 70.12.100.176/28。遮罩為 /28，在此網路中只有 16 個位址。注意，其中有 1 個位址是保留給路由器，另外此公司保留了子網路區塊中的終止位址。此子網路所擁有的位址，由 70.12.100.176/28 到 70.12.100.191/28。注意，因為各子網路之間是透過點對點連接的方式，所以路由器將各子網路連上 WAN 的介面是不需要位址的。

5.3　位址分配　*Address Allocation*

在無級式定址中的下一個議題是位址的分配。各區塊是如何被分配的？最早期，此工作是由一個稱之為**網際網路名號管理公司** (Internet Corporation for Assigned Names and Numbers, ICANN) 的全球性管理機構來負責。但是，ICANN 通常不會分配位址給獨立的機構，而是分配很大的區塊給各個 ISP。再由 ISP 將這些區塊分成較小的子區塊，然後才分配給其他的客戶。換言之，一個 ISP 接收到一個大的區塊，然後分散給它的 Internet 使用者。這樣的概念稱之為**位址聚集 (address aggregation)**：將數個位址區塊聚集在一個大的區塊中，並分配給一個 ISP 來運用。

範例 16

某個 ISP 被分配一位址區塊，其起始位址為 190.100.0.0/16（總共 65,536 個位址）。這個 ISP 需要將此區塊分成 3 群客戶，其需求如下：

a. 第一個群組有 64 個客戶，每個客戶需要 256 個位址。
b. 第二個群組有 128 個客戶，每個客戶需要 128 個位址。
c. 第三個群組有 128 個客戶，每個客戶需要 64 個位址。

試設計子網路區塊，並且找出還有多少位址剩下來？

解答

圖 5.9 說明了目前的情況。

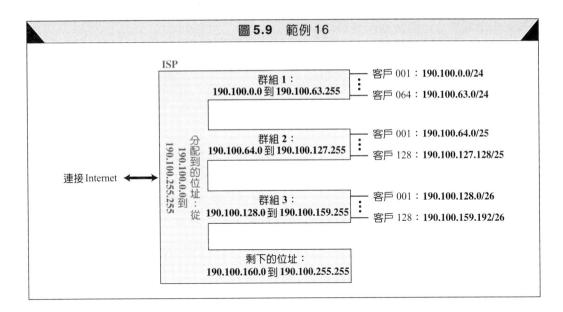

圖 5.9 範例 16

1. **第一個群組**

    這一個群組的每個客戶需要 256 個位址。所以後置位元長度為 8 ($2^8 = 256$)。其前置位元長度為 $32 - 8 = 24$。其位址為：

第 1 個客戶	190.100.0.0/24	190.100.0.255/24
第 2 個客戶	190.100.1.0/24	190.100.1.255/24
⋮	⋮	⋮
第 64 個客戶	190.100.63.0/24	190.100.63.255/24

    全部 = 64 × 256 = 16,384

2. **第二個群組**

    這一個群組的每個客戶需要 128 個位址。所以後置位元長度為 7 ($2^7 = 128$)。前置位元長度為 $32 - 7 = 25$。其位址為：

第 1 個客戶	190.100.64.0/25	190.100.64.127/25
第 2 個客戶	190.100.64.128/25	190.100.64.255/25
⋮	⋮	⋮
第 128 個客戶	190.100.127.128/25	190.100.127.255/25

    全部 = 128 × 128 = 16,384

3. **第三個群組**

    這一個群組的每個客戶需要 64 個位址。所以後置位元長度為 6 ($2^6 = 64$)。前置位元長度為 $32 - 6 = 26$。其位址為：

第 1 個客戶	190.100.128.0/26	190.100.128.63/26
第 2 個客戶	190.100.128.64/26	190.100.128.127/26
⋮	⋮	⋮
第 128 個客戶	190.100.159.192/26	190.100.159.255/26

    全部 = 128 × 64 = 8,192

分配給 ISP 的總位址個數為 65,536

由 ISP 分配出去的位址個數為 40,960

剩下可用的位址個數為 24,576

5.4　重要名詞　*Key Terms*

位址聚集 (address aggregation)

無級式定址 (classless addressing)

前置位元 (prefix)

前置位元長度 (prefix length)

子網路遮罩 (subnet mask)

後置位元 (suffix)

後置位元長度 (suffix length)

可變長度子網路化 (variable-length subnetting)

5.5　摘要　*Summary*

❏　在無級式定址中，我們可以將位址空間劃分成多個不固定長度的區塊。

❏　在無級式定址中，有以下 3 個限制：

(a) 位址個數必須是 2 的冪次方。

(b) 遮罩的部分必須包含在位址內，以便定義其區塊。

(c) 起始位址必須可以被區塊之位址個數整除。

❏　在無級式定址中的遮罩使用 CIDR 表示法的前置位元長度 (/n) 來表示。

❏　尋找區塊中的起始位址時，我們需要將遮罩與其中任何一個位址進行運算。

❏　尋找區塊中位址的個數時，我們只需要計算 2^{32-n} 即可，其中 n 為前置位元長度。

❏　尋找區塊中的終止位址時，我們將起始位址加上總位址個數再減 1。

❏　我們在子網路化時，可以使用固定長度或不固定長度。如果是固定長度的子網路化，則每個子網路的位址個數皆相同。如果是不固定長度的子網路化，則每個子網路的位址個數可以不相同。

❏　在固定長度的子網路化中，子網路的個數必須是 2 的冪次方。在不固定長度的子網路化中就沒有這樣的限制。

❏　子網路化增加了 n 的數值。

❏　全球性的位址分配管理機構為 ICANN。通常 ICANN 會分配很大的區塊給各個 ISP，再由 ISP 將這些區塊分成較小的子區塊，然後才分配給獨立的客戶。

5.6　習題　*Practice Set*

練習題

1. 在一個位址區塊中，我們知道某台主機的 IP 位址是 25.34.12.56/16。請問起始位址（網路位址）及終止位址（有限廣播位址）為何？

2. 在一個位址區塊中，我們知道某台主機的IP位址是182.44.82.16/26。請問起始位址（網路位址）及終止位址（有限廣播位址）為何？

3. 在固定長度的子網路化中，如果我們想要獲得下列個數的子網路時，請問我們需要加到遮罩中之位元值為1的個數為何？

   (a) 2

   (b) 62

   (c) 122

   (d) 250

4. 如果某區塊的前置位元長度如下，請問此區塊最大的子網路數目為何？

   (a) 18

   (b) 10

   (c) 27

   (d) 31

5. 某組織被給予一個區塊16.0.0.0/8，管理者想要用它建立500個固定長度的子網路。

   (a) 找出其子網路遮罩

   (b) 找出每個子網路的位址個數

   (c) 找出第一個子網路的起始位址及終止位址

   (d) 找出最後一個子網路的起始位址及終止位址（第500個子網路）

6. 某組織被給予一個區塊130.56.0.0/16，管理者想要用它建立1024個子網路。

   (a) 找出其子網路遮罩

   (b) 找出每個子網路的位址個數

   (c) 找出第一個子網路的起始位址及終止位址

   (d) 找出最後一個子網路的起始位址及終止位址（第1024個子網路）

7. 某組織被給予一個區塊211.17.180.0/24，管理者想要用它建立32個子網路。

   (a) 找出其子網路遮罩

   (b) 找出每個子網路的位址個數

   (c) 找出第一個子網路的起始位址及終止位址

   (d) 找出最後一個子網路的起始位址及終止位址（第32個子網路）

8. 請將下面的遮罩使用斜線表示法 (/n) 表示。

   (a) 255.255.255.0

   (b) 255.0.0.0

   (c) 255.255.224.0

   (d) 255.255.240.0

9. 請找出下列區塊的位址範圍。

   (a) 123.56.77.32/29

   (b) 200.17.21.128/27

   (c) 17.34.16.0/23

   (d) 180.34.64.64/30

10. 某 ISP 被核給一個位址區塊，起始位址為 150.80.0.0/16。ISP 想依下列方式分配區塊：

    (a) 第一個群組有 200 家中型機構，每家需要 128 個位址。

    (b) 第二個群組有 400 家小型機構，每家需要 16 個位址。

    (c) 第三個群組有 2000 個家庭，每家需要 4 個位址。

    設計各個子區塊，以斜線表示法表示之。其分配完之後還剩下多少位址？

11. 某 ISP 被核給一個位址區塊，起始位址為 120.60.4.0/20。ISP 想要分配區塊給 100 個組織，其中每個組織都只需要 8 個位址。請設計各個子區塊，以斜線表示法表示之。其分配完之後還剩下多少個位址？

12. 如果一個 ISP 擁有 1024 個位址，而它需要將這些位址分配給 1024 個客戶，請問它還需要子網路化嗎？請說明原因。

資料檢索

13. 請找出所有關於無級式定址的 RFC 文件。

14. 請找出你所屬之組織或機構被分配到的位址區塊。

15. 如果你在家是透過 ISP 來上 Internet 的話，請找出此 ISP 的名稱以及它被分配到的位址區塊。

16. 有些人主張，我們可以將整個位址空間視為一個單一區塊，而在其中的每個位址範圍都是此單一區塊的子區塊，請詳細闡述此概念。如果我們接受這樣的觀點，對子網路化是否有任何影響。

CHAPTER 6

IP 封包的傳送、
轉送與路徑選擇

Delivery, Forwarding, and Routing of IP Packets

本章介紹 IP 封包送達其最終目的地的過程，其中包括 IP 封包的傳送、轉送與路徑選擇之機制。**傳送 (delivery)** 意指封包位於網路層控制之下的底層網路傳送處理作業。我們會介紹所謂的非預接式及預接式的服務、直接式與間接式傳送等觀念。**轉送 (forwarding)** 意指封包傳送到下一個站台或是多個站台的方法，我們會討論幾種轉送的方法。所謂的**路徑選擇 (routing)**，是指使用路由表 (routing table) 來幫助轉送的方法，也就是為封包尋找其路徑。我們會討論路徑選擇的兩種類型：靜態及動態的路徑選擇。

6.1　傳送　*Delivery*

網路層用來管理底層實體網路處理封包的相關事宜，我們定義此處理程序為封包的傳送。在此有兩個重要的概念，第一是連線的種類，第二則是直接或間接的傳送。

連接種類

在網路層，封包的傳送可由預接式或非預接式的網路服務來達成。

預接式服務

在**預接式服務 (connection-oriented service)** 中，本地端之網路層通訊協定必須先與遠端之網路層通訊協定建立連線後才能傳送封包。當連線建立之後，同一來源的封包就可以一個接著一個送到同一個目的地。這樣一來，封包間彼此存在著關係，它們依相同路徑一個接著一個照順序地傳送。當屬於同一個訊息的所有封包都送完後，原先建立的連線即告終止。

在預接式服務中，同一來源端到同一目的端的一連串封包的路徑可以在連線建立時就一併決定。路徑間的路由器不需要再為每個封包分別計算其路徑。

非預接式服務

在**非預接式服務 (connectionless service)** 中，網路層通訊協定視每個封包為一獨立個體，彼此沒有關係，同一訊息的封包可能以不同的路徑送到其目的地。在非預接式服務中，每個封包的路徑選擇則是由各個路由器獨自做決定。 IP 通訊協定屬於**非預接式通訊協定 (connectionless protocol)**，也代表 IP 通訊協定是提供非預接式服務。

IP 通訊協定屬於非預接式通訊協定。

直接傳送與間接傳送

將封包送到最終目的地可以用兩種傳送方法來達成：直接傳送，或是間接傳送。

直接傳送

傳送者與封包最終目的端主機皆連接在相同的實體網路上時，使用**直接傳送 (direct delivery)** 的方式，或者是目的端主機與封包路徑上的最後一台路由器之間也是以直接傳送方式進行（見圖 6.1）。

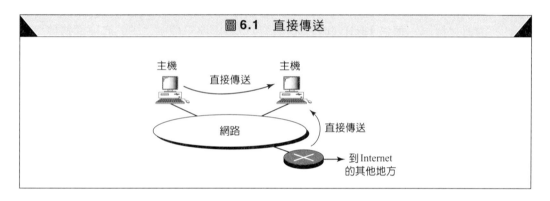

圖 6.1　直接傳送

　　傳送端主機可以很容易就決定目前的傳送是否為直接傳送，傳送端主機可將封包中目的地位址的網路位址摘取出來（使用遮罩），然後將此位址與所在的網路位址比較，如果是一樣，那麼就是直接傳送。

　　使用直接傳送時，傳送者以封包的目的地 IP 位址來尋找該目的地的實體位址，然後 IP 軟體將這對位址送給其資料鏈結層來做實際的傳送，我們把這個程序稱為將 IP 位址對應到實體位址。儘管我們可以建立一張表格來記載 IP 位址與實體位址的對應關係，然後從這張表格中找到我們要的答案。不過在第 7 章會介紹一種稱為**位址解析通訊協定 (Address Resolution Protocol, ARP)** 的機制，它是以動態的方式將 IP 位址對應到其實體位址。

間接傳送

如果目的端主機與傳送者不在同一條網路上，那麼封包傳送必須以**間接傳送 (Indirect delivery)** 的方式來進行。間接傳送時，封包由一台路由器送到另一台路由器，直到最後封包會到達一台與封包目的端主機位於相同網路上的路由器為止（見圖 6.2）。

　　所以一個完整的傳送過程中，至少包含 1 次的直接傳送，及 0 次或多次的間接傳送，而最後一次的傳送動作一定是直接傳送。

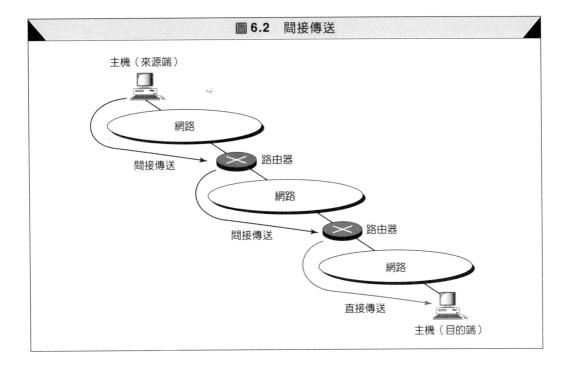

圖 6.2　間接傳送

　　使用間接傳送時，傳送者使用目的地 IP 位址及路由表來找尋下一個路由器的 IP 位址，封包再由此路由器送出，傳送者使用 ARP 通訊協定尋找下一個路由器的實體位址。注意，在直接傳送時，我們需要找出最終目的地的 IP 位址與最終目的地的實體位址之間的位址對應。而在間接傳送時，我們則是需要找出下一個路由器的 IP 位址與下一個路由器的實體位址之間的位址對應。

6.2　轉送　*Forwarding*

轉送 (forwarding) 意指將其路徑中的封包轉送到其目的地。轉送要求主機或路由器必須要擁有一個**路徑選擇表**，或簡稱為**路由表 (routing table)**。當一台主機要傳送封包或是路由器接收一個封包準備轉送時，它會查詢其路由表來找出該封包前往目的地的路徑。但是，這樣簡單的方法並不適用於目前的 Internet，因為路由表所需要的資料數目太大，將造成查表非常沒有效率。

轉送的技巧

有不少技術可以讓路由表的大小控制在合理的範圍內。這些技術也可以處理資料安全的問題，以下將介紹這些方法。

次站路徑選擇法

有一種稱為**次站路徑選擇法 (next-hop method)** 的方法可以讓路由表變小。在這個技術中，路由表只會記錄下一站的位址，而非記載整條路徑的資訊。因此各個路由器的路由表之條目內容彼此必須具有一致性。圖 6.3 說明了使用這種技術的路由表。

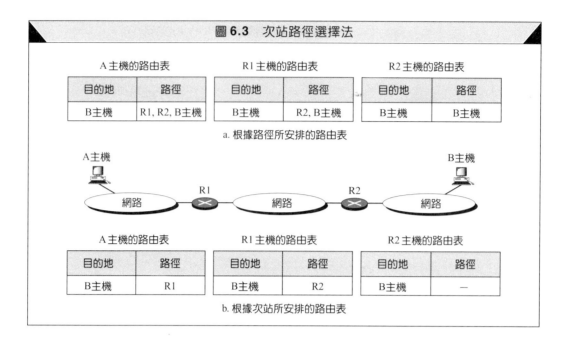

圖 6.3 次站路徑選擇法

特定網路路徑選擇法

第二種使路由表變小且更簡單的搜尋處理方法稱為**特定網路路徑選擇法 (network-specific method)**。用這個方法，路由表中只用一個條目定義網路的位址，而不是將此網路上所有的主機都納入記載。換言之，我們把所有連接在相同網路上的主機，視為一個主體。譬如有 1,000 台主機連接在一條相同的網路上，則在路由表上只用一個條目而不是 1,000 個。圖 6.4 說明了此一觀念。（譯註：我們將表格中的一整列稱為一個條目 (entry)；一列之中的各欄位則稱為項目 (item)。）

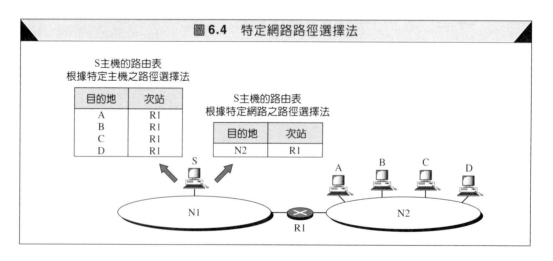

圖 6.4 特定網路路徑選擇法

特定主機路徑選擇法

特定主機路徑選擇法 (host-specific method) 將目的端主機的位址放在路由表中。特定主機之路徑選擇法的觀念與特定網路之路徑選擇法相反，此法犧牲效率但有其他好處。例如，當網路管理者想要對路徑有所選擇時，就可以加以控制。

在圖 6.5 中的網路管理者若想要所有到 B 主機的封包經由 R3 路由器而不是 R1 路由器，只要在 A 主機的路由表中放置一個條目就可以很明顯地定義這條路徑。需要做路徑檢查或是提供安全措施的時候，特定主機之路徑選擇法是一個很好的選擇。

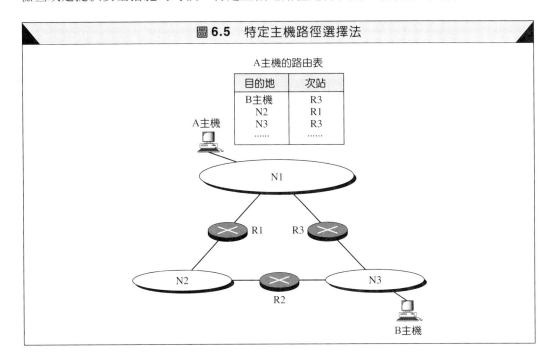

圖 6.5　特定主機路徑選擇法

預設路徑選擇法

另一種簡化路徑選擇過程的方法稱為**預設路徑選擇法 (default method)**。圖 6.6 的 A 主機所處的網路對外有兩台路由器。R1 路由器用來將封包繞到位於 N2 網路的主機。但若是繞到 Internet 的其他地方，要使用 R2 路由器。 A 主機只建一個稱為預設的條目就好（網路位址為 0.0.0.0），這樣做就不用將整個 Internet 上的所有網路都列上來。

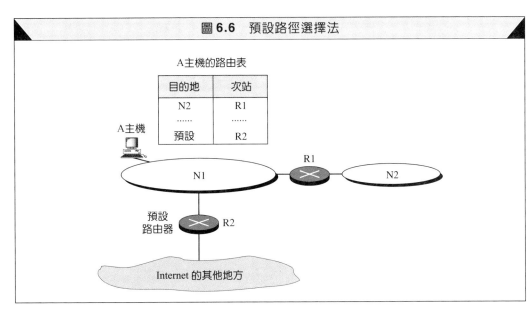

圖 6.6　預設路徑選擇法

分級式定址的轉送

還記得前一章提到的分級式定址擁有一些缺點。然而，因為有預設遮罩的存在，才使得轉送的處理能簡單化。在本節，我們先介紹在無子網路化的情況下，路由表的內容與轉送模組，然後再介紹在子網路化的情況下，模組需要如何修改。

無子網路化的轉送

對於分級式定址而言，在全域性 Internet 中的路由器大部分都沒有子網路化，其子網路化只發生在各組織的內部。在這種情況下，一個典型的轉送模組可以被設計成使用 3 個表格的架構，每一個表格各負責一個單點傳播的等級（A、B、C）。如果路由器支援群播的話，可以再加入額外的表格來處理等級 D 的位址。使用 3 個不同的表格讓搜尋的動作變得非常有效率。每一個表格至少擁有以下 3 個欄位：

1. **網路位址**：目的地網路的網路位址告訴我們目的端主機的所在地。這樣一來，我們就可以使用特定網路來轉送，而不太需要使用特定主機來轉送。
2. **次站位址**：在間接傳送中，次站位址告訴我們接下來封包要傳送到哪一個路由器。
3. **介面編號**：定義了封包應該透過哪一個輸出埠傳送出去。一台路由器通常會連接到許多個網路，每一條連接都各自擁有一個介面編號。我們可以使用 m0、m1 等來表示。

圖 6.7 說明了一個簡易的模組。

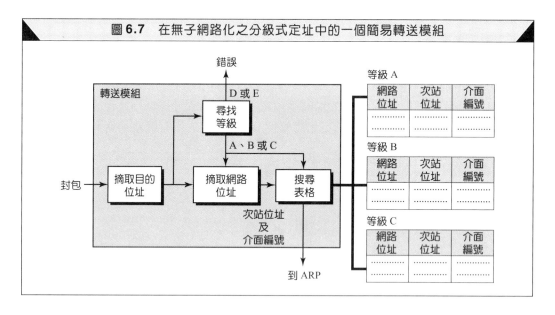

圖 6.7 在無子網路化之分級式定址中的一個簡易轉送模組

在轉送模組的簡易格式中，它遵循了下列的步驟：

1. 將封包的目的位址摘取出來。
2. 複製目的位址，用來尋找位址的等級。可以將位址右移 28 個位元來完成此動作，剩下來 4 個位元的值介於 0 到 15 之間，其結果如下：

a. 值等於 0 ~ 7，等級 A。

b. 值等於 8 ~ 11，等級 B。

c. 值等於 12 ~ 13，等級 C。

d. 值等於 14，等級 D。

e. 值等於 15，等級 E。

3. 如果步驟 2 的結果為等級 A、B 或 C，則目的位址被用來摘取網路位址。可以搭配遮罩來完成此動作，根據不同的等級，將最右邊的 8、16 或 24 個位元遮罩起來（將其值設為 0）。

4. 使用位址的等級與網路位址來尋求次站的資訊。位址的等級決定我們要搜尋哪一個表格。轉送模組會搜尋表格中是否有相符合的網路位址。如果有符合的結果，則將表格中的次站位址與輸出埠之介面編號摘取出來。如果沒有符合的結果，則使用預設值。

5. ARP 模組（第 7 章）會使用次站位址與介面編號來尋找下一個路由器的實體位址。然後要求資料鏈結層將此封包傳送到次站去。

範例 1

圖 6.8 說明了 Internet 的一部分（虛構的），請畫出 R1 路由器的路由表。

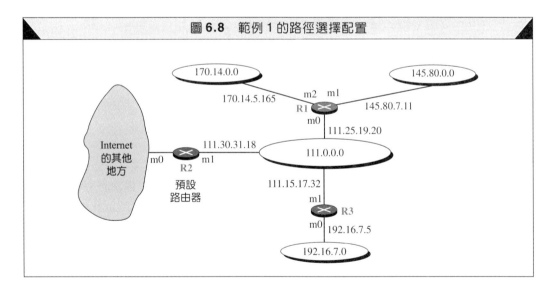

圖 6.8　範例 1 的路徑選擇配置

解答

圖 6.9 說明了 R1 路由器所使用的 3 個表格。注意，有一些次站位址欄位內的項目是空白的，原因是目的地已經和目前的路由器位於同一個網路，已經連接在一起，可以使用直接傳送。在目前的情況下，為了簡單起見，我們先將 ARP 使用的次站位址（實體位址）用封包的目的位址代替，詳細的轉換動作我們會在第 7 章介紹。

圖 6.9 範例 1 的表格

等級 A

網路位址	次站位址	介面
111.0.0.0	------------	m0

等級 B

網路位址	次站位址	介面
145.80.0.0	------------	m1
170.14.0.0	------------	m2

等級 C

網路位址	次站位址	介面
192.16.7.0	111.15.17.32	m0

預設：111.30.31.18, m0

範例 2

在圖 6.8 中的 R1 路由器接收到一個目的位址為 192.16.7.14 的封包。請描述此封包如何轉送。

解答

目的位址為 $(11000000\ 00010000\ 00000111\ 00001110)_2$。其中一份備份被右移 28 個位元，其結果為 $(00000000\ 00000000\ 00000000\ 0000\mathbf{1100})_2 = (12)_{10}$，所以此位址為等級 C。藉由搭配遮罩，將目的位址的最左邊24個位元保留下來摘取網路位址，則其結果為 192.16.7.0。等級 C 的表格會被搜尋，並且於第一列找到相符合的網路位址。則傳給 ARP 的次站位址為 111.15.17.32，介面編號為 m0。

範例 3

在圖 6.8 中的 R1 路由器接收到一個目的位址為 167.24.160.5 的封包。請描述此封包如何轉送。

解答

目的位址為 $(10100111\ 00011000\ 10100000\ 00000101)_2$。其中一份備份被右移 28 個位元，其結果為 $(00000000\ 00000000\ 00000000\ 0000\mathbf{1010})_2 = (10)_{10}$，所以此位址為等級 B。藉由搭配遮罩，將目的位址的最左邊16個位元保留下來摘取網路位址，而其結果為 167.24.0.0。等級 B 的表格會被搜尋，但是並沒有相符合的網路位址，所以此封包必須被轉送到預設路由器（目的地網路有可能在 Internet 的某處）。所以傳送給 ARP 的次站位址為 111.30.31.18，介面編號為 m0。

具子網路化的轉送

在分級式定址中，子網路化發生在各組織的內部。路由器在處理子網路化時，除了要負責組織對外的窗口，還要負責內部的運作。如果此組織使用非固定長度的子網路化時，我們需要多個表格，否則只需要一個表格。圖 6.10 說明了一個固定長度子網路化的簡易模組。

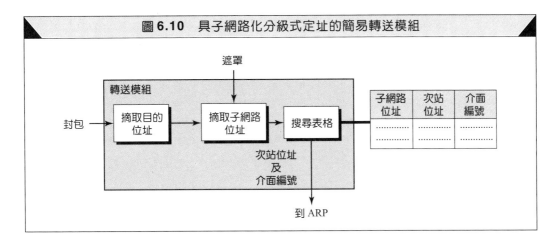

圖 6.10 具子網路化分級式定址的簡易轉送模組

1. 將封包的目的位址摘取出來。
2. 使用目的位址與遮罩來摘取子網路位址。
3. 使用子網路位址來搜尋表格,尋找其次站位址與介面編號。如果沒有符合的結果,則使用預設值。
4. 將次站位址與介面編號傳送到 ARP 模組。

範例 4

圖 6.11 說明了一台路由器連接 4 個子網路。

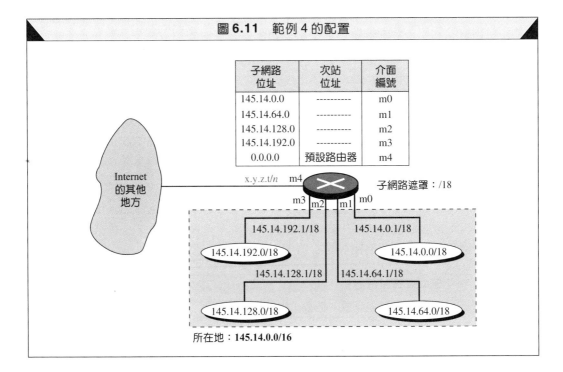

圖 6.11 範例 4 的配置

要注意下列幾點。第一,此所在地的位址為 145.14.0.0/16,為一個等級 B 的位址。只要目的位址位於 145.14.0.0 到 145.14.255.255 之間的封包都會傳送到 m4 這個介面,並且透過路由器傳送到目的子網路。第二,因為我們不曉得路由器使用 m4 介面連到哪一個網路,所以我們使用 x.y.z.t./n 來表示。第三,針對那些要傳送到此所在地之外的封包,表格中擁有一個預設項目。最後此路由器被安排使用子網路遮罩 /18 來對任何的目的位址進行運算。

範例 5

在圖 6.11 中的路由器接收到一個目的位址為 145.14.32.78 的封包。請描述此封包如何轉送。

解答

其遮罩為 /18。我們使用遮罩來求出子網路位址為 145.14.0.0。傳送到 ARP 模組的次站位址為 145.14.32.78,而輸出介面為 m0。

範例 6

在圖 6.11 中,有一台主機在 145.14.0.0 的網路中,想要傳送一個目的位址為 7.22.67.91 的封包。請描述此封包如何轉送。

解答

路由器接收到此封包後,將目的位址與遮罩進行運算,得到其網路位址為 7.22.64.0。在表格中並沒有找到相符的網路位址,所以路由器直接使用預設路由器的位址(並沒有在圖中),並將此封包傳送到預設路由器。

無級式定址的轉送

在無級式定址中,全部的位址空間就屬於一個實體,並沒有等級之分。這也代表轉送時,每一個區塊就要有 1 筆資訊,表格的搜尋是以網路位址(區塊的起始位址)為主。不幸的是,在封包中的目的位址並沒有提供求出網路位址的完整線索(在分級式定址中則有提供)。

為了去解決這個問題,我們在路由表中還需要包含遮罩 (/n) 的資訊。所以我們在路由表中額外再新增一個欄位,用來表示對應區塊的遮罩。換句話說,分級式路由表可以設計成 3 個欄位,而無級式路由表至少需要 4 個欄位。

> 在分級式定址中,我們可以擁有一個包含 3 個欄位的路由表;
> 在無級式定址中,我們至少需要 4 個欄位。

圖 6.12 說明了一個無級式定址的簡易轉送模組。要注意的是網路位址摘取的動作和表格搜尋是同時完成的,因為目的位址並沒有包含完整的資訊讓我們求出其網路位址。

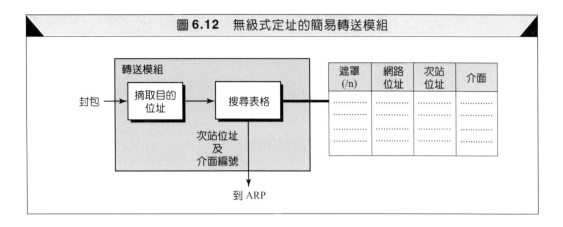

圖 6.12 無級式定址的簡易轉送模組

範例 7

使用圖 6.13 中的配置，請製作出 R1 路由器的路由表。

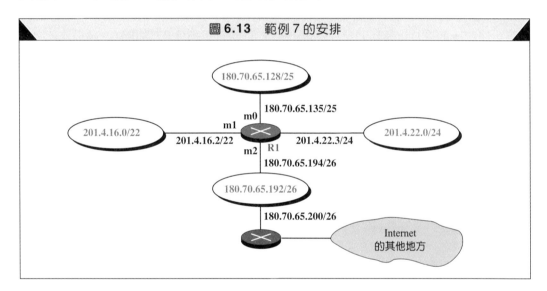

圖 6.13 範例 7 的安排

解答

表 6.1 說明了此對應的表格。

範例 8

在圖 6.13 中，如果有一個目的位址為 180.70.65.140 的封包到達 R1 路由器。請描述此封包如何轉送。

解答

此路由器會執行下列的步驟：

1. 將目的位址與第 1 個遮罩 (/26) 做運算。結果為 180.70.65.128，並沒有符合對應的網路位址。

表 **6.1**　在圖 6.13 中 R1 路由器的路由表

遮罩	網路位址	次站	介面
/26	180.70.65.192	-	m2
/25	180.70.65.128	-	m0
/24	201.4.22.0	-	m3
/22	201.4.16.0	...	m1
預設	預設	180.70.65.200	m2

2. 將目的位址與第 2 個遮罩 (/25) 做運算。結果為 180.70.65.128，符合對應的網路位址。將次站位址（目前此封包之目的位址）和介面編號 m0，傳送到 ARP 模組做更進一步的處理。

範例 9

在圖 6.13 中，如果有一個目的位址為 201.4.22.35 的封包到達 R1 路由器。請描述此封包如何轉送。

解答

此路由器會執行下列的步驟：

1. 將目的位址與第 1 個遮罩 (/26) 做運算。結果為 201.4.22.0，並沒有符合對應的網路位址（第 1 列）。
2. 將目的位址與第 2 個遮罩 (/25) 做運算。結果為 201.4.22.0，並沒有符合對應的網路位址（第 2 列）。
3. 將目的位址與第 3 個遮罩 (/24) 做運算。結果為 201.4.22.0，符合對應的網路位址。將此封包之目的位址和介面編號 m3 傳送到 ARP 模組。

範例 10

在圖 6.13 中，如果有一個目的位址為 18.24.32.78 的封包到達 R1 路由器。請描述此封包如何轉送。

解答

將目的位址與所有的遮罩做運算後，發現並沒有符合的網路位址。到達表格的最後，此模組會將次站位址 180.70.65.200 和介面編號 m2 傳送到 ARP 模組。此封包可能是一個需要透過預設路由器傳送到 Internet 上某個地方的封包，

範例 11

現在讓我們看看不同類型的範例。如果我們知道一個路由器的路由表，我們是否可以知道此路由器之網路連接配置的情況？R1 路由器的路由表列於表 6.2 中，我們是否可以畫出其網路拓樸？

表 **6.2** 範例 11 的路由表

遮罩	網路位址	次站位址	介面編號
/26	140.6.12.64	180.14.2.5	m2
/24	130.4.8.0	190.17.6.2	m1
/16	110.70.0.0	------------	m0
/16	180.14.0.0	------------	m2
/16	190.17.0.0	------------	m1
預設	預設	110.70.4.6	m0

解答

我們可以知道一部分，但無法知道明確的網路拓樸。我們知道 R1 路由器有 3 個介面：m0、m1 及 m2。我們知道有 3 個網路直接和此路由器相連接。我們知道有 2 個網路間接地連接到 R1 路由器。除了 R1 路由器之外，至少還有 3 個路由器（見次站位址那一行），我們可以透過其 IP 位址知道那些路由器連接到哪些網路，所以我們可以將它們放到適當的地方。我們知道其中一個路由器為預設路由器，連接到 Internet 的其他地方。

但是有一些資訊我們無法獲得，我們無法知道網路 130.4.8.0 是直接連接到 R2 路由器，或是透過點對點網路 (WAN) 及其他的路由器。我們無法知道網路 140.6.12.64 是直接連接到 R3 路由器，或是透過點對點網路 (WAN) 及其他的路由器。點對點網路通常不會出現在路由表中，因為不會有主機連接到點對點網路。圖 6.14 說明了我們所猜測的網路拓樸。

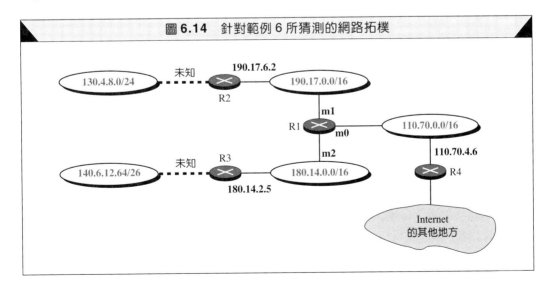

圖 **6.14** 針對範例 6 所猜測的網路拓樸

位址聚集

當我們使用分級式定址時,對於組織外的任何一個地方,在路由表中僅用一個條目來代表。就算某個所在地有子網路化,還是使用一個條目來表示此所在地。當封包到達此路由器,路由器會檢查對應的條目並且照著其內容轉送。

當我們使用無級式定址時,路由表之條目個數很可能會增加。這是因為無級式定址的目的就是將整個位址空間分成多個可控管的區塊。增加路由表大小的結果也導致搜尋路由表所需的時間相對地增加。

為了減緩這樣的情況,一種稱為**位址聚集 (address aggregation)** 的想法被設計出來。在圖 6.15 中,我們擁有 2 個路由器。

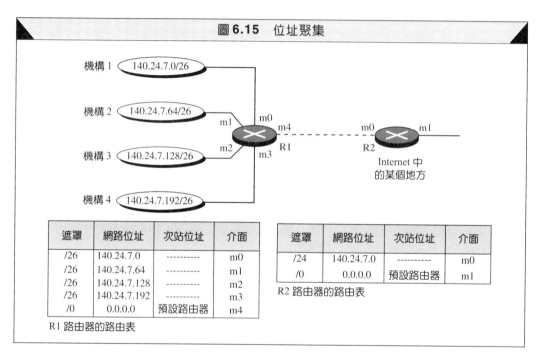

圖6.15 位址聚集

R1 路由器連接了 4 個機構的網路,每一個都擁有 64 個位址。 R2 路由器位於 R1 路由器之外的某處。因為每一個到達 R1 路由器的封包都必須能夠正確地轉送到適當的機構,所以 R1 路由器擁有一個冗長的路由表。反之, R2 路由器則擁有一個非常小的路由表。對於 R2 路由器而言,只要封包的目的位址在 140.24.7.0 到 140.24.7.255 之間,就透過 m0 介面傳送出去,而不需要在意機構的編號,這就稱為**位址聚集**。因為這 4 個機構的位址區塊被聚集在一個大的區塊。如果每個機構所擁有的位址無法被聚集成一個區塊,則 R2 路由器會擁有一個冗長的路由表。

注意,儘管位址聚集的概念和子網路化的概念類似,但是在此我們無法找出其共通點,因為每個組織的網路是互不相關的。此外,我們可以擁有多層次的位址聚集。

最長遮罩比對

在前面的圖中,如果其中一個組織在地理位置上並沒有和其他 3 個機構在一起,會發生什麼事?舉例來說,如果機構 4 因為某些理由而無法連接到 R1 路由器,我們是否仍然可以使用位址聚集的概念並且分配 140.24.7.192/26 區塊給機構 4？答案是可以的，因為在無級式定址中的路徑選擇使用了另外一項原則：**最長遮罩比對 (longest mask matching)**。這個原則就是說，路由表中的儲存順序是由最長遮罩到最短遮罩。換言之，如果有 3 個遮罩 /27、/26、及 /24，則遮罩 /27 會是第 1 個項目，而 /24 會是最後 1 個項目。讓我們來看一下這樣的原則如何解決上述機構 4 和其他機構分開的情況。圖 6.16 說明了這樣的情況。

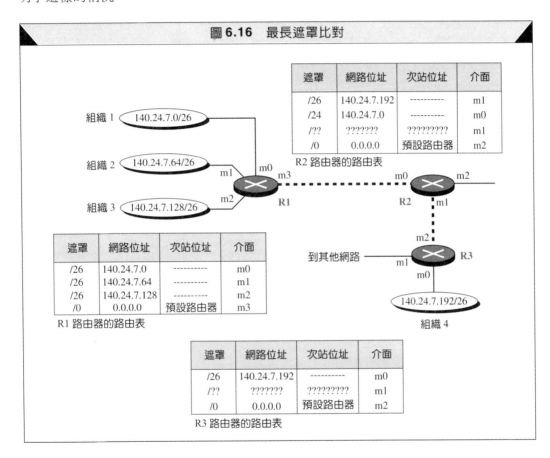

圖 6.16　最長遮罩比對

假定有一個封包要傳送到機構 4，其目的位址為 140.24.7.200。R2 路由器的第 1 個遮罩會被使用，並找出網路位址為 140.24.7.192。此封包會正確地轉送到介面 m1，並抵達機構 4。但是，如果路由表並沒有將最長前置位元儲存在最前面，而是使用 /24 遮罩時，將會造成不正確的路徑選擇，此封包會轉送到 R1 路由器。

階層式路徑選擇

為了解決路由表過大的問題，我們可以在路由表中採用一種階層式的安排。在第 1 章，我們提過現今的 Internet 擁有一種階層式的觀念，Internet 被分成國際級及國家級 ISP。國家級 ISP 再分成地區性 ISP，而地區性 ISP 又分成本地 ISP。如果路由表依 Internet 的階層式架構來安排，那麼就可以變小。

以本地 ISP 為例，可以分配給它一個單一的大位址區塊，並且擁有一特定的前置位元長度 (prefix length)。此 ISP 可以將這個位址區塊分成若干大小不同的位址區塊，而將它分給不同的使用者或機構，大小皆可。若分配給本地 ISP 的位址區塊是 a.b.c.d/*n*，它可以建立 e.f.g.h/*m* 的位址區塊，*m* 可依據每個使用者而不同，但是必須大於 *n*。（註：*n*、*m* 即是前置位元長度）

這樣一來，路由表會變小，為什麼？Internet 的其他地方不需要知道位址分配的方法，對 Internet 來說，所有此 ISP 的客戶端被定義為 a.b.c.d/*n*。每一個要傳送到這個大位址區塊內部之任何一個位址的封包，都會被繞送到這個 ISP。對世界上每個路由器到這些客戶端而言，都只是一個路徑項目，因為它們都屬於相同的一群。當然，在本地 ISP 內部的路由器必須看得懂自己的位址子區塊，將封包送給其客戶端。要是其中一個客戶端是一個大機構，它可以透過子網路化來將分配到的位址區間分成更小的子區塊，建立另一個層次的階層。在無級式的路徑選擇中，只要我們符合無級式定址的規則，位址的階層數是沒有限制的。

範例 12

讓我們來看圖 6.17 中，**階層式路徑選擇 (hierarchical routing)** 的範例。一個地區性 ISP 獲得 16,384 個位址，起始位置為 120.14.64.0。此地區性 ISP 決定將這個區塊分成 4 個子區塊，每個子區塊擁有 4096 個位址。其中有 3 個子區塊各別分配給 3 個本地 ISP，而第 2 個子區塊則保留給未來使用。注意，每個區塊的遮罩為 /20，因為原本區塊的遮罩為 /18，但是已經分成 4 個子區塊。

第 1 個本地 ISP 將它被分配到的子區塊再分成 8 個更小的區塊，並各別分配給小型 ISP。每一個小型 ISP 可以提供服務給 128 個家庭（H001 到 H128），每個家庭可以使用 4 個位址。注意，每個小型 ISP 的遮罩為 /23，因為區塊已經更進一步地分成 8 個區塊。每個家庭擁有的遮罩為 /30，因為每個家庭擁有 4 個位址 ($2^{32-30} = 4$)。

第 2 個本地 ISP 將它被分配到的子區塊再分成 4 個更小的區塊，並各別分配給 4 個大型機構（LOrg01 到 LOrg04）。注意，每一個大型機構擁有 1024 個位址，其遮罩為 /22。

第 3 個本地 ISP 將它被分配到的子區塊再分成 16 個更小的區塊，並各別分配給 16 個小型機構（SOrg01 到 SOrg16）。每一個小型機構擁有 256 個位址，其遮罩為 /24。

在這樣的安排下有一種階層式的觀念。在 Internet 中的所有路由器會將目的位址從 120.14.64.0 到 120.14.127.255 之間的封包傳送到此地區性 ISP。地區性 ISP 會將目的位址從 120.14.64.0 到 120.14.79.255 之間的封包傳送到本地 ISP1。本地 ISP1 會將目的位址從 120.14.64.0 到 120.14.64.3 之間的封包傳送到 H001。

依地理位址做路徑選擇

要進一步降低路由表的大小，我們可以將階層式路徑選擇的方法，延續到以地理位址區分的路徑選擇。我們必須將全部的位址空間分成幾個大區塊，並分配給北美一塊、歐洲一塊、亞洲一塊及非洲一塊等。在歐洲以外的 ISP 路由器，只要有一個到歐洲的路由條目即可。同理在北美以外的路由器，其路由表也只要有一個到北美地區的路由條目，依此類推。

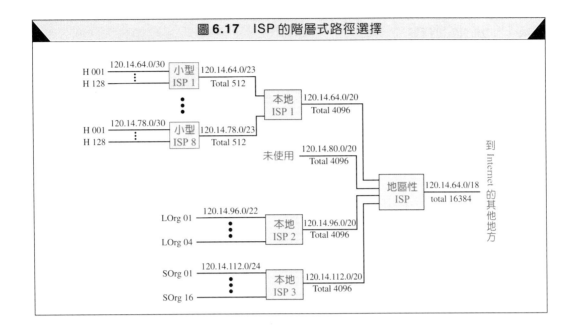

圖 6.17　ISP 的階層式路徑選擇

尋找路由表的演算法

為了讓無級式定址的路徑選擇更有效率，原本在分級式定址中尋找路由表的演算法必須要有所改變，這也包含路由表的更新方法。在第 14 章我們將介紹這些相關議題。

分級式定址的路徑尋找方法　在分級式定址中，其路由表被設計為一個列表的架構。然而，為了讓尋找條目更有效率，路由表可以再細分成 3 個表格，有時候又稱為桶子 (bucket)，其每個等級一份。當封包到達時，路由器以預設遮罩（隱含在位址中）處理，找出對應的 bucket（A、B 或 C）。然後路由器就只需要搜尋對應的 bucket 來取代搜尋全部的表格。有些路由器甚至會根據尋找等級程序的結果來分配 8 個 bucket 給等級 A，分配 4 個 bucket 給等級 B，分配 2 個 bucket 給等級 C。

無級式定址的路徑尋找方法　在無級式定址中，在目的位址中並沒有包含網路的資訊。最簡單但是較沒有效率的方法，就是先前已經談過的**最長遮罩比對 (longest mask matching)** 的方法。路由表可以分成數個 bucket，每個前置位元分配一個 bucket。路由器會先嘗試最長的前置位元，如果目的位址在這個 bucket 中被找到，則搜尋就完成了。如果沒有找到相符合的位址，就繼續找下一個前置位元，依此類推。很明顯地，這樣的搜尋方式會花很多時間。

其中一種解決方式是改變搜尋時使用的資料結構，而使用其他種資料結構（例如：樹狀或二元樹的結構），而 Trie 資料結構（一種特殊的樹狀結構）是一種非常適合的資料結構，不過這已經超出本書的範圍。

組合

在此我們必須提一下，現代的路由器都是基於無級式定址。它們全部都將遮罩包含到路由表中。一直到分級式定址從 Internet 中消失之前，無級式定址會把分級式定址當成一種特殊情況，並使用遮罩 /24、/16、/8 來處理。

6.3 路徑選擇 *Routing*

路徑選擇需要處理路由表的建立與維護等相關議題。

靜態與動態路由表

一台主機或是路由器擁有一張路由表，表中對每個目的地（或某些目的地的組合）有一相對的項目欄做為 IP 封包路徑選擇之用。路由表可以是靜態 (static) 或動態 (dynamic) 的。

靜態路由表

靜態路由表 (static routing table) 內的資訊是以人工的方式鍵入，由管理者針對每個目的地一一鍵入其路徑選擇。當路由表建立好之後，Internet 有所改變時它不能自動更新，必須藉管理者以人工方式加以更改。

靜態路由表可以使用在小型而不常改變的互連網路，或是用在除錯的實驗性互連網路上。它並不適合使用於一個像 Internet 一般的大型互連網路。

動態路由表

動態路由表 (dynamic routing table) 使用動態路由通訊協定像是 RIP 、 OSPF 或 BGP（見第 13 章）來週期性地更新路由表的內容。當 Internet 上有所改變時，例如某個路由器關機或是某條路徑壞掉，動態路由通訊協定可以自動更新所有路由器內的路由表，而最後也會更新到主機。

大型互連網路像是 Internet 中的路由器需要週期性地動態更新，如此 IP 封包傳送才會有效率，我們在第 14 章會仔細地討論上面所提到的 3 種動態路由通訊協定。

路由表

還記得前面我們曾提過，一個無級式定址的路由表至少要有 4 個欄位。然而，現今的某些路由器甚至擁有更多的欄位。我們應該知道欄位的個數取決於路由器的製造廠商，並不是所有的欄位都可以在所有的路由器中被找到。圖 6.18 說明了現今路由器中的一些共同欄位。

圖 6.18　路由表中的共同欄位

遮罩	網路位址	次站位址	介面	旗標	參考次數	使用
………………	………………	………………	………………	………………	………………	………………

- ❑ **遮罩**：此欄位定義各條目對應的遮罩。
- ❑ **網路位址**：此欄位記載封包最終要被傳遞到哪一個網路的網路位址。在特定主機的路徑選擇法中，此欄位記載目的端主機的位址。

❑　**次站位址**：此欄位定義封包要被傳遞的下一站路由器的位址。

❑　**介面**：此欄位記載介面的名稱。

❑　**旗標**：此欄位定義 5 個旗標。旗標可以是開或關來代表存在或是不存在。這 5 個旗標分別是 U（開著）、G（閘道器）、H（特定主機）、D（由於轉址而加入）及 M（被轉址訊息更改）。

　　a.　**U（UP，開著）**：這個旗標代表路由器是否開著且正常。如 U 不存在，表示該路由器關閉，封包無法傳送必須移除。

　　b.　**G（Gateway，閘道器）**：這個旗標代表目的地是另一網路。封包必須送到下一個路由器（間接傳送）。當此旗標不存在時，意味目的地就是這個網路（直接傳送）。

　　c.　**H（Host-specific，特定主機）**：這個旗標代表在網路位址欄位中的位址為一個特定主機位址。當此旗標不存在時，表示該位址為目的地網路位址。

　　d.　**D（Added by redirection，由於轉址而加入）**：這個旗標代表主機路由表的目的地路徑選擇資訊來自於 ICMP 的轉址（改方向）訊息。第 9 章我們會討論何謂轉址及 ICMP 通訊協定。

　　e.　**M（Modified by redirection，被轉址訊息更改）**：這個旗標代表本目的地的路徑選擇資訊被 ICMP 的轉址訊息修改過。第 9 章我們會討論何謂轉址及 ICMP 通訊協定。

❑　**參考次數**：此欄位定義此刻有多少使用者正使用這個路徑選擇的條目。舉例來說，如果同一時間有 5 個人透過此路由器連到同一台主機，則此欄位的值為 5。

❑　**使用**：此欄位展示了已經透過此路由器傳送到對應之目的位址的封包個數。

範例 13

在 UNIX 或 Linux 的系統工具中，**netstat** 指令可以用來找出一台主機或路由器的路由表內容，下面展示了預設伺服器的內容列表。我們使用 r 和 n 這兩個選項，選項 r 代表我們對路由表有興趣，選項 n 代表我們想要看到的是數字格式的位址。注意，這是一台主機的路由表，並不是路由器。儘管我們整章都在探討路由器的路由表，但是主機也是需要一個路由表。

```
$ netstat -rn
Kernel IP routing table
```

Destination	Gateway	Mask	Flags	Iface
153.18.16.0	0.0.0.0	255.255.240.0	U	eth0
127.0.0.0	0.0.0.0	255.0.0.0	U	lo
0.0.0.0	153.18.31.254	0.0.0.0	UG	eth0

　　另外要注意的是欄位之順序不一定和我們展示的相同。在這裡的 **Destination** 欄位定義網路的位址。在 UNIX 中使用 *gateway* 這個名詞和 *router* 是同義的，**Gateway** 欄位實際上定義次站的位址，如果值為 0.0.0.0 代表使用直接傳送。在 **Flags** 欄位中，G 代表目的地必須透過路由器（預設路由器）才能到達。**Iface** 欄位則是定義介面。此台主機

只擁有 1 個真實的介面 (eth0)，0 號介面連接到乙太網路。第 2 個介面 (lo) 實際上是一個虛擬的迴路介面，表示主機可以接受具有迴路位址 127.0.0.0 的封包。

更多關於伺服器的介面上 (eth0) 之 IP 位址和實體位址的資訊，可透過 *ifconfig* 命令來獲得。

```
$ ifconfig eth0
eth0 Link encap:Ethernet  HWaddr 00:B0:D0:DF:09:5D
inet addr:153.18.17.11  Bcast:153.18.31.255  Mask:255.255.240.0
…
```

我們從上面的資訊來看，可以追溯出伺服器的配置情況，如圖 6.19 所示。

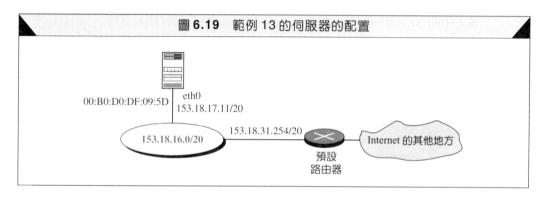

圖 **6.19** 範例 13 的伺服器的配置

6.4　路由器的架構　*Structure of a Router*

先前我們討論轉送及路徑選擇時，我們將路由器當成是一個黑盒子，從輸入埠（介面）接收進來的封包，使用路由表來找出封包要送出的輸出埠，並且從這個輸出埠將封包傳送出去。在這一節中，我們會掀開這個黑盒子來一探究竟。然而，我們並不會討論得太詳細，坊間有不少專門探討路由器的書籍，此處只是要給讀者一個概要。

模組

我們可以說一個路由器擁有 4 個模組：**輸入埠 (input port)**、**輸出埠 (output port)**、**路由處理器 (routing processor)**，以及**交換結構 (switching fabric)**，如圖 6.20 所示。

輸入埠

輸入埠執行路由器的實體層與資料鏈結層之功能。將接收到的訊號轉換成位元，然後從訊框中拆解出封包。封包立即由網路層來進行轉送的動作。除了實體層處理器與資料鏈結層處理器之外，在封包被傳送到交換結構之前，會被儲存在一些緩衝器（佇列）中。圖 6.21 說明了一個輸入埠的概要圖。

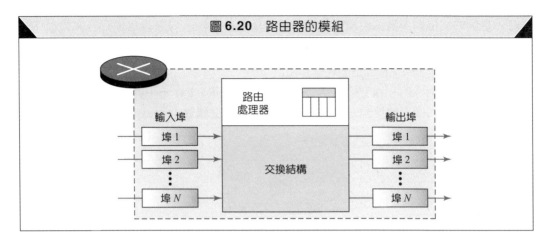

圖 6.20 路由器的模組

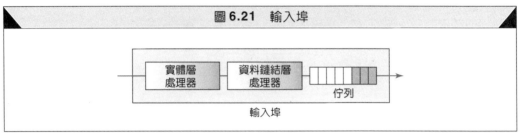

圖 6.21 輸入埠

輸出埠

輸出埠執行的功能類似於輸入埠,但是順序相反。首先,要送出的封包會被儲存在佇列中,然後封包被封裝成訊框,最後實體層會將訊框的位元轉成訊號後送到線路上。圖 6.22 說明了一個輸出埠的概要圖。

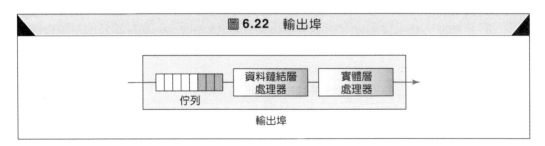

圖 6.22 輸出埠

路由處理器

路由處理器執行網路層之功能。目的地位址被用來找出次站的位址與封包透過哪一個輸出埠傳送出去的編號,這個動作有時候也會被稱為表格查詢,因為路由處理器會搜尋路由表。在新穎的路由器中,路由處理器的功能漸漸地移到輸入埠來執行,以便促進處理的速度。

交換結構

在路由器中最困難的工作就是將封包從輸入佇列移到輸出佇列,這個移動速度會影響到輸入與輸出佇列的大小及封包傳送的整體延遲時間。以前,使用專用的電腦來扮演路由器時，電腦的記憶體與匯流排被使用來當成交換結構。輸入埠將封包儲存在記憶體中，輸出埠從記憶體中讀取封包。現今，路由器已經是一種使用特定交換結構的特殊裝置。我們在此簡單的介紹某幾種交換結構。

矩陣交換器 最簡單的一種交換結構是**矩陣交換器 (crossbar switch)**，如圖6.23所示。矩陣交換器將 n 個輸入連接到 n 個輸出，在格子中的**交錯點 (crosspoint)** 則是使用電子式微動開關。

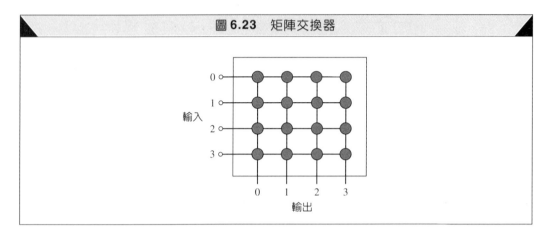

圖 6.23 矩陣交換器

Banyan 交換器 還有一種比矩陣交換器更實用的交換結構，稱為 **Banyan 交換器 (Banyan Switch)**，這個交換器的命名是鑑於 Banyan 樹而來。 Banyan 交換器是一種多階段的交換結構，在每個階段中使用多個微動開關，最後根據輸出埠編號的二進制表示字串來選擇封包路徑。對於 n 個輸入與 n 個輸出的交換結構來說，Banyan 交換器擁有 $\log_2(n)$ 個階段，每個步階使用 $n/2$ 個微動開關。第 1 個階段根據二進制表示字串的最高位元來選擇封包的路徑，第 2 個階段根據二進制表示字串的第 2 高的位元來選擇封包的路徑，依此類推。圖 6.24 說明了一個 8 個輸入及 8 個輸出的 Banyan 交換器。階段數目為 $\log_2(8) = 3$。

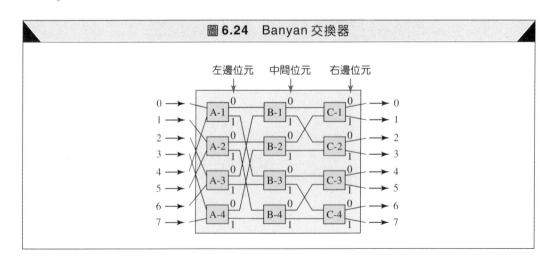

圖 6.24 Banyan 交換器

　　圖6.25說明其運作，假設情況A有一個封包抵達1號輸入埠，並且想要到6號輸出埠（二進制為110）。第1個微動開關 (A-2) 根據第1個位元 (1) 來繞送封包，第2個微動開關 (B-4) 根據第2個位元 (1) 來繞送封包，第3個微動開關 (C-4) 根據第3個位元 (0) 來繞送封包；假設情況B有一個封包抵達5號輸入埠，並且想要到2號輸出埠（二進制為010）。第一個微動開關 (A-2) 根據第1個位元 (0) 來繞送封包，第2個微動開關 (B-2) 根據第2個位元 (1) 來繞送封包，第3個微動開關 (C-2) 根據第3個位元 (0) 來繞送封包。

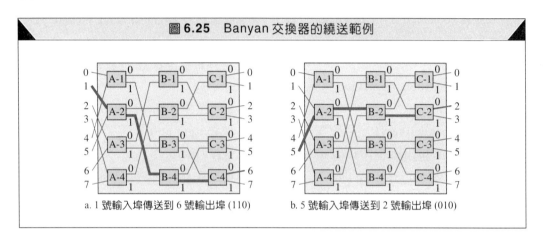

圖 **6.25**　Banyan 交換器的繞送範例

a. 1 號輸入埠傳送到 6 號輸出埠 (110)　　　b. 5 號輸入埠傳送到 2 號輸出埠 (010)

Batcher-Banyan 交換器　在 Banyan 交換器中有一個問題，那就是當同時有2個封包要送到相同的輸出埠時，會發生內部碰撞的情況。我們可以根據抵達封包之目的輸出埠來對封包進行排序，以解決上述問題。

　　K. E. Batcher 在 Banyan 交換器的前端設計了另一種交換結構，可以根據抵達封包之最終目的地來對輸入封包進行排序。這樣的組合稱為 **Batcher-banyan 交換器 (Batcher-banyan switch)**。排序交換的部分使用硬體合併的技術，但是在此我們不會討論其細節。一般情況下，還有一個稱為 Trap 的硬體模組介於 Batcher 交換器和 Banyan 交換器之間，如圖 6.26 所示。Trap 模組防止重複的封包（擁有相同輸出目的地的封包）同時傳送到 Banyan 交換器。每一個目的地在一瞬間 (tick) 只允許一個封包，如果超過一個封包，就必須等到下一瞬間。

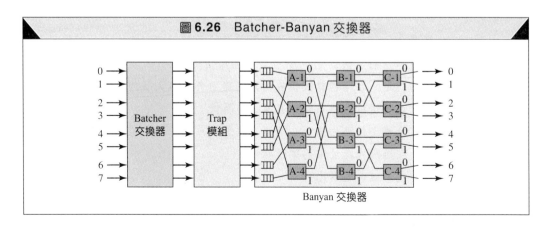

圖 **6.26**　Batcher-Banyan 交換器

Banyan 交換器

6.5　重要名詞　*Key Terms*

位址聚集 (address aggregation)

Banyan 交換器 (banyan switch)

Batcher-banyan 交換器 (Batcher-banyan switch)

非預接式服務 (connectionless service)

預接式服務 (connection-oriented service)

矩陣交換器 (crossbar switch)

交錯點 (crosspoint)

預設路徑選擇法 (default method)

傳送 (delivery)

直接傳送 (direct delivery)

動態路徑選擇法 (dynamic routing method)

動態路由表 (dynamic routing table)

轉送 (forwarding)

階層式路徑選擇 (hierarchical routing)

特定主機路徑選擇法 (host-specific method)

ifconfig 指令 (ifconfig command)

間接傳送 (indirect delivery)

輸入埠 (input ports)

最長遮罩比對 (longest mask matching)

netstat 指令 (netstat command)

特定網路路徑選擇法 (network-specific method)

次站路徑選擇法 (next-hop method)

輸出埠 (output ports)

路徑選擇 (routing)

路由處理器 (routing processor)

靜態路由表 (static routing table)

交換架構 (switching fabric)

6.6　摘要　*Summary*

❑　在預接式服務中，在傳送封包之前，本地端網路層通訊協定會事先與遠端網路層通訊協定建立一條連線。

❑　在非預接式服務中，網路層通訊協定將各封包視為各自獨立的，彼此間沒有關係。在同一訊息中的各封包，不一定要透過相同的路徑到達目的地。IP通訊協定為非預接式協定。

❑　如果傳送封包者（主機或路由器）與目的地在相同的網路上稱為直接傳送。

❑　如果傳送封包者（主機或路由器）與目的地在不同的網路上稱為間接傳送。

❑　次站路徑選擇法僅將下一站位址記載在路由表中，而非將封包所經過的每一站都記載出來。

❑　特定網路路徑選擇法讓在同一網路上的所有電腦共同使用路由表中的一個條目。

❑　特定主機路徑選擇法將主機的完整IP位址放在路由表中。

❑　預設路徑選擇法指定一台路由器來接收無法在路由表中找到目的地的所有封包。

❑　使用於分級式定址轉送的路由表可以只有3個欄位。

❑　使用於無級式定址轉送的路由表至少需要4個欄位。

❑　位址聚集簡化了在無級式定址中的轉送處理。

❑　無級式定址需要使用最長遮罩比對。

❑　無級式定址需要使用階層的方式並依照地理位址來安排路由表，以防止有巨大的路由表存在。

❑ 在無級式定址中使用分級式定址的路由表搜尋演算法是沒有效率的。

❑ 靜態路由表由管理者以人工方式更新其內容。

❑ 動態路由表內容之更新是由動態路由通訊協定來自動完成。

❑ 一般的路由器由以下 4 個模組所組成：輸入埠、輸出埠、路由處理器，以及交換結構。

6.7　習題　*Practice Set*

練習題

1. 一台 IP 位址為 137.23.56.23/16 的主機傳送封包到一台 IP 位址為 137.23.67.9/16 的主機。假設沒有使用子網路，這樣的傳送屬於直接傳送或是間接傳送？

2. 一台 IP 位址為 137.23.56.23/16 的主機傳送封包到一台 IP 位址為 142.3.6.9/24 的主機。假設沒有使用子網路，這樣的傳送屬於直接傳送或是間接傳送？

3. 在圖 6.8 中，請找出 R2 路由器的路由表。

4. 在圖 6.8 中，請找出 R3 路由器的路由表。

5. 在圖 6.8 中，有一個目的位址為 192.16.7.42 的封包抵達 R1 路由器，請問此封包如何轉送？

6. 在圖 6.8 中，有一個目的位址為 145.80.14.26 的封包抵達 R1 路由器，請問此封包如何轉送？

7. 在圖 6.8 中，有一個目的位址為 147.26.50.30 的封包抵達 R1 路由器，請問此封包如何轉送？

8. 在圖 6.11 中，有一個目的位址為 145.14.192.71 的封包抵達路由器，請問此封包如何轉送？

9. 在圖 6.11 中，有一個目的位址為 135.11.80.21 的封包抵達路由器，請問此封包如何轉送？

10. 在圖 6.13 中，有一個目的位址為 201.4.16.70 的封包抵達 R1 路由器，請問此封包如何轉送？

11. 在圖 6.13 中，有一個目的位址為 202.70.20.30 的封包抵達 R1 路由器，請問此封包如何轉送？

12. 假設有一台主機完全被隔離（與外界隔絕），請列出其路由表。

13. 假設有一台主機連接到某個沒有與 Internet 連接的 LAN，請列出其路由表。

14. 如果有一個 R1 路由器的路由表如表 6.3 所示，請列出此網路的拓樸。

表 **6.3**　習題 14 的路由表

遮罩	網路位址	次站位址	介面編號
/27	202.14.17.224	---	m1
/18	145.23.192.0	---	m0
預設	預設	130.56.12.4	m2

15. 請問圖 6.16 中的 R1 路由器是否可以接受一個目的位址為 140.24.7.194 的封包？請說明其理由。

16. 請問圖 6.16 中的 R1 路由器是否可以接受一個目的位址為 140.24.7.42 的封包？請說明其理由。

17. 請列出圖 6.17 中地區性 ISP 的路由表。

18. 請列出圖 6.17 中本地 ISP 1 的路由表。

19. 請列出圖 6.17 中本地 ISP 2 的路由表。

20. 請列出圖 6.17 中本地 ISP 3 的路由表。

21. 請列出圖 6.17 中小型 ISP 1 的路由表。

資料檢索

22. 如果你可以存取 UNIX（或 Linux），請使用 *netstat* 來找出你可以連到的伺服器之路由表。

23. 如果你可以存取 UNIX（或 Linux），請使用 *ifconfig* 來找出你可以連到的伺服器之特定的介面。

24. 請找出你的 ISP 如何使用位址聚集與最長遮罩比對的原理。

25. 請找出你的 IP 位址是否為根據地理位址所分配。

26. 請找出關於位址聚集的 RFC 文件。

27. 請找出關於最長遮罩比對的 RFC 文件。

28. 如果你在使用路由器，請找出路由表中的欄位個數與名稱。

29. 思科 (Cisco) 是路由器的主要製造商。請找出此公司所生產的不同型態之路由器的相關資訊。

CHAPTER 7

位址解析通訊協定及
反向位址解析通訊協定

ARP and RARP

個互連網路是由一群實體網路經由路由器這類的連接裝置連接而成。從來源端主機送出的封包可能經過不同的實體網路才會到達其最終的目的端主機。

這些主機與路由器是使用所謂的**邏輯位址 (logical address)** 在網路中辨認彼此的身分。邏輯位址是互連網路上的位址，它的合法性普遍為大家所承認。一個邏輯位址具有大家認可的唯一性。它被稱為邏輯位址，是因為它常藉由軟體來設定其數值。任何一種在互連網路上使用的通訊協定都需要使用邏輯位址。在TCP/IP通訊協定組之中的邏輯位址稱為 **IP 位址 (IP address)**，其長度為 32 位元。

然而，封包是經過實體網路才會到達目的端主機或路由器。在實體層，主機與路由器是依其**實體位址 (physical address)** 來做身分辨認的。實體位址為一種區域性位址，它的合法性只在區域網路內。實體位址必須有區域的唯一性，但並不需要有全域的唯一性。它被稱為實體位址，是因為這個位址通常設定在硬體上。例如，乙太網路所使用的48 位元之 MAC 位址，就是放在主機或路由器的網路卡上。

實體位址與邏輯位址為兩種不同的辨識代碼。實體網路（例如：乙太網路）可以同時提供給 2 種不同網路層通訊協定使用（例如：IP 及 IPX），所以我們同時需要實體位址與邏輯位址。同樣地，在網路層的IP封包可以經過不同的實體網路，例如：乙太網路及 LocalTalk。

這表示將封包送到一台主機或路由器需要 2 個層次的定址，即邏輯層及實體層。我們必須能夠將一個邏輯位址對應到它應該對應的實體位址，反之亦然。這樣的對應動作可經由靜態或是動態的對應方式來達成。

靜態對應 (static mapping) 是建立一張表格，將某個邏輯位址與所關聯到的實體位址列在一起，這張表格就存在網路上的每台電腦上。某台電腦知道其他機器的IP位址，但不知道它的實體位址時，就可以查這張表格。用這種方式會有些限制，因為實體位址可能因為下列事情而改變：

1. 一台機器可能會更換它的網路卡，而有一個新的實體位址。
2. 在某些區域網路上，如 LocalTalk，其實體位址隨電腦開機而每次有所不同。
3. 一台可攜式電腦可能由一個實體網路移動到另一個實體網路，使得實體位址改變。

要反應這些改變，靜態對應的表格就要週期性地更新，這會產生極大的不便，進而影響到網路的效能。

以**動態對應 (dynamic mapping)** 方式來處理時，每次只要電腦知道其中一個位址（邏輯或實體位址），它可使用一個通訊協定去找到另外一個位址。以下 2 種通訊協定就是為了動態對應而設計的：**位址解析通訊協定 (Address Resolution Protocol, ARP)** 和**反向位址解析通訊協定 (Reverse Address Resolution Protocol, RARP)**。ARP 將一個邏輯位址對應到一個實體位址，而 RARP 將一個實體位址對應到一個邏輯位址。圖 7.1 說明了這些觀念。

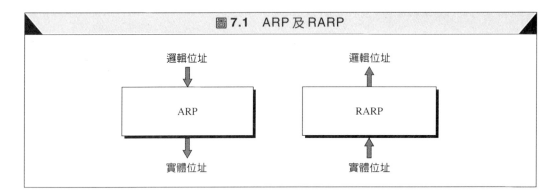

圖 7.1　ARP 及 RARP

ARP 和 RARP 通訊協定會使用到單點傳播及廣播實體位址，我們在第 3 章提過這些位址。例如，乙太網路使用 (FF:FF:FF:FF:FF:FF) 作為廣播位址。

圖 7.2 說明了 ARP 及 RARP 通訊協定在 TCP/IP 通訊協定組之中的位置。

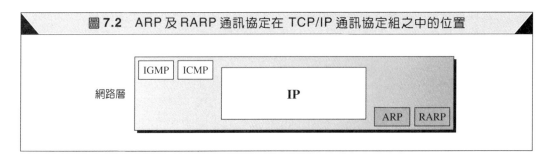

圖 7.2　ARP 及 RARP 通訊協定在 TCP/IP 通訊協定組之中的位置

7.1　位址解析通訊協定　*ARP*

在任何時候，主機或路由器有 IP 資料包要傳送給另一台主機或路由器時，它必須要有接收者的 IP 位址，而 IP 資料包必須被封裝在訊框 (frame) 中才能經由實體網路傳送。這也代表傳送者需要有接收者的實體位址，所以要有邏輯位址與實體位址的對應關係。

前面提過，對應可以用靜態或動態的方式建立。邏輯位址與實體位址之關係可用靜態方式存在一張表格中，傳送者可以在這張表格中找尋某一邏輯位址所對應的實體位址。前面也提過，這樣的做法並不恰當，因為每次實體位址改變時，這張表格也必須更新。在每台機器上，經常更新對應表，是一件很吃力的工作。

所以邏輯位址與實體位址的對應應該以動態的方式進行,即傳送者在需要時,要接收者告知其實體位址, ARP 通訊協定就是用來執行這件事。

ARP 將一個 IP 位址關聯到它的實體位址。像區域網路這種典型的實體網路,網路上的裝置是以實體位址來辨識,而實體位址通常在網路卡上。

當一台主機或路由器,需要找到另一台在同一實體網路上的主機或路由器的實體位址時,它就送出一個 ARP 的詢問封包 (query packet),封包裡包含傳送者的實體位址、IP 位址及接收者的 IP 位址。因為傳送者不知道接收者的實體位址,所以該詢問封包被廣播到整個網路上(見圖 7.3)。

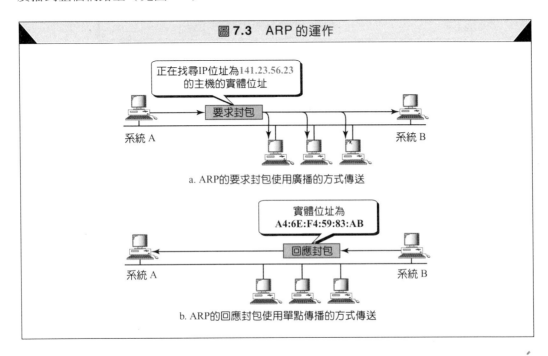

圖 **7.3** ARP 的運作

在這個網路上的每台電腦或路由器都會收到這個 ARP 詢問封包,但是只有預定的接收者才認得其 IP 位址,而送回一個 ARP 的回應封包 (response packet)。回應封包包含接收者的 IP 位址及實體位址,這個封包是以單點傳播的方式直接送到詢問者,這個回應封包所使用的實體位址從剛才的詢問封包中得到。

在圖 7.3(a),左邊的系統 A 要送一個封包到 IP 位址為 141.23.56.23 的系統 B(右邊),系統 A 要把封包往自己的資料鏈結層送,以傳送出去,可是它並不知道接收者的實體位址。系統 A 就使用 ARP 的服務,它要 ARP 通訊協定去廣播一個 ARP 要求封包,詢問 IP 為 141.23.56.232 的主機的實體位址。

這個封包被實體網路上的每個系統接收到,但是只有系統 B 才會回應,如圖 7.3(b)所示。系統 B 送出一個回應封包並包含自己的實體位址,如此系統 A 便可以用此實體位址送出封包給系統 B。

封包格式

圖 7.4 說明了 ARP 封包的格式。

圖 7.4　ARP 封包

硬體種類		通訊協定種類	
硬體長度	通訊協定長度	運作 要求為 1，回應為 2	
傳送者硬體位址 （例如：乙太網路為 6 個位元組）			
傳送者通訊協定位址 （例如：IP 為 4 個位元組）			
目標硬體位址 （例如：乙太網路為 6 個位元組） （若是要求封包則為空白）			
目標通訊協定位址 （例如：IP 為 4 個位元組）			

其欄位如下：

❑ **硬體種類**：這是一個 16 位元的欄位，定義執行 ARP 通訊協定的網路種類，每種區域網路依其類別被賦予一個整數值，例如，乙太網路為 1。ARP 可以用在任意一種實體網路上。

❑ **通訊協定種類**：這是一個 16 位元的欄位，定義協定類別。例如，IPv4 通訊協定以 $(0800)_{16}$ 代表。ARP 可與其他任意一種高層通訊協定搭配使用。

❑ **硬體長度**：這是一個 8 位元的欄位，定義實體位址的長度，單位是位元組。例如，若是乙太網路的話，其值為 6。

❑ **通訊協定長度**：這是一個 8 位元的欄位，定義邏輯位址的長度，單位是位元組。例如，以 IPv4 協定而言，其值為 4。

❑ **運作**：這是一個 16 位元的欄位，定義封包的種類。目前有 ARP 要求（其值為 1）與 ARP 回應（其值為 2）兩種封包。

❑ **傳送者硬體位址**：本欄不固定長度，定義傳送者的實體位址。如為乙太網路，本欄為 6 個位元組長。

❑ **傳送者通訊協定位址**：本欄不固定長度，定義傳送者的邏輯位址。如為 IP 通訊協定，這個欄位為 4 個位元組長。

❑ **目標硬體位址**：本欄不固定長度，定義目標者的實體位址。如為乙太網路，本欄為 6 個位元組長。對 ARP 要求封包而言，這個欄位全部為 0，因為傳送者不知道目標的實體位址。

❑ **目標通訊協定位址**：本欄不固定長度，定義目標者的邏輯位址（如 IP）。以 IPv4 通訊協定而言，這個欄位為 4 個位元組長。

封裝

ARP封包直接被封裝在資料鏈結層的訊框裡。例如，在圖7.5中，ARP封包被封裝在乙太網路的訊框中。注意，在訊框的類別欄位中的值 (0x0806) 代表所攜帶資料是一個ARP封包。

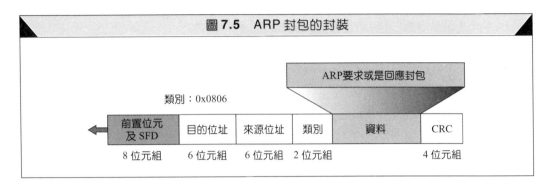

圖 7.5 ARP 封包的封裝

運作

接著我們來看，在一個典型的互連網路上，ARP功能是如何運作。首先敘述所需的相關步驟，然後再討論一台電腦或路由器如何使用 ARP 的 4 種情況。

相關步驟

一個 ARP 程序所需的相關步驟如下：

1. 傳送者知道目標的 IP 位址。等一下我們就會知道傳送者如何獲得目標的 IP 位址。

2. IP 要求 ARP 建立一個 ARP 的要求訊息 (request message)，將傳送者的實體位址、IP 位址及目標的 IP 位址填入其中，而目標的實體位址則填入 0。

3. 將該 ARP 訊息送到資料鏈結層封裝成訊框，使用傳送者的實體位址為來源位址，以實體廣播位址為目的位址。

4. 在該實體網路上的每台主機或路由器都會接收到這個訊框，因為它的目的位址是一個廣播位址。各個站台由訊框中取出訊息送給各自的ARP。除了目標機器以外，其他都將此訊息移除，而目標機器認識自己的 IP 位址。

5. 目標機器送回一個 ARP 回應訊息 (reply message)，其中包含自己的實體位址，這個回應訊息使用單點傳播 (unicast) 的方式來傳送。

6. 原來的傳送者收到回應訊息，就知道目標機器的實體位址。

7. 現在，送往目標機器的 IP 資料包都可以組裝成訊框，以單點傳播的方式傳送到目的地了。

4 種不同的情況

使用 ARP 服務的狀況有以下 4 種（見圖 7.6）：

1. 傳送者為一主機，想要傳送封包到同一網路上的另一台主機。在這種情況下，要對應到實體位址的邏輯位址，就是在資料包標頭的目的 IP 位址。

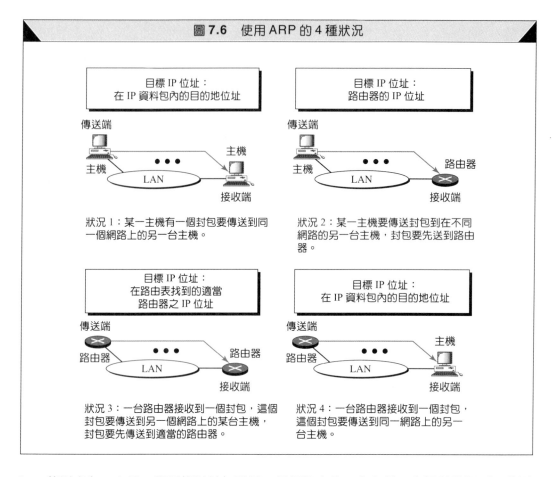

狀況 1：某一主機有一個封包要傳送到同一個網路上的另一台主機。

狀況 2：某一主機要傳送封包到在不同網路的另一台主機，封包要先送到路由器。

狀況 3：一台路由器接收到一個封包，這個封包要傳送到另一個網路上的某台主機，封包要先傳送到適當的路由器。

狀況 4：一台路由器接收到一個封包，這個封包要傳送到同一網路上的另一台主機。

2. 傳送者為一主機，想要傳送封包到另一個網路上的一台主機。在這種情況下，傳送者在自己的路由表中找出到此目的地的下一站台（路由器）之 IP 位址。如果該主機沒有路由表，它就找預設路由器的 IP 位址。該路由器的 IP 位址變成要對應到實體位址的邏輯位址。

3. 傳送者為一路由器，它接收到一個目的地在另一個網路的資料包。該路由器檢查其路由表並找出下一個路由器的 IP 位址，這個 IP 位址即為對應到實體位址的邏輯位址。

4. 傳送者為一路由器，它接收到一個資料包，這個資料包的目的端主機在相同的網路上，該資料包的目的地 IP 位址即為對應到實體位址的邏輯位址。

> ARP 要求封包以廣播的方式傳送，而 ARP 回應封包以單點傳播的方式傳送。

範例 1

某主機的 IP 位址為 130.23.43.20，且實體位址為 B2:34:55:10:22:10，此主機有封包要送到另一台主機，其 IP 位址為 130.23.43.25，且實體位址為 A4:6E:F4:59:83:AB（傳送端主機並不知道）。這兩台電腦在相同的乙太網路上。試寫出封裝在乙太網路訊框內的 ARP 要求及回應封包。

解答

圖 7.7 說明了所需要的 ARP 要求及回應封包。注意在這樣的情況下， ARP 資料欄有 28 個位元組，而這些個別位址無法放在 4 位元組的邊界內。這是為什麼我們沒有以正常的 4 位元組的邊界方式展示這些位址。 IP 位址是以十六進制表示。

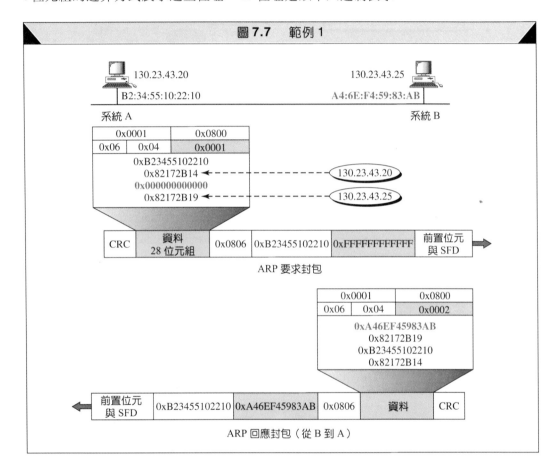

圖 7.7 範例 1

ATM 上的 ARP

當 IP 封包透過 ATM 網路傳送時，也可以使用 ARP。當我們在第 23 章敘述 ATM 上的 IP 服務時再加以介紹。

ARP 代理伺服器

一種稱為 **ARP 代理伺服器 (proxy ARP)** 的技術可以用來建立子網路 (subnet) 的效果。一台 ARP 代理伺服器代表一群主機來執行 ARP 的服務。如果一台路由器執行 ARP 代理伺服器，當它接收到一個 ARP 要求封包，要找尋由這台路由器所代表的某個主機的 IP 位址時，這台路由器就會回應一個 ARP 回應訊息，並且用自己的實體位址來回應。日後這台路由器接收到真正的 IP 封包時，它會把這個封包轉送給適當的主機或路由器 (這就是代理的意義)。我們以圖 7.8 為例，裝置在右手邊這台主機的 ARP，只會回應目的 IP 為 141.23.56.23 的 ARP 要求。

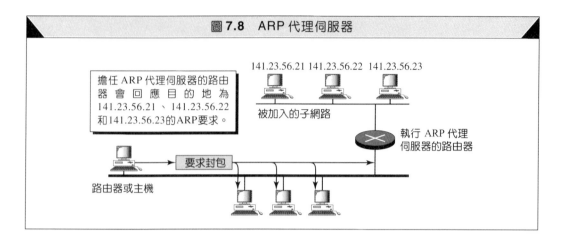

圖 7.8　ARP 代理伺服器

然而，網路管理者可能想建立一個子網路，卻不想改變整個系統來辨認這些子網路位址。解決的方法就是使用一台執行 ARP 代理伺服器的路由器。在這樣的情況下，該路由器代表整個子網路裡的所有主機。當它收到一個 ARP 要求封包時，而其目的 IP 位址與它所代管的一樣（141.23.56.21、141.23.56.22 和 141.23.56.23）時，這個路由器就送出一個 ARP 回應訊息，並以自己的實體位址回覆。當此路由器收到 IP 封包時，它再將此封包轉送給適當的主機。

7.2　ARP 套件　*ARP Package*

在本節中，我們要介紹一個簡化過的 ARP 軟體套件之範例。目的是要展示 ARP 各模組及其關係。

我們假設 ARP 套件包括 5 個模組，分別是**快取記憶表 (cache table)**、佇列 (queues)、輸出模組 (output module)、輸入模組 (input module)，以及一個快取記憶控制模組 (cache-control module)。圖 7.9 說明了這 5 個模組及它們交互運作的情況。 ARP 套件收到一個 IP 資料包後，這個資料包要被封裝在訊框裡，而這個訊框需要一個硬體的實體位址才能傳送出去。如果 ARP 找到這個位址， ARP 就可將此 IP 封包與實體位址送往資料鏈結層，準備傳送出去。

快取記憶表

傳送者通常會有超過 1 個以上的 IP 資料包，要送到相同的目的地。因此，每次都用 ARP 通訊協定去找出對應之位址，這樣做是很沒有效率的。解決之道是使用一個快取記憶表。當主機或路由器收到某個 IP 資料包的實體位址時，這個位址就被存在快取記憶表，這個位址可以給後面幾分鐘內，到相同接收者的 IP 封包用。但是因為快取記憶表的空間有限，存在其內的內容不應無限制地被保留。

快取記憶表可以用項目排列成陣列的方式實現，在我們的 ARP 套件中，每一個條目都應包含下列欄位：

❑ **狀態**：此欄說明本條目的狀態。每個條目的狀態可以是**空著 (free)、等待** (pending)、或是**已解決** (resolved)。 FREE 狀態意指本條目的存活時間已過，這個

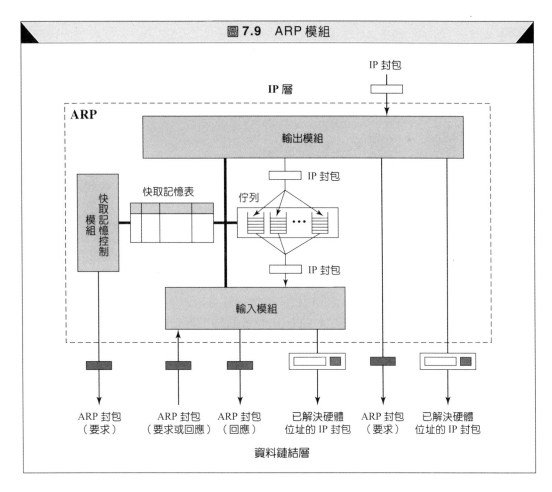

圖 7.9　ARP 模組

空位可以重新設定使用。PENDING意指本條目已經送出ARP訊息,但是尚未收到回應。 RESOLVED意指本條目已經獲得所需的目的實體位址,送往此一目的地的封包,可以使用本條目的結果。

❑ **硬體種類 (hardware type)**:此欄所列的與 ARP 封包相對欄所列的一樣。

❑ **通訊協定種類 (protocol type)**:此欄所列的與 ARP 封包相對欄所列的一樣。

❑ **硬體長度 (hardware length)**:此欄所列的與 ARP 封包相對欄所列的一樣。

❑ **通訊協定長度 (protocol length)**:此欄所列的與 ARP 封包相對欄所列的一樣。

❑ **介面代碼 (interface number)**:一台路由器(或多重位址主機)可以連接到不同的網路,每個網路有不同的介面代碼,而每個網路可能擁有不同的硬體及通訊協定種類。

❑ **佇列代碼 (queue number)**:ARP使用不同的佇列來存放等待位址對應結果的封包。到同一目的地的封包,通常放在同一佇列。

❑ **嘗試次數 (attempts)**:此欄代表本條目已經送出的 ARP 要求次數。

❑ **逾時時間 (Time-out)**:本欄記載所在條目的逾時時間,以秒為單位。

❑ **硬體位址 (hardware address)**:本欄記載目的地的實體位址,在未求得之前本欄保持空白。

❑ **通訊協定位址 (protocol address)**:本欄記載目的地的 IP 位址。

佇列

我們的ARP套件包含了一組**佇列 (queue)**，每個佇列分配給一個目的地使用。每個佇列存放那些正在等待 ARP 回應結果的 IP 封包。輸出模組把未獲得實體位址的封包送到適當的佇列，而輸入模組從佇列中移出一個封包，連同自己求得的實體位址送到資料鏈結層，準備傳輸。

輸出模組

輸出模組 (output module) 等待來自 IP 軟體的封包。輸出模組依照封包的目的 IP 位址，檢查快取記憶表，以便去尋找和目的地 IP 位址相對應的項目，也就是目的地 IP 位址與條目之通訊協定位址欄位內容相符合。

如果能找到這樣的條目，且其狀態為RESOLVED，則該IP封包與條目內的實體位址一同送給資料鏈結層，準備傳輸。

如果找到與目的地IP位址一樣的項目，但是狀態為PENDING，則該封包就必須等待直到目的實體位址找到為止。因為在PENDING狀態，事先對相同的目的地，已經建立一個佇列，輸出模組就將該封包送到適當的佇列等待。

如果快取記憶表中沒有找到與此封包目的地 IP 位址相同的項目，那麼輸出模組就建立一個佇列，將該封包放入等待，同時建立一個新的項目，設定其狀態為 PENDING，嘗試次數欄設定為1，然後把一個 ARP 要求封包廣播出去。

輸出模組

1. 睡眠等待，直到接收到IP軟體送來的IP封包。
2. 依收到的IP封包的目的地檢查快取記憶表，是否有相符合的項目。
3. 如果（找到）：
   A. 如果（狀態是RESOLVED）：
      a. 將該項目中的硬體實體位址摘出。
      b. 將封包與該硬體位址送到資料鏈結層。
      c. 返回。
   B. 如果（狀態是PENDING）：
      a. 將該封包存放到相同目的位址的佇列。
      b. 返回。
4. 如果（沒找到）：
   A. 在快取記憶表中建立一個條目，狀態為PENDING，嘗試次數設為1。
   B. 建立一個佇列。
   C. 將封包存放到這個佇列。
   D. 送出一個 ARP 要求封包。
5. 返回。

輸入模組

輸入模組 (input module) 等待一個 ARP 封包（要求或回應）的到來，然後檢查快取記憶表，尋找與該 ARP 封包相關的條目，如果 ARP 封包中的目標通訊協定位址與條目中的通訊協定位址欄一樣時，即為尋獲。

　　如果找到這樣一個條目且其狀態為 PENDING，則輸入模組將封包中的目標硬體位址複製到該條目的硬體位址欄位，並將狀態改為 RESOLVED。輸入模組也會設定本條目的逾時時間，然後依條目上的佇列號碼，將對應佇列中的封包一個一個取出，並與硬體位址一起送到資料鏈結層，準備傳送出去。

　　如果找到對應的條目，而其狀態為 RESOLVED，則輸入模組依然更新該條目，這是因為目標硬體位址有可能已經改變，同時這個條目的逾時時間也要重設。

　　如果沒有找到對應的條目，輸入模組就在快取記憶表內建立一個新的條目。ARP 通訊協定規定收到任何的新訊息都要加入快取記憶表，以便未來使用，其狀態設為 RESOLVED，同時亦設定逾時時間。

　　輸入模組檢查收到的 ARP 封包是否為要求封包，若是，立刻產生一個 ARP 回應訊息給其傳送者。ARP 回應封包之產生方式，是把封包中的運作欄從要求改為回應，並且填寫目標硬體位址的欄位。

輸入模組
1. 睡眠等待，直到 ARP 封包（要求或回應）之到來。
2. 依收到的 ARP 封包在快取記憶表中尋找對應之條目。
3. 如果（找到）：
A. 更新該條目。
B. 如果（狀態為 PENDING）：
a. 當該條目所對應的佇列有封包時：
i. 取出一個封包。
ii. 將封包與硬體位址一同送到資料鏈結層。
4. 如果（沒有找到）：
A. 建立一個新的條目。
B. 將該條目加到快取記憶表。
5. 如果（封包為一 ARP 要求封包）：
A. 送出一個 ARP 回應封包。
6. 返回。

快取記憶控制模組

快取記憶控制模組 (cache-control module) 負責快取記憶表的管理。它週期性地檢查快取記憶表的每個項目（例如：每 5 秒鐘）。

如果某個條目的狀態為 FREE，就繼續檢查下一個條目。如果狀態是 PENDING，就將嘗試次數欄加 1，然後檢查嘗試次數的數值，如果該數值大於可允許的嘗試次數，則將狀態改為 FREE，並將相對應的佇列刪去。如果嘗試次數是小於最大設定值，則快取記憶控制模組產生另一個 ARP 要求封包，並將之送出。

如果一個條目的狀態為 RESOLVED，則將逾時時間減掉自上次檢查到這次所經過的時間，如果所得結果小於等於零，就將狀態改為 FREE，並將相對應的佇列刪去。

快取記憶控制模組

1. 睡眠並等待週期性計時器的通知。
2. 對於快取記憶表中的每個條目：
   A. 如果（狀態是 FREE）：
      a. 繼續。
   B. 如果（狀態是 PENDING）：
      a. 嘗試次數加 1。
      b. 如果（嘗試次數超過最大設定值）：
         i. 狀態改為 FREE。
         ii. 刪去相對應的佇列。
      c. 如果（沒有超過）：
         i. 送出一個 ARP 封包。
      d. 繼續。
   C. 如果（狀態是 RESOLVED）：
      a. 將逾時時間扣減掉上次檢查到這次檢查所經過的時間。
      b. 如果（逾時時間小於或等於 0）：
         i. 將狀態改為 FREE。
         ii. 刪去相對應的佇列。
3. 返回。

ARP 範例

接下來我們介紹幾個 ARP 運作的範例及快取記憶表的變化。表 7.1 說明了我們的範例開始時快取記憶表的部分內容。

範例 2

ARP 的輸出模組從 IP 層收一個資料包，其目的地位址為 114.5.7.89，輸出模組檢查快取記憶表（表 7.1），發現此目的地的項目狀態為 RESOLVED（在表中以 R 代表）。輸出模組將硬體位址 (457342ACAE32) 取出，將封包與這個位址送到資料鏈結層，準備傳輸，而快取記憶表則保持不變。

表 7.1 原始快取記憶表

狀態	佇列	嘗試次數	逾時時間	通訊協定位址	硬體位址
R	5		900	180.3.6.1	ACAE32457342
P	2	2		129.34.4.8	
P	14	5		201.11.56.7	
R	8		450	114.5.7.89	457342ACAE32
P	12	1		220.55.5.7	
F					
R	9		60	19.1.7.82	4573E3242ACA
P	18	3		188.11.8.71	

範例 3

20 秒後， ARP 的輸出模組由 IP 層收到目的位址為 116.1.7.22 的資料包，它檢查快取記憶表，但未發現此一位址在其中。輸出模組在表中加入一個新的條目，並設定其狀態為 PENDING（在表中以 P 代表），嘗試次數設為 1，並且為這個位址建立一個佇列來存放剛剛由 IP 層收到的封包，輸出模組為這個目的位址送出一個 ARP 要求到資料鏈結層。新的快取記憶表，如表 7.2 所列。

表 7.2 範例 3 的更新快取記憶表

狀態	佇列	嘗試次數	逾時時間	通訊協定位址	硬體位址
R	5		900	180.3.6.1	ACAE32457342
P	2	2		129.34.4.8	
P	14	5		201.11.56.7	
R	8		450	114.5.7.89	457342ACAE32
P	12	1		220.55.5.7	
P	23	1		116.1.7.22	
R	9		60	19.1.7.82	4573E3242ACA
P	18	3		188.11.8.71	

範例 4

再 15 秒後， ARP 的輸入模組收到一個 ARP 封包，其通訊協定 IP 位址為 188.11.8.71。輸入模組檢查表找到此位址，將該條目狀態改為 RESOLVED，將逾時時間改為 900，然後把硬體位址 (E34573242ACA) 填入，之後就可到佇列 18，將裡頭的封包一個一個送到資料鏈結層去，新的結果如表 7.3 所列。

表 **7.3** 範例 4 的更新快取記憶表

狀態	佇列	嘗試次數	逾時時間	通訊協定位址	硬體位址
R	5		900	180.3.6.1	ACAE32457342
P	2	2		129.34.4.8	
P	14	5		201.11.56.7	
R	8		450	114.5.7.89	457342ACAE32
P	12	1		220.55.5.7	
P	23	1		116.1.7.22	
R	9		60	19.1.7.82	4573E3242ACA
R	18		900	188.11.8.71	E34573242ACA

範例 5

再經過 25 秒後,快取記憶控制模組更新每個條目,其中前 3 個狀態為 RESOLVED 的條目,其逾時時間被減掉 60。最後那一個狀態為 RESOLVED 的條目,其逾時時間被減掉 25。倒數第 2 個條目的狀態改為 FREE(在表中以 F 代表),因為這個條目的逾時時間為 0。另外將狀態為 PENDING 的所有條目之嘗試次數增加 1,而 IP 位址為 201.11.56.7 的這個條目加 1 後,其值超過最大設定值,該項目的狀態改為 FREE,其佇列被除去,且快取記憶控制模組送出一個 ICMP 訊息到原來的目的端(見第 9 章)。新的結果如表 7.4 所列。

表 **7.4** 範例 5 的更新快取記憶表

狀態	佇列	嘗試次數	逾時時間	通訊協定位址	硬體位址
R	5		840	180.3.6.1	ACAE32457342
P	2	3		129.34.4.8	
F					
R	8		390	114.5.7.89	457342ACAE32
P	12	2		220.55.5.7	
P	23	2		116.1.7.22	
F					
R	18		875	188.11.8.71	E34573242ACA

7.3 反向位址解析通訊協定 *RARP*

一台只知道自己實體位址的機器可以使用 RARP 來找出其邏輯位址。每台主機或路由器可被給予一個或一個以上的 IP 位址,其 IP 位址是獨立的,且與機器的硬體位址無關。

要產生一個 IP 資料包,主機或路由器必須知道自己所有的 IP 位址,而 IP 位址通常可從存在於硬碟的組態檔案中讀取。

然而,如果是一台無硬碟機器,它通常是由 ROM 開機。 ROM 裡只含有必要的開機程式, ROM 由電腦製造者提供,無法包括 IP 位址,因為 IP 位址通常由網路管理者分配。

這種無硬碟機器,可以經由其網路卡而讀到硬體位址,然後可以使用 RARP 通訊協定,藉由實體位址去得到 IP 位址。 RARP 訊息是以廣播方式送到區域網路上,網路上的某台機器知道所有的 IP 位址,會回一個 RARP 的回應訊息,所以要求的機器要跑一個 RARP 用戶端程式 (client program),而回應的機器要跑 RARP 的伺服端程式 (server program),如圖 7.10 所示。

> RARP 要求封包以廣播的方式傳送;RARP 回應封包以單點傳播的方式傳送。

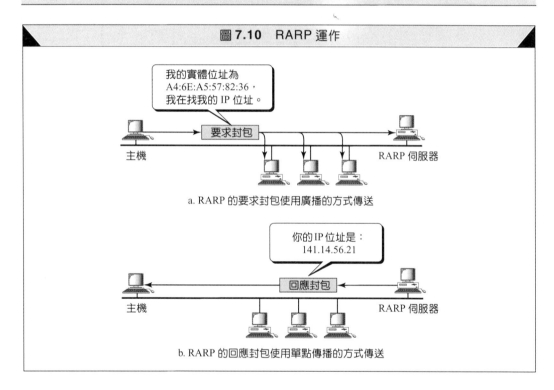

圖 7.10　RARP 運作

a. RARP 的要求封包使用廣播的方式傳送

b. RARP 的回應封包使用單點傳播的方式傳送

在圖 7.10(a) 中,左邊是一台無硬碟機器,為了獲得 IP 位址,它廣播出去一個 RARP 的要求封包到網路上的所有系統。在該實體網路上的每台主機(或路由器)都會收到此封包,但只有在圖 7.10(b) 中右邊的 RARP 伺服器才會回應它,該伺服器送回一個 RARP 回應封包給要求者,其中包括了所要求的 IP 位址。

封包格式

RARP 的封包格式與 ARP 的封包格式一樣,除了運作欄數值為 3(RARP 要求)或是 4(RARP 回應),如圖 7.11 所示。

圖 7.11 RARP 封包

封裝

RARP封包直接被封裝在資料鏈結層的訊框內。如圖7.12的範例，RARP封包被封裝在乙太網路訊框內，注意訊框的類別欄位 (0x8035) 說明該訊框所攜帶的資料為 RARP 封包。

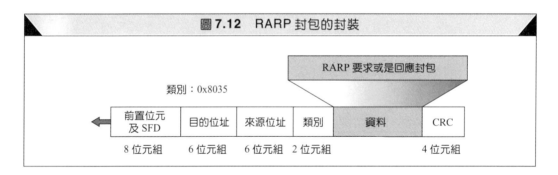

圖 7.12 RARP 封包的封裝

RARP 服務程序

RARP服務程序提供一個實體位址對應到其邏輯位址的服務。這樣的對應關係被儲存在硬碟的檔案中。有趣的是，一般的服務程序通常會實作在應用層，而服務所使用的檔案也在應用層被存取。但是RARP服務程序被實際應用在資料鏈結層。如果RARP服務程序要存取檔案時，就需要類似 UNIX 這類的作業系統的幫忙。

　　RARP服務程序的另一個問題是，執行RARP服務程序的伺服器有可能會故障。所以為了提供RARP回應封包給無硬碟機器，通常網路管理員會安裝一台以上的RARP伺服器。但是如果全部的伺服器都在運作，數個RARP回應封包會同時在網路上傳遞，這將會造成網路流量的負擔。

RARP 的替代方案

當一台無硬碟機器開機時，它所需要的訊息不只是IP位址，它還需要子網路遮罩 (subnet mask)、路由器的IP位址，及名稱伺服器 (name server) 的IP位址。RARP無法提供這些額外的訊息，因此有新的通訊協定被發展用來提供這些訊息。在第16章我們會介紹2種新的通訊協定（BOOTP及DHCP），可以用來取代RARP。

7.4　重要名詞　*Key Terms*

位址解析通訊協定 (Address Resolution Protocol, ARP)

快取記憶控制模組 (cache-control module)

快取記憶表 (cache table)

動態對應 (dynamic mapping)

封裝 (encapsulation)

輸入模組 (input module)

IP 位址 (IP address)

邏輯位址 (logical address)

輸出模組 (output module)

實體位址 (physical address)

ARP 代理伺服器 (proxy ARP)

佇列 (queue)

反向位址解析通訊協定 (Reverse Address Resolution Protocol, RARP)

靜態對應 (static mapping)

7.5　摘要　*Summary*

❑　將封包送到一台主機或路由器需要2個層次的定址，即邏輯層及實體層。

❑　邏輯位址使用在網路層，用來辨識主機或路由器。在 TCP/IP 中，邏輯位址稱為 IP 位址。

❑　實體位址用在實體層，用來辨識主機或路由器。

❑　邏輯位址與實體位址的對應可以是靜態或是動態的。

❑　靜態對應須建立一張對應名單，對應名單維護成本很高。

❑　位址解析通訊協定 (ARP) 是一種動態對應方法，藉由邏輯位址尋找其相對應的實體位址。

❑　ARP要求封包是以廣播的方式傳送，送到實體網路上的每個裝置。

❑　ARP回應封包是以單點傳播的方式傳送，送到要求尋找對應關係的主機。

❑　具有ARP代理伺服器功能的路由器可以代表一群主機。當ARP要求封包要找這群主機中的某個實體位址時，由路由器回送自己的實體位址，藉此建立一個類似子網路的效果。

❑　ARP軟體包括5個模組，分別是快取記憶表、佇列、輸出模組、輸入模組，以及一個快取記憶控制模組。

❑　快取記憶表由數個條目所構成，每個條目由ARP訊息使用及更新。

❑　相同目的地的封包存放在相同的佇列中。

❑　輸出模組從IP層取得一個封包，然後送到資料鏈結層，或是將之送到相關佇列。

❑　輸入模組利用ARP封包來更新快取記憶表，輸入模組也可以送出ARP回應封包。

❑ 快取記憶控制模組維護快取記憶表中所記載的訊息。

❑ 反向位址解析通訊協定 (RARP) 是一種動態對應方法，藉由實體位址尋找其對應的邏輯位址。

7.6 習題 *Practice Set*

練習題

1. ARP 封包大小固定嗎？解釋之。

2. RARP 封包大小固定嗎？解釋之。

3. 如果通訊協定為 IP，硬體為乙太網路，則 ARP 封包的大小為何？

4. 如果通訊協定為 IP，硬體為乙太網路，則 RARP 封包的大小為何？

5. 攜帶 ARP 封包的乙太網路訊框大小為何？

6. 攜帶 RARP 封包的乙太網路訊框大小為何？

7. 乙太網路的廣播位址為何？

8. 某路由器的 IP 位址為 125.45.23.12，其乙太網路的實體位址為 23:45:AB:4F:67:CD。這個路由器接收到一個封包，其目的端主機之 IP 位址為 125.11.78.10，其乙太網路位址為 AA:BB:A2:4F:67:CD。假設沒有子網路，列出路由器送出的 ARP 要求封包的各個條目欄位。

9. 列出相對於第 8 題之 ARP 回應封包之各個條目。

10. 將第 8 題的結果封裝為一資料鏈結層訊框，並填寫各個欄位。

11. 將第 9 題的結果封裝為一資料鏈結層訊框，並填寫各個欄位。

12. 某路由器的 IP 位址為 195.5.2.12，其乙太網路的實體位址為 AA:25:AB:1F:67:CD。這個路由器接收到一個 IP 封包，其目的地位址為 185.11.78.10。該路由器發現這個封包應該是要送到另一台路由器，而其 IP 位址為 195.5.2.6，而乙太網路位址為 AD:34:5D:4F:67:CD。假設沒有子網路，試列出路由器送出的 ARP 要求封包的各個條目。

13. 列出相對於第 12 題之 ARP 回應封包之各個條目。

14. 將第 12 題的結果封裝為一資料鏈結層訊框，並填寫各個欄位。

15. 將第 13 題的結果封裝為一資料鏈結層訊框，並填寫各個欄位。

16. 某個無硬碟主機其乙太網路位址為 98:45:23:4F:67:CD，要執行開機，列出此主機要傳送的 RARP 要求封包之各個項目。

17. 列出相對於第 16 題之 RARP 回應封包的各個條目，並假設要求主機的 IP 位址為 200.67.89.33。假設伺服器與要求主機在同一條網路上，並自行選擇伺服器的實體及邏輯位址。

18. 將第 16 題的結果封裝為一資料鏈結層訊框，並填寫各個欄位。

19. 將第 17 題的結果封裝為一資料鏈結層訊框，並填寫各個欄位。

資料檢索

20. 請找出描述 ARP 的 RFC 文件。

21. 請找出描述 RARP 的 RFC 文件。

22. 請找出在 UNIX 中，RARP 服務程序用來儲存實體與邏輯位址之對應關係的檔案名稱。

CHAPTER 8

網際網路通訊協定

Internet Protocol (IP)

網際網路通訊協定 **(Internet Protocol, IP)** 為 TCP/IP 通訊協定所使用的傳輸機制。圖 8.1 說明了 IP 在通訊協定組之中的位置。

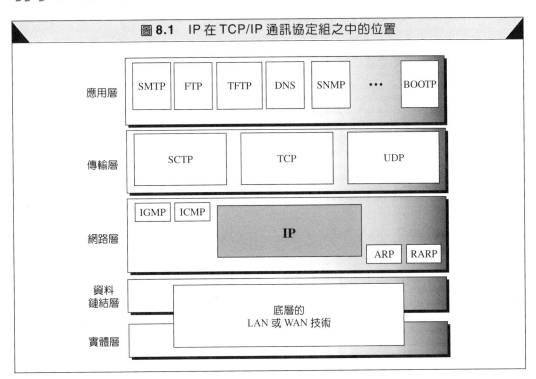

圖 8.1　IP 在 TCP/IP 通訊協定組之中的位置

IP 是一種非可靠性、非預接式的資料包通訊協定。 IP 僅提供一種**盡力傳送 (best-effort delivery)** 服務。「盡力」是指 IP 沒有提供錯誤檢查或追蹤的機制。 IP 假設其下的分層是不可靠的,只盡其全力將封包送到目的地,但不保證一定送達。

如果可靠度很重要, IP 必須搭配具備可靠度的傳輸通訊協定一起使用,像是 TCP 通訊協定。例如,郵局送信可以算是一種盡力的服務。郵局盡力將信件送達但並非總是成功。如果一封非掛號信掉了,只能靠寄信者或收信者自己去發現這件事然後解決。郵局不會追蹤每一封信件,因此不能通知寄信者遺失或損壞這件事。

IP 是一種非預接式通訊協定,是為了使用資料包 (datagram) 方式的封包交換網路而設計(見第 6 章)。這表示每個資料包被個別處理,其資料包可以走不同路徑到達其目的。這也隱含著一個來源端送出若干個資料包到相同的目的地,這些資料包到達的順序可能會不一樣,也許其中一些資料包會遺失或在傳送中遭受損壞。IP必須依靠更高一層的通訊協定來處理這些問題。

8.1 資料包 *Datagram*

在 IP 層的封包稱為**資料包 (datagram)**。圖 8.2 說明了 IP 資料包的格式。資料包為一不固定長度的封包,包括標頭 (header) 及資料 (data) 二部分。標頭有 20 到 60 個位元組長,包含傳送路徑的重要訊息。以 TCP/IP 的習慣,將標頭分為若干個 4 位元組為單位來看。以下是對每個欄位的簡單介紹。

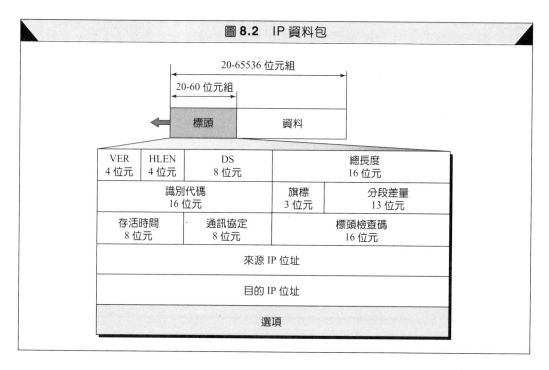

圖 8.2 IP 資料包

- ❑ **版本 (VER)**:這 4 位元的欄位定義了 IP 通訊協定的版本。目前使用第 4 版。而第 6 版 IPng 有可能在數年後取代第 4 版。這個欄位是告知機器上的軟體,目前資料包的格式為第 4 版的格式。版本欄位的解釋都必須依第 4 版的規範進行。若某一台電腦用的是別的版本,則所收到的資料包會被移除,而不是以不正確的解釋來處理。

- ❑ **標頭長度 (HLEN)**:這 4 位元的欄位定義了資料包標頭的總長度,以一個字組(4 個位元組)為單位。因為標頭長度是可變動的(20 到 60 個位元組之間),所以必須要有此欄位。在沒有選項時,標頭長度為 20 個位元組,此時本欄數值為 5 (5 × 4 = 20),當選項全部都使用時,標頭長度為 15 (15 × 4 = 60)。

- ❑ **差異化服務 (DS)**:IETF 已經更改這 8 個位元的解釋意義與名稱。這個欄位在以前稱為**服務類型 (service type)**,而現在稱為**差異化服務 (Differentiated Services, DS)**。兩者的解釋如圖 8.3 所示。

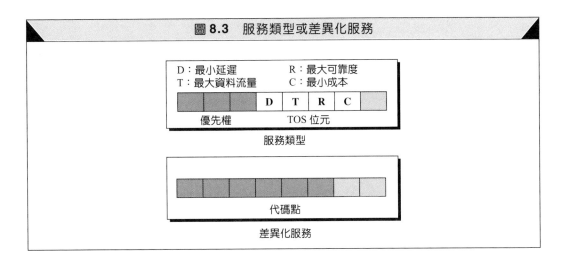

圖 8.3 服務類型或差異化服務

1. **服務類型**

在這樣的解釋之下，最前面 3 個位元稱為優先權位元 (precedence bit)，接著 4 位元稱為 TOS 位元 (type of service bit)，而最後一個位元則未使用。

a. **優先權**：為一個 3 位元的子欄位，其值由 0 到 7。優先權欄位定義了資料包在路徑發生壅塞時的優先權。如果一台路由器發生壅塞，需要移除封包時，優先權最低的會先被移除。在 Internet 上，有些資料包是比較重要的，例如，傳送網路管理的資料包比傳送選擇性資訊的資料包來得緊急與重要。

在第 4 版的 IP 中，優先權欄位並未使用。

b. **TOS 位元**：為一個 4 位元的子欄位，每個位元有其特別代表的意義。雖然每個位元不是 0 就是 1，但 TOS 這 4 個位元一次只能有一個位元為 1。表 8.1 說明了位元組態與其意義。如果一次最多只能有一個位元為 1，總共就可能有 5 種不同的服務。

表 8.1 服務類型

TOS 位元	描述
0000	正常（預設值）
0001	最小成本
0010	最大可靠度
0100	最大資料流量
1000	最小延遲

應用程式可以要求某一特定的服務，在表 8.2 中說明了一些應用所使用的預設服務類型。

表 8.2 預設服務類型

通訊協定	TOS 位元	描述
ICMP	0000	正常
BOOTP	0000	正常
NNTP	0001	最小成本
IGP	0010	最大可靠度
SNMP	0010	最大可靠度
TELNET	1000	最小延遲
FTP（資料）	0100	最大資料流量
FTP（控制）	1000	最小延遲
TFTP	1000	最小延遲
SMTP（命令）	1000	最小延遲
SMTP（資料）	0100	最大資料流量
DNS（UDP 詢問訊息）	1000	最小延遲
DNS（TCP 詢問訊息）	0000	正常
DNS（地區）	0100	最大資料流量

由上表中很清楚地知道那些交互性的動作、要立即處理的動作及需要很快回應的動作，其需要的服務型態為最小延遲時間 (minimum delay)。而那些要傳送大量資料的動作，所需要的服務為最大資料流量 (maximum throughput)。而背景動作則是以最小成本 (minimum cost) 的服務來處理。

2. **差異化服務**

在這樣的解釋之下，最前面的 6 個位元形成一個**代碼點 (codepoint)** 的子欄位，最後的 2 個位元則不使用。代碼點的使用方式有 2 種：

a. 當最右邊 3 個位元都是 0 時，最左邊的 3 個位元的意義與以服務類型解釋時的優先權位元一樣，亦即與舊的解釋一樣。

b. 當最右邊 3 個位元不全為 0 時，最前面 6 個位元定義了由 Internet 官方機構或地區性網路機構（根據表 8.3）所分配的 64 種不同優先權的服務。第 1 類包含 32 種服務，第 2 類和第 3 類各包含 16 種服務。第 1 類（號碼為 0，2，4，……，62）由 Internet 官方機構 (IETF) 所指定。第 2 類（號碼為 3，7，11，15，……，63）可由地區性的網路機構分配。第 3 類（號碼為 1，5，9，……，61）為暫時性的代碼供實驗用。請注意號碼的不連續性，如果是連續的話，第 1 類是從 0 到 31，第 2 類 32 到 47，第 3 類從 48 到 63，這樣子與 TOS 的解釋就會不相容。因為 TOS 為 XXX000（包括 0，8，16，24，32，40，48 和 56）會落到這 3 類之內。依表 8.3 的做法，TOS 的服務屬於第 1 類。不過以上這些規定尚未最後定案。

表 8.3 代碼點的數值

種類	代碼點數	分配單位
1	XXXXX0	Internet 官方機構
2	XXXX11	地區性組織
3	XXXX01	暫時性實驗用

❑ **總長度**：這 16 位元的欄位定義了 IP 資料包的總長度（包含標頭及資料），單位為位元組。要找出上面分層送來的資料長度，可將總長度減去標頭長度，其標頭長度以 HLEN 欄位的數值乘以 4 而獲得。

資料長度 = 總長度 − 標頭長度

因為總長度有 16 位元，所以 IP 資料包總長度最大為 $(2^{16} - 1) = 65,535$ 個位元組，其中 20 到 60 個位元組為標頭，剩下的即為來自上層的資料。

總長度欄位定義了資料包的總長度，包括標頭。

當長度為 65,535 個位元組時，以今日的科技來看似乎很大，然而 IP 資料包的長度可能會隨著未來網路頻寬的增加而再增加。

下一節我們介紹分段 (fragmentation) 時，會看到有些實體網路沒有辦法將 65,535 個位元組的資料包全部放在它們的訊框內，這種資料包必須被分段後才能在這些網路上傳送。

或許有人會問為什麼需要有總長度這個欄位？當電腦或是路由器收到一個訊框時，它將標頭及尾端資訊去掉，剩下來的就是資料，為什麼還要這個欄位？答案是在很多情況下我們真的不需要這欄資料，但是，有些時候資料包並不是唯一被封裝在訊框裡面的東西，有可能加入一些填充位元。例如，乙太網路所含的訊框資料最小到最大為 46 到 1500 個位元組。如果一個 IP 資料包的長度小於 46 個位元組，就必須加入一些填充位元來符合需求，這樣一來當一台電腦將資料包去除框架時，必須要檢查總長度欄以決定真正的資料是多長，填充的又是多少（見圖 8.4）。

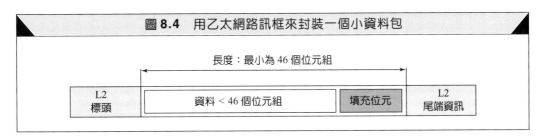

圖 8.4 用乙太網路訊框來封裝一個小資料包

❑ **識別代碼**：本欄使用於分段（會在下一節介紹）。
❑ **旗標**：本欄使用於分段（會在下一節介紹）。
❑ **分段差量**：本欄使用於分段（會在下一節介紹）。

❑ **存活時間**：在 Internet 中漫遊的資料包應該要有一定的存活時間，這個欄位原本是設計用來儲存時間戳記，每個經過的路由器都會將它扣減，當數值為 0 時，此資料包即被移除。然而，這樣做所有機器必須有同步的時間，也要知道資料包從一台電腦送到另一台電腦所需的時間。

現在這個欄位是用來控制一個資料包所能經過的路由器個數。當來源端電腦送出資料包時，它設定一個 TTL 數值，這個數值大約是任意兩台電腦間可能通過的所有路由器數目的 2 倍。路由器在收到一個資料包後將此資料包內的 TTL 數值減 1，如果減了以後的數值為 0，該路由器就將這個資料包移除。

在 Internet 上的路由器可能會故障，所以需要存活時間這一個欄位。倘若路由器故障，資料包可能在兩台或多台路由器之間繞來繞去，形成資源的浪費，因此存活時間限制了一個資料包的生命。

本欄另一用途是讓來源端限制封包漫遊的距離。例如，來源端要將封包限制在區域網路內，TTL 的值就設為 1。這樣，當這個封包到達第一個路由器時，數值被減 1 後即為 0，則會被移除。

❑ **通訊協定**：這 8 位元的欄位定義了使用 IP 層服務的上層通訊協定。IP 資料包可以封裝來自 TCP、UDP、ICMP 及 IGMP 等較高層的資料。這個欄位指定了 IP 資料包最終要傳遞到哪一個通訊協定去。換言之，IP 通訊協定針對不同之上層通訊協定的資料進行多工和解多工的動作，這個欄位有助於資料在到達目的地後很快地解出是給哪個上層通訊協定使用（見圖 8.5）。

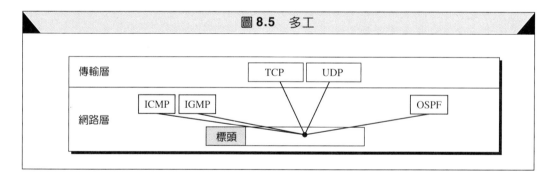

圖 **8.5**　多工

表 8.4 說明了各種上層通訊協定所使用的數值代號。

表 **8.4**　通訊協定

數值	通訊協定
1	ICMP
2	IGMP
6	TCP
17	UDP
89	OSPF

❑ **檢查碼**：檢查碼的觀念與計算方式在本章後面將會討論。

❑ **來源位址**：這 32 位元的欄位定義來源端的 IP 位址，這個欄位在 IP 資料包漫遊過程都是不會變的。

❑ **目的位址**：這 32 位元的欄位定義目的端的 IP 位址，與來源位址相同，在 IP 資料包漫遊過程中都是不會變的。

範例 1

某一個到達的 IP 封包，其最前面 8 個位元為：

← 01000010

接收者會移除該封包，為什麼？

解答

此封包中有錯誤。最左的 4 位元 (0100) 代表版本，這部分正確。後面 4 位元 (0010) 代表標頭長度為 2 × 4 = 8 位元組，這是錯誤的，因為最小的標頭長度，需為 20 位元組，這封包在傳輸過程已經被破壞。

範例 2

某 IP 封包其 HLEN 之值為 1000（二進制），請問此封包攜帶多少位元組的選項？

解答

HLEN 之值為 8，代表標頭的總長為 8 × 4 = 32 個位元組。最前面的 20 個位元組為主要標頭，剩下的 12 個位元組為選項。

範例 3

某 IP 封包其 HLEN 之值為 $(5)_{16}$，總長度欄之值為 $(0028)_{16}$，請問此封包攜帶多少資料？

解答

HLEN 之值為 5，表示標頭為 5 × 4 = 20 位元組（無其他選項），總長度欄的值為 40 個位元組，代表資料長度為 40 − 20 = 20 個位元組。

範例 4

某一個到達的 IP 封包，其前面幾個位元組以十六進制表示為：

← 4500 0028 0001 0000 0102...

請問這個封包還可以經過幾個路由器，而不會被移除？其資料屬於哪一種上層通訊協定？

解答

要找到 TTL 值，我們要跳 8 個位元組，TTL 在第 9 位元組為 01，表示這個封包只能再漫遊一個站台。通訊協定欄為 TTL 的下一個位元組，其值為 02 表示上層的通訊協定是 IGMP（見表 8.4）。

8.2　分段　*Fragmentation*

資料包漫遊可以經過不同的網路，每個路由器從收到的訊框拆解出 IP 資料包，經過處理將之再封裝成另一個訊框。路由器所收到的訊框格式與長短取決於該訊框所使用的實體網路通訊協定。相同地，路由器要送出的訊框其格式與大小同樣取決於該訊框所使用的實體網路通訊協定。例如，某路由器將一個LAN接到一個WAN，那麼，它接收的訊框是 LAN 的訊框格式，而送出的訊框格式是 WAN 的格式。

最大傳輸單元

大部分的資料鏈結層通訊協定都有它自己的訊框格式，而訊框中有一個欄位定義了最大的資料負載量。也就是說當一個資料包被封裝成訊框時，該資料包的大小必須受限於訊框的最大資料負載量，而這個限制是來自於該網路所使用的軟體及硬體（見圖 8.6）。

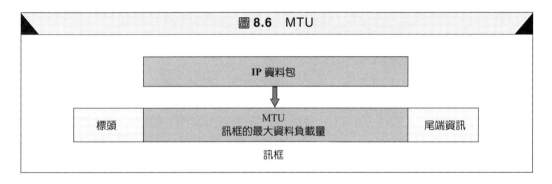

圖 8.6　MTU

最大傳輸單元 (Maximum Transfer Unit, MTU) 因實體網路通訊協定的不同而有所不同，表 8.5 說明了不同通訊協定所使用的 MTU 值。

表 8.5　不同網路的 MTU

通訊協定	MTU
Hyperchannel	65,535
Token Ring (16 Mbps)	17,914
Token Ring (4 Mbps)	4,464
FDDI	4,352
Ethernet	1,500
X.25	576
PPP	296

　　為了讓 IP 通訊協定與實體網路不相依，IP 的設計者決定讓 IP 資料包的最大長度等於表 8.5 中看到的最大值，即 65,535 個位元組。如果我們使用的通訊協定，其 MTU 等於這個大小，這樣會讓傳輸更有效率。然而，對於其他實體網路而言，我們必須將資料包分成2個以上的片段，才能在這些網路上傳送，這個過程稱為**分段 (fragmentation)**。

（譯註：在 IP 層中，我們稱被分段後的資料單位為片段 (fragment)；在 TCP 層中，我們稱被分段後的資料為區段 (segment)。）

在來源端通常不會對 IP 封包進行分段的動作，傳輸層向下層傳遞的單一資料段長度會使用 IP 層和資料鏈結層都可以接受的資料段長度。

當一個資料包被分段後，每一個片段都會有自己的標頭，這些片段的標頭中大部分的欄位都是一樣的，只有一些欄位會改變。一個被分段過的資料包，如果遇到一個 MTU 更小的網路可能會再被分段，換言之，一個資料包可能在到達最終目的地之前被分段好幾次。

分段可能由來源端主機或傳輸路徑中的任何一台路由器來做，因為每個片段本身變成了一個獨立的資料包，所以將資料包再重組回來的工作是由目的端主機來做。被分段的資料包可能經由不同路徑來漫遊，我們無法控制或保證一個被分段過的資料包走哪個路徑，可是原先屬於同一個資料包的所有片段最終將到達相同的目的端主機。因此，在最終目的地再做重組的工作是很合乎邏輯的。甚至有人強烈地反對在傳輸過程中進行重組的動作，因為這樣會導致效率的降低。

當一個資料包被分段後，標頭內必要的欄位會被複製到所有片段，但選項欄 (option field) 可能不會被複製，這些我們將在下一節介紹。將資料包分段的主機或是路由器必須更改 3 個欄位的數值，即旗標、分段差量和總長度。其他各欄直接複製即可。當然各片段之檢查碼的數值必須重新算過。

與分段有關的欄位

與 IP 資料包分段及重組有關的欄位包括：識別代碼、旗標及分段差量。

❑ **識別代碼**：這個 16 位元欄位用來識別來自於某個來源端主機的資料包。識別代碼與來源 IP 位址的組合可以唯一地定義一個離開來源端主機的資料包。為了保證唯一性，IP 通訊協定使用一個計數器來為資料包標記編號，此計數器的初始值為一個正數，每當 IP 通訊協定傳送一個資料包時，它將目前計數器的值複製到識別代碼欄位之後，便將計數器加 1。只要該計數器被保持在主記憶體裡，唯一性就可被保證。當一個資料包被分段時，原先在識別代碼欄位中的數值會被複製到所有片段。亦即所有片段有著相同的識別代碼，這個號碼與原來的資料包中的一樣，目的是協助在目的端的資料包重組工作。目的端知道有著相同識別代碼數值的所有片段應該被重組成為一個資料包。

❑ **旗標**：這是一個 3 位元的欄位。第 1 個位元保留不用。第 2 個位元稱為**不要分段** (do not fragment) 位元。如果數值為 1，表示不要將此資料包分段。若因此無法將資料包送到任何可用的實體網路，該主機或路由器就會移除這個資料包，然後送一個 ICMP 的錯誤訊息給來源端主機（見第 9 章）。假如數值為 0，表示有需要，則該資料可被分段。第 3 個位元稱為**尚有分段** (more fragment) 位元。如果數值為 1，表示該資料包不是最後一個片段，在此之後還有更多的片段。如果數值為 0，表示此資料包為最後或是唯一的片段（見圖 8.7）。

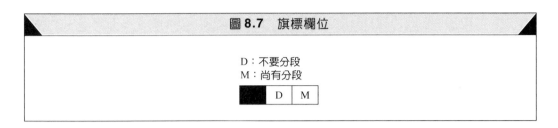

圖 8.7   旗標欄位

D：不要分段
M：尚有分段

- □ **分段差量**：這是一個13位元的欄位，用來代表此一片段在整個資料包的相對位置。此數值代表該片段在原始資料包的位址位移，以 8 個位元組為單位。圖 8.8 說明了一個長度為4000個位元組的資料包被分成三個片段，原始資料包的資料是由號碼0標到 3999。第 1 個片段攜帶位元組 0 到 1399，這個片段資料包的位移為 0/8 = 0。第 2 個片段攜帶位元組 1400 到 2799，其分段差量值為 1400/8 = 175。第 3 個片段攜帶位元組 2800 到 3999，此片段的位移值為 2800/8 = 350。

　　記得分段差量值是以8個位元組為一單位，這樣做是因為分段差量欄位只有13個位元，無法代表一串位元組號碼超過8191的資料。這也強迫主機或路由器在分段時必須選用的第一個位元組號碼要可以被 8 整除。

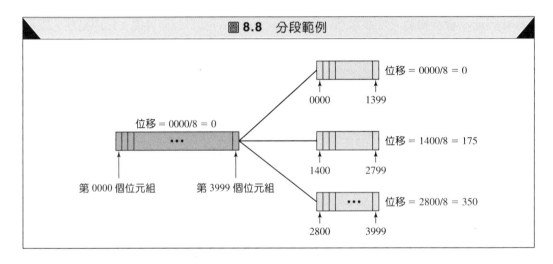

圖 8.8   分段範例

　　圖 8.9 將前圖的各片段放大來看。注意所有片段之識別代碼欄位的數值都是一樣。而旗標中的尚有分段位元除了最後一片段外都是 1，同時每個片段的分段差量數值也如圖中所示。

　　圖中也說明了一個片段再被分段的情形。對於這種情況其分段差量位移是以相對於原始資料包為主。例如，原來的第 2 個片段被分成 2 個片段後，分別為 800 個位元組及600 個位元組。而這 2 個片段的分段差異值是相對於原始的資料包。

　　非常明顯地，即使每個片段走不同的路徑，不按順序到達目的地，最終目的端主機可以依下列的方法重組回原始的資料包（假設沒有片段遺失掉）：

a.　第 1 個片段的分段差量值為 0。

b.　將第 1 個片段的長度除以 8，其結果和第 2 個片段的分段差量值相同。

c.　將第 1 個片段及第 2 個片段的長度總和除以 8，其結果和第 3 個片段的分段差量值相同。

d.　持續上述程序。最後那個片段的尚有分段旗標值為 0。

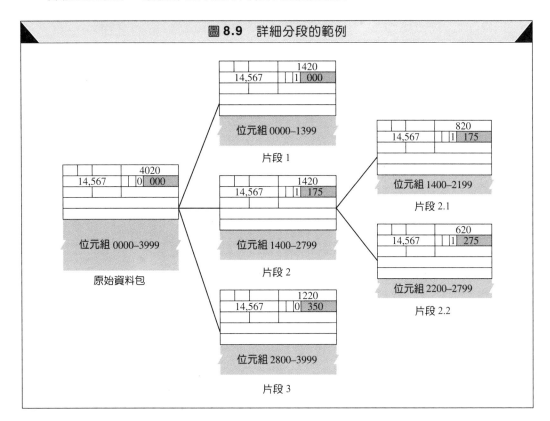

圖 8.9　詳細分段的範例

範例 5

某個到達的封包，其 M 位元值為 0。請問它是第 1 個片段，或是最後 1 個片段，或是中間的片段？我們是否能知道此封包有沒有被分段過？

解答

如果 M 位元為 0，代表沒有其他片段，這是最後 1 個片段。但是我們無法判斷原來的封包是否被分段過。

範例 6

某個到達的封包，其 M 位元值為 1。請問它是第 1 個片段，或是最後 1 個片段，或是中間的片段？我們是否能知道此封包有沒有被分段過？

解答

如果 M = 1，表示至少還有 1 個片段，目前這個片段可能是第 1 或是中間的 1 個片段，我們不知道這是第 1 個或是中間的。不過可以肯定的是，原來的封包有被分段過，因為 M 為 1。

範例 7

某個到達的封包，其 M 位元值為 1，分段差量值為 0。請問它是第 1 個片段，或是最後 1 個片段，或是中間的片段？

解答

因為 M = 1，所以，不是第 1 個片段就是中間的片段。因為分段差量值為 0，所以它是第 1 個片段。

範例 8

某個到達的封包，其分段差量值為 100。請問它的第 1 個位元組的編號為何？我們是否能知道最後 1 個位元組的編號為何？

解答

要找到第 1 個位元組的編號，需將分段差量值乘以 8。所以第 1 個位元組的編號為 800。我們無法知道最後 1 個位元組的編號，除非我們知道資料的長度。

範例 9

某個到達的封包，其分段差量值為 100，HLEN 值為 5，長度欄之值為 100。請問它的第 1 個位元組和最後 1 個位元組的編號為何？

解答

第 1 個位元組的編號為 100 × 8 = 800。因為總長度為 100 位元組，而標頭長度為 5 × 4 = 20 位元組，所以表示資料為 80 個位元組。第 1 個位元組的編號為 800，因此最後 1 個位元組的編號為 879。

8.3　選項　*Options*

IP 資料包的標頭分為二個部分，分別是固定的部分及可變的部分。固定的部分為 20 個位元組，在前一節已經提過。而可變的部分所包含的選項可達 40 個位元組長。

選項 (option) 顧名思義不是每個資料包都需要，選項可以提供給網路測試及除錯用。雖然選項不是 IP 標頭必要的一部分，但是對選項的處理卻是 IP 軟體必備的。也就是說，如果選項出現在標頭，所有以 IP 為標準的軟體必須都能夠處理它們。

格式

圖 8.10 說明了一個選項的格式，它包括一個長度為 1 位元組的命令碼 (code) 欄位，一個長度為 1 位元組的長度欄位，及可變長度的資料欄位。

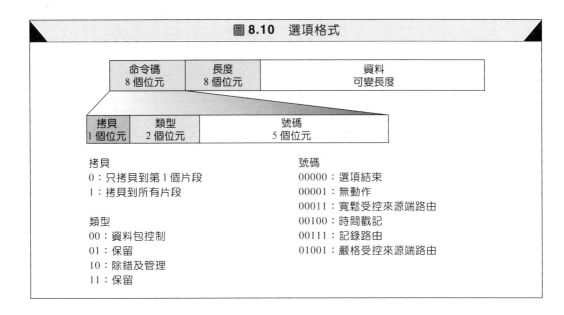

圖 8.10 選項格式

命令碼

命令碼欄位 (code field) 為 8 位元長，包括 3 個子欄位：拷貝、類型及號碼。

❑ **拷貝**：這一個位元控制了選項在片段中存在的情況，當值為 0 時，表示選項只拷貝到第 1 個片段；如果值是 1，表示選項要拷貝到所有的片段。

❑ **類型**：這 2 個位元定義選項的一般用途，當值為 00 時，代表選項是使用於資料包的控制；值為 10 時，代表選項是使用於除錯與管理，另外 01 和 11 目前尚未被定義。

❑ **號碼**：這 5 個位元用來定義選項的種類。雖然 5 位元可以定義 32 種不同的類型，目前只有 6 種在使用中，我們將在後面的章節討論它們。

長度

長度欄位 (length field) 定義選項的總長度，包括命令碼欄位及長度欄位本身，這個欄位不是在所有的選項中都會出現。

資料

資料欄位 (data field) 包含了某一選項所需的資料。與長度欄位一樣，這個欄位不是在所有選項中都會出現。

選項種類

前面提及目前只使用 6 種選項，其中 2 種為 1 個位元組長的選項，不含長度及資料欄位。另外 4 種為多位元組選項，包含長度及資料欄位（見圖 8.11）。

無動作

無動作選項 (no operation option) 的長度為 1 個位元組長，它作為 2 個選項間的填充位元組之用。例如，它可以使下一個選項對齊於 16 位元或 32 位元的邊界上（見圖 8.12）。

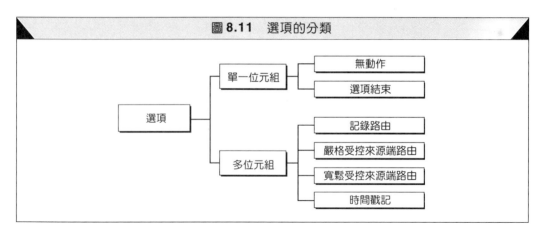

圖 8.11   選項的分類

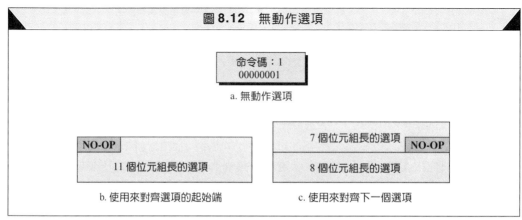

圖 8.12   無動作選項

a. 無動作選項

b. 使用來對齊選項的起始端

c. 使用來對齊下一個選項

選項結束

選項結束選項 (end of option option) 也是1個位元組長，用來填充在選項欄的最後面。它只可作為最後的選項，而且只能使用一次。在這個選項之後，接收者開始找尋封包的負載資料，也就是說，如果需要用超過 1 個位元組來對齊選項欄，那麼必須先用一些無動作選項，然後再接一個選項結束選項（見圖 8.13）。

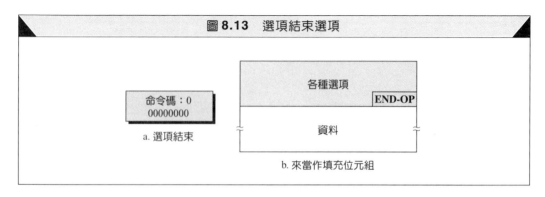

圖 8.13   選項結束選項

a. 選項結束

b. 來當作填充位元組

記錄路由

記錄路由選項 (record route option) 是用來記錄資料包所經過 Internet 的路由器。它可以記錄到 9 個路由器的 IP 位址，因為標頭最大為 60 個位元組，包括 20 個位元組的固定部分，另有 40 個位元組可以給選項使用。來源端主機在選項裡空出可放置 IP 位址的欄位，這些空白欄位是由路徑上所經過的路由器來分別填入其 IP 值。圖 8.14 說明了記錄路由選項的格式。

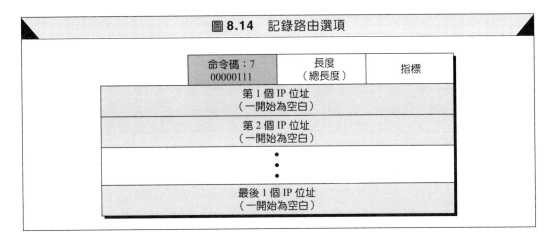

圖中的命令碼與長度欄位在前面已經提過，而**指標欄位 (pointer field)** 存放一個整數位移，代表第 1 個空白欄的位元組位址，換言之，這個指標（數值）指到第 1 個可以存入的地方。

來源端主機在選項資料欄建立可放置 IP 位址的欄位，在資料包離開來源端時，這些欄位都是空白的，此時指標內含數值為 4，指向第 1 個空白欄。

當資料包在傳送時，每個路由器會處理這個資料包並比較這個選項的指標值與長度值，假如指標值大於長度值，表示全部空白欄已被填滿，如果指標值小於長度值，則該路由器將資料包送出端的 IP 位址填入次一個空白欄。記得，路由器會有超過 1 個以上的 IP 位址，所以所填入的 IP 位址是位於資料包**離開**的那個介面，填入 IP 位址後路由器將指標值加 4。圖 8.15 說明了當資料包由左邊路由器傳送到右邊路由器時，其填入位址變化的情形。

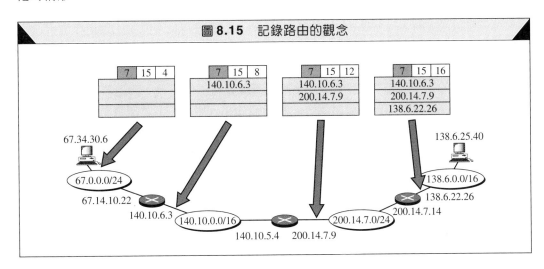

嚴格受控來源端路由

嚴格受控來源端路由選項 (strict source route option) 用來給來源端電腦預先指定資料包在 Internet 漫遊時的路徑選擇。這樣做有一些好處，例如，傳送者可以選擇一條有特定服務的路徑，如最低延遲或最大傳輸服務。或者傳送者可以選擇一條安全一點或可靠一點的路徑。例如，傳送者可以選一條路徑讓他們的資料包不會經過其他競爭者的網路。

　　如果一個資料包由來源端控制指定其路徑，那麼資料包選項中所定義的所有路由器都必須經過，而沒有被指定的路由器該資料包是不會通過的，如果資料包路過一台不在指定路徑中的路由器，則該資料包會被移除，將資料包移除的路由器會發出錯誤訊息。如果資料包到達目的地而部分指定的路由器沒有經過，這個資料包一樣會被移除，然後發出錯誤訊息。

　　Internet 的一般使用者並不知道 Internet 的實體架構，所以嚴格受控來源端路由選項並不是大多數的使用者能夠使用的。圖8.16說明了嚴格受控來源端路由選項的格式。

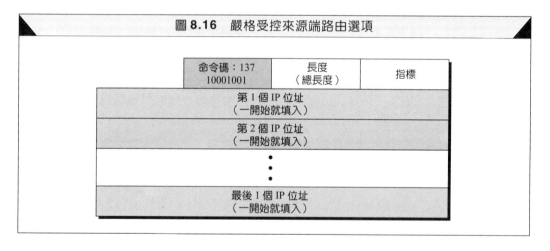

圖 8.16　嚴格受控來源端路由選項

命令碼：137 10001001	長度 （總長度）	指標
第 1 個 IP 位址 （一開始就填入）		
第 2 個 IP 位址 （一開始就填入）		
⋮		
最後 1 個 IP 位址 （一開始就填入）		

　　這個格式，除了所有 IP 的位址是由傳送者填入外，其他看起來像是記錄路由的格式。當資料包漫遊時，每個路由器比較這個選項的指標值與長度值，如果指標值大於長度值，則此資料包已經路過所有指定的路由器，這個封包不用再前進，而會被移除，然後送出錯誤訊息。如果指標值小於長度值，則該路由器比較此資料包的目的 IP 位址與資料包進入端的 IP 位址，如果一樣，該路由器就處理這個封包。路由器將指標指到的 IP 位址與資料包的目的 IP 位址對調，並將指標加 4，然後送出這個資料包。如果 2 個 IP 位址不一樣，這個資料包就會被移除，然後送出錯誤訊息。圖8.17說明了這些過程。

寬鬆受控來源端路由

寬鬆受控來源端路由選項 (loose source route option) 與嚴格受控來源端路由類似，不過它放寬了一些限制。寬鬆受控來源端路由選項中的所有指定的路由器資料包都必須經過，但是資料包也可以經過其他的路由器。圖 8.18 中說明其格式。

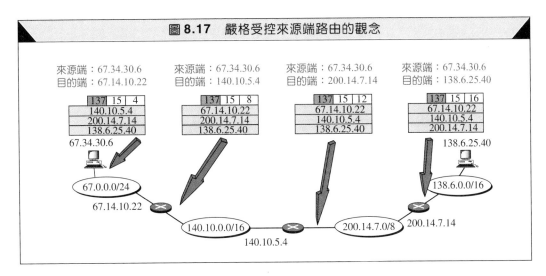

圖 **8.17**　嚴格受控來源端路由的觀念

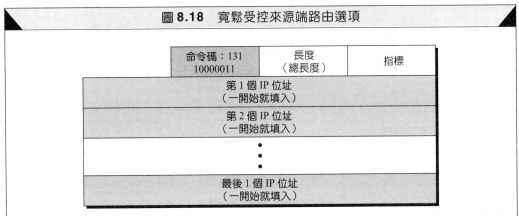

圖 **8.18**　寬鬆受控來源端路由選項

時間戳記

時間戳記選項 (timestamp option) 是用來記錄路由器處理資料包的時間。使用國際時間，從午夜開始計算，千分之一秒 (ms) 為單位。知道資料包被處理的時間可以讓使用者或管理者追蹤 Internet 上路由器的行為，可以預估資料包從一個路由器到另一個路由器的時間。我們說預估，是因為所有路由器本身的時間可能沒有同步，儘管大家都使用國際時間。

　　然而，非特權使用者都不清楚 Internet 的架構，所以時間戳記選項也不是大多數人能使用的。圖 8.19 中說明其格式。

　　圖中的命令碼欄位與長度欄位與先前的一樣。另外有一個溢位欄 (overflow field)，用來記錄因為 IP 欄位個數不夠導致無法將時間戳記記錄下來的路由器個數。旗標欄位則是規範路由器的任務，如果旗標值為 0，路由器填入時間戳記到所提供的欄位表。如果旗標值為 1，路由器填入輸出介面的 IP 位址與時間戳記。如果旗標值為 3，表示有提供 IP 位址，每個路由器必須檢查提供的 IP 位址與資料包輸入介面的 IP 位址；如果一樣，路由器將原提供 IP 位址換成自己輸出介面的 IP 位址且填入時間戳記 (見圖 8.20)。

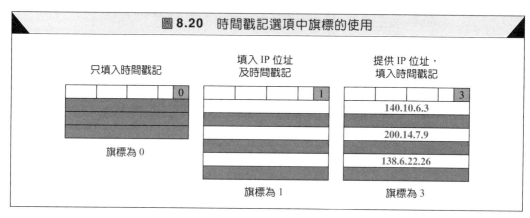

圖 8.19　時間戳記選項

命令碼：68 01000100	長度 （總長度）	指標	溢位 4 位元	旗標 4 位元
第 1 個 IP 位址				
第 2 個 IP 位址				
⋮				
最後 1 個 IP 位址				

圖 8.20　時間戳記選項中旗標的使用

只填入時間戳記　　　　　　填入 IP 位址 及時間戳記　　　　　提供 IP 位址， 填入時間戳記

旗標為 0　　　　　　旗標為 1　　　　　旗標為 3

140.10.6.3

200.14.7.9

138.6.22.26

　　　圖8.21說明了資料包由來源端漫遊到目的端期間，每個路由器所做的事。圖中假設旗標值為 1 。

範例 10

6 個選項中，有哪些必須拷貝到每一個片段？

解答

檢查每個選項之命令碼的第 1 個位元（最左邊那個位元）。

a.　無動作：命令碼為 000000001；不用拷貝。

b.　選項結束：命令碼為 00000000；不用拷貝。

c.　記錄路由：命令碼為 00000111；不用拷貝。

d.　嚴格受控來源端路由：命令碼為 10001001；要拷貝到每一個片段。

e.　寬鬆受控來源端路由：命令碼為 10000011；要拷貝到每一個片段。

f.　時間戳記：命令碼為 0100100；不用拷貝。

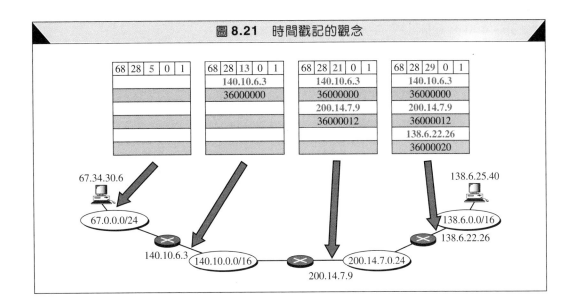

圖 8.21 時間戳記的觀念

範例 11

6 個選項中,有哪些是作為資料包控制用,有哪些用來作為除錯及管理用?

解答

檢查每個選項之左邊的第 2 及第 3 位元。

a. 無動作:命令碼為 000000001;資料包控制。

b. 選項結束:命令碼為 00000000;資料包控制。

c. 記錄路由:命令碼為 00000111;資料包控制。

d. 嚴格受控來源端路由:命令碼為 10001001;資料包控制。

e. 寬鬆受控來源端路由:命令碼為 10000011;資料包控制。

f. 時間戳記:命令碼為 0100100;除錯及管理。

範例 12

在UNIX的系統工具中,有一個稱為**ping**的指令,可以讓我們檢查IP封包的漫遊動作。我們會在下一章討論 ping 程式的細節,在這個範例中,我們先說明如何使用 ping 程式來檢查某個主機是否存在網路上。我們ping 一台位於 De Anza College 的伺服器,名稱為*fhda.edu*。結果顯示此主機的 IP 位置為 153.18.8.1。

```
$ ping fhda.edu
PING fhda.edu (153.18.8.1) 56(84) bytes of data.
64 bytes from tiptoe.fhda.edu (153.18.8.1): icmp_seq = 0  ttl = 62  time = 1.87 ms
…
```

　　結果也顯示了使用的位元組個數。

範例 13

我們可以在使用 **ping** 指令時加上 **-R** 的選項,來執行記錄路由。

```
$ ping -R fhda.edu
PING fhda.edu (153.18.8.1) 56(124) bytes of data.
64 bytes from tiptoe.fhda.edu (153.18.8.1): icmp_seq = 0  ttl = 62  time = 2.70 ms
RR:    voyager.deanz.fhda.edu (153.18.17.11)
       Dcore_G0_3-69.fhda.edu (153.18.251.3)
       Dbackup_V13.fhda.edu (153.18.191.249)
       tiptoe.fhda.edu (153.18.8.1)
       Dbackup_V62.fhda.edu (153.18.251.34)
       Dcore_G0_1-6.fhda.edu (153.18.31.254)
       voyager.deanz.fhda.edu (153.18.17.11)
```

結果也顯示了介面及 IP 位址。

範例 14

在 UNIX 的系統工具中，**traceroute** 程式也可以使用來追溯某個封包的路徑選擇。

```
$ traceroute fhda.edu
traceroute to fhda.edu (153.18.8.1), 30 hops max, 38 byte packets
 1  Dcore_G0_1-6.fhda.edu (153.18.31.254)  0.972 ms  0.902 ms  0.881 ms
 2  Dbackup_V69.fhda.edu (153.18.251.4)  2.113 ms  1.996 ms  2.059 ms
 3  tiptoe.fhda.edu (153.18.8.1)  1.791 ms  1.741 ms  1.751 ms
```

結果顯示了所經過的 3 個路由器。

範例 15

traceroute 程式也可以使用來執行寬鬆受控來源端路由。選項 **-g** 可能讓我們定義從來源端到目的端之間所要經過的路由器。下面說明了我們可以傳送一個封包到 fhda.edu 伺服器，並要求此封包要經過 IP 位址為 153.18.251.4 的路由器。

```
$ traceroute -g 153.18.251.4 fhda.edu
traceroute to fhda.edu (153.18.8.1), 30 hops max, 46 byte packets
 1  Dcore_G0_1-6.fhda.edu (153.18.31.254)  0.976 ms  0.906 ms  0.889 ms
 2  Dbackup_V69.fhda.edu (153.18.251.4)  2.168 ms  2.148 ms  2.037 ms
```

範例 16

traceroute 程式也可以使用來執行嚴格受控來源端路由。選項 **-G** 強迫此封包要經過定義在命令列中的路由器。下面說明了我們可以傳送一個封包到 fhda.edu 伺服器，並強迫此封包只能經過 IP 位址為 153.18.251.4 的路由器。

```
$ traceroute -G 153.18.251.4 fhda.edu
traceroute to fhda.edu (153.18.8.1), 30 hops max, 46 byte packets
 1  Dbackup_V69.fhda.edu (153.18.251.4)  2.168 ms  2.148 ms  2.037 ms
```

8.4　檢查碼　*Checksum*

TCP/IP 通訊協定組之中，大部分的通訊協定所使用的錯誤偵測方法稱為**檢查碼
(checksum)**。檢查碼是針對封包在傳輸過程中可能遭受破壞所使用的一種保護措施。檢查碼算是封包所加入的一些多餘的訊息。

　　傳送端計算檢查碼的數值，然後與封包一起送出。接收端針對整個封包，包括檢查碼本身，施以相同的計算程序，如果其結果正確，則接受該封包，否則便拒絕。

傳送端檢查碼的計算

在傳送端的部分，將封包分成若干個 n 位元的段落（n 通常是 16），之後使用 1 的補數的運算方法將這些段落加起來，而其加總的結果依然是 n 位元長。然後再求這個總和的補數（所有的 0 變成 1，1 變成 0）來產生檢查碼。

傳送端計算檢查碼的步驟：
- 將封包分成 k 個段落，每個段落有 n 個位元。
- 將所有的段落以 1 的補數運算的方法加起來。
- 再求上面結果的補數值即為檢查碼。

接收端檢查碼的計算

接收端將收到的封包分成 k 個段落，之後以 1 的補數運算方法將這些段落加起來，然後再求加總結果的補數，若結果為 0 則接受該封包，否則拒絕。圖 8.22 說明了傳送端與接收端的計算過程。

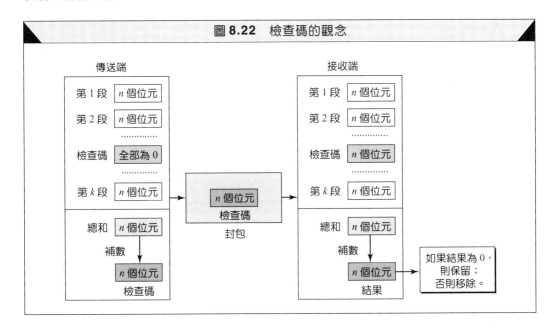

圖 8.22　檢查碼的觀念

當接收端將所有的段落加總起來,然後求該結果的補數值,如果資料在傳輸或處理過程中沒有差錯的話,這個結果應該會是 0,這是根據 1 的補數運算的法則而得。

假設在傳送端的各個段落加起來的數值為 T,當我們求得這個總和的補數,即求這個數的負號值,也就是說若所有段落的總和為 T,那麼檢查碼就是 $-T$。

當接收端收到這個封包時,將各個段落加起來,將 T 加上 $-T$,在 1 的補數中是 -0,再求其補數時,-0 變成 0。所以如果最後的結果是 0 的話,封包被接受否則被拒絕(見圖 8.23)。

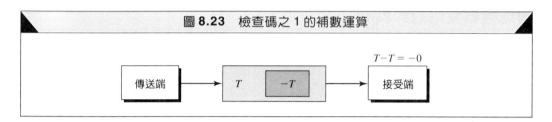

圖 8.23　檢查碼之 1 的補數運算

IP 封包使用的檢查碼

IP 封包使用的檢查碼依照上面所提及的方法來實現,一開始檢查碼欄位的數值定為 0,然後將整個封包的標頭分成數個 16 位元的段落,然後加在一起,求所得結果之補數後,將結果放入檢查碼欄位。

IP 封包中的檢查碼只包含標頭的部分,並不包括資料。其中有 2 個原因,第一,所有將資料封裝到 IP 封包的較高層通訊協定都有自己的檢查碼欄位,已經涵蓋了整個封包(包含資料的部分),所以 IP 的檢查碼不用再去檢查這些被封裝的資料。第二,因為 IP 的標頭在經過每個路由器時會改變,但是資料部分並不會改變,所以檢查碼只包含會改變的部分。如果要把資料部分也算進來,那麼每個路由器必須以整個封包來計算檢查碼,這意味著路由器要花更多的處理時間。

範例 17

圖 8.24 說明 IP 標頭的檢查碼計算過程,這個 IP 標頭沒有選項欄,標頭被分成數個 16 位元的段落,各段落被加總起來,然後再求其補數,最後的結果填入檢查碼的欄位。

範例 18

讓我們以十六進制再做一次。每 1 列有 4 個十六進制數字,首先我們計算總和的部分。注意如果所加的結果超過一個數字的大小,要進位到左邊的數字。將總和的部分做補數運算以求檢查碼,因為我們是以十六進制計算,所以 E 的補數是 1,而 4 的補數是 B,圖 8.25 說明了這些運算。注意答案 8BB1 與範例 17 的結果一樣。

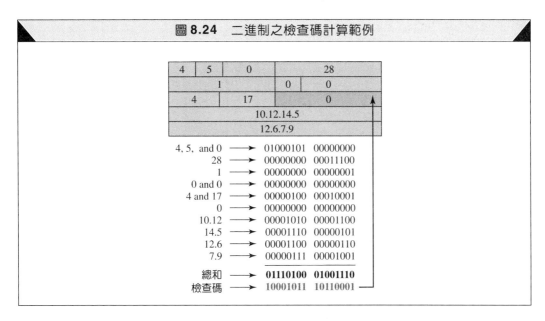

圖 8.24 二進制之檢查碼計算範例

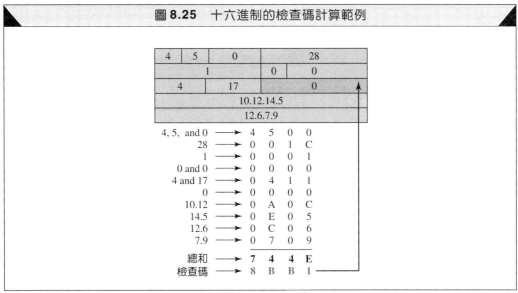

圖 8.25 十六進制的檢查碼計算範例

8.5 IP 套件 *IP Package*

這一節,我們會介紹一個簡化過的 IP 套件設計。我們的目的只是去證明在本章所討論的各種觀念之間的關係。圖 8.26 說明了這 8 個模組及其交互關係。

雖然 IP 支援數個選項,為了讓讀者較容易了解,所以在我們的套件中省略了選項的處理。此外,我們犧牲了效能來達到簡化的目的。

我們將 IP 套件分為 8 個模組:添加標頭模組、處理模組、轉送模組、分段模組、重組模組、路由表、MTU 表格及重組表格。此外,套件還包括輸入及輸出佇列。

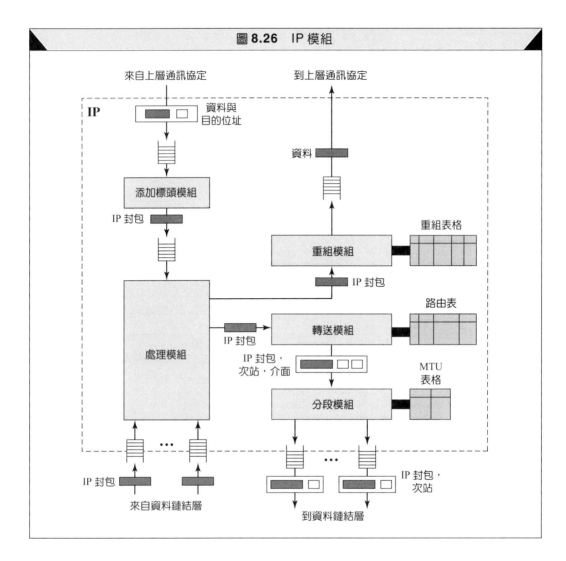

圖 8.26   IP 模組

    IP 套件接收一個來自資料鏈結層或是上層通訊協定的封包。如果封包是來自上層通訊協定，這個封包要被傳遞到資料鏈結層以便傳輸，除非這個封包的位址為迴路位址 (127.X.Y.Z)。如果封包是來自資料鏈結層的話，有兩種可能，其一是將封包傳遞到資料鏈結層準備轉送（以路由器而言），另一是將封包傳遞到上層的通訊協定（當封包的目的 IP 位址與本站的 IP 位址是一樣時）。注意，我們使用多重的佇列來傳送或接收和資料鏈結層之間的資料，因為路由器屬於多重位址的裝置。

添加標頭模組

添加標頭模組 (header-adding module) 接收由上層通訊協定送來的資料與封包之目的端 IP 位址。添加標頭模組將資料封裝並加上 IP 標頭，而成為一個 IP 資料包。

添加標頭模組
接收：資料及目的端位址
1. 將資料封裝在 IP 資料包中。
2. 計算檢查碼數值，並放置於檢查碼欄位。
3. 將這個封包傳送到對應的佇列。
4. 返回。

處理模組

處理模組 (processing module) 為 IP 套件的核心單元。在我們的套件中，處理模組從介面或是添加標頭模組接收到資料包，這兩種情形處理的方式相同。不論資料包從何而來，都要經過處理及路徑選擇的過程。

　　首先，處理模組會先檢查這個資料包是否為迴路封包（目的位址為 127.X.Y.Z）或是這個資料包是否已經到達其目的地。不論是哪一種，封包接著傳送到重組模組。

　　如果本站是一個路由器，它將存活時間 (TTL) 減 1，如果所得到的數值小於或等於 0，這個資料包就會被移除，然後送出一個 ICMP 訊息給原始的傳送端（見第 9 章）。如果 TTL 減 1 之後的值大於 0，那麼處理模組就將資料包送到轉送模組。

處理模組
1. 從輸入佇列中取出一個資料包。
2. 如果（目的位址為 127.X.Y.Z 或是與任何一個本地位址相同）：
a. 將資料包送到重組模組。
b. 返回。
3. 如果（機器是路由器）：
a. TTL 減 1。
4. 如果（TTL 小於或等於 0）：
a. 丟棄該資料包。
b. 送出 1 個 ICMP 錯誤訊息。
c. 返回。
5. 將資料包送到轉送模組。
6. 返回。

佇列

在我們的套件中使用了 2 種型態的佇列：輸入佇列及輸出佇列。**輸入佇列 (input queue)** 儲存來自於資料鏈結層或是上層通訊協定的資料包。**輸出佇列 (output queue)** 儲存要傳送到資料鏈結層或是上層通訊協定的資料包。處理模組從輸入佇列中移出資料包，而分段模組及重組模組則是將資料包存到輸出佇列中。

路由表

在第 6 章我們討論過路由表，轉送模組使用路由表來決定封包之下一站的位址。

轉送模組

在第 6 章我們討論過轉送模組。**轉送模組 (forwarding module)** 接收來自處理模組的 IP 封包，如果該封包要被轉送就必須送到這個模組來。這個模組會找出下一站的 IP 位址及送出封包的介面編號，然後封包與這些資訊就一起送到分段模組。

MTU 表

MTU 表是提供給分段模組使用，以找出某個介面的最大傳輸單元。圖 8.27 說明了 MTU 表的格式。

圖 8.27　MTU 表

介面 編號	MTU
…………	………
…………	………

分段模組

在我們的套件中，**分段模組 (fragmentation module)** 接收來自轉送模組的資料包，轉送模組提供 IP 資料包、下一站位址（若是直接傳送就是最終目的位址，若是間接傳送則是下一站路由器的位址）及要送封包出去的介面編號。

　　分段模組根據 MTU 表找出該介面的 MTU，如果資料包長度大於 MTU，那麼分段模組就將資料包分段，並且添加標頭於每一個片段，然後送到 ARP 套件（見第 7 章）做位址解析及傳送。

分段模組
接收：來自轉送模組的 IP 封包。

1. 取出資料包的長度。
2. 如果（該長度 > 送出網路的 MTU）：
    A. 如果 [D（不要分段）位元為 1]：
        a. 丟棄該資料包。
        b. 送出一個 ICMP 錯誤訊息（見第 9 章）。
        c. 返回。
    B. 否則：
        a. 計算最大長度。
        b. 將資料包分段。

分段模組（續）
c. 添加標頭於每一個片段。
d. 把必須的選項加到每一個片段。
e. 送出該資料包。
f. 返回。
3. 否則：
A. 送出資料包。
4. 返回。

重組表格

重組表格 (reassembly table) 是提供給重組模組使用。在我們的套件中，重組表格包括 5 個欄位：分別是狀態 (state)、來源端 IP 位址、資料包識別碼 (datagram ID)、逾時時間 (time-out) 及分段指標 (fragments)（見圖 8.28）。

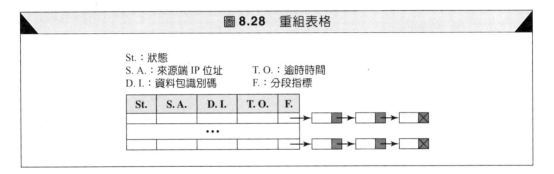

圖 8.28　重組表格

　　狀態欄位的值不是空著 (FREE) 就是使用中 (IN-USE)。IP 位址欄位定義資料包的來源端 IP 位址。資料包識別碼是一個號碼，用來唯一識別一個資料包或屬於同一個資料包之所有片段。逾時時間欄位為一預先設定的時間，所有片段都必須在此時間之內報到（到達）。最後，分段指標指到一個片段的鏈結串列 (linked list)。

重組模組

重組模組 (reassembly module) 接收來自處理模組的那些已經到達最終目的地的資料包片段。在我們的套件中，重組模組將一個未被分段的資料包視為是只有一個片段的資料包。

　　因為 IP 通訊協定屬於非預接式的通訊協定，無法保證所有片段依序到達。除此之外，某一資料包的片段可能會與另一個資料包的片段混在一起。要追蹤這兩件事，重組模組使用一個依關聯性鏈結串列 (linked list) 安排的重組表格。

　　重組模組的工作是找出各片段所屬的資料包，將同屬於一個資料包的片段依序排好，並在某個資料包之所有片段都已經到達之後，完成資料包重組的動作。屬於同一資料包的若干片段如果超過逾時時間 (time-out) 還找不到，就移除那些已經到達的片段。

重組模組

接收：來自於處理模組的 IP 資料包。

1. 如果（差量值為 0，同時 M 位元也為 0）：
   A. 將資料包送到適當的佇列。
   B. 返回。
2. 搜尋重組表格中相對應的條目。
3. 如果（沒有發現）：
   A. 建立一個新的條目。
4. 將該片段放置到鏈結串列的適當位置：
   A. 如果（所有片段都到了）：
      a. 重組資料包的各片段。
      b. 將該資料包送到對應的上層通訊協定。
      c. 返回。
   B. 否則：
      a. 檢查逾時時間。
      b. 如果（逾時時間超過）：
         i. 丟棄所有片段。
         ii. 送出 1 個 ICMP 錯誤訊息（見第 9 章）。
5. 返回。

8.6 重要名詞 *Key Terms*

盡力傳送 (best effort delivery)

檢查碼 (checksum)

命令碼欄位 (code field)

代碼點 (codepoint)

資料欄位 (data field)

資料包 (datagram)

目的端位址 (destination address)

差異服務 (differentiated services)

選項結束選項 (end of option option)

轉送模組 (forwarding module)

分段 (fragmentation)

分段差量 (fragmentation offset)

添加標頭模組 (header-adding module)

標頭長度 (header length)

輸入佇列 (input queue)

網際網路通訊協定 (Internet Protocol, IP)

長度欄位 (length field)

寬鬆受控來源端路由選項 (loose source route option)

最大傳輸單元 (Maximum Transfer Unit, MTU)

無動作選項 (no operation option)

輸出佇列 (output queue)

網際網路探測封包 (ping)

指標欄位 (pointer field)

優先權 (precedence)

處理模組 (processing module)

重組模組 (reassembly module)

重組表格 (reassembly table)

記錄路由選項 (record route option)

服務類型 (service type)

來源端位址 (source address)

嚴格受控來源端路由選項 (strict source route option)

存活時間 (time to live)

時間戳記選項 (timestamp option)

服務類型 (Type Of Service, TOS)

8.7 摘要 *Summary*

❑ IP為一非可靠性、非預接式通訊協定,負責來源端到目的端的傳送。

❑ 在 IP 層的封包稱為資料包。

❑ 一個資料包包含標頭(20 到 60 個位元組)及資料。

❑ IP標頭包含下列訊息:版本、標頭長度、差異服務、資料包長度、識別代碼、分段旗標、分段差量、存活時間、通訊協定、檢查碼、來源端位址及目的端位址。

❑ 一個資料包最大的長度為65,535 個位元組。

❑ MTU是資料鏈結層通訊協定所能封裝的最大資料長度,MTU隨通訊協定的不同而有所不同。

❑ 分段是指將一個資料包分成較小單位,以符合資料鏈結層通訊協定的MTU 限制。

❑ 在 IP 標頭裡,與分段有關的欄位是識別代碼、分段旗標,及分段差量。

❑ IP 標頭包含20個位元組的固定長度部分,及最多可達40個位元組的可變長度的選項部分。

❑ IP標頭中,選項的部分是做為網路測試及除錯用的。

❑ 選項包含下列資訊:命令碼(區分不同選項)、選項長度及一些特定資料。

❑ 6種IP選項各有其功能,分別是:選項間對齊用的填充位元組、選項結束、記錄資料包傳送的路徑、傳送者設定必須遵循的路徑、傳送者設定必須經過的路由器,以及記錄路由器處理資料包的時間。

❑ IP所使用的錯誤除查機制為檢查碼。

❑ 檢查碼使用1的補數運算,將IP標頭分成等長段落,然後將所有段落加起來,再將其補數值填入檢查碼欄位。接收者也是使用1的補數運算來檢查標頭的正確性。

❑ 一個IP套件可以包括下列模組:添加標頭模組、處理模組、轉送模組、分段模組、重組模組、路由表、MTU 表及重組表格。

8.8 習題 *Practice Set*

練習題

1. IP標頭中的哪些欄位會在經過一個路由器到另外一個路由器時而改變?

2. 如果IP資料包之總長度為1200位元組,而其中1176位元組為來自上層的資料,試計算 HLEN 的值。

3. 表 8.5 列出不同通訊協定的 MTU 值,範圍由 296 到 65,535,使用較大MTU 的好處是什麼?而使用較小MTU 的好處又是什麼?

4. 給予一個被分段過的資料包之片段,其分段差量為120,你如何決定第1個和最後1個位元組編號?

5. 一個IP資料包必須經過IP位址為128.46.10.5的路由器,而經過其他路由器就沒有其他的限制,畫出此IP選項及其值。

6. 如果時間戳記選項中的旗標值為1,則最多有幾台路由器可以被記錄?為什麼?

7. IP封包的標頭長度可以小於5嗎?何時此值正好為5?

8. IP資料包的HLEN值為7,有多少選項位元組可以出現?

9. IP資料包的選項欄為20位元組,則HLEN之值為何?其二進制值為何?

10. IP資料包的總長度值為36而標頭長度值為5,此封包可以攜帶多少位元組的資料?

11. 一個資料包攜帶1024個位元組的資料,如果沒有選項,標頭長度欄之值為何?總長度欄之值為何?

12. 一台主機送出100個資料包給另外一台主機,第一個資料包的識別代碼為1024,問最後一個資料包的識別代碼為何?

13. 某個到達的IP封包,其分段差量值為0,M位元為0,請問它是第1個片段,或是最後1個片段,或是中間的片段?

14. 某個到達的IP封包,其分段差量值為100,在此片段之前,來源端已經送了多少位元組的資料?

15. 某一到達的IP資料包之標頭如下(十六進制):

45 00 00 54 00 03 00 00 20 06 00 00 7C 4E 03 02 B4 0E 0F 02

(a) 有任何選項嗎?

(b) 這個封包有被分段嗎?

(c) 資料的大小為何?

(d) 有使用檢查碼嗎?

(e) 這個封包還可以經過幾個路由器?

(f) 這個封包的識別代碼為何?

(g) 服務類型為何?

16. 某個資料包其M位元是0,HLEN = 5,總長度為200,分段差量為200,問這個資料包第1個位元組及最後1個位元組的號碼分別為何?這是第1個片段,或是最後1個片段,或是中間的片段?

資料檢索

17. 使用**ping**程式加上**-R**的選項,來檢查某個封包到達目的端之前的路徑選擇。並說明其結果。

18. 使用**traceroute**程式加上**-g**的選項,來執行寬鬆受控來源端路由。選擇一些介於來源端與目的端之間的路由器,解釋其結果,並且找出是否所有定義的路由器都被經過。

19. 使用**traceroute**程式加上**-G**的選項,來執行嚴格受控來源端路由。選擇一些介於來源端與目的端之間的路由器,解釋其結果,並且找出是否所有定義的路由器都被經過,或是有未定義的路由器被經過。

20. 請找出所有關於 IP 通訊協定的 RFC 文件，哪一份文件有定義分段？

21. 請找出所有關於 IP 選項的 RFC 文件，哪一份文件有定義記錄路由選項？哪一份文件有定義寬鬆受控來源端路由選項？哪一份文件有定義嚴格受控來源端路由選項？

CHAPTER 9

網際網路控制訊息通訊協定

Internet Control Message Protocol (ICMP)

在 第 8 章，我們提及 IP 提供非可靠性及非預接性的資料包傳輸，這是為了更有效率地使用網路資源。 IP 盡其所能地將資料包從來源端傳送到最終目的地。然而，IP 缺乏錯誤控制以及一些支援的機制。

IP 通訊協定沒有錯誤回報或修正的機制。如果發生問題時要如何處理？例如，當一台路由器必須將那些找不到路徑的資料包移除，要怎麼辦？或者因為超過存活時間必須移除時要怎麼處理？當最終目的端主機，因為無法在預設的時間內收到所有的資料包片段，而要將之移除，之後要如何處理？這些都是錯誤發生的例子，而 IP 通訊協定並沒有內建機制來通知原始的封包傳送者。

IP 通訊協定也沒有主機與管理詢問的機制。一台主機有時需要知道其他主機或路由器是否開著，網路管理者通常也需要從一台主機或路由器獲得一些訊息。**網際網路控制訊息通訊協定 (Internet Control Message Protocol, ICMP)** 就是設計來彌補這些不足之處。 ICMP 可視為 IP 通訊協定的搭檔，圖 9.1 說明了在網路層中 ICMP 與 IP 及其他通訊協定的關係。

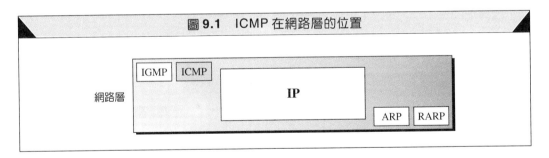

圖 9.1 ICMP 在網路層的位置

ICMP 本身是網路層的通訊協定，不過訊息並非如預期直接送到資料鏈結層，而是 ICMP 的訊息先被封裝在 IP 資料包裡，再送到資料鏈結層（見圖 9.2）。若 IP 資料包之通訊協定欄中的數值為 1 ，就是代表該 IP 資料包為 ICMP 訊息。

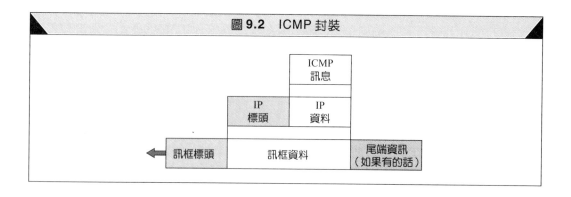

圖 9.2　ICMP 封裝

9.1　訊息類型　*Types of Messages*

ICMP的訊息可分為 2 大類：**錯誤回報訊息 (error-reporting message)** 及**詢問訊息 (query message)**，見圖 9.3 。

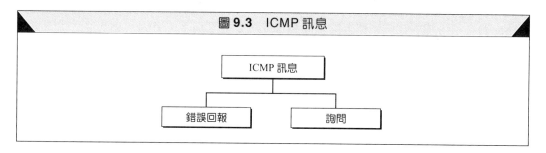

圖 9.3　ICMP 訊息

　　錯誤回報訊息回報路由器或目的端主機在處理 IP 封包時可能遇到的問題。詢問訊息是成對發生的（來回各 1 個訊息），協助一台主機或網路管理者獲得另一台主機或路由器的相關訊息。例如，用來找出相鄰主機的身分，或尋找網路上的路由器，或尋找協助主機轉址的路由器。表 9.1 依種類列出不同的 ICMP 訊息。

表 9.1　ICMP 訊息

種類	類型	訊息
錯誤回報訊息	3	無法到達目的地
	4	來源端放慢
	11	時間超過
	12	參數問題
	5	轉址
詢問訊息	8 或 0	回應之要求與答覆
	13 或 14	時間戳記之要求與答覆
	17 或 18	位址遮罩之要求與答覆
	10 或 9	路由器請求與公告

9.2　訊息格式　*Message Format*

ICMP 訊息包含一個 8 個位元組的標頭及一個非固定長度的資料區。儘管每種訊息的標頭格式不盡相同，但前面 4 個位元組都是一樣的。這些共通部分，如圖 9.4 所示。第 1 個欄位是 ICMP 的類型欄位 (type) 定義訊息的類型，而代碼欄位 (code) 則定義特定訊息產生的原因，最後一個共同欄位是檢查碼欄位 (checksum)，稍後將會介紹。標頭的其他部分根據不同的訊息類型而有所不同。

　　在錯誤回報訊息中，資料區所攜帶的資訊，可用來找出發生錯誤的封包。若是詢問訊息，則資料區攜帶詢問的相關資訊。

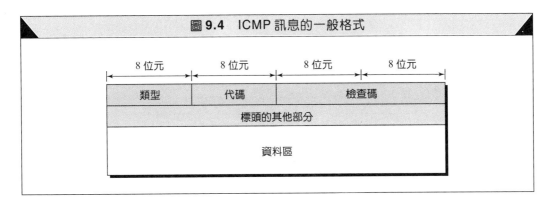

圖 **9.4**　ICMP 訊息的一般格式

9.3　錯誤回報　*Error Reporting*

ICMP 最主要的任務之一為回報發生的錯誤。即使科技改進了傳輸媒介的可靠度，但錯誤依然存在，必須加以處理。在第 8 章介紹過，IP 為一種非可靠性的通訊協定，也就是說，IP 並不關心錯誤檢查與錯誤控制。ICMP 的設計就是為了補足這些缺點，然而 ICMP 並不是改正錯誤，它只是回報而已，錯誤的更正留給上層的通訊協定來處理。ICMP 總是將錯誤訊息送回原始的傳送者，這是因為在資料包中關於路徑的資訊只有來源端與目的端的位址，ICMP 使用來源端的 IP 位址，將錯誤訊息送回原始資料包的傳送者。

> ICMP 總是將錯誤訊息送回原始的傳送者。

　　ICMP 總共有 5 種類型的錯誤訊息，即無法到達目的地 (destination unreachable)、來源端放慢 (source quench)、時間超過 (time exceeded)、參數問題 (parameter problems)、與轉址 (redirection)(見圖 9.5)。

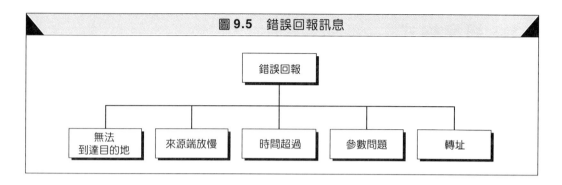

圖9.5 錯誤回報訊息

以下是 ICMP 錯誤訊息的相關重點：

❑ 針對攜帶 ICMP 錯誤訊息的資料包，不會再產生一個 ICMP 錯誤訊息。

❑ 針對非第 1 個片段的資料包，不會產生 ICMP 錯誤訊息。

❑ 針對一個使用群播位址的資料包，不會產生 ICMP 錯誤訊息。

❑ 針對使用特別位址如 127.0.0.0 或 0.0.0.0 的資料包，不會產生 ICMP 的錯誤訊息。

注意所有的錯誤訊息皆包含一個資料區，該資料區內包含了原始資料包的標頭，及原始資料包中資料欄的前面 8 個位元組。原始資料包的標頭是給原始傳送者了解哪個資料包出現問題，而資料欄的前面 8 個位元組的資料提供 UDP 或 TCP 的埠號及 TCP 的序號（見第 11 及第 12 章所介紹的 UDP 及 TCP）。這些訊息是必須的，因為原始傳送者才會知道錯誤發生於何種通訊協定（TCP 或 UDP），ICMP 所建立的錯誤訊息封包被封裝在 IP 資料包內（見圖 9.6）。

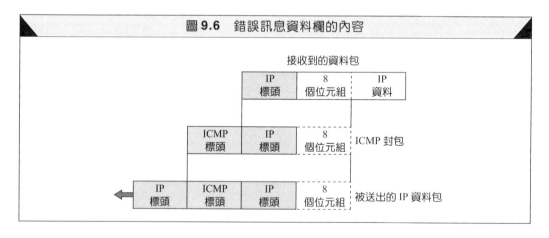

圖9.6 錯誤訊息資料欄的內容

無法到達目的地

當路由器無法繞送某個資料包，或主機無法傳送某個資料包，該資料包即被移除。之後這台路由器或主機就送出一個**無法到達目的地訊息 (destination-unreachable message)** 給最初傳送此資料包的來源端主機。圖 9.7 說明了無法到達目的地之訊息的格式，其中的代碼欄位 (code field) 說明此資料包被移除的原因。

圖 9.7　無法到達目的地的訊息格式

類型：3	代碼：0 到 15	檢查碼
不使用（全部為 0）		
收到之 IP 資料包的一部分， 包括 IP 標頭和資料區的前面 8 個位元組		

- ❑ **代碼 0**：網路無法到達。可能是因為硬體有問題，此類訊息只由路由器產生。
- ❑ **代碼 1**：主機無法到達。可能是因為硬體有問題，此類訊息只由路由器產生。
- ❑ **代碼 2**：通訊協定無法到達。IP 資料包所攜帶的資料是要傳遞給 UDP、TCP 或 OSPF 等上層通訊協定。例如，目的端主機接收到一個資料包要送給 TCP 通訊協定，但當時 TCP 通訊協定並沒有在執行，碰到這樣的情況，就送代碼 2 的訊息，這種訊息只會由目的端主機產生。
- ❑ **代碼 3**：目的埠無法到達。代表資料包的目的應用程式（程序）當時沒有在執行。
- ❑ **代碼 4**：需要做分段才能傳送，但是該資料包的 DF（不要分段）欄位卻被設定。換言之，資料包傳送者設定該資料包不可被分段，但是如果不分段就無法送出。
- ❑ **代碼 5**：來源端路徑無法被接受。也就是在受控來源端路由選項中的某一個或多個路由器無法經過。
- ❑ **代碼 6**：目的端網路不明。這與代碼 0 不同。代碼 0 表示路由器知道目的端網路存在，但當時卻無法到達。而代碼 6 代表路由器根本沒有目的端網路的相關資料。
- ❑ **代碼 7**：目的端主機不明。與代碼 1 不同，代碼 1 表示路由器知道目的端主機的存在，但當時無法送達。代碼 7 表示路由器不知目的端主機的存在。
- ❑ **代碼 8**：來源端主機被隔離。
- ❑ **代碼 9**：與目的端網路的通訊被管理者禁止。
- ❑ **代碼 10**：與目的端主機的通訊被管理者禁止。
- ❑ **代碼 11**：對於所指定的服務其目的端網路無法到達。與代碼 0 不同，在此如果來源端的要求是可獲得的服務，路由器就可以傳送這個資料包。
- ❑ **代碼 12**：對於所指定的服務其目的端主機無法到達。與代碼 1 不同，在此如果來源端的要求是可獲得的服務，路由器就可以傳送這個資料包。
- ❑ **代碼 13**：主機無法到達，因為管理者過濾掉該資料包。
- ❑ **代碼 14**：主機無法到達，因為違反該主機的優先權設定。此錯誤訊息由路由器送出，表示到這個目的地，資料包所要求的優先權不被允許。
- ❑ **代碼 15**：主機無法到達，因為它的優先權被停止。這種訊息的產生是由於管理者設定一些網路運作的優先權，而送過來的資料包的優先權比管理者所設定的優先權還小。

注意，無法到達目的地訊息可以由路由器或目的端主機產生。代碼 2 或 3 的訊息只能由目的端主機產生，其他代碼訊息均由路由器產生。

在無法到達目的地的訊息中，若其代碼為 2 或 3 者，只能由目的端主機產生。
其他的無法到達目的地的訊息均由路由器產生。

即使路由器沒有回報無法到達目的地的訊息，這並不意味原先送來的資料包已經完成傳送。例如，資料包由乙太網路傳送，路由器根本無法知道資料包是否已經送到目的端主機或者是下一個路由器，因為乙太網路沒有提供任何回應的機制。

路由器無法完全偵測到所有妨礙封包傳送的問題。

來源端放慢

IP 通訊協定為一非預接式通訊協定。產生資料包的來源端主機、轉送的路由器，及處理資料包的目的端主機彼此間沒有溝通，也就是缺少一種**流量控制(flow control)** 的方法。IP 通訊協定本身並沒有內建流量控制的機制，因而在運作上會產生壅塞 (congestion) 的問題，來源端無法得知是否路由器或目的端主機已經接到太多資料包而無法消化，來源端也不知道是否自己產生資料包的速度快過於路由器所能轉送或目的端主機所能處理的速度。

IP 通訊協定沒有流量控制的機制。

缺乏流量控制會讓路由器或目的端主機產生壅塞的現象。路由器使用有限長度的佇列來儲存等待被轉送的資料包，主機也是使用有限長度的佇列來儲存等待被處理的資料包。若收到的資料包遠快於它們所能傳送或處理的速度，就會讓佇列溢位，在這種情況下，路由器或主機沒有其他選擇，只好移除若干個資料包。

ICMP 的**來源端放慢訊息 (source-quench message)** 是用來作為 IP 流量控制的一種方法，當路由器或主機出現壅塞而移除某個資料包時，它們就送出一個來源端放慢的訊息給該資料包的傳送者。這個訊息有兩個目的：第一，它告知傳送者該資料包已被移除；第二，它警告來源端在傳輸的網路上出現壅塞，來源端應該放慢傳送的速度。來源端放慢的訊息格式如圖 9.8 所示。

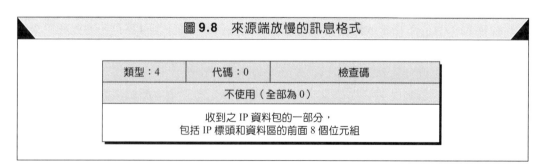

圖 9.8 來源端放慢的訊息格式

類型：4	代碼：0	檢查碼
不使用（全部為 0）		
收到之 IP 資料包的一部分，包括 IP 標頭和資料區的前面 8 個位元組		

來源端放慢訊息告知來源端，資料包因為某個路由器或目的端主機發生壅塞的狀況而被移除，來源端應該放慢傳送的速度，直到壅塞情況有所改善。

　　這裡有幾個地方，值得多解釋一下。第一，發生壅塞的路由器或主機應該對每個被移除的資料包，分別送出一個來源端放慢訊息給來源端主機。第二，沒有機制可以告知來源端壅塞情況是否已改善，而恢復其原來傳送的速度，來源端必須繼續降低速度直到不再收到來源端放慢訊息。第三，壅塞可能是由一對一或是多對一通訊的結果而產生。以一對一來講，一台高速的主機，其產生資料包的速度可能遠快於路由器或目的端主機所能處理，這種情況下，來源端放慢訊息就很有用，可以讓這個來源端慢下來。在多對一通訊的情況下，有很多個來源端產生資料包給路由器或目的端主機，這樣，每個來源端送資料包的速度可能不同，有的快有的慢，這種情況下來源端放慢訊息可能沒有什麼幫助，因為路由器或主機沒有線索知道哪個來源端要為壅塞負責。有可能被移除的資料包是來自於一個較慢的來源端，而不是真正讓壅塞發生的那一個。

對每個被移除的資料包，都要送出一個來源端放慢的訊息。

時間超過

時間超過訊息 (time-exceeded message) 產生的狀況有 2 種：

❏　在第 6 章介紹過路由器使用路由表來找出下一個接收封包的路由器，如果路由表有問題，可能導致封包在一個迴路或圓圈中漫遊，從一個路由器跑到另一個或數個路由器而進行永無止境地漫遊。在第 8 章，我們介紹資料包中有一個存活時間 (time to live) 的欄位來控制這件事情的發生。當一個資料包經過一台路由器時，存活時間便減 1，當數值為 0 時，路由器就移除這個資料包，之後路由器要送出一個時間超過的訊息給原始的傳送端。

當一台路由器接收到一個存活時間為 0 的資料包時，路由器就移除這個資料包並送出一個時間超過的訊息給原始的傳送端。

❏　第二種狀況，當構成一個訊息的所有片段沒有在一定的時間限制內到達目的端主機時，也要產生一個時間超過訊息。在第一個片段到達時，目的端主機就啟動一個計時器，如果超過所設定的時間，所有片段並未全部到達，則目的端主機就移除已收到的片段，並送出一個時間超過的訊息給原始的傳送者。

如果目的端主機在設定的時間內，沒有收到全部的片段，則目的端主機就移除已收到的片段，並送出一個時間超過的訊息給原始的傳送端。

　　圖 9.9 說明了時間超過訊息的格式。代碼 0 用來表示資料包是由於存活時間為 0，而被路由器移除的情況。代碼 1 代表當有一些片段無法在預設的時間內到達，而被移除的情況。

在時間超過的訊息中，路由器使用代碼 0 來表示存活時間值是 0。目的端主機使用代碼 1 來表示有些片段沒有在預設的時間內到達。

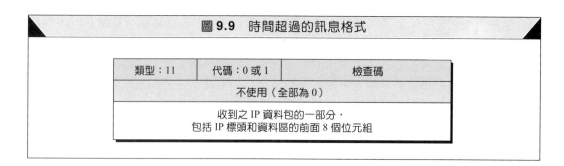

圖 9.9 時間超過的訊息格式

參數問題

一個資料包的標頭部分若有涵義不清的數值,當它在 Internet 上漫遊時可能會產生嚴重的問題。如果路由器或目的端主機發現資料包的任何欄位有涵義不清或數值不見的情況,路由器或目的端主機就會移除這個問題資料包,並送回一個參數問題的訊息給原始的傳送端。

> 參數問題訊息是由路由器或目的端主機產生。

圖 9.10 說明了**參數問題訊息 (parameter-problem message)** 的格式,其中代碼欄定義了移除資料包的原因,告知哪裡出錯。

❑ **代碼 0**:代表在標頭中某個欄位出現錯誤或涵義不清。這種狀況出現時,圖 9.10 中的指標欄,就會指到出現問題的那個位元組。例如指標為 0,則表示標頭的第 1 個位元組不是一個有效值。

❑ **代碼 1**:選項的描述不完全。若為代碼 1,指標沒有作用。

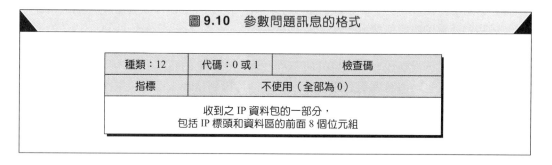

圖 9.10 參數問題訊息的格式

轉址

當路由器要將一個封包送到另一個網路時,它必須知道下一個路由器的 IP 位址。如果傳送端為一主機,這也同樣必須成立。路由器或主機都必須擁有路由表以找出下一個路由器的位址。在第 14 章,我們會介紹路由器如何不斷地進行路徑更新的動作,其路徑選擇是動態的。

可是為了更有效率,主機並不參與動態的路徑更新程序,這是因為在 Internet 中的主機要比路由器來得多。如果動態更新主機的路由表,會產生無法讓人接受的運載量,因此主機通常使用靜態的更新方式。當一台主機開機時,其路由表只有幾個項目,通常它只知道一台路由器的 IP 位址,即預設路由器。因此,這一台主機可能將送往另一個網路的資料包送到一台錯誤的路由器。如果是這樣,收到這個資料包的路由器會將此資料包,傳送到正確的路由器。而且為了更新傳送端主機的路由表,它會送出一個**轉址訊息 (redirection message)** 給這台主機。其轉址的概念如圖 9.11 所示。

A 主機要傳送一個資料包給 B 主機,R2 路由器為最適合的選擇,但是 A 主機並沒有選擇 R2 路由器,反而將資料包傳送到 R1 路由器。而 R1 路由器在檢查路由表後,發現剛才的那個資料包應該到 R2 路由器才對,所以 R1 將封包送到 R2,並且送出一個轉址的訊息給 A 主機。因此 A 主機就會更新其路由表。

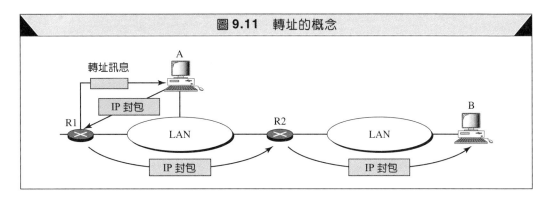

圖 9.11 轉址的概念

> 一台主機通常在開機時,只有小小的路由表,再慢慢地更新與變大。而轉址訊息是可以達成此一結果的工具之一。

轉址訊息如圖 9.12 所示。請留意,目標路由器的 IP 位址在第 2 列。

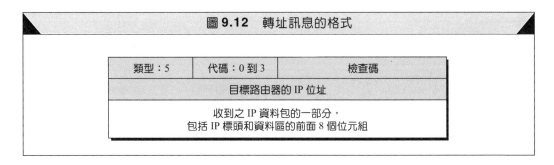

圖 9.12 轉址訊息的格式

雖然轉址訊息被視為一種錯誤報告訊息,但是它與其他錯誤訊息不同。在此,路由器並沒有將收到的資料包移除,而是將它傳送到正確的路由器。其轉址訊息之代碼意義如下:

- ❑ **代碼 0**:特定網路路徑的轉址。
- ❑ **代碼 1**:特定主機路徑的轉址。
- ❑ **代碼 2**:指定服務種類的特定網路路徑轉址。
- ❑ **代碼 3**:指定服務種類的特定主機路徑轉址。

> 轉址訊息是由路由器傳送給在同一區域網路上的一台主機。

9.4　詢問　*Query*

除了錯誤回報外，ICMP 也可以診斷某些網路問題，這是藉由詢問訊息來完成。詢問訊息有 4 對，如圖 9.13 所示。這些 ICMP 的詢問訊息是由一個節點送出，然後目的節點以特定格式加以回應。早期，還定義 2 種訊息（資訊要求與資訊答覆），但是現在已經不用了，早先這 2 種訊息是用來協助主機開機時取得 IP 位址，這項功能現在被 RARP（見第 7 章）及 BOOTP（見第 16 章）所取代。

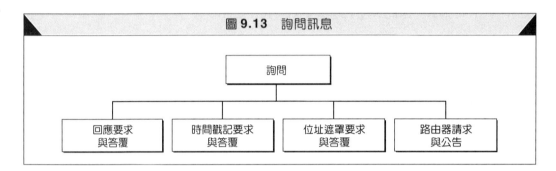

圖 9.13　詢問訊息

| 詢問 | | | |

| 回應要求
與答覆 | 時間戳記要求
與答覆 | 位址遮罩要求
與答覆 | 路由器請求
與公告 |

回應要求與答覆

回應要求訊息 (echo-request message) 與**回應答覆訊息 (echo-reply message)** 是設計用來診斷用的。網路管理者與使用者利用這一對訊息來辨識網路問題。回應要求與回應答覆的組合可以決定兩個系統（主機或路由器）是否可以彼此通訊。

　　一台主機或路由器可以送出一回應要求的訊息給另一台主機或路由器，收到回應要求的主機或路由器就建立一個回應答覆的訊息，並將之送回給原始的傳送者。

> 一個回應要求訊息可由路由器或主機送出，而回應答覆的訊息由收到回應要求訊息的主機或路由器送出。

　　回應要求與回應答覆訊息用來決定 IP 層是否能夠通訊，因為 ICMP 訊息被封裝在 IP 資料包裡，能夠收到回應要求訊息且送出回應答覆訊息，可以證明傳送者與接收者的 IP 通訊協定可以使用 IP 資料包來進行通訊。同時也證明在路徑上的路由器可以接收、處理、及轉送 IP 資料包。

> 網路管理者也可以用回應要求及回應答覆訊息來檢查 IP 通訊協定的運作。

　　主機也可以用回應要求與回應答覆訊息來檢查是否可以到達另一台主機。以使用者的層次來看，可藉著執行封包之**網際網路探測封包 (Packet InterNet Grouper, PING)** 指令來達成。現在大部分的系統都有提供 ping 這個命令，以產生一連串的回應要求與回應答覆的訊息，提供封包傳送的相關統計資訊。在本章的最後，我們會看到 ping 程式的使用。

> 回應要求及回應答覆訊息可以用來測試能否到達某一台電腦，通常藉由 ping 指令來達成。

回應要求與回應答覆搭配使用，可以驗證一個節點是否功能正常，回應要求訊息送給被測試的節點，回應節點必須在回應答覆訊息內完全重複回應要求訊息中的選項資料。圖 9.14 說明了這兩種訊息的格式。訊息中的識別碼 (identifier) 及序號，其通訊協定並沒有正式定義它們的用途，傳送者可以任意使用。例如，識別碼可以用來定義一組問題，序號可用來追蹤已送出的要求訊息。而通常識別碼就是送出要求訊息的程序識別碼 (process ID)。

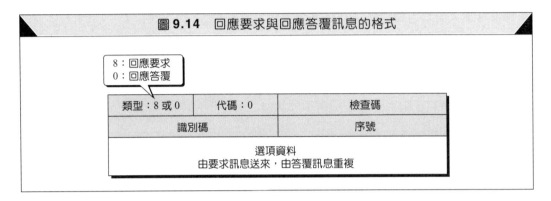

圖 9.14　回應要求與回應答覆訊息的格式

時間戳記要求與答覆

兩台機器（主機或路由器）可以用**時間戳記要求 (timestamp-request)** 與**時間戳記答覆 (timestamp-reply)** 這兩個訊息，來決定 IP 資料包在兩者間來回漫遊所需的往返時間 (round-trip time, RTT)，也可以用來同步兩者的時間。這兩種訊息的格式如圖 9.15 所示。

圖 9.15　時間戳記要求與時間戳記答覆訊息的格式

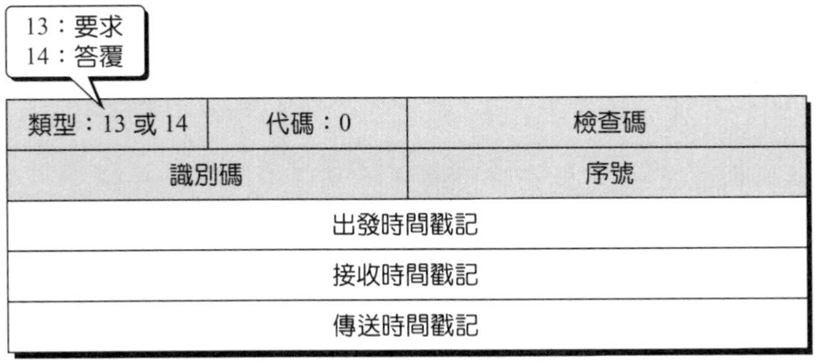

其中有 3 個 32 位元長的時間戳記欄位，每個欄位所包含的數字代表從國際時間（以前稱為格林威治標準時間）午夜零時開始算起，經過了多少 ms（10^{-3} 秒）。注意，使用 32 位元可以代表數字 0 到 4,294,967,295，但是一個時間戳記在此並不會超過 86,400,000 = $24 \times 60 \times 60 \times 1,000$。

來源端建立時間戳記要求訊息，並將送出訊息時的國際標準時間填入出發時間戳記這個欄位內，其他兩個時間戳記欄位則填入 0。

　　目的端建立時間戳記答覆訊息，目的端將要求訊息中的出發時間戳記複製到答覆訊息的相同欄位內。目的端將接收到要求訊息時的國際標準時間填入接收時間戳記欄位內。最後目的端將答覆訊息送出時的國際標準時間填入傳送時間戳記欄位。

　　時間戳記要求與時間戳記答覆訊息可以用來計算一個資料包從來源端傳送到目的端之後再傳回來源端所需要的單向或是往返的時間。其公式如下：

去程時間 = 接收時間戳記 − 出發時間戳記
回程時間 = 封包返回時間 − 傳送時間戳記
往返時間 = 去程時間 + 回程時間

　　要注意的是去程與回程時間，只有在來源端與目的端機器時間同步的情況下才正確。然而，往返時間即使在兩個時間不同步的情況下也是正確的。這是因為兩個時間在計算往返時間時用了兩次，於是抵銷不同步的時間差。

即使兩台機器的時間不同步，時間戳記要求與時間戳記答覆訊息還是可以用來計算資料包在來源端與目的端機器之間的往返時間。

　　例如，給予以下的資訊：

出發時間戳記：46 ms
接收時間戳記：59 ms
傳送時間戳記：60 ms
封包返回時間：67 ms

　　我們可以計算出往返時間為 20 ms：

去程時間 = 59 − 46 = 13 ms
回程時間 = 67 − 60 = 7 ms
往返時間 = 13 + 7 = 20 ms

　　給予實際上的單程時間，時間戳記要求與時間戳記答覆訊息可以用來同步雙方機器的時間，可以使用的公式如下：

時間差 = 接收時間戳記 − （出發時間戳記 + 單程時間）

　　單程時間長度可以藉由將往返時間 (RTT) 除以 2 得到（如果我們確定去程與回程時間一樣長）或者以其他方式求得。我們可以得知先前範例中的兩個時間有 3 ms 的時間差，因為：

時間差 = 59 − (46 + 10) = 3

如果已經知道正確的單程時間，則時間戳記要求與時間戳記答覆訊息可以用來同步雙方機器的時間。

位址遮罩要求與答覆

一台主機可能知道它的 IP 位址，但是有可能不知道對應的遮罩。例如，有一台主機知道其 IP 位址為 159.31.17.24，但是有可能不知道對應的遮罩為 /24 。

為了獲得遮罩，一台主機可送一個**位址遮罩要求訊息 (address-mask-request message)** 給 LAN 上的路由器。如果該主機知道路由器的位址，它將要求訊息直接送到路由器，如果不知道路由器的位址，它就廣播這個要求訊息，路由器在接收到位址遮罩要求訊息後，即回應一個**位址遮罩答覆訊息 (address-mask-reply message)**，藉以提供遮罩給要求的主機，好讓它去找子網路位址。

這 2 種訊息的格式如圖 9.16 所示。以要求訊息來講，位址遮罩欄位全填 0 。當路由器送位址遮罩答覆訊息給要求的主機時，這個欄位就填入實際上的遮罩值。（netid 和 subnetid 的部分，位元值為 1；hostid 的部分，位元值為 0）。

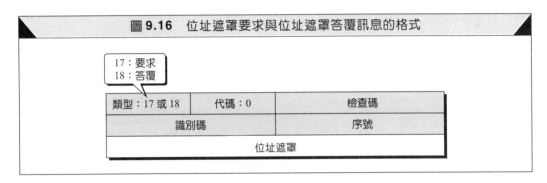

圖 **9.16** 位址遮罩要求與位址遮罩答覆訊息的格式

無硬碟站台在開機時，需要做遮罩運算。當一台無硬碟站台開機時，它可用 RARP 通訊協定（見第 7 章）去要求自己的 IP 位址，然後可用位址遮罩要求與位址遮罩答覆訊息來找出該 IP 位址內定義子網路的部分。另一種獲得子網路遮罩的方法是使用 BOOTP 通訊協定，我們將會在第 16 章介紹。

路由器請求與公告

在轉址訊息的章節中，我們討論過一台主機要送資料到在另一個網路上的主機時，必須知道同一網路上的路由器位址，並且該主機也要知道路由器是否正常運作。**路由器請求訊息 (router-solicitation message)** 與**路由器公告訊息 (router-advertisement message)** 可使用在這種情況。

首先主機可以廣播（或群播）一個路由器請求訊息，其收到該訊息的所有路由器用路由器公告訊息，廣播它們的路由訊息出去。即使沒有主機來請求，路由器也可以定期的送出路由器公告訊息。當一台路由器送出公告訊息，它不僅告知自己的存在，同時也公告自己所知網路上所有存在的路由器。圖 9.17 說明了路由器請求訊息的格式。

圖 9.17　路由器請求訊息的格式

類型：10	代碼：0	檢查碼
識別碼		序號

圖9.18說明了路由器公告訊息的格式。其中的存活時間欄位記載訊息的有效時間，以秒為單位。在公告訊息中的每個路由器的項目包含至少 2 個欄位，分別是路由器位址及位址優先等級。位址優先等級定義該路由器的等級，可以用來選預設的路由器。如果優先等級為 0，該路由器被視為預設路由器。如果優先等級為 $(80000000)_{16}$，則該路由器不應該被選為預設路由器。

圖 9.18　路由器公告訊息的格式

類型：9	代碼：0	檢查碼
位址個數	位址項目大小	存活時間
路由器位址 1		
位址優先權 1		
路由器位址 1		
位址優先權 2		
⋮		

9.5　檢查碼　*Checksum*

在第 8 章我們學過檢查碼 (checksum) 的觀念。以 ICMP 而言，檢查碼是以整個訊息來計算（包括標頭與資料）。

檢查碼的計算

傳送端依下列步驟使用 1 的補數之算術計算：

1. 將檢查碼欄位設為 0。
2. 計算所有 16 位元字組（包括標頭與資料）的加總。
3. 求上述加總結果的補數，得到檢查碼。
4. 將檢查碼數值存放到檢查碼欄位內。

檢查碼的測試

接收端依下列步驟使用 1 的補數之算術計算：

1. 計算所有 16 位元字組（包括標頭與資料）的加總。

2. 求上述加總結果的補數。

3. 如果在步驟 2 所得的結果為 16 個 0，則接受該訊息，否則拒絕。

範例 1

圖 9.19 說明了求檢查碼的過程，以回應要求訊息為例，整個訊息被分為多個 16 位元的字組，這些字組被加總起來後，求其補數而獲得檢查碼，即可放到檢查碼欄位內。

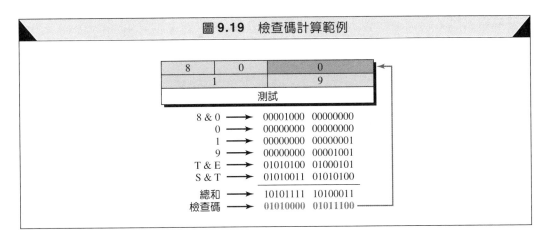

圖 9.19 檢查碼計算範例

9.6 除錯工具 *Debugging Tools*

有一些工具可以使用於 Internet 上的除錯用途。我們可以找出某台主機或路由器是否存在並正常的運作。我們可以追蹤一個封包的漫遊路徑。在此，我們介紹 2 種使用 ICMP 來除錯的工具：**ping** 和 **traceroute**。在未來的章節，等我們介紹更多的通訊協定之後，我們會再介紹更多的工具。

Ping

我們可以使用 **ping** 程式來找出某一台主機是否還存在並可以正常回應。我們在第 8 章已經使用過 **ping** 程式來模擬記錄路由選項。在此，我們更進一步地討論 **ping** 程式如何使用 ICMP 封包。

來源端主機傳送 ICMP 的回應要求訊息（類型：8，代碼：0）給目的端主機。如果目的端主機存在，就回應一個 ICMP 的回應答覆訊息。**ping** 程式會設定回應要求與回應答覆訊息中的識別碼欄位與序號欄位。序號由 0 開始，序號會在每一次傳送一個新的訊息後累加 1。注意，**ping** 程式會計算往返時間 (RTT)，它會將傳送的時間填寫到訊息的資料區域。當封包返回時，**ping** 程式會將抵達時間減去出發時間，以便獲得往返時間 (RTT)。

範例 2

我們使用 **ping** 程式來測試 *fhda.edu* 伺服器，其結果如下：

```
$ ping fhda.edu
PING fhda.edu (153.18.8.1)  56 (84) bytes of data.
64 bytes from tiptoe.fhda.edu (153.18.8.1): icmp_seq=0  ttl=62  time=1.91 ms
64 bytes from tiptoe.fhda.edu (153.18.8.1): icmp_seq=1  ttl=62  time=2.04 ms
64 bytes from tiptoe.fhda.edu (153.18.8.1): icmp_seq=2  ttl=62  time=1.90 ms
64 bytes from tiptoe.fhda.edu (153.18.8.1): icmp_seq=3  ttl=62  time=1.97 ms
64 bytes from tiptoe.fhda.edu (153.18.8.1): icmp_seq=4  ttl=62  time=1.93 ms
64 bytes from tiptoe.fhda.edu (153.18.8.1): icmp_seq=5  ttl=62  time=2.00 ms
64 bytes from tiptoe.fhda.edu (153.18.8.1): icmp_seq=6  ttl=62  time=1.94 ms
64 bytes from tiptoe.fhda.edu (153.18.8.1): icmp_seq=7  ttl=62  time=1.94 ms
64 bytes from tiptoe.fhda.edu (153.18.8.1): icmp_seq=8  ttl=62  time=1.97 ms
64 bytes from tiptoe.fhda.edu (153.18.8.1): icmp_seq=9  ttl=62  time=1.89 ms
64 bytes from tiptoe.fhda.edu (153.18.8.1): icmp_seq=10  ttl=62  time=1.98 ms


---fhda.edu ping statistics---
11 packets transmitted, 11 received, 0% packet loss, time 10103ms
rtt min/avg/max = 1.899/1.955/2.041 ms
```

剛開始 **ping** 程式傳送訊息時，序號由 0 開始。每一次的探測，**ping** 程式都會提供 RTT 的時間給我們。如果 IP 資料包是封裝 ICMP 訊息的話，其存活時間 (TTL) 欄位會被設成62，這也代表封包不會漫遊超過62個站台。在一開始執行**ping**程式時，會顯示資料個數為 56 個位元組，以及整個封包大小為 84 個位元組（8 個位元組的 ICMP 標頭，加上 20 個位元組的 IP 標頭，再加上 56 個位元組的資料，即為 84 個位元組）。接下來的每一行探測結果的最前面會顯示 64 個位元組，也就是 ICMP 封包的總位元組個數 (56 + 8)。

如果我們沒有使用中斷鍵（例如：ctrl + c）來停止 **ping** 程式，則 **ping** 程式會持續地傳送訊息。在**ping**程式被中斷之後，它會將探測的統計結果顯示出來，包括傳送的封包個數、接受的封包個數、總時間、最小的 RTT、最大的 RTT，及平均的 RTT。有些系統還會顯示更多的資訊。

範例 3

在第 2 個範例中，我們想知道 *adelphia.net* 郵件伺服器是否還活著並可以正常運作，其結果如下：

```
$ ping mail.adelphia.net
PING mail.adelphia.net (68.168.78.100) 56(84) bytes of data.
64 bytes from mail.adelphia.net (68.168.78.100): icmp_seq=0  ttl=48  time=85.4 ms
64 bytes from mail.adelphia.net (68.168.78.100): icmp_seq=1  ttl=48  time=84.6 ms
64 bytes from mail.adelphia.net (68.168.78.100): icmp_seq=2  ttl=48  time=84.9 ms
64 bytes from mail.adelphia.net (68.168.78.100): icmp_seq=3  ttl=48  time=84.3 ms
```

```
64 bytes from mail.adelphia.net (68.168.78.100): icmp_seq=4  ttl=48  time=84.5 ms
64 bytes from mail.adelphia.net (68.168.78.100): icmp_seq=5  ttl=48  time=84.7 ms
64 bytes from mail.adelphia.net (68.168.78.100): icmp_seq=6  ttl=48  time=84.6 ms
64 bytes from mail.adelphia.net (68.168.78.100): icmp_seq=7  ttl=48  time=84.7 ms
64 bytes from mail.adelphia.net (68.168.78.100): icmp_seq=8  ttl=48  time=84.4 ms
64 bytes from mail.adelphia.net (68.168.78.100): icmp_seq=9  ttl=48  time=84.2 ms
64 bytes from mail.adelphia.net (68.168.78.100): icmp_seq=10  ttl=48  time=84.9 ms
64 bytes from mail.adelphia.net (68.168.78.100): icmp_seq=11  ttl=48  time=84.6 ms
64 bytes from mail.adelphia.net (68.168.78.100): icmp_seq=12  ttl=48  time=84.5 ms

---mail.adelphia.net ping statistics ---
14 packets transmitted, 13 received, 7% packet loss, time 13129ms
rtt min/avg/max/mdev = 84.207/84.694/85.469
```

注意，在此我們傳送了 14 個封包，但是只有 13 個封包返回。或許我們在序號為 13 的封包返回之前就中斷了 **ping** 程式。

Traceroute

在 UNIX 中的 **traceroute** 程式與 Windows 中的 **tracert** 程式可以用來追蹤一個封包從來源端到目的端之間的路徑選擇。我們也在前面的章節討論過使用 **traceroute** 程式來模擬 IP 資料包的寬鬆受控來源端路由與嚴格受控來源端路由。在本章，我們使用與 ICMP 封包結合的 **traceroute** 程式。

此程式很巧妙地使用兩種 ICMP 的訊息（時間超過與無法到達目的地訊息）來尋找封包的路徑選擇。此程式位於應用層，並且使用 UDP 的服務（見第 11 章）。讓我們使用圖 9.20 說明了 **traceroute** 程式的概念。

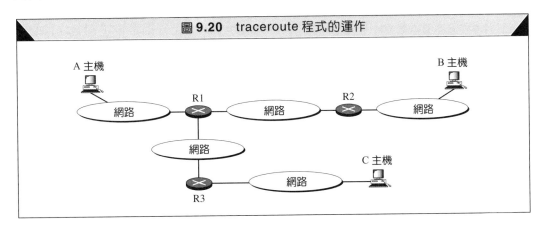

圖 9.20 traceroute 程式的運作

由圖中的拓樸，我們可以知道封包從 A 主機傳送到 B 主機的過程，會漫遊經過 R1 和 R2 路由器。然而，有很多時候，我們並不知道這個網路拓樸，有很多路由可以由 A 到達 B。**traceroute** 程式使用 ICMP 的訊息及 IP 封包中的 TTL 欄位來找出路徑選擇。

1. **traceroute** 程式使用下面的步驟來找出 R1 路由器的位址，以及 A 主機和 R1 路由器之間的往返時間 (RTT)。

    a. 在 A 主機中的 **traceroute** 應用程式使用 UDP 來傳送一個封包給目的端 B。這個封包被封裝在 IP 封包中，其 TTL 的值設為 1。**traceroute** 程式會記錄封包傳送的時間。

    b. R1 路由器接收到此封包後，將 TTL 的值減為 0，然後將此封包移除（因為 TTL 為 0）。但是，路由器會傳回一個 ICMP 的時間超過訊息（類型：11，代碼：0）來表示 TTL 的值為 0，而且此封包已經被移除。

    c. **traceroute** 程式接收到 ICMP 訊息，並且從封裝 ICMP 訊息的 IP 封包之目的位址找出 R1 路由器的 IP 位址。**traceroute** 程式也會記錄封包抵達的時間，抵達時間與步驟 (a) 中的傳送時間的時間差就是往返時間 (RTT)。

    traceroute 程式會重複步驟 (a) 到 (c) 共 3 次，來獲得一個較好的 RTT 平均值。第 1 次測試到的 RTT 可能會比第 2 次與第 3 次所測試到的時間久，因為第 1 次要使用 ARP 模組來找出 R1 路由器的實體位址。第 2 次與第 3 次的測試時，此位址已經存在於 ARP 的快取記憶體中。

2. **traceroute** 程式會重複前面的步驟來找出 R2 路由器的位址，以及 A 主機和 R2 路由器之間的 RTT。然而，在這個步驟中的 TTL 值是設為 2。所以 R1 路由器會轉送此訊息，而 R2 路由器會移除此封包並且傳回 ICMP 的時間超過訊息。

3. **traceroute** 程式會重複前面的步驟來找出 B 主機的位址，以及 A 主機和 B 主機之間的 RTT。當 B 主機接收到此封包，它會將 TTL 減 1，但是並不會移除此封包，因為此封包已經到達它最後的目的地。如果是這樣，那麼 ICMP 的訊息如何傳回給 A 主機呢？在此，**traceroute** 程式使用不同的策略，就是將目地端的通訊埠設成 UDP 通訊協定無法支援的值。當 B 主機接收到此封包之後，它無法找到任何對應的應用程式可以接收向上層傳遞的資料。所以 B 主機將此封包移除，並傳送一個 ICMP 的無法到達目的地訊息給 A 主機。注意，這樣的情況不會發生在 R1 和 R2 路由器，因為路由器不會去檢查 UDP 的標頭。**traceroute** 程式會記錄抵達的 IP 封包之目的位址，並且記錄 RTT。接收到無法到達目的地訊息（代碼為 3），也就代表路徑已經全部都找到了，不需要再傳送更多的封包了。

範例 4

我們使用 **traceroute** 程式來找出由 *voyager.deanza.edu* 電腦到 *fhda.edu* 伺服器之間的路徑選擇，其結果如下：

```
$ traceroute fhda.edu
traceroute to fhda.edu (153.18.8.1), 30 hops max, 38 byte packets
1 Dcore.fhda.edu      (153.18.31.254)   0.995 ms    0.899 ms    0.878 ms
2 Dbackup.fhda.edu    (153.18.251.4)    1.039 ms    1.064 ms    1.083 ms
3 tiptoe.fhda.edu     (153.18.8.1)      1.797 ms    1.642 ms    1.757 ms
```

在命令列之後未編號的那 1 行顯示了目的地為 153.18.8.1，TTL 的值為 30 個站台，封包包含了 38 個位元組（20 個位元組的 IP 標頭、8 個位元組的 UDP 標頭，及 10 個位元組的應用層資料）。**traceroute** 程式使用 10 個位元組的應用層資料記錄封包。

第 1 行顯示了第 1 個經過的路由器，此路由器的名稱為 *Dcore.fhda.edu*，其 IP 位址為 153.18.31.254，第 1 次測試到的 RTT 為 0.995 ms、第 2 次為 0.899 ms、而第 3 次為 0.878 ms。

第 2 行顯示了第 2 個經過的路由器，此路由器的名稱為 *Dbackup.fhda.edu*，其 IP 位址為 153.18.251.1，且 3 次的 RTT 測試也都顯示出來。

第 3 行顯示了目的端主機。因為沒有下一行了，所以我們知道這是目的端主機。目的端主機應該是 *fhda.edu* 伺服器，但是此伺服器也被命名為 *tiptoe.fhda.edu*，其 IP 位址為 153.18.8.1，且 3 次的 RTT 測試也都顯示出來。

範例 5

在此範例中，我們追蹤一個更長的路徑選擇，此路徑到達 *xerox.com*。

```
$ traceroute xerox.com
traceroute to xerox.com (13.1.64.93), 30 hops max, 38 byte packets
 1 Dcore.fhda.edu       (153.18.31.254)    0.622 ms     0.891 ms     0.875 ms
 2 Ddmz.fhda.edu        (153.18.251.40)    2.132 ms     2.266 ms     2.094 ms
 3 Cinic.fhda.edu       (153.18.253.126)   2.110 ms     2.145 ms     1.763 ms
 4 cenic.net            (137.164.32.140)   3.069 ms     2.875 ms     2.930 ms
 5 cenic.net            (137.164.22.31)    4.205 ms     4.870 ms     4.197 ms
 6 cenic.net            (137.164.22.167)   4.250 ms     4.159 ms     4.078 ms
 7 cogentco.com         (38.112.6.225)     5.062 ms     4.825 ms     5.020 ms
 8 cogentco.com         (66.28.4.69)       6.070 ms     6.207 ms     5.653 ms
 9 cogentco.com         (66.28.4.94)       6.070 ms     5.928 ms     5.499 ms
10 cogentco.com         (154.54.2.226)     6.545 ms     6.399 ms     6.535 ms
11 sbcglobal.net        (151.164.89.241)   6.379 ms     6.370 ms     6.210 ms
12 sbcglobal.net        (64.161.1.45)      6.908 ms     6.748 ms     7.359 ms
13 sbcglobal.net        (64.161.1.29)      7.023 ms     7.040 ms     6.734 ms
14 snfc21.pbi.net       (151.164.191.49)   7.656 ms     7.129 ms     6.866 ms
15 sbcglobal.net        (151.164.243.58)   7.844 ms     7.545 ms     7.353 ms
16 pacbell.net          (209.232.138.114)  9.857 ms     9.535 ms     9.603 ms
17 209.233.48.223       (209.233.48.223)   10.634 ms    10.771 ms    10.592 ms
18 alpha.Xerox.COM      (13.1.64.93)       11.172 ms    11.048 ms    10.922 ms
```

在此，來源端與目的端之間有 17 個站台。有一些 RTT 的值看起來很獨特（更遠的站台的 RTT 值反而比較小），這有可能是因為路由器太過忙碌而無法立即處理封包的轉送所造成的結果。

範例 6

有趣的一點是，主機可以傳送 **traceroute** 封包給它自己，這只要將主機自己指定為目的地即可。就我們預期一樣，此封包會送到迴路位址。

```
$ traceroute voyager.deanza.edu
traceroute to voyager.deanza.edu  (137.0.0.1), 30 hops max, 38 byte packets
1 voyager            (127.0.0.1)          0.178 ms        0.086 ms        0.055 ms
```

範例 7

最後，我們使用 **traceroute** 程式來找出 *fhda.edu* 到 *mhhe.com*（McGraw-Hill 伺服器）之間的路徑選擇。我們可以發現我們無法找出所有的路徑選擇，當 **traceroute** 程式在 5 秒之內沒有接收到任何回應時，它會顯示星號來告知有問題發生，並且嘗試下一個站台。

```
$ traceroute mhhe.com
traceroute to mhhe.com (198.45.24.104), 30hops max, 38 byte packets
 1 Dcore.fhda.edu    (153.18.31.254)      1.025 ms        0.892 ms        0.880 ms
 2 Ddmz.fhda.edu     (153.18.251.40)      2.141 ms        2.159 ms        2.103 ms
 3 Cinic.fhda.edu    (153.18.253.126)     2.159 ms        2.050 ms        1.992 ms
 4 cenic.net         (137.164.32.140)     3.220 ms        2.929 ms        2.943 ms
 5 cenic.net         (137.164.22.59)      3.217 ms        2.998 ms        2.755 ms
 6 SanJose1.net      (209.247.159.109)   10.653 ms       10.639 ms       10.618 ms
 7 SanJose2.net      (64.159.2.1)        10.804 ms       10.798 ms       10.634 ms
 8 Denver1.Level3.net (64.159.1.114)     43.404 ms       43.367 ms       43.414 ms
 9 Denver2.Level3.net (4.68.112.162)     43.533 ms       43.290 ms       43.347 ms
10 unknown           (64.156.40.134)     55.509 ms       55.462 ms       55.647 ms
11 mcleodusa1.net    (64.198.100.2)      60.961 ms       55.681 ms       55.461 ms
12 mcleodusa2.net    (64.198.101.202)    55.692 ms       55.617 ms       55.505 ms
13 mcleodusa3.net    (64.198.101.142)    56.059 ms       55.623 ms       56.333 ms
14 mcleodusa4.net    (209.253.101.178)  297.199 ms      192.790 ms      250.594 ms
15 eppg.com          (198.45.24.246)     71.213 ms       70.536 ms       70.663 ms
16 * * *
17 * * *
............
```

9.7　ICMP 套件　*ICMP Package*

為了讓讀者了解 ICMP 如何傳送與接收 ICMP 訊息的概念，我們展示一個我們的版本的 ICMP 套件。此套件包括了 2 個模組：輸入模組 (input module) 及輸出模組 (output module)，如圖 9.21 所示。

輸入模組

輸入模組 (input module) 處理所有收到的 ICMP 訊息，當一個 ICMP 封包從 IP 層送給它時，輸入模組就會動作。如果收到的封包為一要求或請求訊息，輸入模組就產生一個答覆或公告訊息並送出。

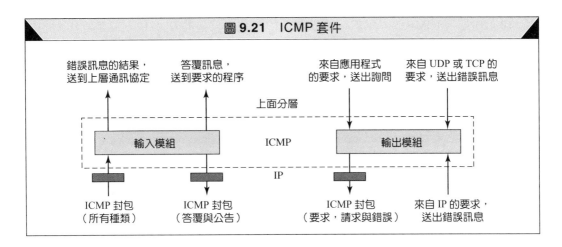

圖 9.21 ICMP 套件

　　如果收到的封包是一個轉址訊息，輸入模組就用封包裡頭的資訊去更新路由表。如果收到的封包為一錯誤訊息，輸入模組就通知 ICMP 通訊協定產生錯誤的原因，以下是程式虛擬碼。

輸入模組
接收：從 IP 層來的 ICMP 封包

1. 如果（封包種類為 3 種要求訊息中的任一種）：
   A. 產生一個答覆訊息。
   B. 傳送該答覆訊息。
2. 如果（封包種類是路由器請求訊息）：
   A. 如果（此站台是路由器）：
      a. 產生路由器公告訊息。
      b. 傳送該公告訊息。
3. 如果（封包種類是 3 種回答訊息中的一種或是路由器公告）：
   A. 將封包資料區段的資訊摘取出來。
   B. 將該資訊傳遞到要求的程序。
4. 如果（封包種類是轉址訊息）：
   A. 更新路由表。
5. 如果（封包種類是轉址訊息之外的錯誤訊息）：
   A. 告訴適當的來源端通訊協定來處理目前的情況。
6. 返回。

輸出模組

輸出模組 (output module) 負責產生來自上面分層或 IP 層的要求、請求或錯誤訊息。此模組接收來自 IP、UDP 或 TCP 的命令，將一個 ICMP 錯誤訊息傳送出去。如果命令來自 IP，輸出模組必須檢查該要求是否被允許。記得有 4 種情況下不能建立 ICMP 訊息即：IP 封包攜帶 ICMP 錯誤訊息、被分段的 IP 封包、群播的 IP 封包，或者是 IP 封包的位址為 0.0.0.0 或 127.X.Y.Z。

輸出模組也可以接收來自應用程式的命令去傳送 ICMP 要求或請求訊息。其程式虛擬碼如下：

輸出模組
接收：一個命令
1. 如果（該命令定義的是一個錯誤訊息）：
A. 如果（命令來自 IP）：
a. 如果（命令不被允許）：
i. 返回。
B. 如果（種類是轉址訊息）：
a. 如果（此站台不是路由器）：
i. 返回。
C. 使用種類、代碼、與 IP 封包來產生錯誤訊息。
2. 如果（該命令定義的是要求或請問）：
A. 產生該要求或請求訊息。
3. 傳送此訊息。
4. 返回。

9.8　重要名詞　*Key Terms*

位址遮罩答覆訊息 (address-mask-reply message)

位址遮罩要求訊息 (address-mask-request message)

無法到達目的地訊息 (destination-un-reachable message)

回應要求及回應答覆訊息 (echo-request and echo-reply messages)

錯誤回報訊息 (error-reporting message)

網際網路控制訊息通訊協定 (Internet Control Message Protocol, ICMP)

參數問題訊息 (parameter-problem message)

詢問訊息 (query message)

轉址 (redirection)

往返時間 (Round-Trip Time, RTT)

路由器請求及路由器公告訊息 (router-solicitation and router-advertisement message)

來源端放慢訊息 (source-quench message)

時間超過訊息 (time-exceeded message)

時間戳記要求及時間戳記答覆訊息 (timestamp-request and timestamp reply messages)

追蹤路徑選擇 (traceroute)

9.9 摘要 *Summary*

❑ 網際網路控制訊息通訊協定 (ICMP) 有5種錯誤回報訊息及4對的詢問訊息，來支援非可靠性及非預接式的 IP 通訊協定。

❑ ICMP 訊息被封裝在 IP 資料包內。

❑ 當一個資料包無法傳遞給上層的時候，則傳送無法到達目的地的錯誤訊息給來源端主機。

❑ 降低來源端傳送速度的錯誤訊息可以幫助降低路徑壅塞的情形。

❑ 時間超過訊息用來通知來源端主機存活時間 (TTL) 已變為0，或同一訊息的若干片段沒有在預定的時間內到達。

❑ 參數問題訊息用來通知一台主機在資料包中的標頭欄位有問題。

❑ 轉址訊息傳送給一台主機用來調整其路由表，使其更具效率。

❑ 回應要求與回應答覆訊息用來測試兩個系統是否可以相互連接。

❑ 時間戳記要求與時間戳記答覆訊息可以用來決定雙方系統間的傳輸往返時間 (RTT)，或者決定兩者的時鐘時間差。

❑ 位址遮罩要求與位址遮罩答覆訊息用來協助取得子網路遮罩。

❑ 路由器請求與路由器公告訊息協助主機更新它們的路由表。

❑ ICMP 的檢查碼是以 ICMP 訊息的標頭與資料欄內的位元來計算。

❑ 網際網路探測封包 (ping) 為一應用程式，它是使用ICMP 所提供的服務來檢查是否可以連到某一台主機。

❑ 一個簡單的ICMP套件可以包含一個輸入模組，處理所有進來的ICMP封包，另外包含一個輸出模組，處理需要 ICMP 服務的命令。

9.10 習題 *Practice Set*

練習題

1. A主機送一個時間戳記要求訊息給B主機，但未收到其回應，探討3種可能的原因及如何應對。

2. 為什麼要限制已失敗的 ICMP 錯誤訊息的反應訊息之產生？

3. A 主機送一個資料包給 B 主機，B 主機從未收到該資料包而 A 主機則未收到傳送失敗的通知，試就該件事提出兩種可能的解釋。

4. 在 ICMP 的錯誤回報訊息內為什麼要加入 IP 的標頭及資料包的前面 8 個位元組？

5. 參數問題訊息裡的指標欄位其最大值為何？

6. 試舉出一種狀況敘述一台主機可能永遠收不到轉址訊息。

7. 做一張表格展示哪些是由路由器送出的 ICMP 訊息，哪些是由非目的端主機送出、還有哪些是由目的端主機送出。

8. 經由計算而得的出發時間、接收時間，及往返時間可以為負值嗎？舉例說明為什麼可以？為什麼不可以？

9. 為什麼封包單向的傳送時間不能直接使用往返時間除以2而得到?

10. ICMP封包之最小長度為何?最大長度又為何?

11. 攜帶ICMP封包之IP資料包最小長度為何?最大長度又為何?

12. 攜帶ICMP封包之IP資料包之最小長度乙太網路訊框為何?最大長度又為何?

13. 我們如何決定是否一個IP資料包攜帶ICMP封包?

14. 計算下列ICMP封包之檢查碼之值。

    類型:回應要求;識別碼:123;序號:35;訊息:Hello

15. 某路由器接收一個IP封包,其來源位址為130.45.3.3,其目的位址為201.23.4.6,此路由器無法在其路由表中找到這個目的位址,請填寫要傳送的ICMP訊息之各欄位的數值。

16. TCP接收到一個區段,其目的埠位址為234,TCP已檢查但找不到一個開放的通訊埠,請填寫要傳送的ICMP訊息之各欄位的數值。

17. 一個ICMP訊息其標頭為 $(03\ 03\ 10\ 20\ 00\ 00\ 00\ 00)_{16}$,此為何種類別的訊息?代碼為何?此訊息的目的為何?

18. 一個ICMP訊息其標頭為 $(05\ 00\ 11\ 12\ 11\ 0B\ 03\ 02)_{16}$,此為何種類別的訊息?代碼為何?此訊息的目的為何?最後4個位元組之值是什麼?這些位元組代表什麼意義?

19. 一台電腦送出一個時間戳記要求,如果它的時鐘為 5:20:30 A.M.(國際時間),舉出此訊息的各個項目。

20. 一台電腦送出一個時間戳記要求,如果它的時鐘為 3:40:30 P.M.(國際時間),舉出此訊息的各個項目。

21. 一台電腦在 2:34:20 P.M.收到另一台電腦的時間戳記要求,其出發時間戳記之值為 52,453,000,如果傳送者的時鐘慢 5 ms,試問單向時間為多少?

22. 某台電腦送出一個時間戳記要求給另一台電腦,它在 3:46:07 A.M.接收到對應的時間戳記答覆訊息,其出發時間戳記、接收時間戳記、及傳送時間戳記之值,分別為 13,560,000,13,562,000 及 13,564,300,送出的單向時間為多少?接收的單向時間為多少?往返時間為多少?傳送者與接收者的時間差為多少?

23. 如果兩台電腦相距 5,000 英里遠,將訊息從一台送到另一台之最短時間為多少?

資料檢索

24. 使用 ping 程式來測試你自己的電腦(迴路)。

25. 使用 ping 程式來測試位於你所屬國家內的任何一台主機。

26. 使用 ping 程式來測試位於你所屬國家外的任何一台主機。

27. 使用traceroute或tracert程式來找出你家中的電腦與學校內的任何一台電腦間的路徑選擇情況。

28. 請說明如何使用第27題來找出兩台路由器之間的RTT。

29. 請找出所有關於ICMP通訊協定的RFC文件,是否每一種特定類別的訊息就有一份RFC文件?

CHAPTER 10

網際網路群組管理通訊協定

Internet Group Management Protocol (IGMP)

網 際網路通訊協定 (IP) 可分為單點傳播 (unicasting) 及群播 (multicasting) 兩種傳送方式。單點傳播發生在一個傳送者及一個接收者之間,是一對一的通訊。然而,有些程序,有時候想要將同樣的訊息同時傳送給一群接收者,這就是群播,是一種一對多的通訊。很多群播的應用,例如,股價的變化可同時告知數個股票經紀商,或是取消旅遊行程時可以同時告知數個旅遊經紀商。其他的應用,還包括遠距教學與隨選視訊等服務。

　　網際網路群組管理通訊協定 (Internet Group Management Protocol, IGMP) 是使用群播時必要的通訊協定,但只有 IGMP 並不夠,而 IGMP 只算是 IP 通訊協定的夥伴。圖 10.1 說明了 IGMP 和其他網路層通訊協定的關係。

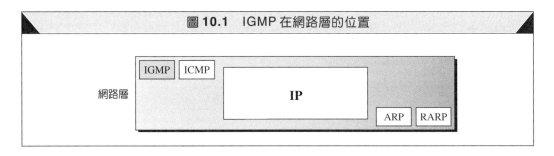

圖 10.1　IGMP 在網路層的位置

10.1　群組管理　*Group Management*

要在 Internet 上做群播,需要有能力去繞送群播封包的路由器。這些路由器的路由表必須使用群播路由通訊協定 (multicasting routing protocol) 來更新,我們會在第 15 章討論。

　　IGMP 不是一個群播路由通訊協定,它只是一個管理**群組成員身分 (group membership)** 的通訊協定。在任何網路上,有一台或數台的**群播路由器 (multicast router)** 負責將群播封包送給其他主機或其他路由器。IGMP 通訊協定則負責提供已連接到此網路之相關主機(或路由器)的成員身分狀態給網路上的群播路由器。

　　一台群播路由器每天可能會收到來自不同群組上千個群播的封包。如果路由器不知道這些主機的成員身分狀態,它就必須廣播這些封包,這會產生很大的網路傳輸量,且會浪費掉頻寬。較好的解決方法是,在所有的群組裡至少有一個成員建立一份群組列表。這份表格,由 IGMP 幫助群播路由器來建立與更新。

> IGMP 為一群組管理通訊協定，它幫助群播路由器建立並更新一份與每個路由器介面相關的成員列表。

10.2 IGMP 訊息　*IGMP Messages*

IGMP 經歷過兩種版本。本書介紹目前 IGMPv2 的版本。 IGMPv2 有 3 種訊息：**詢問 (query)**、**成員身分報告 (membership report)**，以及**離開報告 (leave report)**。詢問訊息又分為兩種：**一般 (general)** 與**特殊 (special)**，如圖 10.2 所示。

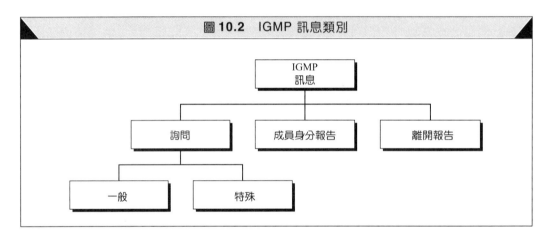

圖 10.2　IGMP 訊息類別

訊息格式

圖 10.3 說明了 IGMPv2 訊息的格式。

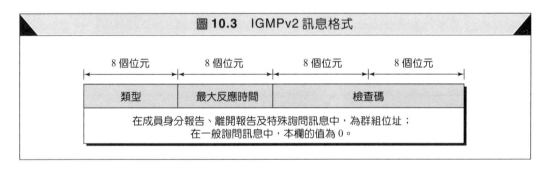

圖 10.3　IGMPv2 訊息格式

❑ **類型**：本欄為 8 個位元，定義了訊息的類型，如表 10.1 所列。類型的值分別以十六進制與二進制表示法來表示。

❑ **最大反應時間**：本欄為 8 個位元，定義在多少時間內需要回覆詢問訊息，其單位為 0.1 秒。例如，如果本欄數值為 100 即表示 10 秒。本欄在詢問訊息內為一個非 0 的值，在其他 2 種類型的訊息中則為 0 。

❑ **檢查碼**：本欄為 16 個位元，攜帶一檢查碼。其計算是以 8 個位元組的訊息為基準。

❑ **群組位址**：在一般詢問訊息中，本欄之值為 0 。在特殊詢問訊息、成員身分報告訊息、或離開報告訊息中，本欄定義一群組代號 (groupid)，亦即某群組的群播位址。

表 **10.1** IGMP 類型欄

類別	數值
一般或特殊詢問	0x11 或 00010001
成員身分報告	0x16 或 00010110
離開報告	0x17 或 00010111

10.3 IGMP 的運作 *IGMP Operation*

IGMP 只做區域性的運作。一台群播路由器，連接到一條網路，它有一份群播位址列表，記載該網路上至少有一個成員的群組（見圖 10.4）。

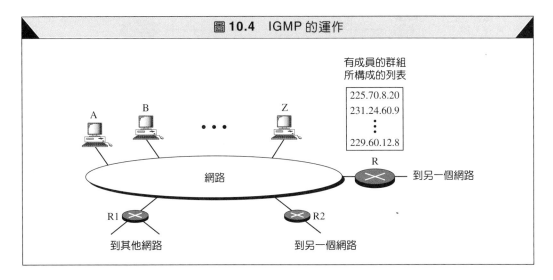

圖 **10.4** IGMP 的運作

對每一個群組，有一台路由器負責將該群組的群播封包傳送出去。這表示，如果網路上有 3 台群播路由器（如圖 10.4 所示），它們的**群組代碼 (groupid)** 列表都是獨立不同的。例如，在圖 10.4 中只有 R 路由器傳送群播位址為 225.70.8.20 的封包。

一台主機或群播路由器可以是某個群組的一員。當一主機為某一群組的一員時，這表示該主機的某個程序會接收到來自某個群組的群播封包。當一台路由器為某個群組的一員時，這表示連到路由器某個介面的網路會收到群播封包，則我們稱這台主機或路由器對該群組有意願或已參與該群組。就剛才的例子，主機和路由器各自持有一份群組代號的列表，並分別將自己的意願轉送給傳送路由器 (distributing router)。

例如，在圖 10.4 中，R 路由器為傳送路由器，另外有兩台群播路由器（R1 和 R2），取決於 R 路由器的群組列表。R1、R2 在此網路內可以是 R 路由器的接收者。R1 和 R2 可以是某些群組在其他網路的傳送者，但不是這個網路。

加入一個群組

一台主機或路由器可以加入某一個群組。主機將參加某一群組的所有程序列表管理。當一個程序想要加入一個新的群組時，它會送一個要求給主機。主機將此程序的名稱與欲加入群組的名稱加到列表中。如果這是這個特定群組的第 1 個條目，主機會送出一個成員身分報告訊息。如果這不是這個群組的第 1 個條目，就不需要送成員身分報告訊息，因為這台主機已經是此群組的一員，已經接收過給這個群組的群播封包。

　　路由器也會維護一份群組代號的列表，其列表中說明連接到每個介面的網路成員身分的狀況。當路由器的任意一個介面，出現加入某一群組的意願時，路由器即送出一個成員身分報告。換言之，路由器在這裡如同主機一般，但是它的群組數目會比較多，因為是集合了來至所有介面的成員。注意，成員身分報告會從所有介面送出，除了意願訊息進來的那一個。圖 10.5 說明了一主機或路由器送出一成員身分報告之狀況。

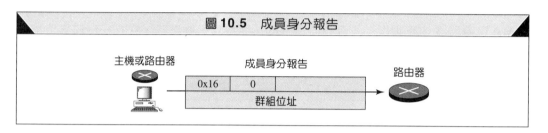

圖 10.5　成員身分報告

　　IGMP 通訊協定規定成員身分報告要傳送 2 次，在第 1 次傳送隔一小段時間之後，再傳送第 2 次。這樣一來，如果第 1 個報告遺失或受損，則第 2 個報告可以取代它。

> 在 IGMP 通訊協定中，成員身分報告要傳送 2 次，一次接著一次。

離開一個群組

當主機知道都沒有程序參與群組時，它會送出一個離開報告訊息。同樣地，當路由器知道其介面所連接的網路不再參與某一特定群組，對此群組它亦送出一離開報告訊息。

　　不過，當一台群播路由器接收到一個離開報告時，它不可以立刻將此群組剔除，因為這份報告只是來自某一台主機或路由器，可能還有其他主機或路由器還參與該群組。為了確定此事，路由器送出一個特殊詢問訊息，其中並包含該群組代碼（群播位址）。送出的路由器等待其他主機或路由器一段時間，在這段時間內，如果沒有收到成員身分報告訊息，路由器即假設網路上已經沒有成員，便將此群組從列表中剔除。圖 10.6 說明了離開一群組的機制。

成員身分之監控

一主機或路由器可以送出成員身分報告訊息以便加入某一個群組，也可以送出一離開報告訊息以便離開一群組。不過，只傳送這兩種報告是不夠的。考慮以下的情況：一個群組只有一台主機，但是這台主機被關掉或移除。這樣一來，群播路由器就永遠不會接收到離開報告，要如何處理這件事？群播路由器要負責監控 LAN 上的所有主機或路由器，以了解這些電腦是否繼續為某一群組的成員。

　　路由器會週期性地（預設為每 125 秒一次）傳送一個一般詢問訊息 (general query message)。此訊息中的群組位址設為 0.0.0.0，這表示要詢問主機是否繼續為任何一個群組的成員。

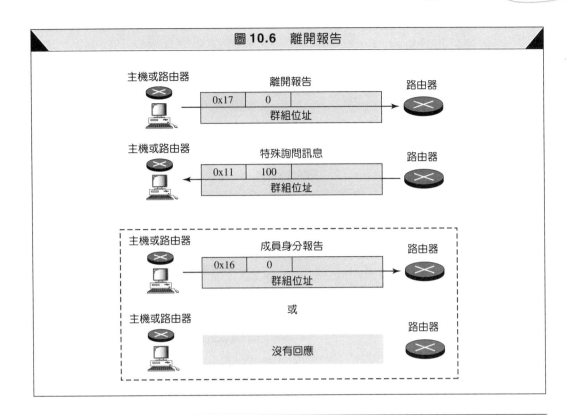

一般詢問訊息所定義的不是一個特定群組。

路由器預期在其群組列表中的每一群組都會回覆，即使是新的群組也可以回應。此詢問訊息的最長反應時間為 10 秒（因為單位是 10 分之 1 秒，所以訊息欄內的值為 100）。當一主機或路由器收到一般詢問訊息後，如果它有興趣加入或已加入群組，即回應一成員身分報告。

不過，如果有 2 台以上的主機參與同一個群組，對該群組而言，只會有一個回應被送回，以減少不必要的傳輸。這個事件稱為延遲回應，稍後會介紹。注意，詢問訊息只由一台詢問路由器送出，這也是為了要減少不必要的傳輸。圖 10.7 說明了此詢問的機制。

延遲回應

為了避免不必要的傳輸，IGMP 使用一種**延遲回應 (delayed response)** 的策略。當一主機或路由器接到詢問訊息後，它並不會立即回應。每一台主機或路由器使用一隨機計時器，並在 1 到 10 秒之間計時，變化量可以是 1 秒或更少。列表中的每一個群組都擁有一個計時器，例如，第 1 個群組的計時器可能設在 2 秒，第 3 群組可能設在 5 秒。每台主機或路由器等到計時的時間到，才會送出成員身分報告訊息。在此等待時間，對同一群組如果有其他主機或路由器的時間先到，則由那個主機或路由器負責送出成員身分報告。因為這些報告是以廣播方式送出，其他等待的主機或路由器在接收到報告後，知道它沒有必要對相同的群組重複送出，於是這台等待的主機就取消計時器。

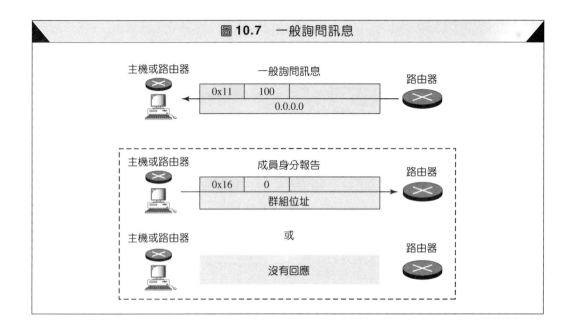

範例 1

想像一下有 3 台主機在某個網路上，如圖 10.8 所示。一詢問訊息在時間點 0 收到，每一群組的隨機延遲時間標示在群組位址的右邊，試寫出各報告訊息的順序。

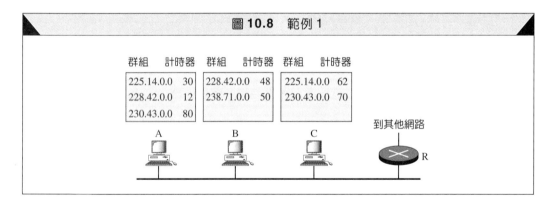

解答

各個事件發生的順序如下：

a. **時間點 12**：在 A 主機中的群組位址 228.42.0.0 的計時器先到，然後一個成員身分報告被送出，這份報告大家都收到，包含 B 主機，隨即 B 主機取消其位址 228.42.0.0 的計時器。

b. **時間點 30**：在 A 主機中的群組位址 225.14.0.0 的計時到了，然後一個成員身分報告被送出，這份報告大家都會收到，包含 C 主機，隨即 C 主機取消其位址 225.14.0.0 的計時器。

c. **時間點 50**：在 B 主機中群組位址 238.71.0.0 的計時到了，然後一個成員身分報告被送出，這份報告大家都會收到。

d. **時間點 70**：在 C 主機中的群組位址 230.43.0.0 的計時到了，然後一個成員身分報告被送出，這份報告大家都會收到，包含 A 主機，隨即 A 主機取消其位址 230.43.0.0 的計時器。

注意，如果每個主機都送出一個報告，需要 7 個訊息，使用延遲回應的策略則只需要 4 個訊息。

詢問路由器

詢問訊息可能會引起很多回應。為了避免不必要的傳輸，IGMP 在每個網路上指定一台路由器為**詢問路由器 (query router)**。只有這台被指定的路由器可以傳送詢問訊息，其他路由器只接收回應訊息並更新表中的內容。

10.4 封裝 *Encapsulation*

IGMP 的訊息被封裝在 IP 的資料包內，而 IP 資料包被封裝在訊框內，如圖 10.9 所示。

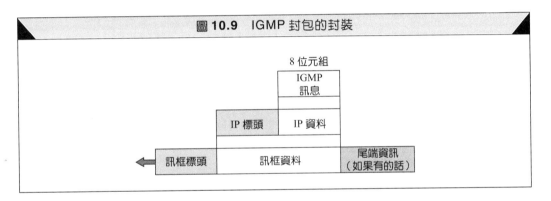

圖 10.9 IGMP 封包的封裝

在這裡，有數個與**封裝 (encapsulation)** 相關的議題要討論。首先我們介紹 IP 層的議題，接著是資料鏈結層。

IP 層

在 IP 層，有 3 個相關欄位，分別是通訊協定欄 (protocol field)、TTL 欄 (TTL field) 和目的 IP 位址欄 (destination IP address)。

通訊協定欄

對 IGMP 通訊協定而言，通訊協定欄的值為 2。每個 IP 封包的通訊協定欄的值為 2 者，資料是要送到 IGMP 通訊協定。

> 攜帶 IGMP 封包的 IP 封包，其通訊協定欄的值為 2。

TTL 欄

當 IGMP 訊息封裝在 IP 資料包內，其 TTL 的值為 1，這是因為 IGMP 的範圍是在 LAN 內。IGMP 訊息不可以跨過 LAN，所以 TTL 的值為 1，保證訊息不會離開 LAN，因為下一台路由器將其值 1 改成 0，封包即被移除。

攜帶 IGMP 封包的 IP 封包，其 TTL 欄的值為 1。

目的 IP 位址

表 10.2 說明了每一種訊息的 IP 位址。

表 **10.2**　目的 IP 位址

類型	IP 目的位址
詢問	224.0.0.1 所有在此子網路上的系統
成員身分報告	該群組的群播位址
離開報告	224.0.0.2 所有在此子網路上的路由器

詢問訊息使用 224.0.0.1 之群播位址，以群播方式送出（所有此子網路上的系統，見第 4 章的表 4.5），所有主機和路由器都將收到此訊息。

成員身分報告將其目的位址設為要被回報的群播位址（群組代碼），以群播方式送出。每一收到封包的站台（主機或是路由器），可以從封包標頭立即判斷出該報告的群組。如前所述，對於尚未送出報告的計時器將會被取消掉。收到的站台不用打開封包尋找群組代碼，其群組代碼會被重複放在封包內，一是在訊息本身，另一個是在 IP 標頭內。重複放是為了防止錯誤。

離開報告訊息使用 224.0.0.2 的群播位址，也是以群播方式送出，子網路上的所有路由器都會收到這個訊息，主機也會收到，不過主機會將它移除。

資料鏈結層

在網路層之 IGMP 訊息被封裝在 IP 封包內，以 IP 封包視之。不過，因為 IP 封包有一個群播 IP 位址，因此 ARP 通訊協定無法找到相對應的 MAC 位址於資料鏈結層傳送它。所以接下來，就看資料鏈結層是否支援實體的群播位址。

實體群播支援

大部分 LAN 都支援實體群播定址，其乙太網路即是如此。乙太網路的 MAC 位址之長度為 6 個位元組（48 個位元）。如果前面的 25 位元為 0000000100000000010111100，代表這是一個實體群播位址，給 TCP/IP 通訊協定用。剩下的 23 位元可以用來定義群組。群播路由器將一個等級 D 的 IP 位址的右邊最低有效 23 位元摘出，然後放到乙太網路 MAC 位址的最右邊，這樣一來，一個 IP 群播位址就被轉換成為一個乙太網路群播位址（見圖 10.10）。

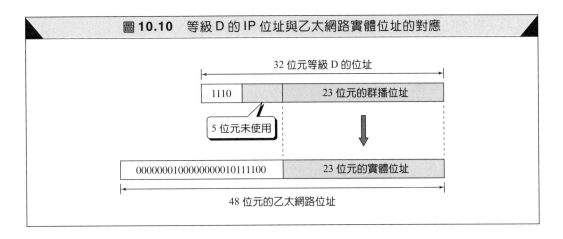

圖 10.10 等級 D 的 IP 位址與乙太網路實體位址的對應

不過，一個等級 D 的 IP 位址，其群組代碼為 28 個位元長，所以有 5 個位元沒有被使用。換句話說，在 IP 層有 32 個群播位址被對應到一個群播位址。這是一種多對一，而不是一對一的位址。如果此等級 D 位址的群組代碼中的最左 5 個位元不是 0，這樣主機可能會接收到不該收到的封包。因此，主機必須檢查 IP 位址並移除任何不是屬於它的封包。

其他 LAN 支援的方式類似，但有不同的對應方法。

> 一個乙太網路群播位址的範圍從
> 01:00:5E:00:00:00 到 01:00:5E:7F:FF:FF

範例 2

請將 230.43.14.7 的 IP 群播位址轉換成乙太網路群播位址。

解答

我們可以使用下面 2 個步驟來完成：

a. 我們將 IP 位址的最右邊 23 位元用十六進制表示法寫下來（6 個數字）。如果最左邊的那個數字大於或等於 8，則將其值減 8，這樣就可以完成乙太網路群播位址的最右邊 3 個位元組。以我們的範例來說，其結果為 2B:0E:07。

b. 將步驟 (a) 的結果與最開始的乙太網路群播位址 (01:00:5E:00:00:00) 相加，其結果為：

01:00:5E:2B:0E:07

範例 3

請將 238.212.24.9 的 IP 群播位址轉換成乙太網路群播位址。

解答

a. 最右邊 3 個位元組的十六進制表示法為 D4:18:09。我們需要將最左邊的那個數字減 8，其結果為 54:18:09。

b. 將步驟 a 的結果與最開始的乙太網路群播位址相加，其結果為：

01:00:5E:54:18:09

沒有實體群播支援

大多數的 WAN 並不支援實體群播定址，所以傳送群播封包經過 WAN 的網路時，要使用一種稱為**隧道化 (tunneling)** 的技術。這是指將群播 (multicast) 封包封裝在一單點傳播 (unicast) 的封包後送入網路，然後此封包在隧道的另一端再以群播封包的形式出現（見圖 10.11）。

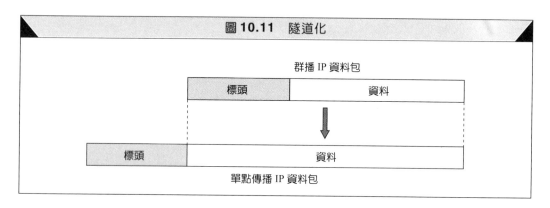

圖 10.11 隧道化

Netstat 系統工具

我們已經在前面的章節使用過 **netstat** 系統工具。在本節，我們使用它來找出某個介面所支援的群播位址。

範例 4

我們使用**netstat**加上三個選項（-n、-r 及 -a）。選項 -n 代表要顯示數字版本的IP位址，選項 -r 代表要顯示路由表，選項 -a 代表要顯示所有的位址（單點傳播及群播）。注意，這裡只顯示與我們所討論有關的欄位。

```
$ netstat -nra
Kernel IP routing table
```

Destination	Gateway	Mask	Flags	Iface
153.18.16.0	0.0.0.0	255.255.240.0	U	eth0
169.254.0.0	0.0.0.0	255.255.0.0	U	eth0
127.0.0.0	0.0.0.0	255.0.0.0	U	lo
224.0.0.0	0.0.0.0	224.0.0.0	U	eth0
0.0.0.0	153.18.31.254	0.0.0.0	UG	eth0

注意，淺色字的部分為群播位址。任何在 224.0.0.0 到 239.255.255.255 之間的群播位址都會被遮罩並傳遞到乙太網路的介面。

10.5 IGMP 軟體套件 *IGMP Package*

為了讓讀者了解 IGMP 如何處理 IGMP 封包的傳送與接收動作，我們展示一個簡易版本的 IGMP 套件。

在此展示的 IGMP 模組只適用於主機，而路由器的 IGMP 模組則留作練習。在我們設計的 IGMP 套件中，包含了一個群組表 (group table)、一組計時器 (timer)，及 4 個軟體模組：群組加入模組 (group-joining module)、群組離開模組 (group-leaving module)、輸入模組 (input module)，及輸出模組 (output module)。圖 10.12 說明了這 6 個組件及其關聯。

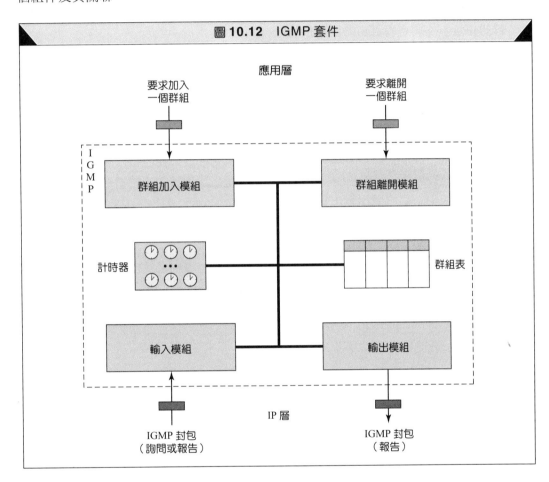

圖 10.12 IGMP 套件

群組表

群組表記錄一個群播位址的相關資訊，這個位址至少有一個程序為其成員。此表有 4 個欄位：狀態 (state)、介面編號 (interface number)、群組位址 (group address)，及程序參考個數 (reference count)，見圖 10.13。

❑ **狀態**：本欄定義所在條目的狀態。可以為下列其中的一種狀態：空著 (free)、延遲 (delaying) 及閒置 (idle)。如果狀態是 FREE，表示該群組已經沒有程序 (process)。

図 **10.13**　群組表

狀態	介面編號	群組位址	程序參考個數
……………	……………	……………	……………
……………	……………	……………	……………
……………	……………	……………	……………

如果狀態是 DELAYING，代表計時到時，這個條目有一個報告要被送出。如果狀態是 IDLE，代表現在這個條目目前沒有設定計時器計時。

❑ **介面編號**：本欄定義群播封包送出及接收的介面。

❑ **群組位址**：本欄定義群組的群播位址。

❑ **程序參考個數**：本欄記錄屬於這個群組的程序參考個數。每次有一個程序加入時，將個數加 1，每次有程序離開這個群組時，將個數減 1。當其值為 0，狀態改為 FREE。

計時器

當群組表中任何的條目狀態為 DELAYING，用一個計時器來管理報告訊息的傳送。計時器設定的時間長短是以隨機產生，以防止突然大量之報告被送出的情形發生。在計時到後，計時器產生一個訊號給輸出模組，以產生一份報告。

群組加入模組

要加入群組的程序會啟動這個模組。群組加入模組在群組表中尋找是否有相同的群播位址，若找到這個條目，則將程序參考個數加 1，表示這個群組又多了一個程序。如果在群組表中找不到相同的群播位址，群組加入模組就建立一個新的條目，並將其程序參考個數設為 1。然後，它通知輸出模組送出一成員身分報告。它也通知資料鏈結層更新其組態表，使其能收到這一個群播位址的封包。

群組加入模組

接收：一個程序要求加入某個群組

1. 在群組表裡尋找對應條目。
2. 如果（找到）：
   A. 將程序參考個數加 1。
3. 如果（沒找到）：
   A. 建立一個新條目，其程序參考個數設為 1。
   B. 把這個條目加入群組表。
   C. 通知輸出模組送出一成員身分報告。
   D. 告知資料鏈結層，更新其組態表。
4. 返回。

群組離開模組

要離開某個群組的程序會啟動這個模組。群組離開模組在群組表中尋找是否有相同的群播位址。如果找到這個條目,將其程序參考個數減 1 。如果其值是 0 ,將狀態改為 FREE ,並通知輸出模組送出一個離開報告。

群組離開模組
接收:一個程序要求離開某個群組
1. 在群組表裡尋找對應的條目。
2. 如果(找到):
A. 將程序參考個數減 1 。
B. 如果(程序參考個數為 0):
a. 如果(有任何計時器被設定):
i. 取消該計時器。
b. 狀態改為 FREE 。
c. 通知輸出模組送出一離開報告。
3. 返回。

輸入模組

輸入模組由 IGMP 訊息啟動。如果是詢問訊息,該模組對群組表內狀態為 IDLE 的所有條目分別啟動對應的計時器,並且將狀況改為 DELAYING 。每個計時器的設定時間為一個亂數值,其值的大小在 0 與最大延遲時間之間。用亂數設定計時長短可讓輸出模組傳送報告的時間不一樣,可防止壅塞現象。

若收到的是一個成員身分報告訊息,輸入模組會檢查群組表,看看有沒有對應的條目。若有且其狀態為 DELAYING ,表示網路上的另一台主機已為此延遲狀況的條目送出成員身分報告,所以本模組所在的主機不用再送。因此,輸入模組將計時器取消,並將狀態改為 IDLE 。注意,主機不接收離開報告。

輸入模組
接收:一個 IGMP 訊息
1. 檢查訊息種類。
2. 如果(訊息是詢問):
A. 表中狀態為 IDLE 的所有條目,全部啟動其計時器。
B. 將 IDLE 狀態改為 DELAYING 。
C. 返回。
3. 如果(訊息是成員身分報告):
A. 尋找表中的對應條目。
B. 如果(找到且狀態為 DELAYING):

輸入模組（續）
a. 取消該條目的計時器。 　　　b. 將狀態改為 IDLE。 　4. 返回。

輸出模組

輸出模組由計時到的計時器啟動，也可由加入群組或離開群組的要求啟動。接著輸出模組尋找相對應的條目，如果其狀態為 DELAYING，則建立一個報告訊息並送出，然後將該條目狀態改為 IDLE。

輸出模組
接收：來自某一個計時器的訊號、或加入群組、或離開群組的要求 1. 如果（訊息來自計時器）： 　A. 如果（找到且狀態為 DELAYING）： 　　a. 建立一個成員身分報告訊息。 　　b. 將狀態改為 IDLE。 2. 如果（訊息來自加入群組模組）： 　A. 建立一個成員身分報告訊息。 3. 如果（訊息來自離開群組模組）： 　A. 建立一個離開報告訊息。 4. 傳送訊息。 5. 返回。

10.6　重要名詞　*Key Terms*

延遲回應策略 (delayed response strategy)

一般詢問訊息 (general query message)

群組成員身分 (group membership)

群組代碼 (groupid)

網際網路群組管理通訊協定 (Internet Group
　　Management Protocol, IGMP)

離開報告 (leave report)

成員身分報告 (membership report)

群播位址 (multicast address)

群播路由器 (multicast router)

群播 (multicasting)

詢問訊息 (query message)

詢問路由器 (query router)

特殊詢問訊息 (special query message)

隧道化 (tunneling)

10.7 摘要 *Summary*

❑ 群播 (multicasting) 是指將相同訊息同時傳送給超過一個以上的接收者。

❑ 網際網路群組管理通訊協定 (IGMP) 協助群播路由器更新其介面之群組成員。

❑ IGMP 有 3 種訊息，分別是詢問訊息、成員身分報告訊息，以及離開報告訊息。

❑ IGMP 只在區域網路內運作。

❑ 主機或路由器皆可為某一群組之一員。

❑ 主機維護一份程序列表，用來記載參與各群組的程序。

❑ 路由器維護一份群組代碼列表，用來記載每個介面所屬的群組代碼。

❑ 主機或路由器可以送出一個成員身分報告以加入某一個群組。

❑ 主機或路由器可以送出一個離開報告以離開某一群組。

❑ 路由器送出一般詢問訊息以監控各群組之成員身分狀態。

❑ 延遲回應的策略用來防止 LAN 內部不必要的傳輸量。

❑ IGMP 訊息封裝在 IP 資料包內。

❑ 大多數的 LAN，包括乙太網路，支援實體群播定址。

❑ 沒有支援實體群播的 WAN 網路，可以採用一種稱為隧道化 (tunneling) 的技術來傳送群播封包。

❑ IGMP 套件中，包含了 1 個群組表、1 組計時器，及 4 個軟體模組：輸入模組、輸出模組、群組加入模組，及群組離開模組。

10.8 習題 *Practice Set*

練習題

1. 為什麼 IGMP 訊息不可以離開自己的網路？

2. 一個群播路由器包含 4 個群組 (W，X，Y 和 Z)，有 3 台主機在此 LAN 上。其中 A 主機有 3 個程序屬於 W 群組、1 個屬於 X 群組；B 主機有 2 個程序屬於 W 群組、1 個屬於 Y 群組；C 主機沒有程序屬於任何一個群組。分別寫出 IGMP 在監控時的各 IGMP 訊息。

3. 某一群組的群播位址為 231.24.60.9，試問一個使用 TCP/IP 的 LAN，其乙太網路位址為何？

4. 如果某路由器之群組表中有 20 個條目，試問這台路由器要定期送出 20 個不同詢問訊息或只送一個？請說明理由。

5. 如果一台主機想維持在 5 個群組的成員身分，它應該送出 5 個不同的報告訊息或只送一個？

6. 某路由器之 IP 位址為 202.45.33.21，其乙太網路位址為 23:4A:45:12:EC:D1，送出一個 IGMP 的一般詢問訊息，舉出此訊息所有項目的內容。

7. 將第 6 題的訊息封裝在 IP 封包裡，請填寫各個欄位。

8. 將第 7 題的訊息封裝在乙太網路的訊框裡，請填寫各個欄位。

9. 某主機之 IP 位址為 124.15.13.1，其乙太網路位址為 4A:22:45:12:E1:E2，送出一 IGMP 群組位址為 228.45.23.11 的成員身分報告訊息，舉出此訊息的各個項目。

10. 將第 9 題的訊息封裝在 IP 封包裡，請填寫各個欄位。

11. 將第 10 題的訊息封裝在乙太網路的訊框裡，請填寫各個欄位。

12. 路由器在乙太網路上接收到一個群播 IP 封包，其群組位址為 226.17.18.4，當路由器檢查其群組表時它找到這個位址，舉出路由器如何將此封包封裝在 IP 資料包及乙太網路訊框內以便送出，並舉出此乙太訊框的所有項目，路由器的輸出端 IP 位址為 185.23.5.6，而其輸出端實體位址為 4A:22:45:12:E1:E2，路由器需要用 ARP 的服務嗎？

13. 在第 12 題中，如果路由器在群組表找不到群組位址時要如何處理？

14. 重做第 12 題，但是假設該網路屬於一個不支援群播的實體網路。

15. 某主機之 IP 位址為 114.45.7.9，接收到一個 IGMP 詢問訊息，當它檢查其群組表找不到任何相關條目，如此主機要採取什麼動作？它要送出任何訊息嗎？如果是，請舉出此封包的所有欄位。

16. 某主機之 IP 位址為 222.5.7.19，接收到一個 IGMP 詢問訊息，當它檢查其路由表找到二個條目分別為 227.4.3.7 及 229.45.6.23，此主機要採取什麼行動？它要送出任何訊息嗎？如果是，是哪一類？送幾個？請列出各個欄位。

17. 某主機之 IP 位址為 186.4.77.9，接收一個程序之要求加入群播位址為 230.44.101.34 的群組，當主機檢查其群組表時，它找不到有關此群組位址的條目，主機應該採取什麼行動？要送任何訊息嗎？如果是，請列出其所有欄位。

18. 重做第 17 題，但是假設該主機在群組表中找到一個條目。

19. 某路由器之 IP 位址為 184.4.7.9，接收到來自一台主機之報告要求要加入群播位址為 232.54.10.34 的群組，當路由器檢查其群組表時，它找不到有關此群組位址的條目，路由器應該採取什麼行動？要送任何訊息嗎？如果是，請列出所有欄位。

20. 重做第 19 題，但是假設該路由器在群組表中找到一個條目。

21. 某一路由器送一詢問訊息，並接收到 3 個報告有關群組位址 225.4.6.7、225.32.56.8 及 226.34.12.9，當它檢查路由表時找到 5 個條目分別是 225.4.6.7、225.11.6.8、226.34.12.9、226.23.22.67 及 229.12.4.89，接著應採取什麼行動？

22. 某 IGMP 訊息的內容其十六進制值為：

> 11 00 EE FF 00 00 00 00

請回答下列問題。

(a) 類型為何？

(b) 檢查碼為多少？

(c) 群組代碼為多少？

23. 某 IGMP 訊息的內容其十六進制值為：

> 16 00 F9 C0 E1 2A 13 14

請回答下列問題。

(a) 類型為何？

(b) 檢查碼為多少？

(c) 群組代碼為多少？

24. 以下的 IGMP 訊息（十六進制表示）有任何錯誤嗎？

11 00 A0 11 E1 2A 13 14

25. 以下的 IGMP 訊息（十六進制表示）有任何錯誤嗎？

17 00 A0 11 00 00 00 00

26. 乙太網路用 IP 通訊協定可以支援幾個群播位址？

27. IP 通訊協定可以支援幾個群播位址？

28. 當我們轉換一個群播 IP 位址為乙太網路群播位址時，損失了多少位址空間？

29. 將下列群播 IP 位址轉換成乙太網路的群播位址，其中有多少個指定到相同的乙太網路位址？

(a) 224.18.72.8

(b) 235.18.72.8

(c) 237.18.6.88

(d) 224.88.12.8

資料檢索

30. 將課本中的 IGMP 套件修改為適合路由器的版本。

31. 研究一下 IGMPv1。其類型欄大小為何？有哪些 IGMPv1 欄位不在 IGMPv2？第 1 版和第 2 版相容嗎？如果一支援 IGMPv2 的路由器，收到 IGMPv1 的訊息，路由器怎麼辦？反之，如果一支援 IGMPv1 的路由器，收到 IGMPv2 的訊息，路由器怎麼辦？

32. 如果你的伺服器有支援群播定址，請使用 netstat 工具來找出它。

33. 請找出所有關於 IGMP 通訊協定的 RFC 文件。

CHAPTER 11

使用者資料包通訊協定

User Datagram Protocol (UDP)

在 原本的TCP/IP通訊協定組之中，指定UDP及TCP兩種通訊協定做為傳輸層通訊協定。我們先介紹UDP，它比較簡單，而TCP於第12章再做介紹。另外，還有一個新的傳輸層通訊協定已設計出來，稱為 SCTP ，我們會在第 13 章討論。

圖 11.1 展示 UDP 與其他通訊協定在 TCP/IP 通訊協定組之中的關係。UDP（和 TCP 一樣）位於應用層與 IP 層之間，UDP 提供服務於應用程式與網路運作之間。

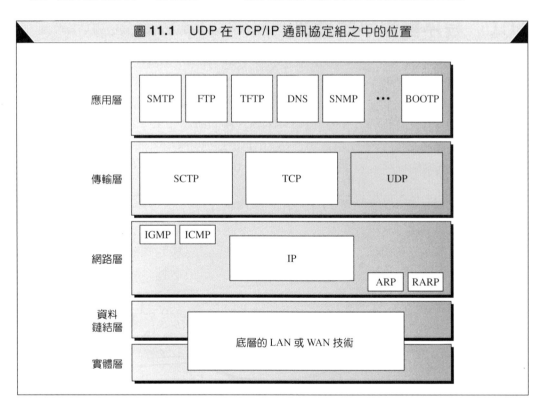

圖 11.1　UDP 在 TCP/IP 通訊協定組之中的位置

傳輸層通訊協定有數種任務要執行，其中一個是建立程序對程序 (process-to-process) 的通訊，而正在執行的應用程式稱為**程序 (process)**。UDP使用通訊埠號碼 (port number) 來達成這項工作。傳輸層的另一項任務是提供控制的機制，但 UDP 對此只提供少許的機能。UDP 沒有流量控制的機制，對接收的封包也沒有做回應。不過 UDP 對於錯誤控制提供了偵測的功能，若 UDP 發現收到的封包有錯誤，它只會靜悄悄地移除這個封包。

傳輸層 (transport layer) 也提供連線的機制給程序使用。程序應能夠以資料串流的方式將資料送到傳輸層。傳送站台之傳輸層的任務就是建立與接收者間的連線,將資料串流拆成一個個可傳輸的單位,為其編號,然後一個一個傳送出去。接收站台之傳輸層的任務是等待屬於同一程序的各個傳輸單位的到來,檢查並將這些沒有錯誤的資料以資料串流的方式傳遞給接收的程序。等到整個資料串流送出後,傳輸層應關閉原來的連線。以上所說的 UDP 都沒有做。UDP 只能從程序收到資料單位,並將之傳給接收者,但不提供可靠性,每份資料單元不能大於一個 UDP 的封包大小。

UDP 是一種非預接式、不具可靠性的傳輸通訊協定。其實它並沒有從原來的 IP 服務裡增加任何東西,除了把原來的主機對主機通訊變成程序對程序通訊之外,UDP 所提供的錯誤檢查能力也非常有限。

如果 UDP 的功能是這麼微弱,為什麼還有程序要使用它呢?不具優勢的地方剛好也提供了某些好處,因為 UDP 是非常簡單的通訊協定,浪費的地方很少。如果某些程序只想要送一份資料量不大的訊息,也不太在乎可靠與否,就可以使用 UDP。以 UDP 傳送資料量不大的訊息,傳送者與接收者所需要處理的動作比 TCP 少很多。

11.1　程序對程序的通訊　*Process-to-Process Communication*

在仔細看UDP之前,我們先要了解主機對主機的通訊與**程序對程序的通訊 (process-to-process communication)**,以及它們之間有何不同。

IP 通訊協定所負責的通訊位於電腦的層次,也就是主機對主機的通訊。在網路層通訊協定中,IP 只將訊息送達目的端電腦,不過這樣的傳輸並不完全,該筆訊息尚須交到正確的程序 (process) 手上,這就需要像 UDP 這種傳輸層通訊協定來執行。UDP 負責將訊息交給適當的程序。圖 11.2 說明了 IP 及 UDP 運作的區域。

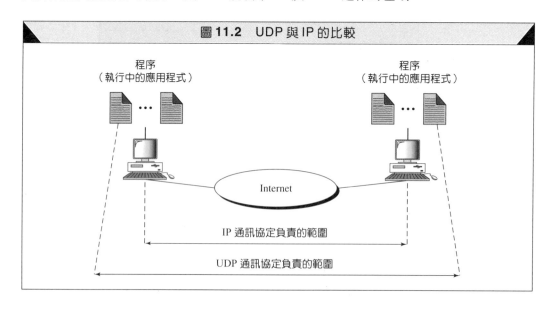

圖 11.2　UDP 與 IP 的比較

通訊埠號碼

雖然達成程序對程序通訊的方法有很多種，但最常見的則是採用**用戶與伺服 (client-server)** 的架構，也可稱為**主從架構**。在本地端主機內的程序稱為用戶 (client)，或用戶端程序。它通常需要來自於遠端主機上執行的伺服端 (server) 程序所提供的服務。

這兩個程序（用戶與伺服程序）有相同的名稱，例如，想從一台遠端機器得知當時的時間，在本地主機上我們要執行一個稱為 Daytime 的用戶端程序，而在遠端機器執行一個稱為 Daytime 的伺服端程序。

然而，目前的作業系統支援多人及多工的環境。遠端電腦在同一時間可能同時執行好幾個伺服端程序，而本地端電腦也可能同時執行好幾個用戶端程序，為了能夠通訊，必須定義以下幾點：

- ❑   本地端主機
- ❑   本地端程序
- ❑   遠端主機
- ❑   遠端程序

本地端主機與遠端主機以 IP 位址定義。要定義此程序，我們需要另一種代碼稱為**通訊埠號碼 (port number)**，或簡稱為**埠號**。在 TCP/IP 通訊協定組中，埠號為一整數，大小在 0 到 65,535 之間。

用戶端程序使用埠號來定義自己，我們稱之為**短暫埠號 (ephemeral port number)**。其中**短暫**所代表的意思是指此埠號只存在很短的時間，因為通常用戶端程序的壽命並不長。為了讓許多用戶／伺服程序能正常運作（見第 16 章），短暫埠號通常建議使用超過 1023 的值。

伺服程序也必須用一個埠號來定義，但是這個埠號不能以隨機方式提供。如果伺服端的伺服程序也是以隨機方式選定埠號，在用戶端的程序如果想要使用伺服端的服務，就會不知道要用哪一個埠號。當然可以送一個特別的封包到伺服端去詢問這個埠號，但是這樣做反而費事。

TCP/IP 通訊協定決定在伺服端使用通用的埠號以提供服務，這些通用埠號稱為**公認埠號 (well-known port number)**，不過有些例外情況，例如有的用戶端也可以使用公認埠號。每個用戶端程序知道伺服端程序用的公認埠號。例如，先前提到的 Daytime 用戶端程序可以使用一個短暫埠號 52,000 代表自己，而 Daytime 伺服端程序必須使用一個公認埠號 13。圖 11.3 說明了這個觀念。

到目前為止，相信讀者已經清楚 IP 位址與埠號如何選擇資料的最終目的地了。目的地 IP 位址定義了眾多主機中的一台主機，在主機被定義後，埠號則定義這台主機內眾多程序中的一個（見圖 11.4）。

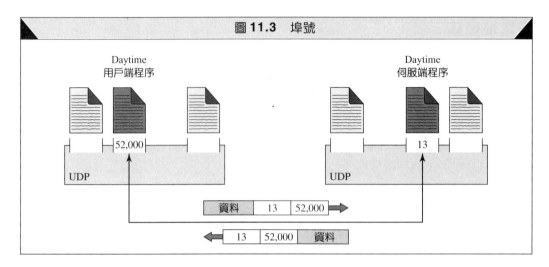

圖 11.3　埠號

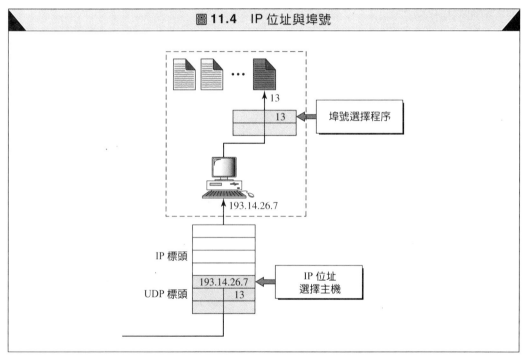

圖 11.4　IP 位址與埠號

ICANN 指定範圍

ICANN 將埠號分成 3 個範圍：公認 (well-known)、已註冊 (registered)，及動態（或私有），如圖 11.5 所示。

❏ **公認埠**：範圍從 0 到 1,023 的埠號由 ICANN 來指定與管理，並將這些埠號設成公認埠。

❏ **已註冊埠**：範圍由 1,024 到 49,151 的埠號不是由 ICANN 來指定與管理，只需要向 ICANN 註冊，以避免重複使用的情況。

❏ **動態埠**：範圍由 49,152 到 65,535 不受 ICANN 控制也不用註冊，任何程序都可使用。這些號碼可被當成短暫或私有埠號。原本是建議給用戶端在這個範圍內選擇短暫埠號，然而，大部分的系統並沒有遵照這項建議。

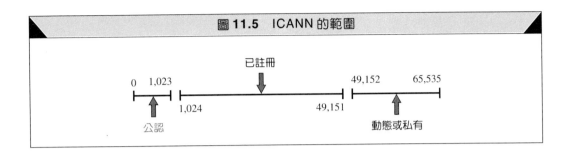

圖 11.5　ICANN 的範圍

公認埠的號碼皆小於 1024。

UDP 的公認埠

表 11.1 說明了一些 UDP 常用的公認埠。有一些埠號可以同時給 UDP 和 TCP 使用，會在第 12 章談到 TCP 時再介紹。

表 11.1　UDP 常用的公認埠號

埠號	協定	敘述
7	Echo	回應一個已接收到的資料包給傳送者
9	Discard	移除接收到的資料包
11	Users	線上使用者
13	Daytime	傳回日期與時間
17	Quote	傳回當日引言
19	Chargen	傳回一串字元
53	Nameserver	網域名稱服務
67	Bootps	下載開機資訊之伺服端埠號
68	Bootpc	下載開機資訊之用戶端埠號
69	TFTP	簡易檔案傳輸通訊協定
111	RPC	遠端程序呼叫
123	NTP	網路時間通訊協定
161	SNMP	簡易網路管理通訊協定
162	SNMP	簡易網路管理通訊協定 (trap)

範例 1

在 UNIX 系統中，公認埠號被儲存在 /etc/services 的這個檔案中。檔案中的每一行給予某個服務的名稱及對應的公認埠號。我們可以使用 **grep** 的系統工具來擷取指定應用所對應的那一行或多行的資料。下面顯示 TFTP 的埠號，注意 TFTP 可以使用 UDP 或 TCP 服務的 69 埠號。

```
$ grep  tftp  /etc/services
tftp          69/tcp
tftp          69/udp
```

SNMP 通訊協定使用 2 個埠號（161 和 162），來針對不同的目的，我們會在第 21 章討論。

```
$ grep  snmp  /etc/services
snmp          161/tcp          # Simple Net Mgmt Proto
snmp          161/udp          # Simple Net Mgmt Proto
snmptrap      162/udp          # Traps for SNMP
```

插座位址

我們已經知道 UDP 使用 IP 位址與埠號在兩端形成一個連線，一個 IP 位址與一個埠號的組合稱為**插座位址 (socket address)**。在用戶端的插座位址唯一的定義用戶端的程序，如同伺服端的插座位址定義伺服端的程序（見圖 11.6）。

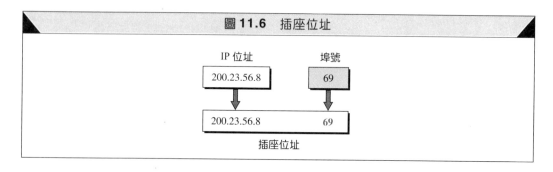

圖 11.6 插座位址

要使用 UDP 的服務，我們需要一對插座位址，即用戶端插座位址與伺服端插座位址，這 4 項資訊分別放在 IP 標頭與 UDP 標頭內。IP 標頭包含 IP 位址，而 UDP 標頭包含埠號。

11.2 使用者資料包 *User Datagram*

UDP 的封包被稱為**使用者資料包 (user datagram)**，它的標頭固定為 8 個位元組。圖 11.7 說明其格式。

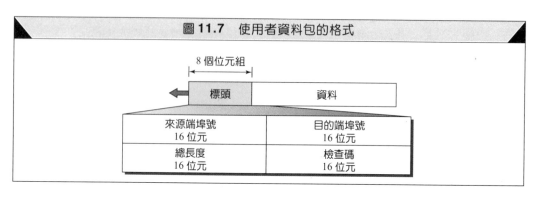

圖 11.7 使用者資料包的格式

這些欄位分別如下：

❑ **來源端埠號**：這個埠號為來源端主機上的程序所使用。長度為16位元，其範圍從0到65,535。如果來源端主機為用戶端，在大多情況下，埠號則為 UDP 軟體所選出的短暫埠號。如果來源端主機為伺服端，則大多數的埠號為公認埠號。

❑ **目的端埠號**：這個埠號為目的端主機上的程序所使用。長度為16位元。如果目的端主機為伺服端，其埠號大多為公認埠號。如果目的端主機為用戶端，則號碼大多為一短暫埠號。在這種情況下，伺服端程式會從收到的要求封包中複製短暫埠號過來。

❑ **長度**：本欄為 16 位元長，用來代表使用者資料包的總長度，包括標頭與資料。16位元可定義長度為 0 到 65,535 個位元組。然而，UDP 的總長度必須比 65,535 個位元組還要小，因為 UDP 資料包是被儲存在 IP 資料包中，而 IP 資料包的最大長度為65,535 個位元組。所以 UDP 資料區段的長度為 0 到 65,507 個位元組（65,535 − 20 − 8 = 65,507，20 位元組為 IP 標頭，8 位元組為 UDP 標頭）。

　　UDP資料包中的長度欄位事實上是不需要的，因為使用者資料包是被封裝在IP資料包內，在 IP 中的長度欄位即可定義長度。在 IP 中，另有一欄位定義其標頭長度，所以，我們可以推斷出在 IP 資料包內的 UDP 資料包長度。

> UDP 長度 = IP 長度 − IP 標頭長度

不過，UDP 通訊協定的設計者認為，直接用目的端 UDP 資料包內的長度資訊來獲得 UDP 資料的長度較為有效率，這樣就不用要求 IP 軟體來提供這項資訊。我們知道，當 IP 軟體把 UDP 使用者資料包送到 UDP 層時，IP 已經把 IP 標頭部分移除了。

❑ **檢查碼**：檢查碼用來偵測整個使用者資料包（包括標頭與資料）是否有錯誤，下一節將介紹檢查碼。

11.3　檢查碼　*Checksum*

在第 8 章，我們已經談過**檢查碼 (checksum)** 的觀念和其計算方式，包括如何計算IP及ICMP 封包的檢查碼。現在我們將介紹 UDP 的算法。

　　UDP 的檢查碼計算與 IP 或 ICMP 不同，UDP 的檢查碼計算包含了 3 個部分：一個**虛擬標頭 (pseudoheader)**、UDP 標頭，以及來自應用層的資料。其中虛擬標頭為一部分的 IP 標頭，如圖 11.8 所示。

　　如果檢查碼不包含虛擬標頭，使用者資料包或許能安全無誤地到達，但是如果 IP 標頭遭毀壞，就有可能會被送到別台電腦。

　　圖中的通訊協定欄位設定此封包是屬於 UDP 而不是 TCP。設定為 17 代表 UDP，後面我們會了解一個程序可以用 UDP 或 TCP，而其目的埠號可以是一樣的。如果通訊協定欄的值在傳送時被改變，在接收端計算檢查碼時就會被偵測到，若是這樣，就可以移除該 UDP 封包，不會把它送給別的通訊協定而造成錯誤。

　　請注意虛擬標頭的各欄位與 IP 標頭的最後 12 位元組相似之處。

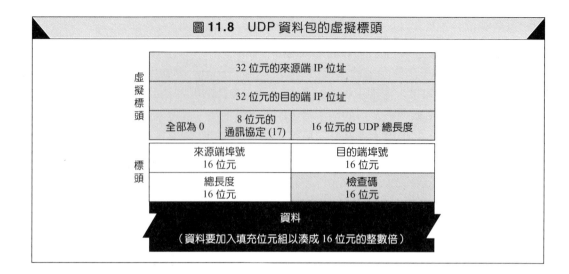

圖 11.8 UDP 資料包的虛擬標頭

傳送端檢查碼的計算

傳送端依下列 8 個步驟計算其檢查碼:

1. 將虛擬標頭加到 UDP 使用者資料包。

2. 先將檢查碼欄位填入 0。

3. 將所有位元劃分成以 16 位元(2 個位元組)為單位的字組。

4. 如果總位元組個數不是偶數,則填補一全部為 0 的位元組。補 0 的意義只是為了檢查碼的計算,最後這個部分會被移除。

5. 以 1 的補數運算,將所有 16 位元字組加總起來。

6. 求出上面計算結果的補數值(所有 1 變 0,0 變 1),放入檢查碼的欄位。

7. 將虛擬標頭及填充的位元組丟掉。

8. 將 UDP 使用者資料包交給 IP 軟體來封裝。

值得注意的是,標頭的列 (row) 次序排法不會影響檢查碼的計算,而且補 0 也不會影響結果,所以計算檢查碼的軟體可以很容易地把整個 IP 標頭(20 個位元組)加到 UDP 資料包,把最前面 4 個位元組設為 0,TTL 也設為 0,把 IP 的檢查碼換成 UDP 的長度,然後計算檢查碼,其結果應該是一樣的。

接收端檢查碼之計算

接收端依下列 6 個步驟計算檢查碼:

1. 將虛擬標頭加到 UDP 使用者資料包。

2. 如果需要,填補內容為 0 的位元組。

3. 將所有位元劃分成以 16 位元(2 個位元組)為單位的字組。

4. 以 1 的補數運算,將所有 16 位元字組加總起來。

5. 將上面計算結果求其補數值。

6. 如果結果為 0,則將虛擬標頭及任何填充的位元組移除,並接受該資料包。若結果不是 0,則移除該使用者資料包。

範例

圖11.9說明了檢查碼的計算過程，其中使用者資料包只含有7個位元組的資料，因為資料長度為奇數，故必須加入1個位元組來做檢查碼計算，當使用者資料包交給IP時要將虛擬標頭及所填補的位元移除。

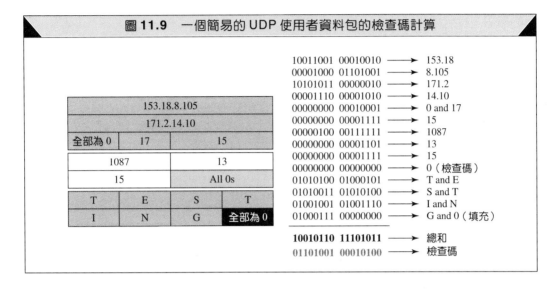

圖 11.9　一個簡易的 UDP 使用者資料包的檢查碼計算

UDP 對檢查碼使用的選擇

要不要在使用者資料包內使用檢查碼都可以。如果不使用檢查碼，則其欄位填入0。也許有人會問，當目的端電腦的UDP軟體接收到一個檢查碼的值為0的資料包時，它如何決定有沒有使用檢查碼的機制，或者剛好計算的檢查碼結果全部是0。答案很簡單，如果來源端真的計算檢查碼而其結果剛好為0，就必須傳送其補數值，所以送的不是全部為0的位元而是全部為1的位元。注意，檢查碼的計算結果不會全部為0，這也意味著在2的補數運算下的加總不可能出現全部為1的情況。

11.4　UDP 的運作　*UDP Operation*

UDP 使用的概念與傳輸層共通，在這一節，我們會先簡單介紹，待下一章 TCP 通訊協定再詳細介紹。

非預接式服務

前面提及 UDP 提供**非預接式服務 (connectionless service)**，表示每個 UDP 所送出的使用者資料包都是獨立的，不同的使用者資料包即使是來自相同的來源端程式到相同的目的端程式，彼此間也沒有任何關係。使用者資料包並沒有編號，也沒有如同TCP通訊協定一樣，有所謂的連線建立與連線結束，這代表每個使用者資料包可能以不同的路徑在傳送。

　　非預接式的另一個現象是，使用 UDP 的程序不能以資料串流 (data stream) 的方式將資料送給 UDP，且期望 UDP 將之分成數個相關聯的使用者資料包。相反地，每個程序要求要傳送的資料，必須比一個使用者資料包小，也就是說，欲傳送短訊息的程序應該使用 UDP。

流量控制與錯誤控制

UDP是一種非常簡單、非可靠性的傳輸通訊協定。沒有流量控制，也就是說沒有流量窗口的機制，接收者可能被湧入的訊息淹沒。

在UDP中，除了檢查碼之外，沒有其他錯誤控制的機制，傳送者不知道是否一筆訊息遺失或是重複傳送。當接收者以檢查碼偵測到錯誤時，該資料包只會靜悄悄地被移除。由於 UDP 沒有**流量控制 (flow control)** 及**錯誤控制 (error control)**，必須由使用 UDP 的程序來提供這些機制。

封裝及拆裝

要把訊息從一個程序送到另一個程序， UDP 通訊協定必須將訊息**封裝 (encapsulation)** 後再送出，並且在接收後**拆裝 (decapsulation)** 取出（見圖 11.10）。

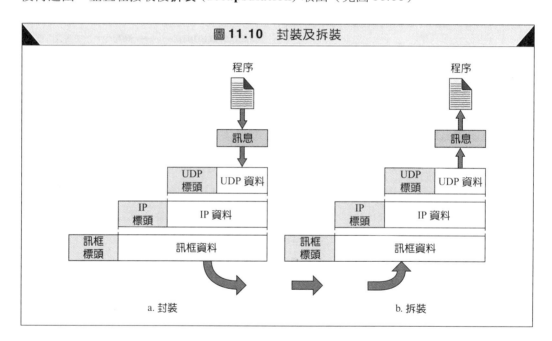

圖 11.10　封裝及拆裝

封裝過程

當一個程序要以 UDP 方式將訊息送出時，該程序把這筆訊息連同一對的插座位址及資料長度交給 UDP。UDP 在收到資料後，會加入 UDP 標頭，然後 UDP 將此使用者資料包連同插座位址交給 IP。在 IP 加入自己的標頭，設定通訊協定欄位的值為 17，代表這是由 UDP 通訊協定送來的資料。然後，此 IP 資料包就傳給資料鏈結層，資料鏈結層在收到 IP 資料包後，加上自己的標頭和尾端資訊，然後送到實體層，實體層將收到的位元編碼成電氣或光的訊號，將之送到遠端的機器。

拆裝過程

當訊息到達目的端主機時，實體層將收到的訊息解碼，然後傳送給資料鏈結層。資料鏈結層使用訊框的標頭及尾端資訊來檢查資料，如果沒有錯誤，就移除標頭及尾端資訊，將 IP 資料包傳給 IP 軟體。IP 軟體也做必須的檢查，如果沒有錯誤就去掉 IP 的標頭，將使用者資料包交給 UDP，同時也將傳送端與接收端的 IP 位址交給 UDP。UDP 以檢查碼檢查整個使用者資料包，如果沒有問題，UDP 的標頭就會移除，剩下來的資料和傳送端的插座位址一同交給接收端的程序。有時接收端程序可能必須回應其所收到的訊息，所以傳送端的插座位址也要提供給接收端的程序。

佇列

我們提過所謂的埠號 (port) 但沒有介紹過如何實現。以 UDP 來講，**佇列 (queue)** 和埠號息息相關（見圖 11.11）。

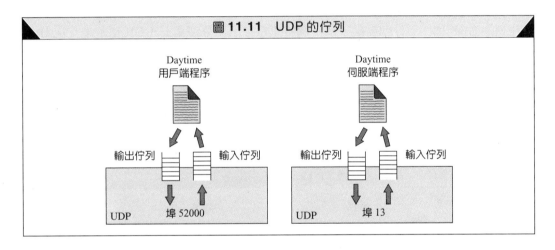

圖 11.11 UDP 的佇列

在用戶端，當一個程序啟動時，它向作業系統要求一個埠號。有些實現的方法是給每個程序分別建立一個輸入佇列及一個輸出佇列，有的實現方法則只建立一個輸入佇列。

注意，即使一個程序想要與數個程序通訊，它也只能得到一個埠號及一個輸出和輸入佇列。由用戶端所建立的佇列一般是用短暫埠號來辨識，只要程序在執行則佇列就存在。當程序結束時，其對應的佇列就被移除。

用戶端程序依要求所指定的來源端埠號將訊息送到輸出佇列。UDP 則是從佇列中一個一個地取出訊息來，加上自己的標頭然後交給 IP。輸出佇列可能會發生溢位，如果發生，作業系統要求用戶端程序稍等一下再送出訊息。

當某一訊息到達用戶端時，UDP 檢查其輸入佇列是否已建立，這個佇列是依照使用者資料包的目的端埠號欄位所建立的。如果這個佇列存在，UDP 把收到的使用者資料包排到這個佇列的尾端。如果沒有這樣一個佇列，UDP 將收到的使用者資料包移除，並要求 ICMP 送出一個通訊埠無法到達 (port unreachable) 的訊息回去給伺服端。所有進來給某個用戶端程式的訊息，不論是來自相同或不同的伺服端，都會送到相同的佇列。輸入佇列也可能會發生溢位，若發生，則 UDP 會移除進來的使用者資料包，並要求 ICMP 送一個通訊埠無法到達的訊息給伺服端。

伺服端建立佇列的方式不同，後面幾章，我們會介紹數個不同種類的伺服端程式。最簡單的一種是當伺服程序啟動時，使用公認埠號來要求建立輸入及輸出的佇列，只要伺服程序在執行，則佇列就會開著。

當某一訊息到達伺服端時，UDP 檢查其輸入佇列是否已建立，這個佇列是依照使用者資料包的目的端埠號欄位所建立的。如果這個佇列存在，UDP 把收到的使用者資料包排到這個佇列的尾端。如果沒有這樣一個佇列，UDP 將收到的使用者資料包丟掉，並要求 ICMP 送出一個通訊埠無法到達 (port unreachable) 的訊息回去給用戶端。所有進來給某個伺服端程式的訊息，不論是來自相同或不同的用戶端，都會送到相同的佇列。輸入佇列也可能會發生溢位，若發生，則 UDP 會移除進來的使用者資料包，並要 ICMP 送一個通訊埠無法到達的訊息給用戶端。

當伺服端程序要回應某個用戶時，它依要求訊息中指定的來源端埠號將訊息送到輸出佇列，UDP 則由該佇列前端一個一個將訊息移出，分別加上 UDP 標頭後交給 IP，如果輸出佇列發生溢位，作業系統要求伺服程序要等一等再送其他訊息出來。

多工與解多工

執行 TCP/IP 通訊協定組的主機只執行一個 UDP，但是可能有好幾個程序想使用 UDP 的服務，處理這種情況，要以 UDP 多工及解多工的方式進行（見圖 11.12）。

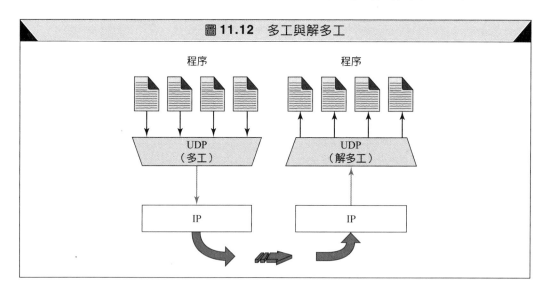

圖 11.12　多工與解多工

多工

在傳送者這一端，可能有數個程序要送出自己的使用者資料包，不過只有一個 UDP 程式，這是一種多對一的關係，要使用**多工 (multiplexing)** 的機制來做。UDP 接收來自不同程序的訊息，依每個訊息給的埠號來區分它們，UDP 分別為其加上標頭後，將使用者資料包送給 IP。

解多工

在接收端同樣只有一個UDP，可是可能有好幾個程序會收到自己的使用者資料包，這是一種一對多的關係，要用**解多工 (demultiplexing)** 的方式來做。 UDP 由 IP 收到使用者資料包，在檢查錯誤及去掉標頭後，UDP 依埠號把每個訊息交給適當的程序。

11.5　UDP 的用途　*Use of UDP*

以下列出一些可使用 UDP 通訊協定的地方：

❑　UDP 適合的程序特性為只做簡單的要求與回應的通訊，不在乎流量控制與錯誤控制。 UDP 不適合傳送大量資料，像是 FTP 這種程序就不適合（見第 19 章）。

❑　UDP 適合自己有內部流量和錯誤控制機制的程序。例如，TFTP 通訊協定有自己的流量控制及錯誤控制機制（見第 19 章），適合使用 UDP。

❑　UDP 適合群播的傳輸層通訊協定。群播通常以 UDP 來實現，而不是使用 TCP。

❑　UDP 使用於網管的程序，像是 SNMP 通訊協定（見第 21 章）。

❑　UDP 也使用於一些路徑更新通訊協定，像是路由資訊通訊協定（RIP）（見第 14 章）。

11.6　UDP 套件　*UDP Package*

為了讓讀者了解 UDP 如何處理 UDP 封包的傳送與接收動作，我們展示一個簡易版本的 UDP 套件。

我們可以說 UDP 套件包含下面 5 個模組：控制區塊表 (control-block table)、輸入佇列 (input queue)、控制區塊模組 (control-block module)、輸入模組 (input module)，及輸出模組 (output module)。圖 11.13 說明了這 5 個模組及其運作情況。

控制區塊表

在我們的套件中，UDP 使用一個控制區塊表來記錄每個開啟的通訊埠。表中的每個條目至少有 4 個欄位，分別是狀態欄位、程序代碼、埠號，及其相對應的佇列代碼。其中狀態欄位的值可能是 FREE 或 IN-USE，用來表示此條目的使用情況。

輸入佇列

我們的 UDP 套件使用一組輸入佇列，每個程序被分配到一個。在我們的設計中，並沒有使用到輸出佇列。

控制區塊模組

這個模組負責管理控制區塊表。當某個程序開啟時，它向作業系統要一個埠號，若是伺服端程序則給公認埠號，若是用戶端程序則給短暫埠號。相關程序將其程序代碼及埠號送給控制區塊模組，以便在控制區塊表中為該程序建立一個條目，控制區塊模組並不建

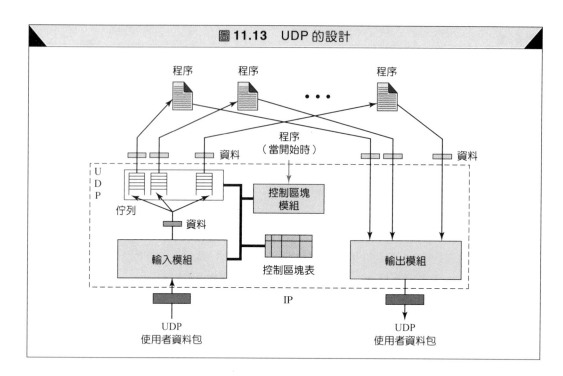

立佇列。此時該條目的佇列代碼值為 0。這裡我們沒有包含控制區塊條目被用完的處理機制,這一項可以留作練習。

<table>
<tr><td colspan="1">控制區塊模組</td></tr>
</table>

控制區塊模組
接收:一個程序代碼及一個埠號
1. 在控制區塊表中尋找一個 FREE 的條目。
A. 如果(沒找到):
a. 以既定方法刪去一個條目。
B. 建立一個新的條目,並設定其狀態為 IN-USE。
C. 填入程序代碼與埠號。
2. 返回。

輸入模組

輸入模組由 IP 收到一個使用者資料包後,立即在控制區塊表中尋找與這個使用者資料包有相同埠號的條目。如果找到這個條目,輸入模組就(使用此條目中的訊息)將資料包送到佇列,如果沒有找到要找的條目,則產生一個 ICMP 訊息。

輸入模組
接收：來自 IP 的使用者資料包
1. 在（控制區塊表中尋找對應的條目）：
A. 如果（找到）：
a. 檢查佇列欄看看是否已經設定佇列。
i. 如果（沒有）：
· 設定佇列。
ii. 把資料包排到對應的佇列。
B. 如果（沒有找到）：
a. 要求 ICMP 模組送出一個通訊埠無法到達的訊息。
b. 移除該使用者資料包。
2. 返回。

輸出模組

輸出模組負責建立並傳送使用者資料包。

輸出模組
接收：來自程序的資料與訊息
1. 建立一個 UDP 使用者資料包。
2. 傳送該使用者資料包。
3. 返回。

範例

在本節我們列舉了一些範例來看這些模組的運作情形。表 11.2 說明了一開始時控制區塊表的內容。

表 11.2　一開始控制區塊表的內容

狀態	程序代碼	埠號	佇列代碼
IN-USE	2,345	52,010	34
IN-USE	3,422	52,011	
FREE			
IN-USE	4,652	52,012	38
FREE			

範例 2

一開始一個目的埠號為 52,012 的使用者資料包到來，輸入模組在控制區塊表中尋找並找到這個埠號，同時知道這個埠已經在使用，其佇列代碼為 38。輸入模組將使用者資料包傳送到 38 號佇列，控制區塊表保持不變。

範例 3

在數秒後，一個程序啟動，它向作業系統要求一個埠號，而作業系統給予此程序一個 52,014 的埠號。然後該程序將其程序代碼 (4,978) 及埠號交給控制區塊模組，以便在控制區塊表中建立一個條目。控制模組選用第 1 個空著的條目，把收到的資訊填入。此時並沒有建立相對應的佇列，因為到此目的埠的使用者資料包還沒有到來（見表 11.3）。

表 11.3　範例 3 的控制區塊表之內容

狀態	程序代碼	埠號	佇列代碼
IN-USE	2,345	52,010	34
IN-USE	3,422	52,011	
IN-USE	**4,978**	**52,014**	
IN-USE	4,652	52,012	38
FREE			

範例 4

一個目的埠為 52,011 的使用者資料包傳送進來，輸入模組檢查表中發現目前並沒有為這個目的埠安排佇列，這是因為到這個埠號的第 1 個資料包現在才到，這時候輸入模組便建立一個佇列，其代碼為 43（見表 11.4）。

表 11.4　範例 4 的控制區塊表之內容

狀態	程序代碼	埠號	佇列代碼
IN-USE	2,345	52,010	34
IN-USE	3,422	52,011	**43**
IN-USE	4,978	52,014	
IN-USE	4,652	52,012	38
FREE			

範例 5

數秒後，一個埠號為 52,222 的使用者資料包傳送進來。輸入模組在表中無法找到一個與此埠號一樣的條目，於是該使用者資料包就被移除，同時輸入模組要求 ICMP 送出一個通訊埠無法到達的訊息給資料包的來源端。

11.7 重要名詞 *Key Terms*

應用程式 (application program)

檢查碼 (checksum)

用戶端 (client)

非預接式服務 (connectionless service)

非預接式、非可靠性傳輸層通訊協定 (connectionless, unreliable transport protocol)

拆裝 (decapsulation)

動態埠 (dynamic port)

封裝 (encapsulation)

短暫埠號 (ephemeral port number)

錯誤控制 (error control)

流量控制 (flow control)

網際網路名號管理公司 (ICANN)

多工 (multiplexing)

埠號 (port number)

程序 (process)

程序對程序通訊 (process-to-process communication)

虛擬標頭 (pseudoheader)

佇列 (queue)

已註冊埠 (registered port)

伺服端 (server)

插座位址 (socket address)

傳輸層 (transport layer)

使用者資料包 (user datagram)

使用者資料包通訊協定 (User Datagram Protocol, UDP)

公認埠 (well-known port)

11.8 摘要 *Summary*

❑ UDP為一種傳輸層通訊協定，可以建立程序對程序的通訊。

❑ UDP幾乎是一種非可靠性、非預接式的通訊協定，所需的額外動作很少，可以快速傳輸。

❑ 以用戶與伺服之架構而言，在本地端主機執行的應用程式稱為用戶端程式，它需要一個在遠方執行，稱為伺服端程式的應用程式來提供服務。

❑ 每一個應用程式有一個唯一的埠號，用它可以區分同時在同一機器執行的其他程式。

❑ 用戶端程式被給予的埠號稱為短暫埠號。

❑ 伺服端程式被給予的通用埠號稱為公認埠號。

❑ ICANN為不同種類的埠號定出範圍。

❑ 一個IP位址與一個埠號的組合稱為插座位址，用來唯一的定義一個程序及一台主機。

❑ UDP需要一對插座位址，包括用戶端插座位址及伺服端插座位址。

❑ UDP的封包稱為使用者資料包 (user datagram)。

❑ UDP只用檢查碼來做錯誤控制。

❑ 檢查碼計算時，加入虛擬標頭可以讓有問題的來源和目的IP位址被偵測出來。

❑ UDP沒有流量控制的機制。

❑ 一個使用者資料包被封裝在IP資料包的資料欄內。

❑ 輸入佇列存放要傳送給UDP的訊息，輸出佇列存放由UDP傳送出去的訊息。

❑　UDP使用多工的技術來處理同一主機內的多個程序所送出的使用者資料包。

❑　UDP使用解多工的技術來處理傳進來的使用者資料包，這些資料包是給同一主機上的各個不同程序。

❑　UDP套件擁有5個模組：控制區塊表、控制區塊模組、輸入佇列、輸入模組及輸出模組。

❑　輸入佇列存放傳送進來的使用者資料包。

❑　控制區塊模組負責維護控制區塊表的條目內容。

❑　輸入模組建立輸入佇列，而輸出模組則送出使用者資料包。

11.9　習題　*Practice Set*

練習題

1. 舉一些例子說明，在可靠度不是很重要的場合，UDP還算是一個不錯的傳輸層通訊協定。

2. UDP和IP兩者之不可靠的程度相同嗎？為什麼？

3. 埠位址必須是唯一的嗎？為什麼？為什麼埠位址比IP位址短？

4. 在字典裡ephemeral的定義是什麼？這個字如何應用到短暫埠號的觀念上？

5. 舉出一UDP使用者資料包標頭中的每個項目，這個資料包攜帶TFTP用戶端訊息到TFTP伺服端，檢查碼欄位填0。選一個適當的短暫埠號及正確的公認埠號，資料長40個位元組，使用圖11.7中的格式，列出整個UDP封包。

6. 主機IP為122.45.12.7的SNMP用戶端傳送一訊息給主機IP為200.112.45.90的SNMP伺服器，此通訊使用的一對插座位址為何？

7. 主機IP為130.45.12.7的TFTP伺服器傳送一訊息給主機IP為14.90.90.33的TFTP用戶，此通訊使用的一對插座位址為何？

8. UDP資料包的最小長度為多少？

9. UDP資料包的最大長度為多少？

10. 封裝在UDP使用者資料包的最小程序資料的長度為多少？

11. 封裝在UDP使用者資料包的最大程序資料的長度為多少？

12. 一個用戶端擁有一個長度為68,000個位元組的封包，說明這個封包如何只用一個UDP使用者資料包來傳送？

13. 一個用戶端使用UDP傳送資料給伺服端，資料長度為16個位元組，試計算在UDP層的傳輸效率（有效之位元組長度對總長度之比率）。

14. 重做13題，改計算IP層的傳輸效率，並且假設IP標頭沒有選項。

15. 重做13題，改計算資料鏈結層的傳輸效率，並且假設IP標頭沒有選項並且在資料鏈結層使用乙太網路。

16. 某UDP標頭內容的十六進制值如下：

06 32 00 0D 00 1C E2 17

(a) 來源埠號為何？

(b) 目的埠號為何？

(c) 使用者資料包總長度為何？

(d) 資料長度是多少？

(e) 這個封包是從用戶端到伺服端或從伺服端到用戶端？

(f) 用戶程序代碼是什麼？

資料檢索

17. 使用 grep 工具來找出更多的公認埠。

18. 請找出所有關於 UDP 通訊協定的 RFC 文件。

19. 請找出所有關於埠號的RFC文件。是否有特定的RFC文件在討論公認埠或暫存埠？

20. 找出更多有關 ICANN 的資訊。此機構在更名之前的名稱為何？

21. 證明在 UDP 中檢查碼的計算不會全為 0。提示：使用模 (modular) 運算。

CHAPTER 12

傳輸控制通訊協定

Transmission Control Protocol (TCP)

傳 統上，在TCP/IP通訊協定組之中，指定UDP及TCP兩種通訊協定做為傳輸層通訊協定。我們已經在第11章中介紹過UDP。在本章，我們將要學習TCP通訊協定。另外，還有一個新的傳輸層通訊協定已設計出來，稱為 SCTP，我們會在第 13 章討論。

圖12.1說明了TCP與其他通訊協定在TCP/IP通訊協定組之中的關係。TCP位於應用層與IP層之間，其TCP提供應用程式與網路運作之間的服務。

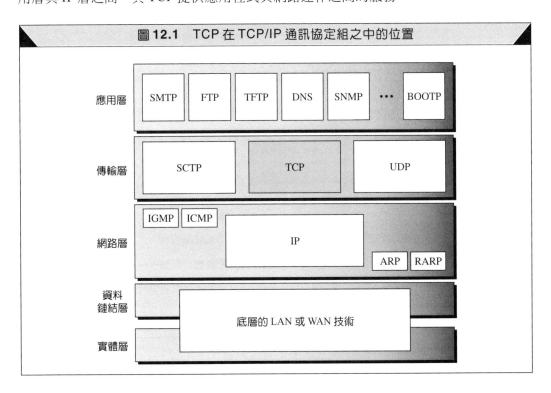

圖 12.1　TCP 在 TCP/IP 通訊協定組之中的位置

TCP 和 UDP 一樣屬於一種程序對程序 (process-to-process) 的通訊協定，或稱為程式對程式 (program-to-program) 的通訊協定。所以 TCP 和 UDP 一樣使用通訊埠號 (port number)。但 TCP 和 UDP 不同的是，TCP 屬於預接式 (connection-oriented) 通訊協定，其兩端的 TCP 會建立一個虛擬連線來傳送資料。另外，TCP 在傳輸層中使用流量控制及錯誤控制的機制。

簡單來說，TCP 是一種預接式、具可靠性的傳輸通訊協定。 TCP 把 IP 的服務加入預接及可靠性這兩項特點。

12.1　TCP 的服務　*TCP Services*

在進一步討論 TCP 之前，讓我們先看看有哪些應用層的程序使用 TCP 所提供的服務。

程序對程序的通訊

TCP 和 UDP 一樣使用通訊埠號 (port number) 來提供程序對程序的通訊（見第 11 章）。表 12.1 列出一些 TCP 所使用的公認埠號碼。

表 12.1　TCP 所使用的一些公認埠號

埠號	通訊協定	敘述
7	Echo	回應一個已接收到的資料包給傳送者
9	Discard	移除接收到的資料包
11	Users	線上使用者
13	Daytime	傳回日期與時間
17	Quote	傳回當日引言
19	Chargen	傳回一串字元
20	FTP, Data	檔案傳輸通訊協定（資料連線）
21	FTP, Control	檔案傳輸通訊協定（控制連線）
23	TELNET	終端機網路
25	SMTP	簡易郵件傳輸通訊協定
53	DNS	網域名稱服務
67	BOOTP	開機程式通訊協定
79	Finger	詢問登錄者之訊息
80	HTTP	超文件傳輸通訊協定
111	RPC	遠端程序呼叫

範例 1

就我們在第 11 章所說的，在 UNIX 系統中，公認埠號被儲存在 /etc/services 的這個檔案中。檔案中的每一行給予某個服務的名稱及對應的公認埠號。我們可以使用 **grep** 的系統工具來擷取指定應用所對應的那一行或多行的資料。下面顯示了 FTP 的埠號：

```
$ grep  ftp  /etc/services
ftp-data          20/tcp
ftp-control       21/tcp
```

串流傳送服務

TCP 不像 UDP，TCP 是一種**串流導向 (stream-oriented)** 的通訊協定。在 UDP，一個程序（應用程式）傳遞已定義長度的訊息給 UDP，再由 UDP 傳送。UDP 將其標頭各別加到這些訊息之前，然後送給 IP 層傳輸出去。從程序傳遞過來的訊息稱為使用者資料包 (user datagram)，最終會變成 IP 資料包，不管是 IP 或是 UDP，都將其資料包視為獨立的，各資料包之間沒有任何關聯。

另一方面，TCP 則允許傳送程序 (sending process) 以位元組串流 (stream of bytes) 的方式來傳遞資料，接收程序 (receiving process) 也是以位元組串流的方式得到資料。TCP 在兩個程序之間建立了一種類似管線 (tube) 的連接環境，此管線讓兩端的程序攜帶其資料來跨越 Internet，如圖 12.2 所示。傳送程序產生（寫入）位元組串流，而接收程序則消耗（讀取）前來的資料。

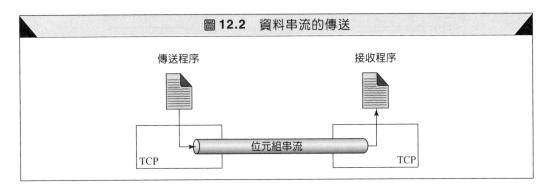

圖 12.2　資料串流的傳送

傳送緩衝器與接收緩衝器

因為傳送程序產生資料的速度與接收程序消耗資料的速度可能不太一樣，TCP 需要使用緩衝器 (buffer) 來儲存資料。每個傳送方向分別有一個傳送緩衝器與一個接收緩衝器（稍後我們會介紹 TCP 所使用的流量控制與錯誤控制機制都需要這 2 個緩衝器）。有一種方法可以用來實作這樣的緩衝器，就是使用一個以位元組為單位的**環狀陣列 (circular array)** 之資料結構，如圖 12.3 所示。為了說明起見，我們假設這 2 個緩衝器的長度各為 20 個位元組；在正常狀況下，緩衝器可能有好幾千個位元組，要視不同的實作而定。另外我們也假設這 2 個緩衝器的大小一樣，不過實際狀況並不是如此。

圖 12.3 說明單一方向的資料移動情況。在傳送端的部分，緩衝器有 3 種不同的資料空間，圖中白色的部分屬於空出來的資料空間，可以接收來自傳送程序（生產者）所產生的資料。淺灰色的部分代表此資料空間的資料已經傳送出去，但尚未收到回應 (acknowledged)。TCP 將這些位元組的資料保留在緩衝器內直到它收到回應為止。深灰色部分的資料空間代表即將被 TCP 送出的資料，不過在本章後面會知道，TCP 可能只能送出全部深灰色部分的一部分資料，其原因可能是接收程序太慢或是網路的壅塞所造成。另外，要注意在淺灰色的部分被回應後，空間會被收回，而傳送程序可再度使用，這也是為什麼緩衝器是一個環狀結構的原因。

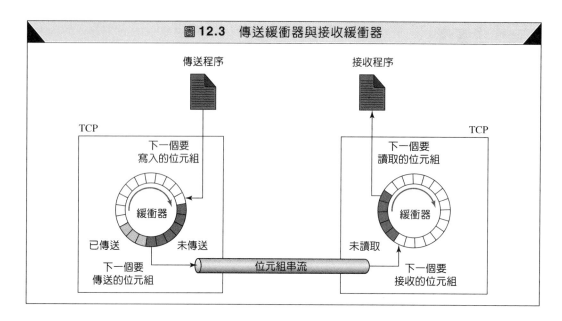

圖 12.3　傳送緩衝器與接收緩衝器

在接收端的緩衝器之運作較為簡單，其環狀緩衝器分為 2 個部分（白色與深灰色）。白色部分是空出來的資料空間，可存放來自網路的位元組資料。深灰色部分則為已接收的位元組，等著被接收程序消耗掉。當 1 個位元組被接收程序消耗掉後，其位置則被收回成為空位的一部分。

區段

雖然，緩衝器處理掉產生程序與消耗程序在速度上的差異，但我們還需要一個步驟才能將資料傳送出去。IP 層對 TCP 層來說是一個服務提供者，IP 層傳送資料的方式是以封包型態，並不是位元組串流的方式。在傳輸層中，TCP 將某個數目的位元組資料組成一個封包，稱為**區段 (segment)**。TCP 將每個區段加入標頭後（為了控制的目的）送交給 IP 來傳送。接著區段被封裝在 IP 資料包內傳送出去。這整個過程對接收程序而言完全是透明的。

待會兒，我們會看到這些區段被收到時，可能會亂了次序、遺失或損壞而被重新傳送。這些都是由 TCP 負責處理，接收程序不會察覺有上述任何一件事情發生。圖 12.4 說明了區段是如何從緩衝器內的位元組產生。

注意，每個區段並不一定要同樣大小。圖中為了說明簡單，有一個區段攜帶了 3 個位元組，另一個區段攜帶 5 個位元組。在實際狀況中，一個區段就算沒有攜帶數千個位元組，至少也會攜帶數百個位元組。

全雙工通訊

TCP 提供**全雙工服務 (full-duplex service)**，在同一時間資料可雙向流動。每一個 TCP 各有一個傳送緩衝器與接收緩衝器，讓區段可以雙向移動。

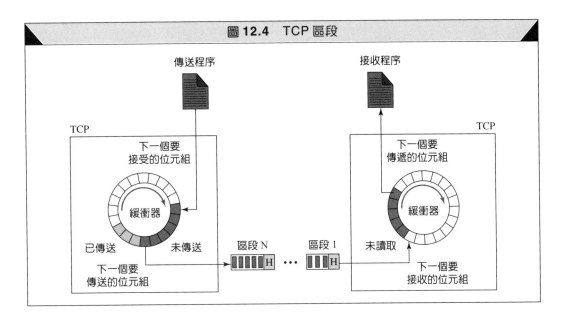

預接式服務

TCP 不像 UDP，TCP 是一種預接式 (connection-oriented) 的通訊協定。地點 A 的程序要與地點 B 的程序進行資料的傳送與接收時，其過程如下：

1.　A 和 B 的 TCP 在它們之間先建立一條連線。

2.　A 和 B 的 TCP 可以雙向地進行資料的交換。

3.　終止連線。

注意，這是一種虛擬連線 (virtual connection)，並不是一種實體連線 (physical connection)。TCP 的區段被封裝在 IP 資料包之後，可以不按照順序送出，資料包可能會遺失或被破壞，然後重送。每個 IP 資料包到達目的地，可能採用不同的路徑，其間並沒有實體的連線。然而，因為 TCP 建立一種資料串流的環境，TCP 就必須負責依照次序將位元組送到其他地點。這就像一座橋跨在多個島嶼上，將所有的位元組從一座島嶼送往另一個島嶼，但只使用一條連線。我們會在稍後討論這個特性。

可靠性服務

TCP 是一種可靠性的傳輸通訊協定，TCP 使用回應 (acknowledged) 的機制來檢查資料是否安然無恙地到達目的地。我們會在稍後錯誤控制的單元中討論這個特性。

12.2　**TCP 的特色**　*TCP Features*

前面章節已經提過 TCP 所提供的服務，而我們會在本節中簡短地概述一下 TCP 的幾項特點，並在後面的章節再進一步地討論其細節。

編號系統

雖然 TCP 軟體記錄哪些區段已經被傳送或接收到,但是這並不是在區段標頭中使用一個區段號碼 (segment number) 的欄位,取而代之的是使用2個欄位,稱為**序號** (sequence number) 和**回應號碼** (acknowledgment number)。這 2 個欄位記錄的是位元組號碼,而不是區段號碼。

位元組號碼

TCP 會對每一條連線送出的所有資料位元組進行編號,不同方向的編號動作並沒有相互的關係。當 TCP 從傳送程序收到位元組資料時,TCP 將之存放在傳送緩衝器並加以編號。號碼並不見得是從0開始,第1個號碼以隨機方式產生,其範圍在0到$2^{32} - 1$之間。例如,如果亂數號碼為 1,057,而全部資料為 6,000 個位元組,那麼編號則是從 1,057 到 7,056。待會兒,我們會知道位元組號碼被使用於流量控制和錯誤控制。

每條連線所傳送的位元組都被 TCP 編號,而第 1 個號碼是由亂數產生而來。

序號

在位元組被編號後,TCP為每個正被送出的區段設定一個序號。每個區段的序號是該區段的第 1 個位元組編號。

範例 2

想像某一 TCP 連線傳送一個 5,000 位元組的檔案。第 1 個位元組號碼為 10,001,如果資料被分成 5 個區段送出,每個區段各自攜帶 1,000 個位元組,請問每一個區段的序號為何?

解答

以下是每個區段的序號:

區段 1	→序號:10,001	(範圍從 10,001 到 11,000)
區段 2	→序號:11,001	(範圍從 11,001 到 12,000)
區段 3	→序號:12,001	(範圍從 12,001 到 13,000)
區段 4	→序號:13,001	(範圍從 13,001 到 14,000)
區段 5	→序號:14,001	(範圍從 14,001 到 15,000)

區段序號欄的值就是該區段的第 1 個位元組資料編號。

當一個區段攜帶資料和控制資訊的組合時,我們稱此為**挾帶 (piggy-backing)** 技術,這樣的區段會使用一個序號。當一個區段沒有攜帶任何資料時,基本上是不會定義任何序號,但序號欄是存在的,只是當中的值係屬無效。但是有一些只攜帶控制資訊的區段,還是需要一個序號來提供接收者的回應,這些區段被使用在連線的建立、結束與中止。每一個這類的區段需要消耗一個序號,就好像它攜帶一個位元組一樣,但是並沒有

實際的資料。如果亂數產生出來的序號值為 x，則第一個位元組被編號為 $x + 1$，編號為 x 的位元組被視為一個假的位元組，此位元組被使用在一個控制區段，此控制區段用來開啟一條連線，我們在稍後會再看到。

回應號碼

就如同我們在前面提及的，TCP 的通訊是全雙工 (full-duplex) 的模式。當連線被建立後，雙方可以同時傳送與接收資料。每一方為其位元組編號，通常兩方的起始號碼可能不同。每個方向的序號顯示該區段所攜帶之第 1 個位元組資料的編號。每一方也使用一個回應號碼以確認所收到的位元組。不過，回應號碼所定義的是某一方想要接收的下一個位元組編號。此外，回應號碼是累計的 (cumulative)，這是指接收的一方將它剛收到的最後一個安然無恙的位元組編號再加 1，以此號碼為回應號碼。「累計的」一詞是指如果一方以 5,643 為回應號碼，這表示它已經收到從開始到 5,642 號的所有位元組。注意，這不是表示它已經收到 5,642 個位元組，因為第 1 個位元組的號碼不需要從 0 開始。

> 區段的回應欄之值定義預期接收的下一個位元組，其回應號碼是累計的。

流量控制

TCP 不像 UDP，TCP 提供**流量控制 (flow control)** 的機制。資料的接收者控制傳送者可以傳送的資料量，這樣可以防止接收者被資料給癱瘓。編號系統允許 TCP 去使用位元組導向的流量控制。

錯誤控制

為了去提供可靠的服務，TCP 實作了**錯誤控制 (error control)** 的機制。儘管錯誤控制是以一個區段的資料為單位來進行錯誤偵測（已遺失或毀損的區段），但是錯誤控制是以位元組導向的方式進行，我們在稍後會看到。

壅塞控制

TCP 不像 UDP，TCP 會考慮到網路上的壅塞情況。傳送端所傳送的資料個數除了由接收端來控制（流量控制）之外，還必須由網路上壅塞的層級來決定。

12.3 區段 *Segment*

在討論 TCP 的細節之前，讓我們先來討論 TCP 封包本身，在 TCP 中的一個封包稱為一個**區段 (segment)**。

格式

圖 12.5 說明了一個區段的格式。

　　一個區段含有 20 到 60 位元組的標頭 (header)，接著為應用程式所提供的資料。如果沒有選項 (option) 的話，標頭為 20 個位元組，加了選項後標頭長度最長可達 60 個位

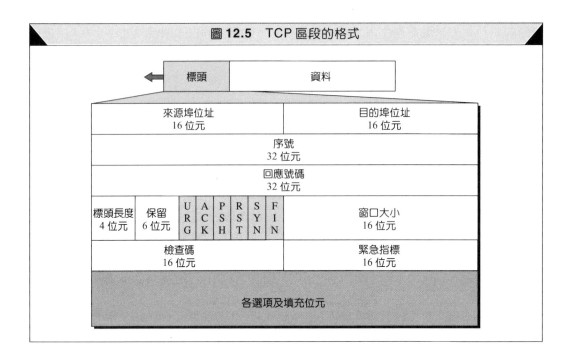

圖 12.5   TCP 區段的格式

元組。本節會討論標頭中的一些欄位，其中代表的意義和目的，會隨著本章的介紹而漸漸清楚。

❑ **來源埠位址**：本欄為16位元長，定義送出此區段的主機其應用程式所使用的埠號。這裡介紹的與前一章中 UDP 標頭的來源埠位址的意義是一樣的。

❑ **目的埠位址**：本欄為16位元長，定義接收此區段的主機其應用程式所使用的埠號。這裡介紹的與前一章中 UDP 標頭的目的埠位址的意義是一樣的。

❑ **序號**：本欄為32位元，定義該區段所攜帶之資料的第1個位元組號碼。前面提過，TCP 是一種資料串流的傳輸通訊協定，要確保連接性，被傳送的每個位元組都要被編號。序號用來告知目的接收者這個區段的第1個位元組的號碼為何。在連線建立時（見 12.4 節），雙方各使用一個亂數產生器來產生一個**起始序號 (Initial Sequence Number, ISN)**，通常兩邊的 ISN 是不會一樣的。

❑ **回應號碼**：本欄為 32 位元，定義了接收端期待接下來要接收到的位元組資料之號碼。如果某個區段的接收端已成功地收到位元組號碼為 x 的資料，接收端就把 $x + 1$ 定為回應號碼。如同前面所提到的，回應與資料可以透過挾帶技術來一同傳送。

❑ **標頭長度**：本欄為 4 位元，代表 TCP 標頭中有幾個 4 位元組長之字組。標頭長度可為 20 位元組到 60 位元組，因此本欄之數值在 5 (5 × 4 = 20) 到 15 (15 × 4 = 60) 之間。

❑ **保留**：這 6 個位元保留給未來使用。

❑ **控制**：本欄定義 6 個不同的控制位元（或旗標），如圖 12.6 所示。這些位元可同時被設定，用來啟動流量控制、連線的建立和結束、連線的中止，及 TCP 資料傳遞的模式。表 12.2 說明了每個位元的涵義，在後面我們介紹 TCP 的運作時，再詳細介紹各個旗標。

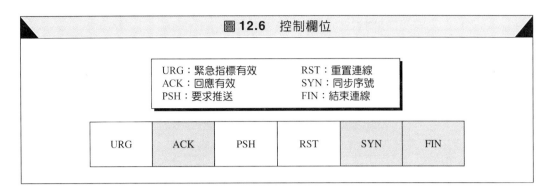

圖 12.6 控制欄位

表 12.2 控制欄的旗標

旗標	敘述
URG	緊急指標欄的值是有效的
ACK	回應欄的值是有效的
PSH	推送資料
RST	連線必須要被重置
SYN	在連線期間同步序號
FIN	結束連線

❑ **窗口大小**：本欄定義連線對方必須維持的窗口大小，以位元組為單位。這個欄位有 16 位元，表示最大的窗口大小為 65,535 個位元組。這個值通常被稱為接收端窗口大小 (rwnd) 並且由接收端來決定其值。傳送端必須遵守接收端所決定的這個值。（譯註：窗口大小是一種 TCP/IP 通訊協定所使用的參數，用來指定裝置可傳送資料的數量（以位元組計）。）

❑ **檢查碼**：本欄為 16 位元的檢查碼。TCP 檢查碼的計算遵循著在第 11 章描述過的 UDP 檢查碼的計算程序。但是，在 UDP 中檢查碼的機制是可以被選擇要不要採用，而 TCP 的檢查碼機制則是強制執行的。TCP 和 UDP 一樣為了相同的目的將相同格式的虛擬標頭 (pseudoheader) 加到區段前面。TCP 的虛擬標頭中，通訊協定欄的值為 6，如圖 12.7 所示。

❑ **緊急指標**：本欄為 16 位元，當區段攜帶緊急資料時使用。這個欄位只在緊急旗標被設定的情況下才有效。本欄所定義的數值再加上序號，就可得到在區段資料區中最後一個緊急位元組的號碼，後面會再介紹。

❑ **選項**：TCP 的標頭中最多可包含 40 位元組的選項資訊，在稍後的章節就討論 TCP 標頭所使用的選項。

TCP 的檢查碼機制是強制執行的。

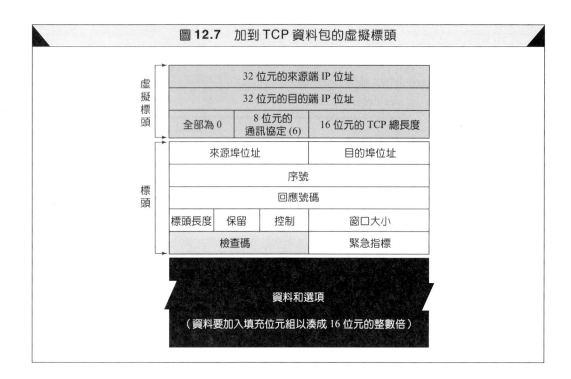

圖 12.7　加到 TCP 資料包的虛擬標頭

封裝

一個 TCP 的區段被封裝在 IP 資料包，然後此 IP 資料包再被封裝在資料鏈結層的訊框中，如圖 12.8 所示。

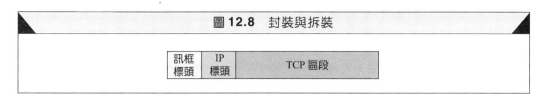

圖 12.8　封裝與拆裝

12.4　TCP 連線　*A TCP Connection*

TCP 是屬於預接式 (connection-oriented) 的傳輸通訊協定，它在來源端與目的端之間建立一條虛擬路徑，所有屬於相同訊息的區段，就依這條虛擬路徑傳送。使用單條虛擬路徑來傳遞整個訊息，有助於回應程序及區段遺失或損壞時重送機制的運作。或許你會想知道 TCP 如何使用 IP 這種非預接式通訊協定的服務來達到預接式的功能。其中的重點是 TCP 連線是虛擬的，並不是實體的連線，TCP 的運作是在較高的層次。TCP 使用 IP 的服務來傳送個別的區段到接收端，但是連線的控制還是由 TCP 自己來負責。如果有區段遺失或損壞時，它會被重送。IP 和 TCP 不同的是，IP 本身並不會察覺有重送的情況發生。如果區段不按照順序抵達的話，TCP 會將這些區段保存著，直到空缺的區段抵達為止。IP 也不會察覺有重新排序的情況發生。

在 TCP 裡，預接式的傳輸需要以下 3 個階段：連線的建立、資料的傳輸，及連線的結束。

連線的建立

TCP 是以全雙工模式來進行資料傳輸。當兩台電腦上的 TCP 連線時，這兩個 TCP 要能同時傳送區段給對方，也就是說在傳送資料之前，每一方都要先做通訊的初始化程序，而且等待另一方的同意。

三向交握

在 TCP 中的連線建立動作稱為**三向交握 (three-way handshaking)**。一個用戶端的應用程式使用 TCP 做為其傳輸層的通訊協定，想要與另一個伺服端的應用程式建立連線時，可以用這個交握程序。

三向交握程序由伺服端程式開始，伺服端程式告知其 TCP 可以接受一個連線，這種要求稱為**被動式開啟 (passive open)**。表示 TCP 已經準備好接受來自任何機器的連線要求，不過伺服端 TCP 無法自己就把連線建立起來，它是被動的。

由用戶端程式所發出的要求稱為**主動式開啟 (active open)**。用戶端想要建立一個與伺服端的連線，用戶端告知其 TCP 說它想要連到某一台特定的伺服器，接著 TCP 就可以開始三向交握的程序（如圖 12.9 所示）。

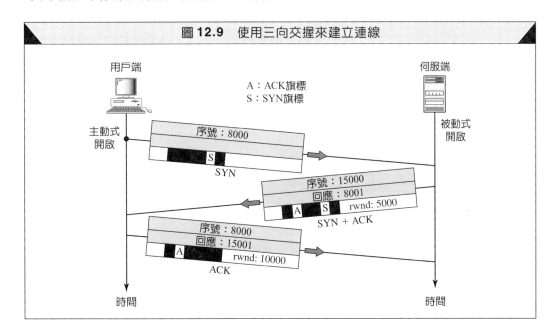

圖 12.9 使用三向交握來建立連線

我們使用時間軸的方式來顯示其過程，兩邊各一個時間軸。每一個區段填寫它的標頭欄位，或許還有一些選項欄位。然而，我們只顯示少數有助於我們了解每個階段的那些欄位。我們顯示序號、回應號碼、控制旗標（只有被設定的部分），及窗口大小（不是空的部分）。在這個階段的 3 個步驟如下：

1. 用戶端送出第 1 個區段，稱為 **SYN 區段**，因為這個區段只有 SYN 旗標被設定。SYN 區段是為了同步序號。在我們範例中的用戶端選擇一個亂數當成第 1 個序號，並且傳給伺服端，這一個序號稱為起始序號 (Initial Sequence Number, ISN)。注意，SYN 區段並沒有包含回應號碼，也沒有定義窗口大小，因為只有在一個包含回應的區段中定義窗口大小才有意義。SYN 區段也可以包含一些選項，我們在後面的章節會討論到。注意，SYN 區段是一個控制區段，並沒有攜帶任何的資料，但是它會消耗 1 個序號，當資料開始傳輸時，序號會累加 1。我們可以說 SYN 區段並沒有攜帶任何實際的資料，但是我們可以把它想成包含一個假的位元組。

> SYN 區段並沒有攜帶任何的資料，但是它會消耗 1 個序號。

2. 伺服端送出第 2 個區段，稱為 **SYN + ACK 區段**，因為這個區段的 SYN 旗標與 ACK 旗標都被設定，這個區段具有雙重目的。第一，它是另外一個通訊方向的 SYN 區段，伺服端使用這個區段來初始化其序號，用來對伺服端傳送到用戶端的位元組資料進行編號。第二，伺服端使用這個區段來回應之前所收到來自用戶端的 SYN 區段，伺服端透過 ACK 旗標及回應號碼的設定，來表示它期望從用戶端那裡收到下一個序號的資料。另外，還需要去定義用戶端的接收端窗口大小 (rwnd)，我們會在流量控制的章節討論。

> SYN + ACK 區段並沒有攜帶任何的資料，但是它也會消耗 1 個序號。

3. 用戶端會送出第 3 個區段，它只是 1 個 **ACK 區段**，它回應剛剛所收到的第 2 個區段，ACK 區段會設定其 ACK 旗標及回應號碼。注意，這個區段的序號和第 1 個區段的序號相同，這個 ACK 區段不會消耗任何的序號。用戶端也必須定義伺服端的接收端窗口大小 (rwnd)。在一些實作中，允許在連線建立階段之第 3 個區段可以攜帶來自用戶端的第 1 筆資料。在這樣的情況下，第 3 個區段就必須要有一個新的序號來表示資料中第 1 個位元組的編號。通常第 3 個區段是不會攜帶資料，也不會消耗任何的序號。

> ACK 區段並沒有攜帶任何的資料，它也不會消耗任何的序號。

同時開啟

有一種罕見的情況有可能發生，那就是雙方的程序同時發出主動式開啟來要求建立連線。如果是這樣，則雙方 TCP 會互送一個 SYN + ACK 區段，然後在它們之間建立起一條連線。我們在下一節討論狀態轉換圖時會展示這樣的情況。

SYN 癱瘓式攻擊

在 TCP 中，連線建立的過程很有可能遭受所謂的 **SYN 癱瘓式攻擊 (SYN flooding attack)**。它發生在有惡意的攻擊者傳送大量的 SYN 區段給某個伺服器，並且透過偽造各區段中的來源端 IP 位址，來假裝這些大量的 SYN 區段是來自不同的用戶端。伺服器會認為是不同用戶端發出主動式開啟，所以開始分配需要的資源，例如：建立 TCB 表 (我們會在後面的章節說明)以及設定計時器。然後伺服器的 TCP 就會傳送 SYN + ACK 區段給這些假的用戶端。在這段期間，有大量的資源被占用，卻沒有人使用。如果在這個短暫的時間中，收到的 SYN 區段太多的話，最終會超過伺服器所能提供的資源，有可能導致伺服器當機。這種 SYN 癱瘓式攻擊屬於**阻斷服務攻擊 (denial of service attack)**

的其中一類，阻斷服務攻擊就是某個攻擊者透過大量的服務要求來獨占某個系統，導致此系統崩潰而無法服務每一個要求。

有些 TCP 的實作會採用一些策略來減輕 SYN 攻擊的影響。有些會限制在一特定時間內所允許的連線要求個數，有些會濾掉那些來自無用的來源端位址的資料包。最近有一個策略是延遲資源分配的動作，直到整個連線已經透過 cookie 的方式設定完成。我們將在下一章討論 SCTP，這個新的傳輸層通訊協定就是使用這樣的策略。

資料的傳輸

在連線建立之後，就可以開始雙向的**資料傳輸 (data transfer)**。用戶端與伺服端可以在兩個方向執行傳送或回應的動作。在本章稍後，我們會學習到回應的規則。目前，我們已經足以知道在一相同方向的資料傳輸與回應被攜帶於相同的區段中，回應被挾帶於資料中。圖 12.10 說明了一個範例，此範例在連線建立（未列於圖中）之後，用戶端傳送 2,000 個位元組的資料於 2 個區段中，接著伺服器傳送 2,000 個位元組的資料於一個區段中，最後用戶端再傳送一個區段。前面 3 個區段同時攜帶資料和回應，但是最後一個區段只攜帶回應，因為已經沒有資料要傳送了。請注意各區段中序號與回應號碼欄位的值。由用戶端所送出的資料區段中，其 PSH（推送）旗標被設定，以便告知伺服器的 TCP 在接收到此區段之後能儘快地將資料往上傳遞到伺服端程序。我們會在稍後討論這個旗標的使用細節。另一方面，來自伺服器的區段並沒有設定其 PSH 旗標，大部分的 TCP 實作中可以讓使用者選擇是否使用推送與否。

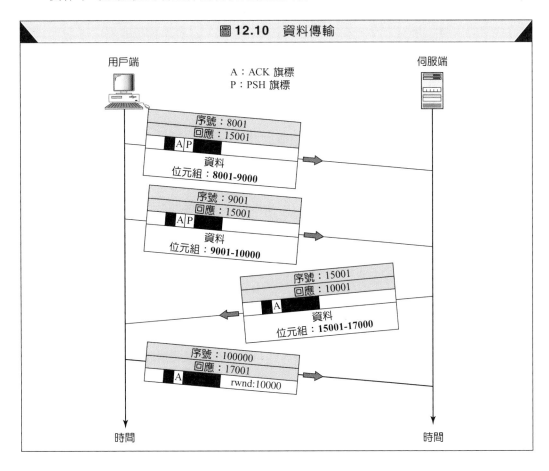

圖 12.10　資料傳輸

資料推送

我們知道傳送端的 TCP 使用了一個緩衝器 (buffer) 存放來自應用程式的資料串流，傳送端的 TCP 可以自由地建立任意大小的區段。接收端的 TCP 在資料到達時也將其存放在緩衝器，當應用程式準備好或 TCP 認為合適的時候再將資料交給應用程式，這些彈性提升了 TCP 的使用效率。

　　然而，這種彈性並不適用於某些應用程式。例如，考慮一個應用程式與另一方應用程式進行互動性的通訊，一方的應用程式要送一個按鍵的訊息給另一方，並想要立即得到回應。若這筆資料被延遲傳送或延遲傳遞時，可能就無法滿足此應用程式的要求。

　　TCP 可以處理這種情況，傳送端的應用程式可以要求一個推送 (push) 的動作，這表示傳送端之 TCP 不用等待其窗口填滿，就可以再建立一個區段，並立即送出。傳送端之 TCP 設定推送位元 (PSH)，告知接收端之 TCP 這個區段應該要趕快傳遞給接收端應用程式，不用等其他資料的到來。

　　儘管應用程式可以要求推送的動作，但是目前大部分的實作都會忽略這些要求。TCP 可以自由決定是否採用推送的功能。

緊急資料

TCP 是一種串流導向的通訊協定，這表示資料是由應用程式以位元組串流的方式傳遞給 TCP，每個位元組的資料在位元組串流中有其位置。不過，有時候應用程式想要傳送緊急資料時，傳送端之應用程式希望接收端之應用程式能夠不依原來資料的讀取順序來取得這些緊急資料。舉例來說，假設傳送端之應用程式傳送資料給接收端之應用程式處理。當部分的處理結果傳回到傳送端時，傳送端之應用程式已經發現錯誤，想要放棄整個處理程序，不過它已經送了一堆資料。假如傳送端發出一個放棄的命令 (Ctrl + C)，這兩個字元會被儲存在接收端之 TCP 緩衝器的後端，要等到前面所有的資料都處理了，這兩個字元才會交給接收端之應用程式。

　　解決這個問題的方法是，送出一個緊急區段（設定 URG 位元），由傳送端之應用程式告知傳送端之 TCP 說這是 1 筆緊急資料。傳送端之 TCP 建立區段時，將這些緊急資料放在區段的開始處，區段的其他地方可以包含緩衝器內原本正常的資料，這個緊急區段標頭中的緊急指標欄指到的所在地為緊急資料結束的地方，同時也是一般資料開始的地方。

　　當接收端之 TCP 收到有緊急位元被設定的區段時，它依照緊急指標欄所指的地方，在區段中找出緊急資料，不依照接收資料的順序，很快地就先傳遞給接收端之應用程式。

連線的結束

交換資料的雙方（用戶端或伺服端）之中，任何一方都可以關閉連線，大部分的情況是由用戶端來進行初始化。現今，大部分的實作允許兩種不同選擇的連線結束動作：三向交握及具半關閉的四向交握。

三向交握

現今，大部分的實作允許三向交握的連線結束動作，如圖 12.11 所示。

1. 在一般的情況下，用戶端之 TCP 接收到來自用戶端程序的關閉要求，然後傳送第 1 個區段，此區段稱為 **FIN 區段**，因為這個區段的 FIN 旗標被設定。要注意的是，FIN 區段可以同時包含用戶端要傳送的最後 1 筆資料，或是單純就只是一個控制區段（如圖中所示）。如果此區段只是一個控制區段時，它只會消耗 1 個序號。

> 如果 FIN 區段沒有攜帶任何的資料時，它只會消耗 1 個序號。

2. 伺服端的 TCP 在接收到 FIN 區段之後，它會將目前的情況告知上層的程序，並且傳送第 2 個區段，稱為 **FIN + ACK 區段**，用來批准來自用戶端的 FIN 區段，並且宣布另一個方向（用戶端到伺服端）的連線已關閉。FIN + ACK 區段也可以包含伺服端要傳送的最後 1 筆資料。如果此區段沒有攜帶任何的資料時，它只會消耗 1 個序號。

> 如果 FIN + ACK 區段沒有攜帶任何的資料時，它只會消耗 1 個序號。

3. 用戶端的 TCP 傳送最後一個區段，稱為 **ACK 區段**，用來批准來自伺服端之 TCP 的 FIN 區段。這個區段所包含的回應號碼為來自伺服端的 FIN 區段之序號再累加 1。這個區段不能攜帶任何的資料，也不會消耗任何的序號

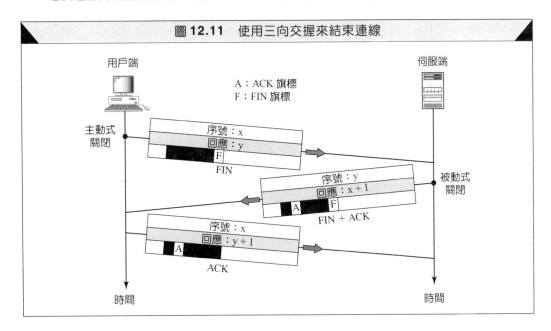

圖 12.11 使用三向交握來結束連線

半關閉

在 TCP 中，某一端可以停止傳送資料，但是繼續接收資料，這種情況稱為**半關閉 (half-close)**。儘管任何一端都可以發出半關閉的要求，但正常的情況下是由用戶端來進行初始化。半關閉有可能發生在伺服端開始處理某個程序前需要所有資料的情況下，排序

(sorting) 就是一個很好的範例。當用戶端傳送資料給伺服端去進行排序的動作時，在伺服端開始排序之前需要先接收到所有的資料，這也代表用戶端在傳送所有資料之後就可以關閉對外方向的連線。然而，對內方向的連線必須保持打開的狀態，以便接收排序後的資料。伺服端的部分，在接收資料之後仍然需要一段時間來進行排序的動作，其伺服端對外方向必須保持打開的狀態。

　　圖 12.12 說明了一個半關閉的範例。用戶端透過傳送 FIN 區段來對該連線進行半關閉的動作。伺服端藉由 ACK 區段的傳送來接受半關閉，然後停止由用戶端到伺服端的資料傳輸，然而，伺服端仍然可以傳送資料。當伺服端將處理完的資料全部傳送完成後，伺服端會傳送一個 FIN 區段，然後用戶端會針對這個 FIN 區段回應一個 ACK 區段。

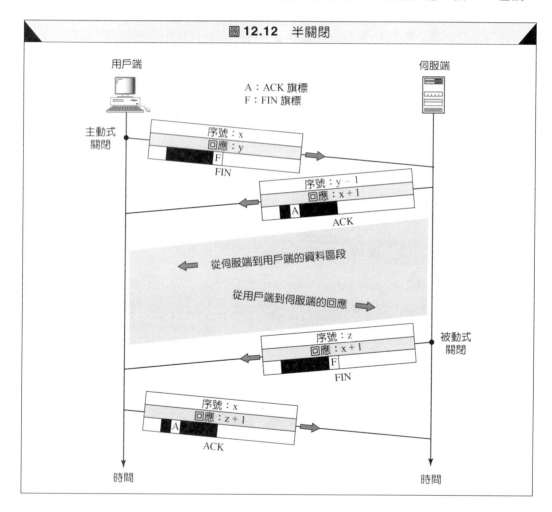

圖 **12.12**　半關閉

在半關閉某條連線後，資料還可以由伺服端傳送到用戶端，而回應也可以由用戶端傳送到伺服端，至於用戶端就無法再傳送任何的資料到伺服端。注意一下我們所使用的序號，第 2 個區段 (ACK) 並沒有消耗任何的序號。儘管用戶端已經接收過序號為 $y-1$ 的區段，並期待序號為 y 的區段，伺服端的序號仍然維持在 $y-1$。當此連線最後要關閉時，最後一個區段的序號仍然是 x，因為這個方向的資料傳輸已經不會再消耗任何的序號了。

連線的重置

在 TCP 中的一端,可能拒絕一個連線要求,或是放棄一條連線,或是結束一條閒置的連線。這些全部是透過 RST(重置)旗標來完成。

拒絕一條連線

某一方的 TCP 要求連線到一個不存在的埠號,另一方的 TCP 可能會送出一個設定 RST 位元的區段來告知此要求無效。我們會在下一節說明這樣的一個範例。

放棄一條連線

某一方的 TCP 可能因異常狀況而要放棄其連線,這個 TCP 就可送出一個 RST 區段要求關閉這條連線。我們會在下一節說明這樣的一個範例。

結束一條閒置的連線

某一方的 TCP 可能發現另一方的 TCP 閒置已久,這時發現的這一方可以送出一個 RST 區段來關閉這條連線。這個過程和放棄一條連線是相同的。

12.5 狀態轉換圖 *State Transition Diagram*

要把連線建立、結束,及資料傳送等各種可能發生的事件追蹤得很好,TCP 軟體是以**有限狀態機 (finite state machine)** 的方式實現。有限狀態機代表一個機器在數個有限的狀態內轉換。在任一時候,機器只在所有狀態中的某一個狀態,機器會停在該狀態直到有事件發生,此事件可以將機器帶到另一個新的狀態,或者可以讓機器做一些動作。換言之,事件為狀態的輸入,可以改變狀態,也可以因而產生輸出。表 12.3 說明了 TCP 所使用的狀態。

表 12.3　TCP 的狀態

狀態	敘述
CLOSED	沒有連線
LISTEN	已接收被動式開啟;等待SYN
SYN-SENT	已傳送 SYN;等待 ACK
SYN-RCVD	已傳送 SYN + ACK;等待 ACK
ESTABLISHED	已建立連線;資料傳輸進行中
FIN-WAIT-1	已傳送第 1 個 FIN;等待 ACK
FIN-WAIT-2	已接收第 1 個 FIN 的 ACK;等待第 2 個 FIN
CLOSE-WAIT	已接收第 1 個 FIN,已傳送 ACK;等待應用程式來關閉
TIME-WAIT	已接收第 2 個 FIN,已傳送 ACK;等待 2MSL 的時間到
LAST-ACK	已傳送第 2 個 FIN;等待 ACK
CLOSING	雙方都決定同時去關閉

　　圖12.13說明了**TCP**的有限狀態機及其狀態轉換圖，其狀態以橢圓形代表。由一個狀態跑到另一個狀態則是以有方向性的線來代表。每條線上有2串文字以斜線分開，前面的文字為輸入，即**TCP**收到的東西，後面的文字代表輸出即**TCP**要送出的東西。圖12.13 所說明的狀態轉換圖同時適用於用戶端及伺服端。圖中虛線的部分代表伺服端在正常情況下所經過的路線，實線的部分代表用戶端在正常情況下所經過的路線。然而，在一些情況下，伺服端有可能經過實線的部分或是用戶端有可能經過虛線的部分。淺色部分的線條代表比較不尋常的情況。

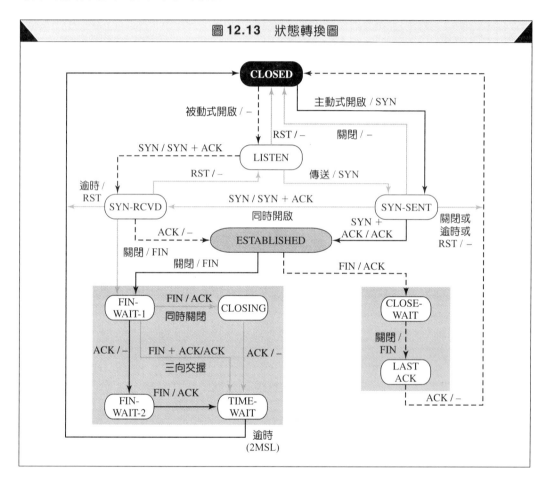

圖 12.13　狀態轉換圖

範例

我們在本節討論一些範例，讓讀者了解 TCP 的狀態機與狀態轉換圖。

連線的建立與結束

圖 12.14 說明了某一個範例，且在這個範例中伺服端之程序發出被動式開啟與被動式關閉，用戶端之程序發出主動式開啟與主動式關閉。另外，半關閉結束讓我們能看到更多個狀態，其各狀態及它們之間持續的相互關係皆顯示在時間軸上。

用戶端的狀態　用戶端程序發出一個命令給它的 TCP，此命令要求與某特定的插座位址建立連線，這稱為主動式開啟 (active open)。TCP 會傳送一個 SYN 區段，並轉移到

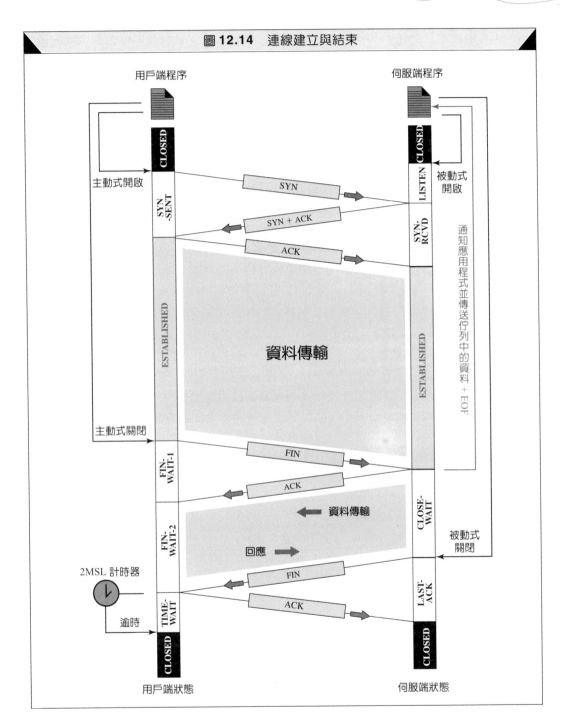

圖 12.14 連線建立與結束

SYN-SENT 的狀態。在接收到 SYN + ACK 區段後，TCP 會傳送一個 ACK 區段，並且前往 **ESTABLISHED** 的狀態。其資料開始傳輸，有可能是雙向的資料傳送或回應。

當用戶端程序已經沒有資料要傳送時，它會發出一個稱為主動式關閉 (active close) 的命令。用戶端之 TCP 會傳送一個 FIN 區段，並且前往 **FIN-WAIT-1** 的狀態。當它接收到對應於先前傳送的 FIN 區段的 ACK 區段後，它會前往 **FIN-WAIT-2** 的狀態，並且保持原狀，一直到它收到來自伺服端的 FIN 區段。當它收到 FIN 區段後，用戶端會傳送一個 ACK 區段並且前往 **TIME-WAIT** 的狀態，然後設定某個計時器的值為 2 倍的 **最大區段存活時間** (Maximum Segment Lifetime, MSL)。MSL 的值代表區段在 Internet 中被移除之前的最長存活時間。回想一下，TCP 的區段被封裝在 IP 資料包中，而 IP 資料包擁有一個存活時間 (TTL)，當 IP 資料包被移除時，封裝在內的 TCP 區段也就等同於被移除。一般情況下，MSL 的值介於 30 秒到 1 分鐘之間。會有 **TIME-WAIT** 狀態與 2MSL 的存在，有以下 2 個理由：

1. 伺服端 TCP 在傳送最後一個 FIN 區段時，會設定一個計時器，如果最後一個 ACK 區段在中途遺失了，伺服端 TCP 會假設其 FIN 區段遺失了（根據計時器來判定），則伺服端 TCP 會重送一次 FIN 區段。如果用戶端在 2MSL 計時器終止之前就前往 **CLOSED** 的狀態，並且關閉連線，它就不會收到伺服端所重送的 FIN 區段，因此，伺服端就永遠不會接收到最後一個 ACK 區段，導致伺服端就不會關閉這條連線了。2MSL 計時器就是用來讓用戶端能夠等待一段時間才關閉連線，這段時間足夠讓一個 ACK 區段在中途遺失 (1MSL)，並且讓重送的 FIN 區段抵達 (1MSL)。如果在 **TIME-WAIT** 狀態期間，會有一個新的 FIN 區段抵達時，用戶端會重送一個新的 ACK 區段並且重設 2MSL 計時器。

2. 來自某條連線的重複區段可能會出現在下一條連線中。假設某個用戶端和伺服端已關閉一條連線，在一個短暫的時間之後，它們又開啟一條相同插座位址的連線（相同的來源與目的端 IP 位址及相同的來源與目的端埠號）。這條新的連線稱為該條舊連線的 **化身** (incarnation)，如果在這兩條連線之間沒有足夠的間隔時間的話，一個來自先前連線的重複區段可能會抵達這條新的連線，並且被解釋成是屬於新連線的區段。為了防止這樣的問題，TCP 要求化身不能在低於 2MSL 的時間內發生。然而，有一些實作因為它的化身的初始序號一定大於前一條連線的最後一個序號，所以會忽略這一條規則。

一般情況下，MSL 的值介於 30 秒到 1 分鐘之間。

伺服端的狀態　在我們的範例中，伺服端程序發出開啟的命令，這個動作必須在用戶端發出開啟的命令之前。伺服端的 TCP 前往 **LISTEN** 的狀態，並且被動地保持這個狀態，一直到它收到 SYN 區段為止。當伺服端的 TCP 接收到 SYN 區段後，它會傳送 SYN + ACK 區段並且前往 **SYN-RCVD** 的狀態，然後等待用戶端的 ACK 區段。在接收到 ACK 區段後，它會前往 **ESTABLISHED** 的狀態，就可以開始進行資料傳輸。

　　TCP 會保持目前的狀態，一直到它接收到用戶端之 TCP 傳過來的 FIN 區段，代表用戶端已經沒有資料要傳送了，連線要被關閉。在這個時候，伺服端傳回一個 ACK 區段給用戶端，並且將其佇列中剩下的資料傳遞到應用程式，然後前往 **CLOSE-WAIT** 的狀態。在我們的範例中，我們假設半關閉的連線。伺服端之 TCP 仍然可以傳送資料給用戶端並且接收回應，但是在另外一個方向就不能再有資料的傳輸了。伺服端之 TCP 會保持這個狀態，一直到應用程式發出一個關閉的命令。然後伺服端之 TCP 會傳送一個 FIN 區段給用戶端，顯示它也想關閉這條連線，並且前往 **LAST-ACK** 的狀態。伺服端之 TCP 會保持這個狀態，一直到它接收到最後一個 ACK 區段為止，最後前往 **CLOSED** 的狀態。從第 1 個 FIN 區段開始的這段結束期間被稱為 **四向交握** (four-way handshake)。

使用三向交握來結束連線

我們在前面提過,一般情況下的連線結束期間是以**三向交握**的方式。在這樣的情況下,伺服端在接收到第 1 個 FIN 區段後,會傳送一個 FIN + ACK 區段,這個區段就是把**四向交握**中所使用的 FIN 區段與 ACK 區段組合成一個區段。用戶端會跳過 **FIN-WAIT-2** 的狀態,直接前往 **TIME-WAIT** 的狀態。圖 12.15 說明了用戶端程序在資料傳輸完成後發出關閉的命令。用戶端之TCP會傳送一個FIN區段並且前往**FIN-WAIT-1**的狀態。伺服端之 TCP 在接收到 FIN 區段之後,立即將所有在佇列中的資料加上 EOF 標記全部傳遞給上層的伺服端程序,EOF 標記代表此連線必須要被關閉。接著伺服端的 TCP 會前往 **CLOSE-WAIT** 的狀態,並且將已接收來自用戶端之FIN 區段的回應延遲送出,一直到它收到來自上層程序的被動式關閉命令。在接收到被動式關閉的命令之後,它會傳送一個 FIN + ACK 區段給用戶端,並且前往 **LAST-ACK** 的狀態,等待最後一個 ACK 區段的到來。其他的部分和四向交握相同。

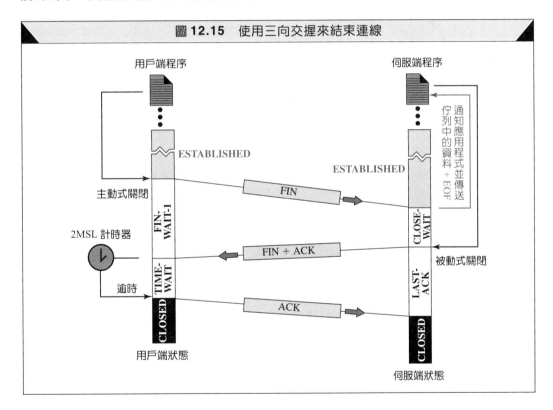

圖 12.15 使用三向交握來結束連線

同時開啟

在**同時開啟 (simultaneous open)** 的情況中,兩方的應用程式皆發出主動式開啟,這是一個很罕見的情況,並沒有用戶端與伺服端之分。在對等的雙方之間通訊,雙方皆曉得對方的埠號。這樣的情況是被 TCP 所允許的,但是不太可能發生,因為雙方必須都傳送 SYN 區段給對方,並且同時傳送。這也意味著雙方的應用程式幾乎同時發出主動式開啟的命令。圖 12.16 說明了在這樣的範例中,其連線建立的階段。雙方的 TCP 在進入 **ESTABLISHED** 的狀態之前,皆經歷過 **SYN-SENT** 的狀態與 **SYN-RCVD** 的狀態。

讀者仔細看的話，會發現雙方的程序同時扮演用戶端和伺服端的角色。圖中的兩個 SYN + ACK 區段用來回應對方傳過來的 SYN 區段，並且開啟連線。注意，連線的建立是由四向交握的方式完成。資料傳輸與結束連線的部分和前面的範例相同，所以就不再顯示於圖中。

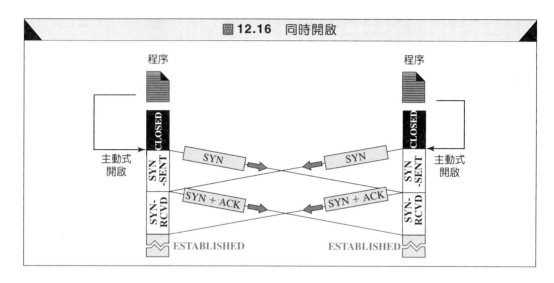

圖 12.16　同時開啟

同時關閉

另一種罕見但有可能發生的情況就是**同時關閉 (simultaneous close)**，如圖 12.17 所示。在這個情況下，雙方皆發出一個主動式關閉的命令。雙方的 TCP 皆進入 **FIN-WAIT-1** 的狀態，並且同時傳送 FIN 區段。在接收到 FIN 區段後，雙方會進入 **CLOSING** 的狀態，並且傳送 ACK 區段。這裡的 CLOSING 狀態代替了一般情況下的 **FIN-WAIT-2** 狀態與 **CLOSE-WAIT** 狀態。在接收到 ACK 區段後，雙方會進入 **TIME-WAIT** 的狀態。注意，雙方都需要 **TIME-WAIT** 的這個狀態，因為雙方所傳送的 ACK 區段都有可能會遺失。我們在圖中忽略了建立連線與資料傳輸的部分。

拒絕一條連線

有一種常見的情況，伺服端的 TCP 會拒絕連線的要求，因為在 SYN 區段中所定義的伺服端之目的埠號並沒有在 **LISTEN** 的狀態。伺服端 TCP 在接收 SYN 區段之後會傳送一個 RST + ACK 區段來回應這個 SYN 區段，同時重置（拒絕）該條連線。伺服端 TCP 會等待另外一個程序的被動式開啟命令，然後將原本該條連線的資源分配給該程序，並進入 **LISTEN** 的狀態來等待另一條連線。用戶端在接收到 RST + ACK 區段後，會前往 **CLOSED** 的狀態，圖 12.18 說明了這樣的一個情況。

放棄一條連線

程序可以放棄一條連線，以取代關閉連線的動作。這有可能發生在某個程序失敗了（或許是陷入一個無窮迴圈中），或是不希望在佇列中的資料被傳送（因為有一些不一致的資料）。TCP 本身也有可能放棄一條連線，這有可能發生在它接收到一個區段，但是此

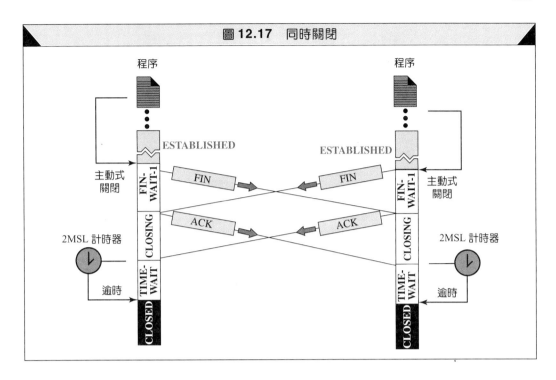

圖 12.17　同時關閉

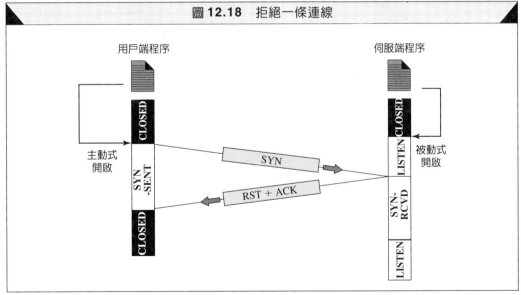

圖 12.18　拒絕一條連線

區段是屬於先前連線的區段。在這些情況下，TCP 會傳送一個 RST 區段來放棄該條連線。圖 12.19 說明了用戶端之程序發出一個放棄命令的情況，用戶端的 TCP 會傳送一個 RST + ACK 區段並移除在佇列中的所有資料。伺服端之 TCP 也會移除在佇列中的所有資料，並通知上層的程序一個錯誤的訊息。雙方的 TCP 會立即進入 **CLOSED** 的狀態。注意，不會有 ACK 區段被產生來回應 RST 區段。

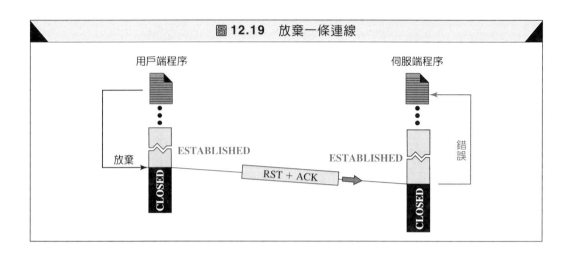

圖 12.19　放棄一條連線

12.6　流量控制　*Flow Control*

流量控制 (flow control) 用來管控來源端在收到目的端回應之前能夠送出的資料量。舉個極端的例子來說,傳輸層通訊協定可以一次只送一個位元組的資料,然後等待回應,等回應收到後,再送出下一個位元組。但是這樣做是非常慢的,如果資料要傳送很遠的話,則來源端在等待回應時就會一直處於閒置狀態。

另外一個極端的例子是,傳輸層一次就送出所有的資料,不管回應與否。這樣做很快,但是有可能接收端會來不及應付。除此之外,如果其中部分資料遺失、重複或是收到時次序亂了,或是損壞,這些事情來源端在目的端檢查出來之前是不會知道的。

TCP所使用的方法是介於上述兩個極端的範例之間,TCP定義了一個窗口在緩衝器中,這個緩衝器儲存了已經從應用程式傳遞過來,並準備好要被傳送的資料。TCP只會傳送由滑動窗口協定 (sliding window protocol) 所定義的資料量。

滑動窗口協定

TCP使用一種**滑動窗口協定 (sliding window protocol)** 來達到流量控制的目的。採用這種方法時,主機針對其對外通訊(傳送資料)的部分使用了一個窗口,這個窗口橫跨在緩衝器 (buffer) 的某個部分之上,這個緩衝器內包含從程序所接收到的位元組資料。在窗口內部的位元組就是可以被傳送的位元組,它們不需要擔心有關回應與否。這個虛擬的窗口的左邊與右邊各有一面牆,這個窗口會被稱為**滑動窗口 (sliding window)**,這是因為左牆與右牆會滑動,如圖 12.20 所示。

這個窗口會被**開啟**、**關閉**或**收縮**。就我們所見,這3種動作是由接收端所控制(還要根據網路上的壅塞情況),而不是傳送端本身所控制的。傳送端必須要遵循接收端的命令。

開啟窗口代表將右牆再往右滑動,這樣會允許緩衝器中有更多的位元組資料可以被傳送。關閉窗口代表將左牆再往右滑動,這也意味著有一些位元組已經被回應了,傳送端不需求再去關心這些被回應的位元組了。收縮窗口代表將右牆往左滑動,這是強烈不被建議的,甚至在一些實作中也不被允許,因為它意味著要取消一些已經可以被傳送的

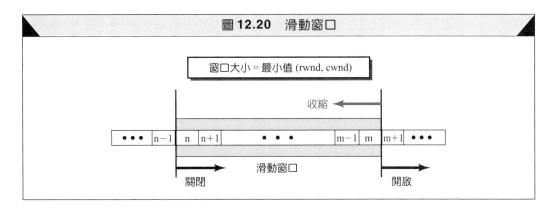

圖 12.20　滑動窗口

位元組的傳送資格，如果傳送端已經將這些位元組傳送出去，就會產生問題。另外要注意的是左牆不可以往左移動，因為這樣會撤回一些先前已經由接收端傳送過來的回應。

　　滑動窗口讓傳輸更有效率，也用來控制資料的流量，接收端不會因為接收太多的資料而無法消化，TCP 的滑動窗口是以位元組為計算單位。

　　某一方的窗口大小至少會由**接收端窗口** (rwnd) 與**壅塞窗口** (cwnd) 這兩個值來決定。接收端窗口 (rwnd) 的值是由對方公布在回應區段中，這個值代表在對方的緩衝器溢出並開始移除封包之前還可以接收的位元組個數。壅塞窗口 (cwnd) 的值是由網路來決定，用來避免壅塞的情況發生，我們會在本章的後面討論這個議題。

範例 3

如果接收端（B 主機）擁有一個 5,000 位元組大的緩衝器，並且已接收 1,000 個位元組的資料但還沒有處理。請問 A 主機之接收端窗口 (rwnd) 的值為何？

解答

rwnd = 5,000 − 1,000 = 4,000。B 主機在它的緩衝器滿出來之前還可以接收 4,000 個位元組。B 主機會將這個值公布在下一個要傳給 A 的區段中。

範例 4

如果 rwnd 的值為 3,000 個位元組，而 cwnd 的值為 3,500 個位元組，請問 A 主機的窗口大小為何？

解答

窗口大小為 rwnd 和 cwnd 中較小的那個值，所以等於 3,000 個位元組。

範例 5

圖 12.21 說明了一個虛構的滑動窗口之範例。傳送端已經傳送到第 202 號的位元組資料。我們假設 cwnd 等於 20（實際上這個值可能等於上千個位元組）。接收端已經傳送一個 200 號的回應號碼，以及 9 個位元組的 rwnd（實際上這個值可能等於上千個位元組）。傳送端窗口大小為 rwnd 和 cwnd 中較小的那個值，所以等於 9 個位元組。第 200 到 202 號的位元組資料已經傳送，但是尚未被回應。第 203 到 208 號的位元組資料可以

被傳送，而不需要擔心有關回應與否，其第 209 號以上的位元組資料還不能被傳送。

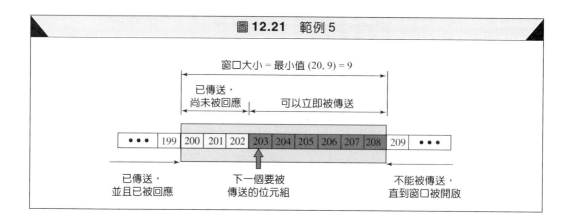

圖 12.21　範例 5

範例 6

在圖 12.21 中，傳送端接收到一個封包，此封包內含有 202 號的回應號碼及 rwnd = 9 等資訊。主機已經將 203 、 204 和 205 號的位元組資料傳送出去。 cwnd 的值仍然是 20 ，請說明新的窗口情形。

解答

圖 12.22 說明了新的窗口。注意，在這種情況下，窗口左邊所關閉的位元組個數與右邊所開啟的位元組個數是相同的，窗口的大小並沒有被更動。而 202 號的回應號碼表示第 200 和 201 號的位元組資料已經被接收，傳送端不需要再去擔心它們了，窗口可以滑過它們了。

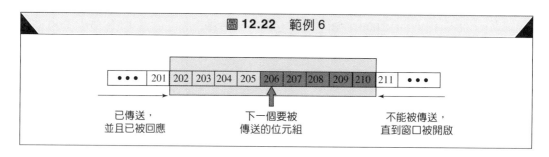

圖 12.22　範例 6

範例 7

在圖 12.22 中，傳送端接收到一個封包，此封包內含有 206 號的回應號碼及 rwnd = 12 等資訊。主機並沒有傳送新的位元組資料。 cwnd 的值仍然是 20 ，請說明新的窗口情形。

解答

rwnd 的值小於 cwnd ，所以窗口大小為 12 。圖 12.23 說明了新的窗口情形。注意，窗口的右邊開啟 7 個位元組，窗口的左邊關閉了 4 個位元組，而窗口的大小由原本的 9 增加到 12 。

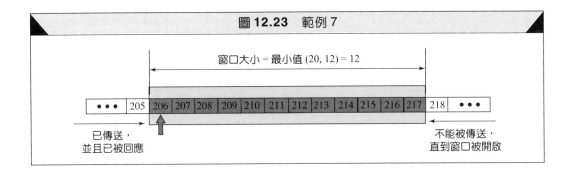

圖 12.23 範例 7

範例 8

在圖 12.23 中，傳送端接收到一個封包，此封包內含有 210 號的回應號碼及 rwnd = 5 等資訊。主機已經將 206、207、208 和 209 號的位元組資料傳送出去。cwnd 的值仍然是 20，請說明新的窗口情形。

解答

rwnd 的值小於 cwnd，所以窗口大小為 5。圖 12.24 說明了這樣的情況，注意，這種情況在很多的實作中是不被允許的，儘管傳送端還沒有送出 215 到 217 號的位元組資料，但是接收端並不知道這件事。

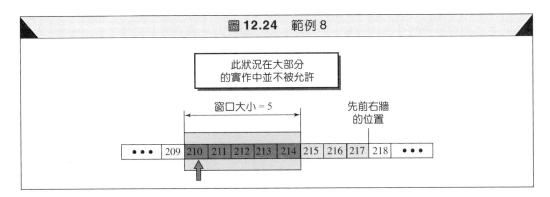

圖 12.24 範例 8

範例 9

接收端要如何避免先前範例中窗口大小被收縮的情況發生？

解答

接收端需要去記錄最後的回應號碼及最後的 rwnd 值。如果我們將回應號碼與 rwnd 相加的話會得到接在窗口右牆之後的位元組編號。如果我們希望去防止右牆往左移動（收縮）的情況發生，我們必須保持下面的關係：

$$新的 ack 值 + 新的 rwnd 值 \geq 上一次的 ack 值 + 上一次的 rwnd 值$$

或

$$新的 rwnd 值 \geq （上一次的 ack 值 + 上一次的 rwnd 值） - 新的 ack 值$$

在範例 8 中，新的 ack 值為 210，而新的 rwnd 值為 5。上一次的 ack 值為 206，而上一次的 rwnd 值為 12。並沒有辦法保持上述的關係，因為 5 < (206 + 12) − 210。接收端在傳送回應之前必須要等待，直到有更多的緩衝器空間被釋放為止。

為了去避免收縮傳送端的窗口，接收端必須等待其緩衝器中有更多的空間被釋放。

關閉窗口

我們說過，收縮窗口大小是強烈地不建議使用。然而，有一種情況例外：接收端可以暫時把窗口關閉，也就是傳送 rwnd = 0。這種情況會發生在接收端因某些理由導致暫時無法接收來自傳送端的任何資料時，在這種情況下，傳送端並不是真的收縮窗口大小，而是停止傳送資料並等待新的通知的到來。稍後我們會看到，即使接收端將窗口關閉，傳送端還是可以繼續傳送僅包含 1 位元組資料的區段，這稱為探勘 (probing)，主要是用來防止死結 (deadlock) 的發生（請參考 TCP 計時器的章節）。

有關滑動窗口的幾個觀念：

❑ 窗口大小等於 rwnd 和 cwnd 中較小的那個值。

❑ 來源端不需要將整個窗口大小的資料一次送完。

❑ 窗口的大小可由接收端的要求而開啟或關閉，但是不應該被收縮。

❑ 接收端可在任何時候送出回應，只要它不會造成窗口收縮的情況。

❑ 接收端可以暫時把窗口關閉；然而，在窗口關閉後，傳送端還是可以繼續傳送僅包含 1 位元組資料的區段。

傻瓜視窗症候群 (SWS)

當傳送端之應用程式產生資料的速度很慢，或是接收端之應用程式消化資料的速度很慢，亦或是這兩者同時發生時，滑動窗口的運作會產生很嚴重的問題。這些狀況所產生的區段相當小，造成整個傳輸效率大大地下降。例如，TCP 送出的區段如果只含 1 個位元組的資料，表示我們每傳送 41 個位元組（TCP 標頭用了 20 個位元組，IP 標頭占掉了 20 個位元組），才包含 1 個位元組長的使用者資料，因此額外使用的位元組個數與真正傳遞的資料比率為 40:1。這樣的網路效率變得相當差，這個問題稱為**傻瓜視窗症候群 (Silly Window Syndrome, SWS)**。以下我們敘述問題是如何產生的，並介紹解決的方法。

由傳送端所產生的 SWS

如果傳送端之應用程式產生資料的速度很慢，例如一次只產生 1 個位元組，則傳送端之 TCP 可能造成 SWS 的發生。應用程式一次才寫 1 個位元組到傳送端之 TCP 的緩衝器。如果傳送端之 TCP 沒有接收任何特別的指令，就可能產生只含 1 個位元組資料的區段，其結果就是在 Internet 內到處都是 41 個位元組長的區段。

要防止傳送端的 TCP 一次只送 1 個位元組,就要強迫 TCP 收集到一大筆資料後才能送出。但是,TCP 要等多久呢?如果它等待太久,可能對程序造成延遲,如果等待得不夠久,又變成送些小區段,因此 Nagle 想出了一個很好的答案。

Nagle 演算法　Nagle 的方法很簡單,不過卻能解決問題,這個方法使用於傳送端的 TCP。

1. 傳送端的 TCP 先傳送來自傳送端之應用程式的第 1 筆資料,即使只有 1 個位元組也照做。

2. 在傳送第 1 個區段後,傳送端的 TCP 讓資料在輸出緩衝器累積並等待,直到接收端的 TCP 送回 1 個回應,或是等到資料累積到最大的區段長度時,此時傳送端之 TCP 再將此區段送出。

3. 重複步驟 2,即第 3 個區段在接收到第 2 個區段的回應後,或者累積到最大的區段長度時再送出。

Nagle 方法的好處在於簡單,因為這個方法將應用程式產生資料的速度及網路傳遞資料的速度同時納入考慮。如果應用程式比網路快,送出的區段就會比較大;如果應用程式比網路慢,則送出的區段就會比較小(小於最大區段長度)。

由接收端所產生的 SWS

接收端之 TCP 也可能產生 SWS,這是由於應用程式消化資料的速度相當慢,例如,一次 1 個位元組。假設傳送端之應用程式產生的資料區塊大小為 1 KB,但是接收端每次只消化 1 個位元組,同時假設接收端之 TCP 的輸入緩衝器大小為 4 KB。傳送端將最前面的 4 KB 資料送出,而接收端將之存入輸入緩衝器,這樣子輸入緩衝器就滿了。它向傳送端的 TCP 告知窗口大小為 0,通知傳送端停止送出任何資料。

接收端的應用程式由其 TCP 的輸入緩衝器中讀出第 1 個位元組的資料,之後,輸入緩衝器就空出 1 個位元組的空間,接收端之 TCP 告知傳送端現在的窗口大小為 1 個位元組,而急著要送出資料的傳送端之 TCP 獲知此消息後,就送出只攜帶 1 個位元組的區段,此程序反覆進行,造成毫無效率的 SWS。

有兩種方法可以用來防止這種由於應用程式消化資料比資料到達的速度慢的問題。

Clark 的解決方法　Clark 的做法是在資料接收到後,隨即送出一個回應,不過告知的傳送端窗口大小為 0,直到接收端之緩衝器能容納 1 個最大長度的區段時,或是該緩衝器有一半空出來時,再告知傳送端一個非 0 大小的窗口。

延後回應　第二個做法是延後回應送出的時間,也就是說,當 1 個區段到達時,並不立即回應它,接收端會等到輸入緩衝器有足夠的空間後,再對已經到來的區段做出回應。延後回應可以防止傳送端之 TCP 滑動其窗口大小,傳送端在傳送其窗口大小範圍內的資料後,傳送端就停止傳送資料,如此就解決了 SWS 的問題。

延後回應的另一個好處是,它降低了往返的傳輸量,接收端不用去回應每個到來的區段。不過也有缺點,就是可能會造成傳送端重送一些它沒有接收到回應的區段,延後回應本身會平衡上述的優點與缺點。目前規定延後回應的時間不可以超過 0.5 秒鐘。

12.7 錯誤控制 *Error Control*

TCP 是一種可靠的傳輸層通訊協定,也就是說,應用程式以資料串流的方式將資料傳遞給 TCP,並依賴 TCP 將整個資料串流按照順序、沒有任何錯誤、遺失,或重複地送抵對方的另一個應用程式。

TCP 使用**錯誤控制 (error control)** 的機制來提供可靠性。錯誤控制包含了偵測受損的區段、遺失的區段、亂序的區段,及重複的區段之各種機制,錯誤控制當然也包含將偵測到的問題加以修正的機制。TCP 使用 3 種簡單的工具來達到錯誤偵測與更正的功能,分別是檢查碼 (checksum)、回應 (acknowledgement),及逾時 (time-out) 控制。

檢查碼

每個區段都有一個檢查碼欄位被用來檢查區段是否受損,如果有,則目的端的 TCP 將此區段移除,並視同為區段遺失。TCP 使用 16 位元的檢查碼,檢查碼的機制是強迫使用於每一個區段。在下一章,我們會看到這 16 位元的檢查碼並不適用於 SCTP 這種新的傳輸層通訊協定。但是,在 TCP 中是不會改變的,因為如果要改變的話,就意味著要重新安排並定義新的標頭格式。

回應

TCP 使用回應 (acknowledgment) 的機制來確認資料區段確實已經接收了。如果控制區段沒有攜帶資料,但是有消耗 1 個序號的話,也要有所回應。而 ACK 區段則不需要回應。

> ACK 區段並沒有消耗任何序號,所以不需要回應。

產生回應

接收端應該在何時產生回應呢?在 TCP 發展的期間,有一些規則已經定義出來,並使用於一些實作中,我們在此舉出一些共同的規則,其規則的順序和它的重要性並沒有相關性。

1. 當某一方要傳送一個資料區段給另一方時,它必須要包含(挾帶)1 個回應,此回應用來指出它接下來希望收到的資料之序號為何。

2. 當接收端已經沒有資料要傳送,並且接收到一個正常順序的區段(和預期的序號相同),且先前的區段已經被回應了,則接收端會延遲傳送 ACK 區段,直到有另外的區段到達或是已經經過了某個週期時間(通常為 500 ms)。換言之,如果接收端只有一個未完成的正常順序之區段,則需要去延遲 ACK 區段的傳送。這項規則可以防止由 ACK 區段所產生的額外傳輸。

3. 當一個和預期的序號相同的區段抵達,且前一個正常順序的區段還沒有被回應時,接收端應立即傳送 ACK 區段。換言之,任何時間下,不應該有兩個以上的正常順序之區段還沒有被回應。這樣可以防止不必要的重送區段,造成網路中的壅塞情況。

4. 當一個亂序區段(區段的序號比預期還高)抵達時,接收端應立即傳送一個 ACK 區段,用來通知下一個預期要接收的區段之序號為何。這樣可以讓任何遺失的區段可以快速重送,我們會在稍後的一個範例中看到這樣的情況。

5. 當一個遺失的區段抵達時,接收端會傳送一個 ACK 區段來通知下一個預期要接收的區段之序號為何。這樣也可報告接收端已經收到遺失的區段了。

6. 如果有重複的區段抵達,接收端立即地傳送一個回應。這樣可以解決當 ACK 區段本身遺失所造成的一些問題。

回應種類

在過去,TCP 只使用一種回應,即累計式回應 (ACK)。今日,許多 TCP 的實作也使用選擇式回應 (SACK)。

累計式回應 TCP 最初的設計,是使用**累計式回應 (Accumulative acknowledgment, ACK)** 來表示區段確實收到了。接收端會公布它想要接收的下一個位元組,並忽略那些未按照順序抵達的區段。上述動作有時候稱為**確定的累計式回應**或ACK。「確定的」這個詞代表被移除、遺失或重複的區段並不會產生報告。在TCP標頭中的32位元ACK欄位被使用於累計式回應,這個值只有當 ACK 旗標的值被設定為 1 時才有效。

選擇式回應 愈來愈多的實作加入了另外一種回應,稱為**選擇式回應 (Selective Acknowledgment, SACK)**。SACK 並不會取代ACK,而是報告額外的資訊給傳送端。SACK 會報告哪個區塊內的資料是未按照順序,而哪個區塊內的區段是重複的。但是,因為 TCP 標頭並沒有預留空間給這種新增的資訊,所以 SACK 被實作在 TCP 標頭後面的選項中。我們會在討論 TCP 的選項時再討論這個主題。

重送

錯誤控制的核心機制就是區段的**重送 (retransmission)**。當一個區段損毀、遺失或延遲時,區段會被重送。在最新的實作中,區段會在下面兩個時機發生時重送,即當重送計時器的時間到期時,或是當傳送端收到 3 個重複的 ACK 時。

> 在最新的實作中,重送的動作會發生在重送計時器的時間到期時,或是已經有 3 個重複的 ACK 抵達時。

注意,那些不會消耗序號的區段並不會發生重送的動作,特別是 ACK 區段不會被重送。

> TCP 不會針對 ACK 區段去設定重送計時器。

在 RTO 之後重送

來源端之 TCP 會針對每一個傳送出去的區段各啟動一個**逾時重送 (Retransmission Time-Out, RTO)** 計時器。當計時器的時間到期,則對應的區段就會被視為損壞或遺失,即使是因為延遲的區段、延遲的 ACK 或是遺失回應而造成傳送端沒有收到 ACK。注意,不會有逾時計時器為了只攜帶回應的區段而被設定，這也意味著這些區段不會被重送。我們稍後會看到在 TCP 中，RTO 的值會根據區段的往返時間 (Round Trip Time, RTT) 而以動態的方式來更新。往返時間 (RTT) 就是傳送端傳送一個區段給接收端，一直到傳送端接收到一個回應為止所需要的時間。

在三個重複的 ACK 區段之後重送

如果 RTO 的值並沒有很大時，前面關於區段的重送規則是非常有效的，但是有時候一個區段遺失了，導致接收端接收太多亂序的區段而超過接收端所能儲存的能力（有限的緩衝器大小）。為了去緩和這種情況，現今大部分的實作都遵循 **3 個重複 ACK** 的規則，並且立即重送遺失的區段。這個特點被稱為**快速重送 (fast retransmission)**，我們在稍後會看到一個範例。

亂序的區段

當某個區段被延遲、遺失或移除後，在此區段之後的區段就被視為不照順序抵達接收端的區段。最初，TCP 是設計用來移除所有亂序的區段，但是這會造成遺失的區段及其後面的區段都要重送。現今大部分的實作都不移除亂序的區段，而是將它們暫存起來，並且將它們標記為亂序的區段，直到遺失的區段抵達為止。注意，亂序的封包不會被傳遞到上層的程序，因為 TCP 保證傳給程序的資料一定是照順序的。

> 資料有可能不照順序抵達，並且會被接收端的 TCP 暫存起來，但是 TCP 保證不會有亂序的區段被傳遞到上層的程序。

相關範例

在本節中，我們舉一些發生在 TCP 運作期間的相關範例。在這些範例的圖示中，我們使用矩形來代表區段。如果區段有攜帶資料的話，我們會列出其資料位元組編號的範圍及回應欄位的值；如果區段只攜帶 1 個回應時，我們會列出其回應號碼於一個小的方塊中。

正常的運作

第 1 個案例說明了兩個系統間的雙向資料傳輸，如圖 12.25 所示。用戶端的 TCP 傳送 1 個資料區段，而伺服端的 TCP 傳送 3 個資料區段。圖中會顯示每個回應使用到哪一條規則，針對用戶端的第 1 個區段及伺服端的所有區段而言，是根據規則 1 來回應，因為有資料要被傳送，所以區段也會顯示被期待的下一個位元組之序號。

當用戶端接收到來自伺服端的第 1 個區段時，因為它已經沒有資料要傳送了，所以它只傳送 ACK 區段。但是根據規則 2，這個 ACK 區段需要被延遲 500 ms 並觀察是否有任何的區段抵達。當計時器的時間到期，則觸發這一個 ACK 區段的傳送，這是因為用戶端並不曉得會不會有其他的區段會到達，它又不能永遠地延遲下去。

當用戶端接收到來自伺服端的第 2 個區段時，另外一個回應計時器被設定。但是在計時器的時間到期之前，第 3 個區段就已經抵達，則第 3 個區段的抵達會根據規則 3 而觸發另外一個回應。

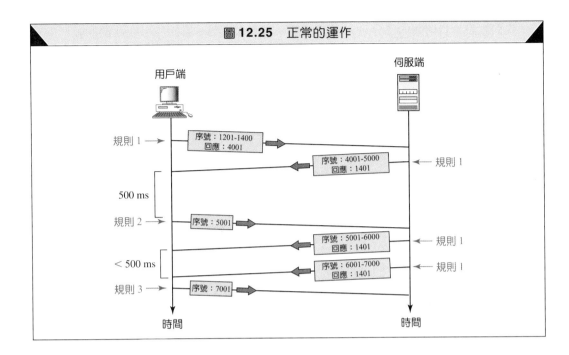

圖 12.25 正常的運作

遺失區段

在這個範例中,我們來看一下如果區段遺失或損壞時會發生怎樣的情況。接收端將遺失的區段與損壞的區段皆視為相同的情況,一個遺失的區段是在網路的某個地方被移除,而一個損壞的區段則是由接收端自己將它移除,這兩種情況都還是被視為遺失。圖12.26 說明了一個區段遺失的範例,有個區段被網路中的某個路由器給移除了,可能是因為發生壅塞的情況。

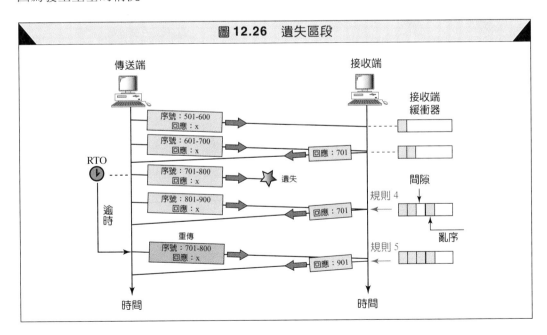

圖 12.26 遺失區段

　　我們假設資料傳輸的部分是單向的，某一方傳送，另一方接收。在我們的範例中，傳送端傳送第 1 和第 2 個區段後，立即有 1 個 ACK 區段的回應（規則 3）。但是，第 3 個區段遺失了，其接收端收到第 4 個區段，此區段被視為亂序區段，接收端還是將此區段中的資料儲存在它的緩衝器中，但是會先留一個間隙來表示此資料的不連續性。接收端立即傳送一個回應給傳送端，以表示它期待的下一個位元組為何（規則 4）。注意，接收端會將位元組編號為 801 到 900 的資料儲存下來，但是不會將這些位元組資料傳遞給應用程式，直到間隙被填滿為止。

> **接收端的 TCP 只會傳遞已經排序好的資料給上層的程序。**

　　儘管傳送端的 TCP 會針對每一個傳送出去的區段都保持一個 RTO 計時器，但在此我們只顯示遺失的那一個區段（第 3 個區段）的計時器。很明顯地，這個計時器的時間會到期，因為接收端不會回應給遺失或亂序的區段，而是重複上一個區段的回應。當這個計時器的時間到期，傳送端之 TCP 會重新傳送第 3 個區段，如果這次區段安全地抵達接收端，理所當然地會被回應（規則 5）。注意第 2 個回應和第 3 個回應是根據不同的規則所觸發的。

快速重送

在這個範例中，我們想要說明關於**快速重送 (fast retransmission)** 的概念，我們的範例和前一個範例相同，除了 RTO 的值較高以外（見圖 12.27）。

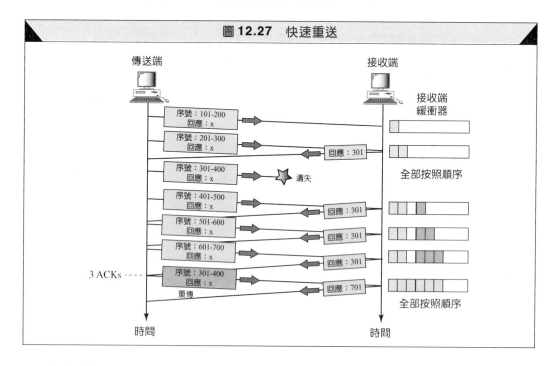

圖 12.27　快速重送

　　當接收端接收到第 4、5、6 個區段時，各自會觸發一個回應。傳送端會陸續接收到 4 個具有相同回應號碼的 ACK 區段（有 3 個是重複的）。儘管第 3 個區段之計時器的時間還沒有到期,但是快速重送的規則要求第 3 個區段(這些回應所期待的區段)要立即地被重送。

延遲的區段

第 4 個範例主要是討論延遲的區段。 TCP 使用 IP 所提供的服務,而 IP 是屬於非預接式的通訊協定。每一個封裝 TCP 區段的 IP 資料包可能透過不同的路徑抵達目的地,當然也會有不同的延遲時間。當然 TCP 區段有可能被延遲,延遲的區段被接收端視為和遺失或損壞的區段一樣,延遲的區段有可能在它已經重送(重複的區段)之後才抵達。

重複的區段

當一個區段被延遲並且被接收端視為遺失時,一個重複的區段就有可能被傳送端的 TCP 產生出來。對於目的端的 TCP 而言,處理重複的區段是非常簡單的程序,而目的端的 TCP 期待的是一連串連續的位元組資料,當一個序號小於目前已經回應之位元組編號的區段抵達時,就會將它移除。

自動更正 ACK 的遺失

這個範例說明了某個回應的遺失會自動地被下一個回應給取代的情況,如圖 12.28 說明了一個資料接收端所傳送的回應遺失了。在 TCP 的回應機制中,來源端的 TCP 並不會通知說有回應遺失了,因為 TCP 使用累計式的回應系統,所以我們可以說下一個回應會自動更正回應遺失的情況。

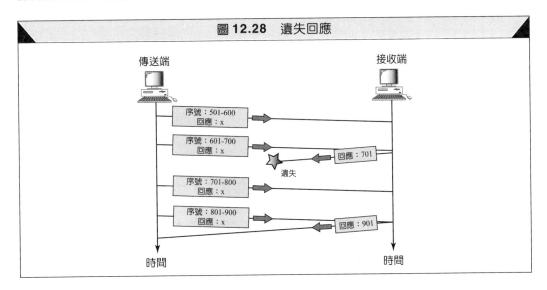

圖 12.28 遺失回應

藉由重送區段來更正回應的遺失

如果下一個回應延遲很久的時間,或是根本沒有下一個回應(遺失的回應已經是最後一個回應了),則更正的動作就由 RTO 計時器來觸發,RTO 會持續地等待回應的到來,直到時間到期,最後的結果就是產生重複的區段。當接收端接收到重複的區段時,它會將其移除,但是它會立即地重送最後一個 ACK,用來通知傳送端說這些區段已經安然無恙地抵達了。圖 12.29 說明了這個範例的情形。

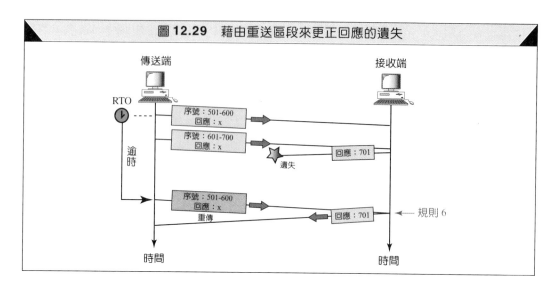

圖 12.29 藉由重送區段來更正回應的遺失

請注意，儘管有 2 個區段尚未被回應，但是只有 1 個區段會被重送。當傳送端接收到這個重送的 ACK，它就知道這 2 個區段已經安然無恙地抵達了，因為回應是累計式的。

遺失回應所產生的死結

有一種遺失回應的情況可能會造成整個系統發生死結。這個情況是接收端傳送一個 rwnd = 0 的回應給傳送端，要求傳送端暫時先關閉它的窗口。過了一段時間，接收端想要去移除這樣的限制，但是因為它已經沒有資料要傳送，所以它傳送一個 ACK 區段，並且將 rwnd 的值設定為一個非 0 的值，以便移除這樣的限制。問題就發生在這個回應區段如果遺失的話，傳送端等待一個 rwnd 不等於 0 的區段，而接收端以為傳送端已經收到此回應，並開始等待傳送端傳過來的資料，上述這種情況被稱為**死結 (deadlock)**。每一端都在等待另一方的反應，但是沒有任何事件會發生。因為是 ACK 區段，所以重送計時器並不會被設定。為了去防止死結的情況發生，有一種持續計時器 (persistence timer) 因此而設計出來，我們在本章稍後會介紹。

> 如果回應的遺失沒有適當的處理，可能會產生死結的情況。

12.8 壅塞控制 *Congestion Control*

在網路中的其中一項重要的議題是**壅塞 (congestion)**。如果一個網路的負載（傳送到此網路的封包數目）超過網路本身的容量（此網路可以處理的封包數目）時，就會造成壅塞的情況。**壅塞控制 (congestion control)** 會提到關於壅塞的控制方法與技巧，讓網路的負載能被控制在容量之內。

我們可能會問，為什麼網路上會有壅塞的情況？壅塞發生在任何需要等待的系統。例如，在高速公路上所發生的壅塞，有可能是因為在尖峰時段時發生車禍，造成堵塞的情況。

　　在網路或互連網路中的壅塞，是因為路由器和交換器都擁有佇列 (queue)，在封包處理的前後都會被儲存在緩衝器中。例如，一台路由器的每一個介面都會擁有一個輸入佇列和一個輸出佇列。從一個封包抵達介面到離開的期間會經歷 3 個階段，如圖 12.30 所示。

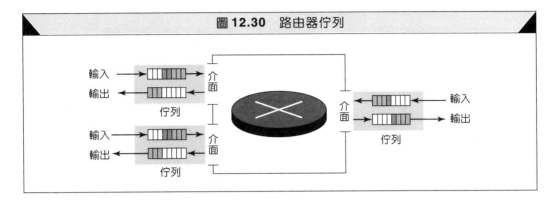

圖 12.30　路由器佇列

1.　封包會被放置在輸入佇列的尾端，並等待檢查。
2.　路由器的處理模組會從輸入佇列的前端將封包移出，並使用路由表與此封包的目的位址來找出封包的路徑選擇。
3.　封包會放置在適當的輸出佇列，並等待傳送。

　　我們需要知道兩點。第一，如果封包到達的速率高過於封包處理的速率時，輸入佇列會被塞爆。第二，如果封包離開的速率小於封包處理的速率時，輸出佇列也會被塞爆。

網路效能

延遲 (delay) 和**生產量 (throughput)** 是與壅塞控制相關的兩個測量網路效能之要素。

延遲與負載的比較

圖 12.31 說明了封包延遲與網路負載之間的相對關係。注意，當負載遠小於網路的容量時，延遲將會最短。由傳遞延遲和處理延遲所組成的最小延遲是微乎其微。然而，當負載到達網路的容量時，延遲會不斷地增加，因為現在我們必須將佇列中的等待時間（路

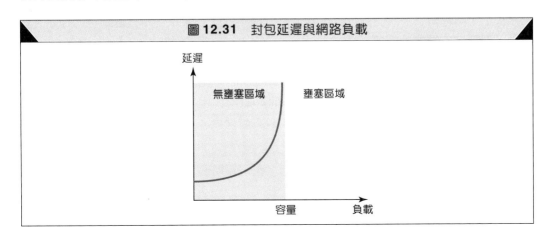

圖 12.31　封包延遲與網路負載

徑中的所有路由器）也加到總延遲時間。注意，當負載遠大於網路的容量時，延遲時間會變成無限大。如果這樣還不夠明顯，讓我們來考慮佇列的長度，當大部分的封包都無法到達目的地或是到達目的地的時間為無限大時，佇列會變成很長很長。其延遲會在負載中造成負面的影響，並導致壅塞。當一個封包被延遲，則來源端未接收到回應而重送封包，反而造成延遲與壅塞愈來愈嚴重。

生產量與負載的比較

我們可以定義一個網路中的生產量為一個單位時間內經過此網路的封包個數。圖 12.32 說明了生產量與網路負載之間的相對關係。

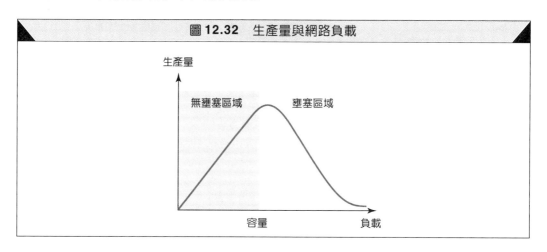

圖 12.32　生產量與網路負載

注意，當負載小於網路的容量時，生產量的增加和負載成正比。我們希望當負載達到網路的容量之後，生產量還可以維持在一定的常數。但是實際上生產量會迅速地下降，原因是因為路由器會移除封包。當負載超過網路的容量，佇列會被塞爆，導致路由器必須將許多封包移除。但是移除封包並不能降低網路中的封包數量，因為來源端使用逾時控制 (time-out) 的機制，當封包在一定的時間之內無法到達目的端時，來源端會重送封包。

壅塞控制機制

壅塞控制所提到的技巧與機制，除了預防壅塞（在發生之前）之外還有消除壅塞（在發生之後）。一般來說，我們可以將壅塞控制的機制分成兩大類：開放迴路壅塞控制（預防），與封閉迴路壅塞控制（消除）。

開放迴路壅塞控制

在**開放迴路壅塞控制 (open-loop congestion control)** 中，策略是針對壅塞發生前的預防。在這樣的機制下，由來源端與目的端來負責處理壅塞的控制。我們簡略描述幾項預防壅塞的策略。

重送策略　一個好的重送策略可以預防壅塞。重送策略和重送計時器必須被設計在最佳的效率並且同時要能預防壅塞。

回應策略 接收端所採用的回應策略也會影響壅塞。如果接收端不回應每一個接收到的封包時,可以讓傳送端慢下來,並且有助於壅塞的預防。

移除策略 一個好的路由器移除策略可以防止壅塞,並且同時不會危害傳送的完整性。舉例來說,在音訊的傳輸,當壅塞發生時,如果策略是移除敏感度較低的那些封包,則聲音的品質仍然可以維持,並且同時達到壅塞的預防。

封閉迴路壅塞控制

在壅塞發生之後,**封閉迴路壅塞控制 (closed-loop congestion control)** 的機制嘗試去減緩壅塞的情況。有好幾個機制被不同的通訊協定所使用,在此我們介紹其中的幾項機制。

向後施壓 當一個路由器發生壅塞的情況,它可以通知上游的路由器降低封包輸出的速率,這樣的動作可以持續遞迴於來源端之前的所有路由器。這樣的機制稱為**向後施壓 (back pressure)**。

阻塞點 阻塞點 **(choke point)** 是一個由路由器傳送到來源端的封包,用來指出發生壅塞的情況。這類型的控制類似於 ICMP 的來源抑制封包。

隱性信號通知 來源端可以偵測出隱性的壅塞警告信號,並且去降低傳送速率。例如,回應接收的延遲就可以當成是網路壅塞的信號。當我們討論到 TCP 的壅塞控制時會看到這類型的信號。

顯性信號通知 當路由器遭受壅塞時,可以傳送一個顯性信號(設定封包中的某個位元),以通知來源端或接收端。

TCP 中的壅塞控制

壅塞窗口

先前,我們談到有關流量控制時,我們討論了當接收端被資料癱瘓時的解決方法。我們說傳送端的窗口大小由接收端所能獲得的緩衝空間 (rwnd) 來決定。換言之,我們當時假設僅有接收端可以向傳送端指定傳送端窗口的大小,而忽略其他的部分(網路)。但是,如果網路傳遞資料的速度無法和傳送端產生資料的速度一樣快時,它必須告訴傳送端要慢下來。也就是說,除了接收端之外,網路也是決定傳送端窗口大小的第 2 個實體。

今日,傳送端的窗口大小不只由接收端來決定,也由網路的壅塞情況來調整。傳送端擁有兩項資訊:接收端窗口大小 (rwnd) 及壅塞窗口大小 (cwnd)。而實際使用的窗口大小為這兩者中較小的那一個。

$$實際窗口大小 = 最小者\ (rwnd, cwnd)$$

我們接下來介紹壅塞窗口大小是如何決定的。

壅塞策略

TCP 在處理壅塞的一般策略是基於 3 個階段:**慢速啟動 (slow start)**、**壅塞避免 (congestion avoidance)**,及**壅塞偵測 (congestion detection)**。在慢速啟動階段,傳送端剛開始傳輸時使用很慢的傳輸速率，但是之後會快速地增加速率到達某個門檻值 (threshold)。當達到門檻值之後，資料傳輸率會降低來避免壅塞的發生。最後，如果偵測出壅塞發生時，傳送端會根據壅塞是如何被偵測來決定要回到慢速啟動或壅塞避免階段。

慢速啟動：指數式增加　在 TCP 壅塞控制中所使用的其中一種演算法稱為**慢速啟動 (slow start)**。這個演算法的基本概念是剛開始先將壅塞窗口 (cwnd) 的大小設為一個**最大區段長度 (Maximum Segment Size, MSS)**。MSS 是在連線建立時使用相同名稱的選項來決定的。每一次送出的區段收到回應時，窗口大小就會增加一個 MSS。就如同其名稱，演算法由開始的緩慢，而以指數方式成長。圖 12.33 說明了這樣的一個概念。要注意的是我們簡化了其中 3 個部分，讓討論比較容易了解並且讓圖比較簡潔。我們使用區段編號來代替位元組編號（就好像是每個區段只包含一個位元組）。我們假設 rwnd 遠大於 cwnd，所以傳送窗口大小等於 cwnd。我們只在接收到窗口大小的區段後才顯示回應，也就是代表我們忽略了回應產生的規則。

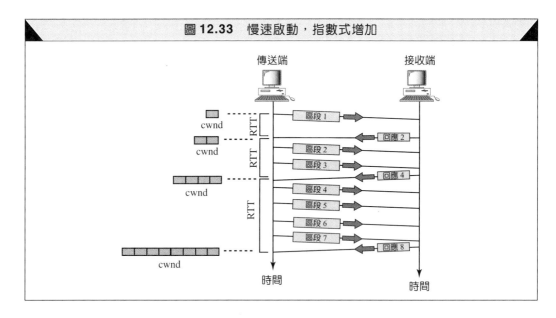

圖 12.33　慢速啟動，指數式增加

傳送端剛開始時 cwnd = 1 MSS，這代表傳送端只能傳送 1 個區段。在接收到對應於區段 1 的回應之後，壅塞窗口的大小增加 1，也就代表 cwnd = 2。現在另外 2 個區段可以開始傳送。當這 2 個區段被回應之後，每個區段的回應會使壅塞窗口的大小增加 1 MSS，這也代表 cwnd = 4。現在另外 4 個區段可以被傳送。當這 4 個區段全部被回應之後，壅塞窗口的大小增加 4，這也代表 cwnd = 8。如果區段的回應很順利依照一對一、二對二……以此類推，則不會有任何的問題。

如果我們從封包往返時間 (RTT) 的角度來看 cwnd 的大小，我們會發現速率以指數方式成長，就如同下面所示：

Start	→ cwnd = 1	
After 1 RTT	→ cwnd = 1 × 2 = 2	→ 2^1
After 2 RTT	→ cwnd = 2 × 2 = 4	→ 2^2
After 3 RTT	→ cwnd = 4 × 2 = 8	→ 2^3

　　慢速啟動並不能無限地持續下去，必須要有一個門檻值 (threshold) 來停止這個階段。傳送端會記錄一個稱為**慢速啟動門檻值** (slow start threshold, ssthresh) 的變數。當窗口的大小到達這個門檻值時，會停止慢速啟動階段並且開始另外的階段。在大部分的實作中，ssthresh 的值等於 65,535 個位元組。

在慢速啟動的演算法中，壅塞窗口的大小會以指數方式成長，直到它到達某個門檻值為止。

壅塞避免：加法式增加　　如果我們開始時使用慢速啟動演算法，壅塞窗口的大小會以指數方式增加。要在壅塞出現前避免它，就必須將以指數方式成長的速率放慢下來。TCP 定義了另一個稱為**壅塞避免** (congestion avoidance) 的演算法，使用加法式增加來代替指數式增加。當壅塞窗口到達慢速啟動門檻值，則停止慢速啟動階段，並開始加法式增加階段。在這個演算法中，每次整個窗口的區段被回應之後，壅塞窗口的大小就加 1。為了說明這樣的概念，我們將此演算法應用在相同於慢速啟動時的劇本，儘管我們看到的壅塞避免演算法通常開始時的壅塞窗口是遠大於 1。圖 12.34 說明了這樣的概念。

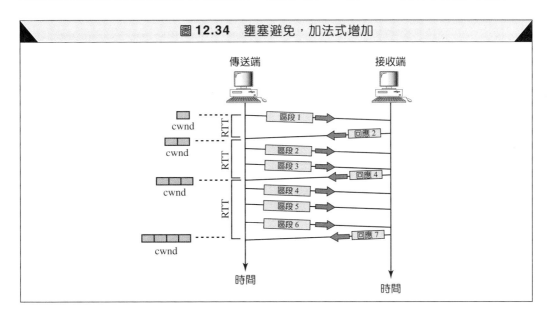

圖 12.34　壅塞避免，加法式增加

　　在這樣的情況下，當傳送端收到對應於一個完整窗口大小區段的回應後，窗口的大小會增加 1 個區段的大小。如果我們從封包往返時間 (RTT) 的角度來看 cwnd 的大小，我們會發現速率以加法的方式成長，就如同下面所示：

Start	→ **cwnd = 1**
After 1 RTT	→ **cwnd = 1 + 1 = 2**
After 2 RTT	→ **cwnd = 2 + 1 = 3**
After 3 RTT	→ **cwnd = 3 + 1 = 4**

> 在壅塞避免的演算法中，壅塞窗口的大小會以加法的方式成長，直到壅塞被偵測到為止。

壅塞偵測：乘法式減少　當壅塞發生時，要降低壅塞窗口的大小。傳送端只能根據是否需要重送 1 個區段來猜測壅塞是否發生。然而，重送可能在以下兩種情況發生：(1) 當 RTO 計時器的時間到期時；(2) 接受到 3 次相同序號的回應時。在這兩種情況下，門檻值的大小會下降一半（乘法式減少）。大部分 TCP 的實作會有兩種反應：

1. 如果是逾時 (time-out) 的情況發生，非常有可能是壅塞的情況。其某個區段很有可能在網路上被移除，並且接下來不會有任何關於已送出之區段的相關訊息。在這樣的情況下，TCP 會採取以下強烈的反應：
   a. 它將門檻值設成目前窗口大小的一半。
   b. 它將 cwnd 設成一個區段的大小。
   c. 它再一次從慢速啟動階段開始。

2. 如果是接收到 3 次相同序號的回應時，有可能是壅塞的情況。其某個區段很有可能在網路上被移除，但是此區段之後的許多區段可能在接受到 3 次相同序號的回應之後安全的到達。這樣的情況稱為快速傳輸 (fast transmission) 及快速復原 (fast recovery)。在這樣的情況下，TCP 會採取以下柔性的反應：
   a. 它將門檻值設成目前窗口大小的一半。
   b. 它將 cwnd 的值設成和門檻值相同（許多實作會在門檻值上再加 3 個區段）。
   c. 它從壅塞避免階段開始。

> 大部分的實作對壅塞偵測會有不同的反應：
> ❑ 如果是透過時間到期所偵測，會開始於一個新的慢速啟動階段。
> ❑ 如果是透過 3 次回應所偵測，會開始於一個新的壅塞避免階段。

摘要　在圖 12.35 中，我們整理了 TCP 的壅塞策略及 3 個階段之間的關係。

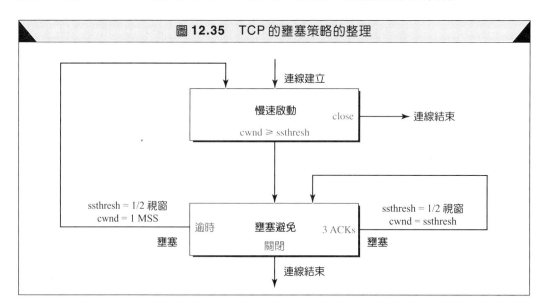

圖 **12.35**　TCP 的壅塞策略的整理

　　我們提供一個範例在圖 12.36 中。我們假設最大的窗口大小是 32 個區段，門檻值設為 16（最大窗口大小的一半）。在慢速啟動的階段中，窗口大小從 1 開始以指數方式成長，直到抵達門檻值為止。抵達門檻值之後，窗口大小是以加法的方式增加，直到一個逾時發生或到達最大窗口。在圖中，逾時發生在窗口大小等於 20 的時候。在此刻，乘法式減少的程序會將門檻值降低成先前窗口大小的一半。當逾時發生時，先前窗口的大小為 20，所以新的門檻值為 10。

　　TCP 會再一次轉移到慢速啟動階段，並且以窗口為 1 開始。當到達新的門檻值的時候會轉移到加法式增加階段。當窗口的大小為 12 的時候，發生 3 次回應的事件。乘法式減少的程序會再一次地啟動，其門檻值被設定成 6。並且這次 TCP 會轉移到加法式增加階段。它繼續保持目前的階段，直到另外一次的逾時或是 3 次回應發生。

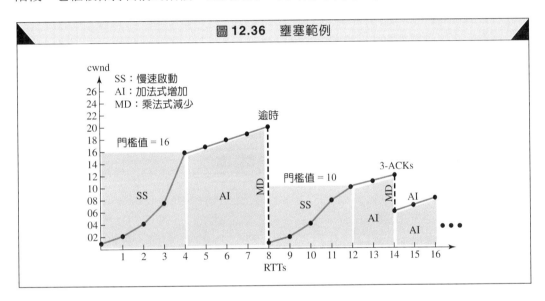

圖 12.36　壅塞範例

12.9 TCP 計時器 *TCP Timers*

大部分 TCP 的實作使用了 4 種計時器（如圖 12.37 所示）來維持運作的平穩性。

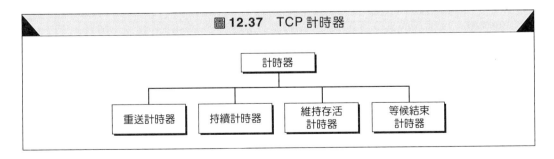

圖 12.37　TCP 計時器

重送計時器

為了處理區段的遺失或遭移除的問題，TCP 使用一個重送計時器 (retransmission timer) 來處理逾時重送 (retransmission time-out, RTO) 的情況，RTO 的時間就是用來等待一個區段回應的時間。每當TCP送出一個區段時,它就替這個區段設定一個重送計時器。
有以下兩種情形可能發生:

1. 如果在計時器時間到期之前,收到該區段的回應,就取消這個計時器。

2. 如果計時器的時間比回應先到,那麼相關的區段就會被重新傳送,而計時器也會被
   重設。

往返時間 (RTT)

為了去計算逾時重送 (RTO) 的時間,首先我們需要先去計算 RTT。然而,在 TCP 中計
算 RTT 是一項複雜的程序,我們使用一些範例來一步步地說明它。

量測後的RTT 我們需要去找出從傳送一個區段到接收到它的回應之間所經歷的時間,
這就是量測後的RTT。我們要記住區段與它們的回應並不是一對一的關係,數個區段可
能一起被回應。量測後的往返時間就是區段從傳送,到達目的端,然後一直到傳送端接
受到對應之回應所需的時間,儘管回應有可能同時對應於其他的區段。請注意在 TCP
中,同一時間下只能處理一個 RTT 的量測程序。這代表如果某一個 RTT 量測程序開始
之後,一直到這次 RTT 的值量測完成為止,都不會有其他的 RTT 量測程序也被啟動。
我們使用 RTT_M 來表示量測後的 RTT。

> 在 TCP 中,同一時間下只能處理一個 RTT 的量測程序。

平穩後的 RTT RTT_M 會隨著每一次往返的情況而有所改變。在現今的 Internet 中,
RTT_M的值會有很大的波動,所以並不適合直接拿來當逾時重送 (RTO) 的值。大部分的
實作會使用一個平穩後的 RTT,稱為 RTT_S。RTT_S 為 RTT_M 和前一個 RTT_S 之加權平均
值,如下所示:

最初	→沒有任何值
第 1 次量測之後	→ $RTT_S = RTT_M$
其他次量測之後	→ $RTT_S = (1 - \alpha) RTT_S + \alpha \times RTT_M$

其中 α 的值是根據實作而定,但是它通常被設定為 1/8。換言之,新 RTT_S 的計算
為 7/8 倍的舊 RTT_S 值加上 1/8 倍目前的 RTT_M 值。

RTT 的誤差 大部分的實作不單只使用 RTT_S,它們也計算 RTT 誤差 (稱為 RTT_D),
主要還是根據 RTT_S 和 RTT_M 的值,並使用下面的公式:

最初	→沒有任何值
第 1 次量測之後	→ $RTT_D = RTT_M / 2$
其他次量測之後	→ $RTT_D = (1 - \beta) RTT_D + \beta \times |RTT_S - RTT_M|$

其中 β 的值是根據實作而定,但是它通常被設定為 1/4。

逾時重送 (RTO)

RTO 的值是根據平穩後的 RTT 值及其誤差而得,大部分的實作使用下面的公式來計算
RTO 的值:

最初	→ 初始值
其他次量測之後	→ $RTO = RTT_S + 4 \times RTT_D$

換句話說，將最近的 RTT_S 加上 4 倍的 RTT_D（通常是一個很小的值）來均衡一下。

範例 10

讓我們來看一個假設的範例，圖 12.38 說明了某條連線其中的一部分，圖中顯示連線的建立及部分的資料傳輸階段。

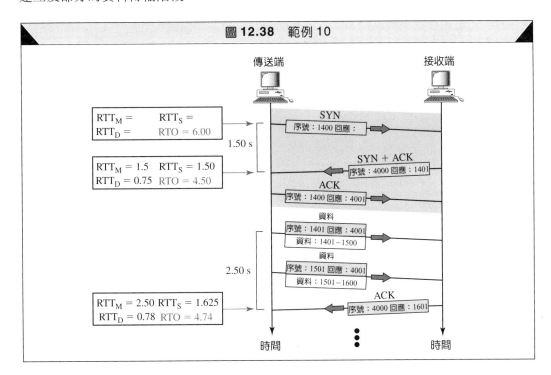

圖 12.38 範例 10

1. 當 SYN 區段傳送出去時，RTT_M、RTT_S，及 RTT_D 尚未有任何值，而 RTO 的值被設定為 6 秒。這時變數的值如下所示：

   RTO = 6

2. 當 SYN + ACK 區段抵達，其 RTT_M 經量測後為 1.5 秒，其變數的值如下所示：

   $RTT_M = 1.5$
   $RTT_S = 1.5$
   $RTT_D = 1.5 / 2 = 0.75$
   $RTO = 1.5 + 4 \times 0.75 = 4.5$

3. 當第 1 個資料區段傳送出去時，一個新的 RTT 量測程序被啟動。請注意，當傳送端傳送 ACK 區段時，並不會啟動 RTT 量測程序，因為它不會消耗序號也不會啟動計時器。第 2 個資料區段也不會啟動 RTT 量測程序，因為已經有一個量測程序正在進行中。而最後一個 ACK 區段的抵達是用來計算下一個 RTT_M 的值。儘管最後一個 ACK 區段是用來回應兩個資料區段（累計式），它的抵達完成了第 1 個區段之 RTT_M 的值。其變數的值如下所示：

$$RTT_M = 2.5$$
$$RTT_S = 7/8 \ (1.5) + 1/8 \ (2.5) = 1.625$$
$$RTT_D = 3/4 \ (0.75) + 1/4 \ |1.625 - 2.5| = 0.78$$
$$RTO = 1.625 + 4 \ (0.78) = 4.74$$

Karn 演算法

假設某個區段在其重送時間內未收到它的回應而被重送出去，傳送端之 TCP 收到此區段的回應時，它並不知這是回應前者還是重送的區段。RTT 值應是從區段離開的時間開始算，但是如果原來的區段遺失了，而回應的是重送的區段，此時 RTT 的計算應是從重送的那個時間點開始算，這個難題由 Karn 解決了。Karn 的方法很簡單，在計算 RTT 時不要考慮重送區段的 RTT，也就是說直到你送出一個區段，並且在沒有重送就能收到其回應時才更新 RTT 值。

TCP 在計算新的 RTO 值的時候，並不會考慮一個重送區段的 RTT 值。

指數倒退

當重送的情況發生時，其 RTO 的值應該設定為何？大部分的實作使用**指數倒退 (exponential backoff)** 的策略。每一次的重送就是 2 倍的 RTO，所以當某個區段被重送一次時，其值為 2 倍的 RTO，如果它被重送 2 次，其值為 4 倍的 RTO，依此類推。

範例 11

圖 12.39 延續先前的範例，有一個重送的情況發生，並使用 Karn 演算法。圖中的第 1 個區段傳送之後卻遺失了。在 4.74 秒之後 RTO 計時器的時間到期。此區段會被重送，並且其 RTO 計時器被設定為 9.48 秒（先前 RTO 值的 2 倍）。這一次在時間到期之前就收到 ACK 區段了。我們會等到傳送新的區段及接收 ACK，才會再一次地計算 RTO 的值（Karn 演算法）。

持續計時器

為了去處理窗口大小值為 0 之通告，TCP 需要另一個計時器。假設，接收端之 TCP 通知窗口大小值為 0，傳送端之 TCP 會停止傳送，直到接收端之 TCP 送來一個窗口大小值不等於 0 的回應，但是這個回應可能會遺失掉。還記得在 TCP 裡，回應本身是不會再被回應的，如果這個告知窗口大小值不等於 0 的回應遺失了，接收端之 TCP 卻認為它已經做了該做的事，等著傳送端之 TCP 送過來其他區段，而傳送端並沒有收到一個告知窗口大小值不等於 0 的回應，雙方之 TCP 因而永遠互相等待對方送東西過來（死結的情況）。

　　為了要解決這個死結 (deadlock)，TCP 的每條連線各使用一個**持續計時器 (persistence timer)**。TCP 接收到一個窗口大小值為 0 的回應時，就啟動這個持續計時器，當這個計時器的時間到期，傳送端之 TCP 就送出一個特別的區段，稱為**探針 (probe)**。這個區段只含 1 個位元組的資料，這個區段也有序號，但不用被回應，之後其他資料序號的計算也不用管這個序號。探針區段是用來告訴接收端之 TCP，回應已經遺失，必須要重送過來。

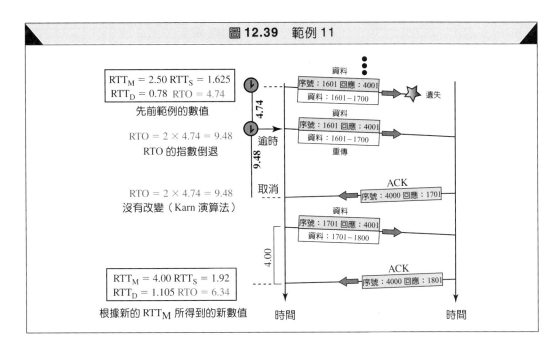

圖 12.39 範例 11

持續計時器是設定為重送時間的值，如果沒接收到第 1 個探針區段的回應，便再送出第 2 個探針區段，並設定持續計時器為原來的兩倍時間並重新計時。傳送端持續送出探針區段並加倍持續計時器的時間，直到一個臨界值（通常是 60 秒），從此以後，傳送端每 60 秒鐘送出 1 個探針區段，直到窗口重新開啟為止。

維持存活計時器

有些系統使用所謂的**維持存活計時器 (keepalive timer)** 來防止 TCP 雙方有閒置過久的連線。假設一個用戶端建立一個TCP連線到某個伺服端，傳送一些資料後，用戶端就毫無音訊。也許用戶端已經當機，如果是這樣，這個連線就會永遠開啟著。

要解決這個問題，很多系統在伺服端使用一個維持存活計時器。每次伺服程式接受用戶端的連線，就設定此計時器，計時時間一般設在 2 小時。如果伺服程式超過 2 小時沒有用戶端的音訊，伺服程式就會送出 1 個探針區段；如果經過 10 次探測，每次間隔 75 秒，依然沒有音訊，伺服端就假設用戶端已經關機，然後結束該連線。

等候結束計時器

等候結束計時器在連線的結束期間使用，又被稱為2MSL計時器。我們已經在第 12.5 節（狀態轉換圖）的章節中介紹為何使用此計時器的理由了。

12.10 選項 *Options*

TCP 標頭最多包含 40 位元組的選項資訊，這些選項運送額外的資訊給目的端或是做為選項對齊的功能。我們可以定義兩大類的選項：單一位元組選項和多位元組選項。第一類包含 2 個類型的選項：選項列表結束與無動作。在大部分的實作中，第二類包含 5

個類型的選項：最大區段長度、窗口調整係數、時間戳記、允許使用SACK，及SACK，如圖12.40所示。

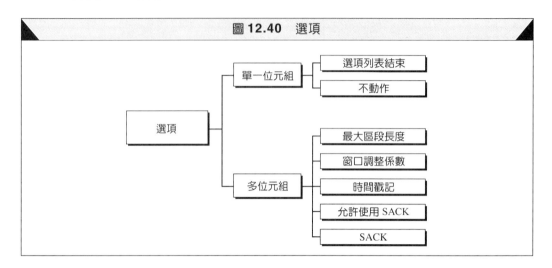

圖12.40　選項

選項結束

選項結束 (End of Option, EOP) 為一個1位元組長的選項，用來填充選項欄，它只能當作最後一個選項來用，而且只能使用一次。緊接在這個選項之後，接收端就會看到被攜帶的資料。圖12.41說明了一個範例，在標頭之後有一個3位元組的選項，在這個選項之後就是資料，會有一個EOP選項被插入，用來對齊下一個32位元字組的邊界。EOP選項提供兩項資訊給目的端：

1.　標頭中不再有其他選項。
2.　來自應用程式的資料之起始點位於下一個32位元字組的開頭。

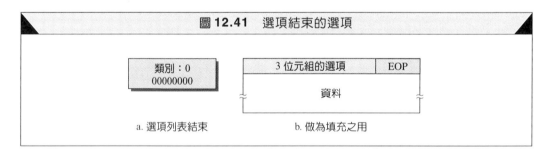

圖12.41　選項結束的選項

EOP只能被使用一次。

無動作

無動作 (No Operation, NOP) 的選項為1位元組長，用來做為不同選項間的填充之用。但是，它通常位於其他選項的前面，並且讓緊接在後的選項能對齊在32位元的邊界上。如圖12.42的範例所示，NOP選項被用來對齊一個3位元組長的選項（如窗口調整係數選項），以及一個10位元組長的選項（如時間戳記選項）。

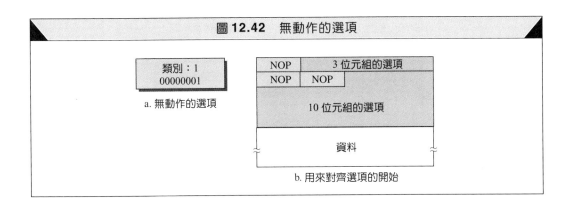

圖 **12.42** 無動作的選項

NOP 可以被使用超過一次。

最大區段長度

最大區段長度 (Maximum Segment Size, MSS) 的選項定義 TCP 目的地所能接收的最大資料單元長度。雖然它的名字是如此,但是它定義的是資料的最大長度,而不是區段的最大長度。此欄為 16 位元,所以資料長度為 0 到 65,535 個位元組,圖 12.43 說明了此選項的格式。

類別:2 00000010	長度:4 00000100	最大區段長度
1 位元組	1 位元組	2 位元組

圖 **12.43** 最大區段長度的選項

　　MSS 在連線建立時決定,雙方各自定義它能接收的區段之 MSS 值。如果有某方不定義這個值,則表示使用預設值,預設值為 536 位元組。

MSS 的值於連線建立時被決定,並且在這條連線運作期間都不會改變。

窗口調整係數

我們已經提過位於 TCP 標頭內的窗口大小欄位定義滑動窗口 (sliding window) 的大小,有 16 位元長,這表示窗口大小可由 0 到 65,535 位元組。儘管這似乎已經是一個很大的窗口大小,但是仍然可能不夠用,特別是當資料在頻寬很大而且延遲時間很長的介質中傳輸時。

　　我們使用**窗口調整係數 (window scale factor)** 來增加窗口的大小,新的窗口大小依下列公式來計算:

$$新的窗口大小 = 標頭中定義的窗口大小 \times 2^{窗口調整係數}$$

圖 12.44 說明了窗口調整係數選項的格式。

圖 12.44　窗口調整係數的選項

調整係數有時候又稱為**移位計數 (shift count)**，因為將某個值乘上 2 的 n 次方，與將某個值（二進制）向左位移 n 個位元的結果是相同的。換言之，決定實際窗口大小的方法就是先將封包中窗口大小的值取出，然後對此值進行向左位移的運算，位移之位元數就等於窗口調整係數。

例如，若窗口調整係數的數值為 3，某一端收到一個回應，此回應通知窗口大小為 32,768，則這一端的窗口大小可以使用 $32,768 \times 2^3 = 262,144$ 個位元組，我們將 32,768（先轉成二進制）向左移 3 個位元也會獲得相同的結果。

雖然，調整係數最大可為 255，不過 TCP/IP 允許的最大值為 14。所以最大實際窗口值為 $2^{16} \times 2^{14} = 2^{30}$，值得注意的是，窗口大小不能比序號的最大值還大。

窗口調整係數在連線時決定，資料傳送時，標頭內的窗口大小欄位值可以改變，不過實際的窗口大小還是要將它乘以固定的窗口調整係數。

> 窗口調整係數的值只能在連線建立時被決定，並且在這條連線運作期間都不會改變。

注意，如果有一端將窗口調整係數設定為 0，這意味著它支援這個選項，但是它不想使用於目前的這條連線。

時間戳記

本欄為 10 位元組長，其格式如圖 12.45 所示。注意，主動式開啟的那一方將時間戳記填入連線要求之區段（SYN 區段）中，如果它接收到來自另一方的下一個區段（SYN + ACK 區段）中也包含有時間戳記，它就被允許使用時間戳記，反之就不能再使用時間戳記了。**時間戳記選項 (timestamp option)** 有兩個應用：它被用來量測往返時間 (RTT)，以及防止序號回歸 (wraparound) 的情況。

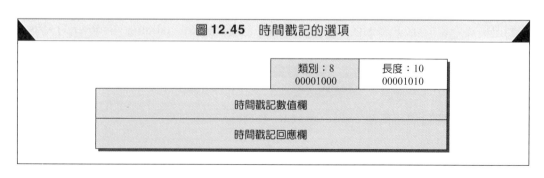

圖 12.45　時間戳記的選項

RTT 的量測 時間戳記可以被用來量測往返時間 (RTT)。當 TCP 準備好要傳送某個區段時,它會讀取系統時間,並且將系統時間的值填入32位元的時間戳記數值欄中。當接收端要對此區段傳送一個回應,或是傳送一個累計式的回應包含此區段的位元組資料時,它會將時間戳記的值複製到時間戳記回應欄中。當傳送端接收到這個回應時,它可以將系統時間的值減掉時間戳記回應欄的值,就可以找到 RTT 的值了。

請注意,傳送端和接收端的系統時間可以不同步,因為所有的計算都是根據傳送端的系統時間。另外要注意的是,傳送端不需要去記錄或儲存某個區段離開的時間,因為這個值已經被攜帶於回應區段本身。

接收端必須要記錄兩個值,第1個值是**lastack**,這個值記錄已經傳送的最後一個回應號碼。第 2 個值是 **tsrecent**,這個值記錄尚未被回應的時間戳記值。當接收端收到一個區段,而且這個區段所包含的位元組資料和 **lastack** 的值相符合時,它會將區段之時間戳記值填入 **tsrecent** 變數中。當接收端要傳送一個回應時,它會將 **tsrecent** 的值填入時間戳記回應欄。

> 時間戳記選項的其中一項應用就是用來計算往返時間 (RTT) 的值。

範例 12

圖12.46說明了某一端計算往返時間的範例。如果我們要計算另一端的RTT,則每件事都要翻轉過來。

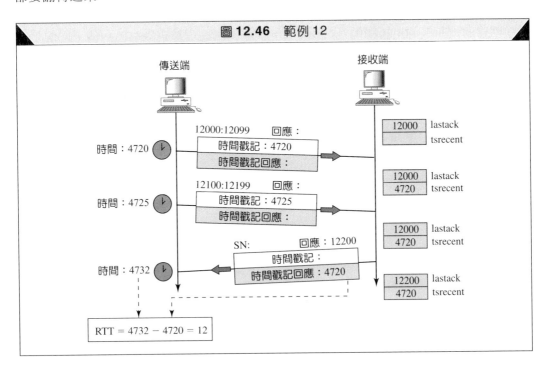

圖 12.46 範例 12

傳送端很簡單地將系統時間(例如,從午夜算起的秒數值)填到第 1 個和第 2 個區段之時間戳記數值欄位中。當一個回應區段抵達(第 3 個區段),它可以將目前系統時間的值減掉時間戳記回應欄的值,就可以找到目前範例中的 RTT = 12。

接收端的運作就比較複雜一點，它必須記錄最近一個已傳送的回應號碼 (12000)。當第 1 個區段抵達，它包含了位元組編號從 12000 到 12099 的資料，而第 1 個位元組的編號和 **lastack** 的值相同，所以它將時間戳記的值 (4720) 複製到 **tsrecent** 變數中，而 **lastack** 的值依然保持 12000（沒有新的回應被傳送）。當第 2 個區段抵達時，因為此區段並沒有包含 **lastack** 所指定的位元組資料，所以其時間戳記的值會被忽略。當接收端決定要傳送一個累計式的回應（回應編號為 12200）時，它會將 **lastack** 的值改成 12200，並且將 **tsrecent** 的值填入時間戳記回應欄位。而 **tsrecent** 的值並不會改變，一直到被一個帶有 12200 位元組資料的新區段（下一個區段）所取代為止。

　　請注意，如同範例所示，RTT 的計算是傳送第 1 個區段與接收到第 3 個區段之間的時間差。RTT 的實際意義是一個封包被傳送與接收到其回應之間的時間差。第 3 個區段所攜帶的回應是同時回應第 1 個區段和第 2 個區段。

防止序號回歸　時間戳記選項的另一個應用就是**防止序號回歸 (Protection Against Wrapped Sequence numbers, PAWS)**。在 TCP 通訊協定中所定義的序號欄位的長度只有 32 位元，儘管這已經是一個很大的數字，但是在高速的連線中還是有可能會發生序號回歸的情況。序號回歸就是指序號為 n 已經出現過一次，在同一條連線的存活期間中還會再出現序號為 n 的情況。現在如果第 1 個區段被重複了，並且在序號的第 2 回合才抵達，則屬於過去第 1 回合的區段會被錯認為是屬於第 2 回合的區段。

　　有一個方法可以解決這個問題，那就是增加序號的大小，但是這也代表要增加窗口的大小，而且區段的格式也會增加。另一個簡單的解決方法是將時間戳記也加到區段的識別中。換言之，一個區段的識別可以被定義成時間戳記與序號的組合，這意味著去增加識別碼的大小。400:12001 和 700:12001 這兩個區段被定義屬於兩個不同的化身 (incarnation)。第 1 個在時間點為 400 時傳送，而第 2 個在時間點為 700 時傳送。

> 時間戳記選項也可用來防止序號回歸 (PAWS)。

允許使用 SACK 選項與 SACK 選項

如同我們先前討論的，TCP 區段中的回應號碼欄位是被設計當成累計式回應，這也代表它只報告目前接收的連續之位元組已經到哪裡了。它並不會報告那些已亂序到達的位元組，它當然也不會提到關於重複區段的資訊，這可能對 TCP 的效能有負面的影響。如果有一些區段遺失或損壞了，傳送端必須要等到計時器的時間到期，才會重送那些尚未被回應的區段，此時接收端就有可能接收到一些重複的區段。為了改善效率，因此提出了選擇式回應 (Selective Acknowledgment, SACK)。其選擇式回應允許傳送端獲得一些更有用的資訊，例如有哪些區段真正地遺失了，而有哪些區段已亂序地抵達接收端。這新的提案甚至包含重複區段的列表。傳送端可以只重送那些真正遺失的區段，而重複區段的列表可以幫助傳送端找出那些已經因為短暫逾時而重送的區段。

　　這個提案定義了兩個選項：允許使用 SACK 選項及 SACK 選項，如圖 12.47 所示。

　　2 個位元組長的**允許使用 SACK 選項 (SACK-permitted option)** 只使用於連線建立階段。主機可以傳送一個加上此選項的 SYN 區段，來表示它可以支援 SACK 選項。如

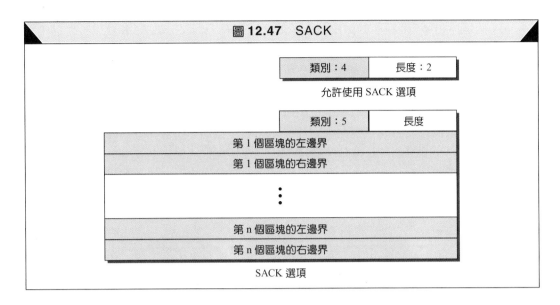

圖 **12.47** SACK

果另一端在它的 SYN + ACK 區段中也加入這個選項，則雙方就可以在資料傳輸期間使用 SACK 選項。請注意，允許使用 SACK 選項並不能在資料傳輸階段使用。

　　不定長度的 **SACK 選項 (SACK option)** 使用於資料傳輸期間，但是必須要雙方事先都同意才行（在連線建立期間使用允許使用 SACK 選項來協調）。此選項包含了一個記錄亂序抵達的區塊之列表，每個區塊占用兩個32位元的數字欄位，用來定義該區塊的起始位置與結束位置。我們使用範例來說明此選項的使用方式，目前要注意的是 TCP 的選項最大只被允許到 40 個位元組，這也意味著一個 SACK 選項不能定義超過 4 個區塊。5 個區塊的資訊會占用 (5 × 2)× 4 + 2 = 42 個位元組，這已經超過一個區段可獲得的選項區域大小了。如果SACK選項和其他選項一起被使用，則可記錄的區塊個數有可能會更少。

範例 13

讓我們來看一下SACK選項是如何被使用來條列出亂序的區塊。在圖 12.48 中，某一端點接收到 5 個資料區段。

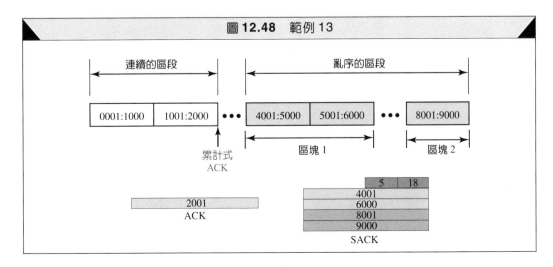

圖 **12.48** 範例 13

第1個區段和第2個區段的順序是連續的，所以有一個累計式ACK可以被傳送來報告這2個區段已經被接收。但是，第3、4、5個區段是亂序抵達的區段，其在第2個區段和第3個區段之間有一個間隙，且在第4個區段和第2個區段之間也有一個間隙。一個ACK加上一個SACK就可以很明確地告知傳送端目前的情況。ACK的值為2001，代表傳送端不需要再關心位元組編號從1到2000的資料了。SACK有2個區塊，第1個區塊告知位元組編號從4001到6000的資料已經亂序抵達了，而第2個區塊告知位元組編號從8001到9000的資料已經亂序抵達了。這也代表位元組編號從2001到4000的資料以及位元組編號從6001到8000的資料已經遺失或被移除了，傳送端只需要重新傳送這些位元組資料即可。

範例14

在圖12.49的範例中，說明如何使用ACK和SACK來偵測重複的區段。在這種情況下，我們擁有一些亂序的區段（在一個區塊中）及一個重複的區段。為了同時去顯示亂序及重複的資料，SACK使用第1個區塊來顯示重複的資料，使用其他的區塊來顯示亂序的資料。請注意，只有第1個區塊可以用來顯示重複的區塊。一個很直覺的問題，那就是當傳送端接收到ACK和SACK的值，它怎麼知道第1個區塊是否是用來顯示重複的區塊（將這個範例與前一個範例相比較）。答案是如果在第1個區塊中的位元組資料早已經被回應時，當然這個區塊就是一個重複的區塊。

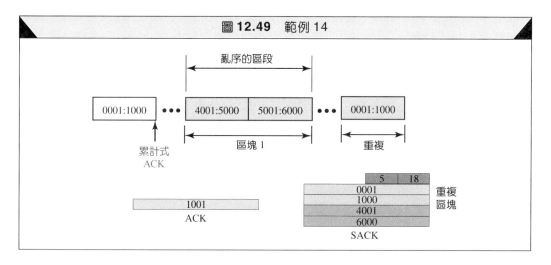

圖 12.49 範例 14

範例15

在圖12.50的範例中，說明了如果在亂序的區段中有一個區段被重複時會發生什麼情況。在這個範例中，有一個區段 (4001:5000) 被重複了，SACK選項先宣告這一個被重複的區段，然後才宣告亂序的區塊。但是這一次重複的區塊尚未被回應，所以我們無法使用前一個範例的方法來判斷第1個區塊是表示重複的區塊，但是因為這個區塊是亂序區塊中的一部分（4001:5000 區塊屬於 4001:6000 區塊中的一部分），所以傳送端可以知道它定義的是一個重複的區塊。

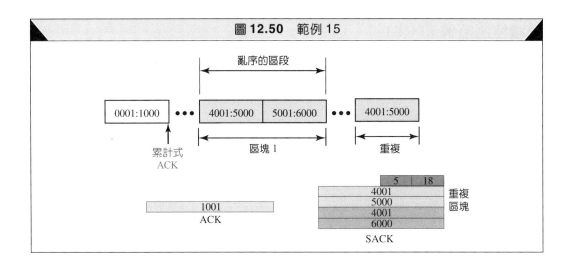

圖 12.50　範例 15

12.11　TCP 套件　*TCP Package*

TCP是一個非常複雜的通訊協定，它提供位元組串流服務，屬於預接式通訊協定。TCP使用狀態轉換圖來表示通訊協定的運作，它也使用了流量控制與錯誤控制等機制，要實現它的程式碼將會超過好幾千行。

　　這一節我們介紹一個經過簡化，僅呈現其骨幹結構的TCP套件。我們的目的在於模擬 TCP 的核心部分，也就是由狀態轉換圖所表示的部分。

　　我們可以說 TCP 套件包含了 1 個稱為傳輸控制區塊的表格、1 組計時器，及 3 個程式模組（包含主要模組、輸入處理模組，及輸出處理模組）。圖 12.51 展示這 5 個模組及它們之間的關係。

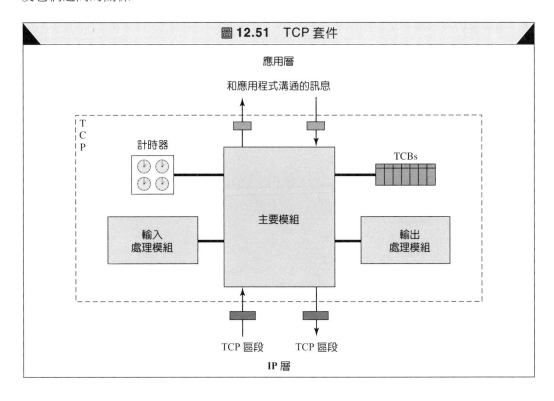

圖 12.51　TCP 套件

傳輸控制區塊 (TCB)

TCP 是一種預接式的傳輸協定，一個連線可能開啟得很久。要控制連線的運作，TCP 使用一個稱為**傳輸控制區塊 (Transmission Control Block, TCB)** 的資料結構來存放每條連線的相關資訊。因為隨時都有可能有數條連線存在，所以，TCP 是以表格的方式來存放 TCB 陣列，我們通常就直接稱這份表格為 TCB（見圖 12.52）。

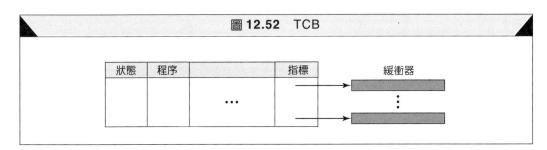

圖 12.52 TCB

每個 TCB 可以有很多欄位，我們在此只介紹最常見的。

- ❑ **狀態**：本欄定義一條連線的狀態，這個狀態主要是根據狀態轉換圖而定。
- ❑ **程序**：本欄定義使用此連線的程序，可以是一個戶端程序或是一個伺服端程序。
- ❑ **本地 IP 位址**：本欄位定義此連線所使用的本地端主機之 IP 位址。
- ❑ **本地埠號**：本欄位定義此連線所使用的本地埠號。
- ❑ **遠端 IP 位址**：本欄位定義此連線所使用的遠端主機之 IP 位址。
- ❑ **遠端埠號**：本欄位定義此連線所使用的遠端埠號。
- ❑ **介面**：本欄位定義本地的介面代號。
- ❑ **本地窗口**：本欄位可以由數個子欄位所組成，用來記錄本地 TCP 的窗口訊息。
- ❑ **遠端窗口**：本欄位可以由數個子欄位所組成，用來記錄遠端 TCP 的窗口訊息。
- ❑ **傳送序號**：本欄位記錄傳送的序號。
- ❑ **接收序號**：本欄位記錄接收的序號。
- ❑ **傳送 ACK 號碼**：本欄位記錄傳送的 ACK 號碼。
- ❑ **往返時間**：數個子欄位，用來記錄關於 RTT 的訊息。
- ❑ **逾時時間**：數個子欄位，用來記錄不同計時器的倒數時間，像是逾時重送倒數、持續倒數及等候結束倒數等。
- ❑ **緩衝器大小**：本欄位記錄本地端 TCP 所使用的緩衝器大小。
- ❑ **緩衝器指標**：本欄位記錄一個指標，指到存放接收資料的緩衝器，一直到它準備好要給應用程式為止。

計時器

前面提過，TCP 使用很多計時器來追蹤其運作。

主要模組

主要模組由下列事件啟動，包括 TCP 區段的到來、計時器時間到期或者是接收到應用程式的訊息。這是一個複雜的模組，因為它要做的動作取決於 TCP 目前的狀態，數種方法可以用來實現這個模組。對於 TCP 的每個狀態可以用一個程序去實現，或者是用一個二維矩陣表等方式。

　　為了讓我們容易討論，我們以**項目** (case) 來代表狀態。我們有 11 個狀態，所以需要 11個不同的項目。每個狀態依其狀態轉換圖之定義來實現。其中的 ESTABLISHED 狀態需要進一步的解讀。TCP 處於這個狀態時，每當接收到資料或是回應區段時，要先呼叫輸入處理模組來處理，如果是應用程式發出傳送資料的訊息，則要呼叫輸出處理模組來處理。

主要模組
接收：TCP區段、應用程式來的訊息或者是逾時的事件

1. 尋找 TCB 表格。
2. 如果（沒有找到相對應的 TCB）：
   A. 建立一個 TCB，並設定其狀態為 CLOSED。
3. 找出 TCB 欄位中的狀態欄。
4. Case（狀態）：

   CLOSED：
   　　a. 如果（接收到來自應用程式表示被動式開啟的訊息）：
   　　　　i. 將狀態更改為 LISTEN。
   　　b. 如果（接收到來自應用程式表示主動式開啟的訊息）：
   　　　　i. 傳送一個 SYN 區段。
   　　　　ii. 將狀態更改為 SYN-SENT。
   　　c. 如果（接收到任何一個區段）：
   　　　　i. 傳送一個 RST 區段。
   　　d. 如果（接收到其他訊息）：
   　　　　i. 發出一個錯誤訊息。
   　　e. 返回。

   LISTEN：
   　　a. 如果（接收到來自應用程式表示傳送資料的訊息）：
   　　　　i. 傳送一個 SYN 區段。
   　　　　ii. 將狀態更改為 SYN-SENT。
   　　b. 如果（接收到 SYN 區段）：
   　　　　i. 傳送一個 SYN + ACK 區段。
   　　　　ii. 將狀態更改為 SYN-RCVD。

主要模組（續）

　　c. 如果（接收到其他任何區段或訊息）：
　　　i. 發出一個錯誤訊息。
　　d. 返回。
SYN-SENT：
　　a. 如果（逾時）：
　　　i. 將狀態更改為 CLOSED。
　　b. 如果（接收到 SYN 區段）：
　　　i. 傳送一個 SYN + ACK 區段。
　　　ii. 將狀態更改為 SYN-RCVD。
　　c. 如果（接收到 SYN + ACK 區段）：
　　　i. 傳送一個 ACK 區段。
　　　ii. 將狀態更改為 ESTABLISHED。
　　d. 如果（接收到其他任何區段或訊息）：
　　　i. 發出一個錯誤訊息。
　　e. 返回。
SYN-RCVD：
　　a. 如果（接收到 ACK 區段）：
　　　i. 將狀態更改為 ESTABLISHED。
　　b. 如果（逾時）：
　　　i. 傳送一個 RST 區段。
　　　ii. 將狀態更改為 CLOSED。
　　c. 如果（接收到來自應用程式表示關閉的訊息）：
　　　i. 傳送一個 FIN 區段。
　　　ii. 將狀態更改為 FIN-WAIT-1。
　　d. 如果（接收到一個 RST 區段）：
　　　i. 將狀態更改為 LISTEN。
　　e. 如果（接收到其他任何區段或訊息）：
　　　i. 發出一個錯誤訊息。
　　f. 返回。
ESTABLISHED：
　　a. 如果（接收到 FIN 區段）：
　　　i. 傳送一個 ACK 區段。
　　　ii. 將狀態更改為 CLOSE-WAIT。
　　b. 如果（接收到來自應用程式表示關閉的訊息）：
　　　i. 傳送一個 FIN 區段。
　　　ii. 將狀態更改為 FIN-WAIT-1。

主要模組（續）

c. 如果（接收到一個 RST 區段或 SYN 區段）：

    i. 發出錯誤訊息。

d. 如果（接收到資料或 ACK 區段）：

    i. 呼叫輸入處理模組。

e. 如果（接收到來自應用程式表示傳送的訊息）：

    i. 呼叫輸出處理模組。

f. 返回。

FIN-WAIT-1：

a. 如果（接收到 FIN 區段）：

    i. 傳送一個 ACK 區段。

    ii. 將狀態更改為 **CLOSING**。

b. 如果（接收到 FIN + ACK 區段）：

    i. 傳送一個 ACK 區段。

    ii. 將狀態更改為 **TIME-WAIT**。

c. 如果（接收到 ACK 區段）：

    i. 將狀態更改為 **FIN-WAIT-2**。

d. 如果（接收到任何其他的區段或訊息）：

    i. 發出錯誤訊息。

e. 返回。

FIN-WAIT-2：

a. 如果（接收到 FIN 區段）：

    i. 傳送一個 ACK 區段。

    ii. 將狀態更改為 **TIME-WAIT**。

b. 返回。

CLOSING：

a. 如果（接收到 ACK 區段）：

    i. 將狀態更改為 **TIME-WAIT**。

b. 如果（接收到任何其他的區段或訊息）：

    i. 發出錯誤訊息。

c. 返回。

TIME-WAIT：

a. 如果（逾時）：

    i. 將狀態更改為 **CLOSED**。

b. 如果（接收到任何其他的區段或訊息）：

    i. 發出一個錯誤訊息。

c. 返回。

主要模組（續）

CLOSE-WAIT：

  a. （接收到來自應用程式表示關閉的訊息）：

    i. 傳送一個 FIN 區段。

    ii. 將狀態更改為 LAST-ACK。

  b. 如果（接收到任何其他的區段或訊息）：

    i. 發出一個錯誤訊息。

  c. 返回。

LAST-ACK：

  a. 如果（接收到 ACK 區段）：

    i. 將狀態更改為 CLOSED。

  b. 如果（接收到任何其他的區段或訊息）：

    i. 發出一個錯誤訊息。

  c. 返回。

輸入處理模組

在我們的設計中，輸入處理模組處理 TCP 在 ESTABLISHED 狀態下，相關的接收資料或回應等細節。如果需要，這個模組會送出一個 ACK 區段，處理窗口大小的告知及錯誤檢查等事宜，本書為介紹性質的教科書，所以不對輸入處理模組詳盡介紹。

輸出處理模組

在我們的設計中，輸出處理模組處理 TCP 在 ESTABLISHED 狀態下，從應用程式接收到資料後送出的所有細節。這個模組處理重送計時、持續計時等動作，實現這個模組的方式可用一個小的狀態機來處理不同的輸出條件，同樣不在本書做詳盡的介紹。

12.12　重要名詞　*Key Terms*

加法式增加 (additive increase)　　　　連線的重置 (connection resetting)

阻塞點 (choke point)　　　　　　　　連線的結束 (connection termination)

Clark 的解決方法 (Clark's solution)　　Cookie

壅塞 (congestion)　　　　　　　　　資料的傳輸 (data transfer)

壅塞避免 (congestion avoidance)　　　死結 (deadlock)

壅塞控制 (congestion control)　　　　延遲 (delay)

壅塞偵測 (congestion detection)　　　阻斷服務攻擊 (denial-of-service attack)

連線 (connection)　　　　　　　　　選項結束選項 (end-of-option option)

連線的中止 (connection abortion)　　　錯誤控制 (error control)

連線的建立 (connection establishment)　指數式增加 (exponential increase)

快速重送 (fast retransmission)

有限狀態機 (finite state machine)

流量控制 (flow control)

四向交握 (four-way handshaking)

全雙工服務 (full-duplex service)

半關閉 (half-close)

起始序號 (initial sequence number)

Karn 演算法 (Karn's algorithm)

維持存活計時器 (keepalive timer)

最大區段長度 (Maximum Segment Size, MSS)

最大區段長度選項 (maximum-segment-size option)

乘法式減少 (multiplicative decrease)

Nagle 演算法 (Nagle's algorithm)

無動作選項(no-operation option)

持續計時器 (persistence timer)

挾帶 (piggybacking)

防止序號回歸 (Protection Against Warpped Sequence numbers, PAWS)

逾時重送 (Retransmission Time-Out, RTO)

重送計時器 (retransmission timer)

往返時間 (Round-Trip Time, RTT)

SACK 選項 (SACK option)

允許使用 SACK 選項 (SACK-permitted option)

區段 (segment)

序號 (sequence number)

傻瓜視窗症候群 (silly window syndrome)

同時關閉 (simultaneous close)

同時開啟 (simultaneous open)

滑動窗口 (sliding window)

滑動窗口協定 (sliding window protocol)

慢速啟動 (slow start)

狀態轉換圖 (state transition diagram)

SYN 癱瘓式攻擊 (SYN flooding attack)

三向交握 (three-way handshaking)

生產量 (throughput)

時間戳記選項 (timestamp option)

等候結束計時器 (TIME-WAIT timer)

傳輸控制通訊協定 (Transmission Control Protocol, TCP)

窗口調整係數 (window scale factor)

12.13　摘要　*Summary*

❑　傳輸控制通訊協定 (TCP) 為 TCP/IP 通訊協定組之中的一種傳輸層通訊協定。

❑　TCP 提供了程序對程序、全雙工及預接式的服務。

❑　在兩個裝置之間使用 TCP 軟體來傳輸資料的基本單位稱為「區段」。它擁有 20 到 60 位元組的標頭，接著就是來自應用程式的資料。

❑　一條 TCP 連線通常包含 3 個階段：連線的建立、資料的傳輸及連線的結束。

❑　連線的建立需要使用三向交握；連線的結束可以使用三向交握或四向交握。

❑　TCP 軟體被實作成一個有限狀態機。

❑　TCP 使用流量控制（實作成滑動窗口的方式）來避免接收端被資料給癱瘓。

❑　TCP 的窗口大小由接收端所告知的窗口大小 (rwnd) 和壅塞窗口大小 (cwnd) 中較小的那個值決定。窗口大小可以由接收端來開啟或關閉，但是不能被收縮。

❑　每條連線所傳送的位元組都被 TCP 編號，開始的第 1 個號碼是由亂數產生而來。

❑　TCP 使用錯誤控制來提供一個可靠的服務。TCP 使用檢查碼、回應，及計時控制來達到錯誤控制的功能。受損或遺失的區段會被重送，而重複的區段會被移除。資料可能會亂序地抵達並且暫時被接收端的 TCP 給儲存起來，但是 TCP 保證不會有亂序的區段被傳遞到上層的程式。

❑ 在現代的實作中，如果重送計時器的時間到期或是接收到3個重複的 ACK 區段時會觸發重送該區段的動作。

❑ TCP 使用壅塞控制來避免及偵測網路上的壅塞情況。

❑ 慢速啟動（指數式增加）、壅塞避免（加法式增加）及壅塞偵測（乘法式減少）等策略被使用於壅塞控制。

❑ 在慢速啟動演算法中，壅塞窗口大小會指數式地增加，一直到抵達某個門檻值為止。

❑ 在壅塞避免演算法中，壅塞窗口大小會加法式地增加，直到壅塞被偵測到為止。

❑ 大部分的實作對不同壅塞偵測的情況有不同的反應。如果是由時間到期所偵測，則重新開始於慢速啟動階段；如果是由3次回應所偵測，則重新開始於壅塞避免階段。

❑ TCP 在它的運作中使用以下4種計時器，即重送計時器、持續計時器、維持存活計時器及等候結束計時器。

❑ 在 TCP 中，同一時間下只能處理一個 RTT 的量測程序。

❑ TCP 在計算新的 RTO 值的時候，並不會考慮一個重送區段的 RTT 值。

❑ TCP 使用一些選項來提供更多的服務。

❑ EOP 選項用來作為對齊用，並表示在標頭內不再有其他選項。EOP 選項只能使用一次。

❑ NOP 選項用來作為填充位元組或對齊用。NOP 選項可以使用超過一次。

❑ 最大區段長度選項用在連線建立時，定義允許的最大資料區段長度。MSS的值用連線建立時被決定，在連線的期間並不會改變。

❑ 窗口調整係數可增加窗口大小的倍數。

❑ 時間戳記選項可用來計算資料從傳送端到接收端所需的時間。時間戳記選項的其中一項應用是用來計算往返時間 (RTT)。另外一項應用是用來防止序號回歸 (PAWS)。

❑ 最近TCP的實作使用另外兩個選項：允許使用SACK選項及SACK選項。這兩個選項允許接收端可以傳送關於它已接收到的區段之選擇式回應。

❑ 傳輸控制區塊 (TCB) 記錄每個TCP連線的相關資料。

❑ TCP套件包含：TCB表格、計時器、主要模組、輸入處理模組，及輸出處理模組。

12.14 習題 *Practice Set*

練習題

1. 請比較 TCP 標頭與 UDP 標頭，並列出有哪些欄位是 TCP 標頭中有但 UDP 標頭沒有，請說明其原因。

2. 有一個攜帶 TCP 區段的 IP 資料包要送到 130.14.16.17/16 這個位址。如果它抵達 130.14.16.17/16，但是它的目的地埠號損壞了，請問接收端的 TCP 會有什麼反應？

3. 一個 ICMP 訊息（於第 9 章討論）會回報一個目的地埠號無法到達的錯誤。請問 TCP 如何偵測出目的地埠號的錯誤？

4. UDP 是訊息導向的通訊協定，而 TCP 是位元組導向的通訊協定。如果應用程式需要去保護它的訊息之邊界時，它應該使用哪一種通訊協定（TCP 或 UDP）？

5. TCP 標頭的最大長度為多少？TCP 標頭的最小長度為多少？

6. 如果 HLEN 的值為 0111，在此區段中有多少個位元組的選項？

7. 試寫出一個 TCP 區段標頭的各個項目，這個區段攜帶來自 FTP 用戶的訊息，此訊息要給一 FTP 伺服器，將檢查碼填入 0，選一個適當的短暫埠號及一正確的公認埠號，資料長度為 40 位元組。

8. TCP 區段的控制欄之值分別如下，其所代表意義為何？

   (a) 000000

   (b) 000001

   (c) 010001

   (d) 000100

   (e) 000010

   (f) 010010

9. 某 TCP 標頭內容的十六進制值格式如下：

   05320017 00000001 00000000 500207FF 00000000

   (a) 來源埠號為何？

   (b) 目的埠號為何？

   (c) 序號是多少？

   (d) 回應號碼是多少？

   (e) 標頭長度是多少？

   (f) 區段類別是什麼？

   (g) 窗口大小為何？

10. TCP 區段的控制欄為 6 位元，可以有 64 種組合，請列出一些有效的組合。

11. 為了讓起始序號 (ISN) 為一個亂數值，大部分的系統在開機的時候開啟一個值為 1 的計數器，並且每隔 0.5 秒就累加 64,000。請問經過多久後此計數器會發生回歸的情況？

12. 使用一個狀態圖，顯示如果是伺服端程序發出一個主動式關閉而不是用戶端的話，會發生什麼樣的情況？

13. 在某一條 TCP 的連線中，用戶端的起始序號 (ISN) 為 2171。用戶端開啟此連線，並且只傳送一個攜帶 1000 個位元組的區段，然後關閉此連線。請問用戶端在傳送下面區段時的序號為何？

    (a) SYN 區段？

    (b) 資料區段？

    (c) FIN 區段？

14. 在一條連線中，cwnd 的值為 3000，rwnd 的值為 5000。主機已經傳送 2000 個位元組的資料但尚未被回應。請問還有多少位元組可以被傳送？

15. TCP 使用起始序號 (ISN) 為 14,534 來開啟一條連線，另一方則是使用起始序號 (ISN) 為 21,732 來開啟該條連線。請寫出 TCP 在連線建立期限所傳送的 3 個區段。

16. 根據第 15 題，如果在資料傳輸期間，傳送端傳送一個包含 "Hello Dear Customer" 訊息的區段，而另一方回應一個包含 "Hi, There Seller" 訊息的區段，寫出這些區段的內容。

17. 根據第 15、16 題，寫出連線結束時各區段的內容。

18. 某用戶端使用 TCP 來傳送一筆 16 位元組的資料給某伺服端。試計算在 TCP 層的傳輸效率（有效位元組長度對總長度的比率）。計算在 IP 層的傳輸效率，並且假設 IP 標頭沒有選項。計算在資料鏈結層的傳輸效率，假設 IP 標頭沒有選項，並且在資料鏈結層使用乙太網路。

19. 假設 TCP 以每秒 1MB 的速率傳送資料，序號從 7000 開始計算。請問經過多久之後序號會回到 0？

20. 一條 TCP 連線使用的窗口大小為 10,000 位元組，而先前的回應號碼為 22,001。它接收到一個區段，此區段包含回應號碼為 24,001 及通知窗口大小為 12,000。請繪圖說明窗口前後變化的情況。

21. 一個窗口包含 2001 到 5000 號的位元組資料，下一個要傳送的位元組為 3001。請畫出在下面兩個事件之後窗口的變化情況。
    (a) 接收到一個 ACK 區段，此區段包含回應號碼為 2500 及通知窗口大小為 4000。
    (b) 傳送一個攜帶 1000 位元組的區段。

22. 一條 TCP 連線在 ESTABLISHED 的狀態，而以下事件依次發生：
    (a) 收到一個 FIN 區段。
    (b) 應用程式傳送一個關閉的訊息。
    在每一個事件之後，此連線的狀態是什麼？而每一事件之後所採取的動作是什麼？

23. 一條 TCP 連線在 ESTABLISHED 的狀態，而以下事件依次發生：
    (a) 應用程式送一個關閉的訊息。
    (b) 收到一個 ACK 區段。
    在每一事件之後，此連線的狀態是什麼？而每一事件之後所採取的動作是什麼？

24. 某台主機已經沒有資料要傳送，但它在下面各時間點（午夜後之 h:m:s:ms）陸續接收到區段，請寫出此主機傳送的回應。
    (a) 在時間點 0:0:0:000 的時候接收到區段 1。
    (b) 在時間點 0:0:0:027 的時候接收到區段 2。
    (c) 在時間點 0:0:0:400 的時候接收到區段 3。
    (d) 在時間點 0:0:1:200 的時候接收到區段 4。
    (e) 在時間點 0:0:1:208 的時候接收到區段 5。

25. 某台主機傳送 5 個區段並接收到 3 個回應，發生的時間點 (h:m:s) 如下：
    (a) 在時間點 0:0:00 的時候傳送區段 1。
    (b) 在時間點 0:0:05 的時候傳送區段 2。
    (c) 在時間點 0:0:07 的時候接收到回應區段 1 和區段 2 的 ACK。

(d) 在時間點 0:0:20 的時候傳送區段 3。

(e) 在時間點 0:0:22 的時候傳送區段 4。

(f) 在時間點 0:0:27 的時候傳送區段 5。

(g) 在時間點 0:0:45 的時候接收到回應區段 1 和區段 2 的 ACK。

(h) 在時間點 0:0:65 的時候接收到回應區段 3 的 ACK。

請計算 RTT_M、RTT_S、RTT_D，及 RTO 的值，假設原本 RTO 的值為 6 秒。傳送端所重送的區段是否有遺失的情況？請寫出有哪些區段要被重送，以及何時該被重送。重寫上述的事件並包含重送的時間。

26. 如果某一台主機接收到依序的 2001 到 3000 號位元組、亂序的 4001 到 6000 號位元組，及重複的 3501 到 4000 號位元組。請寫出它要傳送的 SACK 選項的內容。

27. 請根據下面的範例，繪出類似圖 12.36 的壅塞控制圖。假設最大窗口大小為 64 個區段。

   (a) 在第 4 個 RTT 之後接收到 3 次重複的 ACK。

   (b) 在第 6 個 RTT 之後發生時間到期的情況。

資料檢索

28. 請找出一些關於 TCP 通訊協定的 RFC 文件。

29. 請找出關於 SACK 選項的 RFC 文件。

30. 請找出關於 Karn 演算法的 RFC 文件。

31. 我們並沒有將關於轉換圖及 TCP 狀態的所有規則都列出。為了完整性，我們應該將某狀態下所有類別的區段抵達時要前往的下一個狀態都列出來。TCP 應該要知道任何一狀態下的任何類別之區段抵達時要採取的動作為何，請列舉幾個關於這類的規則。

32. 在 TCP 中的半開啟 (half-open) 的情況為何？

33. 在 TCP 中的半雙工之關閉 (half-duplex close) 的情況為何？

34. 在 UNIX 或 Linux 的系統中，**tcpdump** 指令可以列印出某個網路介面之封包的標頭。請使用 **tcpdump** 指令去觀察傳送區段及接收區段。

CHAPTER 13

串流控制傳輸通訊協定

Stream Control Transmission Protocol (SCTP)

串流控制傳輸通訊協定 **(Stream Control Transmission Protocol, SCTP)** 是一種訊息導向，且具有可靠性的新傳輸層通訊協定。圖13.1說明了SCTP與其他通訊協定在 Internet 通訊協定組之中的關係。 SCTP 位於應用層與網路層之間，並提供應用程式與網路運作之間的服務。

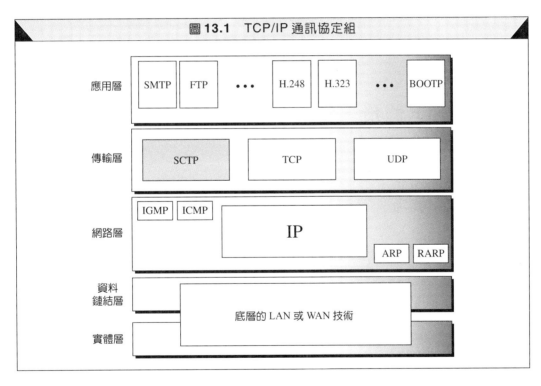

圖 13.1 TCP/IP 通訊協定組

應用層　SMTP　FTP　···　H.248　H.323　···　BOOTP

傳輸層　SCTP　TCP　UDP

網路層　IGMP　ICMP　IP　ARP　RARP

資料鏈結層　底層的 LAN 或 WAN 技術

實體層

　　然而，SCTP 通訊協定主要是針對最近一些新的 Internet 應用程式而設計的，例如：IUA (ISDN over IP)、 M2UA 和 M3UA（電話信號）、 H.248（媒體閘道控制）、 H.323（網路電話）以及 SIP（網路電話）。 TCP 提供的功能不能達到這些應用程式的需求，而 SCTP 能提供更好的效能以及更佳的可靠度。我們簡短地比較 UDP 、 TCP 和 SCTP ：

❑　UDP 是一種**訊息導向 (message-oriented)** 的通訊協定。上層程序將訊息傳遞給 UDP，其 UDP 會將這筆訊息封裝於使用者資料包 (user datagram) 中，然後透過網路來傳送。UDP 保存了訊息的界線，使每個訊息彼此之間相互獨立。當我們在處理一些應用程式，例如，IP 電話和即時資料傳輸，應該要具備 UDP 的這項特色，而這兩種應用程式我們在後面的章節會看到。然而 UDP 並不可靠，傳送端無法得知訊息傳遞出去之後的情形，傳送出去的訊息可能遺失，可能重複傳送，或是不按照順序到達目的端。UDP 也缺乏一些易於使用之傳輸層通訊協定所需具備的特色，例如，壅塞控制和流量控制。

❑ TCP 是一種位元組導向 (byte-oriented) 的通訊協定。它接收來自上層程序的訊息，將這些訊息以位元組串流的方式儲存，然後以區段的方式傳送出去，它並沒有保留訊息的界線。然而 TCP 是一個可靠的通訊協定，能夠偵測到重複的區段，重送遺失的區段，以及按照順序的將訊息傳遞給目的端的程序。而 TCP 也具備壅塞控制和流量控制的機制。

❑ SCTP 結合 UDP 和 TCP 的優點。SCTP 是一個可靠的訊息導向通訊協定，它保留訊息的界線，同時能夠偵測出遺失的資料、重複的資料，以及不按照順序的資料。它也具有壅塞控制和流量控制的機制。稍後我們將會看到 SCTP 擁有一些 UDP 和 TCP 所沒有的創新特色。

> SCTP 是一個訊息導向、可靠的通訊協定，並結合了 UDP 和 TCP 通訊協定中的優點。

13.1　SCTP 服務　*SCTP Services*

在我們討論 SCTP 的運作之前，讓我們先來說明 SCTP 提供哪些服務給應用層程序。

程序對程序的通訊

SCTP 使用 TCP 空間裡的公認埠號。表 13.1 列出 SCTP 所使用的額外埠號。

表 **13.1**　一些 SCTP 的應用

協定	埠號	敘述
IUA	9990	在 IP 上的 ISDN
M2UA	2904	SS7 電話信號
M3UA	2905	SS7 電話信號
H.248	2945	媒體閘道控制
H.323	1718, 1719, 1720, 11720	網路電話
SIP	5060	網路電話

多重串流

我們在第 12 章學習到 TCP 屬於一種資料串流導向的通訊協定，在用戶端和伺服端之間包含單一個資料串流。這個方法有一個問題，在串流中的任何一個地方發生資料遺失時，將會阻礙其餘資料的傳送。當我們傳輸文字時可以接受這個方式，但是當我們在傳輸即時資料（例如，聲音和影像）的時候就不能接受這樣的方式。SCTP 允許在一個連線裡提供**多重資料串流服務 (multistream service)**，這個在 SCTP 裡稱為**關聯 (association)**。如果其中一條資料串流被阻礙了，其餘的資料串流仍然可以傳送資料。這就像高速公路上有許多條車道，每一條車道提供給不同的車流使用。例如，一條車道供給一般車流使用，其餘的給汽車共乘 (car pool) 來使用。如果一般的車輛發生交通阻塞，汽車共乘車道的車輛仍舊能到達目的地。圖 13.2 說明傳送多重資料串流的想法。

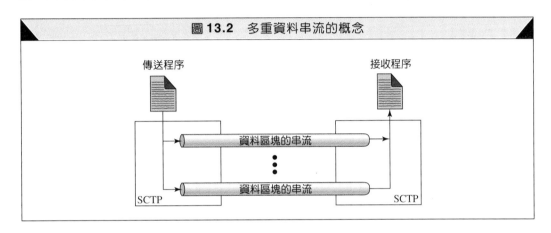

圖 13.2　多重資料串流的概念

在 SCTP 中，一個關聯可以包含多重資料串流。

多重位址

一個 TCP 連線包含一個來源 IP 位址和一個目的 IP 位址，這意味著即使傳送端和接收端為多重位址之主機（使用多個 IP 位址連接到超過一個以上的實體位址），兩端在連線中都只能使用其中一個 IP 位址。反之，一個 SCTP 的關聯則可支援**多重位址服務 (multihoming service)**，其傳送端和接收端的主機能夠在一個關聯中定義多個 IP 位址。使用這種容錯的方法，當某條路徑發生問題時，另外一個介面的路徑仍然可以繼續傳送資料，而不會發生連線中斷的問題。當我們傳送和接收即時的資料時，如用在網路電話這種容錯的特色十分有幫助。圖 13.3 說明了多重位址的概念。

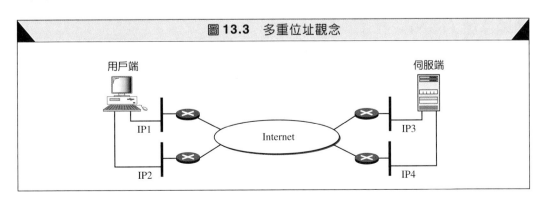

圖 13.3　多重位址觀念

在圖中，用戶端使用2個IP位址連接到2個區域網路，伺服端也使用2個IP位址連接到2個網路。則伺服端和用戶端總共使用了4組不同的IP位址對來做關聯。然而，這裡有一個地方要注意，現在實作的SCTP在一般通訊時，只能選擇1對IP位址。如果主要的線路發生問題，才會使用其他的IP位址對。換言之，目前SCTP不允許同時使用多條線路來傳送資料。

> SCTP 的關聯允許每一端點擁有多個 IP 位址。

全雙工通訊

就像 TCP 一樣，SCTP 提供**全雙工服務 (full-duplex service)**，資料能同時進行雙向的傳輸。因此，每一個SCTP都擁有一個傳送和接收的緩衝區，資料能夠同時傳送和接收。

預接式服務

就像 TCP 一樣，SCTP 屬於一種預接式的通訊協定。然而，在 SCTP 中，一條連線稱為一條**關聯 (association)**。當 A 端的程序想要與 B 端的程序互相傳送和接收資料時，會發生以下情形：

1. 兩個 SCTP 會在兩者之間建立一條關聯。
2. 雙向交換資料。
3. 結束關聯。

可靠性服務

就像 TCP 一樣，SCTP 是一個可靠的傳輸層通訊協定。它使用回應機制來檢查回應資料是否安全到達。我們將會在錯誤控制那個章節來詳述這個特色。

13.2　SCTP 的特色　*SCTP Features*

首先我們先來討論 SCTP 的一般特色，並且與 TCP 做一比較。

傳輸序號 (TSN)

在 TCP 中的資料單位為**位元組**，且 TCP 會使用序號替每一個位元組資料來編號，以便用來控制資料的傳輸。反之，在 SCTP 中是以**區塊 (chunk)** 作為資料的單位。因為分割的緣故（會在稍後詳述），從程序傳送過來的訊息可能與區塊有著一對一的關係，也可能沒有。在 SCTP 中，替每一個資料區塊編號，來控制資料的傳輸。SCTP 是使用**傳輸序號 (Transmission Sequence Number, TSN)** 來替資料區塊編號，換言之，SCTP 的傳輸序號 (TSN) 和 TCP 的序號扮演著相似的角色。TSN 的長度為 32 位元，並且在 0 到 $(2^{32} - 1)$ 的範圍內亂數產生初始值。且每一個資料區塊在它的標頭裡會有一個相對應的 TSN。

> 在SCTP中，使用 TSN 來替資料區塊編號。

串流識別碼 (SI)

在 TCP 中,每一條連線中只有一條串流 (stream)。但是在 SCTP 裡,每一條關聯中可能擁有多條串流,而 SCTP 裡的每一條串流都需要使用**串流識別碼 (Stream Identifier, SI)** 來做區分。每一個資料區塊在它的標頭裡必須要有串流識別碼 (SI),所以當它抵達目的端時,目的端才能將這個資料區塊放置在它所屬的串流中。其 SI 是一個從 0 開始的 16 位元數字。

> SCTP 使用 SI 來區分不同的串流。

串流序號 (SSN)

當資料區塊到達目的端 SCTP 時,目的端會將它用適當的順序傳遞到正確的串流。意思就是,除了 SI 之外,SCTP 使用**串流序號 (Stream Sequence Number, SSN)** 來定義每條串流裡的每一個資料區塊。

> 為了要區別屬於同一條串流內的不同資料區塊,因此 SCTP 使用 SSN。

封包

在 TCP 中,是由區段來攜帶資料和控制資訊,其資料是以位元組的集合來攜帶,而控制資訊則是由標頭裡的 6 個控制旗標來定義。但 SCTP 的設計完全不一樣,其資料是以資料區塊的方式來攜帶,而控制資訊則是以控制區塊的方式來攜帶。多個控制區塊和資料區塊能夠封裝成一個封包 (packet),其 SCTP 的封包和 TCP 的區段扮演著相同的角色。圖 13.4 比較 TCP 的區段和 SCTP 的封包。

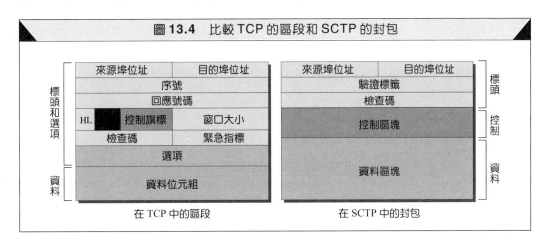

圖 13.4 比較 TCP 的區段和 SCTP 的封包

> TCP 使用「區段」,而 SCTP 使用「封包」。

我們將會在下一節裡討論 SCTP 封包的格式,現在讓我們簡單地列出 SCTP 的封包和 TCP 的區段不同的地方:

1. 在 TCP 中，控制資訊是標頭的一部分，而在 SCTP 中，控制資訊是被包含在控制區塊內，有幾種不同型態的控制區塊，每一個都為了不同的目的而被使用。

2. 在 TCP 區段裡的資料被視為是一個實體，而一個 SCTP 封包可以攜帶多個資料區塊，每一個都可以屬於不同的串流。

3. 選項也是 TCP 區段的一部分，但是在 SCTP 封包裡不存在選項。在 SCTP 中的選項是使用新定義的區塊型態來處理。

4. TCP 的主要標頭為 20 個位元組，但是 SCTP 的一般標頭只有 12 個位元組。 SCTP 的標頭長度比較短是由於以下的原因：

   a. SCTP 的序號 (TSN) 是屬於每一個資料區塊，因此序號是放置在區塊的標頭裡。

   b. 回應號碼和窗口大小是控制區塊的一部分。

   c. SCTP 不需要標頭長度的欄位（在 TCP 區段裡的 HL），因為並沒有選項這個欄位，標頭長度不會變動。 SCTP 的標頭長度固定為 12 個位元組。

   d. 稍後我們將會看到，在 SCTP 中不需要緊急指標。

5. TCP 中的檢查碼為 16 個位元，在 SCTP 中則是 32 個位元。

6. 在 SCTP 中的**驗證標籤** (Verification Tag, VT) 是一個關聯的識別碼，這在 TCP 裡並不存在。在 TCP 中，IP 位址和埠號的組合定義一條連線，而 SCTP 中，我們可能使用不同的 IP 位址來達到多重位址的功能，為了要定義不同的關聯，每一個關聯需要一個獨一無二的驗證標籤。

7. TCP 的標頭包含一個序號，它是用來定義資料部分的第 1 位元組號碼。 SCTP 封包可以包含多個不同的資料區塊，TSN、SI 及 SSN 會定義每一個資料區塊。

8. TCP 的一些區段會攜帶控制資訊，例如，SYN 區段或 FIN 區段，這些需要消耗一個序號。 SCTP 的控制區塊不會使用 TSN、SI 及 SSN，這 3 個識別碼只屬於資料區塊，而不是整個封包。

在 SCTP 中，控制資訊和資料資訊是由不同的區塊來傳送。

在 SCTP 中，我們擁有資料區塊、串流和封包。一個關聯可能傳送多個封包，一個封包可能包含多個區塊，而區塊可能屬於不同的串流。為了更明確了解這些名詞的定義，我們假設 A 程序要在 3 個串流中傳送 11 個訊息到 B 程序，前 4 個訊息屬於第 1 條串流，接下來的 3 個訊息屬於第 2 條串流，而最後的 4 個訊息屬於第 3 條串流。

儘管一個訊息太長時，可以由多個資料區塊來傳送，但是我們假定每一個訊息都符合一個資料區塊的長度限制。所以我們在 3 個串流中擁有 11 個區塊。

應用程序傳遞這 11 個訊息到 SCTP，每一個訊息都有被標記是屬於哪一條串流。雖然程序傳遞過來的訊息之順序和串流順序無關，但是我們假定先傳遞所有屬於第 1 條串流的訊息，接著傳遞所有屬於第 2 條串流的訊息，最後傳遞屬於最後 1 條串流的訊息。

我們也假定網路只允許每個封包內含 3 個資料區塊，這意思是我們需要 4 個封包，如圖 13.5 所示。串流 0 的資料區塊是由第 1 個封包和部分第 2 個封包來傳送，串流 1 的資料區塊是由第 2 和第 3 個封包來傳送，而串流 2 的資料區塊是由第 3 和第 4 個封包來傳送。

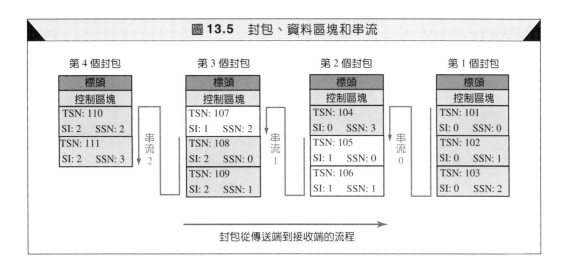

圖 **13.5** 封包、資料區塊和串流

要注意的是，每一個資料區塊需要3個識別碼：TSN 、SI 及 SSN 。 TSN 是一個累計的數字，稍後我們將會介紹，它是使用在流量控制和錯誤控制。其 SI 定義區塊是屬於哪一條串流，而 SSN 定義區塊在串流裡的順序，在我們的範例中，每一條串流的 SSN 都是從 0 開始。

資料區塊是由 3 個識別碼來區別：TSN 、SI 及 SSN 。
TSN 是一個累計的數字，是用來識別關聯，而 SI 是定義串流，SSN 是定義串流裡的區塊。

回應號碼

TCP 的回應號碼是位元組導向，且根據序號而來。而 SCTP 的回應號碼是區塊導向，且根據 TSN 而來。TCP 和 SCTP 回應機制的第二個不同是控制資訊。回想一下，控制資訊在 TCP 裡是區段標頭的一部分，為了要回應只有傳送控制訊息的區段，TCP 使用序號和回應號碼（例如，SYN 區段需要由一個 ACK 區段來回應）。然而，在 SCTP 中，控制資訊是由控制區塊來傳送，但它不需要 TSN ，而這些控制區塊是由其他相稱的控制區塊來回應(有些不需要回應)。例如，INIT 區塊是由 INIT-ACK 區塊來回應，且不需要序號或是回應號碼。

在 SCTP 裡，回應號碼只用來回應資料區塊，若控制區塊需要回應的話，則是由其他的控制區塊來回應。

流量控制

就像 TCP 一樣，SCTP 實作流量控制以避免接收端無法處理過多的資料。我們將在稍後的章節詳細說明 SCTP 的流量控制。

錯誤控制

就像 TCP 一樣，SCTP 實作錯誤控制以提供可靠性。使用 TSN 和回應序號來做錯誤控制。我們將在稍後的章節詳細說明 SCTP 的錯誤控制。

壅塞控制

就像 TCP 一樣，SCTP 實作壅塞控制來決定要將多少資料區塊傳送到網路上。我們將在稍後的章節詳細說明 SCTP 的壅塞控制。

13.3　封包格式　*Packet Format*

在這一節中，我們將會說明封包的格式和不同型態的區塊。本節所描述的大多數資訊在稍後的章節裡會變得更明瞭，在第一次閱讀時可以略過本節，或是當成參考資料來使用。其一個 SCTP 封包擁有一個強制使用的一般標頭 (general header) 和一系列的區塊 (chunk)。有兩種型態的區塊，即為控制區塊和資料區塊。控制區塊用來控制和維持關聯，而資料區塊用來傳送資料。在一個封包裡，控制區塊在資料區塊之前。圖 13.6 說明了 SCTP 封包的一般格式。

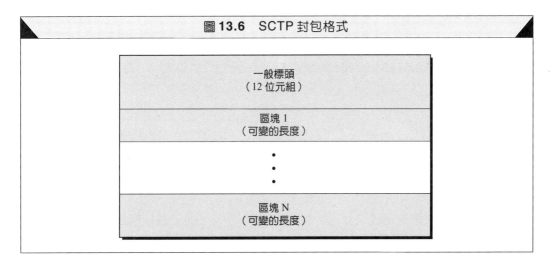

圖 13.6　SCTP 封包格式

一般標頭
（12 位元組）

區塊 1
（可變的長度）

⋮

區塊 N
（可變的長度）

在 SCTP 的封包中，其控制區塊在資料區塊之前。

一般標頭

一般標頭 (general header)（封包標頭）定義封包是屬於端點的哪一個關聯，保證封包是屬於特定的關聯，並且維持封包內容的完整性，包括標頭本身。圖 13.7 說明了一般標頭的格式。

在一般標頭裡有 4 個欄位：

❑　**來源埠號**：這 16 位元的欄位定義了傳送此封包程序的埠號。

❑　**目的埠號**：這 16 位元的欄位定義了接收此封包程序的埠號。

圖 13.7　一般標頭

來源埠號 16 位元	目的地埠號 16 位元
驗證標籤 32 位元	
檢查碼 32 位元	

❑ **驗證標籤**：這一個號碼將一個封包對應到一個關聯。這可以防止來自之前關聯的封包被誤認為是屬於這個關聯。驗證標籤被當成是關聯的識別碼，在這個關聯運作期間會重複出現在每一個封包中。在關聯中，每一個方向都有一個不同的驗證標籤 (VT)。

❑ **檢查碼**：這是 32 位元的欄位，包含一個 CRC-32 檢查碼。要注意的是，在 UDP、TCP 和 IP 中，為了要使用 CRC-32 檢查碼，檢查碼的長度由 16 位元增加到 32 位元，來包含 CRC-32。

區塊

控制資訊或是使用者資料都是被攜帶於**區塊 (chunk)** 中。區塊的一般配置如圖 13.8 所示。

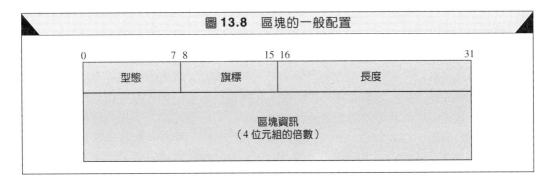

圖 13.8　區塊的一般配置

前 3 個欄位通用於所有的區塊，而資訊欄位則是根據區塊的型態而定。有一個重要的地方必須要記得，即 SCTP 要求資訊部分為 4 位元組的倍數。如果不是 4 的倍數，必須在資訊部分最後的地方加上填充位元組（8 個 0）。

> 區塊要以 32 位元（4 位元組）作為邊界來結尾。

共用欄位的描述如下：

❑ **型態**：這個 8 位元的欄位最多可以定義到 256 種型態的區塊。到目前為止，只有定義一些型態，其餘的保留到將來使用。表 13.2 是描述該區塊的列表。

❑ **旗標**：這個 8 位元的欄位定義了特定區塊可能需要的特別旗標。而每一個位元根據區塊的型態而有不同的意義。

表 13.2 區塊

型態	區塊	描述
0	DATA	使用者資料
1	INIT	設定關聯
2	INIT ACK	回應 INIT 區塊
3	SACK	選擇回應
4	HEARTBEAT	探測端點是否存在
5	HEARTBEAT ACK	回應 HEARTBEAT 區塊
6	ABORT	中止關聯
7	SHUTDOWN	結束關聯
8	SHUTDOWN ACK	回應 SHUTDOWN 區塊
9	ERROR	回報錯誤但不關閉
10	COOKIE ECHO	建立關聯時的第 3 個封包
11	COOKIE ACK	回應 COOKIE ECHO 區塊
14	SHUTDOWN COMPLETE	結束關聯時的第 3 個封包
192	FORWARD TSN	調整累計 TSN

❏ **長度**：因為資訊部分的大小是根據區塊的型態而異，因此我們需要定義區塊的邊界。這個 16 位元的欄位以位元組為單位，定義了區塊完整的大小，其包括型態、旗標和長度欄位。如果區塊沒有傳送資訊，長度欄位的數值為 4（4 個位元組）。有一個地方要注意，如果有填充位元組，在計算長度的時候，這些位元組並不列入計算。這樣可以幫助接收端知道區塊傳送多少有用的位元組。如果長度欄位的數值不是 4 的倍數，接收端就可以知道有填充的位元組。例如，當接收端看到長度為 17，它知道下一個為 4 的倍數的數字是 20，所以必須要移除填充的 3 個位元組。但是如果接收端看到長度為 16，它知道沒有填充任何位元組。

長度欄位的數值並不包括填充的位元組。

DATA 區塊

DATA 區塊是用來傳送使用者資料。一個封包可能包含 0 個或是多個的資料區塊。圖 13.9 說明了資料區塊的格式。

共同欄位的描述是相同的。其型態欄位的數值為 0，旗標欄位定義 3 個位元，保留了 5 個位元，其包含了 U、B 和 E 旗標。當 U (unordered) 旗標被設定為 1 時，表示無次序的資料傳遞（將於稍後解釋），在這種情況下，則會忽略串流序號（SSN）。B (beginning) 和 E (end) 結束旗標共同使用來定義區塊所包含之訊息片段（訊息因為太長而被分段），位於完整訊息中的哪個位置。當 B = 1 及 E = 1，代表訊息沒有被分段

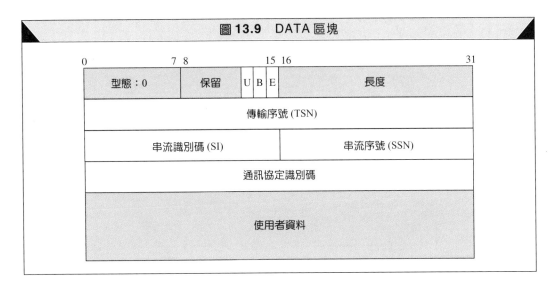

圖 **13.9** DATA 區塊

（是第 1 個也是最後 1 個）。當 B = 1 及 E = 0，代表它是第 1 個片段。當 B = 0 及 E = 1，代表它是最後 1 個片段。當 B = 0 及 E = 0，代表它是中間的片段（不是第 1 個，也不是最後 1 個）。有一個地方要注意，長度欄位的數值並不包括填充的位元組，所以這個數值不能少於 17，因為 1 個 DATA 區塊至少必須傳送 1 個位元組的資料。

❑ **傳輸序號 (TSN)**：這 32 位元的欄位定義了傳輸序號 (TSN)。由 INIT 區塊初始化一個方向的序號，且由 INIT ACK 區塊初始化另外一個方向的序號。

❑ **串流識別碼 (SI)**：這 16 位元的欄位定義了關聯裡的每一條串流。所有屬於同一方向之相同串流的區塊擁有相同的串流識別碼 (SI)。

❑ **串流序號 (SSN)**：這 16 位元的欄位定義區塊在某個方向的一個特定串流中。

❑ **通訊協定識別碼**：這32位元的欄位被應用程式用來定義資料的型態，且SCTP層會忽略這個欄位。

❑ **使用者資料**：這個欄位傳送真正的使用者資料，SCTP 對於使用者資料欄位有特殊的規定。第一，區塊所傳送的資料只能屬於同一個訊息，但是一個訊息可以分散在多個區塊。第二，這個欄位不能是空的，必須至少有 1 位元組的資料。第三，如果資料不能以 32 位元的邊界作結束，必須要加上填充位元組，而長度欄位的數值並不包括這些填充的位元組。

> 一個DATA區塊所傳送的資料只能屬於同一個訊息，但是一個訊息可以分散在多個區塊。DATA 區塊的資料欄位必須至少傳送 1 個位元組的資料，其意指長度欄位的數值不能少於 17。

INIT 區塊

INIT 區塊（初始區塊）是某端點為了建立關聯所傳送的第 1 個區塊，且傳送這個區塊的封包不能再攜帶其他控制或是資料區塊。這個封包的驗證標籤 (VT) 數值為 0，其意指還未定義標籤。如圖 13.10 說明了 INIT 區塊的格式。

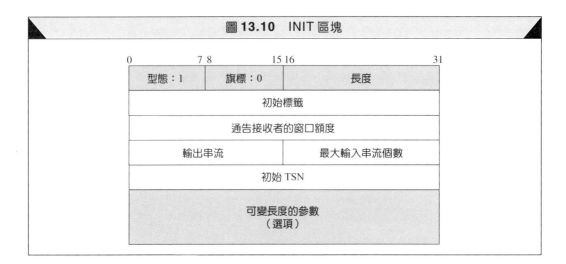

圖 13.10 INIT 區塊

最前面的3個共同欄位（型態、旗標及長度）的描述如同前面所述。型態欄位為1，旗標欄位為0（沒有旗標），長度欄位最小值為20（如果沒有選項參數）。其他欄位的描述如下：

❑ **初始標籤**：這32位元的欄位定義了從另外一邊傳送過來的封包驗證標籤 (VT) 數值。正如之前我們所提到的，所有的封包在其一般標頭裡都有一個驗證標籤 (VT)。在一個關聯中，傳送方向相同的所有封包都擁有相同的標籤，這個數值是在建立關聯時就決定了。初始化關聯的端點會在初始標籤欄位中定義標籤的數值，這個數值是用來當作從另外一個方向傳送過來的封包的驗證標籤 (VT)。例如，端點 A 對 B 開啟一個關聯時，A 定義了初始標籤數值為 x，使用 x 當作從 B 傳送到 A 的所有封包的驗證標籤 (VT)。初始標籤是 1 到 $(2^{32} - 1)$ 之間的亂數，值為 0 代表未建立關聯，只允許出現在 INIT 區塊的一般標頭。

❑ **通告接收者的窗口額度**：這32位元的欄位使用在流量控制，用來定義 INIT 區塊的傳送端所能允許的初始資料量，是以位元組為單位，其接收端使用 rwnd 以便知道要傳送多少資料量。有一點要注意，在 SCTP 裡，序號是根據區塊而來的。

❑ **輸出串流**：這16位元的欄位定義關聯的初始者所提議在輸出（傳送）方向的串流個數。另外一端有可能會減少這個數值。

❑ **最大輸入串流個數**：這16位元的欄位定義關聯的初始者所能支援在輸入（接收）方向的最大串流個數。有一點要注意，這是一個最大數量，另外一端不能增加其數值。

❑ **初始 TSN**：這32位元的欄位初始化輸出（傳送）方向的傳輸序號 (TSN)。有一點要注意，關聯裡的每一個資料區塊都必須要有一個傳輸序號 (TSN)，這個欄位的數值也是小於 2^{32} 的亂數。

❑ **可變長度的參數**：這些選項參數可以附加到 INIT 區塊來定義傳送端的 IP 位址、端點所能支援的 IP 位址個數（多重位址）、Cookie 狀態的保護、位址的型態，及明確的壅塞通知 (Explicit Congestion Notification, ECN) 等相關資訊。

傳送 INIT 區塊的封包不能再攜帶其他區塊。

INIT ACK 區塊

INIT ACK 區塊（初始回應區塊）是在建立關聯期間所傳送的第 2 個區塊，傳送這個區塊的封包不能再攜帶其他控制或是資料區塊。這個封包所使用的驗證標籤 (VT) 數值（在一般標頭中）被定義在先前所接收到的 INIT 區塊中的初始標籤欄位中，如圖 13.11 的格式說明。

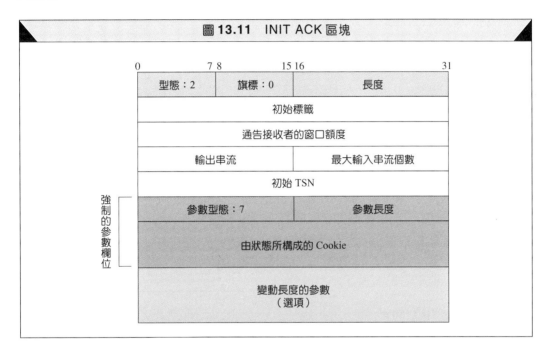

要注意區塊主要部分的欄位和 INIT 區塊是相同的。然而，這個區塊有強制的參數欄位。型態 7 的參數定義了該區塊之傳送者的狀態 Cookie，我們會在稍後詳述 Cookie 的使用。這個區塊也可以擁有參數選項。有一點要注意，這個區塊的初始標籤欄位初始化未來從相反方向傳送過來封包的驗證標籤 (VT)。

傳送 INIT ACK 區塊的封包不能再攜帶其他區塊。

COOKIE ECHO 區塊

COOKIE ECHO 區塊是在建立關聯期間所傳送的第 3 個區塊，它是由接收到 INIT ACK 區塊的那一個端點所傳送（通常就是 INIT 區塊的傳送者）。攜帶這個區塊的封包能夠再攜帶使用者資料，如圖 13.12 的格式說明。

要注意的是，型態 10 的區塊是一個非常簡單的區塊。在資訊部分，它回應先前接收到的 INIT ACK 區塊裡的 Cookie。其 INIT ACK 區塊的接收端不能打開這個 Cookie。

COOKIE ACK 區塊

COOKIE ACK 區塊是在建立關聯期間所傳送的第 4 個（也是最後 1 個）區塊。它是由接收到 COOKIE ECHO 區塊的那一端所傳送，攜帶這個區塊的封包能夠再攜帶使用者資料，如圖 13.13 的格式說明。

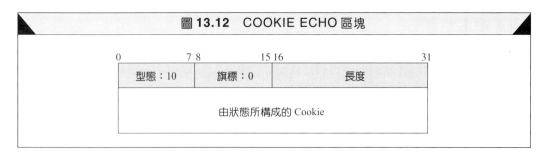

圖 13.12　COOKIE ECHO 區塊

| 型態：10 | 旗標：0 | 長度 |

由狀態所構成的 Cookie

圖 13.13　COOKIE ACK 區塊

| 型態：11 | 旗標：0 | 長度：4 |

　　要注意的是，型態 11 的區塊是一個非常簡單的區塊。其區塊的長度正好是 4 個位元組。

SACK 區塊

SACK 區塊（選擇式 ACK 區塊）回應接收到的資料封包，圖 13.14 說明了 SACK 區塊的格式。

圖 13.14　SACK 區塊

| 型態：3 | 旗標：0 | 長度 |

累計 TSN 回應

通告接收者的窗口額度

| 缺口回應區塊的個數：N | 重複區塊的個數：M |
| #1 缺口回應區塊的起始差量 | #1 缺口回應區塊的結束差量 |

| #N 缺口回應區塊的起始差量 | #N 缺口回應區塊的結束差量 |

重複區塊的TSN 1

重複區塊的TSN M

　　共同欄位和之前所討論的一樣，型態欄位的數值為 3，所有的旗標位元設定為 0。

❑　**累計 TSN 回應：**這 32 位元的欄位定義按照順序接收到的最後 1 個區塊的傳輸序號 (TSN)。

- **通告接收者的窗口額度**：這 32 位元的欄位用來更新接收窗口大小 (rwnd) 的數值。

- **缺口回應區塊的個數**：這 16 位元的欄位定義在累計 TSN 之後所接收到資料區塊中缺口的個數。有一點要注意，在這裡使用缺口 (gap) 這個名詞有可能被誤解，缺口在這裡是指一串已接收的區塊，也就是那些亂序抵達的區塊，而不是遺失的區塊。

- **重複區塊的個數**：這 16 位元的欄位定義在累計 TSN 之後重複區塊的個數。

- **缺口回應區塊之起始差量**：對於每一個缺口區塊，使用這 16 位元的欄位來定義它的起始 TSN 相對於累計 TSN 的差量。

- **缺口回應區塊之結束差量**：對於每一個缺口區塊，使用這 16 位元的欄位來定義它的結束 TSN 相對於累計 TSN 的差量。

- **重複區塊的 TSN**：對於每一個重複區塊，使用這 32 位元的欄位來定義此重複區塊的 TSN 相對於累計 TSN 的差量。

HEARTBEAT 區塊和 HEARTBEAT ACK 區塊

HEARTBEAT 區塊和 HEARTBEAT ACK 區塊除了型態欄位不同之外，其餘部分十分類似。第 1 個的型態為 4，而第 2 個的型態為 5。圖 13.15 說明了該區塊的格式，我們週期性地使用這兩個封包來探測關聯的狀態。某一端點傳送一個 HEARTBEAT 區塊，如果對方還存活，它會回傳一個 HEARTBEAT ACK 區塊。格式中有 3 個共用欄位，其強制參數欄位則提供傳送者的特殊資訊。在 HEARTBEAT 區塊裡，這些資訊包括傳送者的當地時間和位址，這些資訊不會被改變而複製到 HEARTBEAT ACK 區塊。

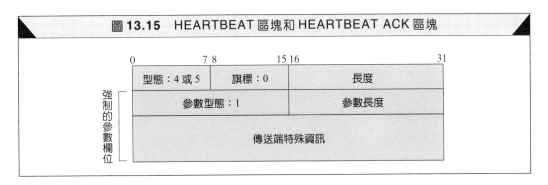

圖13.15　HEARTBEAT 區塊和 HEARTBEAT ACK 區塊

SHUTDOWN 區塊、SHUTDOWN ACK 區塊，
及 SHUTDOWN COMPLETE 區塊

這 3 個區塊（用來關閉一個關聯）十分相似。SHUTDOWN 區塊的型態為 7，其長度為 8 位元組，而第 2 個 4 位元組定義累計 TSN。SHUTDOWN ACK 區塊的型態為 8，其長度為 4 位元組。SHUTDOWN COMPLETE 區塊的型態為 14，其長度也是 4 位元組，而且有一個 1 位元的 T 旗標，T 旗標說明傳送端沒有 TCB 表格（見第 12 章）。如圖 13.16 的格式說明。

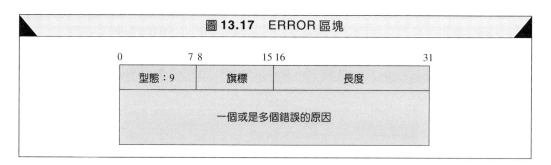

圖13.16 SHUTDOWN、SHUTDOWN ACK，及SHUTDOWN COMPLETE 區塊

ERROR 區塊

當某一端點在接收到的封包中發現錯誤時會傳送 ERROR 區塊。有一點要注意，傳送 ERROR 區塊並不意味著關聯的中止（這需要 ABORT 區塊才能達到）。圖 13.17 說明了 ERROR 區塊的格式。

圖13.17 ERROR 區塊

表 13.3 定義了有哪些錯誤。

ABORT 區塊

當某一端點發現致命的錯誤，而且必須中止這條關聯時會傳送 ABORT 區塊。錯誤的型態和 ERROR 區塊所定義的一樣（見表 13.3）。圖 13.18 說明了 ABORT 區塊的格式。

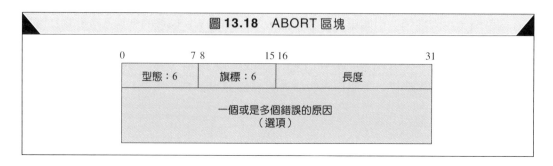

圖13.18 ABORT 區塊

表 13.3 錯誤

代碼	描述
1	不正確的串流識別碼
2	找不到強制參數
3	由狀態所構成的 Cookie 錯誤
4	缺少資源
5	無法解析的位址
6	不可辨識的區塊型態
7	不正確的強制參數
8	不可辨識的參數
9	沒有使用者資料
10	在關閉的情況下接收到 Cookie

FORWARD TSN 區塊

這是最近才加入標準的區塊（見 RFC 3758），是用來通知接收端調整它的累計 TSN，它提供部分的可靠服務。

13.4　一個 SCTP 的關聯　*An SCTP Association*

SCTP 就像 TCP 一樣，屬於預接式 (connection-oriented) 的通訊協定。然而，在 SCTP 中的連線稱為**關聯 (association)**，用來強調其多重位址。

> 在 SCTP 中的連線稱為「關聯」。

關聯的建立

在 SCTP 中建立關聯需要**四向交握 (four-way handshake)**。在這過程中，一般是用戶端的程序想要與伺服端的程序建立關聯，使用 SCTP 當作傳輸層通訊協定。其與 TCP 十分相似，SCTP 伺服端必須要準備接收任何關聯（被動式開啟）。但是，關聯的建立必須由用戶端來初始化（主動式開啟）。圖 13.19 說明了 SCTP 關聯的建立。

一般情況下的步驟如下所示：

1. 用戶端先傳送第 1 個封包，此封包含有一個 INIT 區塊。這個封包的**驗證標籤 (Verification Tag, VT)** 被設為 0（驗證標籤被定義在一般標頭內），因為這一個方向（用戶端到伺服端）的驗證標籤 (VT) 尚未被定義。INIT 標籤欄位包含了一個從另外一個方向過來（伺服端到用戶端）的封包會使用到的初始標籤。這個區塊也定義了這個方向的初始 TSN，並且告知 rwnd。一般情況是使用 SACK 區塊來告知 rwnd 的數值，但是會在 INIT 區塊裡加入 rwnd 的數值是因為 SCTP 允許第 3 和第

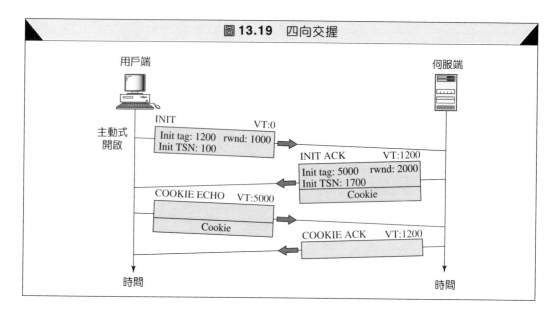

圖 **13.19**　四向交握

4 個封包內可包含 DATA 區塊，所以伺服端必須要知道用戶端可用的緩衝區大小。請注意，在第 1 個封包裡不能再包含其他的區塊。

2.　伺服端傳送第 2 個封包，此封包含有一個 INIT ACK 區塊。其驗證標籤 (VT) 的數值就是 INIT 區塊中的初始標籤欄位之數值，INIT ACK 區塊會指定另一個方向所使用的 VT，並且定義從伺服端到用戶端的資料串流之 TSN，以及設定伺服端的 rwnd。定義 rwnd 的值是為了要讓用戶端能夠在第 3 個封包中傳送 DATA 區塊。INIT ACK 區塊還會傳送一個定義目前伺服端狀態的 Cookie。稍後我們將會討論 Cookie 的使用。

3.　用戶端傳送第 3 個封包，此封包含有一個 COOKIE ECHO 區塊。這是一個非常簡單的區塊，用來直接（沒有做任何改變）回應伺服端所傳送過來的 Cookie。SCTP 允許在這個封包裡包含其他的資料區塊。

4.　伺服端傳送第 4 個封包，此封包含有一個 COOKIE ACK 區塊，用來回應所接收到的 COOKIE ECHO 區塊。SCTP 允許在這個封包裡包含其他的資料區塊。

> 傳送 INIT 區塊或 INIT ACK 區塊的封包裡不允許再包含其他的區塊。傳送 COOKIE ECHO 區塊或 COOKIE ACK 區塊的封包同時可以傳送資料區塊。

封包交換的個數

TCP 建立連線需要 3 次封包交換，而 SCTP 建立關聯需要 4 次。似乎 SCTP 比 TCP 還要沒有效率，但是我們還是要考慮到 SCTP 允許在第 3 和第 4 個封包中交換資料，正如我們所看到的，提供更好的安全性來對抗 SYN 阻斷服務攻擊。在交換兩個封包之後，就能傳送資料。

驗證標籤

當我們在比較 TCP 和 SCTP 時，我們會發現 SCTP 有驗證標記 (VT)，而 TCP 卻沒有。在 TCP 裡，一條連線是由 IP 位址加上埠號的組合來做辨識，這兩項資訊是區段的一部分。這會產生兩個問題：

1. 盲攻擊者（不是攔截者）可以使用任意的來源和目的埠號來傳送區段到 TCP 伺服端，正如我們在 SYN 癱瘓式攻擊中所討論到的。

2. 來自先前連線的區段可能在新的連線中出現化身 (incarnation)，而且使用相同的來源和目的埠號。這就是為什麼 TCP 在連線結束期間還需要一個 TIME-WAIT 計時器的原因。

SCTP 使用驗證標記 (VT) 來解決這兩個問題。在某個關聯中，同一個方向所傳送的所有封包都擁有一個共同的數值，這個值就是驗證標記 (VT)。盲攻擊者不可能將任意的封包投入到關聯裡，因為封包不太可能會攜帶正確的標籤，正確的機率幾乎只有 $1/2^{32}$。在這樣的概念下，來自舊關聯的封包不可能會出現化身，因為即使來源和目的埠號相同，可是驗證標記 (VT) 必定會不一樣。使用兩個驗證標記 (VT) 來辨別關聯，一個方向一個。

Cookie

我們已經在第 12 章中詳述 SYN 癱瘓式攻擊。惡意的攻擊者會使用偽造的 IP 位址來產生大量假的 SYN 區段，讓這些區段癱瘓 TCP 伺服器。伺服器每次收到 SYN 區段，在等待下一個區段到達之前，會建立一個 TCB 並且配置其他資源。然而伺服器在經過一段時間之後會因為資源耗盡而無法再提供服務。

　　SCTP 的設計者使有一種策略來預防這種型態的攻擊。這個策略就是將資源配置的動作延後到伺服器接收到第 3 個封包之後，也就是傳送端的 IP 位址被驗證之後。已接收到的第 1 個封包的資訊必須要被儲存起來，直到第 3 個封包的到來。但是如果伺服器要儲存這些資訊的話，也是需要配置資源（記憶體），這真是兩難的問題。解決之道就是將這些資訊封裝起來，然後傳回去給用戶端，稱之為產生一個 **Cookie**。其 Cookie 會和第 2 個封包一起傳送到第 1 個封包內所標示的來源位址（有可能是偽造的），有以下兩種可能的情況：

1. 如果第 1 個封包的傳送者是一位攻擊者，則伺服器不會接收到第 3 個封包，而 Cookie 將會遺失，所以不會有任何的資源被配置，伺服端只有耗費「烘焙」這個 Cookie 的動作。

2. 如果第 1 個封包的傳送者是一個誠實的用戶端，則它需要建立一條關聯，它在第 2 個封包中接收到 Cookie。它會傳送 1 個封包（在這一系列中的第 3 個），此封包會包含未經過更改的 Cookie。伺服端接收到第 3 個封包並且知道這是來自一個誠實的用戶端，因為這個封包內包含有之前傳送的 Cookie。伺服端現在能夠配置資源了。

如果沒有人可以「吃掉」由伺服端所「烘焙」出來的餅乾 (cookie)，上述的策略即為可行。為了要保證可行，伺服端會使用它自己的密鑰 (secret key) 來對這些資訊產生對應的摘要 (digest)（見第 28 章）。這些資訊和摘要合在一起產生 Cookie，然後將 Cookie 包在第 2 個封包裡傳送到用戶端。當 Cookie 隨著第 3 個封包傳回來時，伺服端會再一次地計算這些資訊的摘要 (digest)，如果摘要與之前的相吻合，表示 Cookie 沒有被任何其他的實體改變。

資料的傳輸

關聯的目的就是要在兩端點間傳送資料，在關聯建立之後，就可以開始進行雙向的資料傳輸，用戶端和伺服端都能傳送資料，就像 TCP 一樣，SCTP 也支援挾帶 (piggybacking) 的技術。

然而，TCP 和 SCTP 在資料傳輸上有一個主要的不同點，TCP 把那些從程序接收到的訊息視為位元組串流，不會去區別每個訊息的界線。程序可能會插入一些界限給接收端使用，但是 TCP 會將這個記號當作是內文的一部分。換言之，TCP 會接收每一個訊息，然後將這些訊息附加到它的緩衝區，一個區段能傳送兩個不同訊息的一部分，TCP 只會使用位元組編號來保持訊息的順序。

反之，SCTP 會區分並且維持界線，其每一個來自程序的訊息都會被視為一個單位的資料，並且插入到一個 DATA 區塊中，除非它有被分段（稍後詳述）。以這樣的觀念，SCTP 就像 UDP 有一個極大的優點，即資料區塊彼此關聯。

從程序那裡接收到一個訊息後，在此訊息的前面加上 DATA 區塊的標頭，就變成一個 DATA 區塊或多個 DATA 區塊（如果經過分段的話）。每一個 DATA 區塊是由一個訊息或是訊息的分割片段所組成，其每一個 DATA 區塊都有一個 TSN，我們必須要記得只有 DATA 區塊會使用 TSN，而 SACK 區塊也只回應 DATA 區塊。

> 在 SCTP 中，只有資料區塊會消耗 TSN，但資料區塊是唯一會被回應的區塊。

讓我們來看一下在圖 13.20 中的一個簡單的範例。在圖中，用戶端傳送 4 個 DATA 區塊到伺服端，並且接收 2 個來自伺服端的 DATA 區塊。稍後我們將會詳述在 SCTP 中，流量控制和錯誤控制使用的細節，在此，我們先假設在這個情節中一切正常。其用戶端的 VT 為 85，而伺服端的 VT 為 700。封包傳送過程的描述如下：

1. 用戶端傳送第 1 個封包，封包裡面攜帶 2 個 DATA 區塊，其 TSN 為 7105 和 7106。

2. 用戶端傳送第 2 個封包，封包裡面攜帶 2 個 DATA 區塊，其 TSN 為 7107 和 7108。

3. 第 3 個封包來自伺服端，裡面包含 SACK 區塊，是用來回應已接收來自用戶端的 DATA 區塊。相對於 TCP，SCTP 回應所接收到按照順序的最後 1 個 TSN，而不是下一個預期收到的 TSN。此第 3 個封包也包含來自伺服端的第 1 個 DATA 區塊，其 TSN 為 121。

4. 一段時間之後，伺服端傳送一個攜帶最後 DATA 區塊的封包，其 TSN 為 122。但是這個封包並不包含 SACK 區塊，因為已經回應過來自用戶端的最後 1 個 DATA 區塊。

5. 最後用戶端傳送一個包含 SACK 區塊的封包，用來回應最後 2 個來自於伺服端的 DATA 區塊。

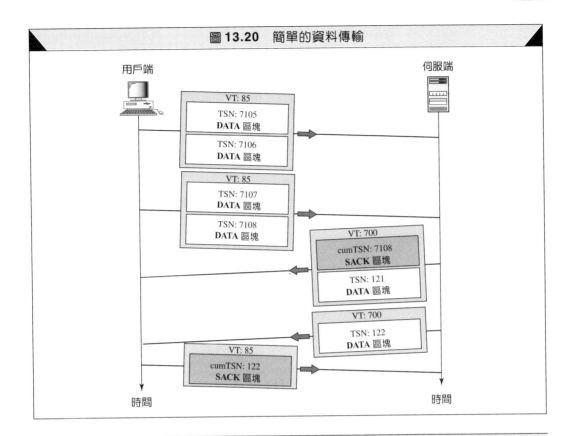

圖 13.20 簡單的資料傳輸

在 SCTP 中的回應定義是採累計式的 TSN，此 TSN 為按照順序接受到的最後 1 個資料區塊之 TSN。

多重位址資料傳輸

我們已經談過 SCTP 的多重位址 (multihoming) 之功能，這個特色可以區別 SCTP 與 TCP、UDP 的不同點。多重位址允許兩端點定義多重 IP 位址來進行通訊。然而，在這些位址之中，只有一個位址可以被定義為**主要位址 (primary address)**，其餘為替代的位址。主要位址會在建立關聯期間被定義。有趣的是，某一端的主要位址是由另外一端來決定，換言之，來源端定義目的端的主要位址。

　　預設的資料傳輸是使用目的端的主要位址，如果無法使用主要位址，會使用其中一個替代位址。然而，程序能夠一直忽視主要位址，明確地要求要將訊息傳送到哪一個替代位址，程序也能明確地改變目前關聯的主要位址。

　　這樣會產生一個邏輯上的問題，要將 SACK 傳送到哪個位址，SCTP 規定要將 SACK 傳送到 SCTP 封包的來源位址。

多重串流傳遞

SCTP 另一個有趣的特色就是「資料傳輸」和「資料傳遞」的不同。SCTP 使用 TSN 來處理資料傳輸，在來源端與目的端之間搬移資料區塊，而資料傳遞則是由 SI 和 SSN 來控制。SCTP 支援多重串流，這意味著傳送端的程序可以定義不同的串流，而訊息可以屬於其中一條串流。每一條串流都被指定一個串流識別碼 (SI)，它可以定義獨一無二的串流。然而，SCTP 在每一條串流中，都支援兩種型態的資料傳遞：**有次序 (ordered)** 和**無次序 (unordered)** 的資料傳遞，預設值為有次序。在有次序的資料傳遞中，串流內的資料區塊使用串流序號 (SSN) 來定義它們在串流中的順序。當區塊到達目的端時，SCTP 負責根據定義在區塊中的 SSN 來傳遞訊息，由於一些區塊可能亂序到達，也可能會延遲傳遞。在無次序的資料傳遞中，在串流中的資料區塊之 U 旗標會被設定，並且它們會忽略 SSN 欄位的值，它們並不消耗 SSN。當一個無次序的資料區塊到達目的端的 SCTP 時，它會將攜帶區塊的訊息傳遞給應用程式，並不等待其他的訊息。大多數的時間，應用程式使用有次序的傳遞服務，但是有時候應用程式需要傳送緊急資料，這些必須要亂序傳遞（回想 TCP 的緊急資料和緊急指標）。在這些事件中，應用程式可以定義目前的傳遞為無次序傳遞。

分段

資料傳輸的另外一個議題是**分段 (fragmentation)**，雖然 SCTP 與 IP 共用分段這個名詞，但是在 IP 和 SCTP 裡的分段是屬於不同層次，前者是在網路層，而後者是在傳輸層。

如果訊息的長度（封裝成 IP 資料包）沒有超過路徑的 MTU，則由訊息來建立一個資料區塊時，其 SCTP 會保留程序到程序之間訊息的界線。攜帶訊息的 IP 資料包長度等於訊息本身的長度（以位元組為單位）再加上以下 4 個額外負載 (overhead)，其包含了資料區塊標頭、必要的 SACK 區塊、SCTP 一般標頭，及 IP 標頭。如果總長度超過 MTU，則此訊息必須要被分段。

以下為 SCTP 來源端用來進行資料分段的步驟：

1. 訊息被切割成較小的片段以滿足長度的限制要求。
2. 將 DATA 區塊的標頭附加到每一個分割片段前面，其每一個片段都攜帶不同的 TSN，但是各片段的 TSN 需要按照順序。
3. 所有區塊的標頭攜帶相同的 SI，相同的 SSN，相同的酬載資料通訊協定識別碼 (payload protocol identifier)，及相同的 U 旗標。
4. 結合 B 和 E 旗標的使用方式如下：
   a. 第 1 個分割片段：10
   b. 中間的分割片段：00
   c. 最後 1 個分割片段：01

這些經由分割的片段會在目的端重組。如果抵達目的端的 DATA 區塊的 B/E 位元不等於 11，那麼就代表它被分段過。接收端知道如何去重組所有擁有相同 SI 和 SSN 的區塊，經過分割的片段個數可以由第 1 個和最後 1 個分割片段的 TSN 來決定。

關聯的結束

SCTP 就像 TCP 一樣，參與資料交換（用戶端或是伺服端）的雙方都能關閉連線。然而，不像 TCP，SCTP 不允許半關閉 (half-closed) 一個關聯。如果一端關閉關聯，另一端就必須停止傳送新資料。接收到結束請求的那一端，如果其佇列裡面還有資料尚未傳送，那麼它會繼續完成這些資料的傳送，並且結束關聯。關聯的結束會使用到 3 個封包，如圖 13.21 所示。有一點要注意，雖然圖中是由用戶端發起結束的範例，但是也有可能由伺服端發起。

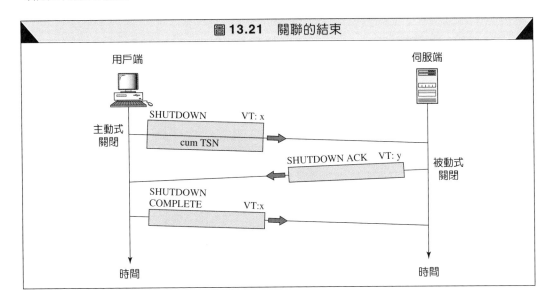

圖 **13.21** 關聯的結束

關聯關閉的情形有好幾種，我們稍後將會再討論。

關聯的中止

在前一部分我們討論關聯的結束，有時我們將它歸類為優雅的結束，但是在 SCTP 中的關聯也有可以被中止，任何一端的程序或是 SCTP 都可以發出中止的要求。如果程序本身發生一些問題（從另外一端接收到錯誤的資料，進入無窮迴圈……等），程序可能希望中止關聯。伺服端也有可能中止關聯，因為它收到含有錯誤參數的 INIT 區塊，或是在接收到 Cookie 之後無法配置所要求的資源，或是作業系統需要關閉……等。

在 SCTP 裡的中止程序十分簡單，由任一端送出 ABORT 區塊，並中止關聯，如圖 13.22 所示，並不需要更多的區塊。

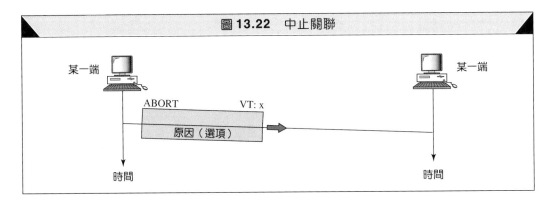

圖 **13.22** 中止關聯

13.5　狀態轉換圖　*State Transition Diagram*

為了記錄在關聯的建立、關聯的結束和資料的傳輸期間所發生的所有事件，SCTP 軟體就像 TCP 一樣實作一個有限狀態機。圖 13.23 說明了用戶端和伺服端的狀態轉換圖。

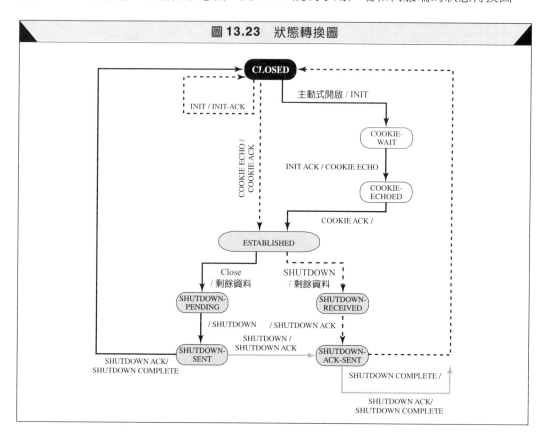

圖 13.23　狀態轉換圖

　　圖中虛線的部分代表伺服端的一般轉換；黑色實線的部分代表用戶端的一般轉換；灰色的線則代表不尋常的狀況。在特別的情況下，伺服端的轉換可能會經過實線，而用戶端的轉換可能會經過虛線。表 13.4 說明了 SCTP 的狀態。

表 13.4　SCTP 的狀態

狀態	敘述
CLOSED	沒有連線
COOKIE-WAIT	等待 Cookie
COOKIE-ECHOED	等待 Cookie 的回應
ESTABLISHED	連線已經建立，資料開始傳送
SHUTDOWN-PENDING	接收到 Close 之後傳送資料
SHUTDOWN-SENT	等待 SHUTDOWN 的回應
SHUTDOWN-RECEIVED	接收到 SHUTDOWN 之後傳送資料
SHUTDOWN-ACK-SENT	等待關閉完成

範例

我們在本節討論一些劇情範例，讓讀者能更了解 SCTP 的狀態機及轉換圖。

一般範例

圖 13.24 展示出一個典型的劇情，這是一個一般例行性的狀況，開啟和關閉的命令都來自用戶端。我們說明其狀態，正如我們在相對應的 TCP 範例中所做的。圖中明確地說明關聯的建立（前 4 個封包）、關聯的結束（最後 3 個封包），以及用戶端和伺服端所經歷的各個狀態。有一點要注意，在關聯建立時伺服端保持在 CLOSED 狀態，但是用戶端經過兩個狀態（**COOKIE-WAIT** 和 **COOKIE-ECHOED**）。

　　當用戶端的 SCTP 接收到一個主動式關閉，它會前往 **SHUTDOWN-PENDING** 狀態，一直保持在這個狀態直到剩餘的資料傳送完畢，然後會傳送一個 SHUTDOWN 區塊，接著進入 **SHUTDOWN-SENT** 狀態。伺服端在接收到 SHUTDOWN 區塊之後，通知它上層的程序不要再傳送其他資料過來了，然後進入 **SHUTDOWN-RECEIVED** 狀態。在這個狀態期限，它會傳送剩餘的資料給用戶端，然後傳送 SHUTDOWN ACK 區塊，接著進入 **SHUTDOWN-ACK-SENT** 狀態。在接收到最後 1 個區塊之後，用戶端會送出 SHUTDOWN COMPLETE 區塊，然後關閉這個關聯。伺服端在接收到最後 1 個區塊之後也會關閉這個關聯。

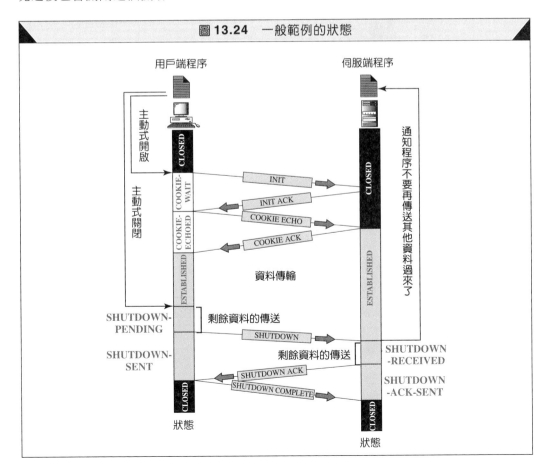

圖 13.24　一般範例的狀態

同時開啟

Cookie 的使用會增加建立關聯時的複雜度。當某一端接收到 INIT 區塊並且送出 INIT-ACK 區塊時，它仍然在 **CLOSED** 狀態，並不會記得已經接收過或是傳送過什麼。這會產生一個問題，如果一端的程序發出主動式開啟，在關聯建立之前，另外一端的程序也發出主動式開啟，如圖 13.25 所示的範例。

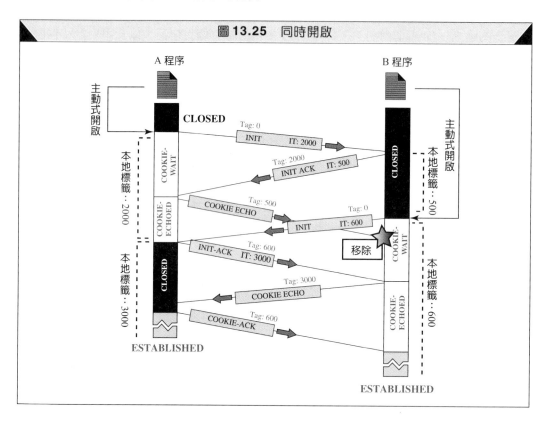

圖 13.25　同時開啟

在 A 端的程序發出主動式開啟，並且傳送 INIT 區塊。B 端接收到 INIT 區塊，並且傳送 INIT-ACK 區塊。在 B 接收到來自 A 的 COOKIE-ECHO 區塊之前，B 的程序發出主動式開啟，B 的 SCTP 不記得已經有一個關聯被開啟，並且傳送 INIT 區塊給 A 來開啟一個新的關聯。因此，兩個關聯發生衝突。

要處理這種型態的問題，SCTP 要求每一個端點在傳送 INIT 區塊和 INIT-ACK 區塊時，也要傳送初始標籤，這個標籤會儲存在變數裡，稱為**本地標籤** (local tag)。在任何時間，這個變數只有放置一個本地標籤，每一次到達的封包其驗證標籤 (VT) 如果和本地標籤的數值不相等就會被移除。當設定關聯到一半，一個新的 INIT 區塊抵達時，SCTP 也能夠開啟一個新關聯。

我們的範例說明了這些標籤的使用。A 開始於一個 INIT 區塊，其初始標籤為 2000，所以本地標籤現在為 2000。B 傳送一個 INIT-ACK 區塊，其初始標籤為 500，所以本地標籤現在為 500。當 B 送出 INIT 區塊時，其初始標籤和本地標籤都改變為 600。B 會移除它所接收到的 COOKIE-ECHO 區塊，因為封包的標籤為 500，而目前的本地標籤為 600，兩者不相等。尚未完成的第 1 個關聯在這裡被中止，然而新的關聯會繼續以 B 當作起始者。

同時關閉

兩端點能夠同時關閉關聯，這會發生在當用戶端的SHUTDOWN區塊到達伺服端時，伺服端它本身也已經傳送SHUTDOWN區塊出去，在這範例中，兩端點會經過不同的狀態來結束關聯，如圖 13.26 所示。

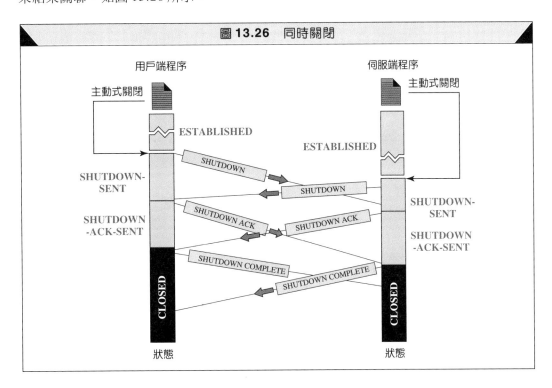

圖中說明了用戶端和伺服端發出主動式關閉。我們假設 SCTP 沒有尚未傳送的資料，所以跳過**SHUTDOWN PENDING**狀態，兩端的SCTP在傳送**SHUTDOWN**區塊之後就前往**SHUTDOWN-SENT**狀態。兩端都會送出 SHUTDOWN ACK 區塊，然後前往**SHITDOWN-ACK-SENT**狀態，接下來就一直維持在這個狀態，直到它們接收到來自另一端的 SHUTDOWN ACK 區塊。接著它們送出 SHUTDOWN COMPLETE 區塊，然後進入關閉狀態。有一點要注意，當它們接收到最後 1 個區塊時，兩端的 SCTP 都已經在 **CLOSED** 狀態，如果我們看圖 13.23 的狀態轉換圖，我們會看到用戶端和伺服端在**ESTABLISHED**狀態之後都走相同的路徑，這是原本用戶端的行進路徑。然而，在到達**SHUTDOWN-SENT** 狀態之後，兩端都是向右轉，而不是向左轉。當它們到達 **SHUT-DOWN-ACK-SENT** 狀態時，它們往下走而不是直走。

其他範例

還有許多其他的範例，但是沒有空間也沒有時間讓我們去討論。我們還需要描述有關於計時器和接收到不可預期區塊的過程的資訊，我們還需要在SCTP相關RFC中的一些額外的資訊。我們將這些可能的情況留在習題和資料檢索中。

13.6 流量控制 *Flow Control*

在 SCTP 上的**流量控制 (flow control)** 和在 TCP 中的十分相似。在 TCP 中，我們只需要處理一種資料單位，即位元組。在 SCTP 中，我們需要處理兩種資料單位，包含了位元組和區塊。rwnd 和 cwnd 的數值是以位元組來表示，而 TSN 和回應的數值是用區塊來表示。為了說明這樣的觀念，我們做了一些不切實際的假設，我們假設網路上沒有壅塞也不會發生錯誤。換言之，我們假設 cwnd 非常大，而且沒有封包遺失、延遲或是亂序到達，我們也假設單向資料傳送。我們稍後會修正這些不切實際的假設，目前 SCTP 的流量控制仍舊是使用位元組導向 (byte-oriented) 的窗口來實現，然而我們會說明以區塊為觀點的緩衝區，讓這個觀念更加淺顯易懂。

接收端

接收端有一個緩衝區（佇列）和 3 個變數，佇列含有還未被程序讀取的資料區塊，第 1 個變數 *cumTSN* 含有所收到的最後 1 個 TSN。第 2 個變數 *winSize* 含有可獲得的緩衝區大小。第 3 個變數 *lastACK* 含有最後累計的回應。圖 13.27 說明了在接收端的佇列和變數。

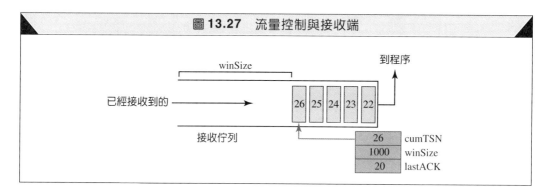

圖 13.27 流量控制與接收端

1. 當某一端接收到一個資料區塊，它會將其儲存在緩衝區（佇列）的尾端，並且將 winSize 減去區塊的大小，把區塊的 TSN 儲存到 cumTSN 變數中。
2. 當程序讀取一個區塊時，它會將它從佇列中移除，並且把 winSize 加上所移除的區塊的大小（回收）。
3. 當接收端決定要傳送 SACK，它會檢查 lastACK 的數值，如果數值小於 cumTSN，它會送出累計 TSN 等於 cumTSN 的 SACK，裡面也包含 winSize 的數值，用來告知對方窗口大小。

傳送端

傳送端有一個緩衝區（佇列）和 3 個變數，*curTSN*、*rwnd* 和 *inTransit*，如圖 13.28 所示。我們假設每一個區塊的長度為 100 個位元組。

緩衝區含有由程序所產出的區塊，不管是已經傳送的或是準備要傳送的。第 1 個變數 curTSN 指到下一個要傳送的區塊，在佇列裡所有的區塊，其 TSN 小於這個數值的表示已經傳送出去，但是還沒有被回應，這些是尚未完成的區塊。第 2 個變數 rwnd

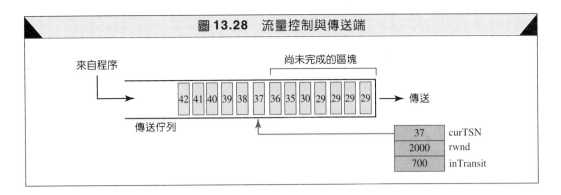

圖 13.28 流量控制與傳送端

含有由接收端告知的最後 1 個數值（以位元組為單位）。第 3 個變數 inTransit 含有正在傳送的位元組數目，已傳送但尚未被回應的位元組。以下是傳送端處理的步驟。

1. 如果 curTSN 所指到的區塊的長度小於或是等於 (rwnd – inTransit) 的數值，則此區塊可以被傳送。在傳送區塊之後，curTSN 的數值會增加 1，指向下一個要傳送的區塊，inTransit 的數值會增加所傳送的區塊中資料的大小。

2. 當接收到 SACK 時，在佇列中 TSN 值小於或是等於 SACK 之累計 TSN 的區塊就可以被移除或丟棄，傳送端不用再擔心它們了。inTransit 的數值減去所移除區塊的總長度，而 rwnd 的數值更新為 SACK 中所告知的窗口數值。

範例

我們介紹一個簡單的範例，如圖 13.29 所示。在一開始，傳送端 rwnd 和接收端 winSize 的數值為 2000（在關聯的建立期間公布）。原本在傳送佇列裡有 4 個訊息，傳送端傳送一個資料區塊，並且將 inTransit 變數加上資料區塊的位元組個數 (1000)。一陣子之後，傳送端檢查 rwnd 和 inTransit 之間的差異，它們相差 1000 位元組，所以可以再傳送其他

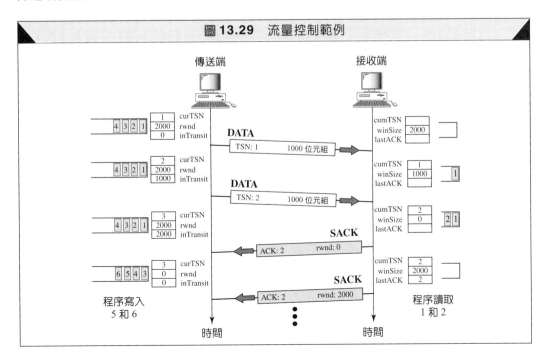

圖 13.29 流量控制範例

的資料區塊。現在兩者的差異為 0，所以不能再傳送資料區塊。再過一陣子之後，回應資料區塊 1 和 2 的 SACK 抵達，這兩個區塊會從佇列中被移除，inTransit 的數值現在為 0。然而 SACK 公布接收端窗口的值為 0，這使得傳送端更新窗口大小為 0，現在傳送端被凍結，不能再傳送任何資料區塊（除了某種例外的情況，稍後會說明）。

　　在接收端，一開始佇列為空，在接收到第 1 個資料區塊之後，佇列中有一個訊息，而且 cumTSN 的數值變為 1。因為第 1 個訊息長度為 1000 個位元組，所以 winSize 的數值減少 1000。在接收到第 2 個資料區塊之後，窗口大小變為 0，而 cumTSN 的值變為 2。現在正如我們所看到的，接收端需要傳送累計 TSN 為 2 的 SACK。在傳送第 1 個 SACK 之後，程序讀取這兩個訊息，這意味著佇列現在有空的空間，接收端使用 SACK 公布這個情形，允許傳送端傳送更多資料區塊。圖中沒有說明接下來的發生事件。

13.7　錯誤控制　*Error Control*

就像 TCP 一樣，SCTP 屬於可靠的傳輸層通訊協定，它使用 SACK 區塊來報告接收端緩衝區的狀態給傳送端知道。不同的實作對於傳送端和接收端，都使用不同的實體和計時器，我們用最簡單的設計，將觀念表達給讀者知道。

接收端

在我們的設計裡，接收端會將所有抵達的封包儲存在它的佇列，這包括亂序的封包。然而，它會保留空間給那些遺失的區塊。它會移除重複的封包，但是會將它們記錄下來並報告給傳送端知道。圖 13.30 說明了一個典型接收端的設計，並且說明在某特定時間點下，接收端佇列的狀態。

　　最後 1 個已傳送的回應是為了資料區塊 20，可獲得的窗口大小為 1,000 個位元組。已經按照順序接收到區塊 21 到 23，第 1 個亂序的區域包含區塊 26 到 28，而第 2 個亂序的區域包含區塊 31 到 34。且有一個變數記錄 cumTSN 的數值，有一個變數陣列記錄每一個亂序區域的起始和結束，另外有一個變數陣列記錄所收到的重複封包。有一點要注意，並不需要在佇列裡儲存重複的區塊，它們會被移除。圖中也說明了將要被傳送的 SACK 區塊來報告接收端的狀態給傳送端知道。對於亂序區塊的 TSN 是相對（差量）於累計 TSN。

傳送端

在傳送端，我們的設計需要 2 個緩衝區（佇列）：傳送佇列和重送佇列。我們也使用 3 個變數：rwnd、inTransit 和 curTSN，這些在前一節已經描述過。圖 13.31 說明了一個典型的設計。

　　傳送佇列存有區塊 23 到 40，已經傳送區塊為 23 到 36，但是尚未接收到回應，它們是尚未完成的區塊。curTSN 指到下一個要被傳送的區塊 (37)，我們假設每一個區塊為 100 個位元組，這意味著有 1,400 個位元組的資料正在傳送。在這個時候，傳送端擁有一個重送佇列。當傳送一個封包時，重送計時器會開始替這個封包（在封包裡所有的

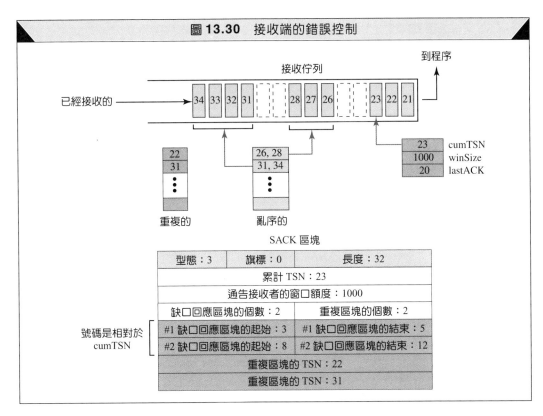

圖 13.30 接收端的錯誤控制

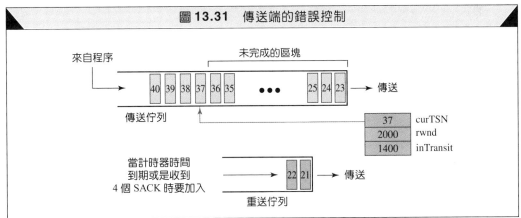

圖 13.31 傳送端的錯誤控制

資料區塊）計時。有一些實作，在整個關聯中只使用一個計時器，但是我們仍舊繼續使用傳統的一個封包一個計時器，以簡化設計。當一個封包的重送計時器的時間到期，或是收到 4 個重複的 SACK 封包，宣告有封包遺失（快速重送已經在第 12 章討論過），會將那個封包裡的區塊搬移到重送佇列中等待重送，將這些區塊視為遺失，而不是未完成。在重送佇列裡的區塊擁有較高的優先權，換言之，在下一次傳送端要傳送區塊時，所傳送的區塊會是重送佇列裡的區塊 21。

為了去了解傳送端狀態的改變，假設在圖 13.30 的 SACK 抵達圖 13.31 的傳送端，圖 13.32 說明了這個新狀態。

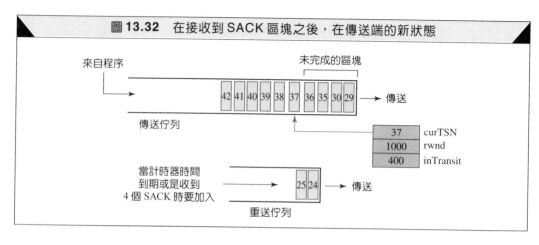

圖 13.32 在接收到 SACK 區塊之後，在傳送端的新狀態

1. 所有的區塊其 TSN 小於或等於 SACK 裡的 cumTSN，那麼它就要從傳送佇列和重送佇列中移除，它們不再是尚未完成的區塊或是標記為需要重送的區塊。從重送佇列中移除區塊 21 和 22，從傳送佇列中移除區塊 23。

2. 我們的設計也會從傳送佇列中移除所有宣告在缺口區塊 (gap block) 中的區塊，然而有些保守的實作會儲存這些區塊，一直等到包含這些區塊的 cumTSN 抵達。這個預防措施很少情況會用到，這種少見的情況是當接收端發現這些亂序區塊有些問題。我們忽略這些情況，因此將區塊 26 到 28 和區塊 31 到 34 從傳送佇列中移除。

3. 重複區塊的列表沒有任何作用。

4. 因為 SACK 區塊的通告，因此 rwnd 的數值變為 1000。

5. 我們也假設攜帶區塊 24 和 25 的封包之重送計時器時間到期，它們被移到重送佇列，並根據在第 12 章討論過的指數後退法則 (exponential backoff rule)，來設定一個新的重送計時器。

6. 而 inTransit 的數值變成 400，因為現在只有 4 個區塊正在傳送，沒有計算在重送佇列中的區塊，因為它們被視為遺失，並不是正在傳送。

傳送資料區塊

每當某端的傳送佇列中有資料區塊的 TSN 大於或等於 curTSN，或是重送佇列中有資料區塊時，它就能夠傳送資料封包。重送佇列擁有較高的優先權。然而在封包裡單一資料區塊或是多個資料區塊的整體大小不能超過 (rwnd − inTransit) 的數值，而且訊框的大小必須不能超過我們在前面章節討論過的 MTU。如果我們假設在先前的劇情中，我們的封包可以接受 3 個區塊（由於 MTU 的限制），所以來自於重送佇列的區塊 24 和 25，以及在傳送佇列裡準備好要傳送的區塊 37 能夠被傳送。有一點要注意，在傳送佇列中尚未完成的區塊不能被傳送，因為已經假設它們正在傳送。另外，任何來自於重送佇列的區塊，再重送一次時，還是要計時，其新的計時器會影響到 24、25 和 37。我們在此要提醒的是，有些實作不允許混合來自重送佇列和傳送佇列的區塊，在這個例子中，封包只能傳送區塊 24 和 25。

重送

為了控制遺失或是被移除的封包，SCTP和TCP一樣採用兩種策略，即使用重送計時器和接收到擁有相同遺失區塊的4個SACK。

重送計時器 SCTP使用重送計時器來處理逾時重送的時間，也就是等待區段回應的時間。在SCTP裡，計算RTO和RTT的作法和在TCP裡討論的作法相同。SCTP使用被測量的RTT (RTT_M)、平滑後的RTT (RTT_S) 和一個RTT的誤差 (RTT_D) 來計算RTO，SCTP也使用Karn演算法來避免回應的混淆。有一點要注意，如果主機使用超過一個IP位址（多重位址），則每一條路徑要分別計算和保存其RTO。

三個SACK 無論何時，傳送端接收到4個連續重複的SACK，它們的缺口回應資訊指出一些遺失的區塊，傳送端需要將這些區塊視為遺失，並且立即搬到重送佇列。

產生 SACK 區塊

在錯誤控制的另外一個議題，就是產生SACK區塊，SCTP產生SACK區塊的規則類似於TCP使用ACK旗標來回應的規則。我們總結規則列出如下：

1. 當某一端傳送一個DATA區塊到另外一端，它必須要包含一個SACK區塊，用來告知接收端尚未回應的DATA區塊。
2. 當某一端接收到包含資料的封包，但是它已經沒有要傳送資料，必須要在特定的時間（通常是500 ms）內回應接收到的封包。
3. 某一端對於每一個它所接收到的其他封包必須至少傳送一個SACK，這個規則優先於第2條規則。
4. 如果亂序DATA區的封包抵達，接收端必須立即傳送一個SACK區塊來將這個情況報告給傳送端知道。
5. 當某一端接收到重複的DATA區塊，而且沒有新的DATA區塊，必須要立即傳送一個SACK區塊來將這個情況報告給傳送端知道。

13.8　壅塞控制　*Congestion Control*

SCTP就像TCP一樣，是一個傳輸層通訊協定，其封包在網路上也會遭遇到壅塞。SCTP的設計者使用相同於我們在第12章所描述關於TCP壅塞控制的策略，SCTP一樣擁有慢速啟動（指數式增加）、壅塞避免（加法式增加）和壅塞偵測（乘法式減少）等階段。就像TCP一樣，SCTP也使用快速重送和快速復原。

壅塞控制和多重位址

壅塞控制在SCTP上會更加複雜，因為主機可能不只有一個IP位址。在這個例子中，資料在網路上傳送的路徑可能不只有一條，而每一條路徑可能會遭遇到不同層次的壅塞，這意味著端點對於每一個IP位址必須要有不同的cwnd。

明確的壅塞通知

明確的壅塞通知 (Explicit Congestion Notification, ECN) 是為了其他廣域網路所定義的，它是一個程序，能夠讓接收端明確地告知傳送端網路上的壅塞情況。如果接收端遭遇到許多封包發生延遲或是遺失，這就暗示有可能發生壅塞。SCTP能夠在INIT區塊和INIT ACK 區塊中使用 ECN 選項，這可以讓雙方去協商 ECN 的使用。如果雙方同意，接收端能夠藉由在每一個封包都傳送 ECNE 區塊 (Explicit Congestion Notification Echo)，來告知傳送端發生壅塞，一直到接收端收到 CWR 區塊 (Congestion Window Reduce) 為止，這個區塊說明傳送端已經減少它的 cwnd。我們並沒有討論過這 2 個區塊，因為它們還不是標準的一部分，而且討論明確的壅塞通知不在本書的範圍內。

13.9　重要名詞　*Key Terms*

ABORT 區塊 (ABORT chunk)

關聯 (association)

關聯的中止 (association abortion)

關聯的建立 (association establishment)

關聯的結束 (association termination)

位元組導向 (byte-oriented)

區塊 (chunk)

CLOSED 狀態 (CLOSED state)

cookie

COOKIE ACK區塊 (COOKIE ACK chunk)

COOKIE ECHO 區塊 (COOKIE ECHO chunk)

COOKIE-ECHOED 狀態 (COOKIE-ECHOED state)

COOKIE-WAIT 狀態 (COOKIE-WAIT state)

累計 TSN (cumulative TSN)

DATA 區塊 (DATA chunk)

ERROR 區塊 (ERROR chunk)

ESTABLISHED 狀態 (ESTABLISHED state)

FORWARD TSN 區塊 (FORWARD TSN chunk)

分段 (fragmentation)

HEARTBEAT ACK 區塊 (HEARTBEAT ACK chunk)

HEARTBEAT 區塊 (HEARTBEAT chunk)

輸入串流 (inbound stream)

INIT ACK 區塊 (INIT ACK chunk)

INIT 區塊 (INIT chunk)

初始 TSN (initial TSN)

初始標籤 (initiation tag)

訊息導向 (message-oriented)

多重位址服務 (multihoming service)

多重串流服務 (multistream service)

有次序的資料傳遞 (ordered delivery)

輸出串流 (outbound stream)

主要位址 (primary address)

SACK 區塊 (SACK chunk)

SHUTDOWN ACK 區塊 (SHUTDOWN ACK chunk)

SHUTDOWN 區塊 (SHUTDOWN chunk)

SHUTDOWN COMPLETE 區塊 (SHUTDOWN COMPLETE chunk)

SHUTDOWN-ACK-SENT 狀態 (SHUTDOWN-ACK-SENT state)

SHUTDOWN-PENDING 狀態 (SHUTDOWN-PENDING state)

SHUTDOWN-RECEIVED 狀態 (SHUTDOWN-RECEIVED state)

SHUTDOWN-SENT 狀態 (SHUTDOWN-SENT state)

串流識別碼 (Stream Identifier, SI)

串流序號 (Stream Sequence Number, SSN)

傳輸序號 (Transmission Sequence Number, TSN)

無次序的資料傳遞 (unordered delivery)

驗證標籤 (verification tag)

13.10　摘要　*Summary*

❑ SCTP 是一個訊息導向、具可靠性的通訊協定，它結合了 UDP 和 TCP 的優點。

❑ SCTP 提供 UDP 和 TCP 所沒有的額外服務，例如，多重串流和多重位址服務。

❑ SCTP 屬於預接式的通訊協定，其一條 SCTP 的連線稱為一條「關聯」。

❑ SCTP 使用「封包」(packet) 這個名詞來定義傳送單位。

❑ 在 SCTP 裡，控制資訊和資料資訊由不同的區塊來攜帶。

❑ 一個 SCTP 封包能夠包含多個控制區塊和資料區塊，而控制區塊在資料區塊之前。

❑ 本文所定義的控制區塊有 INIT 區塊、INIT ACK 區塊、SACK 區塊、HEARTBEAT 區塊、HEARTBEAT ACK 區塊、ABORT 區塊、SHUTDOWN 區塊、SHUTDOWN ACK 區塊、SHUTDOWN COMPLETE 區塊、ERROR 區塊、COOKIE ECHO 區塊、COOKIE ACK 區塊，及 FORWARD TSN 區塊。

❑ 在 SCTP 裡，使用傳輸序號 (TSN) 來替每一個資料區塊編號。

❑ 為了區別不同的串流，SCTP 使用串流識別碼 (SI)。

❑ 為了區別屬於相同串流的不同資料區塊，SCTP 使用串流序號 (SSN)。

❑ 資料區塊由 3 個識別碼來辨識，即 TSN、SI 和 SSN。TSN 是一個累計的數字，由整個關聯來做識別的動作。在每個串流中，SSN 從 0 開始。

❑ SCTP 的回應號碼只用來回應資料區塊，如果需要回應控制區塊，則是由其他的控制區塊來回應。

❑ SCTP 在轉換圖中擁有多個狀態。SCTP 所定義的狀態有 CLOSED、COOKIE-WAIT、COOKIE-ECHOED、ESTABLISHED、SHUTDOWN-PENDING、SHITDOWN-SENT、SHUTDOWN-RECEIVED 和 SHUTDOWN-ACK-SENT。

❑ 資料區塊不能攜帶屬於多個訊息的資料，但是一個訊息可以分成多個區塊（分段）。

❑ SCTP 一般使用 4 個封包來建立關聯（四向交握），使用 3 個封包來結束關聯（三向交握）。

❑ SCTP 的關聯會使用一個 Cookie 來預防盲癱瘓式攻擊 (blind flooding attacks)，並且使用驗證標籤 (VT) 來避免插入攻擊 (insertion attack)。

❑ SCTP 提供流量控制、錯誤控制和壅塞控制。

❑ 在 SCTP 中的回應（SACK 區塊）會報告關於累計 TSN 的值（按照順序所接收到的最後 1 個資料區塊的 TSN）及已經接收到的選擇性 TSN (selective TSN)。

13.11 習題 *Practice Set*

練習題

1. 一個封包攜帶兩個 DATA 區塊，每一個 DATA 區塊包含 22 個位元組的使用者資料，請問每一個 DATA 區塊的大小是多少？整體封包的大小是多少？

2. SACK 區塊報告已經接收到 3 個亂序的區塊和 5 個重複的區塊。請問這個區塊的大小為多少個位元組？

3. 一個封包攜帶一個 COOKIE ECHO 區塊和一個 DATA 區塊。如果 Cookie 的大小為 200 個位元組，使用者的資料為 20 個位元組，請問封包的大小是多少？

4. 一個封包攜帶一個 COOKIE ACK 區塊和一個 DATA 區塊。如果使用者的資料為 20 個位元組，請問封包的大小是多少？

5. 有 4 個 DATA 區塊抵達，它們所攜帶的資訊如下：

    TSN:27 SI:2 SSN:14 BE:00
    TSN:33 SI:2 SSN:15 BE:11
    TSN:26 SI:2 SSN:14 BE:00
    TSN:24 SI:2 SSN:14 BE:00
    TSN:21 SI:2 SSN:14 BE:10

    (a) 哪一個資料區塊本身就是完整的訊息（未被分段）？
    (b) 哪一個資料區塊是第 1 個片段？
    (c) 哪一個資料區塊是最後 1 個片段？
    (d) 遺失多少個中間片段？

6. 在一個 SACK 裡，其累計 TSN 的數值為 23，在這個 SACK 裡，其前一個累計 TSN 的數值為 29，請問發生什麼問題？

7. 有一個 SCTP 的關聯位於 **ESTABLISHED** 狀態，它收到一個 SHUTDOWN 區塊，如果主機沒有任何尚未處理的資料，它需要做些什麼？

8. 一個 SCTP 的關聯位於 **COOKIE-WAIT** 狀態，它收到 INIT 區塊，它需要做些什麼？

9. 以下是用十六進制表示的一個 DATA 區塊。

    00000015 00000005 0003000A 00000000 48656C6C 6F000000

    (a) 這是一個有次序的區塊還是一個無次序的區塊？
    (b) 這是屬於第一個片段、最後 1 個片段、中間片段、或是就只有 1 個片段？
    (c) 這個區塊攜帶多少填充位元組？
    (d) 它的 TSN 是多少？
    (e) 它的 SI 是多少？
    (f) 它的 SSN 是多少？
    (g) 這是什麼訊息？

10. 以下是用十六進制表示的 SCTP 一般標頭。

> 04320017 00000001 00000000

    (a)　來源埠號是多少？

    (b)　目的埠號是多少？

    (c)　驗證標籤的數值是多少？

    (d)　檢查碼的數值是多少？

11. 接收端的狀態如下：

    (a)　接收佇列中有 1～8，11～14，和 16～20 的區塊。

    (b)　佇列有 1800 個位元組的空間。

    (c)　lastACK 的值為 4。

    (d)　沒有接收到重複的區塊。

    (e)　cumTSN 的值為 5。

    說明接收佇列和各變數的內容。

12. 說明在第 11 題中，由接收端傳送之 SACK 訊息的內容。

13. 傳送端的狀態如下：

    (a)　傳送佇列有 18～23 的區塊。

    (b)　curTSN 的值為 20。

    (c)　窗口大小的值為 2,000 個位元組。

    (d)　inTransit 的值為 200

    如果每一個資料區塊包含 100 個位元組的資料，現在還能傳送多少個資料區塊？下一個被傳送的資料區塊是哪一個？

14. SCTP 的用戶端開啟一條關聯，初始標籤為 806，初始 TSN 為 14534，而窗口大小為 20,000。伺服端回應初始標籤為 2,000，初始 TSN 為 670，而窗口大小為 14000。說明在關聯的建立期間，所交換的 4 個封包的內容，忽略 Cookie 的值。

15. 在前 1 題習題中，如果用戶端傳送 7,600 個資料區塊，而伺服端傳送 570 個資料區塊，說明在關聯的結束期間，所交換的 3 個封包的內容。

資料檢索

16. 請找出一些關於 SCTP 的 RFC 文件。

17. 我們已經定義一些關於狀態轉換可能的情況，請說明其他可能的情況，包括以下的例子：

    (a)　在關聯的建立期間，所交換的 4 個封包發生遺失、延遲或是重複。

    (b)　在關聯的結束期間，所交換的 3 個封包發生遺失、延遲或是重複。

18. 如果 SACK 區塊延遲或是遺失時，會發生什麼事情？

19. 請找出伺服端驗證 Cookie 正確性的步驟。

20. 我們在 TCP 裡討論兩個計時器：持續計時器和維持存活計時器。找出這些計時器在 SCTP 裡的功能。

21. 找出更多有關於 SCTP 裡 ECN 的資料，找出這 2 個區塊的格式。

22. 找出更多有關於 SCTP 控制區塊中所使用參數的相關資料。

23. 有些應用程式（例如 FTP）使用 TCP 時需要大於 1 條的連線。找出 SCTP 的多重串流服務如何幫助這些應用程式建立一個擁有許多串流的關聯。

CHAPTER 14

單點傳播路由通訊協定
(RIP、OSPF 及 BGP)

Unicast Routing Protocols (RIP, OSPF, and BGP)

互連網路是由路由器連接各網路所組成的,當資料包從一個來源端到一個目的端時,它可能會經過很多個路由器,最後到達一個與目的網路相連接的路由器。

路由器從某一個網路接收到封包,然後將之傳送到另一個網路,通常一台路由器會連到數個網路。當一台路由器收到一個封包時,它應該把這個封包送到哪個網路呢?這個決定要基於最佳化的選擇,也就是可以傳送的路徑中哪一個是最理想的?那麼最理想的定義又是什麼?

當某封包經過某個網路時,我們可以設定一個成本,當作是**成本度量準則 (metric)**,因此經由某條路徑的成本等於組成該路徑的各個網路之成本總和。路由器要選擇的路徑應該是成本最小的路徑。依照通訊協定種類的不同,成本度量準則也會不同。像是**路由資訊通訊協定 (Routing Information Protocol, RIP)** 這種較簡單的通訊協定,把每個網路都當成一樣,其每個網路的成本也都相同,亦設定為 1 次跳躍 (hop count),所以一個封包經由 10 個網路到達其目的地,其總成本為 10 次跳躍。

其他通訊協定如**開放式最短路徑優先 (Open Shortest Path First, OSPF)**,可以讓網路管理者依服務種類的要求來設定經由某特定網路的成本。一條路徑因服務種類的不同而有不同的成本。例如,所要求的服務種類若為最大傳輸量,則衛星路徑所設定的成本數就要比光纖路徑來得低。相反地,如果要求的服務種類為最低延遲的服務,那麼光纖路徑所設定的成本數就要比衛星路徑來得低。OSPF 允許每台路由器依服務種類的不同而有不一樣的路由表。

其他通訊協定定義成本度量準則的方式也不盡相同。以**邊界閘道器通訊協定 (Border Gateway Protocol, BGP)** 而言,其成本度量準則是以網路管理者的策略來定,由策略來決定要走哪一條路徑。

路由表可以是靜態或動態的。一個靜態的路由表需要由人工修改其內容。換言之,動態的路由表會在互連網路某處有更改時,能夠自動更新其內容。現今,互連網路需要動態的路由表,這個表格要能在互連網路有改變時,很快就被更新。例如,要能在某個路徑不通時更新,且有更好的路徑產生時也要更新。

　　有很多路由通訊協定是因為動態路由表的需求而設計出來的，所謂的路由通訊協定就是一種規則與程序的組合，規範了互連網路上的路由器如何互相通知路徑的改變。路由通訊協定允許路由器分享它們對互連網路所知的資訊給其鄰近路由器。資訊分享使得在舊金山的路由器可以知道德州有個網路壞了，其路由通訊協定也包含了組合其他路由器訊息的步驟。

14.1　　內部網域與跨網域之路徑選擇　*Intra- and Inter-domain routing*

現今的互連網路很大，要把所有路由器的路由表全部更新，是無法由單一路由通訊協定來完成的。也因為這個理由，互連網路被分為數個**自治系統 (Autonomous System, AS)**，所謂自治系統是指一群在單一行政當局所管轄下的網路與路由器。在一個自治系統內部的路徑選擇稱為**內部網域之路徑選擇 (intra-domain routing)**。在各自治系統之間的路徑選擇稱為**跨網域路徑選擇 (inter-domain routing)**。每個自治系統可以選用一種或多種內部網域之路由通訊協定來處理該系統內的路徑選擇動作，不過各個自治系統之間的跨網域之路由通訊協定通常只會有一種，如圖 14.1 所示。

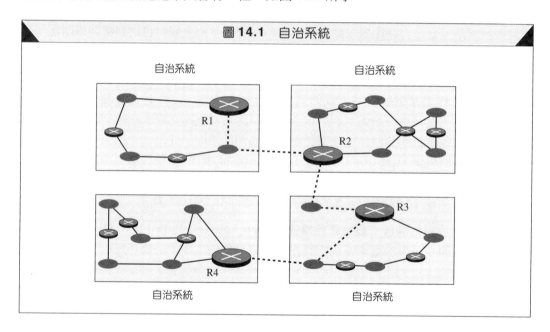

圖 14.1　自治系統

　　當前有幾種不同的內部網域及跨網域路由通訊協定正使用中，在本章我們僅介紹最常用的通訊協定（見圖 14.2）。我們討論兩種內部網域路由通訊協定，即距離向量 (distance vector) 與鏈結狀態 (link state)。我們也會介紹一種跨網域路由通訊協定，即路徑向量 (path vector)。

　　路由資訊通訊協定 (Routing Information Protocol, RIP) 實現了距離向量通訊協定。**開放式最短路徑優先 (Open Shortest Path First, OSPF)** 實現了鏈結狀態通訊協定。**邊界閘道器通訊協定 (Border Gateway Protocol, BGP)** 實現了路徑向量通訊協定。

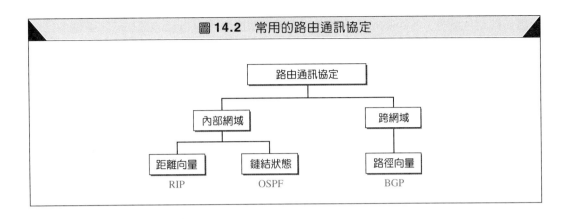

圖 14.2 常用的路由通訊協定

14.2 距離向量路徑選擇 *Distance Vector Routing*

在**距離向量路徑選擇 (distance vector routing)** 中，任意兩節點之間的最低成本路徑就是最短距離路徑。在這個通訊協定中，恰如其名，各節點維護一個與各節點間之最短距離向量（表格）。在每一個節點的表格中，也會指出要傳送封包到各指定節點時，路徑中的下一個停靠站在哪裡（次站路徑選擇）。

我們可以把各節點想成是在某個區域內的各個城市，而鏈結的部分就是連接各城市之間的道路。使用一個表格來顯示各城市之間的最短距離觀光路線。

在圖 14.3 中，我們說明了一個包含 5 個節點的系統，以及它們所對應的表格。

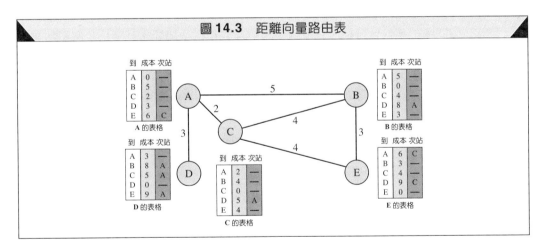

圖 14.3 距離向量路由表

A 節點的表格說明了我們如何從此節點到達其他任何節點的方法。舉例來說，我們要到達 E 節點的最低成本為 6，其路徑必須經由 C 節點。

初始化

圖 14.3 中的表格是穩定的，每個節點都知道要如何到達其他節點，以及其成本。但是，在剛開始時，情況並不是這樣。各節點只知道它自己與它的**直接鄰居 (immediate neighbor)** 之間的距離，那些直接鄰居就是直接與它連接在一起的節點。在此刻，我們假設每個節點都可以傳送訊息給它的直接鄰居，並且找出它自己與這些直接鄰居之間的

距離。圖14.4說明了各節點的初始表格，如果某個節點不是自己的鄰居時，距離的部分就用無窮大的符號來表示無法到達。

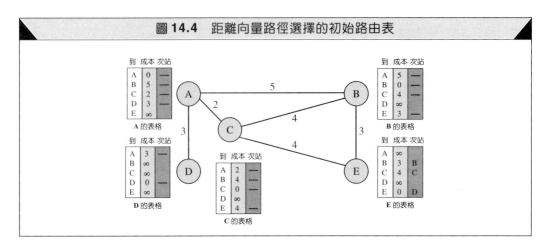

圖 14.4   距離向量路徑選擇的初始路由表

分享

距離向量路徑選擇的完整概念是分享資訊於各鄰居之間。儘管 A 節點並不知道關於 E 節點的資訊，但是 C 節點知道。如果 C 節點分享它的路由表給 A 節點，則 A 節點就知道如何到達 E 節點。換言之，C 節點並不知道關於 D 節點的資訊，但是 A 節點知道。如果 A 節點分享它的路由表給 C 節點，則 C 節點就知道如何到達 D 節點。換言之，A 節點和 C 節點是直接鄰居，如果它們相互幫忙，則可以改善它們的路由表。

還有一個問題，那就是表格內有多少資訊必須要和每一個鄰居分享？某個節點並不知道鄰居的表格，所以最好的解決方法，就是將整個表格傳送給鄰居，讓鄰居自己決定表格中的哪些部分要使用，哪些部分要丟棄。然而，表格中的第 3 行（下一個停靠站）對鄰居而言並沒有幫助，因為當鄰居接收到一個表格時，這一行需要由傳送者的名稱來取代之。如果有任何一列被使用，則此列的次站欄位就是該表格的傳送者，所以各節點只需要傳送表格中的前 2 行給鄰居就可以了。換句話說，在此的分享代表只分享表格的前 2 行。

> 在距離向量路徑選擇中，每個節點分享自己的路由表給它的鄰居，可週期性的分享或是當路由表有更動時分享。

更新

當某個節點由鄰居那裡接收到一個 2 行的表格時，它必須要更新自己的路由表。更新的動作有以下 3 個步驟：

1.   接收端節點必須要將它自己與傳送端節點之間的成本加到第 2 行中的所有數值。原因非常清楚，如果 C 節點確定它和目的節點之間的距離為 x，而 A 節點到 C 節點之間的距離為 y，則 A 節點到目的節點之間（透過 C）的距離則為 $x + y$。

2. 如果接收端節點使用到表格中的任何一列的話，則接收端節點必須把傳送端節點的名稱加到每一列後面當成第 3 行，傳送端節點就是路徑中的下一個節點。

3. 接收端節點需要去比較它自己原本的表格，與接收到的表格（更動後的版本）中相對應的各列內容。

   a. 如果次站的項目內容是不同時，接收端節點選擇較低成本的那一列內容。如果成本相同時，則舊的那一列將被保留。

   b. 如果次站的項目內容是相同時，接收端節點選擇較新的那一列內容。例如，如果 C 節點先前公布一條路徑到 X 節點的距離為 3，假設現在 C 和 X 之間已經沒有路徑了，則 C 節點會公布此路徑的距離為無窮大。即使舊的條目距離值比較小，A 節點還是會忽略這個值，因為舊的路徑已經不存在了，而新的路徑距離為無窮大。

圖 14.5 說明了 A 節點從 C 節點那裡接收到部分表格之後，更新它的路由表的過程。

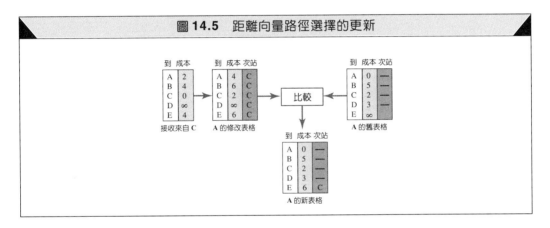

圖 14.5　距離向量路徑選擇的更新

在此，我們需要強調幾點。第一，在數學上我們知道當無窮大再加上任何值的結果還是無窮大。第二，修改表格中說明了 A 節點透過 C 節點來到達 A 節點，它需要先到 C 節點再回到 A 節點，所以距離為 4。第三，從這次 A 節點的更新中，只有利於最後一個條目，那就是如何到達 E。先前，A 節點並不知道如何到達 E 節點（距離為無窮大），現在它知道可以透過 C，其成本為 6。

每個節點可以從其他節點那裡接收到表格來更新它自己的表格。在一個短暫的期間內，如果網路本身並沒有更動（如鏈結故障），則所有的節點會到達一種穩定的狀況，所有的表格內容都保持固定。

分享的時機

現在的問題是，一個節點該在何時將它自己的部分表格（僅有 2 行）傳送給它所有的直接鄰居？表格會週期性地傳送，或是在表格內容有更動時傳送。

週期性更新

在週期性的更新中，一個節點通常是每 30 秒就傳送一次它自己的路由表，這個週期時間是取決於距離向量路徑選擇的通訊協定。

觸發性更新

任何時間下，只要節點的路由表被更動，節點就會傳送它自己路由表的前 2 行給它的鄰居，這種情況稱為觸發性更新。路由表會在下面 2 種情況下更新：

1. 某個節點接收到來自鄰居的表格，節點的路由表會在更新動作完成後而有所改變。
2. 某個節點偵測到和鄰居之間的鏈結有些故障時，則路由表中的距離欄位會更改為無窮大。

兩節點迴路的不穩定現象

距離向量路徑選擇會有不穩定的現象發生，這也代表使用此通訊協定的網路可能變成不穩定。為了了解這個問題，讓我們來看一下圖 14.6 所描述的實例。

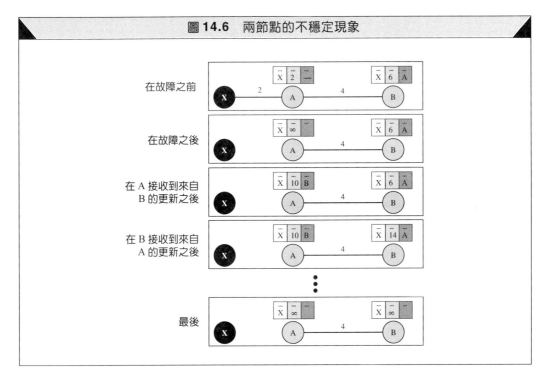

圖 14.6　兩節點的不穩定現象

　　圖中說明了一個擁有 3 個節點的系統。路由表的部分，我們只顯示我們討論過程中會使用到的部分。剛開始 A 節點和 B 節點都知道如何到達 X 節點。突然之間，A 和 X 之間的鏈結故障了，所以 A 節點更動它的路由表。如果 A 節點立即將它的路由表傳送給 B 節點的話，一切都不會有問題。但是，如果 B 節點在它還沒接收到 A 節點的路由表之前，就傳送它自己的路由表給 A 節點，整個系統會變得不穩定。A 節點接收到更新時，它會認為 B 節點找到另一條到達 X 節點的路徑，並且更新它的路由表。根據觸發性更新的策略，A 會把它的更新再傳給 B。現在 B 節點會認為 A 的情況有所改變而跟著更新它的路由表。到達 X 節點的成本會逐漸地增加，一直到無窮大為止。此刻，A 節點和 B 節點才知道原來 X 節點是無法到達的，但是在這段期間內，網路是不穩定的。A 節點認為可以透過 B 節點到達 X 節點，而 B 節點也認為可以透過 A 節點到達 X 節點。如果 A 接收到一個預定要到 X 節點的封包時，此封包會前往 B 節點後再回到 A 節點。相同地，如果 B 接收到一個預定要到 X 節點的封包時，此封包會前往 A 節點後再回到 B 節點。封包會在 A 和 B 之間彈來彈去，造成兩節點迴圈的不穩定現象。針對這種型態的不穩定現象，有幾種解決方法因而提出。

定義無窮大

第一種顯而易見的解決方法，就是去重新定義無窮大為一個較小的數值，例如100。針對我們先前的實例，系統會在25次更新之內就穩定下來。事實上，大部分距離向量通訊協定的實作會定義每個節點之間的距離為1，而無窮大為16。然而，這也代表距離向量不可以使用於大型的系統，網路的大小對每個方向來說，不可以超過 15 次跳躍。

水平分割

另外一種解決方法稱為**水平分割 (split horizon)**。在這個策略下，每個節點透過各介面傳送出去的資訊只包含部分自己的路由表，而不是將整個路由表透過所有介面傳送出去。如果 B 節點根據它的路由表知道要到達 X 節點的最佳路徑是透過 A 節點，它就不需要再把這部分的資訊提供給 A 節點，因為這部分的資訊來自 A 節點（A 已經知道了）。從 A 節點那裡獲得資訊，修改後再將之傳回給 A 節點，這樣多少造成一些困惑。在我們的實例中，B 節點會先將它的路由表的最後一列給消除，才傳送給 A 節點。在這種情況下，A 節點到 X 節點的距離保持無窮大。稍後，當 A 節點傳送它的路由表給 B 節點時，B 節點也會更正它的路由表。在第一次更新後，整個系統就會穩定下來，A 節點和 B 節點都知道無法到達 X 節點了。

水平分割與逆向封殺

使用水平分割的策略會有一個缺點。在正常情況下，距離向量通訊協定會使用一個計時器來判斷某特定時間內是否各路徑有新的訊息，如果某路徑沒有新的訊息時，此節點會將此路徑從路由表中刪除。在前面的實例中，B 節點通知 A 節點時，會將到達 X 節點的路徑給消除，A 節點無法猜測這是因為水平分割的策略，或是因為 B 節點最近沒有接收到關於 X 的新資訊。水平分割的策略可以與**逆向封殺 (poison reverse)** 的策略一起使用，B 節點仍然通知 A 關於 X 的值，但是如果此資訊的來源是 A，則將這個距離值以無窮大代替，代表以下警告的意義，即「請不要使用這個值，因為我是從你那裡得知關於此路徑的資訊。」

三節點的不穩定現象

兩節點的不穩定現象可以使用水平分割搭配逆向封殺的策略來避免，但是如果不穩定現象是存在三節點之間，穩定性就不被保證，圖 14.7 說明了這樣的實例。

　　假設 A 節點知道無法到達 X 節點之後，A 節點透過封包傳送來告知 B 節點和 C 節點目前的情況。B 節點立即更新它的路由表，但是傳送給 C 的封包在網路中遺失了，封包並沒有到達 C 節點。而 C 節點還不知道實際的情況，仍然認為可以透過 A 到達 X，其路徑的距離為 5。過一段時間之後，C 節點傳送它的路由表給 B 節點，並指出有一條到達 X 節點的路徑。在此，B 節點完全被騙了，因為它接收來自 C 節點有關於到達 X 的路徑

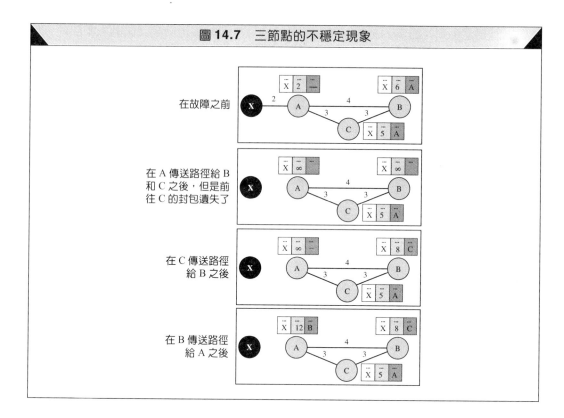

圖14.7　三節點的不穩定現象

資訊，並根據演算法來更新它的路由表，其中表示有一條路徑可以透過C到達X，成本為8。因為這個資訊是來自C而不是A節點，所以片刻之後，B節點可能會通知A有關此路徑的資訊。現在換成A被騙了，它更新它的路由表，並表示有一條路徑可以透過B到達X，其成本為12。當然，這個循環會持續下去，換成A通知C有一條路徑到X，並持續地增加成本。然後，C通知B關於此路徑，並持續地增加成本。B一樣地再通知A，以此類推。這樣的循環會持續到各節點的成本到達無窮大為止。

14.3　路由資訊通訊協定 (RIP)　*Routing Information Protocol (RIP)*

路由資訊通訊協定 (Routing Information Protocol, RIP) 屬於內部網域的路由通訊協定，使用於自治系統的內部。RIP是一個相當簡單的通訊協定，它是根據距離向量路徑選擇 (distance vector routing) 的方法。RIP根據以下幾點考量來直接實作距離向量路徑選擇：

1. 在一個自治系統中，我們要處理的對象是各個路由器與網路（鏈結），其中路由器會包含路由表，而網路則否。

2. 在路由表中的目的地為一個網路，這也意味著路由表中的第1行用來定義網路位址。

3. 在RIP中所使用的成本度量準則非常簡單，直接將到達目的地所經過的鏈結（網路）個數定義成距離。因此，RIP的成本度量準則稱為**跳躍次數 (hop count)**。（譯註：因為每一次的跳躍就代表由某一站台傳送到另外一個站台，所以跳躍次數又可簡稱為**站數**。）

4. 無窮大被定義為 16，這也意味著在自治系統中使用 RIP 時，不可以超過 15 次的跳躍。

5. 次站欄位的那一行定義了封包要被傳送到其目的地的路徑中，下一個路由器的位址。

圖 14.8 說明了一個擁有 7 個網路及 4 個路由器的自治系統，每個路由器的表格也都顯示在圖中。讓我們來看一下 R1 路由器的路由表，表中擁有 7 個條目來說明如何到達自治系統中的每一個網路。因為 R1 路由器直接連接於 130.10.0.0 和 130.11.0.0 的網路，所以針對這 2 個網路是不需要有次站的項目內容。R1 路由器如果要傳送封包給圖中左邊 3 個網路中的任何 1 個網路時，它必須將封包傳送到 R2 路由器。所以 R1 的路由表中，針對這 3 個網路的次站項目內容為 R2 路由器之介面 IP 位址 130.10.0.1。R1 路由器如果要傳送封包給圖中右邊 2 個網路中的任何 1 個網路時，它必須將封包傳送到 R4 路由器，其介面 IP 位址為 130.11.0.1。其他的表格也是可以使用類似的說明。

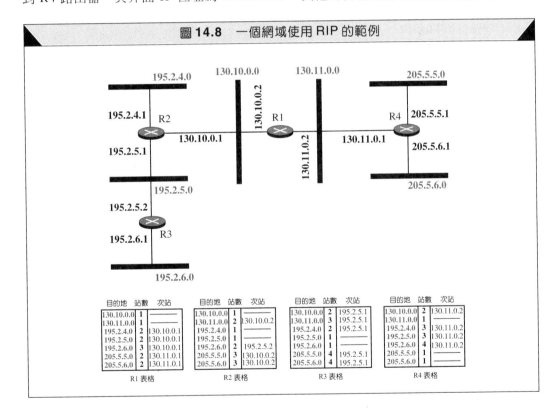

圖 14.8　一個網域使用 RIP 的範例

RIP 訊息格式

RIP 訊息的格式說明在圖 14.9 中。

❑ **指令**：這 8 位元的欄位定義訊息的種類：(1) 要求；(2) 回應。

❑ **版本**：這 8 位元的欄位定義 RIP 的版本，本書使用第 1 版，但本節後面會介紹第 2 版的一些新功能。

❑ **通訊協定類別**：這 16 位元的欄位定義使用的通訊協定類別，對 TCP/IP 而言，其值為 2。

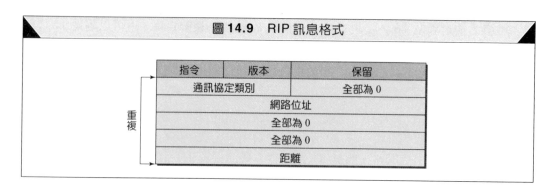

圖 14.9 RIP 訊息格式

❑ **網路位址**：本欄定義目的網路的位址，RIP使用14個位元組，這個長度足以提供給任何通訊協定使用。IP目前只用 4 個位元組，其他就全部填入 0。

❑ **距離**：這 32 位元的欄位定義由請求路由器到目的網路之間的站數。

注意，訊息中有一部分會被重複，以便針對每一個不同的目的網路，我們稱這一部分為一個**條目** (entry)。

要求與回應

RIP 擁有 2 種訊息，即要求與回應。

要求

要求訊息是由剛開機之路由器或因計時時間到期而要求更新之路由器所發出，要求訊息可以詢問某特定條目或全部的條目（見圖 14.10）。

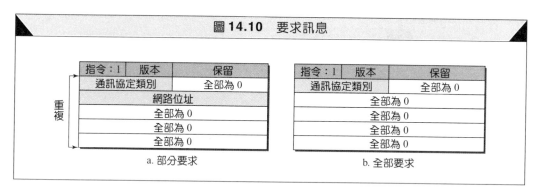

圖 14.10 要求訊息

a. 部分要求　　　　b. 全部要求

回應

回應訊息可以是因為有他人請求而送出，也可以主動提供。**被請求之回應訊息** (solicited response) 是為了回應要求訊息，它包含了要求訊息所指定的目的地訊息。而**主動提供之回應訊息** (unsolicited response) 則是定期送出（每 30 秒或是路由表被更動時）。回應訊息有時候會被稱為**更新封包** (update packet)。圖 14.9 說明了回應訊息的格式。

範例 1

圖 14.11 說明了在圖 14.8 中的 R1 路由器傳送給 R2 路由器的更新訊息，這個更新訊息是由 130.10.0.2 的介面傳送出去的。

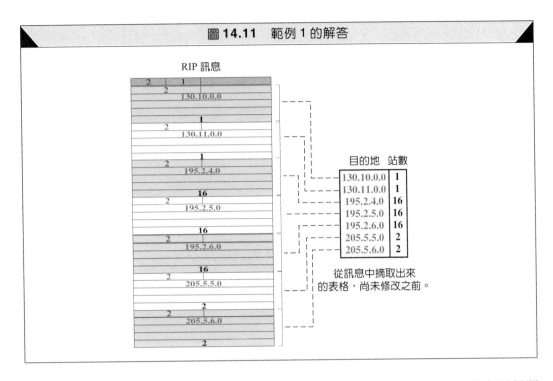

圖 14.11 範例 1 的解答

　　此訊息已經融合水平分割與逆向封殺的策略。 R1 路由器是由 R2 路由器那裡獲得關於 195.2.4.0 、 195.2.5.0 、 及 195.2.6.0 這 3 個網路的資訊，所以當 R1 傳送更新訊息給 R2 時，這 3 個網路的距離站數會使用 16（無窮大）來代表實際的站數，以防止 R2 路由器有任何的混淆。圖中也顯示了從訊息中摘取出來的表格。 R2 使用攜帶來自 R1 路由器 (130.10.0.2) 的 RIP 訊息之 IP 資料包的來源端位址，來當成是下一站的位址。當然 R2 路由器會將每一個條目的站數加 1 ，因為在此訊息中的值是對於 R1 而言，而不是 R2 。

RIP 的計時器

RIP 使用 3 種計時器來支援其動作（見圖 14.12）。週期計時器控制訊息的傳送，期限計時器管理路徑是否有效，垃圾收集計時器公布某條路徑故障的訊息。

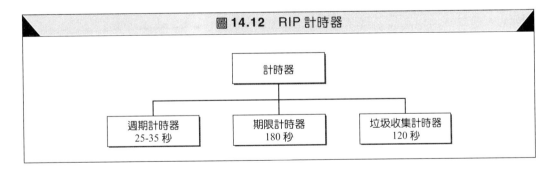

圖 14.12 RIP 計時器

週期計時器

週期計時器 (periodic timer) 控制定期性更新訊息的傳送， RIP 通訊協定規定的時間為 30 秒，不過實際上是使用一個介於 25 到 35 秒的亂數，這是為了避免任何可能的同步狀態造成同時更新，使互連網路發生過載現象。

每台路由器的週期計時器以亂數設定在 25 到 35 秒間，然後開始倒數，到達 0 秒時就送出更新的訊息。然後計時器則以亂數重新設定。

期限計時器

期限計時器 (expiration timer) 管理路徑是否有效。當一台路由器收到一條路徑更新的訊息後，該條路徑的有效期限設定為 180 秒，每當有更新收到時，計時時間重新設定。在正常狀態下，每 30 秒會收到更新訊息，不過如果互連網路有問題而超過 180 秒未收到路徑的更新訊息，則該條路徑會被視為過期，其站數設為 16，表示此目的地為無法到達，而每條路徑都有自己的期限計時器。

垃圾收集計時器

當一條路徑過期無效後，路由器並不會立刻把它從路由表中除去，而是繼續通知其鄰居這條路徑站數為 16，同時相對於這條路徑，一個**垃圾收集計時器 (garbage collection timer)** 則被設定為 120 秒開始倒數。在倒數到 0 時，該條路徑才會從路由表中移去，這段計時期間可以讓這個路由器的鄰居在路由表被清除之前，知道這條路徑是無效的。

範例 2

某路由表有 20 個條目，它在 200 秒的時間內沒有收到 5 條路徑的訊息，此時有幾個計時器在跑？

解答

總共需要 21 個計時器，條列如下：

     週期計時器：1 個

     期限計時器：20 − 5 = 15 個

     垃圾收集計時器：5 個

第 2 版 RIP

第 2 版 RIP 通訊協定改進了原本第 1 版的一些缺點，第 2 版的設計者並沒有把每個條目的訊息長度加長。只是為了 TCP/IP 通訊協定的新欄位，而將原本填 0 的地方也設定了一些新的欄位。

訊息格式

圖 14.13 說明了第 2 版 RIP 的訊息格式，其中新定義的各欄位敘述如下：

❑ **路徑標籤**：本欄記錄了自治系統的代碼，可以用來讓 RIP 接收來自跨網域之路由通訊協定的訊息。

❑ **子網路遮罩**：本欄有 4 個位元組定義子網路遮罩（前置位元），這表示 RIP2 支援無級式定址及 CIDR。

❑ **次站位址**：本欄記錄次站的位址，這一欄在 2 個自治系統共用一條骨幹網路時特別有用，如此 RIP 訊息裡可以定義封包是要送往在相同自治系統內的路由器，或是在其他自治系統內的路由器。

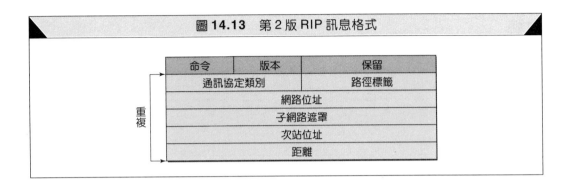

圖 14.13 第 2 版 RIP 訊息格式

無級式定址

第 1 版和第 2 版的 RIP 中，最主要的差異就是從分級式定址轉變到無級式定址。 RIPv1 使用分級式定址，在訊息中只有網路位址（具有預設遮罩）的項目。而 RIPv2 加入一個子網路遮罩的欄位，用來定義一個網路的前置位元長度，也就是說在這個版本可以使用無級式定址。一群網路可以被組合成一個前置位元，並共同的被通知，就如同我們在第 5 、 6 章所見。

認證

認證是為了確認 RIP 訊息為來自授權的路由器。在 RIP 訊息中並沒有加入新的欄位來做認證，而是直接使用訊息的第 1 個條目。要表示這個條目是認證用的資訊，而不是一般的路徑資料，把通訊協定類別欄位設定為 $(FFFF)_{16}$ 即可（見圖 14.14）。而第 2 個欄位是認證類別，用來定義認證的方法，接下來第 3 個欄位是實際做為認證的資料。

圖 14.14 認證

命令	版本	保留
FFFF		認證類別
認證資料 16 個位元組		

群播

第 1 版的 RIP 使用廣播方式將 RIP 訊息送給每個鄰居，這樣做不僅網路上所有的路由器都會收到封包，連所有主機也會收到。第 2 版 RIP 使用全部路由器之群播位址 224.0.0.9 來傳送 RIP 訊息，只有網路上的 RIP 路由器才會收到。

封裝

RIP的訊息被封裝在UDP使用者資料包內，RIP訊息沒有使用欄位來表示訊息有多長，訊息長度由UDP封包來決定。UDP給RIP訊息的公認埠號為520。

> RIP使用UDP的服務，其UDP提供520這個公認埠號給RIP。

14.4　鏈結狀態路徑選擇　*Link State Routing*

鏈結狀態路徑選擇 (link state routing) 所使用的原理和距離向量路徑選擇有所不同。在鏈結狀態路徑選擇中，如果在這個網域內的各節點都擁有該網域的完整拓樸結構（所有節點和鏈結的列表，它們如何被連接，包括型態、成本及鏈結條件），則各節點就可以使用**Dijkstra演算法 (Dijkstra algorithm)** 來建立一個路由表，見圖14.15的概念說明。

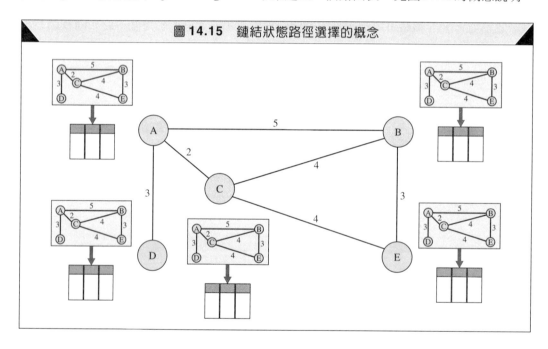

圖 14.15　鏈結狀態路徑選擇的概念

　　圖中說明了一個僅具有5個節點的簡易網域。每個節點使用相同的拓樸結構來建立屬於自己的路由表，每一個節點的路由表都是唯一的，因為各節點在計算過程是根據不同的角度來看該拓樸。這和城市地圖很像，不同人擁有相同的地圖，但是每個人都根據不同的路徑來抵達他自己的目的地。

　　此網路拓樸必須是動態的，以表示目前每個節點和鏈結的最新情況。如果網路中的任何一個地方有更動（例如鏈結中斷），此網路拓樸必須被更新於各節點。

　　一個共同的拓樸如何被動態地儲存在各節點？沒有節點知道網路拓樸在剛開始或網路中某個地方更動後的情況，而鏈結狀態路徑選擇主要是根據以下的假設：儘管整個網路的拓樸並不是很清楚，但是各節點都擁有部分的資訊，各節點知道和它相連之鏈結的狀態（種類、條件，及成本）。換句話說，整個網路拓樸的資訊可以由各節點所擁有的部分資訊匯集而成。圖 14.16 說明了和先前範例相同的網域，並且指出屬於各節點的部分資訊。

A 節點知道它和 B、C、D 節點相互連接，而且對應的成本為 5、2 和 3。C 節點知道它和 A、B、E 節點相互連接，而且對應的成本為 2、4 和 4。D 節點知道它和 A 節點相互連接，而且對應的成本為 3，依此類推。儘管有一些資訊是重疊的，但這些重疊的資訊可以保證創造出一個共同的拓樸，即涵蓋所有節點之整體網域的架構圖。

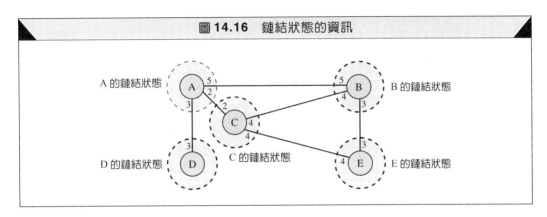

圖 14.16 鏈結狀態的資訊

建構路由表

在**鏈結狀態路徑選擇 (link state routing)** 中，每個節點使用以下 4 個步驟的動作來求出其路由表，每個節點的路由表會顯示它到其他各節點的最低成本。

1. 創造每個節點的鏈結狀態資訊，此資訊稱為**鏈結狀態封包** (Link State Packet, LSP)。
2. 使用有效並可靠的方式將 LSP 散播給其他的路由器，此動作稱為**氾濫傳送 (flooding)**。
3. 建構每個節點的最短路徑樹。
4. 根據最短路徑樹來計算路由表。

鏈結狀態封包(LSP)的建立

一個鏈結狀態封包 (LSP) 可以攜帶大量的資訊，但在此我們只假設它攜帶最少的資料，即節點的識別碼、鏈結的列表、序號，及年齡。前 2 項（節點識別碼及鏈結列表）被使用來描述拓樸架構，第 3 項（序號）用來幫助氾濫傳送及區分新的 LSP 和舊的 LSP，第 4 項（年齡）用來防範剩餘的舊 LSP 在網域中殘留太久的時間。LSP 在下面兩種情況下會被產生：

1. 當網域的拓樸有所改變時。觸發性 LSP 的散播是最主要的方法，用來快速通知網域內各節點去更新它的拓樸。
2. 週期性更新。在這種情況下的週期時間，要比距離向量路徑選擇的週期時間長多了。實際上，不是很需要這種類型之 LSP 的散播，它只是用來確定舊的資訊已經在這個網域中被移除。為了週期性散播而設定的計時器，通常在 60 分鐘到 2 個小時之間，取決於實作。一個較長的週期時間可以讓氾濫傳送不會造成網路內太大的傳輸量。

LSP 的氾濫傳送

當某個節點把 LSP 準備好之後，它必須將之散播給其他所有的節點，不單只是它的鄰居。這個過程稱為氾濫傳送，並根據以下步驟：

1. 這個創造 LSP 的節點將 LSP 複製並由各個介面傳送出去。

2. 接收到 LSP 的節點會比對它是否已經擁有相同的複本。如果新抵達的 LSP 比原本節點擁有的 LSP 還要舊（檢查序號來比對），節點會將 LSP 丟棄。如果比較新的話，節點會遵循下列動作：

   a. 它將舊的 LSP 丟棄，並保留新的那一個 LSP。

   b. 它將此 LSP 複製並由各個介面傳送出去，除了它接收到此 LSP 封包的那個介面除外。這保證氾濫傳送會停止於網域中的某個地方（某節點只擁有一個介面）。

最短路徑樹的構成：Dijkstra 演算法

在接收到所有的 LSP 之後，每一個節點都擁有一份整個拓樸的複本。但是此拓樸資訊並不足以讓節點找出它到其他節點的最短路徑，所以需要一個**最短路徑樹 (shortest path tree)**。

一棵樹 (tree) 就是由節點和鏈結所組成的圖形，有一個節點被稱為根 (root)。由根到達其他所有節點的路徑都只有單一路徑。一個最短路徑樹就是根和其他所有節點之間的路徑都是最短距離的一棵樹。這也是為什麼我們需要一棵最短路徑樹的原因，該節點本身就是根，其他所有節點就被涵蓋在樹的節點中。

Dijkstra 演算法 (Dijkstra algorithm) 可以根據一張圖來創造出一棵最短路徑樹。這個演算法將所有的節點分成兩個集合：暫時 (tentative) 及永久 (permanent) 節點。它將目前節點的所有鄰居都找出來，並將它們放到暫時節點的集合中，然後檢查它們，如果它們通過測試標準，就將它們放到永久節點的集合中。我們可以使用圖 14.17 的流程圖來非正式地定義該演算法。

讓我們應用這個演算法到圖 14.18 中範例圖形的 A 節點。為了去找出每個步驟的最短路徑，我們需要累計從根到各節點的成本，以提供給下一個節點。

下面我們說明其步驟。在每個步驟的最後，我們說明暫時節點列表與永久節點列表的內容及各節點累計的成本值。

1. 我們將 A 節點設定為樹的根，並將它移到暫時節點列表。我們的 2 個列表如下：

   永久節點列表：空的   暫時節點列表： A (0)

2. A 節點是暫時節點列表中累計成本最短的節點，我們將 A 移到永久節點列表，並將 A 的所有鄰居節點都加到暫時節點列表。我們的新列表如下：

   永久節點列表： A (0)   **暫時節點列表：** B (5), C (2), D (3)

3. C 節點是暫時節點列表中累計成本最短的節點，我們將 C 移到永久節點列表。C 節點有 3 個鄰居，但是 A 節點已經處理過，只有 B 節點和 E 節點尚未處理。而 B 節點已經在暫時節點列表中，其累計成本為 5。A 節點也可以透過 C 節點來到達 B 節

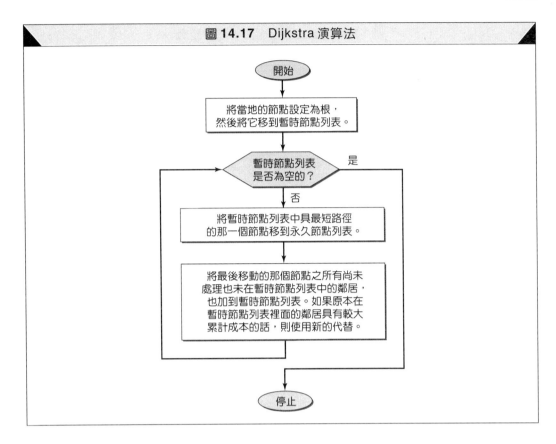

圖 14.17 Dijkstra 演算法

點,其累計成本為 6。因為 5 小於 6,所以我們保留 B 節點的累計成本為 5 在暫時節點列表中,並不取代它。我們的新列表如下:

永久節點列表: A (0), C (2)　　**暫時節點列表:** B (5), D (3), E (6)

4. D 節點是暫時節點列表中累計成本最短的節點,我們將 D 移到永久節點列表。D 節點並沒有尚未處理的鄰居可以加到暫時節點列表。我們的新列表如下:

永久節點列表: A (0), C (2), D (3)　　**暫時節點列表:** B (5), E (6)

5. B 節點是暫時節點列表中累計成本最短的節點,我們將 B 移到永久節點列表。我們必須將所有 B 的尚未處理之鄰居加到暫時節點列表(這只有 E 節點)。而 E 節點已經在暫時節點列表中,其累計成本為 6。如果透過 B 到 E 的話,其累計成本為 8,所以我們保留 E (6) 在暫時節點列表中。我們的新列表如下:

永久節點列表: A (0), B (5), C (2), D (3)　　**暫時節點列表:** E (6)

6. E 節點是暫時節點列表中累計成本最短的節點,將 E 移到永久節點列表。E 節點沒有尚未處理之鄰居。此時暫時節點列表已經空出來了,我們停止動作,因為最短路徑樹已經產生。最後的列表如下:

永久節點列表: A (0), B (5), C (2), D (3), E (6)　　**暫時節點列表:** 空的

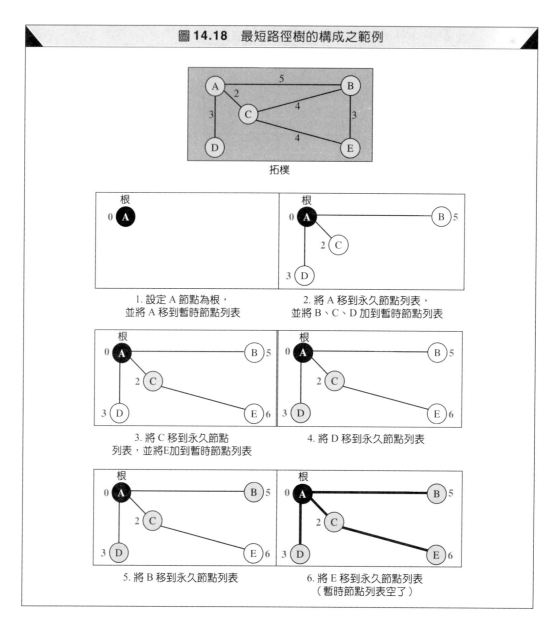

圖 14.18 最短路徑樹的構成之範例

根據最短路徑樹來計算路由表

每一個節點使用其最短路徑樹來建構它的路由表，此路由表展示由根到各節點的成本。表 14.1 說明了 A 節點的路由表。

表 14.1 A 節點的路由表

節點	成本	下一個路由器
A	0	—
B	5	—
C	2	—
D	3	—
E	6	C

請比較上述路由表與圖 14.3 的第 1 個路由表,對 A 節點而言,距離向量路徑選擇和鏈結狀態路徑選擇結束後會擁有相同的路由表。

14.5 開放式最短路徑優先 (OSPF) *Open Shortest Path First (OSPF)*

開放式最短路徑優先 (Open Shortest Path First, OSPF) 通訊協定屬於一種內部網域路由通訊協定,主要是根據鏈結狀態路徑選擇 (link state routing) 的方法,其運作區域也是在一個自治系統內。

區域

為了讓路徑選擇的處理能更有效率及更即時。 OSPF 將一個自治系統劃分成多個**區域 (area)**。每個區域為一群在該自治系統內的網路、主機及路由器的組合。一個自治系統可以被分成很多不同的區域,所有在同一區域內的網路必須連在一起。

在每個區域內的路由器,把路徑選擇訊息釋放到整個區域,在區域的邊界處由**區域邊界路由器 (area border router)** 整理出屬於該區域的訊息,再將之送給其他區域。自治系統內所有的區域中有一個特別的區域稱為**骨幹 (backbone)**,所有自治系統內的區域都要連接到該骨幹上。換言之,骨幹為主要區域而其他區域為次要區域。但是,這並不代表說各區域內的路由器不行相互連接。在骨幹中的路由器稱為**骨幹路由器 (backbone router)**,一個骨幹路由器同時也可以是一個區域邊界路由器。

如果某個區域與骨幹間的連線因某些問題而中斷,必須由網路管理者利用區域內的其他路由器建立一條**虛擬鏈結 (virtual link)** 來繼續提供與骨幹的連線功能。

每個區域有其區域代碼,而骨幹的區域代碼為 0。圖 14.19 說明了一個自治系統及其內部各個區域。

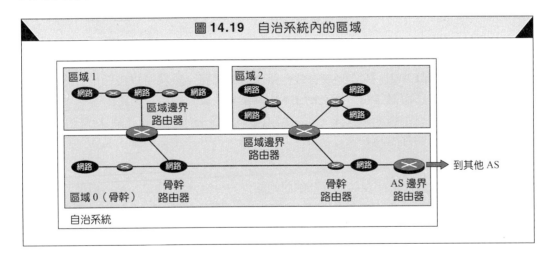

圖 14.19 自治系統內的區域

成本度量準則

OSPF 協定允許管理者為每條路徑設定一個成本,稱為**成本度量準則 (metric)**。成本度量準則可以根據不同類型的服務而定(最少延遲、最大傳輸量等)。實際上,一台路由器可以擁有數個路由表,每一個依照一種服務型態而定。

鏈結的種類

以 OSPF 的術語來看，一條連線稱為一條**鏈結** (link)。已經有以下 4 種鏈結被定義，即點對點 (point-to-point)、暫態 (transient)、根形 (stub)，及虛擬 (virtual)(見圖 14.20)。

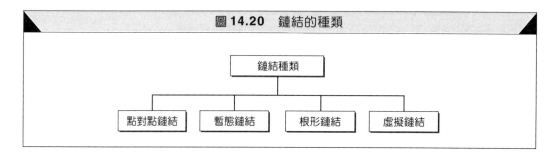

圖 14.20 鏈結的種類

點對點鏈結

一條**點對點鏈結 (point-to-point link)** 連接 2 台路由器，其間沒有任何其他的主機或路由器。換句話說，此鏈結只是為了連接這 2 台路由器。例如，2 台路由器藉由 1 條電話線或 T 線路 (T-line) 連在一起。這種鏈結並不需要給它一個網路位址。以圖形來看，路由器以節點來代表，鏈結以一條雙向箭頭的線代表，而代表鏈結成本大小之數值寫在兩端，通常這兩個方向的成本是一樣的，每台路由器只有一個鄰居位於鏈結的另一端 (見圖 14.21)。

圖 14.21 點對點鏈結

暫態鏈結

暫態鏈結 (transient link) 為一個接有數台路由器的網路，資料可以由任一台路由器進入，也可由任一台路由器離開。所有的 LAN 以及某些具有兩台以上路由器的 WAN 就是屬於暫態鏈結。以這種網路安排，每台路由器有很多鄰居，例如在圖 14.22 (a) 的乙太網路，A 路由器的鄰居為 B、C、D、E 路由器，而 B 路由器的鄰居為 A、C、D、E 路由器。

如果我們要以圖形來代表其相互為鄰居的關係，可參考圖 14.22 (b)。但是這個圖的表達方式既沒有效率也不切實際，沒有效率的原因是因為每台路由器要通知 4 個鄰近的路由器，總共有 20 個通告要傳送；不切實際的原因是因為在每對路由器間沒有單獨的連線（鏈結），其實全部這 5 台路由器是在一個網路上。

所以要表示每台路由器都經由單一的網路連接到其他台路由器，就要把這個網路視為 1 個節點。不過網路本身不是主機，不能有路由器的功能，因此就由這個網路中的某一台路由器當代表。這樣做有雙重的目的，第一，這是一台真正的路由器；第二由它做

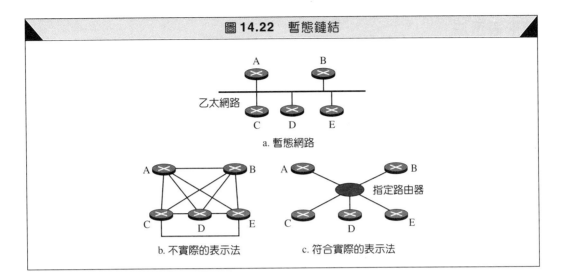

圖 14.22 暫態鏈結

a. 暫態網路

b. 不實際的表示法

c. 符合實際的表示法

為一台**指定路由器** (designated router)。我們以圖 14.22 (c) 的拓樸安排來展示暫態鏈結的連接情形。

　　以這樣的安排，每台路由器只有 1 個鄰居，即指定路由器（網路本身）。換言之，指定路由器（網路本身）有 5 個鄰居，我們看到原來 20 次鄰居通知的動作可以降為 10 次。雖然，圖中節點的鏈結是雙向的，從每個節點到指定路由器，可設定一個成本，但是由指定路由器到任何一個節點卻不設定成本，原因是指定路由器代表網路，我們只可以給封包經過網路時設定一個成本，不能算 2 次。所以當封包進入網路時，我們設定一個成本，當封包離開這個網路到某路由器時不再另計 1 次。

根形鏈結

根形鏈結 (stub link) 為一個只接到一台路由器的網路。封包由這台路由器進入網路，也經由這台路由器離開網路，這是暫態路由器的特例。我們可以把這台路由器當作 1 個節點，以指定路由器來表示網路，不過其間的連線為單向性，從路由器指到網路（見圖 14.23）。

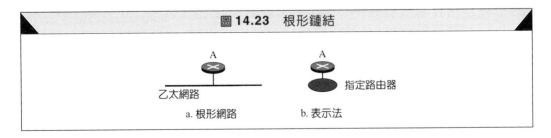

圖 14.23 根形鏈結

乙太網路

a. 根形網路

指定路由器

b. 表示法

虛擬鏈結

當 2 台路由器之間的鏈結不通時，網路管理者在這 2 台路由器之間（透過其他路徑）建立一條**虛擬鏈結 (virtual link)**，這條鏈結比較長，可能會經過數個不同的路由器。

圖形表示法

讓我們來檢視一個 AS 如何使用圖形表示法來表示。圖 14.24 說明了一個小型的 AS，內部擁有 7 個網路及 6 台路由器，其中 2 個網路為點對點網路。我們用 N1 及 N2 這種符號來代表暫態及根形網路，而點對點網路則不需要被分配代號。

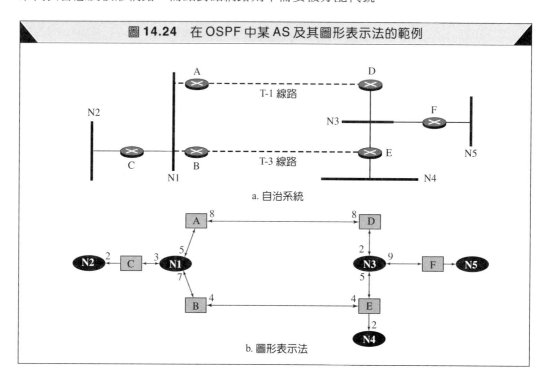

圖 14.24　在 OSPF 中某 AS 及其圖形表示法的範例

a. 自治系統

b. 圖形表示法

我們使用方形來代表路由器，橢圓形來代表網路（由指定路由器代表），但是 OSPF 都把它們視為節點。另外注意圖 14.24 有 3 個根形網路（N2 、 N4 及 N5 ）。

OSPF 封包

OSPF 使用 5 種不同種類的封包：哈囉 (hello)、資料庫敘述 (database description)、鏈結狀態要求 (link state request)、鏈結狀態更新 (link state update)，及鏈結狀態回應 (link state acknowledgment)，如圖 14.25 所示。最重要的是鏈結狀態更新封包，它擁有 5 種不同的類別。

共用標頭

所有 OSPF 封包皆使用共用格式的標頭（見圖 14.26），在我們介紹不同種類的封包之前，讓我們先介紹這個共用標頭。

❑　**版本**：這個 8 位元的欄位定義 OSPF 通訊協定的版本，目前為第 2 版。

❑　**種類**：這個 8 位元的欄位定義封包的種類。如前面所述， OSPF 擁有 5 個種類的封包，由 1 到 5 分別代表之。

❑　**訊息長度**：這個 16 位元的欄位定義了整個訊息的長度，包括標頭在內。

❑　**來源路由器 IP 位址**：這個 32 位元的欄位定義送出此封包的路由器之 IP 位址。

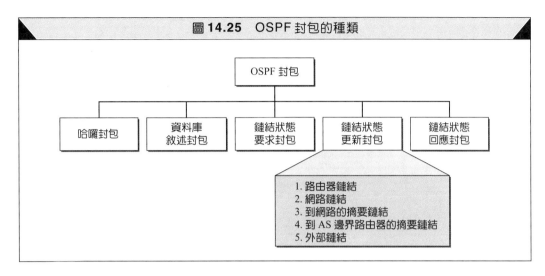

圖 **14.25** OSPF 封包的種類

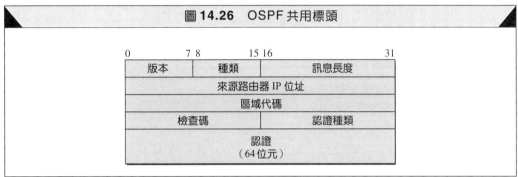

圖 **14.26** OSPF 共用標頭

- ❏ **區域代碼**：這個 32 位元的欄位定義鏈結所在之區域。
- ❏ **檢查碼**：本欄位做為錯誤偵測之用，包含除了認證種類及認證資料欄以外的整個封包。
- ❏ **認證種類**：這個16位元的欄位定義在本區域所使用的認證方法，目前有兩種，0代表不用認證，1代表使用密碼。
- ❏ **認證**：這個 64 位元的欄位包含了實際的認證資料，未來如果認證種類增加的話，本欄將可包含認證計算後的結果。目前如果認證種類為 0 的話，本欄填 0，如果種類為 1 的話，本欄為一個攜帶 8 個字元的密碼。

鏈結狀態更新封包

首先，我們先討論**鏈結狀態更新封包 (link state update packet)**，因為它是 OSPF 運作的核心。路由器使用鏈結狀態更新封包來對外通知其鏈結的狀態。鏈結狀態更新封包的一般格式如圖 14.27 所示。

每一個更新封包都可能包含幾種不同的鏈結狀態通告 (Link State Advertisement, LSA)。5 種不同類別的 LSA 皆擁有相同的一般標頭。一般標頭的格式說明在圖 14.28 中，其敘述如下：

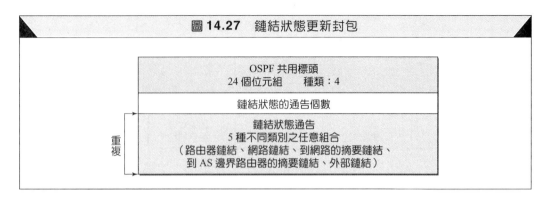

圖 14.27 鏈結狀態更新封包

圖 14.28 LSA 的一般標頭

- **鏈結狀態年齡**：本欄定義從本訊息第 1 次被產生後到現在的時間，以秒為單位。記得，這種訊息會從一台路由器流到另一台路由器。當某台路由器建立此訊息時，本欄值設為 0，接著每台轉送此訊息的路由器估計傳送時間，並依序累加時間到這個欄位內。
- **E 旗標**：如果這一個 1 位元的欄位被設定為 1 時，則表示這個區域為一根形區域，所謂根形區域，就是指該區域僅靠一條鏈結連到骨幹區域。
- **T 旗標**：如果這一個 1 位元的欄位被設定為 1 時，則表示該路由器可以處理多種類別的服務。
- **鏈結狀態類別**：本欄位定義LSA的類別。就我們先前所描述，總共有5種通告：路由器鏈結（類別 1）、網路鏈結（類別 2）、到網路的摘要鏈結（類別 3）、到 AS 邊界路由器的摘要鏈結（類別 4）、及外部鏈結（類別 5）。
- **鏈結狀態 ID**：本欄的內容取決於鏈結的類別，如果是路由器鏈結（類別 1），則本欄位為路由器的 IP 位址；如果是網路鏈結（類別 2），則本欄位為指定路由器的 IP 位址；如果是到網路的摘要鏈結（類別 3），則本欄位為該網路的 IP 位址；如果是到 AS 邊界路由器的摘要鏈結（類別 4），則本欄位為該邊界路由器的 IP 位址；如果是外部鏈結（類別 5），則本欄位為該外部網路的 IP 位址。
- **發通告的路由器**：本欄位定義發出此訊息的路由器之 IP 位址。
- **鏈結狀態序號**：本欄位定義每一個鏈結狀態更新訊息的序號。
- **鏈結狀態檢查碼**：本欄位不是一般的檢查碼，在此所使用的計算方式稱為 Fletcher 檢查碼，計算對象是除了鏈結狀態年齡欄之外的整個封包。
- **長度**：本欄位定義整個封包的長度，以位元組為單位。

路由器鏈結 LSA

一個路由器鏈結 LSA 定義了一個真實路由器的鏈結情況。一個真實的路由器使用路由器鏈結 LSA 來通告關於它的所有鏈結以及誰是鏈結的另一端（鄰居）。圖 14.29 為一個路由器鏈結的描述。

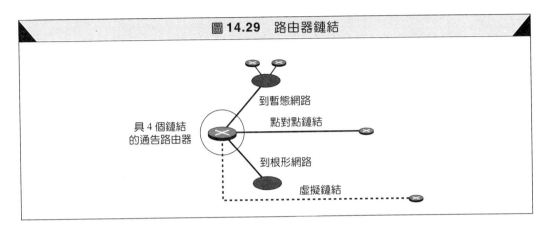

圖 14.29 路由器鏈結

路由器鏈結 LSA 被用來通告關於某（真實）路由器的所有鏈結。圖 14.30 說明了路由器鏈結封包的格式，其各欄位的定義如下：

❏ **鏈結 ID**：本欄之值取決於鏈結的種類。表 14.2 說明了根據不同鏈結種類所對應的不同鏈結識別碼。

❏ **鏈結資料**：本欄之值也是根據鏈結的種類而異，用來提供該鏈結的其他資訊（見表 14.2）。

❏ **鏈結種類**：本欄定義路由器所在網路的種類，共有 4 種不同的鏈結種類（見表 14.2）。

❏ **服務種類 (TOS) 的個數**：本欄定義每條鏈結的服務種類的個數。

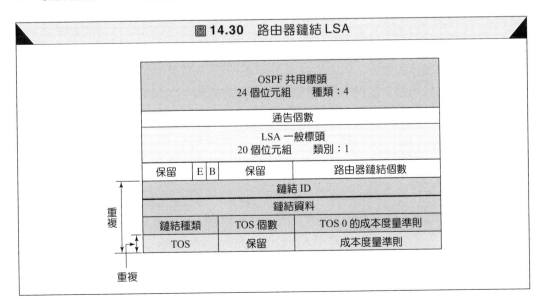

圖 14.30 路由器鏈結 LSA

❑ **TOS 0 的成本度量準則**：本欄定義預設的服務 (TOS 0) 的成本度量準則。

❑ **TOS**：本欄定義服務的種類。

❑ **成本度量準則**：本欄定義相對 TOS 的成本度量準則。

表 **14.2**　鏈結種類、鏈結識別碼、及鏈結資料

鏈結種類	鏈結識別碼	鏈結資料
類別1：點對點鏈結	鄰居路由器的位址	介面號碼
類別2：暫態鏈結	指定路由器的位址	路由器位址
類別3：根形鏈結	網路位址	網路遮罩
類別4：虛擬鏈結	鄰居路由器的位址	路由器位址

範例 3

請求出在圖 14.31 中，路由器 10.24.7.9 所送出之路由器鏈結 LSA 。

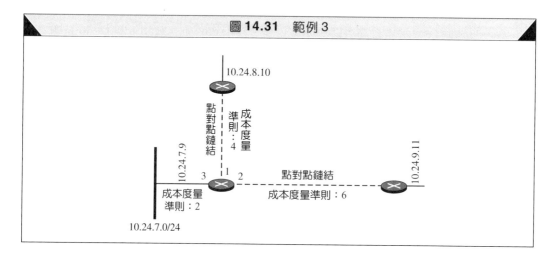

圖 **14.31**　範例 3

解答

此路由器擁有 3 條鏈結：其中 2 個為第 1 類（點對點鏈結），另一個為第 3 類（根形鏈結）。圖 14.32 說明了該路由器鏈結 LSA 。

網路鏈結 LSA

一個網路鏈結定義該網路中各個鏈結。由暫態網路背後的指定路由器來散播這類的LSP封包。此封包公布連接某網路的所有已存在的路由器（見圖 14.33）。網路鏈結 LSA 的格式如圖 14.34 所示。其各欄位的意義如下：

❑ **網路遮罩**：本欄位定義網路遮罩。

❑ **相連的路由器**：本欄位可被重複使用，定義所有連在此網路的路由器 IP 位址。

圖 14.32 範例 3 的解答

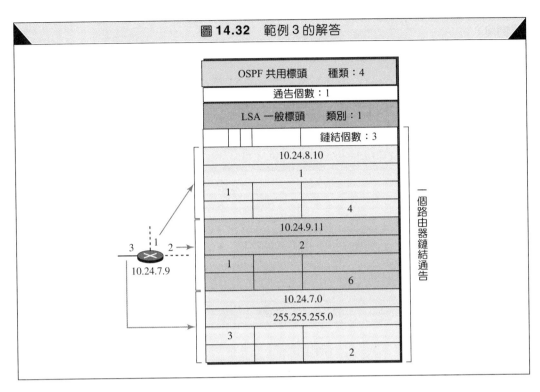

圖 14.33 網路鏈結

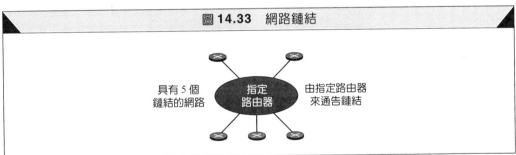

圖 14.34 網路鏈結通告格式

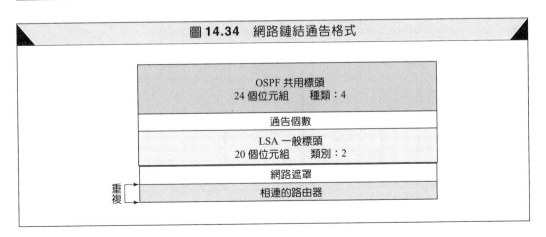

範例 4

請求出在圖 14.35 中的網路鏈結 LSA 。

圖 14.35　範例 4

解答

其中有 3 個路由器與該網路相連接，LSA 已說明其遮罩及路由器位址。而圖 14.36 說明其網路鏈結 LSA 。

圖 14.36　範例 4 的解答

OSPF 共用標頭	種類：4
通告個數：1	
LSA 一般標頭	類別：2
255.255.255.0	
10.24.7.14	
10.24.7.15	
10.24.7.16	

範例 5

在圖 14.37 中，請問哪些路由器要傳送出路由器鏈結 LSA ？

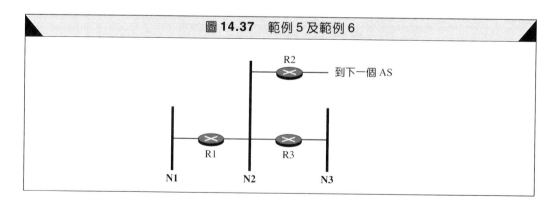

圖 14.37　範例 5 及範例 6

解答

所有路由器都要通告其路由器鏈結 LSA 。

a.　R1 有 2 個鏈結：N1 和 N2 。

b.　R2 有 1 個鏈結：N2 。

c. R3 有 2 個鏈結：N2 和 N3 。

範例 6

在圖 14.37 中，請問哪些路由器要傳送出網路鏈結 LSA ？

解答

全部 3 個網路都要通告其網路鏈結 LSA 。

a. N1 的通告由 R1 負責，因為只有 R1 與 N1 相連接，所以 R1 就是 N1 的指定路由器。

b. N2 的通告可以由 R1 、 R2 或 R3 中任何一個路由器來負責，取決於誰被選擇成為指定路由器。

c. N3 的通告由 R3 負責，因為只有 R3 與 N3 相連接，所以 R3 就是 N3 的指定路由器。

到網路的摘要鏈結 LSA

路由器鏈結通告和網路鏈結通告，將區域內之路由器鏈結和網路鏈結的相關資訊氾濫傳送於該區域內部。但是路由器也必須要知道區域外的網路之訊息，而區域邊界路由器可以提供此訊息。一個區域邊界路由器可以在一個以上的區域內活動，就如同我們所見，它接收各區域的路由器鏈結通告和網路鏈結通告，並產生各區域的路由表。舉例來說，圖 14.38 的 R1 路由器為一個區域邊界路由器，它擁有兩個路由表，一個是屬於區域 1，另一個是屬於區域 0 。 R1 將如何到達區域 0 內之網路的訊息氾濫傳送於區域 1 。相同地， R2 將如何到達區域 0 內之網路的訊息氾濫傳送於區域 2 。

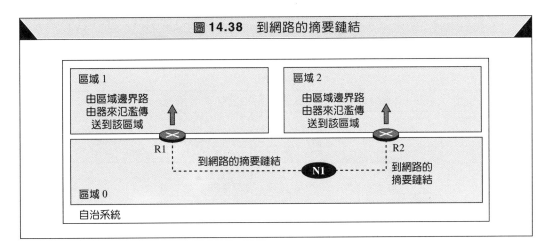

圖 14.38 到網路的摘要鏈結

　　區域邊界路由器使用**到網路的摘要鏈結** LSA 來宣布位於本區域外的網路。這個通告非常簡單，只包含網路遮罩及每種服務的成本度量準則。要注意的是，每一個通告只能宣布單一網路，如果有多個網路要宣布，就要各自送出一個通告。讀者或許會問為什麼只通告網路的遮罩，怎麼不是網路位址？這是因為發出通告的路由器，其 IP 位址已經在鏈結狀態標頭中宣告，因此可以由此 IP 位址及網路遮罩來算出網路位址。到網路的摘要鏈結 LSA 的格式如圖 14.39 所示，其各個欄位之意義如下：

❏ **網路遮罩**：本欄位定義網路遮罩。

❏ **TOS**：本欄位定義服務之種類。

❏ **成本度量準則**：本欄位定義在 TOS 欄位之服務種類的成本度量準則。

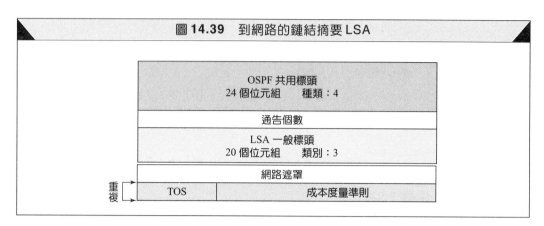

圖 14.39 到網路的鏈結摘要 LSA

到 AS 邊界路由器的摘要鏈結 LSA

前一個通告可以讓每一個路由器都知道要到達該自治系統內部所有網路的成本，但是如果有一個網路在該自治系統的外部呢？如果有一個路由器想要傳送一個封包到自治系統之外，它必須要先知道到達 AS 邊界路由器的路徑，**到 AS 邊界路由器的摘要鏈結 LSA** 就是提供此資訊，而區域邊界路由器將此資訊氾濫傳送於它負責的區域（見圖14.40）。此封包用來宣布到 AS 邊界路由器的路徑，其格式與前面之摘要鏈結一樣，封包內只定義 AS 邊界路由器所連接的網路。所以如果某個訊息能到達這個網路，就可由 AS 邊界路由器所接收。此封包格式展示在圖 14.41 中。各欄位的意義和到網路的摘要鏈結通告之訊息相同。

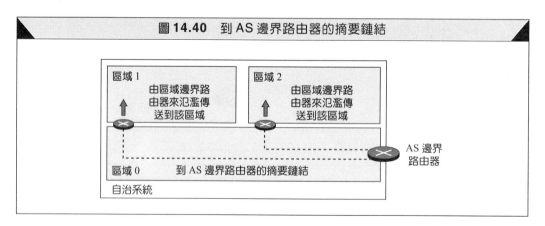

圖 14.40 到 AS 邊界路由器的摘要鏈結

外部鏈結 LSA

儘管前一個通告可以讓每一個路由器都知道到 AS 邊界路由器的路徑，但這還不夠。在自治系統內部的路由器想要知道有哪些自治系統外部的網路可以獲得，**外部鏈結 LSA** 就是提供此資訊。使用跨網域路由通訊協定所產生的路由表，來表示從該自治系統到自治

圖 **14.41** 到 AS 邊界路由器的摘要鏈結 LSA

系統外部的各網路的成本,並透過 AS 邊界路由器將此資訊氾濫傳送於它負責的自治系統。要注意的是,每一個通告只能宣布單一網路,如果有多個網路要宣布,就要各自送出一個通告。圖 14.42 描述了一個外部鏈結。這被使用來宣布所有 AS 之外的網路,其 LSA 的格式和到 AS 邊界路由器的摘要鏈結 LSA 相似,不過多加了 2 個欄位。因為 AS 邊界路由器或許能定義出一個轉送的路由器,經由它可以更容易到達目的地。這個封包也能包含一個外部路徑標籤欄位給其他協定使用,但不是 OSPF。這個封包的格式如圖 14.43 中的說明。

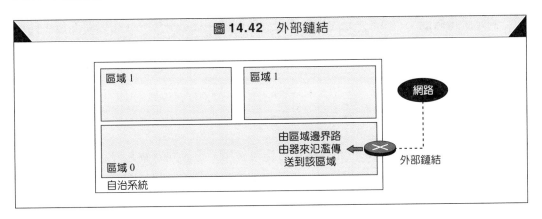

圖 **14.42** 外部鏈結

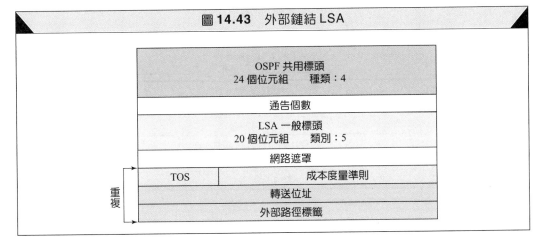

圖 **14.43** 外部鏈結 LSA

其他封包

現在我們來討論其他 4 種類別的封包（見圖 14.25）。它們雖然沒有被當成 LSA 來使用，但是它們在 OSPF 的運作中也是不可或缺的。

哈囉訊息

OSPF 使用**哈囉訊息 (hello message)** 來建立鄰居關係，並且檢查是否能夠到達某個鄰居。這是鏈結狀態路徑選擇的第 1 步。在一台路由器將它的鄰居的所有訊息氾濫傳送到其他所有的路由器之前，它必須先與鄰居打招呼，要知道它們是否存在？是否可以到達？（見圖 14.44）

❑ **網路遮罩**：這 32 位元的欄位定義送出該哈囉訊息的網路之網路遮罩。

❑ **哈囉週期**：這 16 位元的欄位定義各個哈囉訊息的間隔秒數。

❑ **E旗標**：這是 1 位元的旗標，如果它被設定時，則代表該區域為一根形區域。

❑ **T旗標**：這是 1 位元的旗標，如果它被設定時，則代表該路由器支援多種成本度量準則。

❑ **優先權**：本欄位定義路由器的優先權，優先權用來做為選擇指定路由器之用途。在所有鄰居宣告其優先權後，最高優先權者為指定路由器，次高者為備位指定路由器，如果本欄位為 0，表示該路由器不想當指定路由器或備位指定路由器。

❑ **判定關機時間**：這 32 位元的欄位定義一段時間，以秒計算，在這段時間後，路由器就假定這個鄰居已經關機不存在。

❑ **指定路由器的 IP 位址**：這 32 位元的欄位定義送出該哈囉訊息的網路之指定路由器的 IP 位址。

❑ **備位指定路由器的 IP 位址**：這 32 位元的欄位定義送出該哈囉訊息的網路之備位指定路由器的 IP 位址。

❑ **鄰居的 IP 位址**：這 32 位元的欄位可重複使用，定義同意做為傳送路由器的鄰居之路由器的 IP 位址。換句話說，這是目前已接收到哈囉訊息的傳送端路由器之所有鄰居的列表。

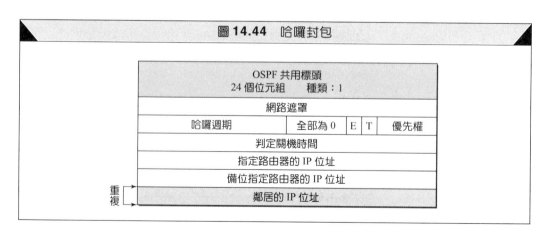

圖 14.44　哈囉封包

資料庫敘述訊息

一台路由器初次連到系統時或故障修復後，它立刻需要整個網路鏈結狀態的資料，不能夠等待其他路由器送鏈結狀態更新封包過來後，才建立自己的資料庫及計算自己的路由表。所以在一台路由器連上系統，它立刻送出哈囉封包與其鄰居打招呼，這時候所有鄰居第一次聽到這台路由器時，這些鄰居就送出**資料庫敘述訊息 (database description message)** 的封包。此封包並沒有包含全部資料庫的訊息，它只給一些大綱及資料庫每一行的抬頭。這個新加入的路由器會檢查這些大綱，找出哪一行資料本身沒有，之後它就送出鏈結狀態要求封包去找它所沒有的鏈結訊息。當兩台路由器要互相交換其資料庫敘述封包時，其中一台擔任主人 (master) 的角色，另一台當僕人 (slave)。因為這種訊息可能很長，資料庫的內容可以分為若干次送出，資料庫敘述封包的格式如圖 14.45 中的說明，其欄位如下：

- **E 旗標**：這是 1 位元的旗標，如果它被設定為 1 時，則代表送出此通告的路由器為自治系統邊界路由器（E 代表外部）。
- **B 旗標**：這是 1 位元的旗標，如果它被設定為 1 時，則代表送出此通告的路由器為區域邊界路由器。
- **I 旗標**：這是 1 位元的旗標，為起始 (initialization) 旗標，如果它被設定為 1 時，則代表此訊息為第 1 筆訊息。
- **M 旗標**：這是 1 位元的旗標，為更多 (more) 旗標，如果它被設定為 1 時，則代表此訊息不是最後一筆訊息。
- **M/S 旗標**：這是 1 位元的旗標，為主人／僕人 (master/slave) 位元，代表封包之來源為主人 (M/S = 1) 還是僕人 (M/S = 0)。
- **訊息序號**：這 32 位元的欄位代表此訊息的序號，被使用作為要求與回應的對照之用途。
- **鏈結狀態標頭**：這 20 個位元組的欄位被使用於每一種 LSA 裡，其格式已經在鏈結狀態更新訊息中介紹過。這標頭只敘述每條鏈結的大綱，而沒有細節。針對鏈結狀態資料庫中的每一條鏈結，它被複製使用。

圖 14.45　資料庫敘述封包

鏈結狀態要求封包

鏈結狀態要求封包 (link state request packet) 的格式如圖14.46中的說明，此封包由一台需要某條或多條特定之鏈結資訊的路由器送出，回應這個要求的是鏈結狀態更新封包。一台新連上網路的路由器在收到資料庫敘述封包後，可以用這種封包去要求有關鏈結的更詳細資料。在此的 3 個欄位屬於 LSA 標頭的一部分（我們已經介紹過）。針對單一 LSA 標頭就要求 1 組欄位（3 個欄位）。它們依要求的個數是可以重複的。

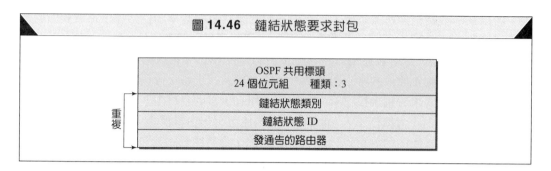

鏈結狀態要求封包

鏈結狀態回應封包

OSPF 為了提供可靠的路徑選擇，所以強制要求每台路由器要回應每一個收到的鏈結狀態更新封包，這個**鏈結狀態回應封包 (link state acknowledgment packet)** 的格式如圖 14.47 中的說明。它擁有 OSPF 共用標頭及 LSA 一般標頭，這兩部分就足以來回應一個要求更新的封包。

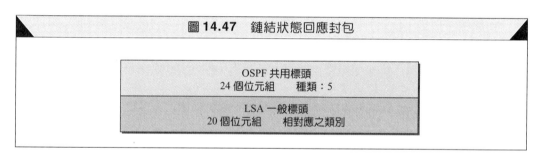

圖 14.47　鏈結狀態回應封包

封裝

OSPF 的封包被封裝在 IP 資料包內，OSPF 封包有回應機制來做流量及錯誤控制，不需要傳輸層通訊協定來提供這些服務。

> OSPF 的封包被封裝在 IP 資料包內。

14.6　路徑向量路徑選擇　*Path Vector Routing*

距離向量 (distance vector) 與鏈結狀態 (link state) 這兩種路由通訊協定，皆屬於內部網域的路由通訊協定。它們可以被使用於某自治系統內部，而不是各自治系統之間，這兩種通訊協定不適合當作跨網域之路由通訊協定的主要原因是擴充性 (scalability)。當運作的網域變得很大時，這兩種路由通訊協定就變得很沒有效率。如果運作網域需要的跳躍次數太大的話，距離向量路由通訊協定就會被不穩定現象所支配。鏈結狀態路由通訊協定則需要大量的資源來計算路由表，更因為要氾濫傳送而造成大量的傳輸量。這也是為什麼我們還需要第 3 種路由通訊協定的原因，我們稱此路由通訊協定為**路徑向量路徑選擇 (path vector routing)**。

使用路徑向量路徑選擇當成是跨網域之路由通訊協定被證明是非常有用的。路徑向量路由選擇的運作原理和距離向量路徑選擇相似。在路徑向量路徑選擇中，我們假設每一個自治系統內部都有一個節點（可以有一個以上，但是只要有一個就足夠讓我們說明其概念）來代表整個自治系統，我們稱之為**發言人節點 (speaker node)**。在一個 AS 中的發言人節點會建立一個路由表，然後發出通告給鄰近 AS 的發言人節點。除了它只允許各 AS 中的發言人節點互相通訊之外，整體的概念和距離向量路徑選擇一樣。另外，通告的內容也有所不同，一個發言人節點只會通知在它的自治系統或其他的自治系統中的路徑，而不包含節點的成本度量準則。

初始化

在剛開始時，各個發言人節點只知道它自己的自治系統中可到達的節點資訊。圖 14.48 說明了一個由 4 個 AS 所構成的系統，系統中各發言人節點的初始表格也已經顯示在圖中。

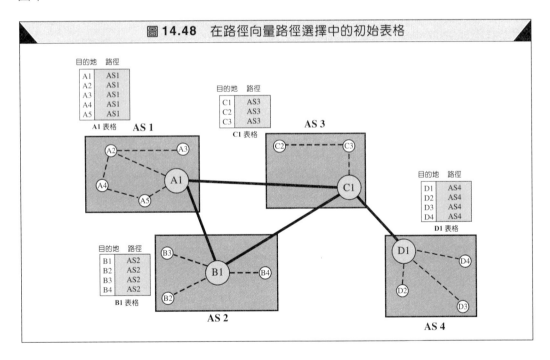

圖 14.48　在路徑向量路徑選擇中的初始表格

A1 是 AS1 的發言人節點，而 B1、C1、D1 分別是 AS2、AS3、AS4 的發言人節點。A1 建立一個初始表格來顯示 A1 到 A5 位於 AS1 內，大家可以透過它抵達這些節點。B1 建立一個初始表格來顯示 B1 到 B4 位於 AS2 內，大家可以透過 B1 抵達這些節點，依此類推。

分享

和距離向量路徑選擇一樣，在路徑向量路徑選擇中，在某個自治系統中的發言人節點會分享它的表格給它的直接鄰居。在圖 14.48 中，A1 節點分享它的表格給 B1 和 C1；C1

節點會分享它的表格給 D1、B1、及 A1；B1 節點會分享它的表格給 C1 和 A1，而 D1 節點會分享它的表格給 C1。

更新

當一個發言人節點從它的鄰居那裡接收到一個兩個欄位的表格後，它會更新它的表格，它會將原本沒有在它的路由表中的節點增加進來，並且記錄它自己的 AS 代碼和傳送此表格過來的 AS 代碼。過一段時間之後，每一個發言人節點都擁有一個路由表，並且知道如何到達其他AS的各節點。圖14.49說明了在系統穩定之後，各發言人節點的表格內容。

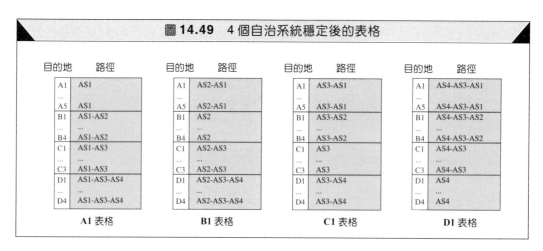

圖 14.49　4 個自治系統穩定後的表格

　　根據這張圖，如果 A1 路由器接收到一個要送往 A3 的封包，它知道路徑在 AS1（封包在自己的家），但是如果接收到一個要送往 D1 的封包，它知道此封包要經過 AS1 到 AS3，然後再前往 AS4，其路由表會顯示完整的路徑。換言之，如果在 AS4 中的 D1 節點接收到一個要送往 A2 節點的封包，它知道應該經過 AS4、AS3 及 AS1。

防止迴路

路徑向量路徑選擇可以避免像是距離向量路徑選擇中的不穩定現象及發生迴圈的情形。當一台路由器收到訊息後，它檢查看看自己的自治系統是否在到達目的地的路徑裡，如果是，就將該訊息丟掉，如此迴圈就不會出現。

策略性路徑選擇

使用路徑向量路徑選擇很容易就可以實現策略性路徑選擇。當一台路由器收到一個訊息時，它檢查其路徑，如果路徑上的某個自治系統違反它的策略，此路由器可以忽略這條路徑及其目的地，路由器不會將這條路徑更新到它的路由表中，也不會把這個訊息送給鄰居。

最佳路徑

在路徑向量路徑選擇中，何謂最佳路徑？對於管理自治系統的機構而言，讓我們來看一下它到達某目的地的最佳路徑。我們沒有辦法明確地定義這條路徑的成本度量準則，因為在路徑中的每一個自治系統可能使用不同的成本度量準則。某個自治系統內部使用 RIP 路由通訊協定，定義跳躍次數為它的成本度量準則；另一個自治系統內部使用 OSPF 路由通訊協定，定義最短延遲為它的成本度量準則。所謂最佳路徑就是最適合此機構的路徑。在我們前一張圖中，每一個自治系統可能擁有超過一條路徑可到達目的地。舉例來說，一條從 AS4 到 AS1 的路徑可以是 AS4-AS3-AS2-AS1，也可以是 AS4-AS3-AS1。對於表格而言，我們選擇擁有最少自治系統個數的那條路徑，但不一定要使用這種方法。其他的度量準則也可以被採用，例如：祕密性、安全性及可靠性。

14.7 邊界閘道器通訊協定 (BGP) *Border Gateway Protocol (BGP)*

邊界閘道器通訊協定 (**Border Gateway Protocol, BGP**) 是一種使用路徑向量路徑選擇的跨網域之路由通訊協定，最早出現在 1989 年，已經經歷過 4 個版本。

自治系統的種類

就如同前面所說，Internet 被劃分成很多階層式的網域，我們稱之為自治系統 (AS)。舉例來說，一個大型的公司管理它們自己的網路，並且擁有一個自治系統的完整控制權。一個提供上網服務給各用戶的區域性 ISP 也算是一個自治系統。我們可以把所有的自治系統歸納成 3 個種類，即根形 (stub)、多重位址 (multihomed) 及過渡 (transit)。

根形自治系統

一個根形自治系統只擁有一條連線與其他的自治系統連接。在根形自治系統中的跨網域之資料傳輸可以在 AS 中被建立或結束。在 AS 中的節點可以傳送資料到其他的 AS，也可以接收來自其他 AS 的資料，但是資料傳輸並不能經過一個根形自治系統。一個根形自治系統可以是來源端 (source) 也可以是終點端 (sink)。一個根形自治系統的最佳範例就是一個小型的公司或小型的區域性 ISP。

多重位址自治系統

一個多重位址自治系統擁有超過一條以上的連線與其他的自治系統連接，不過它仍然只是資料傳輸的來源端 (source) 或終點端 (sink)。它可接收來自多個 AS 的資料，也可以傳送資料到其他多個 AS，但是沒有過渡的資料傳輸。它不允許來自某 AS 的資料經過它之後再到另外一個 AS。一個多重位址自治系統的最佳範例就是一個大型的公司連接到一個以上的地區級 AS 或國家級 AS，它不允許有過渡的資料傳輸。

過渡自治系統

一個過渡自治系統就是一個允許有過渡的資料傳輸之多重位址自治系統。一個過渡自治系統的最佳範例就是國家級 ISP 或國際級 ISP（Internet 骨幹）。

無級式跨網域路徑選擇（CIDR）

BGP 使用無級式跨網域路徑選擇 (CIDR) 的定址。換言之，BGP 使用前置位元（如同第 5 章所討論）來定義一個目的地位址。位址與前置位元長度被使用於更新的訊息中。

路徑屬性

在前面的例子，我們討論過一條到某目的地網路的路徑，此路徑是以列出各個自治系統的方式來表示，而事實上這是一串屬性的列表。每一種屬性透露路徑的某些訊息，這些屬性幫助接收的路由器在採用某策略時能做出更好的決定。

屬性可歸納成 2 大類：公認 (well-known) 及選擇 (optional)。**公認屬性 (well-known attribute)** 必須被每台 BGP 路由器所認可，而**選擇屬性 (optional attribute)** 並不需要被每台路由器都認可。

公認屬性又可分成 2 種：強制性 (mandatory) 及隨意性 (discretionary)。強制性公認屬性必須出現在路徑描述裡，而隨意性公認屬性被每台路由器所認可，但並不需要包含在每個更新的訊息裡。

一個常見的強制性公認屬性為ORIGIN（來源），這個屬性定義路由資訊的來源（如來自 RIP 或 OSPF……等）。另一個強制性公認屬性為 AS_PATH（自治系統路徑），這個屬性定義到達該目的地所經過的自治系統之列表。另外，NEXT_HOP（次站）也是一種強制性公認屬性，它定義封包下一站要去的路由器。

選擇屬性又可分成 2 種：過渡性 (transitive) 與非過渡性 (nontransitive)。過渡性選擇屬性在一台沒有實作此屬性的路由器中，路由器必須把這個屬性的資訊傳送給下一個路由器；而非過渡性選擇屬性在一台沒有實作此屬性的路由器中，路由器就直接把此屬性的資訊給丟棄。

BGP 會議

在兩個路由器之間使用 BGP 通訊協定來交換路由資訊的動作會發生在一個會議中。一個會議就是在 2 個 BGP 路由器之間，只為了交換路由資訊的目的而建立的一條連線。為了建立一個可靠的環境，BGP 使用 TCP 的服務。換言之，一個在 BGP 層次的會議屬於應用程式，並在 TCP 層次被連接在一起。但是 BGP 所使用的 TCP 連線，和普通應用程式所使用的 TCP 連線有些許的不同，當一條 TCP 連線被 BGP 建立後，會持續維持很久的時間，直到有不尋常的情況發生，也因為如此，BGP 會議有時候也會被稱為**半永久連線 (semi-permanent connection)**。

外部與內部 BGP

如果我們更精確地來看，BGP 可以擁有 2 種形式的會議，即外部 BGP (E-BGP) 與內部 BGP (I-BGP) 會議。兩個不同自治系統的發言人節點之間使用 E-BGP 會議來交換訊息。另一方面，在某自治系統內部的路由器使用 I-BGP 會議來交換訊息。圖 14.50 說明了這樣的一個概念。

在 AS1 和 AS2 之間所建立的會議屬於 E-BGP 會議，這兩個發言人路由器相互交換關於 Internet 上它們所知道的網路資訊。但是，這兩個路由器也是要去收集來自相同自治系統中的其他路由器的資訊，這使用 I-BGP 會議來完成。

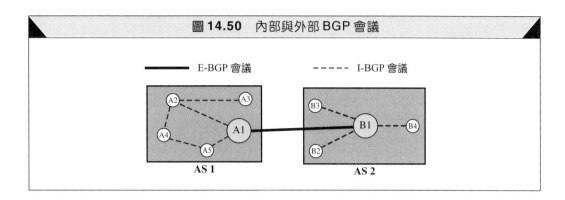

圖 14.50 內部與外部 BGP 會議

封包的類別

BGP 使用 4 種不同類別的訊息：**開啟 (open)**、**更新 (update)**、**維持存活 (keepalive)** 及 **通知 (notification)**（見圖 14.51）。

圖 14.51 BGP 訊息的類別

封包格式

所有 BGP 封包的標頭都相同，我們在介紹各種類別的封包之前，讓我們先來看一下它們共用標頭的部分（見圖 14.52），標頭中的欄位意義如下：

❑ **記號**：本欄為 16 個位元組，保留做為認證之用。
❑ **長度**：本欄為 16 位元，定義整個訊息長度，包括標頭。
❑ **類別**：本欄為 1 個位元組，定義封包的類別。如同前面所說，目前有 4 種類別的封包，以 1 到 4 各代表一種。

開啟訊息

建立鄰居關係時，執行 BGP 的路由器與其鄰居要建立一個 TCP 的連線，並傳送一個**開啟訊息 (open message)**。如果此鄰居接受成為鄰居的關係，它會回應一個**維持存活訊息 (keepalive message)**，代表這兩個路由器之間的關係已經建立。圖 14.53 說明開啟訊息的格式。

開啟訊息的各欄位意義如下：

❑ **版本**：這 1 個位元組的欄位定義 BGP 的版本，目前的版本為 4。
❑ **我的自治系統**：這 2 個位元組的欄位定義自治系統的代碼。

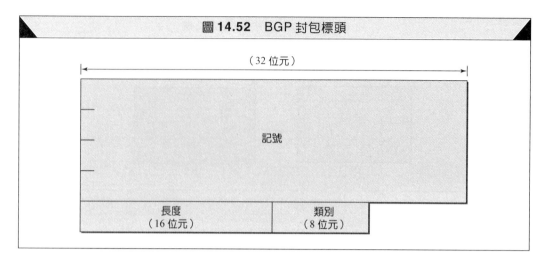

圖 14.52　BGP 封包標頭

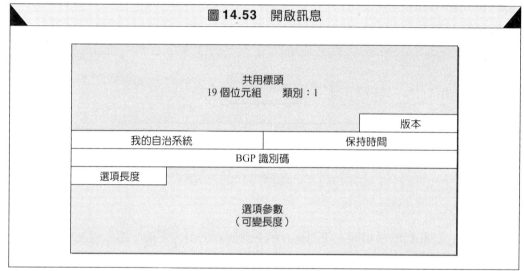

圖 14.53　開啟訊息

❑ **保持時間**：這2個位元組的欄位定義雙方在收到存活訊息或更新訊息之前最多可以等多久，以秒為單位。如果過了此時間後尚未收到訊息，就認定對方已不存在。

❑ **BGP識別碼**：這4個位元組的欄位定義傳送此開啟訊息的路由器，通常是填入它所有IP位址中的其中一個。

❑ **選項長度**：開啟訊息可能包含一些選項參數，如果有，這1個位元組的欄位定義所有選項的長度。如果沒有選項參數，本欄值為0。

❑ **選項參數**：如果選項長度值不為0，表示有一些選項參數存在。每個選項參數有2個子欄位，即參數長度及參數值。目前定義的選項參數只有認證一種。

更新訊息

更新訊息 (update message) 為 BGP 通訊協定的核心，路由器使用更新訊息來取消先前通知的目的地，或宣布某個新目的地的路徑。請注意一個單一更新訊息可以取消數個目的地，但一次只可宣布一個新的目的地。更新訊息的格式如圖 14.54 所示。

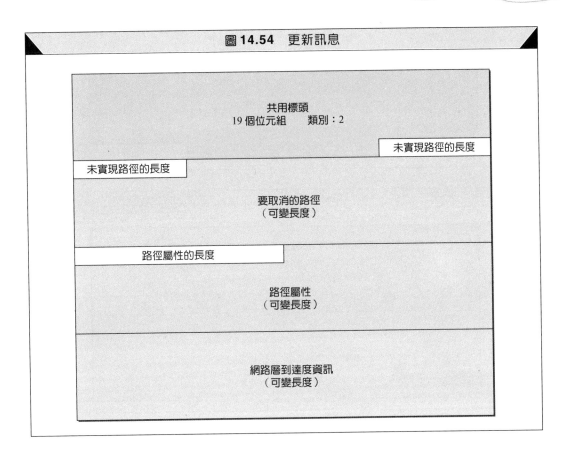

圖 14.54　更新訊息

更新訊息的各欄位意義如下：

❏ **未實現路徑長度**：這 2 個位元組的欄位定義下一個欄位的長度。

❏ **要取消的路徑**：本欄位表列出在之前通告過的路徑中要被取消的所有路徑。

❏ **路徑屬性長度**：這 2 個位元組的欄位定義下一個欄位的長度。

❏ **路徑屬性**：本欄位定義所宣布的路徑之屬性。

❏ **網路層到達度資訊 (NLRI)**：本欄定義此訊息所宣布的網路。包括一個長度欄及一個 IP 位址的前置位元。長度定義前置位元有幾個，前置位元則定義網路位址共同之部分。例如，一網路為 153.18.7.0/24，其前置位元長度為 24，而其前置位元是 153.18.7。這表示 BGP4 支援無級式定址與 CIDR。

BGP4 支援無級式定址與 CIDR。

維持存活訊息

執行 BGP 協定的路由器在保持時間逾期之前，會交換**維持存活訊息 (keepalive message)** 來告知對方自己還存活著。維持存活訊息只包括共用的標頭部分，如圖 14.55 所示。

通知訊息

路由器在偵測到錯誤情況或想要關掉連線，就會送出**通知訊息 (notification message)**。訊息格式如圖 14.56 中的說明，各欄位意義如下：

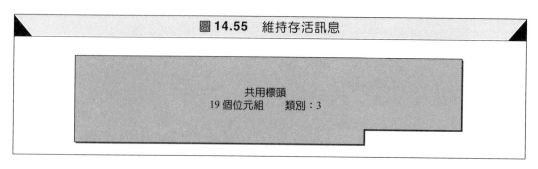

圖 14.55 維持存活訊息

共用標頭
19 個位元組　類別：3

圖 14.56 通知訊息

共用標頭
19 個位元組　類別：4

錯誤代碼

錯誤子碼

錯誤資料
（可變長度）

- **錯誤代碼**：這 1 個位元組的欄位定義錯誤的種類（見表 14.3）。
- **錯誤子碼**：這 1 個位元組的欄位定義每一種錯誤種類內部的錯誤類別。
- **錯誤資料**：本欄位被使用來提供更多關於錯誤的診斷性訊息。

表 14.3 錯誤代碼

錯誤代碼	錯誤代碼描述	錯誤子碼描述
1	訊息標頭錯誤	此類別的錯誤共有3個子碼，分別代表： (1) 同步問題；(2) 訊息長度有問題；(3) 訊息類別有問題。
2	開啟訊息錯誤	此類別的錯誤共有6個子碼，分別代表： (1) 版本未支援；(2) 對方 AS 有問題；(3) BGP 識別碼有問題；(4) 選項參數未支援；(5) 認證失敗；(6) 保持時間無法被接受。
3	更新訊息錯誤	此類別的錯誤共有11個子碼，分別代表： (1) 屬性列表形成有問題；(2) 公認屬性無法辨識；(3) 沒有公認屬性；(4) 屬性旗標錯誤；(5) 屬性長度錯誤；(6) 來源屬性無效；(7) AS路由迴路；(8) 次站屬性無效；(9) 選擇屬性錯誤；(10) 網路欄位無效；(11) AS_PATH形成有問題。
4	保持時間到期	沒有子碼。
5	有限狀態機錯誤	定義程序性錯誤，沒有子碼。
6	停止	沒有子碼。

封裝

BGP 訊息被封裝在 TCP 的區段內，使用公認埠號 179。這表示不需要再做其他的錯誤控制及流量控制。當 TCP 連線開啟後就開始交換更新、存活，及通知等訊息，直到通知停止的訊息才結束。

> BGP 使用 TCP 的服務，使用第 179 埠號。

14.8　重要名詞　*Key Terms*

區域 (area)

區域邊界路由器 (area border router)

區域代碼 (area identification)

自治系統 (Autonomous System, AS)

自治系統邊界路由器 (autonomous system boundary router)

骨幹路由器 (backbone router)

邊界閘道器通訊協定 (Border Gateway Protocol, BGP)

資料庫敘述訊息 (database description message)

Dijkstra 演算法 (Dijkstra algorithm)

距離向量路徑選擇 (distance vector routing)

期限計時器 (expiration timer)

外部鏈結 (external link)

外部鏈結 LSA (external link LSA)

氾濫傳送 (flooding)

垃圾收集計時器 (garbage collection timer)

哈囉週期 (hello interval)

哈囉訊息 (hello message)

跳躍次數 (hop count)

直接鄰居 (immediate neighbors)

跨網域路徑選擇 (inter-domain routing)

內部網域路徑選擇 (intra-domain routing)

維持存活訊息 (keepalive message)

鏈結狀態回應封包 (link state acknowledgment packet)

鏈結狀態通告 (Link State Advertisement, LSA)

鏈結狀態資料庫 (link state database)

鏈結狀態要求封包 (link state request packet)

鏈結狀態路徑選擇 (link state routing)

鏈結狀態更新封包 (link state update packet)

成本度量準則 (metric)

網路鏈結 LSA (network link LSA)

次站位址 (next-hop address)

通知訊息 (notification message)

開啟訊息 (open message)

開放式最短路徑優先 (Open Shortest Path First, OSPF)

選擇屬性 (optional attribute)

封包 (packet)

路徑向量路徑選擇 (path vector routing)

週期計時器 (periodic timer)

點對點鏈結 (point-to-point link)

逆向封殺 (poison reverse)

策略性路徑選擇 (policy routing)

路由器 (router)

路由器鏈結 LSA (router link LSA)

路由資訊通訊協定 (Routing Information Protocol, RIP)

慢慢收斂 (slow convergence)

被請求之回應訊息 (solicited response)

水平分割 (split horizon)

靜態路由表 (static routing table)

根形鏈結 (stub link)

子網路遮罩 (subnet mask)

到 AS 邊界路由器的摘要鏈結 LSA
　　(summary link to AS boundary router
　　LSA)

到網路的摘要鏈結 LSA (summary link to
　　network LSA)

暫態鏈結 (transient link)

觸發性更新程序 (triggered update process)

主動提供之回應訊息 (unsolicited response)

更新訊息 (update message)

虛擬鏈結 (virtual link)

公認屬性 (well-known attribute)

14.9　摘要　*Summary*

❑　所謂成本度量準則 (metric) 是指封包經過網路時所設定的成本。

❑　路由器詢問其路由表以決定封包的最佳路徑。

❑　自治系統 (AS) 為一群網路及路由器的組合，由單一的管理當局負責管理。

❑　RIP 與 OSPF 為常見的內部網域路由通訊協定，用來更新自治系統內的路由表。

❑　RIP 實現了距離向量路徑選擇，每台路由器定期與其鄰居分享自己對整個自治系統
　　之所知。

❑　RIP 的路由表條目包括一個目的網路位址，到此目的地的站數及下一個路由器的 IP
　　位址。

❑　RIP 使用 3 種計時器：週期計時器控制更新訊息的傳送，期限計時器管理路徑是否
　　有效，以及垃圾收集計時器公布某條路徑故障的訊息。

❑　RIP 通訊協定有 2 個缺點分別是收斂較慢及不穩定現象。

❑　使用觸發性更新、水平分割及逆向封殺這 3 種方法可減少 RIP 的不穩定現象。

❑　第 2 版 RIP 封包格式包含了自治系統的資訊及認證用的資訊。

❑　OSPF 將一個 AS 分成若干區域。區域為網路、主機及路由器之組合。

❑　OSPF 實現了鏈結狀態路徑選擇，在一個區域內每台路由器把自己鄰居的狀態傳送給
　　其他各路由器，只有自己鄰居狀態有改變時才送出封包。

❑　OSPF 定義了 4 種類別的鏈結（網路）：點對點鏈結、暫態鏈結、根形鏈結，及虛
　　擬鏈結。

❑　OSPF 定義 5 種鏈結狀態通告 (LSA) 訊息：路由器鏈結、網路鏈結、到網路的摘要
　　鏈結、到 AS 邊界路由器的摘要鏈結，及外部鏈結。

❑　路由器把所有接收到的各種 LSA 訊息編譯後形成一個鏈結狀態資料庫，對同一區域
　　內所有路由器而言，此資料庫都是相同的。

❑　OSPF 的路由表是使用 Dijkstra 演算法計算而得。

❑　OSPF 有 5 個不同種類的封包：哈囉封包、資料庫敘述封包、鏈結狀態要求封包、
　　鏈結狀態更新封包，及鏈結狀態回應封包。

❑　LSA 為鏈結狀態更新封包內的一個多欄位之條目。

❑　BGP 屬於自治系統之間所使用的跨網域路由通訊協定，用來更新路由表。

❑ BGP 實現了路徑向量路徑選擇，此法是將封包經過的自治系統都列出來。

❑ 路徑向量路徑選擇沒有距離向量路徑選擇的不穩定現象及迴路等問題。

❑ BGP 有 4 種類別的訊息：開啟訊息、更新訊息、存活訊息及通知訊息。

14.10 習題 *Practice Set*

練習題

1. RIP 的目的是什麼？

2. RIP 訊息有哪些功能？

3. 為什麼期限計時器所設定的時間為 6 倍的週期計時器時間？

4. 站數限制是如何減輕 RIP 的問題？

5. 列出 RIP 的缺點及補救之道。

6. OSPF 所定義的 4 種鏈結，其分類的基礎是什麼？

7. 請比較距離向量路徑選擇與鏈結狀態路徑選擇。

8. 繪製一流程圖來表示一路由器從一鄰居那接收到距離向量訊息的各個步驟。

9. 為什麼 OSPF 訊息比 RIP 訊息傳播的速度快？

10. 只通告一個網路的 RIP 訊息其大小為何？通告 N 個封包的 RIP 訊息其大小又為何？推演出一個公式將通告的網路個數與 RIP 訊息的大小關聯在一起。

11. 某一路由器其路由表有 20 個條目，要處理這個表要有幾個週期計時器？

12. 某一路由器其路由表有 20 個條目，要處理這個表要有幾個期限計時器？

13. 某一路由器其路由表有 20 個條目，要處理這個表要有幾個垃圾收集計時器來處理 5 條無效路徑？

14. 某一路由器有下列 RIP 路由表：

Net1	4	B
Net2	2	C
Net3	1	F
Net4	5	G

如果路由器收到來自 C 路由器的下面之訊息，路由表的內容變為如何？

Net1	2
Net2	1
Net3	3
Net4	7

15. 一個通告 N 條網路的 RIP 訊息內有幾個位元組是空的？

16. 某一路由器有下列 RIP 路由表：

Net1	4	B
Net2	2	C
Net3	1	F
Net4	5	G

舉出此路由器送出的回應訊息。

17. 使用圖 14.24 列出 A 路由器的鏈結狀態更新及路由器鏈結通告。

18. 使用圖 14.24 列出 D 路由器的鏈結狀態更新及路由器鏈結通告。

19. 使用圖 14.24 列出 E 路由器的鏈結狀態更新及路由器鏈結通告。

20. 針對圖 14.24 中的 N2 網路，請列出其鏈結狀態更新及網路鏈結通告。

21. 針對圖 14.24 中的 N4 網路，請列出其鏈結狀態更新及網路鏈結通告。

22. 針對圖 14.24 中的 N5 網路，請列出其鏈結狀態更新及網路鏈結通告。

23. 在圖 14.24 中，假設 N1 網路的指定路由器為 A 路由器，列出這個網路的鏈結狀態更新及網路鏈結通告。

24. 在圖 14.24 中，假設 N3 網路的指定路由器為 D 路由器，列出這個網路的鏈結狀態更新及網路鏈結通告。

25. 分配 IP 位址給圖 14.24 中的網路和路由器。

26. 使用第 25 題的結果，舉出 C 路由器送出的 OSPF 哈囉訊息。

27. 使用第 25 題的結果，舉出 C 路由器送出的 OSPF 資料庫描述訊息。

28. 使用第 25 題的結果，舉出 C 路由器送出的 OSPF 鏈結狀態要求訊息。

29. 繪出具以下規範的自治系統：

    (a) 有 8 個網路（N1 到 N8）

    (b) 有 8 個路由器（R1 到 R8）

    (c) N1、N2、N3、N4、N5，及 N6 為乙太區域網路 (Ethernet LAN)

    (d) N7 和 N8 為點對點廣域網路 (point-to-point WAN)

    (e) R1 連接於 N1 和 N2

    (f) R2 連接於 N1 和 N7

    (g) R3 連接於 N2 和 N8

    (h) R4 連接於 N7 和 N6

    (i) R5 連接於 N6 和 N3

    (j) R6 連接於 N6 和 N4

    (k) R7 連接於 N6 和 N5

    (l) R8 連接於 N8 和 N5

30. 繪出第 29 題由 OSPF 所建的自治系統圖形表示。

31. 在第 29 題的網路中，哪些網路為暫態網路？哪些為根形網路？

32. 請舉出在圖 14.50 中的 A1 路由器之 BGP 開啟訊息。

33. 請舉出在圖 14.50 中的 A1 路由器之 BGP 更新訊息。

34. 請舉出在圖 14.50 中的 A1 路由器之 BGP 維持存活訊息。

35. 請舉出在圖 14.50 中的 A1 路由器之 BGP 通知訊息。

資料檢索

36. 請找出關於 RIP 的 RFC 文件。

37. 請找出關於 OSPF 的 RFC 文件。

38. 請找出關於 BGP 的 RFC 文件。

39. 在 BGP 之前還有一個稱為 EGP 的通訊協定，請找出關於此通訊協定的相關資訊，並說明為什麼這個通訊協定沒有存活下來？

40. 在 UNIX 系統中，有一些程式是掛在 *daemon* 之下，請找尋可以處理路由通訊協定的 *daemon*。

41. 如果你可以存取一個 UNIX 系統，請找尋有關 *routed* 程式的相關資訊。*routed* 程式如何幫忙我們去追蹤在 RIP 中的訊息交換？*routed* 程式是否還支援其他在本章所介紹的路由通訊協定？

42. 如果你可以存取一個 UNIX 系統，請找尋有關 *gated* 程式的相關資訊。請問 *gated* 程式是支援在本章所介紹的哪一個路由通訊協定？

43. 還有一個路由通訊協定稱為 HELLO，在本章中並沒有介紹。請找出關於此通訊協定的相關資訊。

CHAPTER 15

群播與群播路由通訊協定

Multicasting and Multicast Routing Protocols

本 章介紹群播 (multicasting) 及群播路由通訊協定 (multicast routing protocol)。首先，我們定義群播的意義，並且與單點傳播 (unicasting) 及廣播 (broadcasting) 來做比較。我們也簡單地介紹群播的應用。最後，我們介紹群播路徑選擇的方式，以及與群播相關的一般概念與目的。另外也會討論一些現今常用的群播路由通訊協定。

15.1 單點傳播、群播及廣播 *Unicast, Multicast, and Broadcast*

一個訊息可以使用單點傳播、群播或廣播的方式傳送。首先我們先說明這些名詞與 Internet 的關係。

單點傳播

在單點傳播通訊中，來源端與目的端各只有一個。來源端與目的端之間的關係屬於一對一的關係。在這種型態的通訊中，在 IP 資料包內的來源位址與目的位址，都是被指定給主機（更準確的說，是主機介面）的單點傳播位址。在圖 15.1 中，有一個單點傳播的封包由 S1 來源端經過數個路由器，到達 D1 目的地。在圖中的各個路由器的線路以實線代表，以簡化圖形。

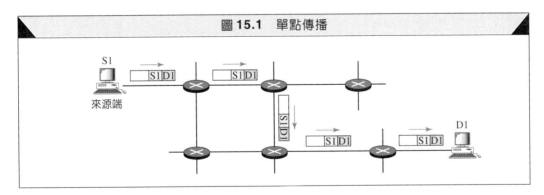

圖 15.1　單點傳播

　　請注意在**單點傳播 (unicasting)** 中，當一台路由器收到一個封包後，會根據路由表，將此封包由其中一個介面轉送出去（這個介面是從路由表中找出來的最佳路徑）。如果路由器在其路由表中找不到目的位址，它可以將此封包丟掉。

在單點傳播中，路由器將接收到的封包經由其中一個介面轉送出去。

群播

在群播通訊中，有一個來源端及一群目的端，來源端與目的端之間的關係屬於一對多的關係。在這種型態的通訊中，來源位址為一個單點傳播位址，但是目的位址為一個群組位址 (group address)，一個擁有一個或多個目的端的群組。群組位址定義群組內的成員。圖 15.2 說明其在**群播 (multicasting)** 背後的概念。

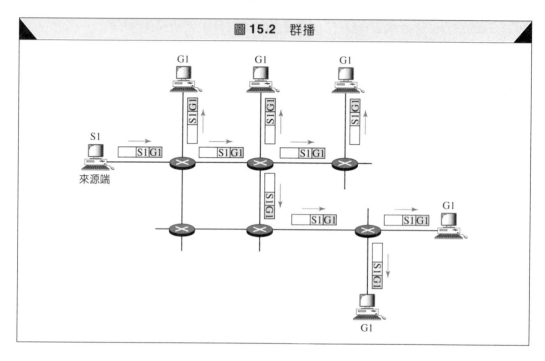

圖 15.2　群播

　　一個群播封包由 S1 來源端出發，送到所有屬於 G1 群組的成員。在群播中，當路由器接收到封包後，有可能經由數個介面轉送出去。

> 在群播中，當路由器接收到封包後，可能經由數個介面轉送出去。

廣播

在廣播通訊中，來源端與目的端之間的關係屬於一對全部的關係。來源端只有一個，而其他所有的主機都是目的端。Internet 並沒有明確地支援**廣播 (broadcasting)**，因為它會產生巨大的傳輸量，也是因為它所需要的頻寬太大。想像一下，如果有一個人想要傳送一個訊息給所有連接到 Internet 的每一個人，這會在 Internet 中產生多大的傳輸量。

群播與多重單點傳播

在結束這一節之前，我們需要去區分群播與多重單點傳播之間的差異。圖 15.3 說明了這兩者的概念。

　　群播開始於一個來源端送出單一封包，然後路由器複製出更多的封包。所有複製封包的目的位址都一樣。注意，在任何兩個路由器之間，傳送的封包只有一個。

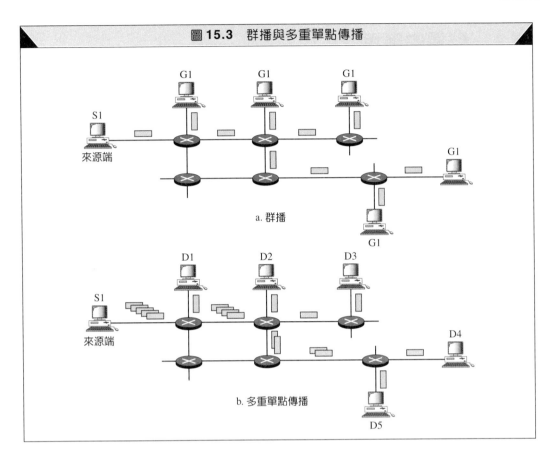

圖 15.3 群播與多重單點傳播

在**多重單點傳播 (multiple unicasting)** 中，來源端要傳送多個封包。例如，若有 5 個目的地，則來源端就要送出 5 個封包，每個封包有其單點傳播的目的位址。注意，在兩個路由器之間，會有好幾個封包在漫遊。例如，某人要送電子郵件給一群人，這就是多重單點傳播。電子郵件軟體複製了多份訊息，每一份各有其目的位址，且一份一份地被送出，這不是群播，而是多重單點傳播。

以單點傳播模擬群播

你或許想要知道為什麼已經可以使用單點傳播來模擬群播，卻還要有其他不同的方法來做群播。有幾個理由，下列 2 點最為明顯：

1. 群播比多重單點傳播來得有效率。在圖15.3中，我們可以看到群播所需的頻寬比多重單點傳播要少許多。在多重單點傳播中，有些路徑要送好幾份。

2. 在多重單點傳播中，來源端產生的這群封包中，每個封包被建立的時間會因其他封包而有延遲。例如，若有 1,000 個目的地，那麼第 1 個封包與最後 1 個封包之間的相隔時間，可能無法被接受。在群播中，因為來源端只會產生一個封包，每個封包的建立時間不會有差異。

> 透過多重單點傳播來模擬群播，並不是有效率的做法。尤其是當封包量很大時，會產生很長的時間延遲。

15.2 群播的應用 *Multicast Applications*

現今的群播可以應用在許多地方,例如:在分散式資料庫的存取、資訊與新聞的散布、電訊會議與遠距學習。

分散式資料庫的存取

現今,大部分的資料庫都是分散式的。也就是說資訊在建立時,就已經儲存在數個地方。需要存取資料庫的使用者,並不知道要存取資料的位置在何處。使用者的存取要求使用群播的方式傳送到所有資料庫的所在地,由擁有資料的位置做出回應。

資訊的散布

商業上常常需要將資訊傳送給其客戶。如果要傳送給每一個客戶的資訊基本上是相同的,這種狀況下可以使用群播的方式傳送。在群播中,公司只需要傳送一個訊息就可以到達每一個客戶。例如,某個軟體的更新訊息,可藉此傳送給每一位購買者。

新聞的散布

同樣地,新聞可以藉群播來散布。單一訊息可以傳送給對特定主題有興趣的一群人。例如,高中籃球冠軍賽的各種統計資料,可以藉由群播的方式傳送給各家報社的運動專欄主編。

電訊會議

電訊會議 (teleconferencing) 也涉及到群播。參加電訊會議的每個人,在同一時間要收到相同的資訊。這可分為暫時的群組或固定的群組。例如,在每個星期一早上開會的工程會議可為固定的群組,而為舉辦宴會所開的會議是暫時性的群組。

遠距學習

一個在群播應用中不斷成長的領域就是**遠距學習 (distance learning)**。一位教授的課程可以給一群特定的學生所接收。遠距學習對那些無法到學校上課的學生而言,特別方便。

15.3 群播的路徑選擇 *Multicast Routing*

在本節中,我們先討論最佳路徑選擇的概念,這在所有群播的通訊協定中是共通的。接著會對群播路由通訊協定做簡單的介紹。

最佳路徑選擇:最短路徑樹

在進行最佳跨網域路徑選擇的過程,會逐漸找到**最短路徑樹 (shortest path tree)**。樹的根就是來源端,樹的葉就是可能的目的地。從來源端到每一個目的地的路徑就是最短路徑。但是,樹的數量和結構在單點傳播與群播中並不同。以下將單點傳播與群播分開來討論。

單點傳播路徑選擇

在單點傳播路徑選擇中，當一個路由器接收到封包要轉送出去時，它需要找到這個封包到目的地的最短路徑。路由器會針對特定的目的地查它的路由表。目的地所對應到的次站項目就是最短路徑的起點。路由器對於每一個目的地都知道其最短路徑，也就是說，每個路由器都有其到達所有目的地的最佳路徑之最短路徑樹。換句話說，路由表的每一行就是一個最短路徑，而整個路由表就是一棵最短路徑樹。在單點傳播路徑選擇中，每個路由器在轉送封包時，只需要一棵最短路徑樹，但是，每個路由器有其本身的最短路徑樹。圖 15.4 顯示了這種情況。

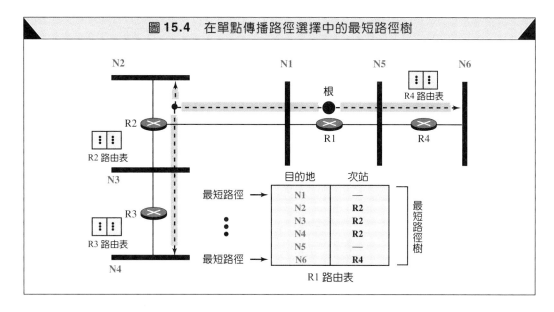

圖 15.4　在單點傳播路徑選擇中的最短路徑樹

此圖說明 R1 路由器的路由表細節及最短路徑樹。路由表的每一行就對應到一條從根到某個網路的路徑。整個路由表就代表一棵最短路徑樹。

> 在單點傳播之路徑選擇中，網域內的每一個路由器都擁有一個路由表，此路由表定義一個最短路徑樹指到可能的目的地。

群播之路徑選擇

當一個路由器接收到一個群播封包時，狀況又不一樣了。一個群播封包可能擁有多個位於不同網路的目的地。轉送單一封包到某一個群組的成員就需要一棵最短路徑樹。如果我們擁有 n 個群組，那麼可能就需要 n 棵最短路徑樹。現在我們可以想像群播路徑選擇的複雜度。目前有兩種方式來解決這個問題，即來源基礎樹 (source-based tree) 與群組共享樹 (group-shared tree)。

> 在群播之路徑選擇中，每一個參與的路由器都需要針對每一個群組各建立一棵最短路徑樹。

來源基礎樹 在**來源基礎樹 (source-based tree)** 的方法中,每一個路由器需要針對每一個群組各建立一棵最短路徑樹。每個群組的最短路徑樹會定義所有擁有此群組中的忠實成員 (loyal member) 之網路的次站 (next-hop)。在圖 15.5 中,我們假設只有 5 個群組在這個網域中:G1、G2、G3、G4 和 G5。目前 G1 在 4 個網路裡有忠實成員,G2、G3、G4 和 G5 也分別在 3 個、2 個、2 個和 2 個網路裡有忠實成員。我們在每個網路上顯示了擁有其忠實成員的群組,此圖也顯示 R1 路由器的群播路由表。每個群組都有一棵最短路徑樹,因此,針對這 5 個群組就有 5 棵最短路徑樹。如果 R1 路由器接收到目的位址為 G1 的封包,它需要傳送一份封包的備份到它連接的網路、傳送一份封包的備份給 R2 路由器,以及傳送一份封包的備份給 R4 路由器,讓每一個 G1 的成員都可以接收到一份封包的備份。

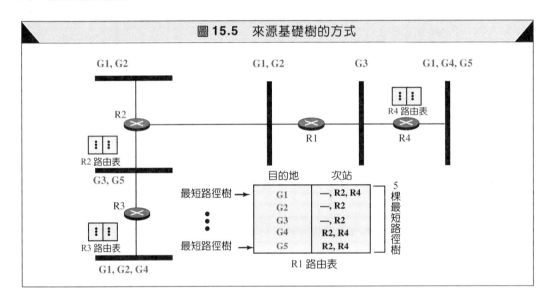

圖 15.5 來源基礎樹的方式

在這種方法中,如果有 m 個群組,每個路由器就需要有 m 棵最短路徑樹,每個群組各一個。我們可以想像,如果我們有上百甚至上千個群組時,路由表有多複雜。但是,我們會舉出一些不同的協定來緩和這種情況。

> 在來源基礎樹的方法中,每一個路由器需要針對每一個群組各擁有一棵最短路徑樹。

群組共享樹 在**群組共享樹 (group-shared tree)** 的方法中,只有一個被指定的路由器需要負責分配群播的傳輸,以取代每一個路由器皆擁有 m 棵最短路徑樹的情況,這個被指定的路由器稱為**中央核心路由器 (center core router)** 或**會合點路由器 (rendezvous router)**。在核心路由器中,有 m 棵最短路徑樹,此網域中的其他路由器則不需要。如果一個路由器接收到群播封包,它會將之封裝在單點傳播的封包裡,並傳送給該核心路由器。核心路由器會從單點傳播封包中取出群播封包,並查詢其路由表來選擇轉送封包的路徑。圖 15.6 顯示了此一概念。

> 在群組共享樹的方法中,只有核心路由器對每一群組擁有一棵最短路徑樹。只有核心路由器會參與群播的工作。

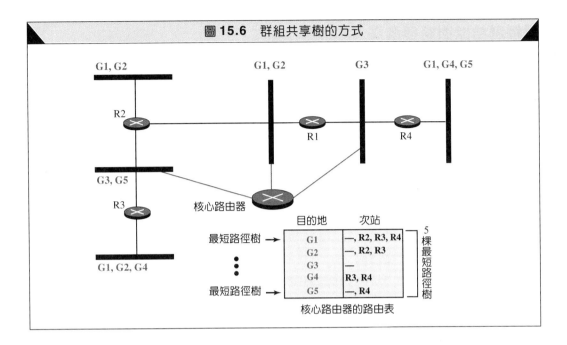

圖 15.6　群組共享樹的方式

路由通訊協定

在最近的數十年中，出現了數種群播路由通訊協定。有些通訊協定是單點傳播路由通訊協定的延伸版，而有些則是全新的。我們利用接下來的章節討論這些通訊協定。圖 15.7 顯示了這些通訊協定的分類。

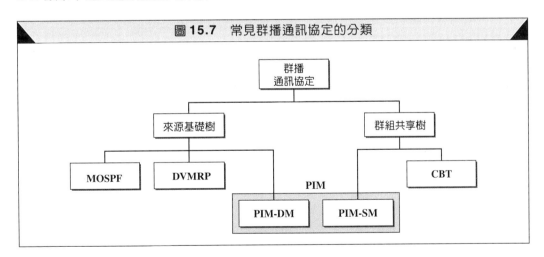

圖 15.7　常見群播通訊協定的分類

15.4　群播鏈結狀態路徑選擇：MOSPF

Multicast Link State Routing: MOSPF

在這一節中，我們簡單討論**群播鏈結狀態路徑選擇** (multicast link state routing) 及它在 Internet 中的實作：MOSPF。

群播鏈結狀態路徑選擇

我們已經在第14章討論過單點傳播之鏈結狀態路徑選擇，我們已說明每個路由器會使用 Dijkstra 演算法來產生最短路徑樹，而路由表只是最短路徑樹的一種轉型。群播鏈結狀態路徑選擇是直接由單點傳播鏈結狀態路徑選擇延伸而來，並使用來源基礎樹的方法。雖然單點傳播鏈結狀態路徑選擇很複雜，但延伸出來的群播鏈結狀態路徑選擇卻非常簡單而直觀。

> 群播鏈結狀態路徑選擇使用「來源基礎樹」的方法。

還記得在單點傳播路徑選擇中，每一個節點需要去公告（傳送通告）其鏈結的狀態。在群播路徑選擇中，節點需要不斷地更新對狀態的解釋。節點會傳送通告給在此鏈結上擁有忠實成員的所有群組。在這裡，狀態的意義是在此鏈結上有哪些群組是有效的。關於群組的資料來自 IGMP（見第 10 章）。每一個執行 IGMP 的路由器會詢問鏈結上的主機來找出成員身分狀態 (membership status)。

當一個路由器接收到所有的 LSP，它會使用 Dijkstra 演算法來產生 n 個最短路徑樹（n 為群組個數），以便建立 n 個拓樸 (topology)。所以每個路由器都擁有一個代表最短路徑樹的路由表，其最短路徑樹的個數跟群組個數一樣多。

這個通訊協定唯一的問題是需要很多時間和空間，來產生並儲存這些最短路徑樹。解決此問題的方法是，只有在需要這些樹時，才產生它們。當一個路由器接收到一個擁有群播目的位址的封包時，它會執行 Dijkstra 演算法來計算此群組的最短路徑樹。假如還有額外的封包也擁有此目的位址時，可以將結果給快取 (cache) 起來。

MOSPF

群播開放式最短路徑優先 (Multicast Open Shortest Path First, MOSPF) 通訊協定是 OSPF 通訊協定的一種延伸版。它使用群播鏈結狀態路徑選擇來產生來源基礎樹。這個通訊協定需要一個新的鏈結狀態更新封包，來將某個主機的單點傳播位址關聯到群組位址或是主機支援的位址，此封包叫**群組成員身分LSA**。用這種方式，我們只需要將屬於某個群組的主機（使用它們的單點傳播位址）包含在此樹即可。換句話說，我們可以產生一個包含所有屬於此群組主機的樹，但是我們在計算過程中使用主機的單點傳播位址。為了效率考量，路由器只有在需要時才會計算最短路徑樹（當它收到第 1 個群播封包時）。另外，此樹可以暫時儲存在快取記憶體中，提供未來如果有相同的來源／群組對時可以使用。MOSPF 屬於**資料驅動 (data-driven)** 的通訊協定，而 MOSPF 路由器第一次看見某個特定來源與群組位址的資料包時，路由器才會建立 Dijkstra 的最短路徑樹。

15.5 群播之距離向量路徑選擇：DVMRP
Multicast Distance Vector Routing: DVMRP

在這一節中，我們簡單討論**群播距離向量路徑選擇** (multicast distance vector routing) 及它在 Internet 中的實作：DVMRP。

群播之距離向量路徑選擇

單點傳播距離向量路徑選擇非常簡單，但將之延伸來支援群播路徑選擇卻很複雜。群播路徑選擇並不允許路由器傳送其路由表給它的鄰居。這個概念就是要根據單點傳播距離向量表的資訊，從無到有產生一個表格。

群播距離向量路徑選擇使用來源基礎樹，但是路由器從未真正產生一個路由表。當路由器收到群播封包時，它會將此封包轉送出去，就好像它已經查詢過路由表一樣。我們可以說，最短路徑樹逐漸消失了，在它被使用之後（封包被轉送出去之後），表格就被移除了。

為了去實現它，群播距離向量演算法使用一個程序，此程序根據四種判斷策略來達到這樣的結果。每一種策略都是建構在它的前一種策略上。我們會逐一解釋，並了解每一種策略如何改善前一種策略的短處。

氾濫傳送

氾濫傳送 (flooding) 是第一種能想到的策略。一個路由器接收到群播封包時，完全不看目的群組位址，就將此封包從每一個介面傳送出去（除了它接收到此封包的那個介面之外）。氾濫傳送能完成群播的第一個目標，而每一個擁有有效成員的網路都會收到此封包。但是，沒有有效成員的網路也會收到，這是屬於廣播而不是群播。另一個問題是，它會產生迴路 (loop)，一個由此路由器離開的封包可能從另一個介面回來，並再一次透過相同的介面轉送出去。有些氾濫傳送的通訊協定會將封包的備份保留一段時間，並移除所有重複的封包來避免迴路。下一個策略（反向路徑轉送）則修正了這項缺陷。

> 氾濫傳送廣播封包，但是會在系統中產生迴路。

反向路徑轉送 (RPF)

反向路徑轉送 (Reverse Path Forwarding, RPF) 是改善氾濫傳送的一種的策略。為了避免迴路的情況發生，只有一個複製封包會被轉送出去，而其他的複製封包會被捨棄。在RPF中，一個路由器只會轉送從來源端到路由器中，走在最短路徑上的那一個複製封包。為了找到這個複製封包，RPF使用單點傳播的路由表。當路由器接收到封包並擷取封包的來源位址（單點傳播位址）之後，它會詢問其單點傳播之路由表，就好像是它準備要轉送一個封包到此來源位址一樣。路由表會告訴路由器次站的資訊。如果此群播封包剛好來自表中定義的站台，就代表此封包是在來源端到此路由器之間的最短路徑中傳送，因為此最短路徑和單點傳播距離向量路由通訊協定所定義的最短路徑相同，只是方向相反。如果某條路徑是A到B的最短路徑，那它也是B到A的最短路徑。如果此封包漫遊在最短路徑上，路由器就會轉送此封包，否則就會丟棄它。

這個策略可以避免迴路，因為從來源端到某路由器之間只會有一條最短路徑。如果封包從某路由器離開後又回來，就代表此封包並沒有漫遊在最短路徑上。為了更清楚地說明，我們來看圖 15.8 。

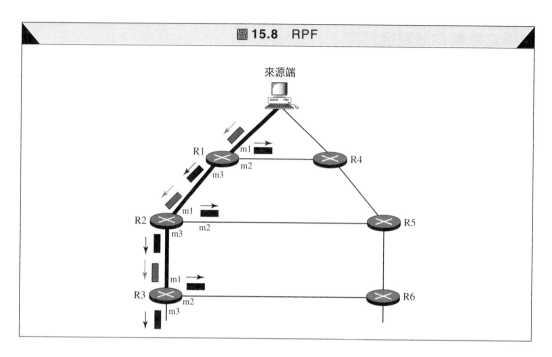

圖 15.8　RPF

來源端

R1　m1　R4
m2
m3

R2　m1　R5
m2
m3

R3　m1　R6
m2
m3

　　圖中說明了一部分的網域及一個來源端。由 R1 、 R2 、 R3 路由器所計算出來的最短路徑樹用粗線表示。當 R1 從 m1 介面接收到來自來源端的封包時，它會查詢路由表，並發現 R1 到來源端之間的最短路徑也是透過 m1 介面，所以此封包會被轉送。但是，如果有一個複製封包透過 m2 介面傳到 R1 ，因為 m2 介面並沒有被定義在 R1 到來源端的最短路徑上，所以此封包會被丟棄。 R2 和 R3 的情形與 R1 相同。你可能會想問，如果一個複製的封包，行經 R6 、 R5 、 R2 ，然後到達 R3 的 m1 介面，這時會發生什麼事？答案是，這種情況永遠不會發生，因為當封包從 R5 轉送到 R2 時，就會被 R2 丟棄了，而永遠不會到達 R3 。比較靠近來源端的上游路由器，總是會丟棄那些沒有行經最短路徑的封包，因此可以避免下游的路由器收到不適當的封包。

RPF 在氾濫傳送的過程會防止迴路的形成。

反向路徑廣播 (RPB)

RPF 保證每一個網路都能接收到群播封包，並且不會形成迴路。不過，RPF 並不保證每一個網路只收到 1 份複製封包而已，一個網路可能收到 2 份或更多。原因是，RPF 的轉送動作不是根據目的位址（群組位址），而是根據來源位址，圖 15.9 說明了這個問題。

　　圖中的 Net3 收到 2 份複製封包，即使每台路由器只從每一個介面送出一份。這種重複的現象是因為樹尚未被形成，只形成圖形。而 Net3 有 2 個母節點，即 R2 和 R4 路由器。

　　要消除重複的現象，我們必須定義每個網路只有一台母路由器 (parent router)。我們必須加入以下的限制，即一個網路如果要接收來自某一特定來源的群播封包，接收的動作只能透過一台被指定的母路由器。

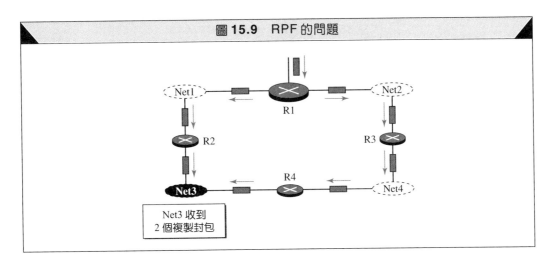

圖 15.9 RPF 的問題

現在策略已經很清楚了，對於每個來源端，路由器只將封包從它是該網路的母路由器身分之介面送出，這個做法稱為**反向路徑廣播 (Reverse Path Broadcasting, RPB)**。RPB 保證封包能到達每一個網路，而且每一個網路只收到一份。圖 15.10 說明了 RPF 和 RPB 的不同。

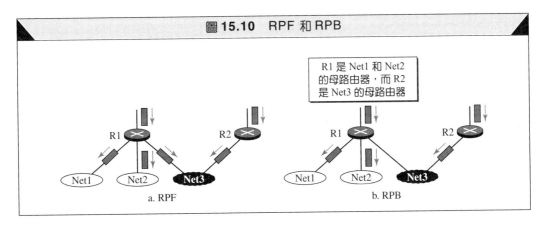

圖 15.10 RPF 和 RPB

R1 是 Net1 和 Net2 的母路由器，而 R2 是 Net3 的母路由器

a. RPF

b. RPB

讀者或許會問，如何決定一個母路由器。被指定的母路由器可以是一路由器到來源端路徑最短的路由器。因為路由器會週期性地互相傳送更新的封包（用 RIP），這些路由器可以很容易地決定在此附近是誰到來源端的路徑為最短（將來源端視為目的端）。如果超過一台路由器符合最短路徑之要求，那麼就選 IP 位址最小的那一台。

> RPB建立一棵由來源端到所有目的地的最短路徑廣播樹，它保證每一個目的地只會接收到一份封包。

反向路徑群播 (RPM)

你可能注意到，RPB並不是做群播而是做廣播，這樣的效率並不好。要提高效率，群播封包只能到達有該群組成員的網路。這就叫做**反向路徑群播 (Reverse Path Multicasting, RPM)**。要將廣播轉變成群播，此協定使用刪除 (pruning) 與續接 (grafting) 這兩種方式處理。圖 15.11 說明了刪除和續接的意義。

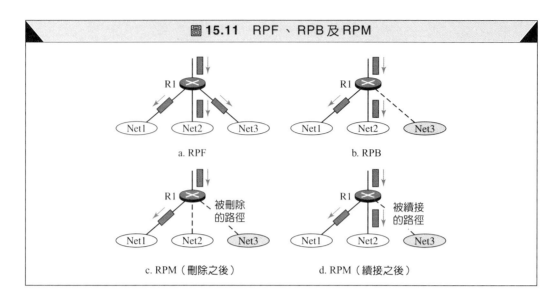

圖 15.11　RPF、RPB 及 RPM

a. RPF

b. RPB

c. RPM（刪除之後）

d. RPM（續接之後）

刪除　每一個網路所指定的母路由器負責持有群組成員身分的訊息，這可透過第 10 章介紹的 IGMP 通訊協定來達成。整個程序是由網路上的一台路由器發現沒有群播的需求時，這台路由器就送出一個**刪除訊息 (prune message)** 給上游的路由器。上游路由器便將相對應的介面資訊刪除。就這個群組而言，上游路由器停止從這個介面送出群播訊息。如果這台上游路由器接收到所有下游路由器的刪除訊息，那麼接著它會送出一個刪除訊息給它的上游路由器。

續接　如果一台位於葉節點 (leaf) 的路由器（位於樹的最底層之路由器）送出一個刪除訊息，但事後知道（經由 IGMP）它其中的一個網路又要參與群播，那要如何處理？這時它可以送出**續接訊息 (graft message)**，此訊息強迫上游的路由器重新送出群播的訊息。

RPM 在原本的 RPB 內加入了刪除和續接的動作，用來建立群播最短路徑樹，並且支援成員身分之動態改變。

DVMRP

距離向量群播路由通訊協定 (Distance Vector Multicast Routing Protocol, DVMRP) 實現了群播之距離向量路徑選擇。它是一種使用 RIP 的來源基礎路由通訊協定。

15.6　核心基礎樹 (CBT)　*Core-Based Tree (CBT)*

核心基礎樹 (Core-Based Tree, CBT) 通訊協定是一種群組共享通訊協定，它使用一個核心做為樹的根。自治系統被分成數個區域 (region)，每一個區域會選出一個核心，此核心稱為**中央路由器**或**會合點路由器**。

樹的形成

當會合點被選定之後，每台路由器被告知關於被選中的路由器之單點傳播位址。然後，每台路由器傳送一個單點傳播之加入訊息（join message，類似續接訊息），表示要加入一個群組。此訊息會經過位於傳送者與會合點路由器之間的所有路由器，每台中繼的路由器都會從訊息中摘取出所需的資訊，例如，傳送者的單點傳播位址、封包到達路由器的介面，然後將訊息轉送給路徑中的下一台路由器。當會合點路由器收到某群組的所有成員之加入訊息後，樹就被建立起來了。現在每一台路由器都知道它的上游路由器（即到根的路由器），也知道它的下游路由器（即到葉節點的路由器）。

如果某一路由器想要離開某一個群組，它傳送一個離開訊息給其上游路由器。然後，上游的路由器會移除到這台路由器的路徑資訊（樹的一部分），並將此訊息轉送給其上游的路由器，以此類推。圖 15.12 說明了一個群組共享樹及其會合點路由器。

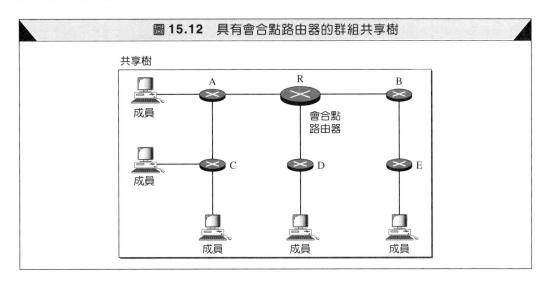

圖 15.12　具有會合點路由器的群組共享樹

讀者也許已經注意到 DVMRP 和 MOSPF 這兩者與 CBT 的不同點。首先，對前二者而言，樹是由從根開始形成，而 CBT 的樹是從葉節點開始形成。第二，在 DVMRP 中，樹是先經由廣播形成後再修剪刪除，而在 CBT 中，一開始並沒有樹，是在加入（續接）的過程漸漸形成。

傳送群播封包

在樹被形成之後，任何一個來源端（不管是否屬於該群組）就能夠傳送群播封包給該群組的所有成員。來源端只需要使用會合點路由器的單點傳播位址來將封包傳送給會合點路由器即可。會合點路由器會將此封包散布給該群組內的所有成員。圖 15.13 說明了這個情況。請注意，來源端主機可以是共享樹內部的任何一台主機，或是共享樹之外的任何一台主機。圖中我們所顯示的是位於共享樹外面的情形。

選擇會合點路由器

核心基礎樹 (CBT) 所採用的方法非常地簡單，除了一點之外。我們該如何選出一台會合點路由器才能讓整個過程與群播達到最佳化呢？有好幾種方法可以用，不過這已經超出本書之範圍。我們將這部分交給更進階的書籍。

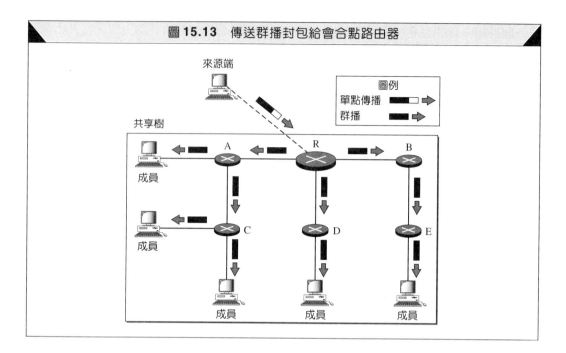

圖 15.13 傳送群播封包給會合點路由器

摘要

簡言之,核心基礎樹屬於一種群組共享樹。核心基礎通訊協定中,每個群組都有一棵樹,而樹裡的某一台路由器稱為核心 (core)。封包從來源端送出,依下列步驟送到該群組的所有成員:

1. 來源端(可以是樹的一部分或在樹外)將一個群播封包封裝在一個單點傳播封包內,此封包以核心路由器的單點傳播位址為目的地,並傳送給核心路由器。這個部分的傳送是使用單點傳播位址,而唯一的接收者是核心路由器。

2. 核心路由器拆裝單點傳播封包內的資料(群播封包),並透過所有對此封包有興趣的介面轉送出去。

3. 每一台收到此群播封包的路由器,接著再透過所有對此封包有興趣的介面轉送出去。

> 在 CBT 中,來源端傳送群播封包(被封裝在單點傳播封包內)給核心路由器,由核心路由器拆解這個封包,將它轉送給對此封包有興趣的主機。

15.7 非限定通訊協定群播 (PIM)

Protocol Independent Multicast (PIM)

非限定通訊協定群播 (Protocol Independent Multicast, PIM) 包含兩種非限定群播路由協定,即非限定通訊協定群播密集模式 (Protocol Independent Multicast, Dense Mode, PIM-DM) 以及非限定通訊協定群播稀疏模式 (Protocol Independent Multicast, Sparse Mode, PIM-SM)。這兩種通訊協定相依於單點傳播通訊協定,我們將分別介紹。

PIM-DM

PIM-DM 使用的時機是當每一台路由器都幾乎參與群播時（即密集模式）。在這種環境下，使用廣播的通訊協定是合理的，因為幾乎所有的路由器都參與群播的程序。

> PIM-DM 被使用於群播密集的環境，例如：LAN。

PIM-DM 屬於一種來源基礎樹路由通訊協定 (source-based tree routing protocol)，PIM-DM 使用 RPF 和刪除／續接的技術來做群播。PIM-DM 之運作如同 DVMRP，不過，跟 DVMRP 不同的是，它不是依賴一種特定的單點傳播通訊協定。它假設自治系統使用某種單點傳播協定，且每台路由器有一張表格可以用來找出到達目的地的最佳路徑之輸出介面。此一單點傳播協定可為距離向量通訊協定（RIP）或鏈結狀態通訊協定 (OSPF)。

> PIM-DM 使用 RPF 及刪除／續接的技術來處理群播，不過 PIM-DM 與底層所使用的單點傳播通訊協定無關。

PIM-SM

PIM-SM 被使用的時機為當只有少數的路由器參與群播的環境（即稀疏模式）。在這種環境下使用廣播的方式並不適當，反而是使用群組共享樹的 CBT 通訊協定會比較適合。

> PIM-SM 被使用於群播較稀疏的環境，例如：WAN。

PIM-SM 屬於一種群組共享樹路由通訊協定 (group-shared tree routing protocol)，擁有一個會合點 (Rendezvous Point, RP) 來當成樹的來源端。其運作像 CBT，不過更簡單，因為它不需要回應加入訊息。除此之外，它在每個區域建立一組備份的 RP，以取代故障的 RP。

PIM-SM 的特性之一，就是在需要時它可以從群組共享樹的策略中改變成來源基礎樹的策略。有一個距離 RP 很遠的地區發生密集的群播活動時，在這個地區使用來源基礎樹可能比群組共享樹更有效率。

> PIM-SM 與 CBT 類似，但使用的程序較為簡單。

15.8　群播骨幹 (MBONE)　*Multicast Backbone (MBONE)*

多媒體和即時通訊提高了 Internet 上的群播需求。不過，目前的 Internet 上只有少部分的路由器是群播路由器。換言之，一台群播路由器可能無法在其附近找到另一台群播路由器來轉送群播封包。雖然這個問題在未來幾年內有更多的群播路由器加入後即可解決，但是目前有其他辦法可以解決這個問題。解決之道就是使用**隧道化** (tunneling) 的概念。使用隧道化時，群播路由器被視為一群在單點傳播路由器上的路由器，圖 15.14 說明了此一概念。在圖中，只有被包在灰色大圓圈的路由器能進行群播。若不使用隧道化技術，這些路由器就像孤立的島嶼一般。為了支援群播，我們使用隧道化的概念來將這些孤立的路由器形成**群播骨幹 (Multicast Backbone, MBONE)**。

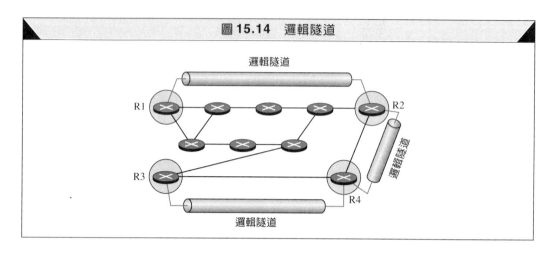

圖 15.14　邏輯隧道

一個邏輯隧道化的建立，是透過將群播封包封裝在單點傳播的封包內。群播封包變成是單點傳播封包的酬載資料 (payload)。在中間的（非群播）路由器使用單點傳播的方式在各島嶼之間轉送這些封包。這樣子就好像這些單點傳播路由器並不存在，而兩台群播路由器如同鄰居一般。圖 15.15 說明了這樣的一個概念。目前只有 DVMRP 通訊協定支援 MBONE 和隧道化的技術。

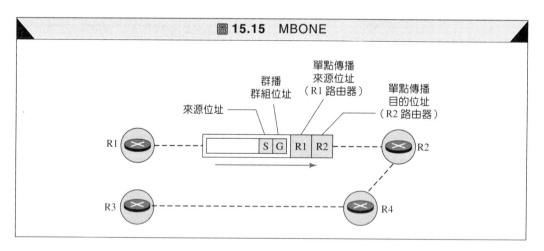

圖 15.15　MBONE

15.9　重要名詞　*Key Terms*

廣播 (broadcasting)

核心基礎樹通訊協定 (Core-Based Tree Protocol, CBT Protocol)

指定母路由器 (designated parent router)

距離向量群播路由通訊協定 (Distance Vector Multicast Routing Protocol, DVMRP)

分散式資料庫 (distributed database)

氾濫傳送 (flooding)

續接 (grafting)

群組共享樹 (group-shared tree)

最低成本樹 (least-cost tree)

邏輯隧道 (logical tunnel)

群播骨幹 (Multicast Backbone, MBONE)

群播 (multicasting)

群播開放式最短路徑優先 (Multicast Open Shortest Path First, MOSPF)

群播路由器 (multicast router)

群播路徑選擇 (multicast routing)

多重單點傳播 (multiple unicasting)

非限定通訊協定群播 (Protocol Independent Multicast, PIM)

非限定通訊協定群播之密集模式 (Protocol Independent Multicast - Dense Mode, PIM-DM)

非限定通訊協定群播之稀疏模式 (Protocol Independent Multicast - Sparse Mode, PIM-SM)

刪除 (pruning)

會合點樹 (rendezvous-point tree)

會合點路由器 (rendezvous router)

反向路徑廣播 (Reverse Path Broadcasting, RPB)

反向路徑轉送 (Reverse Path Forwarding, RPF)

反向路徑群播 (Reverse Path Multicasting, RPM)

最短路徑 (shortest path)

來源基礎樹 (source-based tree)

隧道化 (tunneling)

單點傳播 (unicasting)

15.10　摘要　*Summary*

❑　在群播中，有一個來源端及一群目的地。

❑　在多重單點傳播中，會產生許多複製的封包，每份訊息有不同的單點傳播目的位址，都是由同一個來源端送出。

❑　群播的應用包含分散式資料庫、資訊散布、電訊會議與遠距學習。

❑　我們可以用一棵最短路徑樹來代表群播的通訊路徑，以達成有效率的群播。

❑　使用來源基礎樹的方法來進行群播路徑選擇時，由來源／群組之組合來決定此樹。

❑　使用群組共享樹的方法來進行群播路徑選擇時，由群組來決定此樹。

❑　MOSPF為一種群播路由通訊協定，使用群播鏈結狀態路徑選擇來建立一棵最低成本之來源基礎樹。

❑　在反向路徑轉送 (RPF) 中，路由器只會轉送從來源端到路由器中，走在最短路徑上的封包。

❑　反向路徑廣播 (RPB) 建立一棵從來源端到每個目的地的最短路徑廣播樹。RPB保證每一個目的地只接收到一份封包。

❑　反向路徑群播 (RPM) 是以RPB為基礎，增加刪除與續接的做法，以建立一棵群播最短路徑樹，支援成員身分之動態改變。

❑　DVRMP是一種群播路由通訊協定，使用距離向量路由通訊協定來建立一棵來源基礎樹。

❑　核心基礎樹 (CBT) 通訊協定為一種群播路由通訊協定，使用核心路由器做為樹的根。

❑ PIM-DM 為一種來源基礎樹路由協定，使用 RPF 和刪除／續接的技術來處理群播。

❑ PIM-SM 為一種群組共享樹路由協定，與 CBT 類似，使用會合點路由器做為樹的來源端。

❑ 我們利用隧道化的概念來建立一個群播骨幹 (MBONE)，讓那些沒有直接連接的群播路由器可以進行群播。

15.11 習題 *Practice Set*

練習題

1. 在圖 15.4 中，找出 R2、R3 與 R4 路由器的單點傳播路由表，並繪出最短路徑樹。

2. 在圖 15.5 中，找出 R2、R3 與 R4 路由器的群播路由表。

3. 某路由器使用 DVMRP 接收到一個封包，其來源位址為 10.14.17.2，從 2 號介面進來。如果路由器要轉送這個封包，在單點傳播的路由表中，跟這個位址相關的項目內容為何？

4. A 路由器傳送一個單點傳播之 RIP 更新封包給 B 路由器，表示 134.23.0.0/16 離這裡 7 個站台遠。B 網路傳送一個更新訊息給 A 路由器，表示 13.23.0.0/16 離這裡 4 個站台遠。如果這兩台路由器位於相同的網路上，何者為指定母路由器？

5. RPF 會建立一棵最短路徑樹嗎？解釋之。

6. RPB 會建立一棵最短路徑樹嗎？解釋之。其樹的葉節點為何？

7. RPM 會建立一棵最短路徑樹嗎？解釋之。其樹的葉節點為何？

資料檢索

8. 找出 DVMRP 之刪除訊息與續接訊息的格式為何？

9. 針對 MOSPF，找出將某網路關聯到某群組的群組成員身分 LSA 封包之格式。

10. CBT 使用 9 種封包，請上網找出這些封包的格式與其目的。

11. 請上網找出如何封裝 CBT 訊息。

12. 請上網找資料，研究我們介紹過的群播路由通訊協定，比較它們的可擴充性。做成一張表格並加以比較。

13. 請上網尋找關於各自治系統之間的群播通訊協定的相關資料。

CHAPTER 16

主機的配置：BOOTP 及 DHCP

Host Configuration: BOOTP and DHCP

每 一台使用 TCP/IP 通訊協定組的電腦都必須知道它自己的 IP 位址。如果某台電腦使用無級式定址或是它屬於某個子網路的成員，它也必須要知道它的子網路遮罩。現在大部分的電腦還需要另外兩項資訊，即預設路由器的位址可以讓它和其他網路通訊，而名稱伺服器的位址可以讓它使用名稱來代替位址（我們會在下一章介紹）。換句話說，通常一台電腦需要以下 4 項資訊：

❑ 自己的 IP 位址

❑ 自己的子網路遮罩

❑ 預設路由器的 IP 位址

❑ 名稱伺服器的 IP 位址

這些訊息通常存在某一個組態檔案裡，在電腦開機時讀取而獲得，但是如果是無硬碟之工作站，或是一台沒有硬碟的電腦，或是第一次開機時要怎麼辦？

以無硬碟的電腦而言，作業系統和網路軟體可以存放在唯讀記憶體 (Read-Only Memory, ROM) 內。可是上述資料在電腦製造時並無法得知，所以無法把它們儲存在 ROM 內，這些資訊是依電腦個別的組態及其所連接的網路而定。

16.1　開機通訊協定 (BOOTP)　*Bootstrap Protocol (BOOTP)*

開機通訊協定 (Bootstrap Protocol, BOOTP) 屬於一種用戶／伺服通訊協定，無硬碟的電腦或第一次開機的電腦可用 BOOTP 來獲得上述 4 種資訊。之前，我們學過 RARP 通訊協定是用來提供 IP 位址給一台無硬碟之電腦，那麼為什麼我們還需要另一種通訊協定呢？答案是因為 RARP 只提供 IP 位址，另一個原因是 RARP 使用資料鏈結層的服務，而不是網路層的服務，RARP 的用戶端和伺服端主機必須在同一個網路才行。BOOTP 就沒有上述的限制了，它可以提供全部 4 種資訊。BOOTP 屬於應用層的程式，也意味著它的用戶端和伺服端主機可以位於不同網路中。

運作

BOOTP 的用戶端和伺服端可以位於相同網路或是位於不同網路中。讓我們分別來討論這兩種情況。

相同網路

儘管這樣的實施並不是很常見，但是管理者可以將用戶端和伺服端主機放在相同網路中，就如同圖 16.1 所示。

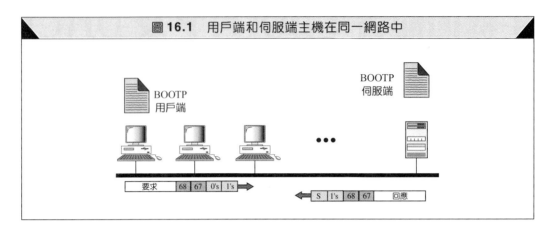

圖 16.1　用戶端和伺服端主機在同一網路中

在這種情況下，BOOTP 通訊協定的運作步驟如下：

1. BOOTP 伺服端程序發出一個被動式開啟的命令於 UDP 的第 67 埠號，並等待用戶端的連線。

2. 一個已開機的用戶端程序發出一個主動式開啟的命令於 UDP 的第 68 埠號（這個號碼會在稍後說明）。然後，用戶端程序傳送一個 BOOTP 要求訊息給伺服端程序，這訊息被封裝在 UDP 使用者資料包裡，目的端埠號為 67，來源端埠號為 68。接著 UDP 使用者資料包會被封裝在 IP 資料包裡。讀者或許會問，當用戶端還不知道自己的 IP 位址也不知道伺服器的 IP 位址時，如何送出一個 IP 資料包？結論是用戶端程序將封包中的來源位址欄位全部填 0，目的位址欄位全部填 1（見第 4 章的特殊位址）。

3. 伺服端使用廣播或單點傳播的方式來回應用戶端，來源端埠號為 67，目的端埠號為 68。回應訊息可以使用單點傳播的方式，是因為伺服端程序知道用戶端主機的 IP 位址及實體位址，這也意味著伺服端不需要 ARP 所提供的 IP 位址與實體位址之轉換服務。但是有一些系統並不允許繞過 ARP 的服務，所以造成此訊息改使用廣播位址。

不同網路

BOOTP 比 RARP 好的一項優點，就是 BOOTP 之用戶端及伺服端程式都是屬於應用層的程序。就應用層的程序而言，用戶端可以在某個網路中，而伺服端可以在另外一個網路中，它們被其他幾個網路給分開。但是有一個問題要解決，BOOTP 的要求訊息會使用廣播的方式傳送，因為用戶端並不知道伺服端主機的 IP 位址，但是一個廣播式的 IP 封包並不能穿過任何路由器，路由器接收到這類的封包會將它丟棄。還記得如果 IP 位址全部為 1 的話，此位址為有限廣播位址 (limited broadcast address)。

為了解決這個問題，則需要一個中繼媒介。某一台主機（或是一台可以被設定其應用層之運作的路由器）可以用來擔任轉送站，我們稱這台主機為**轉送代理器 (relay** agent)。轉送代理器知道BOOTP伺服端主機的單點傳播位址，並持續使用第67埠號來監聽廣播訊息。當它接收到這類的封包時，它會將訊息封裝在一個單點傳播的資料包中，並傳送這個要求給 BOOTP 伺服端主機。這個攜帶一個單點傳播位址的封包，會被路由器繞送到 BOOTP 伺服端主機。BOOTP 伺服端主機知道這個訊息是來自一個轉送代理器，因為在要求訊息中有一個欄位是用來定義轉送代理器的 IP 位址。轉送代理器在接收到來自 BOOTP 伺服端主機的回應後，它會將此回應轉送給 BOOTP 用戶端主機。圖 16.2 說明了這樣的一個情況。

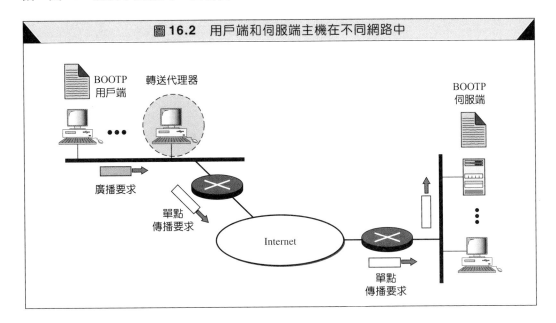

圖 16.2　用戶端和伺服端主機在不同網路中

UDP 埠

圖16.3說明了一個用戶端與BOOTP伺服端的互動情況。伺服端通常使用第67埠號（公認埠號），而用戶端則是使用獨特的第68埠號（公認埠號）。在用戶端，我們選擇使用第 68 埠號之公認埠號來代替一般的短暫埠號，這是為了要防止來自伺服端的回應可能以廣播方式回送因而被其他主機收到。

　　為了去了解這個問題，我們來看一下某個使用短暫埠號的範例。假設某個網路中的A 主機在它的第 2017 埠號（此短暫埠號是隨機選出）執行BOOTP用戶端程序。在相同網路中，有一個 B 主機在它的第 2017 埠號（很巧地隨機選出相同的短暫埠號）執行DAYTIME用戶端程序。現在 BOOTP 伺服端傳送一個廣播式的回應訊息，其廣播 IP 位址為 $(FFFFFFFF)_{16}$，其目的端埠號為2017。每一台主機都會去開啟一個攜帶廣播IP位址的封包，所以 A 主機會正確地將回應訊息透過第 2017 埠號傳遞給 BOOTP 用戶端程序。但是在B主機中，一個錯誤的訊息透過第2017埠號傳遞給DAYTIME用戶端程序。這樣的混淆主要是因為封包解多工的動作是根據插座位址（見第11章），而插座位址為IP 位址與埠號的組合。恰巧在這個範例中，兩者都相同。

　　使用公認埠號（小於 1024）就可以避免有兩個相同的目的端埠號。B 主機不可以選擇 68 當成它的短暫埠號，因為短暫埠號需大於 1023。

好奇的讀者可能又會問，B 主機如果也執行 BOOTP 用戶端程序時該怎麼辦？在這種情況下，兩個插座位址都一樣，也都會接收到回應訊息。此時就得靠另外的識別碼來分辨不同的用戶端了。在 BOOTP 中，使用**處理識別碼** (transaction ID) 來完成這項工作，針對每一條 BOOTP 的連線都會被亂數選出一個處理識別碼。兩個主機在同一時間選到相同的處理識別碼的機率是非常微小的。

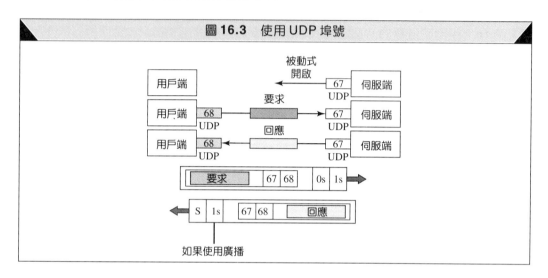

圖 16.3　使用 UDP 埠號

使用簡易檔案傳輸通訊協定 (TFTP)

伺服端不會送出用戶端在開機時所需要的所有訊息，在回應訊息裡，伺服端會定義一個檔案的路徑可以讓用戶端電腦找到開機的其他資訊，用戶端可以送出一個 TFTP 訊息（請參考第 19 章），並封裝在 UDP 使用者資料包裡，去獲得其他所需的資訊。

錯誤控制

如果有一個要求或回應發生遺失或是損壞時，要如何處理？因此 BOOTP 本身必須提供錯誤控制的機制，BOOTP 透過以下兩種策略來達成錯誤控制：

1. BOOTP 要求 UDP 使用檢查碼 (checksum)。還記得 UDP 可以選擇使用或不使用檢查碼。

2. BOOTP 用戶端使用計時器與重送的機制以克服沒接收到回應的問題。不過，為避免因為電力消失後重新開機時，太多主機同時送出要求訊息的現象，BOOTP 強制要求用戶端程序以亂數設定其計時器。

封包格式

圖 16.4 展示了 BOOTP 封包的格式。

❑ **運作碼**：這 8 位元的欄位定義 BOOTP 封包的種類：(1) 要求；(2) 回應。

❑ **硬體種類**：這 8 位元的欄位定義實體網路的種類，每一種區域網路被指定一個整數，例如乙太網路為 1。

圖 16.4 BOOTP 封包格式

運作碼	硬體種類	硬體長度	站數
	處理 ID		
秒數		不使用	
	用戶端 IP 位址		
	你的 IP 位址		
	伺服器 IP 位址		
	閘道器 IP 位址		
	用戶端硬體位址 （16 個位元組）		
	伺服器名稱 （64 個位元組）		
	開機檔名 （128 個位元組）		
	選項		

❑ **硬體長度**：這 8 位元的欄位定義實體位址的長度，以位元組為單位，例如乙太網路的值為 6。

❑ **站數**：這 8 位元的欄位定義封包能夠漫遊的最大站數。

❑ **處理識別碼**：這 4 個位元組的欄位，為一整數。處理識別碼由用戶端設定，用來辨認要求與其對應之回應封包，回應封包由伺服器送出，設定與要求相同的處理識別碼。

❑ **秒數**：這 16 位元的欄位指出用戶端從開機到現在的時間。

❑ **用戶端 IP 位址**：這 4 個位元組的欄位包含用戶端的 IP 位址，如果用戶端沒有這個訊息，其值為 0。

❑ **你的 IP 位址**：這 4 個位元組的欄位包含用戶端的 IP 位址，由伺服器填入回應用戶端要求的訊息裡。

❑ **伺服器 IP 位址**：這 4 個位元組的欄位包含伺服器的 IP 位址，由伺服器填入回應訊息裡。

❑ **閘道器 IP 位址**：這 4 個位元組的欄位包含一台路由器的 IP 位址，由伺服器填入回應訊息裡。

❑ **用戶端硬體位址**：這是用戶端的實體位址，雖然伺服器可以從用戶送來的訊框中取出這個位址，不過由用戶端將它填入要求訊息內，要用時比較有效率。

❑ **伺服器名稱**：這 64 個位元組的欄位，為一選項欄，由伺服器填在回應封包裡，這 64 個位元組的字串代表此伺服器的網域名稱，以空字串結束。

❑ **開機檔名**：這 128 個位元組的欄位，為一選項欄，由伺服器填在回應封包裡。這 128 個位元組的字串代表某開機檔案的完整路徑名稱，以空字串結束。用戶端可用這個路徑去尋找開機的相關資訊。

❑ **選項**：這 64 個位元組的欄位有雙重目的。它可攜帶額外的資訊（例如：網路遮罩或預設路由器）或攜帶製造商的相關訊息。本欄只在回應訊息中才有。伺服器使用一個跟 IP 位址相像的數字，99.130.83.99 這個數字稱為**代換變數 (magic cookie)**，當用戶端讀完回應訊息後，接著就尋找這個代換變數，如果出現，表示後面的 60 個位元組都是選項。每種選項有 3 個欄位，包括一個位元組的標籤、一個位元組的長度欄，及一個隨長度而變的數值欄。長度欄定義數值欄的長度，而不是整個選項的長度，如圖 16.5 所示。

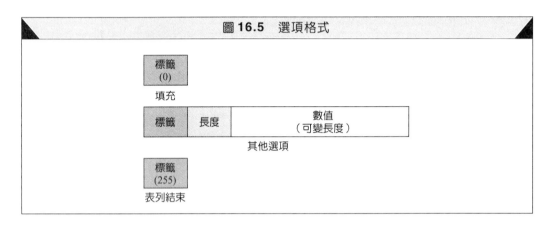

圖 16.5　選項格式

選項的列表展示在表 16.1 中。其中包含有 IP 位址的欄位之長度為 4 個位元組的倍數。填充選項為一個位元組長，做為對齊之用。表列結束選項為一個位元組長，代表這裡是選項之末端。製造者可以使用標籤號碼從 128 到 254 的選項來提供其他資料。

表 16.1　BOOTP 之選項

描述	標籤	長度	數值
填充	0		
子網路遮罩	1	4	子網路遮罩
時間差量	2	4	當時之時間
預設路由器	3	可變長度	IP 位址
時間伺服器	4	可變長度	IP 位址
DNS 伺服器	6	可變長度	IP 位址
列表機伺服器	9	可變長度	IP 位址
主機名稱	12	可變長度	DNS 名稱
開機檔大小	13	2	整數
製造商相關資訊	128~254	可變長度	特定資訊
表列結束	255		

16.2　**動態主機組態通訊協定 (DHCP)**
Dynamic Host Configuration Protocol (DHCP)

BOOTP 不是**動態組態通訊協定 (dynamic configuration protocol)**，當一個用戶端主機要求它的 IP 位址時，BOOTP 伺服端程序會查詢一個對照表，找出對應於此用戶端主機之實體位址的 IP 位址。這也表示將用戶端主機的 IP 位址與實體位址綁在一起的動作早已經存在，並且事先已經決定好了。

如果某台主機從某個實體網路移到另一個實體網路時，或者它要一個臨時的 IP 位址時，該怎麼辦？除非由網路管理者更改，否則 BOOTP 無法處理這個問題，因為 IP 位址與實體位址的對應是靜態固定的。 BOOTP 為一種靜態的組態通訊協定。

動態主機組態通訊協定 (Dynamic Host Configuration Protocol, DHCP) 是設計來提供靜態或動態的位址分配，它可以由手動或自動的方式來進行。

> DHCP 提供靜態或動態的位址分配，它可以由手動或自動的方式來進行。

靜態的位址分配

DHCP 靜態位址分配的能力就像是 BOOTP 一樣，它向下相容於 BOOTP，這也代表 BOOTP 的用戶端可以向 DHCP 的伺服端要求一個靜態的位址。 DHCP 伺服器擁有一個資料庫，此資料庫靜態的綁住實體位址與 IP 位址的對應關係。

動態的位址分配

DHCP 伺服器擁有一個第二資料庫，此資料庫提供一堆可用的 IP 位址，這個資料庫使 DHCP 具備動態分配的能力。當一個 DHCP 用戶端要求一個暫時的 IP 位址時，DHCP 伺服器從那一堆可用（尚未被使用）的 IP 位址中找出一個來分配給該用戶，並且協議這個 IP 位址可以使用多久。

當 DHCP 用戶端傳送一個要求給一台 DHCP 伺服器時，伺服器先檢查它的靜態資料庫，如果所要求的實體位址在資料庫裡，那麼就給該用戶一個固定的 IP 位址；反之如果所要求的實體位址不在靜態資料庫裡，伺服器就從那一堆可用的 IP 位址中找出一個來分配給該用戶，並且把它加到動態的資料庫中。

當主機從一個網路移到另一個網路時，或是在連線上下線頻繁的網路上（例如：網際網路服務提供者 (ISP)），就需要 DHCP 之動態分配的概念。 DHCP 可以在一段被限制的時間內，提供暫時的 IP 位址。

由那一堆可用的 IP 位址中所提供的 IP 位址是暫時的， DHCP 伺服器發出一個**租約 (lease)**，並指定一特別的週期時間。當租約期限到期，用戶端必須停止使用該 IP 位址或對此租約進行續約的動作，伺服器有同意與否的權利；如果伺服器不同意續約，用戶端就只能停止使用這個位址。

手動或自動組態

BOOTP 通訊協定最主要的問題就是 IP 位址與實體位址的對應關係必須要手動設定，這也代表每一次有 IP 位址或實體位址要改變時，網路管理者就要手動設定其更動。另一方面，DHCP 允許手動或自動組態這兩種方式，可以用手動的方式來設定靜態位址，而使用自動組態的方式來分配動態位址。

封包格式

為了讓 DHCP 能向下相容於 BOOTP，DHCP 的設計者決定使用與 BOOTP 幾乎相同的封包格式。DHCP 只在封包上加了一個 1 位元的旗標，不過為了允許伺服器處理不同的動作，增加了一些額外的選項。圖 16.6 說明了 DHCP 訊息的格式。其中新增的欄位意義如下：

❑ **旗標：** 在原本未使用的欄位內加了一個 1 位元的旗標，這個旗標讓用戶端要求伺服器一定要用廣播的方式來回應。如果回應是以單點傳播的方式傳送到用戶端，那麼該 IP 封包的目的位址就是此用戶端的 IP 位址，但是當時用戶端還不知道自己的 IP 位址，它可能把這個封包丟掉；如果這是一個廣播型的 IP 封包，每一台電腦都會接收並處理。

❑ **選項：** 若干選項被加到選項列表中。其中一個選項是標籤子欄位（見圖 16.5）為 53 這個數值，用來定義用戶端與伺服器的互動情況（見表 16.2）。另外的選項還有定義租用時間等參數。DHCP 的選項欄最高可達 312 個位元組。

圖 16.6　DHCP 封包

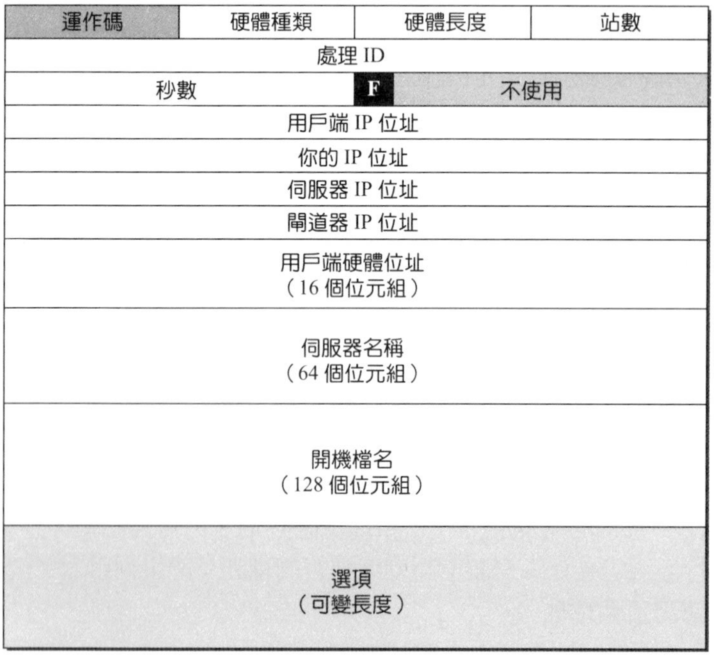

運作碼	硬體種類	硬體長度	站數
處理 ID			

秒數	F	不使用

用戶端 IP 位址
你的 IP 位址
伺服器 IP 位址
閘道器 IP 位址

用戶端硬體位址
（16 個位元組）

伺服器名稱
（64 個位元組）

開機檔名
（128 個位元組）

選項
（可變長度）

表 16.2　DHCP 的選項

數值	數值
1 DHCPDISCOVER	5 DHCPACK
2 DHCPOFFER	6 DHCPNACK
3 DHCPREQUEST	7 DHCPRELEASE
4 DHCPDECLINE	

我們會在下一節看到選項的使用。

狀態轉換

DHCP 用戶端程序的狀態轉換是根據訊息的傳送與接收情況，如圖 16.7 所示。

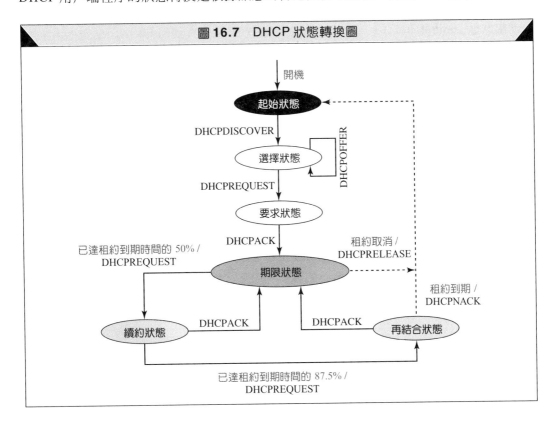

圖 16.7　DHCP 狀態轉換圖

起始狀態

DHCP 的用戶端程序開始時，其狀態為**起始狀態** (initializing state)。用戶端程序使用目的埠為 67 來廣播一個 DHCPDISCOVER 訊息（一個具有 DHCPDISCOVER 選項的要求訊息）。

選擇狀態

在傳送 DHCPDISCOVER 訊息後，用戶端程序會進入**選擇狀態** (selecting state)。那些可以提供這種服務的伺服器會回應一個 DHCPOFFER 訊息。在訊息中，伺服器提供一個

IP 位址，也可同時提供 IP 的租用時間，預設值為 1 小時。送出 DHCPOFFER 訊息的那個伺服器，會把提供出去的那一個 IP 位址鎖住，所以暫時不會再提供給其他用戶。用戶端程序會選擇其中一個提供者，然後送出 DHCPREQUEST 的訊息給被選中的伺服器，然後進入要求狀態。如果用戶端程序並沒有接收到任何的 DHCPOFFER 訊息，它會繼續嘗試 4 次，每次間隔 2 秒，如果依舊收不到 DHCPOFFER 訊息，用戶端程序就會休息 5 分鐘，然後再重新要求。

要求狀態

用戶端程序會持續停留在**要求狀態** (requesting state)，直到它收到伺服器的 DHCPACK 回應訊息，將用戶端的實體位址與其 IP 位址綁在一起。在接收到 DHCPACK 訊息之後，用戶端程序會前往期限狀態。

期限狀態

在**期限狀態** (bound state)，用戶端可以使用這個 IP 位址直到租約到期。在經過租約到期時間的 50% 時，用戶端就會再送一個 DHCPREQUEST 的訊息來要求續約，然後進入續約狀態。在期限狀態期間，用戶端可以隨時取消租約而回到起始狀態。

續約狀態

用戶端程序會持續停留在**續約狀態** (renewing state)，直到下列 2 項事件之一發生。如果用戶端收到 DHCPACK 訊息，則代表該用戶端得到新的租約，可以重新設定其計時器，並回到期限狀態。如果用戶端沒接收到 DHCPACK 的訊息，而經過租約到期時間的 87.5% 時，用戶端程序會進入再結合狀態。

再結合狀態

用戶端程序會持續停留在**再結合狀態** (rebinding state)，直到下列 3 項事件之一發生。如果用戶端收到 DHCPNACK 訊息，或是租約到期，用戶端程序必須回到起始狀態重新獲得一個 IP 位址。如果用戶端收到 DHCPACK，它可以重新設定其計時器，回到期限狀態。

交換訊息

圖 16.8 說明和狀態轉換圖有關的訊息交換過程。

16.3　重要名詞　*Key Terms*

開機程序 (bootstrap process)

開機通訊協定 (Bootstrap Protocol, BOOTP)

組態檔案 (configuration file)

動態組態通訊協定 (dynamic configuration protocol)

動態主機組態通訊協定 (Dynamic Host Configuration Protocol, DHCP)

閘道器 (gateway)

租約 (lease)

代換變數 (magic cookie)

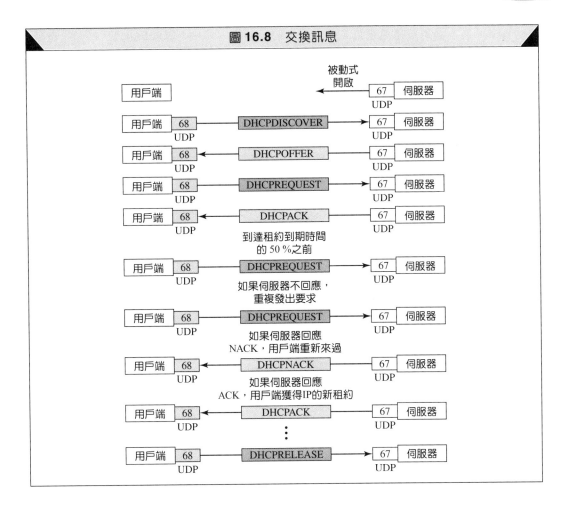

圖 16.8 交換訊息

名稱伺服器 (name server)　　　　　　　轉送代理器 (relay agent)

唯讀記憶體 (Read-Only Memory, ROM)　靜態組態通訊協定 (static configuration protocol)

16.4　摘要　*Summary*

- 每台連接到 TCP/IP 互連網路的電腦都必須知道自己的 IP 位址、預設路由器的 IP 位址、名稱伺服器的 IP 位址，及其子網路遮罩。

- BOOTP 及 DHCP 均為用戶／伺服的應用，提供無硬碟式電腦或電腦第一次開機時的重要網路訊息。

- 用戶端要求及伺服器回應皆使用相同的 BOOTP 封包格式。

- BOOTP 伺服器以被動的方式等待用戶端的要求。

- BOOTP 伺服器可以使用廣播或單點傳播的方式來回應。

- BOOTP 要求訊息被封裝在 UDP 使用者資料包內。

- BOOTP 為一靜態組態通訊協定，使用一張表格來儲存 IP 位址與實體位址的對應關係。

- 轉送代理器為一路由器，幫忙將本地的 BOOTP 要求訊息送到遠端的伺服器。

❏ DHCP 為一動態組態通訊協定，使用 2 個資料庫，其中 1 個與 BOOTP 相似，而另 1 個是記錄一堆尚未使用的 IP 位址，可做臨時性的分配。

❏ DHCP 伺服器發出 1 個 IP 位址的租約給某一個用戶端，並設定其租約期限。

❏ DHCP 封包格式與 BOOT 相似，DHCP 額外加入 1 個旗標及若干選項。

❏ DHCP 向下相容於 BOOTP。

16.5　習題　*Practice Set*

練習題

1. BOOTP 封包的最小長度為多少？最大長度為多少？

2. 一個 BOOTP 封包被封裝在 UDP 封包內，而 UDP 封包被封裝在 IP 封包內，IP 封包被封裝在訊框內。另一方面，一個 RARP 封包只被封裝在訊框內，試比較 BOOTP 封包與 RARP 封包的效率。

3. 舉出一個 BOOTP 封包使用填充選項的範例。

4. 舉出一個 BOOTP 封包使用表列結束選項的範例。

5. 在 BOOTP 封包秒數欄最多可記錄幾秒？

6. 某 BOOTP 要求封包從一用戶端送出，該用戶端之實體位址為 00:11:21:15:EA:21，寫出這個 BOOTP 封包各欄位之內容。

7. 寫出回應第 6 題之 BOOTP 要求封包之回應封包的各欄位之內容。

8. 將第 6 題之封包裝在一個 UDP 使用者資料包內，並填入各欄。

9. 將第 7 題之封包裝在一個 UDP 使用者資料包內，並填入各欄。

10. 將第 8 題之封包裝在一個 IP 資料包內，並填入各欄。

11. 將第 9 題之封包裝在一個 IP 資料包內，並填入各欄。

12. 為什麼一台新加入的主機要知道它的子網路遮罩？

13. 為什麼一台新加入的主機要知道某一台路由器的 IP 位址？

14. 為什麼一台新加入的主機要知道名稱伺服器的 IP 位址？

15. 為什麼 BOOTP 需要使用 TFTP 以獲得其他資訊？為什麼所有資訊不全用 BOOTP 取得？

16. 某一無硬碟的用戶端在一等級 C 的乙太網路上使用 BOOTP，而 BOOTP 伺服器位於一等級 B 的乙太網路上，繪製一網路圖，選用適當的用戶端 IP 位址、伺服器 IP 位址及轉送代理器的 IP 位址，舉出一個 BOOTP 要求及回應封包。

資料檢索

17. 寫出一個 DHCPDISCOVER 訊息的格式與內容。

18. 寫出一個 DHCPOFFER 訊息的格式與內容。

19. 寫出一個 DHCPREQUEST 訊息的格式與內容。

20. 寫出一個 DHCPDECLINE 訊息的格式與內容。

21. 寫出一個 DHCPACK 訊息的格式與內容。

22. 寫出一個 DHCPNACK 訊息的格式與內容。

23. 寫出一個 DHCPRELEASE 訊息的格式與內容。

24. 請找出所有關於 BOOTP 的 RFC 文件。

25. 請找出所有關於 DHCP 的 RFC 文件。

CHAPTER 17

網域名稱系統 (DNS)
Domain Name System (DNS)

相信讀者已經知道 TCP/IP 通訊協定是使用 IP 位址來辨認一台連接到 Internet 的主機,但人們喜歡使用各種名稱來取代數字化的位址,所以我們需要一個系統可以將名稱對應到位址或是將位址對應到名稱。

當 Internet 規模不大時,對應的方法可以採用一個主機檔案 (host file),主機檔案包括兩行,一行放名稱,而另一行放位址。每一個主機可以把各自的主機檔案存在自己的硬碟裡,並週期性地根據主控之主機檔案來更新自己的主機檔案。當一個程式或使用者想要名稱與位址的對應時,主機就索引這個檔案,然後找出對應的結果。

但是,現在已經不太可能以一個主機檔案來關聯每個位址與名稱,主機檔案會變得太大,不適合放在每台主機上。除此之外,當有改變時也不太可能去更新所有的主機檔案。解決方案之一,是將主機檔案存在一台電腦上集中管理,然後提供給需要對應的電腦存取。但是我們知道這樣會造成 Internet 上極大的傳輸量。

另一個方法是目前的做法,就是把這整個訊息分成若干較小的部分,分別存在不同的電腦上。使用這個方法時,某個需要對應關係的主機只需要找到最近一台存有此資訊的主機即可。本章將介紹的**網域名稱系統 (Domain Name System, DNS)** 就是使用這種方法。我們會先討論 DNS 背後的原理和概念,然後再描述 DNS 的通訊協定。

17.1 命名空間 *Name Space*

要做到對應關係清楚一致,指派給機器的名稱應該小心地從一個**命名空間 (name space)** 內選出,而且此命名空間要能完全控制 IP 位址與名稱的對應。換言之,因為位址是唯一的,所以名稱也必須是唯一的。一個命名空間(把每個位址對應到唯一的名稱)可以由以下兩種方式組成,即單層式 (flat) 或階層式 (hierarchical)。

單層式命名空間

在一個**單層式命名空間 (flat name space)** 中,一個位址就指派一個名稱。在此空間下的名稱只是一串的字元,並沒有特定的結構。這些名稱或許有部分共同的片段,不過這並沒有意義。單層式命名空間最主要的缺點就是不適用於目前的Internet,因為Internet太大了,容易產生重複或涵義不清的命名。

階層式命名空間

在一個**階層式命名空間 (hierarchical name space)** 中，每一個名稱由數個部分所組成。其第 1 個部分可定義該組織的屬性，第 2 個部分可定義該組織的名稱，而第 3 個部分可定義該組織內的部門等等。這樣做，使控制及分配名稱空間的權利可以分散出去而不必集中。一個中央權限管理者只需要定義部分的組織屬性及組織名稱，其他的部分交由該組織自行定義與管理。例如，該組織可以再加上前置名稱來定義該組織內的主機或資源。

　　組織的管理者不必擔心指派給某一個主機的前置名稱，會和其他組織重複，因為即使前置名稱一樣，但是整個名稱是不一樣的。例如，有兩個學校及一個公司皆稱它們內部的某一台電腦為 *challenger*。具中央權限的當局分配給第 1 個學校的名稱為 *fhda.edu*，第 2 個學校為 *berkeley.edu*，而公司名稱則為 *smart.com*。這三者把 *challenger* 這個名字加在自己的名稱前面時，得到 3 個可以分辨的名稱，分別為 *challenger.fhda.edu*、*challenger.berkeley.edu* 及 *challenger.smart.com*。這些名稱都是唯一的，中央權限者只需要控制名稱中後面的部分，而非整個名稱。

17.2　網域名稱空間　*Domain Name Space*

網域名稱空間 (domain name space) 的設計就是採用階層式命名空間的方式。在這種設計之下，某個名稱被定義在一個反樹狀 (inverted-tree) 結構內，其根位於頂點。這棵樹最多可以有 128 個階層，從第 0 層的根到第 127 層（見圖 17.1）。

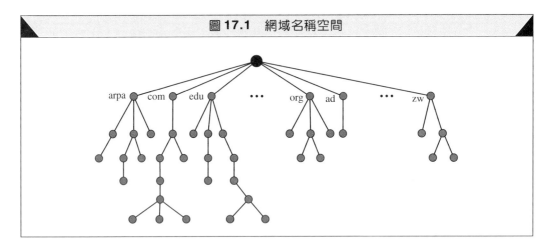

圖 17.1　網域名稱空間

標記

樹中的每一個節點都有一個**標記 (label)**，標記為一個字串，最長為 63 個字元。根的標記為空字串 (null string)。DNS 要求節點的所有子節點有不同的標記，這樣就可以保證網域名稱的唯一性。

網域名稱

樹中的每一個節點都有一個**網域名稱 (domain name)**，一個完整的網域名稱為標記所構成的序列，以英文句點分開個別之標記。網域名稱是由節點往上讀到根，最後根的標記為空字串，這表示所有的網域名稱都以空字串結束，也就是說最後一個字元是英文句點。圖 17.2 說明了一些網域名稱的例子。

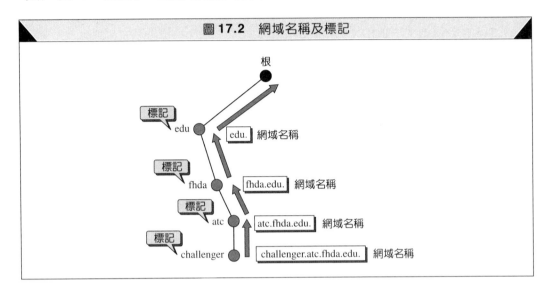

圖 **17.2**　網域名稱及標記

完全合格網域名稱 (FQDN)

如果一個標記是以空字串結束，它被稱為**完全合格網域名稱 (Fully Qualified Domain Name, FQDN)**。一個 FQDN 為一包含主機全名的網域名稱，它包含所有標記，從最特別的到最一般的，而且是唯一定義這台主機的名稱。例如，網域名稱為：

challenger.atc.fhda.edu.

這是一台命名為 *challenger* 電腦的 FQDN。這台電腦裝置位於 De Anza 學院的高級科技中心 (ATC) 裡。DNS 伺服器只對應一個 FQDN 到一個位址。請注意名稱是以空字串結束，但是空字串什麼都沒有，所以標記以英文句點 (.) 結束。

部分合格網域名稱 (PQDN)

如果一個標記不是以空字串結束，稱為**部分合格網域名稱 (Partially Qualified Domain Name, PQDN)**。一個 PQDN 從某個節點開始但是不會到達根，由 DNS 解析者 (resolver) 加入名稱中沒有顯現出來的部分，這個部分稱為後置字元 (suffix)，之後就成為一個 FQDN。例如，某個使用者在 *fhda.edu.* 這個地點想要得到 challenger 這台電腦的 IP 位址，它可以只定義：

challenger

這個部分的名稱即可。DNS 的用戶端程式 (client) 會加入後置字元 *act.fhda.edu*，然後才將此名稱送到 DNS 伺服器。

DNS 用戶端程式通常會持有一系列的後置字元，以下是在 De Anza 學院可能持有的後置字元，null 後置字元代表沒有東西，這些後置字元在使用者定義一個FQDN時要被加入：

atc.fhda.edu

fhda.edu

null

圖 17.3 說明了 FQDN 及 PQDN 的一些例子。

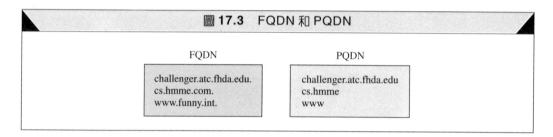

圖 17.3 FQDN 和 PQDN

FQDN

challenger.atc.fhda.edu.
cs.hmme.com.
www.funny.int.

PQDN

challenger.atc.fhda.edu
cs.hmme
www

網域

所謂的**網域 (domain)** 指的是整個網域名稱空間裡的一棵子樹 (subtree)，該網域的名稱就是子樹頂端這個節點的網域名稱。圖17.4說明了一些網域的例子，一個網域本身可以被分成數個**子網域 (subdomain)**。

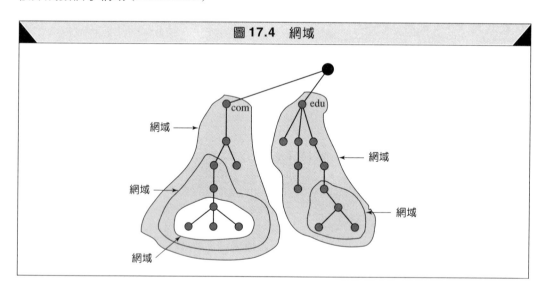

圖 17.4 網域

網域

com   edu

網域

網域

網域

網域

網域

17.3 名稱空間的分布 *Distribution of Name Space*

網域名稱空間裡的資訊要被儲存起來，不過，用一台電腦來儲存如此多的資訊既沒有效率也不安全。沒有效率是因為這台電腦要應付來自全世界的要求；不安全是因為要是這台電腦或是網路壞了，整個資料庫將無法被存取。

名稱伺服器的階層架構

上述問題的解決之道就是把資料庫分散到很多台電腦上，我們稱這些電腦為 **DNS伺服器 (DNS server)**。而分散的方法，是把整個空間以第一層為基準分為若干網域。換句話說，我們讓根獨立在那邊，然後建立與第一層節點個數相同的網域（子樹）。因為建立出來的網域可能相當大，所以DNS允許讓每個網域再更進一步地劃分成更小的網域（子網域）。每台DNS伺服器依管理者設定負責（管理）大的網域或小的網域，也就是說，我們建立了如同名稱階層結構一樣的 DNS 伺服器階層（見圖 17.5）。

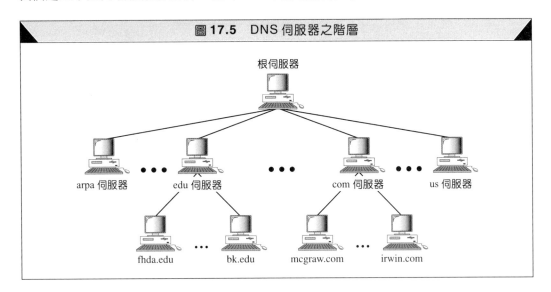

圖 17.5　DNS 伺服器之階層

地區

一台 DNS 伺服器所負責管理的範圍稱為 **地區 (zone)**。我們可以將整棵樹的部分鄰近區域定義為一個地區。如果一台伺服器答應要負責一個網域，並且不把這個網域分成較小的子網域，則此網域與地區是一樣的東西。伺服器建立一個稱為 **地區檔案 (zone file)** 的資料庫，來存放此網域下的所有節點資訊。

　　但是，如果伺服器把它的網域分成數個子網域，並把管理權限釋出給其他伺服器，那麼網域與地區就代表不同的東西。子網域節點的資訊存放在較低層的伺服器內，而原本的伺服器則持有到這些低層伺服器的參考指標。當然，原本的這台伺服器依然是對整個網域負全責，它還是擁有一個地區，只是詳細的資訊是存放在低層的伺服器裡（見圖 17.6）。

　　一台伺服器也可以分割自己的網域，並釋出部分網域的管轄權，而只保留部分的網域。如果這樣做，它的地區包含兩部分，一是沒有分割出去的網域，對此它依然保有詳細資訊；二是釋出部分的參考指標。

根伺服器

根伺服器 (root server) 負責的地區包括整棵樹，但根伺服器通常不存放有關網域的任何資料，而是釋出管轄權給其他伺服器，自己只保留對這些伺服器的參考指標。目前有好幾台根伺服器分散在世界各地，每台負責的範圍都包含了整個網域名稱空間。

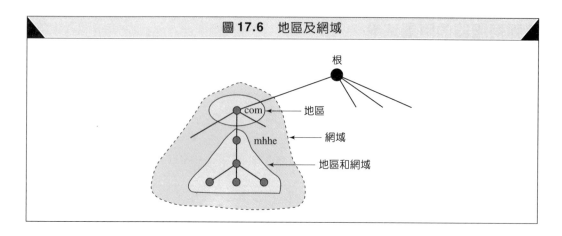

圖 17.6 地區及網域

主伺服器與副伺服器

DNS 定義兩種類型的伺服器，即主伺服器與副伺服器。**主伺服器 (primary server)** 存有它所管轄地區的檔案，它負責此地區檔案的建立、維護與更新。主伺服器把地區檔案存放在自己的硬碟裡。

副伺服器 (secondary server) 會把一個地區的全部資訊，由一台主伺服器或其他副伺服器傳送到自己的硬碟裡。副伺服器不做地區檔案的建立或更新。如果被要求更新時，必須先由主伺服器來完成，之後再傳送到副伺服器。

主伺服器與副伺服器對它們服務的地區有管轄權，我們並不是要將副伺服器放在較低層，而是做為主伺服器的備份，如果主伺服器壞了，由副伺服器繼續提供 DNS 服務。值得注意的是，一台伺服器可能是某一地區的主伺服器，同時也是另一地區的副伺服器。當我們稱一台伺服器為主伺服器或副伺服器時，必須說明是針對哪個地區而言。

> 主伺服器由其硬碟載入所有訊息，副伺服器由主伺服器載入所有訊息。如果副伺服器下載來自主伺服器的訊息時，這稱為「地區傳送」。

17.4 網際網路中的 DNS *DNS in the Internet*

DNS 這個通訊協定可以使用在不同的平台上。在 Internet 中的網域名稱空間（樹狀）可劃分成三個部分，即一般網域 (generic domain)、國家網域 (country domain)與反向網域 (inverse domain)(見圖 17.7）。

一般網域

一般網域 (generic domain) 所定義的註冊主機是依照其一般性的行為來分。在樹中的每一個節點定義一個網域，這個網域是整個網域名稱空間資料庫的一個索引（見圖 17.8）。

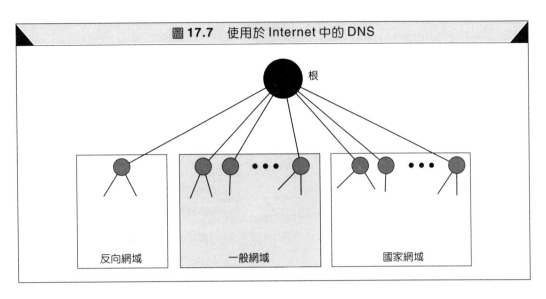

圖 **17.7** 使用於 Internet 中的 DNS

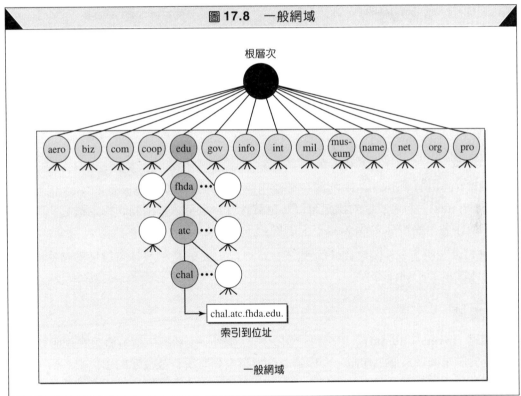

圖 **17.8** 一般網域

　　請注意圖中的樹，我們可以看到在一般網域中的第一層有14個標記，這些標記及其對應的組織型態列於表 17.1 中。

表 17.1　一般網域之標記

標記	敘述
aero	航空與太空公司
biz	公司行號（與com類似）
com	商業組織
coop	合作事業組織
edu	教育機構
gov	政府機構
info	資訊服務提供者
int	國際組織
mil	軍事單位
museum	博物館與非營利的組織
name	個體戶
net	網路支援中心
org	非營利組織
pro	專業獨立組織

國家網域

國家網域 (country domain) 的部分，使用兩個字母之國家縮寫，例如：us 代表美國 (United States)。而第二層的標記可以為組織性質，也可以是相關的特定標記。以美國而言，使用各州的縮寫來做為 us 裡面的區分，例如：ca.us。

圖 17.9 說明了一些國家網域的標記。*anza.cup.ca.us* 這個位址可以被翻譯為美國加州庫比提諾的 De Anza 學院。

反向網域

反向網域 (inverse domain) 用來將一個位址對應到一個名稱，這會發生在伺服器收到用戶端的請求去做某個工作時。伺服器有一個檔案列有所有被授權的用戶端名稱，但伺服器只有用戶端的 IP 位址（從收到的 IP 封包得知），要決定該用戶是否在被授權之列，它可以送出一個詢問訊息到 DNS 伺服器，要求此 IP 位址所對應的名稱。

這種類型的詢問被稱為反向詢問或指標 (PTR) 詢問。為了要處理指標詢問，所以在網域名稱空間中加入反向網域，反向網域在網域名稱空間中的第一層節點稱為 *arpa*（源自 arpanet），第二層也是一個單一節點名為 *in-addr*（即反向位址），其他節點則定義 IP 位址。

處理反向網域的伺服器也是以階層方式來安排，這表示位址中的網路代碼 (netid) 的部分所在的階層比子網代碼 (subnetid) 高，而子網代碼又比主機代碼 (hostid) 高。服務

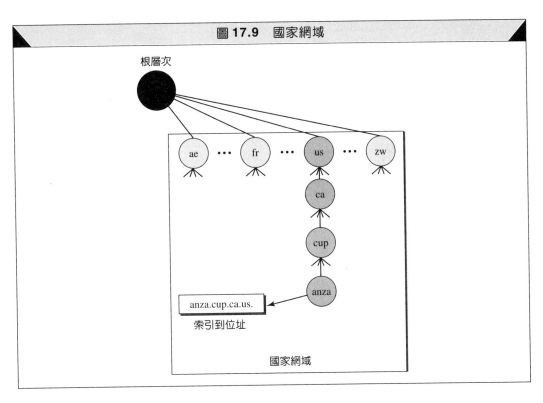

對象為整個網域的伺服器其位階比服務子網的伺服器要高。這種安排與一般網域或國家網域的安排看起來相反。為了依照由下而上之網域標記的慣例，IP 位址 132.34.45.121 就讀為 121.45.34.132.in-addr.arpa。圖 17.10 說明了反向網域的配置說明。

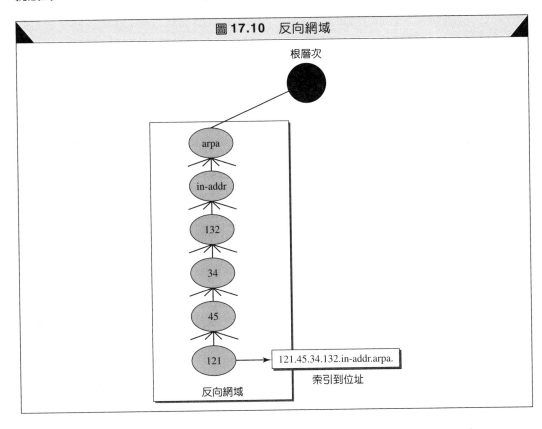

註冊機構

一個新的網域要如何加入到 DNS 中？這就要透過**註冊機構 (registrar)** 來完成，註冊機構是由 ICANN 所認可的商業機構。註冊機構首先會檢查要求的網域名稱是否具唯一性，然後才將它加入到 DNS 資料庫中，並收取費用。

17.5　對應解析　*Resolution*

將一個名稱對應到一個位址，或將一個位址對應到一個名稱，被稱為**名稱位址對應解析 (name-address resolution)**。

解析者

DNS被設計成是一種用戶／伺服的應用，一台想要將位址對應到名稱或是將名稱對應到位址的主機，會呼叫其DNS用戶端程序，這個程式稱為**解析者 (resolver)**。解析者尋找最近的DNS伺服器來幫忙解析答案，如果這個伺服器有答案，就解決問題；如果沒有，伺服器告知解析者去找別的伺服器，或由這台伺服器要求其他伺服器來提供答案。解析者得到對應後，它檢查是否真有答案或是錯誤，最後再將結果送給要求的程序。

將名稱對應到位址

大部分的時候，解析者會提供網域名稱給 DNS 伺服器，以便要求其對應的 IP 位址。DNS 伺服器會檢查其一般網域或國家網域來尋找答案。

如果是一般網域，解析者會收到像是 *chal.atc.fhda.edu* 的網域名稱。解析者將詢問訊息傳送到本地的DNS伺服器以求得答案，如果本地伺服器無法解決這個詢問，它告知解析者去找其他伺服器，或者由該伺服器本身親自幫忙去找其他的伺服器幫忙。

如果是國家網域，解析者會收到像是 *ch.fhda.cu.ca.us* 的網域名稱，接下來的處理過程是一樣的。

把位址對應到名稱

一個用戶端可以傳送一個IP位址給伺服器，以便要求其對應的網域名稱，這種詢問稱為指標詢問 (PTR query)。為了要回答這種詢問，DNS使用其反向網域。在處理這種要求時，要先把IP位址反過來，然後再附上 *in-addr* 及 *arpa* 這兩個標記，這樣才能被反向網域所接受。舉例來說，當解析者收到的 IP 位址為 132.34.45.121，則解析者先將之改為 *121.45.34.132.in-addr.arpa.*，然後傳送到本地的 DNS 求解。

遞迴式求解

用戶端（解析者）可以要求一台伺服器以遞迴的方式求解，這表示解析者期待該伺服器能提供最後的回答。如果這個伺服器對該網域名稱具有管轄權，它就檢查自己的資料庫，然後回應。如果該伺服器沒有掌管這個網域名稱，它就向其他伺服器（通常為母伺服器）要求解析，並等待回答。如果是這個母伺服器的管轄地區，它就回答。如果不是，就再找另一個伺服器，直到找到答案為止。之後所得的答案依原路返回到要求的用戶端，如圖 17.11 所示。

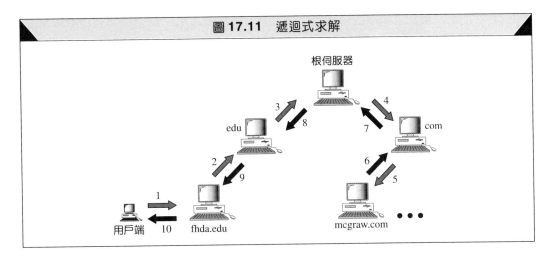

圖 17.11 遞迴式求解

疊代式求解

如果用戶端無法要求到使用遞迴式求解（伺服器不提供此功能），則可以使用疊代的方式求解。如果伺服器管轄該網域名稱，它就送回答案。如果不是，它就送回一台它認為可以解析這個問題的伺服器之 IP 位址給這個用戶端。此用戶端發出詢問給第 2 台伺服器，如果此伺服器可以解決這個問題，它就送回答案。如果不是，它就再送回一台新的伺服器之 IP 位址給這個用戶端。現在用戶端必須發出詢問給第 3 台伺服器，以此類推，直到獲得答案為止，這個程序稱為**疊代 (iterative)**，因為由用戶端自己發出相同的詢問給不同的伺服器，一個一個問。圖 17.12 展示一個用戶端詢問了 4 台伺服器後，才由 mcgraw.com 的伺服器得到答案。

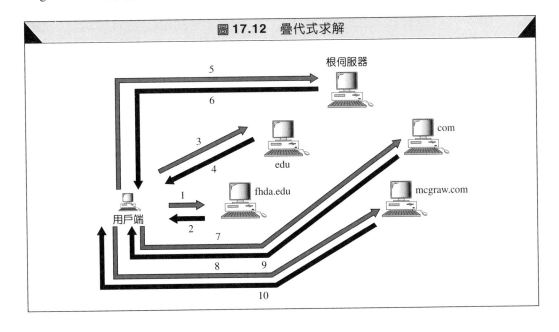

圖 17.12 疊代式求解

快取

每次 DNS 伺服器收到的詢問名稱不在網域時，它必須到自己的資料庫去找另一台伺服器的 IP 位址。如果把這個尋找時間省下來，就可以提高效率。DNS使用**快取 (caching)** 的機制來提升效率。當一台伺服器問另一台伺服器某個對應並且收到回應後，這台詢問的伺服器就把這個答案先暫存在自己的快取記憶體內（這裡的快取記憶體為一軟體資料結構），之後再傳送給用戶端。如果相同的用戶端或其他用戶端再詢問相同的問題時，就可以在快取記憶體中找出並解決問題。不過，為了告訴用戶這個答案是來自快取記憶體而不是來自管轄的伺服器，伺服器在這個回應做記號，告知用戶端此答案為非管轄者所提供。

　　使用快取的機制來提升求解的速度，也會造成問題。如果伺服器把一個對應放在快取記憶體過久，它有可能會送一個已經過時的對應給用戶。解決這個問題有兩種技術，第一是管轄的伺服器將對應設定一個存活時間 (Time To Live, TTL)。這個時間以秒計，表示對應放在快取記憶體的有效時間，時間過了對應就無效，之後任何詢問就要送到具管轄權的伺服器。第二種方法，DNS要求每台伺服器對於每筆放在快取記憶體的對應要有一個 TTL 計時器，快取記憶體要定期被檢查，看看其 TTL 是否已過期；若是，則該對應要被除去。

17.6　DNS 訊息　*DNS Messages*

DNS 擁有兩種訊息：詢問 (query) 及回應 (response)，如圖 17.13 所示。這兩種訊息的格式均相同。詢問訊息包含一個標頭及問題紀錄 (question record)，而回應訊息則包含一個標頭、問題紀錄 (question record)、回答紀錄 (answer record)、管轄紀錄 (authoritative record)，及一些額外紀錄 (additional record)，如圖 17.14 所示。

圖 17.13　DNS 訊息

標頭

詢問與回應訊息的標頭格式相同，在詢問訊息的標頭中，有一些子欄位設為 0。標頭的長度為 12 個位元組，如圖 17.15 的說明。

每一個標頭的欄位定義如下：

❑　**識別碼**：本欄為16位元。用戶端傳送每一個詢問訊息時會使用不同的識別碼，而伺服器則會複製這個識別碼到其回應訊息。用戶端藉此來分辨哪個回應對應到哪一個詢問。

❑　**旗標**：本欄為 16 位元，含有一些子欄位，如圖 17.16 所示。

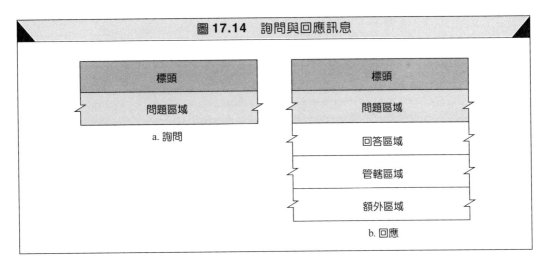

圖 **17.14**　詢問與回應訊息

標頭

問題區域

a. 詢問

標頭

問題區域

回答區域

管轄區域

額外區域

b. 回應

圖 **17.15**　標頭格式

識別碼	旗標
問題紀錄個數	回答紀錄個數 （在詢問訊息裡全部為 0）
管轄紀錄個數 （在詢問訊息裡全部為 0）	額外紀錄個數 （在詢問訊息裡全部為 0）

圖 **17.16**　旗標欄位

QR	OpCode	AA	TC	RD	RA	Three 0s	rCode

各旗標子欄位的簡述如下：

a.　**QR（詢問／回應）**：本欄為 1 位元，定義訊息的種類。如果為 0，此訊息為詢問訊息；如果為 1，則此訊息為回應訊息。

b.　**OpCode（運作碼）**：本欄為 4 位元，定義詢問或回應的種類（0 為標準型態，1 為反向，2 則為伺服器狀態要求）。

c.　**AA（管轄答案）**：本欄為 1 位元。當它被設定為 1 時，表示該名稱伺服器為一具管轄權的伺服器，AA 只用在回應訊息。

d.　**TC（截斷）**：本欄為 1 位元。當它被設定 1 時，代表回應訊息超過 512 個位元組，但是被砍到只留下 512 個位元組。當 DNS 使用 UDP 服務時會使用到 TC 欄位（見第 17.10 節的封裝）。

e.　**RD（希望使用遞迴方式）**：本欄為 1 位元。當它被設定為 1 時，代表用戶想要以遞迴方式得到答案，RD 被設定在詢問訊息裡，重複在回應訊息裡。

f.　**RA（遞迴方式可行）**：本欄為 1 位元，當它被設定為 1 時，表示可用遞迴方式得到答案，RA 只設在回應訊息裡。

g. **Reserved（保留）**：本欄為 3 位元，被設定為 000 。

h. **rCode（錯誤碼）**：本欄為 4 位元，在回應訊息裡，用來顯示錯誤的狀態。只有具管轄權的伺服器才可設定這些位元。表 17.2 說明其可能的錯誤碼及意義。

表 **17.2**　rCode 之數值

數值	意義
0	沒有錯誤
1	格式錯誤
2	名稱伺服器有問題
3	網域參考指標有問題
4	詢問類別未支援
5	管理禁止
6~15	保留

❏ **問題紀錄個數**：本欄 16 位元，定義訊息裡問題區域內的問題紀錄個數。

❏ **回答紀錄個數**：本欄 16 位元，定義回應訊息之回答區域內的回答紀錄個數。如果是詢問訊息，其值為 0 。

❏ **管轄紀錄個數**：本欄 16 位元，定義回應訊息之管轄區域內的管轄紀錄個數。如果是詢問訊息，其值為 0 。

❏ **額外紀錄個數**：本欄 16 位元，定義回應訊息之額外區域內的額外紀錄個數。如果是詢問訊息，其值為 0 。

問題區域

這個區域可包括一個或多個問題紀錄 (question record)，有可能出現在詢問及回應訊息裡，我們會在下節介紹問題紀錄。

回答區域

這個區域可包含一個或多個資源紀錄 (resource record)，只會出現在回應訊息。這個區域包含伺服器給用戶端（解析者）的答案，我們會在下節介紹資源紀錄。

管轄區域

這個區域可包含一個或多個資源紀錄，只會出現在回應訊息。這個區域提供關於一個或多個具管轄權限之伺服器的資訊（網域名稱）。

額外資訊區域

這個區域可包含一個或多個資源紀錄，只會出現在回應訊息。這個區域提供額外的資訊來幫忙解析者。例如，某伺服器可能將管轄伺服器的網域名稱放在管轄區域裡給解析者，同時它可把該管轄伺服器的 IP 位址放在額外資訊區域裡。

17.7 紀錄的類型 *Types of Records*

就如同我們在前一節所介紹的，DNS使用兩種類型的紀錄。問題紀錄被使用於詢問訊息及回應訊息的問題區域內。資源紀錄被使用於回應訊息裡的回答區域、管轄區域，及額外資訊區域內。

問題紀錄

用戶端使用**問題紀錄 (question record)** 來向伺服器詢問對應的答案。本紀錄內含有網域名稱。圖 17.17 說明了問題紀錄的格式。

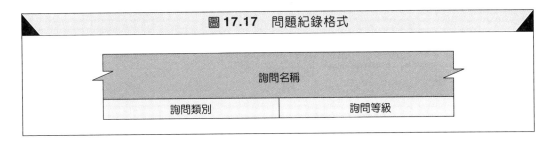

圖 17.17 問題紀錄格式

其各欄位的意義如下：

❏ **詢問名稱 (query name)**：本欄包含一個網域名稱，長度為可變（見圖 17.18）。

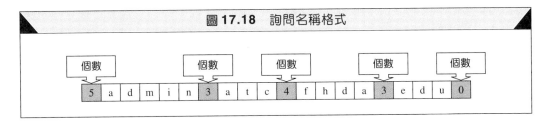

圖 17.18 詢問名稱格式

❏ **詢問類別 (query type)**：本欄 16 位元，定義詢問的類別。表 17.3 說明了一些常用的類別。最後 2 種只用在詢問訊息。

表 17.3 類別

類別	符號	意義
1	A	位址。32 位元的 IPv4 位址，被用來將一個網域名稱轉為一個 IPv4 的位址。
2	NS	名稱伺服器。定義一台具有某地區之管轄權的伺服器。
5	CNAME	制式名稱。定義一台主機的別名。
6	SOA	管轄開始。地區檔案開始之處，通常為地區檔案的第1筆紀錄。
11	WKS	公認服務。定義主機提供之網路服務。
12	PTR	指標。用來將一個 IP 位址轉換成一個網域名稱。
13	HINFO	主機資訊。告知主機的硬體及其作業系統。

類別	符號	意義
15	MX	電子郵件交換。把電子郵件轉寄給一台電子郵件伺服器。
28	AAAA	位址。IPv6 位址（見第 27 章）。
252	AXFR	要求傳送整個地區。
255	ANY	要求所有的紀錄。

❏ **詢問等級 (query class)**：本欄為 16 位元，定義使用 DNS 的通訊協定。如表 17.4 關於其值的說明。本書只考慮等級 1 (Internet)。

表 17.4　等級

類別	符號	意義
1	IN	Internet
2	CSNET	CSNET 網路（已不存在）
3	CS	COAS 網路
4	HS	MIT 的 Hesiod 伺服器

資源紀錄

每個網域名稱（在樹裡的每個節點）被關聯到一個紀錄，此紀錄稱為**資源紀錄 (resource record)**。資源紀錄存在伺服器的資料庫裡，資源紀錄由伺服器回給要求的用戶端。圖 17.19 說明了一個資源紀錄的格式。

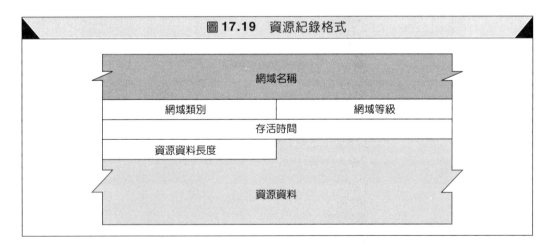

圖 17.19　資源紀錄格式

網域名稱

網域類別　網域等級

存活時間

資源資料長度

資源資料

❏ **網域名稱**：本欄的長度可變，內容包含網域名稱，由問題紀錄中的網域名稱拷貝過來。因為 DNS 規定在名字重複的地方要做壓縮，所以本欄為一指標差量，指到問題紀錄的網域名稱，見第 17.8 節的壓縮。

❏ **網域類別**：本欄與問題紀錄中的詢問類別是一樣的。但是最後兩個類別是不允許的，如表 17.3 所列。

- ❑ **網域等級**：本欄與問題紀錄中的詢問等級是一樣的。如表 17.4 所列。
- ❑ **存活時間**：本欄為 32 位元。定義回答訊息的有效時間，單位以秒計。接收者可以在這段時間內把回答訊息放在快取記憶體。如果數值為 0，表示這筆資源紀錄只使用一次，不應該放在快取記憶體內。
- ❑ **資源資料長度**：本欄 16 位元，定義資源資料的長度。
- ❑ **資源資料**：本欄的長度可變，內容包括給詢問封包的答案（於回答區域內）、管轄權伺服器的網域名稱（於管轄區域內）或額外資訊（於額外區域內）。本欄的格式與內容取決於類別欄的數值，可為下列其中一種：
  - a. **數字**：以位元組表示。例如，一個IPv4位址是4個位元組的整數，一個IPv6位址為一 16 個位元組整數。
  - b. **網域名稱**：網域名稱是以一串標記表示，每個標記之前有一個 1 位元組的長度欄，定義該標記的字元數。因為每個網域名稱是以空白標記為結束，所以每個網域名稱的最後一個位元組即為一個值為 0 的長度欄。因為長度欄的最高 2 位元為 00，所以可以分辨是否為長度欄或者為差量指標（下一節會介紹），這樣做並不會產生問題，因為一個標記的長度不能大於63個位元組，定義其長度最多只需要 6 個位元（即 111111）。
  - c. **差量指標**：網域名稱可以被差量指標給取代。差量指標的欄位長 2 個位元組，其最高 2 個位元設為 11。
  - d. **字串**：字串的代表方法是先有一個位元組的長度欄，接著就是字串。字串的長度定義在長度欄內，這個長度欄不像網域名稱內的長度欄受到限制。字串最長可達 255 個字元（包括長度欄）。

17.8　壓縮　*Compression*

DNS 規定其網域名稱若是重複出現時，要以**差量指標** (offset pointer) 取代之。例如，在資源紀錄內的網域名稱通常重複問題紀錄內的網域名稱，為了避免這個問題，DNS定義了一個 2 個位元組長的差量指標，用來指到之前出現名稱的地方。其格式如圖 17.20 中的說明。

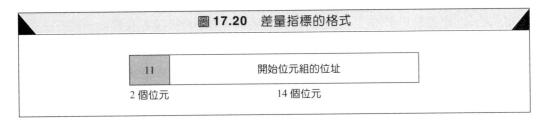

圖 17.20　差量指標的格式

其中最高 2 個位元為 11，用來分辨是差量指標還是長度欄。剩下的 14 個位元代表一個數目，指到訊息中的相對應的位元組，訊息的第 1 個位元組稱為位元組 0。例如，若差量指標指到訊息的位元組12（即第 13 個位元組），則其值為 1100000000001100。最左邊的 11 代表這是一個差量指標，而其他位元代表十進制的 12。我們在接下來的範例中展示差量指標的使用範例。

範例 1

一個解析者送出一個詢問訊息，向本地的 DNS 伺服器要求尋找主機 *chal.fhda.edu.* 的 IP 位址。這個範例的詢問與回應訊息我們分開討論。

圖 17.21 說明由解析者所送出的詢問訊息。最前面 2 個位元組為識別碼 (0x1333) 做為序號及關聯相同序號的回應訊息。因為解析者可能送出很多詢問給相同的伺服器，這個識別碼可以幫忙亂序抵達之回應的排序動作。下一個位元組為旗標，其十六進位值為 0x0100，而二進制值為 0000000100000000，將它分成以下各欄位來表示會比較有意義：

QR	OpCode	AA	TC	RD	RA	Reserved	rCode
0	0000	0	0	1	0	000	0000

圖 17.21　範例 1：詢問訊息

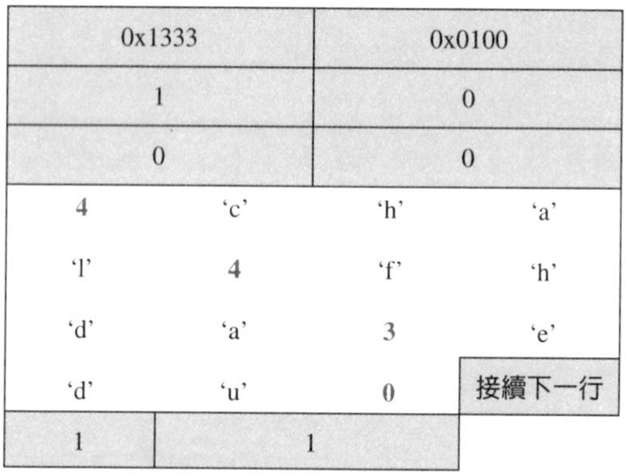

QR 位元定義此訊息為一詢問訊息。OpCode（運作碼）為 0000，代表這是標準詢問。RD 位元被設定為 1。各旗標欄位的描述請參考圖 17.16。此訊息只包含了一個問題紀錄，其網域名稱為 *4chal4fhda3edu0*。接下來的 2 個位元組定義其詢問類別為 IP 位址。最後 2 個位元組定義詢問等級為 Internet。

圖 17.22 說明了伺服器的回應訊息。回應與詢問相似，除了旗標不同及回答紀錄個數為 1 之外。旗標為 0x8180，其二進制值為 1000000110000000，我們再一次將它分成以下各欄位來表示：

QR	OpCode	AA	TC	RD	RA	Reserved	rCode
1	0000	0	0	1	1	000	0000

QR 位元定義此訊息為回應訊息，OpCode（運作碼）為 0000，代表標準詢問。RA、RD 都設定為 1。此訊息包括一個問題紀錄及一個回答紀錄。問題紀錄和詢問訊息中的相同（重複），所以回答紀錄有一個指標 0xC00C（被分成兩行），用來指向問題紀錄，以避免重複網域名稱。接下來的欄位定義網域類別（位址）。之後那個欄位定義網域等級 (Internet)。數值為 12,000 那一欄是 TTL（代表 12,000 秒）。接著是資源資料的長度，之後為 IP 位址 153.18.8.105。

圖 17.22 範例 1：回應訊息

0x1333		0x8180	
1		1	
0		0	
4	'c'	'h'	'a'
'l'	4	'f'	'h'
'd'	'a'	3	'e'
'd'	'u'	0	接續下一行
1		1	0xC0
0x0C		1	接續下一行
1		12000	接續下一行
		4	153
18	8	105	

範例 2

一台 FTP 伺服器收到來自位址 153.2.7.9 的 FTP 用戶端封包，FTP 伺服器要確認此 FTP 用戶是否為一合法授權用戶，FTP 伺服器可以詢問一個含有授權用戶名稱列表的檔案，但是此檔案只列出網域名稱，而 FTP 伺服器只有從剛剛收到的 IP 資料包中的來源位址獲得要求的用戶端之 IP 位址。所以，FTP 伺服器要求解析者（DNS 用戶端）送一個反向詢問給 DNS 伺服器，要找出這個 FTP 用戶的名稱，這個範例的詢問與回應訊息我們分開討論。

圖 17.23 說明了解析者傳送給伺服器的詢問訊息。前 2 個位元組為識別碼 (0x1200)。接著旗標值為 0x0900，其二進制值為 0000100100000000，我們將它分成以下各欄位來表示：

QR	OpCode	AA	TC	RD	RA	Reserved	rCode
0	0001	0	0	1	0	000	0000

OpCode（運作碼）為 0001，代表是反向詢問。訊息中只有一個問題紀錄，網域名稱為 *19171231537in-addr4arpa*。接下來的 2 個位元組定義詢問類別為 PTR。最後 2 個位元組定義詢問等級為 Internet。

圖 17.24 說明了回應訊息。旗標值為 0x8D80，二進制為 1000110110000000，我們將它分成以下各欄位來表示：

QR	OpCode	AA	TC	RD	RA	Reserved	rCode
1	0001	1	0	1	1	000	0000

此訊息含有一個問題紀錄及一個回答紀錄。問題紀錄和詢問訊息中的相同（重複），而回答紀錄有一個指標 0xC00C 指到問題紀錄，用來取代重複的網域名稱。下一個欄位定

圖 17.23 範例 2：反向詢問訊息

0x1200		0x0900	
1		0	
0		0	
1	'9'	1	'7'
1	'2'	3	'l'
'5'	'3'	7	'i'
'n'	'-'	'a'	'd'
'd'	'r'	4	'a'
'r'	'p'	'a'	0
12		1	

圖 17.24 範例 2：反向回應訊息

0x1200		0x8D80	
1		1	
0		0	
1	'9'	1	'7'
1	'2'	3	'l'
'5'	'3'	7	'i'
'n'	'-'	'a'	'd'
'd'	'r'	4	'a'
'r'	'p'	'a'	0
12		1	
0xC00C		12	
1		接續下一行	
24000		10	
4	'm'	'h'	'h'
'e'	3	'c'	'o'
'm'	0		

義網域類別為 PTR，再下一個欄位定義網域等級為 Internet。之後的欄位則定義 TTL
（24,000 秒），接下來是資源資料長度欄 (10)，最後為網域名稱 *4mhhe3com0*，代表
mhhe.com。

範例 3

在UNIX或Windows系統中，*nslookup*系統工具可以用來檢索位址／名稱之對應關係。
下面顯示我們如何給予一個網域名稱來檢索其對應的位址。

> $ **nslookup fhda.edu**
> Name: fhda.edu
> Address: 153.18.8.1

nslookup 系統工具也可以讓我們給予一個位址來檢索其對應的網域名稱，如下所示：

> $ **nslookup 153.18.8.1**
> 1.8.18.153.in-addr.arpa name = tiptoe.fhda.edu

17.9 動態網域名稱系統 (DDNS)
Dynamic Domain Name System (DDNS)

當DNS設計時，沒有人猜到地址會改變得如此頻繁。在DNS中，如果有任何改變，例
如，加入一台新電腦、移去一台電腦或變更IP地址時，要將這些更新反應到DNS主控
檔案裡，這類型的改變需要大量的人工更新動作。依今日Internet的規模，是不允許使
用人工來做這些工作。

DNS主控檔案必須要動態地更新，**動態網域名稱系統 (Dynamic Domain Name
System, DDNS)** 即為此目的而設計。在DDNS中，當名稱與位址對應決定後，這個訊
息通常藉著DHCP（見第16章）送到主DNS伺服器，主伺服器就更新管轄地區的資訊。
副伺服器也會被告知，可能是主動或是被動方式，主動是由主伺服器告知副伺服器有改
變，被動是由副伺服器定期檢查是否有何改變，不論用哪一種方法，在被通知有改變
後，副伺服器向主伺服器要求傳送整個地區的資訊（地區傳送）。DDNS可以使用認證
的方法來提高資料的安全性，防止DNS紀錄被非法更改。

17.10 封裝 *Encapsulation*

DNS可以使用UDP或TCP。不論哪一種方式，所用的公認埠號都是53。當回應訊息長
度小於512個位元組時，可以使用UDP，因為UDP封包的大小通常設定在512個位元
組，如果回應大於512個位元組，那麼就要使用TCP連線。在這樣的情況下，有以下兩
種實例會發生：

❑ 如果解析者事先知道回應訊息大於512個位元組，它應該使用TCP連線。例如，副
伺服器需要從主伺服器傳整個地區檔案，副伺服器就應該使用TCP連線，因為要傳
送的資料通常大於512個位元組。

❑ 如果解析者不知道回應訊息的大小，它可以使用UDP埠。不過，如果回應訊息超過
512個位元組，伺服器將訊息砍到剩下512個位元組並設定TC位元，之後，解析者
重開一個TCP連線，重送原本的要求，以獲得全部的回應訊息。

DNS可以使用UDP或TCP的服務，使用公認埠53號。

17.11 重要名詞 *Key Terms*

快取 (caching)

壓縮 (compression)

國家網域 (country domain)

DNS 伺服器 (DNS server)

網域 (domain)

網域名稱 (domain name)

網域名稱空間 (domain name space)

網域名稱系統 (Domain Name System, DNS)

動態網域名稱系統 (Dynamic Domain Name System, DDNS)

單層式命名空間 (flat name space)

完全合格網域名稱 (Fully Qualified Domain Name, FQDN)

一般網域 (generic domain)

階層式命名空間 (hierarchical name space)

主機檔案 (host file)

反向網域 (inverse domain)

疊代式求解 (iterative resolution)

標記 (label)

名稱空間 (name space)

名稱位址對應解析 (name-address resolution)

部分合格網域名稱 (Partially Qualified Domain Name, PQDN)

主伺服器 (primary server)

詢問訊息 (query message)

問題紀錄 (question record)

遞迴式求解 (recursive resolution)

註冊機構 (registrar)

解析者 (resolver)

資源紀錄 (resource record)

回應訊息 (response message)

根標記 (root label)

根伺服器 (root server)

副伺服器 (secondary server)

子網域 (subdomain)

後置字元 (suffix)

地區 (zone)

17.12 摘要 *Summary*

❑ 網域名稱系統 (DNS) 為一用戶／伺服應用，使用具唯一性且使用者易讀的名稱來識別 Internet 上的每一台電腦。

❑ DNS 以階層式的結構來命名，命名不必集中控制。

❑ DNS 可被視為一種反向階層樹的結構，有一個根節點在頂點，最多可分為128層。

❑ 在樹中的每一個節點都有一個網域名稱。

❑ 一個網域被定義成整個網域名稱空間的任何一個子樹。

❑ 整個名稱空間的訊息分散在各個 DNS 伺服器裡，每台伺服器都有管轄地區。

❑ 根伺服器的地區為整個 DNS 樹。

❑ 主伺服器負責建立、維護或更新其所管轄地區的名稱資訊。

❑ 副伺服器由主伺服器獲得地區的名稱資訊。

❑ 網域名稱空間可劃分成3個部分，即一般網域、國家網域，及反向網域。

❑ 目前有14個一般網域，每個定義一種組織形態。

❑ 每一個國家網域定義一個國家。

❑ 反向網域可以由給予一個 IP 位址而找到其對應的網域名稱，這稱為位址對名稱的解析。

❑ 名稱伺服器就是執行 DNS 伺服端程式的電腦，被使用階層的方式來安排。

❑ DNS 用戶端程式稱為解析者，將一個名稱對應到一個位址或將一個位址對應到一個名稱。

❑ 在遞迴式求解中，用戶端將詢問訊息傳送到一台伺服器，最後由這台伺服器提供答案。

❑ 在疊代式求解中，用戶端在得到答案之前可能要把詢問訊息傳送給好幾台伺服器。

❑ 快取的機制就是將訊問所得的答案儲存在記憶體中（一段限制的時間），可以提供給未來的要求更快速的存取。

❑ 完全合格網域名稱 (FQDN) 為一網域名稱，包含的標記從主機開始一層一層到根為止。

❑ 部分合格網域名稱 (PQDN) 為一網域名稱，沒有包含位於主機到根間的所有各層標記。

❑ DNS 的訊息有兩種，分別是詢問訊息與回應訊息。

❑ DNS 的紀錄有兩種，分別是問題紀錄與資源紀錄。

❑ DNS 使用差量指標來代替訊息中重複的網域名稱。

❑ 動態 DNS (DDNS) 自動更新 DNS 主控檔案。

❑ DNS 訊息若小於 512 個位元組可使用 UDP 的服務，反之使用 TCP。

17.13　習題　*Practice Set*

練習題

1. 以下何者為 FQDN？何者為 PQDN？

    (a) xxx

    (b) xxx.yyy.

    (c) xxx.yyy.net

    (d) zzz.yyy.xxx.edu.

2. 以下何者為 FQDN？何者為 PQDN？

    (a) mil.

    (b) edu.

    (c) xxx.yyy.net

    (d) zzz.yyy.xxx.edu

3. 某詢問訊息要求一個位址，要以遞迴式取得，試寫出其旗標欄的數值（以十六進制表示）。

4. 某一非管轄訊息攜帶反向回應，寫出其旗標的數值（以十六進制表示）。解析者要求一遞迴式回應，但遞迴式回答無法獲得。

5. 分析旗標 0x8F80。

6. 分析旗標 0x0503，為有效旗標嗎？

7. 問題紀錄的長度是固定的嗎？

8. 資源紀錄的長度是固定的嗎？

9. 某一問題紀錄包含 *fhda.edu* 這個網域名稱，此問題紀錄的長度是多少？

10. 某一問題紀錄包含一個 IP 位址，此問題紀錄的長度是多少？

11. 某一資源紀錄包含 *fhda.edu* 這個網域名稱，此資源紀錄的長度是多少？

12. 某一資源紀錄包含一個 IP 位址，此資源紀錄的長度是多少？

13. 某一詢問訊息要求 *challenger.atc.fhda.edu* 的 IP 位址，此訊息的長度為多少？

14. 某一詢問訊息要求 185.34.23.12 的網域名稱，此訊息的長度為多少？

15. 回應第 13 題中詢問訊息的回應訊息其長度為多少？

16. 回應第 14 題中詢問訊息的回應訊息其長度為多少？

17. 重做範例 1，使用的回應訊息包含一個回答紀錄及一個管轄紀錄，定義 *fhda.edu* 為管轄伺服器。

18. 重做第 17 題，增加一個額外紀錄，用來定義管轄伺服器的位址為 153.18.9.0。

19. 某 DNS 用戶找尋 xxx.yyy.com 的 IP 位址，寫出此詢問訊息每個欄位內的數值。

20. 假設 IP 位址為 201.34.23.12，寫出 DNS 伺服器對第 19 題的回應訊息。

21. 某 DNS 用戶找尋 xxx.yyy.com 及 aaa.bbb.edu 的 IP 位址，寫出此詢問訊息每個欄位內的數值。

22. 寫出 DNS 伺服器對第 21 題的回應訊息，假設 IP 位址為 14.23.45.12 及 131.34.67.89。

23. 寫出第 21 題的回應訊息，假設 DNS 伺服器可以解決第一個但無法解決第二個。

24. 某 DNS 用戶端尋找 IP 為 132.1.17.8 的電腦名稱，寫出這個詢問訊息。

25. 寫出 DNS 伺服器對第 24 題的回應訊息。

26. 將第 19 題的詢問訊息封裝在一個 UDP 使用者資料包中。

27. 將第 20 題的回應訊息封裝在一個 UDP 使用者資料包中。

資料檢索

28. 比較 DNS 的結構與 UNIX 的目錄結構。

29. 在 UNIX 目錄中與 DNS 結構中的句點等效的是什麼？

30. 在 DNS 中網域名稱從一個節點開始，然後連到樹根，在 UNIX 裡的路徑名稱也是這樣嗎？

31. 我們可以說 DNS 的 FQDN 與 UNIX 的絕對路徑名稱相同，而 DNS 的 PQDN 與 UNIX 的相對路徑名稱相同嗎？

32. 請找出所有關於 DNS 的 RFC 文件。

33. 找出如何在 Windows 系統下使用 *nslookup* 系統工具。

34. 找出 *nslookup* 系統工具的所有選項功能。

35. 使用 *nslookup* 系統工具來檢索一些你熟識的網域名稱。

36. 使用 *nslookup* 系統工具來檢索一些商業網站的 IP 位址。

CHAPTER 18

遠端登錄：TELNET

Remote Login: TELNET

現 今的Internet及其TCP/IP通訊協定的主要工作就是提供服務給使用者。例如，使用者想要在遠端電腦上執行不同的應用程式，有了結果後再傳到自己的電腦。要滿足這些需求，必須為不同的服務建立各種用戶／伺服程式，像檔案傳送程式（FTP及TFTP）和電子郵件 (SMTP)，這些程式現在都已存在。但是，我們沒有辦法替每一種需求都寫一個特別的用戶／伺服程式。

比較好的解決方案，是提供一種一般用途的用戶／伺服程式，讓使用者能夠使用遠端電腦的任何一種應用程式，換言之，允許使用者登錄到一台遠端電腦。在登錄後，使用者可以使用遠方電腦上可用的服務，然後將結果傳回本地電腦。

本章我們要介紹這種用戶／伺服應用程式：TELNET。 **TELNET** 就是**終端機網路** (TErminaL NETwork) 的縮寫。 TELNET 使用 TCP/IP 通訊協定，提供 ISO 所建議的虛擬終端機服務。TELNET建立一個與遠方電腦的連線，讓本地終端機看起來如遠方電腦的終端機一樣。

> TELNET 屬於一種一般用途的用戶／伺服應用程式。

18.1 觀念 *Concept*

TELNET 與下面幾個觀念有關。

分時環境

TELNET 被設計時，大多數的作業系統，如 UNIX，運作在一種**分時共享 (time-sharing)** 的環境中。在這種環境中，一個大型電腦可以支援很多使用者，使用者與電腦之間的互動是透過終端機。終端機為鍵盤、螢幕，及滑鼠之組合，一般的個人電腦可以使用終端機模擬器 (terminal emulator) 來模擬一台終端機。

在一個分時共享的環境中，由中央電腦處理所有的程序。當使用者由鍵盤鍵入一個字元，這個字元被送到電腦並出現在螢幕上。分時共享創造一種環境，讓每一位使用者認為他或她擁有一台專用的電腦，使用者可以執行程式、使用系統資源、從某個程式換到另一個等等。

登錄

在一個分時共享的環境中，使用者有某種程度的權限去使用系統的資源。每一位合法的使用者有一個使用者身分識別碼 (ID) 及一個密碼，使用者 ID 定義使用者為系統的一部分。要使用系統時，使用者登錄其帳號 (即其使用者 ID)，系統檢查密碼以防止未授權者之使用。

本地登錄

若使用者登錄到一台本地的分時共享系統，稱為**本地登錄 (local login)**。當使用者在終端機或執行終端機模擬程式的工作站鍵入字元後，這些字元被終端機驅動程式所接受而送給作業系統，接著作業系統解釋這些字元的意義，開啟想要執行的應用程式或軟體工具 (見圖 18.1)。

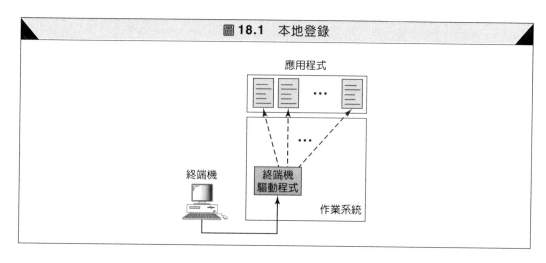

圖 18.1　本地登錄

以上這些機制可能不是看起來這樣簡單，因為作業系統或許會設定特別的意義給特別的字元。例如，在 UNIX 作業系統裡，某些字元的組合有其特別意義，如 Ctrl + z 代表暫停，Ctrl + c 代表放棄等。這些特別的字元組合在本地登錄時不會有任何問題，因為終端機的驅動程式知道每一個字元或組合的正確意義，但是，遠端登錄時可能會產生問題，哪個程序應該解釋這些特別的字元呢？是用戶端還是伺服端？接著我們要將這個問題解釋清楚。

遠端登錄

當使用者想要使用遠方電腦的應用程式或工具時，必須執行**遠端登錄 (remote login)**。這時候就要使用 TELNET 的用戶端及伺服端程式。使用者的按鍵被送到終端機驅動程式，由本地作業系統接收這些字元，但不解釋它們。這些字元被送到 TELNET 用戶端程式，由 TELNET 用戶端程式將這些字元轉成一種通用字元集，稱為**網路虛擬終端機字元 (Network Virtual Terminal character, NVT)** 之後，送到本地的 TCP/IP 堆層 (見圖 18.2)。

被鍵入的命令或本文 (使用 NVT 格式) 經由 Internet 到達遠端機器的 TCP/IP 堆層。這些字元被傳遞到作業系統，然後傳給 TELNET 伺服端程式，這個 TELNET 伺服端程式

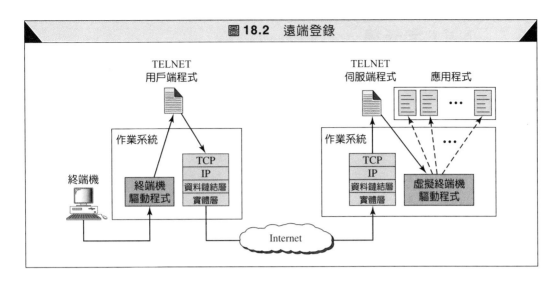

圖 18.2　遠端登錄

把接收到的字元轉換成遠端終端機看得懂的字元。但是，這些字元不能直接傳給作業系統，因為遠方的作業系統並沒有被設計用來接收由 TELNET 伺服端程式送來的字元，而是被設計用來接收由終端機驅動程式送來的字元，所以解決之道是加入一個所謂的**虛擬終端機驅動程式 (pseudo-terminal driver)** 的軟體，這個軟體假設這些字是來自一台終端機，然後作業系統把虛擬終端機驅動程式送來的字元交給適當的應用程式。

18.2　網路虛擬終端機 (NVT)　*Network Virtual Terminal (NVT)*

存取一台遠端電腦是很複雜的，這是因為每台電腦和它的作業系統把接收來的字元視為記號 (token)。例如，在 DOS 作業系統裡，檔案結束記號為 Ctrl + z，但在 UNIX 作業系統則為 Ctrl + d。

我們面對的是各式各樣的系統，如果我們想要用世界上任何一台電腦，我們必須知道要連上去的是哪一種電腦，要安裝那台電腦所使用的終端機模擬程式。TELNET 解決了這個問題，因為它定義一種通用的介面，稱為**網路虛擬終端機字元集 (NVT)**。經由這個介面，用戶端 TELNET 將來自本地終端機的字元轉成 NVT 格式，將之送到網路上，伺服端的 TELNET 再把字元由 NVT 格式轉為遠端電腦所接受的格式。圖 18.3 說明了這個觀念。

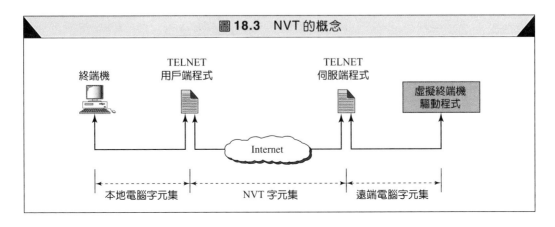

圖 18.3　NVT 的概念

18.3 NVT 字元集 *NVT Character Set*

NVT 使用兩組字元：一組為資料，另一組為遠端控制用。兩者皆為 8 位元。

資料字元

NVT 使用 NVT ASCII 來代表資料，這是 8 位元的字元集，其中最低的 7 個位元與 US ASCII 一樣，而最高的那個位元為 0（見圖 18.4）。雖然也可以送出一個最高位元為 0 或 1 的 8 位元 ASCII 字元，但是必須由用戶端與伺服端事先談好選項才能做。

圖 18.4　資料字元的格式

0							

控制字元

在兩台電腦間（用戶端到伺服端或相反方向）傳送**控制字元 (control character)**，NVT 使用 8 位元的字元集，其中最高位元設為 1（見圖 18.5）。

圖 18.5　控制字元的格式

1							

表18.1列出一些遠端控制字元及其意義。等一下我們會介紹這些控制字元的功能。

表 18.1　一些 NVT 遠端控制字元

字元	十進制值	二進制值	意義
EOF	236	11101100	檔案結束
EOR	239	11101111	記錄結束
SE	240	11110000	子選項結束
NOP	241	11110001	不動作
DM	242	11110010	資料標記
BRK	243	11110011	跳出
IP	244	11110100	中斷程序
AO	245	11110101	中止輸出

字元	十進制值	二進制值	意義
AYT	246	11110110	你在那裡嗎？
EC	247	11110111	刪去字元
EL	248	11111000	刪去行
GA	249	11111001	前進
SB	250	11111010	子選項開始
WILL	251	11111011	同意去致能選項
WONT	252	11111100	拒絕去致能選項
DO	253	11111101	核准選項要求
DONT	254	11111110	否決選項要求
IAC	255	11111111	解釋（下一個字元）為控制字元

18.4　嵌入　*Embedding*

TELNET 只使用一條 TCP 連線，伺服端使用公認埠 23 號，而用戶端使用短暫埠號。使用同一條連線來傳送資料及遠端控制字元，TELNET 將控制字元嵌入資料串流而達到只使用一條連線。但為了區分資料與控制字元，每個控制字元之前被加入一個特別的控制字元，稱為**解釋為控制字元 (Interpret As Control, IAC)**。例如，某使用者想要伺服器去顯示一個在遠端伺服器中的檔案 (*file1*)，使用者可以鍵入：

> *cat file1*

　　但是使用者將檔案的名稱打錯了（把 *file1* 打成 *filea*），所以使用者使用後退鍵 (backspace key) 來修正這個錯誤。

> *cat filea<backspace>1*

　　但是在 TELNET 的預設實作中，使用者不能夠在本地編輯，編輯的動作必須由遠端伺服器來完成，所以後退字元被轉換成兩個遠端控制字元 (IAC EC)，這兩個字元被嵌入在資料中傳送給遠端伺服器，圖 18.6 說明了傳送到遠端伺服器的內容。

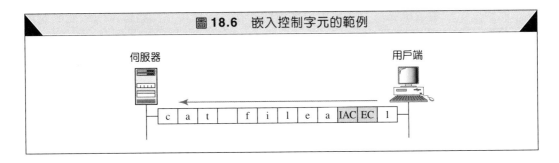

圖 18.6　嵌入控制字元的範例

18.5 選項 *Options*

TELNET允許用戶端與伺服端在使用之前或使用中，協商要使用的選項功能。選項為一些額外的功能，提供使用者一些較複雜的終端機功能。較簡單的終端機只需要使用到一些精簡的功能即可。前面提及的一些控制字元可以用來定義選項。表18.2列出了一些常見的選項。

表 18.2 選項

代碼	選項	意義
0	二進制	使用 8 位元二進制傳輸
1	回應	把在某一方接收到的資料回應給對方
3	抑制前進	資料之後抑制前進訊號
5	狀態	要求 TELNET 的狀態
6	時序標記	定義時序記號
24	終端機種類	設定終端機種類
32	終端機速度	設定終端機速度
34	行模式	轉換為行模式

各選項的意義如下：

❏ **二進制**：本選項允許接收者以二進制資料解釋所收到的每個 8 位元的字元（除了 IAC 之外）。當接收到 IAC 後，其後的字元被解釋成命令，不過如果收到連續 2 個 IAC，第 1 個被丟棄，第 2 個解釋為資料。

❏ **回應**：這個選項讓伺服器可以回應其接收到的用戶資料，表示每個由用戶端傳送給伺服器的字元都會回應到用戶端終端機的螢幕上。如此一來，使用者終端機所顯示的字元並不是在字元被鍵入時就顯示在其螢幕上，而是等到接收來自伺服器的回應後才做顯示。

❏ **抑制前進**：本選項會抑制前進字元 (GA) 所引起的動作。我們將於第 18.11 節介紹 TELNET 模式時再介紹 GA。

❏ **狀態**：這個選項讓使用者或者用戶端執行的程序，獲得在伺服器端所致能的選項狀態。

❏ **時序標記**：這個選項讓一方可以發出一個時序標記，告知所有之前接收到的資料都已經被處理。

❏ **終端機種類**：這個選項讓用戶端去傳送它的終端機種類。

❏ **終端機速度**：這個選項讓用戶端去傳送它的終端機速度。

❏ **行模式**：這個選項讓用戶端可以換到行模式，稍後再介紹行模式。

18.6 選項商議 *Option Negotiation*

用戶端程式與伺服端程式要先進行**選項商議 (option negotiation)** 才能使用前面所提的各種選項。可使用 4 種控制字元來進行這個動作，如表 18.3 所列。

表 **18.3** 使用於選項商議的 NVT 字元集

字元	十進制	二進制	意義
WILL	251	11111011	1. 提出致能 2. 接受要求致能
WONT	252	11111100	1. 拒絕要求致能 2. 提出禁能 3. 接受要求禁能
DO	253	11111101	1. 同意提出致能 2. 要求致能
DONT	254	11111110	1. 不同意提出致能 2. 同意提出禁能 3. 要求禁能

致能一個選項

有些選項只能經由伺服器來**致能 (enable)**，有些由用戶端來致能，有些二者都可。將選項致能的兩種方式分別是**提出 (offer)**，或者是**要求 (request)**。

提出致能

某一方可以提出要去致能某個選項（如果它有權限的話），對方可以同意或不同意這項提案。提出的一方送出 *WILL* 命令來表示「我可以把這個選項致能嗎？」對方可以送出 *DO* 命令來表示「可以、請便」，或者是送出 *DONT* 命令來表示「請不要」（見圖18.7）。

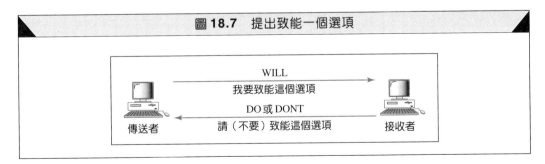

圖 **18.7** 提出致能一個選項

要求致能

某一方可以要求對方去致能某個選項，對方可以接受或拒絕這項要求。要求的一方送出 *DO* 命令來表示「請致能這個選項」。對方可以送出 *WILL* 命令來表示「我會的」，或者送出 *WONT* 命令來表示「我不要」（見圖 18.8）。

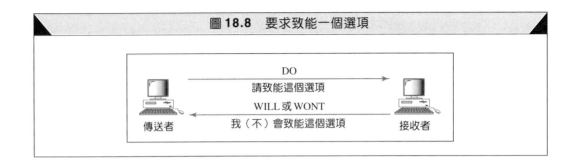

圖 18.8　要求致能一個選項

禁能一個選項

已經被致能的選項可以被任何一方來**禁能** (disable)。禁能的方法也是透過**提出**或**要求**。

提出禁能

某一方可以提出要禁能某個選項，對方必須同意該提案，不可以不同意。提出的一方送出 *WONT* 命令來表示「我不要再使用這個選項了」；回答必須是 *DONT* 命令，表示「不要再使用了」（見圖 18.9）。

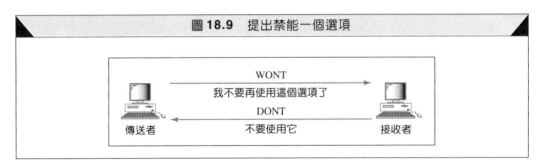

圖 18.9　提出禁能一個選項

要求禁能

某一方可以要求對方去禁能一個選項。另一方必須接受這個要求，不可以拒絕。要求的一方送出 *DONT* 命令，表示「請不要再使用這個選項了」；回答必須為 *WONT* 命令，表示「我不使用了」（見圖 18.10）。

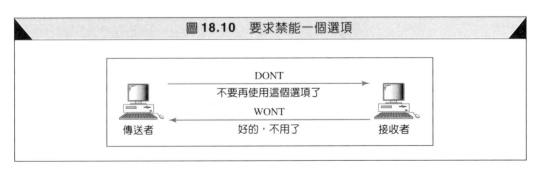

圖 18.10　要求禁能一個選項

範例 1

圖 18.11 說明了一個選項商議的過程。在本例中,用戶端想要伺服端回應 (echo) 每一個送給伺服端的字元,換言之,當使用者在鍵盤鍵入字元之後,字元被處理前要先到伺服端,然後送回使用者的螢幕上。因為字元是由伺服端程式送回使用者終端機,所以用戶端應該傳送 DO 命令來要求伺服端程式去致能 ECHO 選項。這個要求包含 3 個字元:IAC、DO,及 ECHO,伺服端程式接受這個要求並且去致能 ECHO 選項,所以伺服端程式傳送以下三個字元:IAC、WILL 及 ECHO 來通知用戶端。

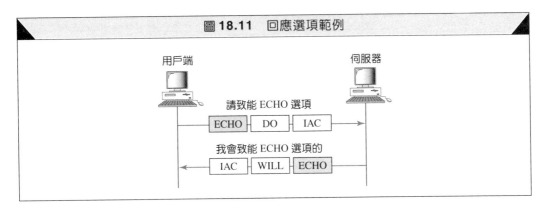

圖 **18.11** 回應選項範例

對稱性

TELNET 特別的地方是,用戶端和伺服端程式在商議選項的使用時,其地位是平等的。也就是說,選項商議是對稱的。這表示連線一開始時,雙方使用預設的 TELNET 功能,此時沒有任何選項被致能。如果某一方要求致能某個選項,它可以提出或要求對方,對方有權同意提案或拒絕要求,取決於這方是否有能力使用這個選項,或要不要使用這個選項。這樣做,可使得 TELNET 具備擴充性。用戶端或伺服端程式可以安裝一些選項功能較強的 TELNET,當連到對方後,它可以提出或要求使用這些新的選項,如果對方也支援這些選項,那麼這些選項就可以被致能,否則只好拒絕。

18.7 子選項商議 *Sub-Option Negotiation*

有些選項需要更多的資訊,例如,定義終端機種類或速度時,其商議項目包括一個字串或數字來定義種類或速度。表 18.4 列出在**子選項商議 (sub-option negotiation)** 時所需要的 2 個子選項字元。

表 **18.4** 使用於子選項商議的 NVT 字元集

字元	十進制	二進制	意義
SE	240	11110000	子選項結束
SB	250	11111010	子選項開始

舉例來說,終端機種類是由用戶端來設定,如圖 18.12 所示。

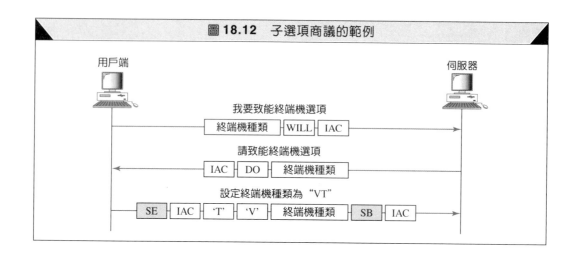

圖 18.12　子選項商議的範例

18.8　控制伺服器　*Controlling the Server*

有些控制字元可以用來控制遠端的伺服器。當一個應用程式在本地電腦上執行時，有些特定的字元可以用來中斷（中止）程式的執行（例如 Ctrl + c），或是用來刪除剛剛鍵入的字元（刪除鍵或後退鍵）。但是，當應用程式是在遠端電腦上執行時，這些控制字元就要送到遠端的電腦，使用者依然鍵入相同的字元，但是這些控制字元要被改成特別的字元，然後送到伺服端程式。表18.5列出這些特別的控制字元，用來控制在伺服端上執行的應用程式。

表 18.5　用來控制伺服端應用程式的字元

字元	十進制	二進制	意義
IP	244	11110100	中斷程序
AO	245	11110101	中止輸出
AYT	246	11110110	你在那裡嗎？
EC	247	11110111	刪去最後一個字元
EL	248	11111000	刪去一行

讓我們更詳細地看看這些字元：

❑　**IP（中斷程序）**：當程式在本地電腦執行時，使用者可以中斷程式。例如，當程式跑進一個無窮迴圈時，就可能需要中斷它。使用者可以同時按下 Ctrl + c，之後作業系統呼叫一個程式函數去把原本正在執行的程式刪除掉。但是，如果應用程式是在一台遠端電腦上執行，就要透過遠端電腦的作業系統來執行程式中斷這件事。TELNET 定義 IP（中斷程序）這個控制字元給遠端機器讀取，以便呼叫程式函數來執行程式中斷這件事。

❑　**AO（中止輸出）**：AO作用與IP相同，不過，AO允許該程式繼續執行，但是不產生輸出，這對除了產生輸出之外，尚有其他目的的程序相當有用。使用者只想要程式的執行狀態，但不要輸出。例如，大部分的 UNIX 命令會產生輸出與一個結束狀態，使用者可能繼續想使用結束狀態來做其他事，但對輸出的資料沒有興趣。

❑ **AYT（你在那裡嗎？）**：當伺服端程式很久都沒有音訊時，這個控制字元可以用來決定，是否遠端機器仍然屬於開機狀態並正常運作中。當伺服端程式接收到這個字元後，它通常會送回一個聲音或視訊訊號來表示它正常運作中。

❑ **EC（刪除字元）**：當使用者由鍵盤鍵入資料給本地電腦時，可以用刪除鍵或是後退鍵來除去最後一個鍵入的字元，要在遠端電腦做相同的事，TELNET 會使用 EC 這個控制字元。

❑ **EL（刪除一行）**：這個控制字元用來刪除在遠端主機上的目前那一行字元。

舉例來說，圖 18.13 說明了如何中斷一個在伺服端已出問題的應用程式。使用者鍵入 Ctrl + c，但是 TELNET 用戶端程式會將之轉為 IAC 及 IP 的組合，然後傳送給伺服端程式。

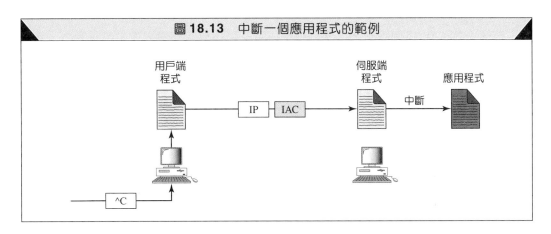

圖 18.13　中斷一個應用程式的範例

18.9　頻外信號通知　*Out-of-Band Signaling*

有些特別情況需要更有效率地使用控制字元，TELNET 使用一種**頻外信號通知 (out-of-band signaling)** 的技術，這是說，控制字元放在 IAC 後，可以不依照原訂的傳送順序而提早送到遠端的程序。

　　試想，如果一個在伺服端執行的應用程式跑入無窮迴圈且不再接受任何新的輸入資料。使用者想中斷這個程式，但是此程式不再由其緩衝區讀入任何資料。在伺服端的 TCP 發現緩衝區已滿，送一個區段說用戶端窗口應該為 0，換句話說，在伺服端的 TCP 宣布不再接收任何正常的資料。要解決這個問題，可由用戶端送出一個緊急 TCP 區段給伺服端，緊急區段優先於原來正規的流量控制機制。雖然 TCP 不接收正常的區段，但它必須接受一個緊急的區段。

　　當 TELNET 程序（用戶端或伺服端）要不依照原訂的傳送順序傳送一些控制字元到另一個程序時，TELNET 會將這些不依序給出的字元插入資料串流，並在這些字元前面加上一個特別的字元稱為 DM（資料標記）。但是，為了要對方能夠不依原訂順序來處理這些控制字元，傳送端要建立一個緊急 TCP 區段，並把緊急指標指到 DM 這個字元，當接收端 TCP 接收到這個區段後，它會把資料讀出來，並把任何在控制字元（像 IAC、IP）之前的資料去掉。當讀到 DM 這個字元後才正常處理 DM 後的資料。換言之，DM 被用來當作一個同步 (synchronization) 的字元，它把接收端的 TCP 從原來的緊急模式切換到正常模式，且重新同步雙方，如圖 18.14 所示。

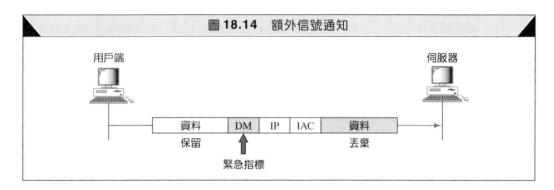

這樣一來，IP 這個控制字元就可以不依原訂順序傳送到對方作業系統手中，然後作業系統再呼叫適當的程式函數去中斷那個正在執行的程式。

18.10　跳脫字元　*Escape Character*

使用者鍵入的字元通常都是給伺服器，有時候使用者只想由用戶端解釋這些字元而不是由伺服端。要達到這個目的，使用者可以使用跳脫字元 Ctrl +]（用 ^] 來表示），這個訊息告訴用戶端，這個命令不是給遠端的伺服端程式而是給用戶端的。圖 18.15 比較了在本地端和遠端使用跳脫字元的中斷應用程式之不同。本圖說明其在送出跳脫字元之後的動作。

18.11　運作模式　*Mode of Operation*

大部分的 TELNET 運作的模式有下列 3 種，即預設模式 (default mode)、字元模式 (character mode)，及行模式 (line mode)。

預設模式

如果經過選項商議後不用其他模式，就採用預設模式。在這個模式中，回應是由用戶端自己做，使用者鍵入 1 個字元後，用戶端就把它顯示在螢幕上，但是不會傳送，一直等到整行都完成後才傳送出去。在整行傳送給伺服端之後，用戶端會等待伺服端傳回 1 個 GA（前進）的命令，之後才會再接受使用者新的 1 行。由於運作方式屬於半雙工模式，而 TCP 連線屬於全雙工模式，也就表示半雙工模式的效率不好，所以預設模式愈來愈少用了。

字元模式

在字元模式中，每個鍵入的字元由用戶端傳送到伺服端，通常伺服端程式會回應字元以顯示在用戶端的螢幕上。用這種方式，字元回應來回所花的時間可能會因傳輸時間而延

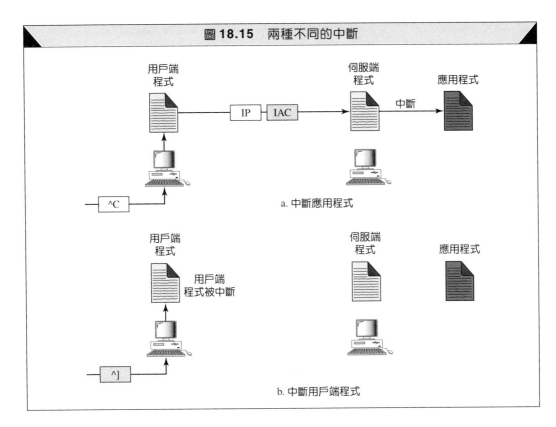

圖 18.15 兩種不同的中斷

a. 中斷應用程式

b. 中斷用戶端程式

遲（例如使用衛星連線），而且對網路而言會產生額外的負擔（傳輸量），因為每傳送 1 個字元就需要 3 個 TCP 區段，其包括：

1. 使用者鍵入 1 個字元，然後傳送給伺服端程式。
2. 伺服端回應已經接收到該字元，並把它回傳給用戶端（總共 1 個區段）。
3. 用戶端回應已經收到回傳過來的字元。

行模式

行模式改進預設模式及字元模式的缺點。在行模式中，整行的編輯（包括回應到螢幕、字元清除及整行清除等）都由用戶端來做，之後用戶端將整行傳送給伺服端。

　　行模式看起來像預設模式，但並不一樣，預設模式運作在半雙工模式，而行模式運作在全雙工模式，用戶端一行接著一行傳送給伺服端，不用等待伺服端回傳 GA（前進）這個字元。

範例 2

在本範例中，我們使用預設模式來運作，並說明其觀念及缺點（儘管現在它幾乎已被淘汰）。用戶端與伺服端商議終端機種類、速度，然後伺服端檢查使用者登錄及其密碼（見圖 18.16）。

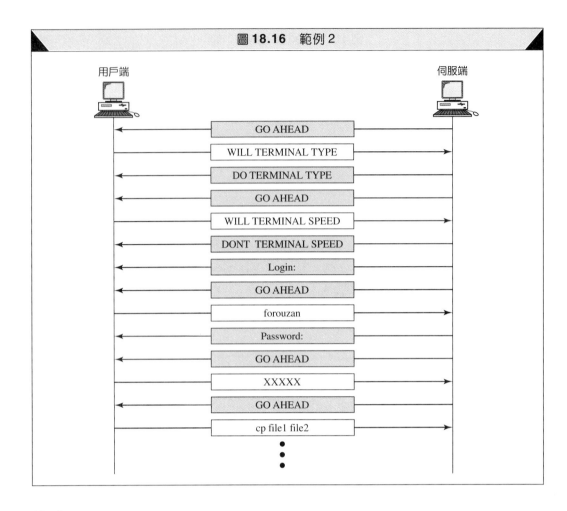

範例2

圖 18.16

範例 3

在本範例中，我們展示用戶端如何切換到字元模式，這需要用戶端要求伺服端去致能抑制前進 (SUPPRESS GO AHEAD) 及回應 (ECHO) 這兩個選項（見圖 18.17）。

18.12 使用者介面 *User Interface*

正常狀況下，使用者不會使用前面所述的 TELNET 命令，通常作業系統（例如 UNIX）會定義一個易於使用者操作的介面。表18.6中列出了介面裡的一些命令，注意表中這些命令還是要由該介面轉換成先前本章所定義的命令。

18.13 安全問題 *Security Issue*

TELNET 有安全上的問題。雖然有登錄名字及密碼（交換資料時），但是這是不夠的。一台連接到廣播式LAN的電腦，都可以輕易地使用監看軟體取得登錄名字及密碼（即使已經加密過）。在第 28 章，我們將會介紹更多有關於認證及安全的機制。

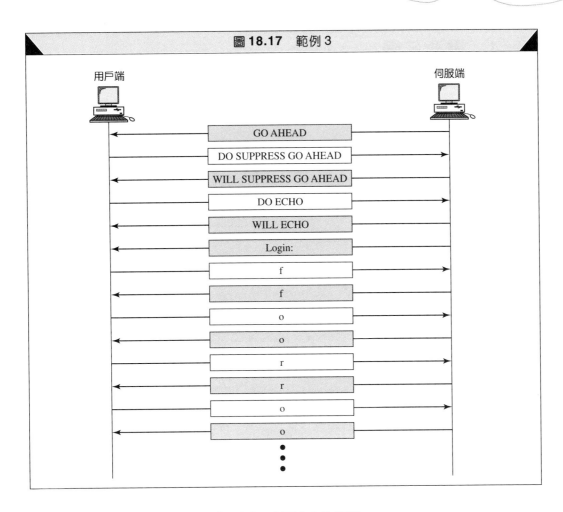

圖 18.17 範例 3

表 18.6 介面命令的範例

命令	意義
open	連線到遠端電腦
close	關閉連線
display	顯示運作參數
mode	轉換成行模式或字元模式
set	設定運作參數
status	顯示狀態資訊
send	傳送特別字元
quit	離開 TELNET

18.14 重要名詞 *Key Terms*

字元模式 (character mode)

控制字元 (control character)

預設模式 (default mode)

行模式 (line mode)

本地登錄 (local login)

網路虛擬終端機 (Network Virtual Terminal, NVT)

選項商議 (option negotiation)

頻外信號通知 (out-of-band signaling)

遠端登錄 (remote login)

遠端伺服器 (remote server)

子選項商議 (sub-option negotiation)

終端機網路 (TErminaL NETwork, TELNET)

分時共享 (time-sharing)

18.15 摘要 *Summary*

❑ TELNET為一種用戶／伺服應用，可讓使用者登錄到一台遠端電腦，讓使用者存取遠端系統。

❑ 當一個使用者經由TELNET程序來使用一台遠端電腦時，這就像使用一個分時共享的環境一樣。

❑ 本地的終端機驅動程式正確地解釋一台本地終端機（或終端機模擬軟體）的按鍵，但是遠端的終端機驅動程式可能無法解釋本地終端機的按鍵。

❑ TELNET 使用網路模擬終端機 (NVT) 系統做本地端字元的編碼，而在遠端的 NVT 將接收到的字元解碼成遠端機器可以接受的格式。

❑ NVT使用一組字元代表資料，另一組字元做遠端控制用。

❑ TELNET 的控制字元被嵌入到資料串流中，每一個控制字元前面加上1個IAC控制字元做為區分用。

❑ 選項的特色就是用來強化 TELNET 程序。

❑ TELNET可以在使用之前或使用期間，藉著選項商議來設定用戶端與伺服端之間的傳輸條件。

❑ 有些選項只能由伺服端來致能，有些只能由用戶端來致能，有些兩者皆可以致能。

❑ 選項可透過提出或要求這兩種方式來致能或禁能。

❑ 有的選項需要額外其他訊息，這就需要使用到子選項字元。

❑ 控制字元可以用來控制遠端伺服器。

❑ 在頻外信號通知中，命令可以不依照原訂順序送出。

❑ TELNET 的實作可運作於以下3種模式，即預設模式、字元模式，及行模式。

❑ 在預設模式中，終端機一次傳送1行字元給伺服端，然後等待 GA 字元的到來，才會再接受使用者新的1行。

❑ 在字元模式中，用戶端一次傳送1個字元給伺服端。

❑ 在行模式中，用戶端一次傳送1行字元給伺服端，一行接著一行，不用 GA 字元的介入。

❑　使用者通常不會直接存取 TELNET，而是透過較易使用的軟體做為中間介面。

❑　安全問題也是 TELNET 的議題之一。

18.16　習題　*Practice Set*

練習題

1. 針對 11110011 00111100 11111111 的資料進行二進制傳輸，則由用戶端 TELNET 送出的位元次序為何？

2. 如果 TELNET 使用字元模式，在 UNIX 下，拷貝檔案 file1 為 file2 時 (*cp file1 file2*)，在用戶端和伺服端來來回回總共要傳送幾個字元？

3. 對第 1 題而言，TCP 層至少要傳送幾個位元才能完成工作？

4. 對第 1 題而言，使用乙太網路的資料鏈結層至少要傳送幾個位元才能完成工作？

5. 在第 4 題中，有效位元與總位元比率為多少？

6. TELNET 用戶端和伺服端由預設模式換成字元模式時，需要交換的字元順序為何？

7. TELNET 用戶端和伺服端由字元模式換成預設模式時，需要交換的字元順序為何？

8. TELNET 用戶端和伺服端由預設模式換成行模式時，需要交換的字元順序為何？

9. TELNET 用戶端和伺服端由字元模式換成行模式時，需要交換的字元順序為何？

10. TELNET 用戶端和伺服端由行模式換成字元模式時，需要交換的字元順序為何？

11. TELNET 用戶端和伺服端由行模式換成預設模式時，需要交換的字元順序為何？

12. 解釋下列 TELNET 用戶端或伺服端所收到的字元串（十六進制）。

    (a) FF FB 01

    (b) FF FE 01

    (c) FF F4

    (d) FF F9

資料檢索

13. 請找出為了 TELNET 所提出的延伸選項。

14. 另一種遠端登錄的協定稱作 Rlogin，請找出一些有關 Rlogin 的資料，並和 TELNET 做比較。

15. 在 UNIX 中，有另一種較安全的登錄通訊協定，稱為 SSH (Secure Shell)，請找出一些有關這個通訊協定的資料。

CHAPTER 19

檔案傳輸：FTP 和 TFTP

File Transfer: FTP and TFTP

將 檔案從一台電腦傳到另一台電腦，為網路環境中最常看到的工作。事實上，在現今的 Internet 上，資料交換的最大流量就是來自於檔案傳輸。在本章中，我們要討論兩個和傳輸檔案有關的通訊協定，即檔案傳輸通訊協定 (FTP) 和簡易檔案傳輸通訊協定 (TFTP)。

19.1 檔案傳輸通訊協定 (FTP) *File Transfer Protocol (FTP)*

檔案傳輸通訊協定 (File Transfer Protocol, FTP) 是 TCP/IP 所提供的標準機制，將一台電腦的檔案複製到另一台電腦。雖然把檔案從一個系統傳到另一個系統好像很簡單，不過其中有些問題要先處理才行。例如，兩個系統可能使用不同的檔案命名方法、兩個系統可能用不同的方法來代表本文及資料，以及其資料夾結構可能不同，這些問題都由 FTP 用很簡單的方法加以解決。

　　FTP 與其他用戶／伺服應用不同之處，在於 FTP 在兩台主機間建立兩條連線，其中一條連線做資料傳輸；另一條連線傳送命令和回應等控制訊息。命令與資料分開傳送使得 FTP 更具效率，控制連線使用非常簡單的通訊規則，一次只需要傳送一行的命令或一行的回應。而資料連線，則是因為資料的差異性比較大，因此需要比較複雜的通訊規則。

　　FTP 使用 2 個 TCP 的公認埠號，第 21 埠號用來做為控制連線和第 20 埠號用來做為資料連線。

> FTP 使用 TCP 所提供的服務，FTP 需要 2 條 TCP 的連線。第 21 公認埠號用來做為控制連線，第 20 公認埠號用來做為資料連線。

圖 19.1 說明了 FTP 的基本模式，用戶端有 3 個模組，即使用者介面、用戶端控制程序，以及用戶端資料傳輸程序。伺服端有 2 個模組，即伺服端控制程序與伺服端資料傳輸程序。控制連線建立在兩個控制程序之間，資料連線建立在兩個資料傳輸程序之間。

　　在整個 FTP 互動過程中，**控制連線 (control connection)** 一直維持在連線的狀態，而資料連線的開啟與關閉則是以每次檔案傳送為準，資料連線在每次要傳檔案時被開啟，而在檔案傳輸完成之後被關閉。換言之，當一個使用者開始執行 FTP 時，控制連

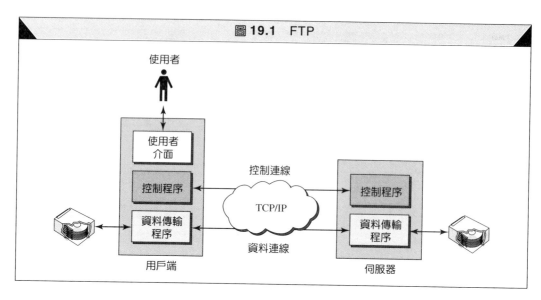

圖 19.1 FTP

線會被開啟，在控制連線被開啟的這段期間，如果有好幾個檔案要傳送，資料連線可能被開啟關閉好幾次。

連線

FTP 的二個連線使用了不同的策略，也使用不同的埠號。

控制連線

控制連線建立的方法與其他應用程式建立連線的方法沒有什麼不同，有 2 個步驟：

1. 伺服端程序發出被動式開啟於第 21 公認埠號，並等待用戶到來。

2. 用戶端程序使用一個短暫埠號，並發出主動式開啟。

在整個過程中，控制連線會維持開啟。做為 FTP 控制連線時，IP 通訊協定所使用的服務種類為最低延遲 (minimize delay)，因為這是一種建立在使用者（人類）與伺服器之間的互動性連線。使用者鍵入命令後，期望很快收到回應。圖 19.2 說明了在用戶端與伺服器之間的初始連線之建立。

資料連線

在伺服端的**資料連線 (data connection)** 使用第 20 號公認埠號。但是，資料連線的建立方式與我們所見過的建立方式不同，以下列出了 FTP 如何建立一個資料連線。

1. 用戶端使用短暫埠號來發出被動式開啟，這必須由用戶端來做，因為是由用戶端下命令來傳送檔案的。

2. 用戶端使用 PORT 這個指令把這個短暫埠號傳送給伺服端。（稍後我們會討論到這個指令）

3. 伺服端接收到這個埠號之後，發出一個主動式開啟，伺服端使用第 20 號公認埠號當來源端埠號，並使用接收到的短暫埠號當目的端埠號。

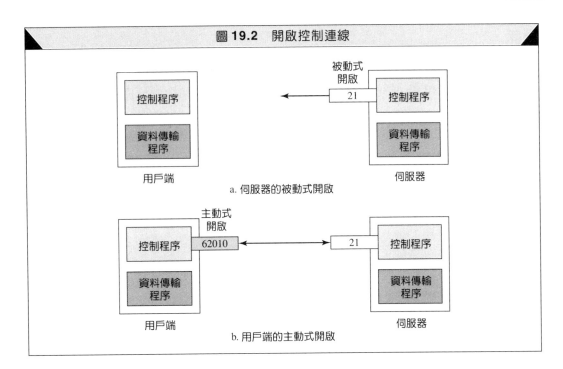

建立初始資料連線的步驟如圖19.3所示。接著我們會看到如果使用PASV指令時，這些步驟將有所改變。

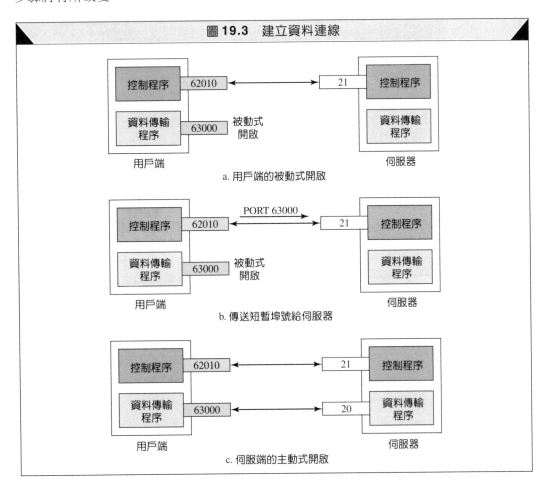

通訊

FTP的用戶端與伺服端在不同電腦上執行，彼此必須通訊。這兩台電腦可能使用不同的作業系統、不同的字元集、不同的檔案結構，以及不同的檔案格式。FTP必須讓這些差異相容。

FTP使用兩種不同的方法，其中一個是用在控制連線，另一個用在資料連線，下面我們將分別介紹。

控制連線上的通訊

在控制連線上的通訊部分，FTP 使用與 TELNET 或 SMTP 相同的方法，它使用 NVT ASCII 字元集（見圖 19.4）。連線上的通訊是透過命令與回應來達成，這個簡單的方法用在控制連線是很適合的，因為我們一次只傳送 1 個命令或回應。一個命令或回應只是短短的 1 行字元，所以我們不用擔心檔案格式或結構，每一行字元是以 1 個雙字元的行末端記號（CR：歸位；LF：換行）做結束。

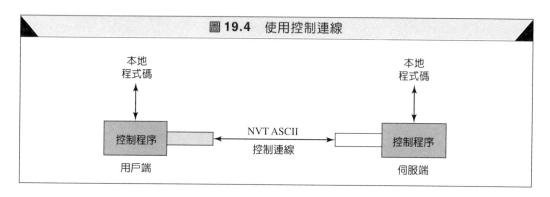

圖 19.4 使用控制連線

資料連線上的通訊

資料連線實現的方法和目的與控制連線不同。我們是要用資料連線來傳送檔案，用戶端必須定義要傳送的檔案之類型、資料的結構，及傳輸的模式。在開始使用資料連線來傳送檔案之前，我們先要以控制連線來進行傳輸前的準備。兩個系統不同性質的問題可以透過定義以下 3 種通訊的屬性來解決，即檔案類型、資料結構，以及傳輸模式（見圖 19.5）。

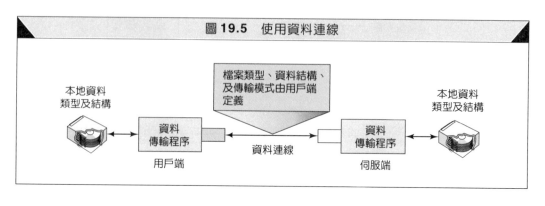

圖 19.5 使用資料連線

檔案類型 FTP 可以透過資料連線來傳送下列檔案類型：

❏ **ASCII 檔案**：這是傳送文字檔的預設格式，每個字元使用 NVT ASCII 的方式編碼。傳送者把檔案從原本自己的表示法轉換成 NVT ASCII 的字元，而接收者把 NVT ASCII 字元轉換成自己的表示法。

❏ **EBCDIC 檔案**：如果其中一方或是兩方都使用 EBCDIC 的方式編碼，則檔案可以使用 EBCDIC 編碼的方式來傳送。

❏ **映像檔 (image file)**：這是傳送二進制檔的預設格式，檔案是以連續位元串流的方式傳送，不經過任何解釋或編碼，大多用來傳送二進制檔案，例如：程式的執行檔。

　　如果檔案是以 ASCII 或 EBCDIC 編碼，還要有其他屬性要加進來，以定義檔案的可列印性。

　　a. **非列印式**：這是傳送文字檔的預設格式。這種檔案沒有包含任何列印所需的垂直規格，這表示這個檔案沒有進一步處理前是無法列印的，這是因為沒有字元來告知印表機噴頭該如何垂直移動，這個格式使用在那些稍後要被儲存或被進一步處理的檔案。

　　b. **TELNET**：這種格式的檔案包含有 NVT ASCII 的垂直控制字元，如 CR（歸位）、LF（換行）、NL（新行）及 VT（垂直跳位），這種檔案在傳送過來之後就可以列印了。

資料結構 FTP 的資料連線對資料結構的解釋有下列各種：

❏ **檔案結構（預設型態）**：這種檔案沒有結構，為連續性的位元組資料串流。

❏ **紀錄結構**：這種結構，檔案被分成數個紀錄（如 C 的 struct），只能用在文字檔。

❏ **分頁結構**：這種結構，檔案被分成數個分頁，每一頁都有一個頁數及頁標頭。每頁可以被儲存、隨意存取或依序存取。

傳輸模式 FTP 的資料連線可以有下列 3 種傳輸模式：

❏ **串流模式**：這是預設模式。FTP 以位元組資料串流的方式將資料傳遞給 TCP，TCP 負責把資料分成適當的 TCP 區段。如果資料只是簡單的位元組串流（檔案結構），則不需要檔案結束字元。檔案結束字元在此可做為傳送者關閉資料連線之用。如果資料被分成數個紀錄（紀錄結構），則每個紀錄必須有一個**紀錄結束字元 (End Of Record, EOR)**，而檔案之結束也要有一個**檔案結束字元 (End Of File, EOF)**。

❏ **區塊模式**：資料可由 FTP 以區塊方式傳遞給 TCP，這種方式在每個區塊前有一個 3 個位元組長的標頭，第 1 個位元組稱為**區塊敘述符號 (block descriptor)**，第 2 及第 3 個位元組定義區塊的大小，單位是位元組。

❏ **壓縮模式**：如果檔案很大，資料可先被壓縮。所使用的壓縮方式，通常為**變動長度編碼法 (Run-Length Encoding, RLE)**。這種方法是把連續出現的相同資料單元取代為一項再加上其出現的次數即可。在文字檔裡，連續出現的通常是空白欄，在二進制檔裡空字元 (null) 通常都會被壓縮。

指令處理

FTP使用控制連線來建立用戶端控制程序與伺服端控制程序的通訊。在通訊期間，指令從用戶端送到伺服端，而回應由伺服端送到用戶端（見圖 19.6）。

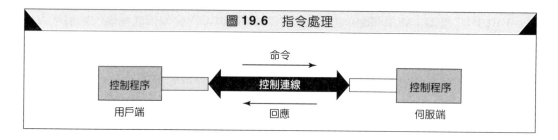

圖 19.6　指令處理

指令

指令由FTP用戶端控制程序送出，為ASCII大寫的形式，之後可接也可不接參數。我們可以粗略地將命令分成6個群組，即存取命令、檔案管理命令、資料格式化命令、通訊埠定義命令、檔案傳送命令，以及其他命令。

❑　**存取指令**：這些命令讓使用者可以進入遠端系統。表 19.1 列出一些常見的命令。

表 19.1　存取指令

命令	參數	敘述
USER	使用者 ID	使用者訊息
PASS	使用者密碼	密碼
ACCT	付費帳號	帳號資訊
REIN		重新初始化
QUIT		登出系統
ABOR		中止前一個指令

❑　**檔案管理指令**：這些指令讓使用者存取遠端系統的檔案系統，而這些指令讓使用者可以在各資料夾之間遊走、建立資料夾或刪去檔案等。表 19.2 列出了一些常用的指令。

表 19.2　檔案管理指令

命令	參數	敘述
CWD	資料夾名稱	切換到另一個資料夾
CDUP		切換到母資料夾
DELE	檔名	刪掉檔案
LIST	資料夾名稱	列出子資料夾或檔案

命令	參數	敘述
NLIST	資料夾名稱	列出子資料夾或檔案的名稱，但不顯示其他屬性
MKD	資料夾名稱	建立一個新的資料夾
PWD		顯示目前所在資料夾的名稱
RMD	資料夾名稱	刪去一個資料夾
RNFR	檔案名稱（舊檔名）	識別要被改名的檔案
RNTO	檔案名稱（新檔名）	更改檔案名稱
SMNT	檔案系統名稱	掛載檔案系統

❑ **資料格式化指令**：這些指令讓使用者定義資料結構、檔案類型，及傳輸模式。所定義出來的格式由檔案傳輸指令使用。表 19.3 列出了一些常用的指令。

表 19.3 資料格式化指令

命令	參數	敘述
TYPE	A (ASCII)、E (EBCDIC)、I (Image)、N (Nonprint) 或 T (TELNET)	定義檔案類型及可能需要的列印格式
STRU	F（檔案）、R（記錄）或 P（分頁）	定義資料的組織結構
MODE	S（資料流）、B（區塊）或 C（壓縮）	定義傳輸模式

❑ **通訊埠定義指令**：這些指令定義用戶端的資料連線要使用的埠號。有兩種方法來做這件事，第一種方法是使用 PORT 指令，用戶端 FTP 可以選一個短暫埠號，然後傳送給伺服端，並建立被動式開啟。伺服端 FTP 使用這個埠號建立一個主動式開啟。第二種方法使用 PASV 命令，用戶端 FTP 要求伺服端 FTP 選一個埠號，伺服端 FTP 以這個埠號來建立一個被動式開啟，並把這個埠號以回應訊息傳回給用戶端 FTP（見表 19.7 第 227 號回應）。用戶端 FTP 使用接收到的埠號發出一個主動式開啟，表 19.4 列出了一些通訊埠定義指令。

表 19.4 通訊埠定義指令

命令	參數	敘述
PORT	6 位數字識別碼	用戶端 FTP 選埠號
PASV		伺服端 FTP 選埠號

❑ **檔案傳輸指令**：這些指令讓使用者傳送檔案，如表 19.5 所列。

表 **19.5** 檔案傳輸命令

命令	參數	敘述
RETR	檔案名稱	接收檔案，檔案由伺服端送到用戶端
STOR	檔案名稱	傳送檔案，檔案由用戶端送到伺服端
APPE	檔案名稱	與STOR類似，但是如果檔案存在，資料要續接在原檔案之後
STOU	檔案名稱	與STOR相同，除了檔案名稱在資料夾裡必須是唯一的。不過原來的檔案不能被覆寫
ALLO	檔案名稱	配置伺服端的檔案空間
REST	檔案名稱	把檔案指標指到特定的資料點
STAT	檔案名稱	送回檔案的狀態

❑ **其他指令**：這些指令傳送訊息給在用戶端的 FTP 使用者，如表 19.6 所列。

表 **19.6** 其他命令

命令	參數	敘述
HELP		詢問有關伺服器的資訊
NOOP		檢查看伺服器是否存在
SITE	命令	指定與地點相關的命令
SYST		詢問伺服器所使用的作業系統

回應

每一種FTP指令至少產生一個回應。回應分為兩部分，先是一個3個數字的數目，而後面則為一本文。數字部分定義代碼，本文部分定義所需要的參數或其他解釋意義。我們把3個數字代表為 xyz，每個數字的意義如下：

第1個數字 第1個數字定義指令的狀態，這個位置可有5個數字：

❑ **1yz（正面初次回答）**：動作開始。伺服器在接受另一個指令之前，將送出另一個回答 (reply)。

❑ **2yz（正面完成回答）**：動作已經完成。伺服器將接受另一個指令。

❑ **3yz（正面中間回答）**：指令已經被接受，但需要更多的訊息。

❑ **4yz（暫時負面完成回答）**：沒有動作產生，但錯誤是暫時的，相同的指令可重送。

❑ **5yz（永久負面完成回答）**：指令不被接受，且不要再重送相同的指令。

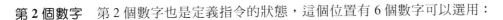

第 2 個數字 第 2 個數字也是定義指令的狀態，這個位置有 6 個數字可以選用：

☐ **x0z**（語法）

☐ **x1z**（資訊）

☐ **x2z**（連線）

☐ **x3z**（認證及帳號管理）

☐ **x4z**（沒有指定）

☐ **x5z**（檔案系統）

第 3 個數字 第 3 個數字提供其他訊息，表 19.7 列出了一些可能出現的回應（使用全部 3 個數字）。

表 19.7　回應

代碼	敘述
正面初次回答	
120	稍後就可提供服務
125	資料連線已開啟，資料傳輸即將開始
150	檔案狀態 OK，資料連線即將開啟
正面完成回答	
200	指令 OK
211	系統狀態或求助回答
212	資料夾狀態
213	檔案狀態
214	求助訊息
215	系統種類名稱（作業系統）
220	準備好提供服務
221	結束服務
225	資料連線開啟
226	關閉資料連線
227	進入被動模式，伺服端傳送其 IP 及埠號
230	使用者登錄 OK
250	要求檔案動作 OK
正面中間回答	
331	使用者名字 OK，要求密碼
332	需要帳號來做紀錄
350	檔案動作暫停，需要更多資訊

代碼	敘述
暫時負面完成回答	
425	無法開啟資料連線
426	連線關閉，放棄傳送
450	檔案動作沒有執行，檔案無法獲得
451	動作放棄，本地錯誤
452	動作放棄，儲存空間不足
永久負面完成回答	
500	語法錯誤，無法識別指令
501	語法錯誤，參數或引數錯誤
502	未實現這個指令
503	指令次序不對
504	未實現命令所下的這個參數
530	使用者未登入
532	需要帳號來存檔
550	檔案動作沒有執行，檔案無法獲得
552	所要求的動作被放棄，超過分配的儲存空間
553	所要求的動作沒有執行，檔名不被允許

檔案傳輸

檔案傳輸在資料連線上進行，由控制連線上所送出的命令來控制。不過，我們應該要記住 FTP 的檔案傳輸代表下列 3 件事情中的 1 件（見圖 19.7）。

❑ 檔案從伺服端拷貝到用戶端，稱為**擷取檔案 (retrieving a file)**。擷取檔案由 RETR 指令來執行。

❑ 檔案從用戶端拷貝到伺服端，稱為**儲存檔案 (storing a file)**。儲存檔案由 STOR 指令來執行。

❑ 把資料夾名稱或檔案名稱從伺服端傳送到用戶端，要下 LIST 指令來執行。請注意，FTP 視這些資料夾名稱或檔名為一個檔案，經由資料連線來傳送。

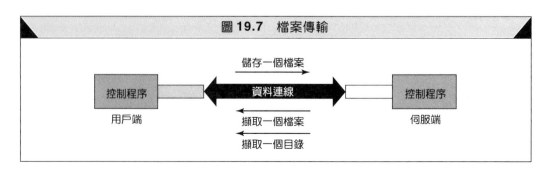

圖 19.7　檔案傳輸

範例 1

圖 19.8 說明了使用 FTP 來擷取某個資料夾目錄的範例。

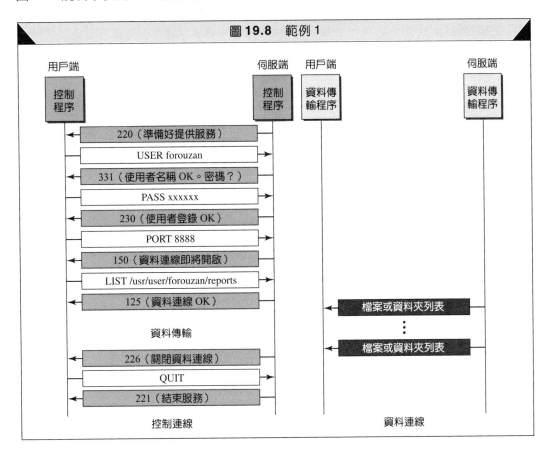

圖 19.8　範例 1

1. 控制連線以 21 埠號建立後，FTP 伺服器傳送 220（準備好提供服務）的回應給用戶端。

2. 用戶端傳送 USER 指令。

3. 伺服端回應代號 331（使用者名字 OK，並要求密碼）。

4. 用戶端送出 PASS 指令。

5. 伺服端回應代號 230（使用者登錄 OK）。

6. 用戶端以某個短暫埠執行一個被動式開啟，以便建立資料連線，透過控制連線送出 PORT 指令將此短暫埠號傳送給伺服端。

7. 伺服器在此時還沒有開啟連線，但是它發出一個主動式開啟，建立一條位於第 20 埠號（伺服端）與那個從用戶端接收到的短暫埠號之間的資料連線，伺服器送出代號 150 的回應，代表資料連線即將開啟。

8. 用戶端送出 LIST 訊息。

9. 伺服端回應代碼 125 且開啟資料連線。

10. 伺服器把檔案名稱或資料夾名稱（以檔案的方式）透過資料連線傳送，當送出後伺服器以控制連線回應代碼 226，表示要關閉資料連線。

11. 用戶端現在有兩個選擇，它可以使用 QUIT 命令來要求關閉控制連線，或它可以下指令來做另一件事（會再開啟另一個資料連線）。在本範例中，用戶端傳送一個 QUIT 指令。

12. 在接收到 QUIT 指令之後，伺服端回應代號 221（結束服務），然後關閉控制連線。

範例 2

下面說明了一個可和範例 1 對照的實際的 FTP 連線對話。灰色文字是從伺服端控制連線送來的回應，黑色文字是用戶端送出的指令，而黑底白字的部分是資料傳輸。

```
$ ftp voyager.deanza.fhda.edu
Connected to voyager.deanza.fhda.edu.
220 (vsFTPd 1.2.1)
530 Please login with USER and PASS.
Name (voyager.deanza.fhda.edu:forouzan): forouzan
331 Please specify the password.
Password:
230 Login successful.
Remote system type is UNIX.
Using binary mode to transfer files.
ftp> ls reports
227 Entering Passive Mode (153,18,17,11,238,169)
150 Here comes the directory listing.
drwxr-xr-x  2  3027 411   4096  Sep 24  2002  business
drwxr-xr-x  2  3027 411   4096  Sep 24  2002  personal
drwxr-xr-x  2  3027 411   4096  Sep 24  2002  school
226 Directory send OK.
ftp> quit
221 Goodbye.
```

範例 3

本範例說明如何儲存一個 Image（二進制）檔案，如圖 19.9 所列。

1. 以第 21 埠號建立控制連線之後，FTP 伺服器透過控制連線傳送 220 回應給用戶端。

2. 用戶端傳送 USER 命令。

3. 伺服端回應代號 331（使用者名稱 OK，且需要密碼）。

4. 用戶端傳送 PASS 命令。

5. 伺服端回應代號 230（使用者登錄 OK）。

6. 用戶端使用短暫埠發出一個被動式開啟來建立資料連線，透過控制連線來傳送 PORT 命令將這短暫埠號送給伺服器。

7. 伺服器在此時還沒有開啟連線，但是它發出一個主動式開啟，建立一條位於第20埠號（伺服端）與那個從用戶端接收到的短暫埠號之間的資料連線，伺服器送出代號150的回應，代表資料連線即將開啟。

8. 用戶端傳送 TYPE 命令。

9. 伺服端回應代號 200（命令 OK）。

10. 用戶端傳送 STRU 命令。

11. 伺服端回應代號 200（命令 OK）。

12. 用戶端傳送 STOR 命令。

13. 伺服端開啟資料連線，並且傳送回應代碼 250。

14. 用戶端透過資料連線來傳送檔案，整個檔案送出後，資料連線將會被關閉。關閉資料連線代表檔案結束。

15. 伺服器透過控制連線回應代碼 226。

16. 用戶端傳送 QUIT 指令或使用其他指令，開啟另一個資料連線來傳送其他檔案。在本範例中，用戶端傳送一個 QUIT 指令。

17. 伺服端回應代號 221（結束服務），然後關閉控制連線。

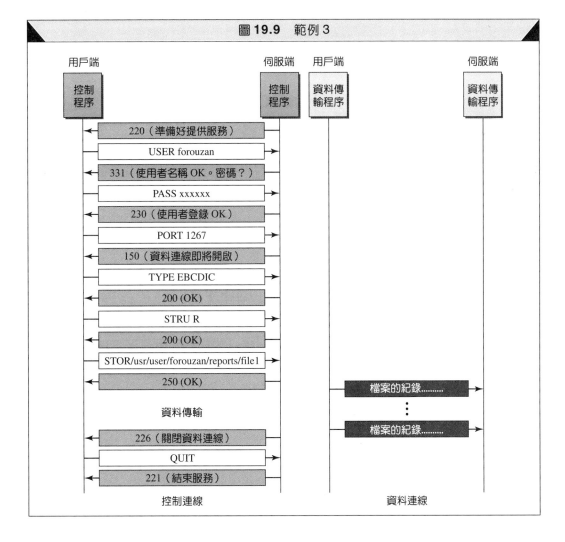

圖 19.9　範例 3

匿名 FTP

使用FTP時，使用者在遠端電腦必須要有一個帳號及密碼。有些站台存放一些大家都可取用的檔案，要存取這些檔案，使用者不需要有帳號與密碼，使用者可以使用 *anonymous* 來當成使用者名稱，然後使用 *guest* 為密碼。

使用者的權限在這種系統中是受限制的，有些站台只允許使用者執行少數幾個指令。例如，大部分的站台讓使用者拷貝檔案，但是不准在各資料夾中遊走。

範例 4

我們列出了一個使用匿名 FTP 的範例。假設一些公開資料放在 internic.net。

```
$ ftp internic.net
Connected to internic.net
220 Server ready
Name: anonymous
331 Guest login OK, send "guest" as password
Password: guest
ftp > pwd
257 '/' is current directory
ftp > ls
200 OK
150 Opening ASCII mode
bin
...
...
...
ftp > close
221 Goodbye
ftp > quit
```

19.2 簡易檔案傳輸通訊協定 (TFTP)

Trivial File Transfer Protocol (TFTP)

有時候我們只是想要很簡單地拷貝檔案，而不需要FTP通訊協定中的所有功能。例如，當一個無硬碟工作站或路由器開機時，我們要下載開機程式及其組態的檔案，這裡我們就不需要FTP全部的功能，只需要一種能快速拷貝的通訊協定就夠了。

簡易檔案傳輸通訊協定 (Trivial File Transfer Protocol, TFTP) 就是為了這類型的檔案傳輸而設計的。TFTP 很簡單，可以把它直接放到無硬碟工作站的唯讀記憶體內。TFTP 可以使用在開機時。因為它只需要基本的 IP 和 UDP，因此適合被燒在 ROM 裡。然而，TFTP 無法提供安全性，但 TFTP 可以為用戶端讀取檔案或寫入檔案。讀取 (reading) 意指由伺服端拷貝到用戶端，而寫入 (writing) 指由用戶端拷貝到伺服端。

TFTP 使用 UDP 所提供的服務,使用第 69 公認埠號。

訊息

TFTP 有 5 種訊息,即 RRQ 、 WRQ 、 DATA 、 ACK ,以及 ERROR ,如圖 19.10 中的說明。

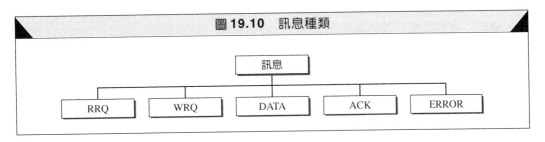

圖 19.10 訊息種類

RRQ

讀取要求 (RRQ) 訊息被用戶端使用來建立連線,從伺服端讀取資料過來。其格式如圖 19.11 所示。

圖 19.11 RRQ 格式

RRQ 訊息的欄位意義如下:

- ❑ **運作碼**:這是 2 個位元組長的運作代碼。為 RRQ 訊息時,其值為 1 。
- ❑ **檔名**:接下來的欄位為一個可變長度的字串(使用 ASCII 編碼),用來定義檔案名稱。因為檔案名稱長度可變,其結束以 8 個位元的 0 表示。
- ❑ **模式**:接下來的欄位也是一個可變長度的字串,用來定義傳輸模式。本欄也是以 8 個位元的 0 來表示結束。模式可分為下面兩個字串之一,即 netascii 代表 ASCII 檔,而 octet 代表二進制檔案。檔名和模式可以為小寫或大寫或兩者之組合。

WRQ

寫入要求 (WRQ) 訊息被用戶端使用來建立連線,把資料寫到伺服端。 WRQ 的格式與 RRQ 一樣,除了運作碼是 2 之外,其格式如圖 19.12 所示。

圖 19.12 WRQ 格式

DATA

資料 (DATA) 訊息被用戶端或伺服端使用，用來傳送資料區塊，其格式如圖 19.13 所示。DATA 訊息欄位意義如下：

- ❑ **運作碼**：這是 2 個位元組長的運作代碼。對 DATA 訊息而言，其數值為 3 。
- ❑ **區塊號碼**：這 2 個位元組的欄位用來記錄區塊號碼。資料傳送者使用這個欄位來做排序，所有區塊從 1 開始依序編號，區塊號碼可用來做回應，稍後我們將會介紹。
- ❑ **資料**：資料訊息的每個區塊必須為 512 個位元組，除了最後一塊可在 0 到 511 個位元組之間。非 512 個位元組的區塊是用來傳達傳送者已經送出所有資料的訊號，換句話說，作為檔案結束的記號。如果檔案內的資料剛好為 512 個位元組的整數倍，則傳送者必須多送 1 個位元組為 0 的區塊來表示傳輸結束。資料可以用 NVT ASCII (netascii) 或二進制碼 (octet) 的方式傳送。

圖 19.13　DATA 格式

ACK

回應 (ACK) 訊息被用戶端或伺服端使用，用來回應已接收到資料區塊。ACK 為 4 個位元組長，其格式如圖 19.14 所示。

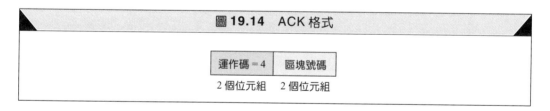

圖 19.14　ACK 格式

ACK 訊息的欄位意義如下：

- ❑ **運作碼**：這是 2 個位元組長的運作代碼。ACK 訊息的運作碼為 4 。
- ❑ **區塊號碼**：這 2 個位元組的欄位用來記錄已接收到的區塊之號碼。

ACK 訊息也可以對 WRQ 回應，由伺服端送出表示準備好可以從用戶端接收資料。使用在這個情況下，區塊號碼欄為 0 ，稍後將會有使用 ACK 訊息的範例。

ERROR

錯誤 (ERROR) 訊息被用戶端或伺服端使用，使用在連線無法建立，或當資料傳輸有問題時。ERROR 訊息可以針對 RRQ 或 WRQ 送出，作為負面的回應，也可以用在資料傳輸階段，表示無法送出下一個區塊。錯誤訊息不告知訊息受損或重複與否，這些問題是以錯誤控制的機制來處理，本章後面將會介紹。ERROR 訊息格式如圖 19.15 所示。

圖 19.15 ERROR 格式

運作碼 = 5	錯誤代碼	錯誤資料	全部為 0
2 個位元組	2 個位元組	可變長度	1 個位元組

ERROR 訊息的各欄位意義如下：

❑ **運作碼**：這是 2 個位元組長的運作代碼。ERROR 訊息的運作碼為 5。

❑ **錯誤代碼**：這 2 個位元組的欄位用來定義錯誤的種類。如表 19.8 所列。

表 19.8 錯誤代碼與其意義

號碼	意義
0	未定義
1	找不到檔案
2	存取不合法
3	硬碟滿了或超過限額
4	不合法動作
5	不明埠號
6	檔案已存在
7	沒有這個使用者

❑ **錯誤資料**：本欄為可變長度，包含錯誤資料，以 8 個 0 位元做為其結束。

連線

TFTP 使用 UDP 所提供的服務，UDP 沒有連線建立及結束的機制，UDP 把要傳送的每個區塊封裝到獨立的使用者資料包內。以 TFTP 而言，我們不是只要傳一個區塊的資料，也不是想要把檔案以獨立區塊方式傳送，而是需要連線來傳送屬於相同檔案的所有區塊。TFTP 使用 RRQ、WRQ、ACK，及 ERROR 的訊息來建立連線，TFTP 使用 DATA 訊息並以一個小於 512 個位元組 (0 至 511) 的區塊來結束連線。

連線建立

讀取檔案與寫入檔案的**連線建立 (connection establishment)** 過程是不同的（見圖 19.16）。

❑ **讀取 (reading)**：要建立一個讀取的連線，TFTP 的用戶端傳送 RRQ 訊息。這個訊息定義了檔名及傳輸模式。如果伺服端可以傳送這個檔案，它會回應一個 DATA 訊息，其內包含第 1 個區塊的資料。如果有問題，例如無法開檔或權限不足，則伺服器回應 ERROR 訊息。

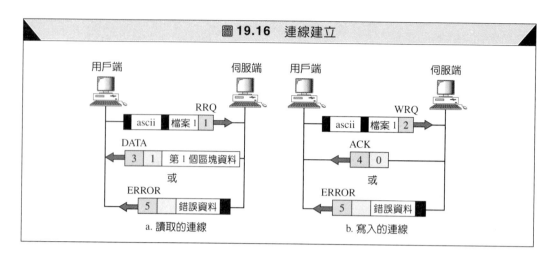

圖 19.16 連線建立

a. 讀取的連線　　　　b. 寫入的連線

□ **寫入 (writing)**：要建立一個寫入的連線，TFTP 的用戶端使用 WRQ 訊息。這個訊息定義了檔名及傳輸模式。如果伺服端可以接受寫過來的檔案，它會正面回應一個 ACK 訊息，ACK 訊息中的區塊號碼設為 0。如果有問題，伺服端會回應一個 ERROR 訊息。

連線結束

在整個檔案傳輸完成後，要把連線結束掉。前面提及 TFTP 不使用特別的訊息做結束的動作。連線結束是以送出最後一個資料區塊來完成，這個區塊要小於 512 個位元組。

資料傳輸

資料傳輸是發生在連線建立與連線結束之間。TFTP 使用 UDP 的服務，而 UDP 為非可靠性服務。

檔案被分成數個資料區塊，除了最後一個區塊之外，每一個區塊都是 512 個位元組，最後一個區塊大小在 0 到 511 個位元組之間。TFTP 以 ASCII 或二進制格式傳送資料。

UDP 沒有任何流量控制或錯誤控制的機制。因此 TFTP 必須建立一套流量控制及錯誤控制的機制，用來傳送由一連串資料區塊構成的檔案。

流量控制

TFTP 以 DATA 訊息送出一個區塊的資料，然後等 ACK 訊息的到來。如果傳送者在倒數時間截止之前收到回應，它就繼續傳送下一個區塊。所以**流量控制 (flow control)** 是藉著區塊號碼及等待 ACK 訊息而達成。

擷取檔案　如果用戶端想要讀取一個檔案，它傳送 RRQ 訊息。如果沒有問題，伺服端回應一個 DATA 訊息，訊息中含有第 1 個區塊的資料，其區塊號碼設為 1。

儲存檔案　如果用戶端想要寫入一個檔案到伺服端，它會傳送 WRQ 訊息。如果沒有問題，伺服端會回送一個 ACK 的訊息，其中區塊號碼設為 0。在接收到這個回應後，用戶端送出第 1 個區塊其號碼設為 1。

錯誤控制

TFTP 的錯誤控制機制與其他通訊協定所用的不同。TFTP 使用對稱式 (symmetric) 的做法,表示傳送者與接收者雙方都使用計時器。傳送者的資料訊息使用一個計時器,接收者的回應訊息也使用一個計時器。如果是一個資料訊息遺失,傳送者會在計時期限到期之後重送;如果是一個回應訊息遺失,接收者在計時期限到期之後重送,這樣可以保證運作正常。

下列 4 種情況需要使用**錯誤控制 (error control)**,即訊息受損、訊息遺失、回應遺失,以及訊息重複。

訊息受損 如果有一個區塊的資料受損,不使用負面回應,而是要由接收者檢查出來,並把它丟掉。傳送者送出後等待回應,在計時期限內沒有接收到回應,傳送者會重送這個區塊。注意 TFTP 的 DATA 訊息中並沒有檢查碼的欄位,所以接收者檢查資料是否受損的方法,是靠 UDP 使用者資料包內部的檢查碼欄位。

訊息遺失 如果一個區塊遺失,它就永遠不會到達接收者,所以也不會有回應。傳送者在計時期限到期之後重送已遺失的那個區塊。

回應遺失 如果回應遺失,這有兩種可能的狀況。如果接收者的計時器時間比傳送者的重送時間先到期,那麼接收者重送回應,反之傳送者重送資料。

訊息重複 重複的區塊可由接收者依區塊號碼檢查出來,如果有,接收者就把它丟掉。

魔法師學徒錯誤

TFTP 所使用的流量及錯誤控制機制是對稱性的,它會產生一個問題,稱為**魔法師學徒錯誤 (sorcerer's apprentice bug)**。這個名稱是由一個卡通人物而來,他有一次不小心以魔法變出一支拖把,結果這支拖把會一再重複自己變成很多支。這個現象會發生在 TFTP。如果 ACK 訊息不是遺失而是比較慢到,如此一來,之後的每一個區塊都會傳送 2 次,回應也會接收到 2 次。

圖 19.17 說明了這個問題。第 5 個區塊的回應被延誤。在重送期限到期之後,傳送者重送第 5 個區塊,這個區塊會由接收者再次回應,傳送者收到的二個回應都是針對第 5 個區塊,之後觸發傳送者送出第 6 個區塊 2 次,接收者收到第 6 個區塊 2 次,再送出 2 個回應,之後又觸發送出第 7 個區塊兩次,依此類推。

UDP 埠

當一個程序使用 UDP 的服務時,伺服端程序以公認埠發出被動式開啟,等待用戶端程序以短暫埠發出主動式開啟,之後連線建立。用戶端與伺服端透過這兩個 UDP 埠來通訊。

在 TFTP 的情況不同,用戶端 TFTP 與伺服端 TFTP 的通訊可能很長(幾秒或幾分鐘)。如果 TFTP 伺服器使用第 69 號公認埠與某個用戶通訊太久,其他用戶在那段時間內就無法使用 TFTP,其解決的方法如圖 19.18 所示。公認埠只使用在連線建立,其他時候的通訊是使用短暫埠。

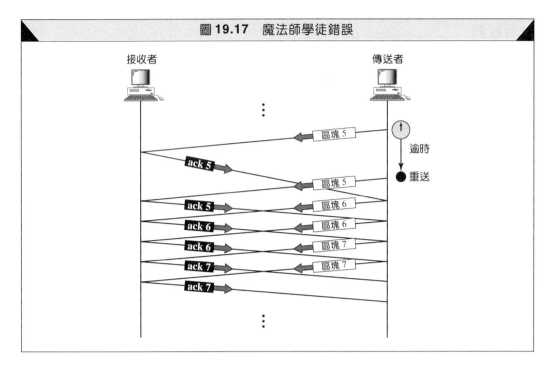

圖 19.17 魔法師學徒錯誤

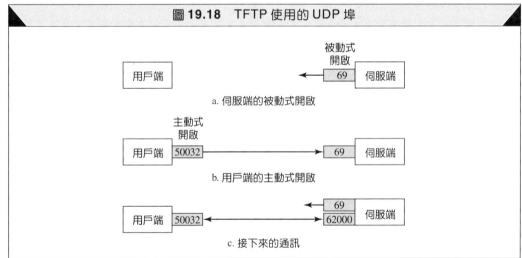

圖 19.18 TFTP 使用的 UDP 埠

這些步驟如下：

1. 伺服端使用第 69 公認埠號來被動式開啟一條連線。

2. 用戶端以短暫埠為來源埠，主動式開啟一條以目的埠為 69 號的連線，這個動作使用 RRQ 或 WRQ 訊息。

3. 伺服端以一個新的短暫埠做為其來源埠，而以剛剛由用戶端傳送過來的短暫埠為目的埠，主動開啟一條連線，之後的 DATA 、 ACK 或 ERROR 訊息使用這些埠號，伺服端把第 69 公認埠號釋放出來，可以讓其他用戶使用。當用戶端收到伺服端傳送過來的第 1 個訊息，用戶端使用自己的短暫埠及伺服端傳送過來的短暫埠，以進行接下來的通訊。

TFTP 範例

圖 19.19 說明了一個 TFTP 的例子，用戶端想要讀 *file1* 這個檔。其 *file1* 有 2,000 個位元組。用戶端送出一個 RRQ 訊息，伺服端送出第一個區塊有 512 個位元組，這個區塊完好無誤地被接收到並予以回應。這 2 個訊息做為連線（指 TFTP 的連線）建立之用。第 2 個區塊攜帶 512 個位元組被遺失，重送時間到期之後，伺服端重送第 2 個區塊，這個區塊成功到達。第 3 個區塊也完好無誤地被接收到，但是回應遺失了。時間到期之後，接收者重送回應。最後一個區塊內含 464 個位元組，收到時為受損狀態，接收者就會將它丟掉，計時器重送時間到期之後，伺服器重送最後一個區塊。這個訊息同時做為連線結束之訊號，因為這個區塊小於 512 個位元組。

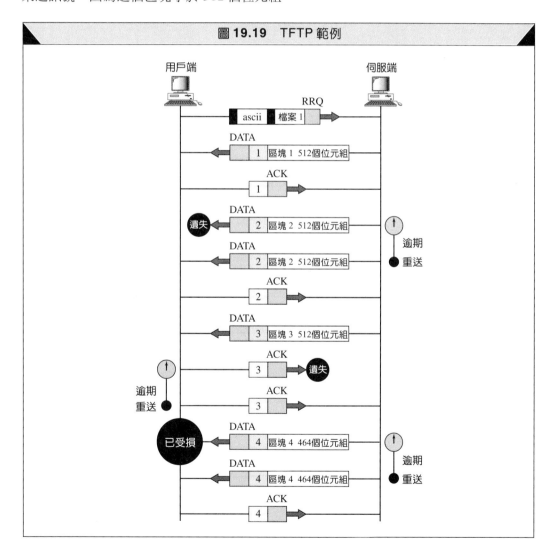

圖 19.19 TFTP 範例

TFTP 選項

TFTP 通訊協定的擴充版已被建議提出。擴充版允許在 RRQ 及 WRQ 訊息中再加入選項，用來商議區塊的大小及其初始序號。原本除了最後一個區塊之外，其他的區塊大小都是512個位元組，現在可以透過選項商議來定義出任意的區塊大小，只要能被UDP封裝即可。

　　擴充版中也提出一種**選項回應** (Option ACKnowledgment, OACK) 的訊息，讓對方可以接受或拒絕這些選項。

安全性

要記住的是，TFTP 沒有提供安全性的措施。沒有使用者辨認也沒有密碼。不過，還是要做好防範，防止駭客偷取檔案。其中一種做法是只讓 TFTP 讀寫不重要的檔案。另一種增加 TFTP 安全性的方法，是將安全措施實現在鄰近 TFTP 伺服器的路由器上，讓此路由器只允許某些特定的主機存取伺服器。

應用

TFTP在安全性不是很重要的情況下，是非常有用的檔案傳輸機制。TFTP可以用來初始化橋接器或路由器等裝置。 TFTP 最主要的用途是與 BOOTP 或 DHCP 通訊協定共用。TFTP 只需要少許的記憶體，且只使用 UDP 與 IP 的服務，就可以很容易放到 ROM 裡。在機器開機後，TFTP 可以連到一台伺服器下載組態檔案，圖 19.20 說明了這些觀念。開機的機器使用BOOTP或DHCP的用戶端，到BOOTP伺服端尋找組態檔案的檔名，該機器把檔名傳給 TFTP 的用戶端。藉此再由 TFTP 伺服端，得到組態檔案的內容。

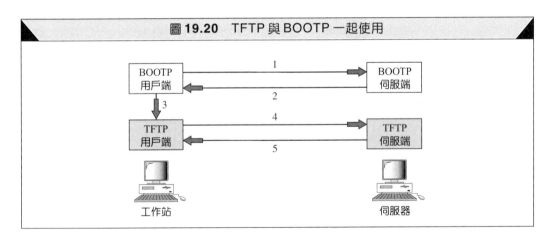

圖 19.20　TFTP 與 BOOTP 一起使用

19.3　重要名詞　*Key Terms*

匿名 FTP (anonymous FTP)

ASCII 檔案 (ASCII file)

區塊模式 (block mode)

開機通訊協定 (Bootstrap Protocol, BOOTP)

壓縮模式 (compressed mode)

控制連線 (control connection)

資料連線 (data connection)

動態主機組態通訊協定 (Dynamic Host Configuration Protocol, DHCP)

EBCDIC 檔案 (EBCDIC file)

檔案結構 (file structure)

檔案傳輸通訊協定 (File Transfer Protocol, FTP)

映像檔 (image file)

讀取 (reading)

紀錄結構 (record structure)

魔法師學徒錯誤 (sorcerer's apprentice bug)

串流模式 (stream mode)

簡易檔案傳輸通訊協定 (Trivial File Transfer Protocol, TFTP)

使用者資料包通訊協定 (User Datagram Protocol, UDP)

使用者介面 (user interface)

寫入 (writing)

19.4　摘要　*Summary*

❑ 檔案傳輸通訊協定 (FTP) 為一種 TCP/IP 的用戶／伺服應用，提供電腦之間的檔案拷貝之服務。

❑ FTP 使用兩條連線來做資料傳輸，其中一條是控制連線，而另一條是資料連線。

❑ FTP 使用 NVT ASCII 編碼作為不同系統間的通訊。

❑ 在實際傳送檔案之前，用戶端先透過控制連線來定義檔案類型、資料結構，以及傳輸模式。

❑ 用戶端傳送給伺服端建立通訊的指令有 6 大類，分別為：

(a) 存取指令

(b) 檔案管理指令

(c) 資料格式化指令

(d) 通訊埠定義指令

(e) 檔案傳輸指令

(f) 其他指令

❑ 在連線建立期間，回應訊息是由伺服端傳送給用戶端。

❑ 檔案傳輸種類有 3 種：

(a) 從伺服端拷貝一個檔案到用戶端

(b) 從用戶端拷貝一個檔案到伺服端

(c) 從伺服端傳送資料夾名稱或檔案名稱到用戶端

❑ 大多數的作業系統在 FTP 與使用者之間提供一個容易操作的使用者介面 (UI)。

❑ 匿名 FTP 提供了一種讓一般大眾存取遠端檔案的方法。

❑ 簡易檔案傳輸通訊協定 (TFTP) 為一種簡單的檔案傳輸通訊協定，沒有 FTP 的複雜度，也沒有 FTP 的精緻度。

❑ 用戶端使用 TFTP 來擷取檔案，或是傳送檔案給伺服端。

❑ TFTP 有 5 種訊息：

(a) RRQ 是用戶端訊息，用來建立連線從伺服器讀取資料過來。

(b) WRQ 是用戶端訊息，用來建立連線把資料寫到伺服端。

(c) DATA 是用戶端與伺服端的訊息，用來傳送區塊資料。

(d) ACK 回應已接收到的資料區塊。

(e) ERROR 是錯誤訊息，告知連線或傳輸的問題。

- ❑　TFTP 為一種應用程式，UDP 為其傳輸機制。
- ❑　TFTP 使用 RRQ、WRQ、ACK，以及 ERROR 來建立連線。以 DATA 訊息攜帶一塊小於 512 個位元組的區塊資料做為連線結束之訊號。
- ❑　每一個 DATA 訊息（除了最後 1 個區塊之外），攜帶 512 個位元組的資料。
- ❑　下列 4 種情況需要使用錯誤控制，即訊息受損、訊息遺失、回應遺失，以及訊息重複。
- ❑　TFTP 使用對稱式傳輸，傳送方與接收方都以計時的方式來處理錯誤。
- ❑　魔法師學徒錯誤就是 TFTP 所使用的流量控制及錯誤控制機制造成回應與資料重複傳送的問題。
- ❑　TFTP 的擴充版，使用選項來商議傳送的資料區塊大小。
- ❑　TFTP 可以與 BOOTP 或 DHCP 一起用來下載組態檔案，並協助開機。

19.5　習題　*Practice Set*

練習題

1. 如果在 FTP 傳輸過程中，控制連線突然中斷，你認為會發生什麼事？
2. 解釋為什麼用戶端會對控制連線發出主動式開啟，而對資料連線發出被動式開啟。
3. 為什麼匿名 FTP 必須有些限制？一個沒有受到約束的使用者可能會做什麼事情？
4. 解釋為什麼 FTP 沒有定義訊息格式。
5. 繪出一個帶著 FTP 命令的 TCP 封包。
6. 繪出一個帶著 FTP 回應的 TCP 封包。
7. 繪出一個帶著 FTP 資料的 TCP 封包。
8. 試解釋若在範例 3 中的檔案已經存在時，會發生什麼事情。
9. 利用 PASV 指令重做範例 1，而不要使用 PORT 指令。
10. 利用 STOU 指令重做範例 3，以一個獨一無二的名字來儲存檔案，而不要使用 STOR 指令。如果已經存在相同名稱的檔案，會發生什麼事？
11. 以 RETR 指令重做範例 3（擷取一個檔案），而不要使用 STOR 指令。
12. 參考範例 1 的格式，用一個例子說明 HELP 指令的使用。
13. 參考範例 1 的格式，用一個例子說明 NOOP 指令的使用。
14. 參考範例 1 的格式，用一個例子說明 SYST 指令的使用。
15. 參考範例 1 和範例 2，有個使用者想在 */usr/usrs/letters* 這個路徑下建立一個 *Jan* 的目錄，而主機名稱是 *mcGraw.com*，請列出所有的指令和回應訊息。
16. 參考範例 1 和範例 3，有個使用者想要移動到現在所在目錄的母目錄，主機名稱是 *mcGraw.com*，請列出所有的指令和回應訊息。
17. 參考範例 1 和範例 2，有個使用者想將 */usr/usrs/report* 資料夾內名為 *file1* 的檔案移動到 */usr/usrs/letters* 這個路徑，而主機名稱是 *mcGraw.com*，請列出所有的指令和回應訊息。

18. 參考範例1和範例2，有個使用者想從 */usr/usrs/report* 的目錄下存取一個名叫 *file1* 的EBCDIC檔案，因為檔案很大，所以使用者希望在傳輸之前先經過壓縮，主機名稱是 *mcGraw.com*，請列出所有的指令和回應訊息。

19. 為什麼在 TFTP 中需要 RRQ 或是 WRQ 訊息，而 FTP 卻不需要？

20. 繪出 RRQ 訊息在 UDP 使用者資料包之中的封裝情形，假定檔名是 Report，並且在 ASCII 模式。其 UDP 資料段的大小多少？

21. 繪出 WRQ 訊息在 UDP 使用者資料包之中的封裝情形，假定檔名是 Report，並且在 ASCII 模式。其 UDP 資料段的大小多少？

22. 畫出一個區塊號碼為7的 TFTP 資料訊息，在 UDP 使用者資料包之中的封裝情形。其使用者資料包的總大小是多少？

23. A 主機使用 TFTP 從 B 主機那裡讀取 2,150 位元組的資料。假設沒有錯誤發生的情況，說明所有相關的指令，也包含用來建立和關閉連線的指令。

24. 繪出第23題中，所有兩端交換的使用者資料包。

25. 重做第23題，並假定第2個區塊發生錯誤。

26. 繪出第25題中，所有兩端交換的使用者資料包。

資料檢索

27. 請找出關於 FTP 的 RFC 文件。

28. 請找出關於 TFTP 的 RFC 文件。

29. 請找出如何使用路由器來提供 TFTP 的安全性。

30. 請使用 UNIX 或 Windows 找出所有用在 FTP 的指令。

31. 請使用 UNIX 或 Windows 找出所有用在 TFTP 的指令。

32. 請找出 OACK 訊息的格式。

33. 請找出要加到 RRQ 和 WRQ 訊息的選項的種類。

CHAPTER 20

電子郵件：
SMTP、POP 和 IMAP

Electronic Mail: SMTP, POP, and IMAP

最受歡迎的 Internet 服務之一就是電子郵件 (e-mail)，Internet 的設計者一開始可能也沒想到這種應用程式會這麼受歡迎。它的架構包含幾個部分，我們將會在本章一一介紹。

在剛開始有 Internet 的年代，電子郵件傳送的訊息以文字為主，而且通常很短，人們可用來交換簡短的訊息。但現在電子郵件已經變得複雜許多，它讓訊息型態可以包括文字、聲音或影像，也可以把訊息傳送給一個或多個接收者。

在本章中，我們首先討論電子郵件系統的一般架構，包含 3 個主要的構成要素，即**使用者代理器、訊息傳送代理器**，和**訊息存取代理器**。接著我們會討論實現這些構成要素的通訊協定。

20.1　架構　*Architecture*

我們使用 4 種情況來解釋電子郵件的架構。從最簡單的情況開始，然後慢慢增加複雜度。第 4 種情況是電子郵件的交流中最常出現的情況。

第 1 種情況

在第 1 種情況中，電子郵件的傳送者和接收者屬於同一個系統上的使用者（或是應用程式），他們直接連線到一個共享的系統。系統管理者替每個使用者建立一個接收訊息的**郵件信箱 (mailbox)**。信箱是本地端硬碟的一部分，是一個具有權限限制的特殊檔案，只有郵件信箱的擁有者有能力存取。當 Alice 要傳送訊息給 Bob，她會執行一個**使用者代理器 (User Agent, UA)** 程式來準備訊息，並存到 Bob 的信箱裡。訊息中包括傳送者和接收者的信箱位址（檔案名稱）。Bob 可以在他有空的時候，使用 UA 來檢索並閱讀信箱中的內容。圖 20.1 說明了這樣的一個概念。

這和在辦公室裡的員工交換便條紙的傳統情形很像。有一間信件收發室，每個員工有自己的信箱，上面寫著自己的名字。當 Alice 需要傳送便條紙給 Bob，她將寫好的便條紙放入 Bob 的信箱中。當 Bob 檢查自己的信箱時，就會發現 Alice 給他的便條紙。

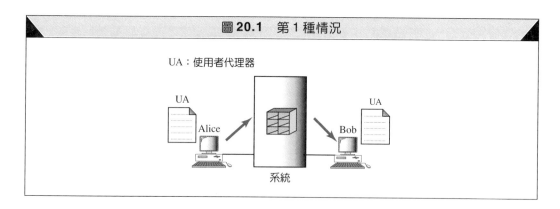

當電子郵件的傳送端和接收端都在同一個系統上，我們只需要兩個使用者代理器。

第 2 種情況

在第 2 種情況中，電子郵件的傳送者和接收者屬於不同系統上的使用者（或應用程式）。訊息必須要透過 Internet 傳送。現在我們需要**使用者代理器 (UA)** 和**訊息傳送代理器 (Message Transfer Agent, MTA)**，如圖 20.2 所示。

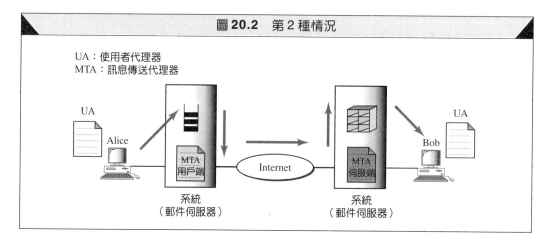

　　Alice 需要使用 UA 程式來傳送訊息給她本地端的系統，這個系統（有時稱為郵件伺服器）使用一個佇列來儲存所有將被傳送的訊息。Bob 也需要一個 UA 程式來檢視那些存放在他本地端系統的郵件信箱中的訊息。不過這個訊息要從 Alice 的系統傳送到 Bob 的系統，需要透過 Internet 來傳送。這裡就需要兩個訊息傳送代理器 (MTA)，一個是 MTA 用戶端，一個是 MTA 伺服端。就像 Internet 上大部分的用戶／伺服程式一樣，伺服器必須要不斷地執行，因為不知道什麼時候會有用戶端要求連線。換句話說，當佇列中有訊息要被傳送時，用戶端就會被系統觸發。

當電子郵件的傳送端和接收端在不同的系統上，我們需要兩個 UA 和一對 MTA（用戶端和伺服端）。

第 3 種情況

在第 3 種情況中，Bob 和在第 2 種情況時一樣，是直接連線到他的系統上，但 Alice 卻不是直接連線到她的系統上，而是透過點對點的 WAN，例如：傳統撥接數據機、DSL 或是有線電視電纜數據機，或者是她可能連到某個組織上的 LAN，這個組織使用一台郵件伺服器來處理電子郵件，所有的使用者都要傳送訊息到這台郵件伺服器上。圖 20.3 說明了這樣的一個情況。

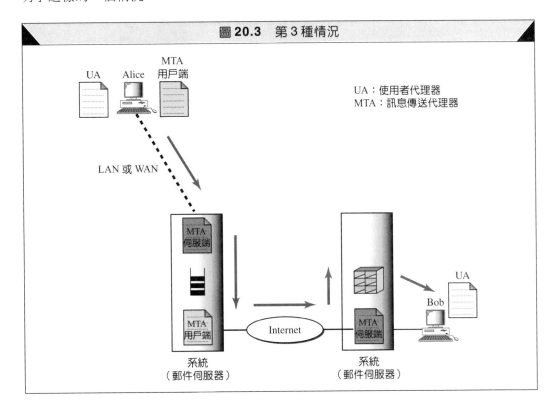

圖 **20.3** 第 3 種情況

Alice 仍然需要使用 UA 來準備她的訊息。然後她要透過 LAN 或 WAN 來傳送訊息，這可以藉由一對 MTA（用戶端和伺服端）來完成。任何時候 Alice 有訊息要傳送時，她會呼叫 UA，然後 UA 再呼叫 MTA 用戶端程式，而 MTA 用戶端程式會建立一條和系統的 MTA 伺服端程式的連線（系統會一直運作）。Alice 那邊的系統將所有收到的訊息放到佇列中，然後使用 MTA 用戶端程式來傳送訊息到 Bob 那邊的系統。Bob 那邊的系統收到訊息後，將之儲存於 Bob 的信箱中。在 Bob 方便的時候，可以使用自己的 UA 來檢索訊息並閱讀。請注意，此處我們需要兩對的 MTA 用戶／伺服端程式。

> 如果傳送端是透過 LAN 或 WAN 來連接到郵件伺服器，我們需要兩個 UA 和兩對 MTA（用戶端和伺服端）。

第 4 種情況

在第 4 種情況也是最普遍的情形中，Bob 也透過 WAN 或 LAN 來連接到他的郵件伺服器。在訊息到達 Bob 的郵件伺服器後，Bob 得將之取回。這麼一來，我們需要另一組用戶/伺服端代理器，稱之為**訊息存取代理器 (Message Access Agent, MAA)**。Bob使用MAA用戶端程式來取回訊息。MAA用戶端程式發出要求給不斷等候要求的MAA伺服端程式，要求傳送該訊息。圖20.4 說明了整個情況。

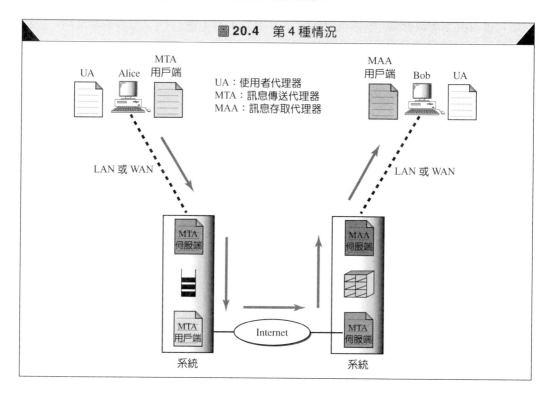

圖20.4　第4種情況

UA：使用者代理器
MTA：訊息傳送代理器
MAA：訊息存取代理器

這裡我們要強調2個重點，首先，Bob不能繞過郵件伺服器直接使用MTA伺服端。如果要直接使用MTA伺服端，Bob得一直執行MTA伺服端的程式，因為他無法知道什麼時候會有訊息送到，這意味著如果Bob透過LAN連接到系統上，他必須一直讓自己的電腦保持在開機狀態。如果他是透過WAN來連接，必須一直讓電腦保持在連線狀態，現在這2種狀況都不合理。

第二，請注意Bob需要另外一對用戶/伺服端程式，即訊息存取代理器 (MAA)。這是由於MTA用戶/伺服端程式是一種**推送 (push)** 的程式，用戶端將訊息推送到伺服端；Bob現在需要的是**拉取 (pull)** 的程式，由用戶端將訊息從伺服端拉取出來。圖20.5 說明了其中的差異。

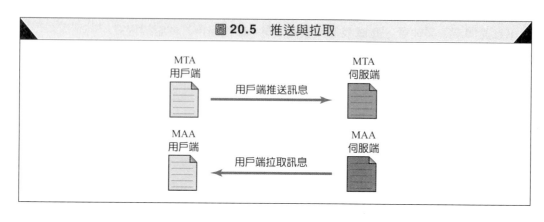

圖20.5　推送與拉取

如果傳送端和接收端都是透過 LAN 或 WAN 來連接到郵件伺服器，我們需要兩個 UA、兩對 MTA（用戶端和伺服端），以及一對 MAA（用戶端和伺服端）。這種架構是現今最常見的情況。

20.2　使用者代理器　*User Agent*

電子郵件系統的第 1 個構成要素就是**使用者代理器 (User Agent, UA)**。它讓使用者可以更容易地收發郵件訊息。

使用者代理器提供的服務

使用者代理器 (UA) 是一個套裝軟體（程式），提供組織、閱讀、回應和轉寄訊息的功能，亦可以管理信箱。圖 20.6 說明了典型使用者代理器的服務。

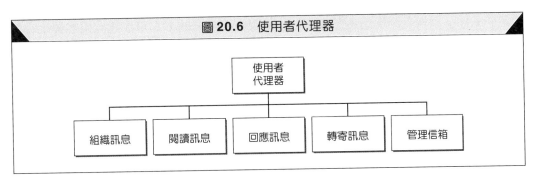

圖 20.6　使用者代理器

組織訊息

UA可以幫助使用者組織出要發送的郵件訊息。大部分的UA可在螢幕上提供範本，讓使用者填入所需的欄位，有些甚至有內建的編輯器，可以做拼字檢查、文法檢查和其他文字處理器所能提供的複雜功能。當然使用者可以使用自己慣用的文字編輯器來建立訊息，然後將訊息加到郵件中，或者是剪下貼到 UA 的範本裡。

閱讀訊息

UA所提供的第2個功能就是閱讀收到的訊息。當使用者開啟UA時，它要先檢查收件匣中有沒有新進的郵件。大部分的 UA 會顯示 1 行的摘要，通知使用者新進郵件的數量。每封電子郵件都包含以下的欄位：

1. 數字欄位。
2. 旗標欄位，顯示出郵件的狀況，例如：新進的、已閱讀但尚未回應的，或是已閱讀且已回應的。
3. 訊息大小。
4. 傳送者。
5. 主旨欄位（可有可無）。

回覆訊息

閱讀完訊息以後，使用者可以用 UA 來回覆訊息。 UA 通常可以讓使用者回覆訊息給原先的傳送者，或是所有同時收到該訊息的人。回覆的訊息裡通常包括原始的訊息（提供快速參考）和新加入的訊息。

轉寄訊息

回覆的定義是將訊息傳送給原先的傳送者，或是任何有收到副本的人。而轉寄的定義則是將訊息傳送給第三方。 UA 讓使用者可以在加入或不加入其他敘述的情況下，將訊息轉寄給第三方。

管理信箱

UA 會建立 2 個信箱，即收件匣和寄件匣。它們都是特定格式的檔案，由 UA 所管理。收件匣會保存所有收到的電子郵件，直到使用者想刪除為止。寄件匣會保存所有已經寄出的電子郵件，同樣直到使用者想刪除為止。現在大部分的 UA 可以建立出客製化的信匣。

使用者代理器種類

使用者代理器 (UA) 有 2 種，即命令列模式和 GUI 模式。

命令列模式

較早的電子郵件系統使用命令列模式的 UA ，在一些伺服器裡仍然可以看到它們。命令列模式的 UA 從鍵盤接收到長度為 1 個字元的命令，然後執行對應工作。舉例來說，使用者在命令提示字元中鍵入 r，表示要回覆傳送者的訊息；或是鍵入 R，表示要回覆原訊息的傳送者和所有其他接收者。命令列模式之 UA 的一些例子有 mail 、 pine 和 elm 。

> 命令列模式 UA 的一些相關例子有 mail 、 pine 和 elm 。

GUI 模式

現在的 UA 大部分是 GUI 模式。它包含了**圖形化使用者介面 (Graphical User Interface, GUI)** 的元件，讓使用者透過鍵盤與滑鼠和軟體互動。這些元件包含圖像、選單下拉捲軸和視窗，讓使用者更方便使用服務。 GUI 模式之 UA 的一些相關例子有 Eudora 、 Netscape 和微軟的 Outlook 。

> GUI 模式之 UA 的一些相關例子有 Eudora 、 Netscape 和微軟的 Outlook 。

傳送郵件

使用者透過 UA ，建立出相似於郵局信件的郵件，並傳送之。其郵件包含**信封**和**訊息**（見圖 20.7）。

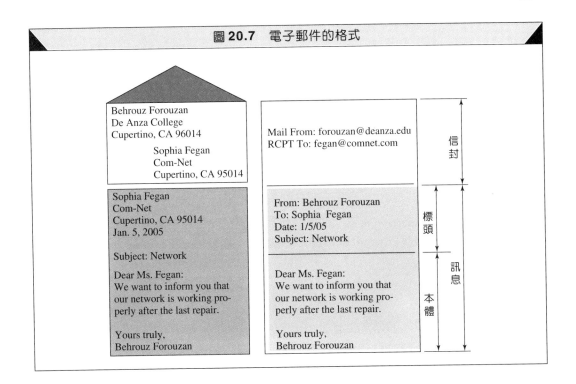

圖 20.7 電子郵件的格式

信封

信封 (envelope) 上通常包含寄件者的位址、接收者的位址和其他的資訊。

訊息

訊息包含**標頭 (header)** 和**本體 (body)**。訊息的標頭定義了寄件者、收件者、訊息主旨和其他的資訊。訊息的本體包含要給接收者閱讀的資訊。

接收訊息

UA 是由使用者（或是計時器）所啟動。如果有使用者的信件，UA 會通知使用者。若使用者準備要閱讀郵件，UA 就會顯示出一個列表，列表上有收信匣中每一封信件的資訊摘要。這摘要通常包括傳送者的郵件位址、主旨、和郵件的發送或是接收到的時間。使用者可以選擇任何一封信件，並將內容顯示於螢幕上。

位址

電子郵件的處理系統必須有一個定址系統，才能傳遞郵件。SMTP 所使用的定址系統包含兩個部分，一是**本地部分 (local part)**，另一是**網域名稱 (domain name)**，兩者以 @ 分開（見圖 20.8）。

本地部分

本地部分定義一個特定檔案的名稱，這個檔案稱為使用者信箱。使用者信箱存放這個使用者所有收到的郵件，可由訊息存取代理器 (MAA) 來檢索。

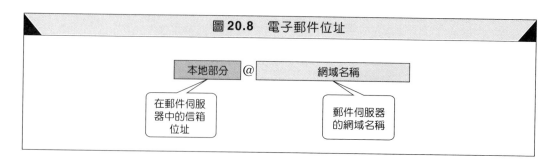

圖 20.8 電子郵件位址

網域名稱

位址的第 2 部分是網域名稱。通常一個機構會挑選一台或數台主機來收送電子郵件，這些主機一般稱為**郵件伺服器 (mail server)** 或是**郵件交換器 (mail exchanger)**。郵件交換器的網域名稱通常是來自 DNS 資料庫，或是一個代表組織的邏輯名稱。

收信者名錄

電子郵件可以用一個單一名稱，也就是一個**別名 (alias)** 來表示數個不同的郵件位址，這就是所謂的**收信者名錄** (mailing list)。每次訊息要被送出的時候，系統會利用別名的資料庫來檢查收信者的名稱。如果找到該別名的收信者名錄，那麼該訊息就會被準備多份，而在收信者名錄中的每個人都要有一份，並將全部訊息交給 MTA。如果找不到該別名的收信者名錄，則別名本身就是一個收信者位址，所以只會傳送一個訊息到該實體。

MIME

電子郵件系統是一個很簡單的架構，不過它的簡易性並非沒有代價。SMTP 傳送訊息只能以 NVT 7 位元的 ASCII 格式，換言之，是有限制的。例如，它不能使用於 7 位元 ASCII 碼沒有支援的語言，像法文、德文、希伯來文、俄文、中文，及日文。還有 SMTP 也不能用來傳送二進制的檔案、影像或語音資料。

多目的網際網路郵件擴充 (Multipurpose Internet Mail Extension, MIME) 為一種補充性的通訊協定，允許非 ASCII 資料也能經由 E-mail 來傳送。MIME 把傳送者一方的非 ASCII 資料轉換成 NVT ASCII 資料，然後交給用戶端 MTA 傳送到 Internet 上去。訊息到了接收端會再被轉回原來的資料。

我們可以把 MIME 當成一套軟體，其功能是將非 ASCII 資料轉換成 ASCII 資料，或是做相反的動作，如圖 20.9 所示。

MIME 定義 5 種標頭，可以加在原來電子郵件的標頭，以定義轉換參數：

1. MIME-Version（MIME－版本）
2. Content-type（內容－類別）
3. Content-Transfer-Encoding（內容－傳輸－編碼）
4. Content-Id（內容－身分）
5. Content-Description（內容－敘述）

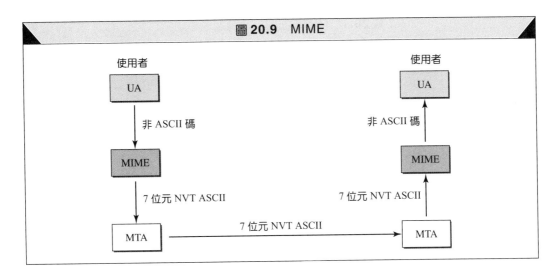

圖 **20.9** MIME

圖 20.10 說明了 MIME 的標頭，以下我們詳述其各種標頭。

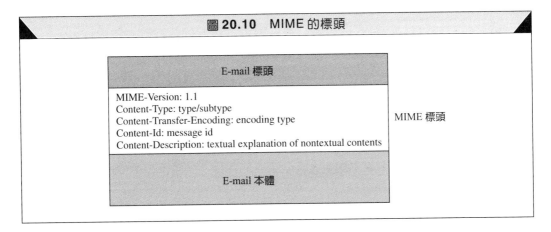

圖 **20.10** MIME 的標頭

MIME – 版本

這個標頭定義 MIME 的版本，目前是 1.1。

MIME-Version: 1.1

內容 – 類別

這個標頭定義訊息本體的資料類別，內容類別與內容子類別以斜線分開，依子類別而定，標頭可能包含其他參數：

Content-Type: <類別／子類別；參數>

MIME 允許 7 種不同的資料類別，表 20.1 將各項列了出來，稍後會有較詳細的敘述。

❑ **本文 (text)**：原始的訊息就已經是 7 位元的 ASCII 編碼，並不需要 MIME 來轉換。目前有 2 種子類別，即**原文** (plain) 和**超文件標記語言** (HTML)。

表 **20.1**　MIME 的資料類別及子類別

類別	子類別	敘述
Text	Plain	未格式化本文
	HTML	HTML 格式（見第 22 章）
Mulipart	Mixed	本體包含不同的資料類別之有次序關係的各個部分
	Parallel	同上，但沒有次序
	Digest	與 Mixed 相同，但預設為 Message/RFC822
	Alternative	各部分為相同訊息，但是為不同之格式
Message	RFC822	本體為已被封裝的訊息
	Partial	本體為一個較大訊息之片段
	External-Body	本體為另一個訊息之參考指標
Image	JPEG	圖像為 JPEG 格式
	GIF	圖像為 GIF 格式
Video	MPEG	影像為 MPEG 格式
Audio	Basic	單聲道聲音編碼 (8 KHz)
Application	PostScript	Adobe 的 PostScript 檔
	Octet-stream	一般二進制資料（8 位元的位元組）

❑　**多重部分 (multipart)**：本體包含多個獨立的部分。多重部分的標頭必須定義每一部分的邊界，而邊界為參數之一。邊界為一字串記號，在每一部分前面出現，出現在單獨的一行且其前面為兩個分段符號。本體結束記號也是使用邊界字串，其前面與後面都有兩個分段符號。

多重部分共有 4 個子類別：**混合** (mixed)、**平行** (parallel)、**摘要** (digest)，及**交替** (alternative)。混合是指各部分交給接收者時，必須依照原來資訊裡的次序。混合的每一部分有不同的類別定義在邊界的地方。平行與混合一樣，但是各部分的次序不重要。摘要與混合相似，除了預設的「類別／子類別」為「訊息／RFC822」，見下面定義。交替表示相同訊息以不同格式重複出現。下例為一多重部分訊息，使用的子類別為混合。

```
Content-Type: multipart/mixed; boundary=xxxx
    --xxxx
    Content-Type: text/plain;
    ..................................
    --xxxx
    Content-Type: image/gif;
    ..................................
    --xxxx--
```

❑ **訊息 (message)**：內容類別為訊息時，本體本身即為郵件訊息的全部、或為部分、或者是一個指到訊息的指標。目前，訊息使用 3 個子類別：**RFC822**、**部分** (partial) 或**外部－本體** (external‑body)。當本體封裝另一個訊息時（包含其標頭與本體），其子類別為 RFC822。如果原來的訊息被分成若干段不同的訊息，而本訊息為其中的 1 個片段，則本訊息的類別為部分。這些片段必須在目的地由 MIME 重組回來。有 3 個參數要加入，即身分識別碼 (ID)、序號 (number)，以及全部個數 (total)。身分識別碼用來辨識原來的訊息，要出現在所有的片段裡，序號定義這些片段的次序，而全部個數代表總共有幾個片段構成原來的訊息。以下範例，其訊息分為 3 個片段：

```
Content-Type: message/partial;
id= "forouzan@challenger.atc.fhda.edu";
number=1;
total=3

......................................
......................................
```

另外一個子類別外部－本體，表示本體並未包含真正的訊息，而是一個參考指標，指到原來的訊息。在子類別後的參數，定義如何找到原來的訊息，以下為一範例：

```
Content-Type: message/external-body;
name= "report.txt";
site= "fhda.edu";
access-type= "ftp"

......................................
......................................
```

❑ **圖像 (image)**：原始訊息為一種靜態圖像，沒有動畫。目前所使用的子類別為具壓縮性的 JPEG (Joint Photographic Experts Group) 及 GIF (Graphics Interchange Format) 兩種格式。

❑ **影像 (video)**：原始訊息為隨著時間而改變的圖像。目前所使用的子類別是 MPEG (Moving Picture Experts Group)。如果動畫有聲音，則聲音要分開，使用音訊類別。

❑ **音訊 (audio)**：原始訊息是聲音，目前所使用的子類別為基本格式 (basic)，使用 8 kHz 的標準音訊資料。

❑ **應用 (application)**：原始訊息的資料類別之前並未定義過。目前使用的子類別只有 PostScript 及位元組串流 (octet-stream)。PostScript 使用在 Adobe 公司的 PostScript 檔案格式，而位元組串流使用在資料必須被解釋為一連串的位元組（二進制檔）。

內容－傳輸－編碼

這個標頭定義了如何將訊息編為 1 及 0 的位元串以便用來傳送。其格式為：

Content-Transfer-Encoding: <種類>

目前有 5 種編碼方式，如表 20.2 所列。

表 20.2 內容－傳輸－編碼

種類	敘述
7bit	NVT ASCII字元及短行
8bit	非 ASCII 字元及短行
Binary	非 ASCII 字元，不限長度行
Base64	每一個 6 位元區塊的資料編成一個 8 位元 ASCII 字元
Quoted-printable	非 ASCII 字元編碼為等號加 1 個 ASCII 碼

❑ **7bit（7 位元）**：這是 7 個位元的 NVT ASCII 編碼，不用特別的轉換。但是每行長度不可以超過 1,000 個字元。

❑ **8bit（8 位元）**：這是 8 位元編碼，可以送非 ASCII 的字元，但長度同樣也不可以超過 1,000 個字元。在此，MIME 不做任何編碼，下層的 SMTP 通訊協定必須能夠傳送這種 8 位元非 ASCII 的字元。因此，並不建議使用。最好用 Base64 及引用可印式。

❑ **Binary（二進制）**：這是 8 位元編碼，可以送非 ASCII 的字元，但是長度可以超過 1,000 個字元，MIME 不做任何編碼，SMTP 通訊協定必須能夠傳送這種二進制資料。因此，並不建議使用，最好用 Base64 及引用可印式。

❑ **Base64**：這個方法解決用位元組構成的資料，每個位元組的最高位元可能不是 0 的問題。Base64 把這類的資料轉換成可列印的字元，之後就以 ASCII 字元送出，或者是該郵件傳輸系統所支援的任何一種字元形態送出。

　　Base64 把二進制資料分成每個為 24 位元的區塊，然後每個區塊分成 4 部分，每部分 6 位元（見圖 20.11），每個 6 位元依照表 20.3 解釋為 1 個字元。

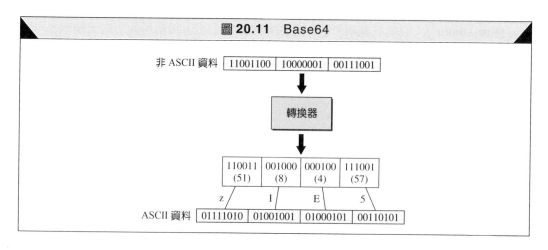

圖 20.11 Base64

❑ **引用可印式**：Base64 使用多餘位元來編碼，即 24 位元變成 4 個字元，最後以 32 位元送出，額外付出了 25%。如果資料大部分為 ASCII 字元，而少部分為非 ASCII 字元，我們可使用引用可印式的編碼方法。這種方法是，如果 1 個字元是 ASCII 就以 ASCII 送，如果 1 個字元為非 ASCII，那麼以 3 個 ASCII 來傳送它。這 3 個 ASCII

表 **20.3** Base64 編碼表

數值	符號	數值	符號	數值	符號	數值	符號	數值	符號	數值	符號
0	A	11	L	22	W	33	h	44	s	55	3
1	B	12	M	23	X	34	i	45	t	56	4
2	C	13	N	24	Y	35	j	46	u	57	5
3	D	14	O	25	Z	36	k	47	v	58	6
4	E	15	P	26	a	37	l	48	w	59	7
5	F	16	Q	27	b	38	m	49	x	60	8
6	G	17	R	28	c	39	n	50	y	61	9
7	H	18	S	29	d	40	o	51	z	62	+
8	I	19	T	30	e	41	p	52	0	63	/
9	J	20	U	31	f	42	q	53	1		
10	K	21	V	32	g	43	r	54	2		

的第 1 個字元為等號 (=)，接下來 2 個字元為其原來位元組在十六進制表示法之下的 ASCII 字元。見圖 20.12 的範例。

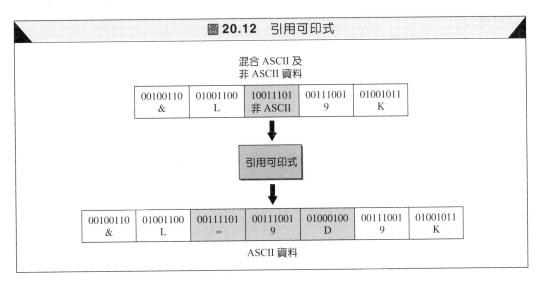

內容－身分

這個標頭辨識所有在多重訊息環境中的同一筆訊息：

Content-Id: id=<內容－身分>

內容－敘述

這個標頭說明本體為圖像、音訊或是影像：

Content-Description: <敘述>

20.3 訊息傳送代理器：SMTP

Message Transfer Agent: SMTP

實際上的信件傳送是由訊息傳送代理器 (MTA) 所完成。系統要傳送郵件，必須有用戶端 MTA ，若要接收郵件，則必須有伺服端 MTA 。一個正式定義在 Internet 上的 MTA 用戶端和伺服端的協定，稱為**簡易郵件傳輸通訊協定 (Simple Mail Transfer Protocol, SMTP)**。如我們先前所說，最普遍的情況就是有 2 對 MTA 用戶／伺服端程式同時被使用（第 4 種情況）。圖 20.13 說明了本情況中 SMTP 通訊協定的涵蓋範圍。

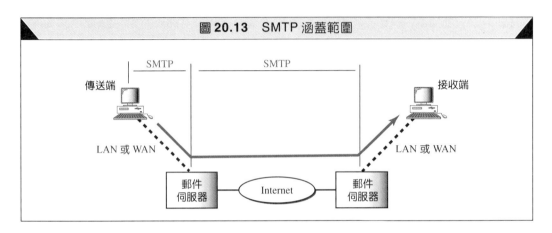

圖 20.13　SMTP 涵蓋範圍

　　SMTP 被使用兩次，其中一次在傳送者與其郵件伺服器之間，另一次是在 2 個郵件伺服器之間。我們將會談到，在郵件伺服器和接收者之間，需要另一種通訊協定。

　　SMTP 只定義命令及回應如何傳送。每個網路可以自由選擇軟體來實現它。我們將在本節剩下的部分談到 SMTP 傳送郵件的機制。

命令與回應

SMTP 使用命令與回應在 MTA 用戶端及 MTA 伺服端之間傳送訊息（見圖 20.14）。每個命令或回應最後以雙字元之行末端記號來結束（CR：歸位；LF：換行）。

圖 20.14　命令及回應

命令

命令是由用戶端送到伺服端，其命令的格式如圖 20.15 所示。命令包含一個關鍵字，然後接著是參數（可以沒有參數）。SMTP 定義了 14 種命令，前面 5 種為強制性，每個 SMTP 的系統都必須支援，接下來 3 個常用命令最好也支援，剩下的 6 個較不常用。其命令如表 20.4 中所列，稍後將會有更詳細的說明。

圖 **20.15** 命令的格式
關鍵字：參數

表 **20.4** 命令

關鍵字	參數
HELO	寄信者主機名稱
MAIL FROM	寄信者訊息
RCPT TO	訊息接收者
DATA	郵件本體
QUIT	
RSET	
VRFY	收信者名稱待驗證
NOOP	
TURN	
EXPN	收信者名錄待擴充
HELP	命令名稱
SEND FROM	訊息接收者
SMOL FROM	訊息接收者
SMAL FROM	訊息接收者

❏ **HELO**：此命令為用戶端所使用來表明自己，而參數為用戶端主機的網域名稱，其格式為：

> **HELO:** challenger.atc.fhda.edu

❏ **MAIL FROM**：此命令為用戶端使用來表明送信者的身分，而參數則為傳送者的 e-mail 位址（本地部分加上網域名稱），其格式為：

> **MAIL FROM:** forouzan@challenger.atc.fhda.edu

❏ **RCPT TO**：此命令為用戶端使用來表明收信者的身分，而參數為收信者的 e-mail 位址，如果有多個收信者，則命令重複，其格式為：

> **RCPT TO:** betsy@mcgraw-hill.com

❑ **DATA**：此命令用來傳送真正的訊息，所有寫在 DATA 後的內容都視為郵件的訊息，訊息最後 1 行為句號，代表結束，其格式為：

> **DATA**
> 這是要傳送給
> McGraw-Hill 公司的
> 訊息
> .

❑ **QUIT**：此命令代表結束訊息，其格式為：

> **QUIT**

❑ **RSET**：此命令用來放棄本次郵件的處理。有關送信者及收信者的資料全部被刪除，連線被重置，其格式為：

> **RSET**

❑ **VRFY**：此命令用來驗證收信者的位址，此地址為參數，傳送者可以要求接收者確認名稱是否為有效的收信者，其格式為：

> **VRFY:** betsy@mcgraw-hill.com

❑ **NOOP**：NOOP（不動作）命令為用戶端使用來檢查接收者的狀態，它需要接收者提供一個回答，其格式為：

> **NOOP**

❑ **TURN**：此命令讓傳送者與接收者交換位置，即接收者變傳送者，傳送者變接收者，不過多數 SMTP 系統並不支援這項功能，其格式為：

> **TURN**

❑ **EXPN**：此命令要求接收主機擴充這個命令所提供的參數（一收信者名錄）為個別的收信者信箱位址，並送回來，其格式為：

> **TURN EXPN:** x　y　z

❑ **HELP**：此命令要求接收者送來有關於本命令所攜帶參數之資訊，其格式為：

> **HELP:** mail

❑ **SEND FROM**：此命令指定該電子郵件要送到接收者的終端機而非信箱。如果接收者沒有登錄，則此郵件被送回來，SEND 的參數為傳送者的位址，其格式為：

> **SEND FROM:** forouzan@fhda.atc.edu

❑ **SMOL FROM**：此命令指定該郵件送到接收者終端機或其信箱。如果接收者登錄，此郵件就送到終端機，否則送到信箱，SMOL 的參數為傳送者的位址，其格式為：

> **SMOL FROM:** forouzau@fhda.atc.edu

- **SMAL FROM**：此命令指定該郵件送到接收者的終端機和其信箱。如果接收者登錄，郵件被送到終端機及信箱；如果沒有登錄，郵件送到信箱。參數為傳送者的位址，其格式為：

SMAL FROM: forouzau@fhda.atc.edu

回應

回應是由伺服端送到用戶端，其回應為 3 個數字的代碼，且在其後可加本文資訊，第 1 個數字的意義如下：

- **2yz（正面完成回答）**：如果第 1 個數字為 2（1 已經不使用），表示要求的命令已經成功完成，可以再傳送新的命令過來。
- **3yz（正面中間回答）**：如果第 1 個數字為 3，表示所要求的命令已被接受，但是需要更多的資訊才能完成。
- **4yz（暫時負面完成回答）**：如果第 1 個數字為 4，代表所要求的命令已被拒絕，但是錯誤是暫時性的，此命令可以重新傳送過來。
- **5yz（永久負面完成回答）**：如果第 1 個數字為 5，代表所要求的命令已經被拒絕，此命令不能再傳送過來了。

第 2 及第 3 個數字提供回應訊息的更細節部分，如表 20.5 中所示。

表 20.5　回應

代碼	敘述
正面完成回答	
211	系統狀態或求助回答
214	求助訊息
220	服務備妥
221	關閉傳送通道
250	要求的命令已完成
251	使用者非本地，訊息會被轉送
正面中間回答	
354	開始郵件輸入
暫時負面完成回答	
421	無法提供服務
450	信箱不存在
451	命令被放棄，或本地錯誤
452	命令被放棄，或記憶體不足

代碼	敘述
永久負面完成回答	
500	語法錯誤，或無法辨識命令
501	語法錯誤，或參數有誤
502	命令未被實現
503	命令次序有問題
504	命令暫時未被實現
550	命令未執行，或信箱不存在
551	非為本地使用者
552	放棄所要求動作，或超過儲存位置
553	所要求動作沒有做，或信箱名稱不允許
554	無法處理

郵件傳送階段

郵件傳送程序有 3 個階段，即連線建立、郵件傳送，以及連線結束。

連線建立

用戶端建立一條 TCP 連線，連到第 25 公認埠號，SMTP 伺服器端即開始連線建立的階段。這個階段包括 3 個步驟，如圖 20.16 所示。

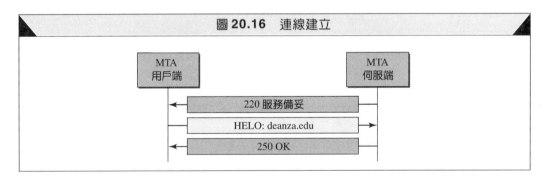

圖 20.16 連線建立

1. 伺服端傳送代碼 220（服務備妥）給用戶端，告知已經準備好要來接收郵件。如果伺服端未準備好，則傳送代碼 421 表示還無法提供服務。
2. 用戶端送 HELO 訊息，表明自己的網域名稱位址。這個步驟是必要的，記得在 TCP 連線建立時，收送兩方以 IP 位址認識彼此。
3. 伺服器以代碼 250 回應（要求的命令已完成）或依情況回應其他代碼。

訊息傳送

在 SMTP 的用戶端與伺服端建立連線後，單一的訊息就可在傳送者與一個或多個接收者之間傳送，這個階段有 8 個步驟，步驟 3 和步驟 4 依接收者的個數而重複（見圖 20.17）。

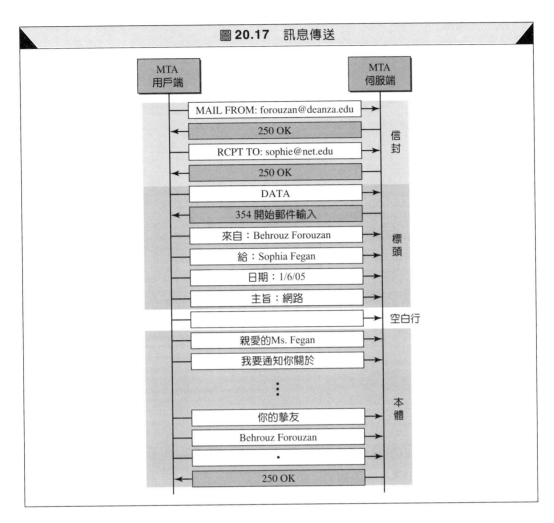

圖 20.17　訊息傳送

1. 用戶端傳送 MAIL FROM 訊息，用來告知傳送者是誰，包括傳送者的郵件位址（信箱及網域名稱）。這個步驟是為了提供伺服端一個回送的郵件地址，當有錯誤要回報時用。
2. 伺服端回應代碼 250 或其他合適的代碼。
3. 用戶端傳送 RCPT TO 訊息，此訊息包含郵件收信者的電子郵件位址。
4. 伺服端回應代碼 250 或其他合適的代碼。
5. 用戶端傳送 DATA 訊息，表示開始郵件訊息的傳輸。
6. 伺服端回應代碼 354（開始郵件輸入）或其他合適的代碼。
7. 用戶端以連續每行的方式傳送訊息，每一行以雙字元之行末端記號來結束（CR 和 LF），最後一行以句點來結束整個訊息。
8. 伺服器回應代碼 250 (OK) 或其他合適的代碼。

連線結束

在整個郵件訊息成功傳送後，用戶端把連線結束掉，包括 2 個步驟（見圖 20.18）。

1. 用戶端送出 QUIT 命令。

2. 伺服器回應代碼 221 或其他合適的代碼。

在連線結束後，TCP 的連線也要關閉。

範例 1

讓我們看看如何直接使用 SMTP 傳送電子郵件，並模擬我們在本節中提到的命令和回應。我們使用 TELNET 登錄第 25 號埠（SMTP的公認埠），然後直接輸入命令來傳送電子郵件。在這個例子中，forouzanb@adelphia.net 傳送郵件給自己。前幾行命令列顯示 TELNET 正嘗試連到 adelphia 郵件伺服器。

```
$ telnet mail.adelphia.net 25
Trying 68.168.78.100...
Connected to mail.adelphia.net (68.168.78.100).
```

建立連線之後，我們可以鍵入SMTP命令，並且收到回應訊息，如下所示。命令的部分以黑色表示，回應訊息則為淺色。請注意我們加入了一些註解行來方便說明，以 = 符號標記起來，這幾行並不是電子郵件程序的一部分。

```
================== Connection Establishment ==================
  220 mta13.adelphia.net SMTP server ready Fri, 6 Aug 2004...
HELO mail.adelphia.net
  250 mta13.adelphia.net
====================     Envelope     ====================
MAIL FROM: forouzanb@adelphia.net
  250 Sender <forouzanb@adelphia.net> Ok
RCPT TO: forouzanb@adelphia.net
  250 Recipient <forouzanb@adelphia.net> Ok
==================== Header and Body ====================
DATA
  354 Ok Send data ending with <CRLF>.<CRLF>
From: Forouzan
TO: Forouzan
```

This is a test message
To show SMTP in action.
.
==================== Connection Termination ====================
250 Message received: adelphia.net@mail.adelphia.net
QUIT
221 mta13.adelphia.net SMTP server closing connection
Connection closed by foreign host.

20.4　訊息存取代理器：POP 和 IMAP

Message Access Agent: POP and IMAP

郵件傳遞的第 1 及第 2 階段皆使用 SMTP 。然而，因為 SMTP 屬於一種推送 (push) 通訊協定，將訊息從用戶端推送到伺服端，因此它不使用在第 3 階段中。換句話說，資料的流向是從用戶端送到伺服端。從另一方面來說，第 3 階段所需要的是一種拉取 (pull) 通訊協定，即用戶端要從伺服端拉取訊息，資料的流向是從伺服端往用戶端。因此第 3 階段要使用訊息存取代理器 (MAA)。

目前有 2 種訊息存取通訊協定，即第 3 版的郵局通訊協定 (Post Office Protocol, POP3) 及第 4 版的網際網路郵件存取通訊協定 (Internet Mail Access Protocol, IMAP4)。圖 20.19 顯示了最常見的情形（第 4 種情況）中，這 2 個通訊協定所扮演的角色。

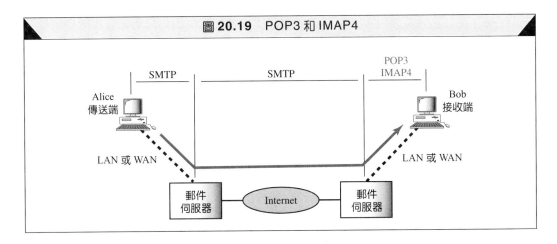

圖 20.19　POP3 和 IMAP4

POP3

第 3 版郵局通訊協定 (Post Office Protocol, version 3, POP3) 很簡單，但功能有限。接收者的電腦安裝 POP3 用戶端軟體，而郵件伺服器則安裝 POP3 的伺服端軟體。

郵件存取始於接收者從郵件伺服器的信箱中下載其郵件。用戶端與伺服器的 TCP 第 110 埠建立一連線，接著用戶端將使用者名稱及密碼送出以存取郵件信箱。使用者接著可以表列郵件訊息並一個一個讀取。圖 20.20 說明了使用 POP3 下載郵件的過程。

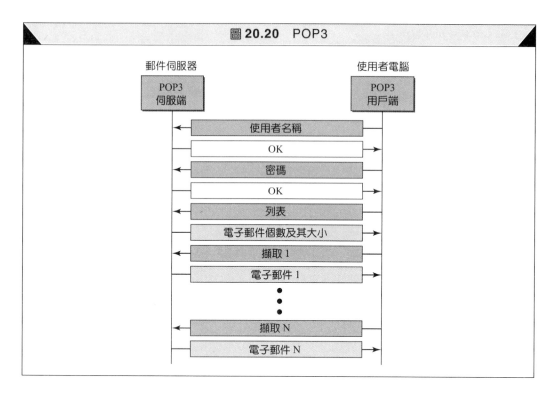

POP3 擁有 2 種模式，即**刪除模式** (delete mode) 與**保存模式** (keep mode)。刪除模式是指郵件在被讀取之後，即從信箱刪除。保存模式則是指郵件在被讀取之後，依然保存在信箱。刪除模式通常是使用者工作的電腦屬於自己的，可以在閱讀或回覆信件後，將信件保存在自己的電腦內。而保存模式則是使用者並非使用自己的電腦來閱讀郵件，所以將郵件繼續留在伺服器內，以便日後讀取。

IMAP4

另一個郵件存取通訊協定是**第 4 版網際網路郵件存取通訊協定 (Internet Mail Access Protocol, version 4, IMAP4)**。 IMAP4 與 POP3 類似，不過功能更多。 IMAP4 功能比較強，也比較複雜。

POP3 有幾項缺點，它不允許使用者管理在伺服器上的郵件，使用者無法在伺服器上建立不同的郵件資料匣（當然使用者可以在自己的電腦上建立郵件資料匣）。此外，POP3 無法讓使用者在下載前先檢查郵件的部分內容。

IMAP4 提供以下額外的功能：

❑ 使用者可在下載郵件前先檢查郵件的標頭。
❑ 使用者可在下載郵件前先尋找符合特定字串的郵件。
❑ 使用者可下載一個郵件的部分內容。這對下載高頻寬要求的多媒體郵件特別有用，尤其是當網路頻寬受限時。
❑ 使用者可以建立、刪除或更改在郵件伺服器上的信箱。
❑ 使用者可以在資料匣內建立階層式信箱以儲存郵件。

20.5 網站上存取的郵件 *Web-Based Mail*

電子郵件現在已是非常普及的應用程式，因此有些網站提供這項服務給所有來存取網站的人。兩個最普遍的站台就是 Hotmail 和 Yahoo。這種想法非常簡單，郵件透過 HTTP（見第 22 章）從 Alice 的瀏覽器傳送到她的郵件伺服器。訊息從傳送端的郵件伺服器傳送到接收端的郵件伺服器的過程，仍是透過 SMTP。最後，訊息從接收端的伺服器（網站伺服器）透過 HTTP 傳送到 Bob 的瀏覽器。

最後一個階段十分地有趣，竟然是使用 HTTP，而不是 POP3 或是 IMAP4。當 Bob 要存取他的電子郵件，他傳送一個訊息到該網站（例如 Hotmail），該網站傳送給他 1 張表格，包含登錄的名稱和密碼。如果 Bob 所填的登錄名稱和密碼正確，電子郵件就會以 HTML 的格式，從網站伺服器傳送到 Bob 的瀏覽器。

20.6 重要名詞 *Key Terms*

別名 (alias)

本體 (body)

連線建立 (connection establishment)

連線結束 (connection termination)

網域名稱 (domain name)

信封 (envelope)

標頭 (header)

第4版網際網路郵件存取通訊協定 (Internet Mail Access Protocol, version 4, IMAP4)

本地部分 (local part)

訊息存取代理器 (Message Access Agent, MAA)

訊息傳送代理器 (Message Transfer Agent, MTA)

多目的網際網路郵件擴充 (Multipurpose Internet Mail Extensions, MIME)

第3版郵局通訊協定 (Post Office Protocol, version 3, POP3)

簡易郵件傳送通訊協定 (Simple Mail Transfer Protocol, SMTP)

使用者代理器 (User agent, UA)

20.7 摘要 *Summary*

❑ UA 會準備郵件訊息、建立信封，以及把訊息放入信封內。

❑ 電子郵件位址包括 2 部分，即本地位址（使用者信箱）及網域名稱。其格式為 localpart@domainname。

❑ 別名允許我們使用收信者名錄。

❑ 多目的網際網路郵件擴充 (MIME) 允許傳送多媒體訊息。

❑ MTA 透過 Internet、LAN 或 WAN 來傳送郵件。

❑ SMTP 在 MTA 用戶端與 MTA 伺服端之間以命令與回應來互傳訊息。

❑ 傳送郵件訊息的步驟為：

(a) 連線建立

(b) 郵件傳送

(c) 連線結束

❑ 第3版郵局通訊協定 (POP3) 和第4版網際網路郵件存取通訊協定 (IMAP4) 是用來從郵件伺服器拉取訊息的通訊協定。

20.8 習題 *Practice Set*

練習題

1. 某傳送者送出未格式化本文，說明其 MIME 標頭。

2. 某傳送者送出 JPEG 圖片，說明其 MIME 標頭。

3. 一個非 ASCII 訊息有 1,000 位元組，使用 Base64 編碼，編碼後總共有幾個位元組？多少位元組為多餘的？多餘部分與總長度之比率為何？

4. 一訊息有 1,000 位元組，使用引用可印式編碼，此訊息 90% 為 ASCII，10% 為非 ASCII 字元，編碼後總共有幾個位元組？多少位元組為多餘的？多餘部分與總長度之比率為何？

5. 比較第 3 題及第 4 題的結果，如果訊息為 ASCII 和非 ASCII 之組合，效率可提高多少？

6. 將下列訊息以 Base64 編碼：

   01010111 00001111 11110000 10101111 01110001 01010100

7. 將下列訊息以引用可印式編碼：

   01010111 00001111 11110000 10101111 01110001 01010100

8. 將下列訊息以 Base64 編碼：

   01010111 00001111 11110000 10101111 01110001

9. 將下列訊息以引用可印式編碼：

   01010111 00001111 11110000 10101111 01110001

10. HELO 及 MAIL FROM 兩個命令都需要嗎？為什麼？

11. 在圖 20.17 信封中的 MAIL FROM 和標頭中的 FROM 有何不同？

12. 如果 TCP 已經建立連線，為什麼郵件傳送還需要建立連線？

13. 說明從 aaa@xxx.com 到 bbb@yyy.com 連線建立的過程。

14. 說明從 aaa@xxx.com 到 bbb@yyy.com 訊息傳送之過程，其中訊息為 "Good morning my friend"。

15. 說明從 aaa@xxx.com 到 bbb@yyy.com 連線結束的過程。

16. 使用者 aaa@xxx.com 傳送 1 個訊息給使用者 bbb@yyy.com，然後再傳送給使用者 ccc@zzz.com。說明所有的 SMTP 命令及回應。

17. 使用者 aaa@xxx.com 傳送 1 個訊息給使用者 bbb@yyy.com，後者回信。說明所有 SMTP 命令及回應。

18. 在 SMTP 中，如果我們要在 2 個使用者之間傳送 1 行訊息，說明總共要交換幾行命令與回應？

資料檢索

19. 請找出有關 SMTP 的 RFC 文件。

20. 請找出有關 POP3 的 RFC 文件。

21. 請找出有關 IMAP4 的 RFC 文件。

22. 請找出任何有關訊息格式的 RFC 文件。

23. 現在有一種新版本的 SMTP，稱為 ESMTP。請找出兩者的差異。

24. 請找一些有關 *smileys* 的資訊，它可以用來表達使用者的情緒。

CHAPTER 21

網路管理：SNMP

Network Management: SNMP

簡 易網路管理通訊協定 (Simple Network Management Protocol, SNMP) 透過一系列的 TCP/IP 通訊協定組來管理互連網路上的裝置。 SNMP 提供一些可以監看及維護互連網路的基本運作。

21.1　觀念　*Concept*

SNMP 使用了**管理者** (manager) 與**代理者** (agent) 的觀念。管理者通常是一台主機，由它控制及監督一群代理者，而代理者通常是路由器（見圖 21.1）。

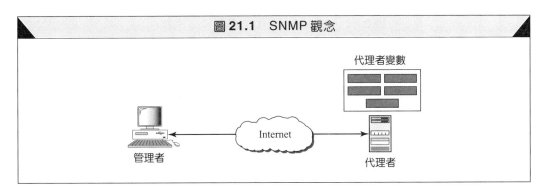

圖 **21.1**　SNMP 觀念

代理者變數

Internet

管理者　　　　　　　　　　　　　代理者

　　　SNMP 為一應用層通訊協定，它使用少數幾台管理站台來管控一群代理者。 SNMP 通訊協定設計在應用層，所以它能監督不同製造商所製造的裝置，也可以安裝在不同實體網路上。換言之，SNMP 執行管理工作時，不用擔心被控管之裝置的物理特性及底層所用的網路技術。 SNMP 可以使用在不同性質的互連網路上，其中包含不同的 LAN 及 WAN，分別由不同製造商所製造的路由器來連接。

管理者與代理者

管理站台又稱為**管理者** (manager)，是一台執行 SNMP 用戶端程式的主機。被管理的站台又稱**代理者** (agent)，是一台路由器或主機，它執行 SNMP 伺服端程式。管理的工作是透過管理者與代理者之間的一些簡單互動而完成。

　　　代理者把執行效益的資訊放在資料庫中，管理者可以存取資料庫中的數值。例如，路由器可以將收到的封包個數與傳送出去的封包個數，分別存放在適當的變數上，管理者可以擷取這些變數的數值來比較，看看路由器是否發生壅塞的情況。

　　管理者也可以命令路由器去執行一些動作，如定期檢查重新開機的計數器數值，看看是需否要重新開機。例如，在計數器值為0時就重新開機，管理者可以使用這項功能，隨時要遠端的代理者重新開機，只需要傳送一個封包將該計數器的值設定為0即可辦到。

　　代理者也能幫忙管理的程序，在代理者上執行的伺服端程式可以檢查環境，看看是否有不尋常之處，若有則送一個警告的訊息（稱為**軟體中斷 (trap)**）給管理者。

　　換言之，SNMP的管理工作基於以下3個基本觀念：

1. 管理者檢查代理者的狀態，要求代理者提供其相關行為的資訊。
2. 管理者可以藉由重置代理者資料庫內的某個數值，來要求代理者執行某一項工作。
3. 代理者幫忙管理，發現不尋常的情況發生時，傳送警告訊息給管理者。

21.2　組成成員　*Management Components*

網路上的管理工作不單只是使用SNMP通訊協定，還有其他協定要與SNMP一同運作。分別是**管理資訊結構 (Structure of Management Information, SMI)** 及**管理資訊資料庫 (Management Information Base, MIB)**。換言之，管理團隊是由 SMI 、 MIB 及 SNMP 所組成，如圖 21.2 所示。

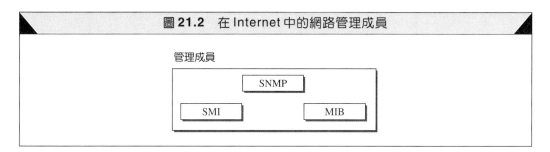

圖 21.2　在 Internet 中的網路管理成員

SNMP 的角色

SNMP在網管上有非常特別的任務。它要定義往返於管理者與代理者之間的封包格式。它也要解釋結果及建立一些統計資料（通常這需要其他軟體的配合幫忙）。封包交換的內容包含某些物件（變數）的名稱及其狀態（數值），SNMP負責讀取及改變這些資料的數值。

> SNMP定義往返於管理者與代理者之間的封包格式。SNMP讀取或改變這些SNMP封包內之物件（變數）的狀態（數值）。

SMI 的角色

使用 SNMP 需要規則，亦即物件 (object) 的命名規則。因為物件在 SNMP 中為階層式配置（一個物件可能有一個母物件及一些子物件），因此命名更為重要。部分的名字可以繼承自母物件。我們也需要定義物件類型的規則。 SNMP 處理的物件類型是什麼？

SNMP可以處理簡易型或結構型的物件嗎？有多少是簡易型物件？每種類型的大小與範圍為何？除此之外，每一類型是如何編碼的？

因為我們不知道執行傳送、接收與儲存資料的電腦所採用的架構，因此我們需要一種通用的規則。送出資料的電腦或許是一台功能強大的電腦，用8個位元組來儲存一個整數，而接收端的電腦或許是一台只用4個位元組來儲存整數的小型電腦。

SMI就是定義這些規則的一套協定。SMI只定義規則，它不定義在一個主體內有多少物件，也不定義物件使用的類型。SMI是一組規則用以命名物件及表列其類型。將某個物件關聯到哪個類型，不是由SMI來做。

> SMI定義物件命名的一般規則、物件可用的類型（包括範圍及長度），以及物件和數值如何編碼。
>
> SMI並沒有定義一個主體可以管理物件的個數，也沒定義管理物件的名稱，以及物件與其數值的關聯性。

MIB 的角色

很明顯地，我們還需要另一個協定。對每一個要被管理的主體，這個協定要定義物件的數目，且依照SMI定義的規則來命名這些物件，也要將每個被命名的物件關聯到一個類型。這個協定就是MIB，其MIB為每個主體建立並定義一群物件，就好像是資料庫一樣。

> MIB為每個主體建立並定義一群物件、定義各個物件的類型，以及在主體內彼此的關係。

比喻

在我們進一步介紹這些協定之前，我們做個比喻。前面介紹這3個網管的協定，就如同我們用一種程式語言去寫一個程式以解決問題一般。

在我們寫程式之前，程式語言（如C、Java）的語法要先定義出來。語言也要定義變數的結構（簡易型、結構型或指標等），以及變數的命名規則。例如，一個變數的名稱必須是由1到N個字元構成，而第1個必須為字母，後面可以接數字的字元。這個程式語言也要定義可以被使用的資料類型（整數、浮點數或是字元等）。在程式中，這些規則由語言所定義。在網管中，這些規則由SMI所定義。

大部分的電腦語言需要在程式內宣告其使用的變數。宣告用來為每個變數命名並定義其類型。例如，某個程式有2個變數，其中1個整數命名為counter，另1個矩陣命名為grades，其類型為char，則它們必須被宣告在程式開始的地方：

```
int counter ;
char grades [40] ;
```

請注意，宣告為這2個變數命名並定義其類型。因為在語言裡類型是預先定義好的，所以程式知道每個變數的範圍與大小。在網管中，由MIB做這件事。MIB為每個物件命名並定義其類型。因為類型的部分已經由 SMI 定義，所以 SNMP 知道其範圍與大小。

在程式宣告之後，程式會依需要存入數值到變數內或改變它們。在網管裡，由 SNMP 做這件事。SNMP 會儲存、改變及解釋由 MIB 依 SMI 規則所定義的物件數值。

> 我們可以比較網管與撰寫一個程式必須做的事情：
> ❑ 這兩件事都需要規則，在網管中則由 SMI 負責。
> ❑ 這兩件事都需要做變數宣告，在網管中則由 MIB 負責。
> ❑ 這兩件事都會根據陳述來執行動作，在網管中則由 SNMP 負責。

概要

在詳細討論各網管成員之前，我們先來看看在一個簡單的實例下，每個成員是如何運作，但這只是稍後本章內容發展的概要。一個管理者站台（SNMP 用戶端）希望傳送一個訊息到某個代理者站台（SNMP 伺服端），此訊息的目的是要找出代理者所接收到的 UDP 使用者資料包個數。圖 21.3 說明了各步驟的概要。

MIB 負責找出存有已接收之 UDP 使用者資料包個數的物件；SMI 負責將這個物件的名稱編碼；SNMP 負責建立一個稱為 GetRequest 的訊息，並將已編碼的訊息給封裝起來。當然，實際上要處理的事情比這個簡易的範例還要複雜許多，但是我們首先需要更進一步了解每一個協定的細節。

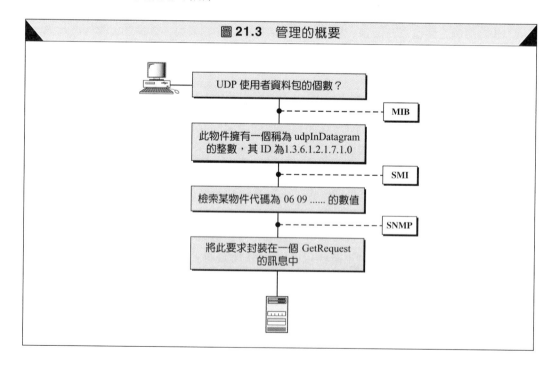

圖 21.3　管理的概要

21.3 **SMI** *SMI*

第 2 版的管理資訊結構 (SMIv2) 使用於網路管理上，其功能是：

1. 物件命名。
2. 定義存在物件中的資料類型。
3. 如何做資料編碼以便由網路傳送。

SMI 提供 SNMP 指南，SMI 強調處理一個物件的 3 種屬性，即**名稱 (name)**、**資料類型 (data type)**，及**編碼方法 (encoding method)**（見圖 21.4）。

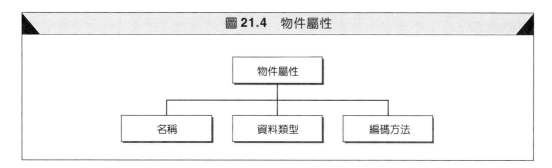

圖 21.4　物件屬性

名稱

SMI 要求每個被管理的物件要有一個唯一的名稱，被管理的物件可以包括是路由器、路由器內的一個變數，或是一個數值等。SMI 使用**物件識別碼 (object identifier)** 做全域性的命名。物件識別碼屬於一種樹狀結構的階層式代碼（見圖 21.5）。

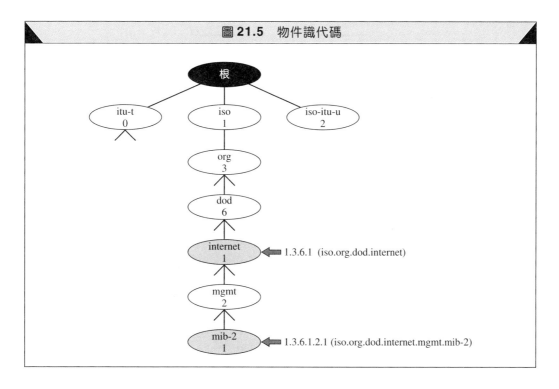

圖 21.5　物件識代碼

　　這個樹狀結構由一個沒有名稱的根開始，每個物件用一串的整數來定義，數字以英文句點隔開。物件也可以由英文句點隔開的文字型名稱來定義，不過 SNMP 使用的是整數與英文句點的表示方式，而文字名稱與英文句點的方法是給人看的。例如，下面所示為相同物件，但是分別使用兩種不同的標記法來代表：

$$\text{iso.org.dod.internet.mgmt.mib-2} \longleftrightarrow 1.3.6.1.2.1$$

SNMP 所使用的物件皆位於 *mib-2* 物件下，所以其識別碼都是以 1.3.6.1.2.1 開始。

SNMP 所管理的每個物件被給予一個物件識別碼，識別碼都是以 1.3.6.1.2.1 開始。

資料類型

物件的第二個屬性是存放在物件內的資料類型。SMI使用**抽象語法標示規則 1 (Abstract Syntax Notation, ASN.1)** 原有的定義，並加入一些自己新的定義。換言之， SMI 既是 ASN.1 的子集 (subset) 也是 ASN.1 的超集 (superset)。

　　以廣義的資料類型來分， SMI 的資料類型可分為**簡易型 (simple)** 及**結構型 (structured)** 兩種。我們先定義簡易的類型，再介紹如何從簡易的類型組成結構化的類型（見圖 21.6）。

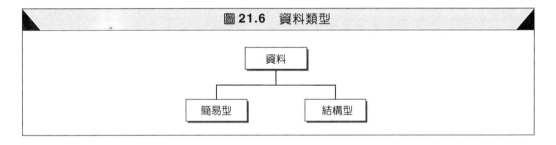

圖 21.6　資料類型

簡易型

簡易型資料類型 (simple data type) 是一種單一不可分 (atomic) 的資料類型，其中有些來自 ASN.1，有些由 SMI 加入。我們將最重要的幾個條列在表 21.1 中。前 5 個來自 ASN.1，而接下來 7 個為 SMI 所定義。

表 21.1　資料類型

類型	大小	敘述
INTEGER	4 個位元組	一個數值範圍在 -2^{31} 到 $2^{31} - 1$ 之間的整數
Integer32	4 個位元組	與 INTEGER 相同
Unsigned32	4 個位元組	不帶符號的整數，數值範圍在 0 到 $2^{32} - 1$ 之間
OCTET STRING	可變	位元組字串，最大長度可達 65,535 個位元組
OBJECT IDENTIFIER	可變	物件識別碼
IPAddress	4 個位元組	4 個整數所構成的 IP 位址

類型	大小	敘述
Counter32	4 個位元組	可從 0 累加到 2^{32} 的整數，到達最大值後回到 0
Counter64	8 個位元組	64 位元計數器
Gauge32	4 個位元組	與 Counter32 相同，只是到最達最大值後即停在最大值，直到重置
TimeTicks	4 個位元組	計數 1/100 秒發生的次數
BITS		位元字串
Opaque	可變	無法解釋的字串

結構型

藉由組合簡易型與結構型資料類型，我們可以建立新的**結構型資料類型 (structured data type)**。SMI 定義兩種結構型資料類型：**序列** (sequence) 及**的序列** (sequence of)。

❑ **序列**：一個**序列**資料類型由簡易型的資料組合而成，但不一定是由同一種簡易型的資料組成。**序列**資料類型與 C 語言中**結構** (struct) 及**紀錄** (record) 的觀念相似。

❑ **的序列**：一個**的序列**資料類型是由相同類型的簡易型資料組合而成，或者是由相同類型的序列資料組合而成，**的序列**資料類型與 C 語言中**矩陣** (array) 的觀念類似。

圖 21.7 說明了這兩種資料類型的概念圖。

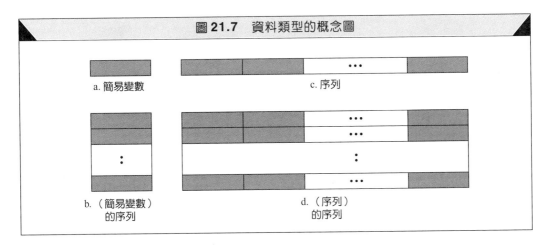

圖 21.7　資料類型的概念圖

a. 簡易變數
c. 序列
b. （簡易變數）的序列
d. （序列）的序列

編碼方法

SMI 使用**基本編碼規則 (Basic Encoding Rules, BER)** 來做資料編碼，資料經 BER 編碼後即可在網路上傳送。BER 規定每份被編碼的資料有 3 個部分，分別是標籤、長度，及數值，如圖 21.8 的圖示說明。

❑ **標籤**：標籤欄位用來定義資料的類型，欄位的長度是一個位元組。標籤有 3 個子欄位，即 2 位元的等級 (class)、1 位元的格式 (format)，以及 5 位元的號碼 (number)。有 4 種**等級** (class) 被定義，即通用級 (universal, 00)、應用級 (application-wide, 01)、特定級 (context-specific, 10)，和私有級 (private, 11)。

圖 21.8 編碼格式

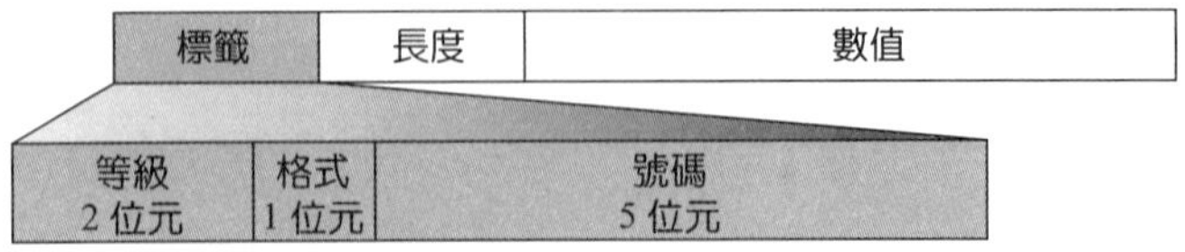

a. 通用級的資料類型取自 ASN.1（INTEGER、OCTET STRING，及 ObjectIdentifier）。

b. 應用級的資料型態為 SMI 所加入（IPAddress、Counter、Gauge，及 TimeTicks）。

c. 特定級的資料類型有五種，它們依協定的不同而有不同意義。

d. 私有級的資料類型依製造者而異。

格式這個子欄位為 0 時，表示資料為簡易型，若為 1 時，表示為結構型。**號碼**這個子欄位進一步把簡易型資料或結構型資料分為若干子群。例如，在通用級的簡易格式中，若為 INTEGER 型態的話，其值為 2；若為 OCTET STRING 的話，其值為 4 等。表 21.2 說明了本章所介紹的資料類型以及它們的標籤編碼設定。

表 21.2 資料類型的代碼

類型	等級	格式	號碼	標籤（二進制）	標籤（十六進制）
INTEGER	00	0	00010	00000010	02
OCTET STRING	00	0	00100	00000100	04
OBJECT IDENTIFIER	00	0	00110	00000110	06
NULL	00	0	00101	00000101	05
Sequence, Sequence of	00	1	10000	00110000	30
IPAddress	01	0	00000	01000000	40
Counter	01	0	00001	01000001	41
Gauge	01	0	00010	01000010	42
TimeTicks	01	0	00011	01000011	43
Opaque	01	0	00100	01000100	44

❑ **長度**：長度欄位可為 1 個位元組或多個位元組長。如果為 1 個位元組長，該位元組的最高位元必須為 0，剩下 7 個位元定義資料的長度。如果長度欄位超過 1 個位元組，則第 1 個位元組的最高位元為 1，而第 1 個位元組的其他 7 個位元定義要使用幾個位元組來定義長度。如圖 21.9 所示的範例。

❑ **數值**：數值欄位記錄資料的實際數值，資料依 BER 的規則定義。

我們舉例說明如何使用標籤、長度，及數值這 3 個欄位來定義一個物件。

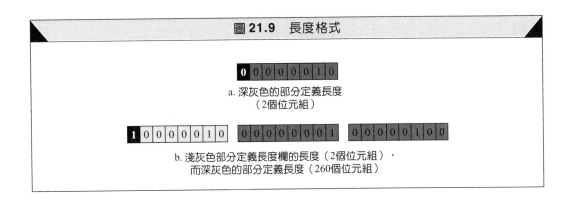

圖 21.9 長度格式

a. 深灰色的部分定義長度
（2個位元組）

b. 淺灰色部分定義長度欄的長度（2個位元組），
而深灰色的部分定義長度（260個位元組）

範例 1

圖 21.10 說明了如何定義一 INTEGER（整數）14 。

圖 **21.10** 範例 1：INTEGER 14

02	04	00	00	00	0E
00000010	00000100	00000000	00000000	00000000	00001110
標籤 （整數）	長度 （4 個位元組）		數值 (14)		

範例 2

圖 21.11 說明了如何定義 OCTET STRING（位元組字串）"HI"。

圖 **21.11** 範例 2：OCTET STRING "HI"

04	02	48	49
00000100	00000010	01001000	01001001
標籤 （字串）	長度 （2 個位元組）	數值 (H)	數值 (I)

範例 3

圖 21.12 說明了如何定義 ObjectIdentifier（物件識別碼）1.3.6.1 (iso.org.dod.internet)。

圖 **21.12** 範例 3：ObjectIdentifier 1.3.6.1

06	04	01	03	06	01
00000110	00000100	00000001	00000011	00000110	00000001
標籤 （物件識別碼）	長度 （4 個位元組）	數值 (1)	數值 (3)	數值 (6)	數值 (1)

1.3.6.1 (iso.org.dod.internet)

範例 4

圖 21.13 說明了如何定義 IPAddress（IP 位址）131.21.14.8。

圖 21.13　範例 4：IPAddress 131.21.14.8

40	04	83	15	0E	08
01000000	00000100	10000011	00010101	00001110	00001000
標籤 （IP 位址）	長度 （4 個位元組）	數值 (131)	數值 (21)	數值 (14)	數值 (8)

←——————————— 131.21.14.8 ———————————→

21.4　MIB　*MIB*

網管中使用到的第 2 個協定是**第 2 版管理資訊資料庫 (Management Information Base, version 2, MIB2)**。每個代理者擁有自己的 MIB2，其 MIB2 就是管理者可以管理的所有物件之集合。在 MIB2 內的物件共分為 10 個群組，分別是 system（系統）、interface（介面）、address translation（位址轉換）、ip、icmp、tcp、udp、egp、transmission（傳輸）及 snmp。這些物件群全在 mib-2 物件下，如圖 21.14 所示。每個群組各有其定義的變數及表格。

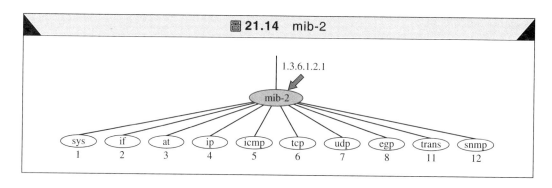

圖 21.14　mib-2

下列是部分物件的簡單描述：

- **sys**：這個物件 (system) 定義了有關節點的一般資訊，例如：名稱、位址，及存活時間。
- **if**：這個物件 (interface) 定義了關於節點的介面資訊，包括介面編號、實體位址，及 IP 位址。
- **at**：這個物件 (address translation) 定義了關於 ARP 表格的資訊。
- **ip**：這個物件定義了關於 IP 的一般訊息，例如：路由表及 IP 位址。
- **icmp**：這個物件定義了關於 ICMP 的一般訊息，例如：封包傳送與接收的個數及總共的錯誤訊息。
- **tcp**：這個物件定義了關於 TCP 的一般訊息，例如：連線狀態表、計時器倒數值、埠號，及封包傳送與接收的個數。

□ **udp**：這個物件定義了關於 UDP 的一般訊息，例如：埠號及封包傳送與接收的個數。

□ **snmp**：這個物件定義了關於 SNMP 本身的一般訊息。

存取 MIB 變數

我們以 udp 群組為例，說明如何去存取不同的變數。udp 群組有 4 個簡易型變數及 1 個紀錄的序列（表格）。圖 21.15 說明了 udp 群組的變數與表格。

以下說明了如何存取每個物件。

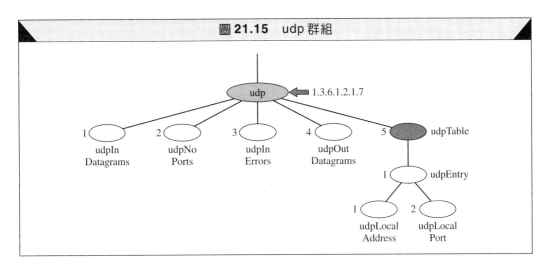

圖 21.15　udp 群組

簡易型變數

為了存取任何簡易型變數，我們先使用群組代碼 (1.3.6.1.2.1.7)，然後接該變數的 ID，如以下範例。

udpInDatagrams	→ 1.3.6.1.2.1.7.1
udpNoPorts	→ 1.3.6.1.2.1.7.2
udpInErrors	→ 1.3.6.1.2.1.7.3
udpOutDatagrams	→ 1.3.6.1.2.1.7.4

不過，上面的這些例子是以物件識別碼來定義某個變數而非其實例（內容）。要代表每個變數的內容，我們要再加入一個實例的後置位元，對簡易型變數而言，其後置位元為 0。換言之，要顯示上面這些變數的內容，其表示方式如下：

udpInDatagrams.0	→ 1.3.6.1.2.1.7.1.**0**
udpNoPorts.0	→ 1.3.6.1.2.1.7.2.**0**
udpInErrors.0	→ 1.3.6.1.2.1.7.3.**0**
udpOutDatagrams.0	→ 1.3.6.1.2.1.7.4.**0**

表格

要識別一張表格需使用其表格的 ID，而 udp 群組只擁有一張表格（ID 為 5），如圖 21.16 所示的圖式說明。

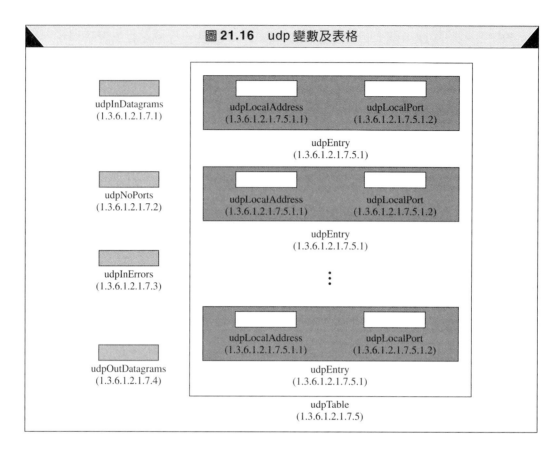

圖 **21.16**　udp 變數及表格

所以要存取表格時，要使用下面的方式：

udpTable　　　　　　→ 1.3.6.1.2.1.7.5

但是，這張表格並不是位於樹的葉節點，我們不能就這樣存取到這張表格。我們要定義表格的實體條目（ID 為 1），如下所示：

udpEntry　　　　　　→ 1.3.6.1.2.1.7.5.**1**

這個條目也不是一個葉節點，因此我們也不能存取。必須再定義在這個條目中的每一個欄位：

udpLocalAddress　　　→ 1.3.6.1.2.1.7.5.**1.1**
udpLocalPort　　　　　→ 1.3.6.1.2.1.7.5.**1.2**

這 2 個變數在樹的葉節點。儘管現在我們已經可以存取它們的實例（instance），但是，我們還須定義是哪一個實例（哪一列）。在任何時候，這個表格中的每一對本地位址／本地埠號可能有好幾個數值。要找出表格中的某一實例（某一列），我們要在上述的 ID 後面再加上一個索引（index）。在 MIB 中，矩陣所用的索引不是用整數，其索引是根據條目中的某個數值。此處是根據本地位址及本地埠號的組合索引 udpTable。

例如，在圖 21.17 中的表格有 4 列，每一列的索引就是由本地位址及本地埠號組合而來。例如，要去存取第 1 列中的本地位址實例，我們使用物件識別碼加上實例索引：

udpLocalAddress.181.23.45.14.23 → 1.3.6.1.2.7.5.1.1.181.23.45.14.23

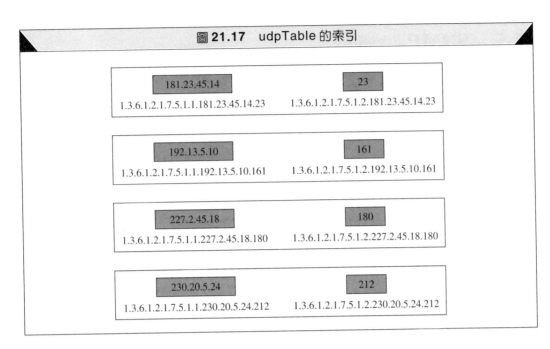

圖 21.17 udpTable 的索引

不過，要注意的是，並不是所有表格索引的方式都相同。有些表格只用某個欄位的數值當索引，有的則是使用 2 個欄位的數值等。

字典字母順序配置

值得一提的是，MIB 的物件識別碼（包括實例的識別碼）是仿照字典字母順序安排而排列的。表格是以行－列的規則而排，即一行接著一行，每行由上到下，如圖21.18所示。

依照**字典字母順序配置 (lexicographic ordering)** 可以讓管理者只定義第 1 個變數就可以存取到一組的變數。

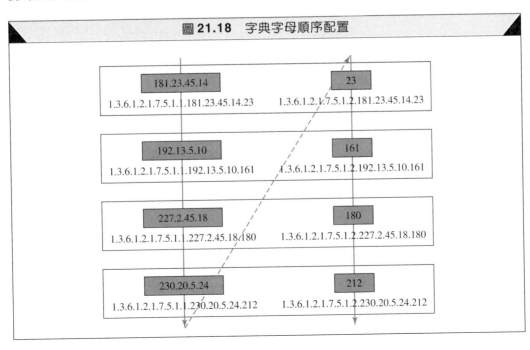

圖 21.18 字典字母順序配置

21.5 SNMP *SNMP*

SNMP 使用 SMI 及 MIB 一同執行 Internet 的網路管理。SNMP 為應用程式，有下列幾項功能：

1. 允許管理者讀出代理者內的物件數值。
2. 允許管理者寫一個數值到代理者內的物件。
3. 允許代理者送警告訊息給管理者，說明不尋常的情況。

PDU

SNMPv3 定義 8 種類型的封包，即 GetRequest（取得要求）、GetNextRequest（取得下一個要求）、GetBulkRequest（取得大量資料的要求）、SetRequest（設定要求）、Response（回應）、Trap（軟體中斷）、InformRequest（告知要求），以及 Report（報告），如圖 21.19 所示。

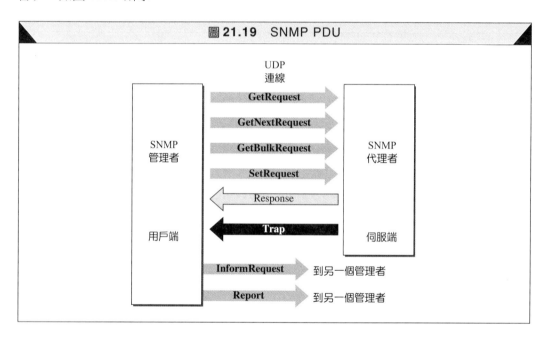

圖 21.19 SNMP PDU

GetRequest

GetRequest PDU 是由管理者（SNMP 用戶端）傳送給代理者（SNMP 伺服端），用來檢索某一變數的數值或某一組變數的數值。

GetNextRequest

GetNextRequest PDU 是由管理者傳送給代理者，用來讀取某一個變數的數值，被讀取的數值即為 PDU 中所定義的 ObjectId（物件識別碼）之後物件的數值。GetNextRequest 大多是用來讀出表格中條目的數值。如果管理者不知道條目的索引，它就無法讀取到數值。不過管理者可以用 GetNextRequest 定義該表格的 ObjectId，因為表格的第 1 個條目的 ObjectId 就緊接在此表格的 ObjectId 之後，所以第 1 個條目的數值就可以得到。接著管理者就可以使用這個 ObjectId 以得到下一個數值等。

GetBulkRequest

GetBulkRequest PDU 是由管理者傳送給代理者，用來讀取大量的資料。它可以取代數個 GetRequest PDU 與 GetNextRequest PDU。

SetRequest

SetRequest PDU 是由管理者傳送給代理者，去設定一個變數的數值。

Response

Response PDU 是由代理者傳送給管理者，用來回應 GetRequest 及 GetNextRequest。而 Response PDU 包含有管理者所要求的變數之數值。

Trap

Trap（又稱為 SNMPv2 Trap 來區分於 SNMPv1 Trap）PDU 是由代理者傳送給管理者，用來報告某事件的發生。例如，如果代理者重新開機，它告知管理者要重新開機，以及重新開機的時間。

InformRequest

InformRequest PDU 是由一台管理者送到遠端的另一台管理者，藉由此遠端管理者去取得代理者的變數之數值。遠端管理者以 Response PDU 回應。

Report

Report PDU 設計給各管理者之間報告各類型的錯誤，目前尚未使用。

格式

這 8 種 SNMP PDU 的格式如圖 21.20 所示。GetBulkRequest PDU 與其他類型的 PDU 有 2 個地方不同，如下圖所示。

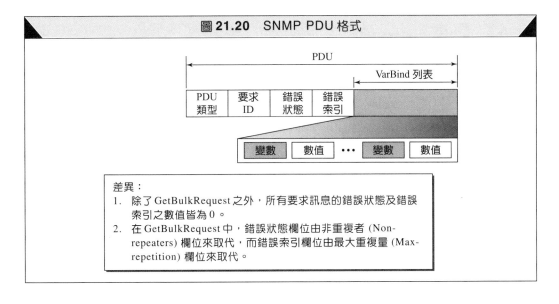

圖 21.20 SNMP PDU 格式

各欄意義如下：

❑ **PDU 類型**：本欄定義了 PDU 的類型，如表21.4所列。

❑ **要求識別碼**：本欄為管理者所使用的序號，且該序號會由代理者拷貝到回應訊息中，作為這2個訊息配對之用。

❑ **錯誤狀態**：本欄為整數值，使用在回應PDU告知代理者所報告的錯誤種類。本欄在要求 PDU 中為 0。表21.3列出了可能發生的錯誤。

表 **21.3** 錯誤種類

狀態	名稱	意義
0	noError	無錯誤
1	tooBig	回應太多無法放到一個訊息裡
2	noSuchName	變數不存在
3	badValue	要存取的數值無效
4	readOnly	數值不能被更改
5	genErr	其他錯誤

❑ **非重複者**：本欄只使用在 GetBulkRequest，並取代原本的錯誤狀態欄位。各要求 PDU 的錯誤狀態欄位為空白。

❑ **錯誤索引**：錯誤索引為一差量 (offset)，用來告知管理者哪個變數產生錯誤。

❑ **最大重複量**：本欄只使用在 GetBulkRequest，並取代原本的錯誤索引欄位。要求 PDU 的錯誤索引欄位為空白。

❑ **VarBind 列表**：這是管理者要讀取或設定數值的變數集合。在 GetRequest 或 GetNextRequest 中，其值為空白。在 Trap PDU 中，代表與某特定PDU有關的變數及其數值。

21.6 訊息 *Messages*

SNMP 不單單只傳送一個PDU，它將 PDU 嵌入到一個訊息內。 SNMPv3的訊息包括4個部分，即版本 (version)、標頭 (header)、安全參數 (security parameter)，以及資料（內含被編碼的 PDU），如圖21.21所示。

因為這幾個部分的長度會因訊息的不同而不同，SNMP 使用 BER 來做編碼。還記得 BER 是使用一個標籤及長度來定義一個數值。其訊息中的各欄位描述如下：

❑ **版本**：此欄位定義目前的版本 (3)。

❑ **標頭**：此欄位內含訊息識別碼、最大訊息長度（回應的最大長度）、訊息旗標（包含長度為1個位元組的 OCTET STRING 資料，其中的每個位元定義安全類別為私有、認證或其他資訊），以及一個訊息安全模式（定義安全通訊協定）。

❑ **安全參數**：此欄位用來建立一個訊息摘要 (message digest)(見第28章)。

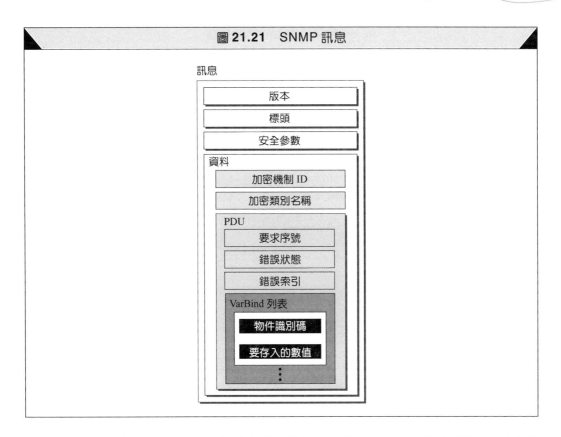

圖 21.21　SNMP 訊息

- ❑ **資料**：這個部分包含 PDU。如果資料經過加密，就會有加密機制的相關資訊（由管理者程式做加密）及加密類別名稱，之後就是被加密的 PDU。如果資料沒有被加密，則資料部分就只包含了 PDU。

SNMP 使用標籤來定義 PDU 的類別。等級為特定級 (10)，格式為結構型態 (1)，號碼可為 0、1、2、3、5、6、7、8（見表 21.4）。注意在 SNMPv1 中定義 A4 為軟體中斷 (trap)，但現在已經不使用了。

範例 5

在此範例中，管理者（SNMP 用戶端）使用 GetRequest 訊息，來檢索某路由器所收到的 UDP 資料包個數。

只有一個 VarBind 的項目。對應此資訊的 MIB 變數為 udpInDatagrams，其物件內容的識別碼為 1.3.6.1.2.1.7.1.0。管理者想要去檢索某個數值（而不是去儲存某個數值），所以此數值先定義成 NULL 的型態。圖 21.22 使用了階層的順序來展示此封包的概念。我們使用白色方塊與深灰色方塊來區分各個序列，並使用淺灰色方塊來表示 PDU。

在 VarBind 的列表中只有一個 VarBind，其中的變數類型為 OBJECT IDENTIFIER $(06)_{16}$，其長度為 $(09)_{16}$，而其數值類型為 NULL $(05)_{16}$，其長度為 $(00)_{16}$。整個 VarBind 為一個長度為 $(13)_{10} = (0D)_{16}$ 的序列 $(30)_{16}$，而整個 VarBind 列表為一個長度為 $(15)_{10} = (0F)_{16}$ 的序列 $(30)_{16}$。而 GetRequest PDU $(A0)_{16}$ 的長度為 $(29)_{10} = (1D)_{16}$。

表 **21.4** SNMP 訊息代碼

資料	等級	格式	號碼	整個標籤 （二進制）	整個標籤 （十六進制）
GetRequest	10	1	00000	**10100000**	**A0**
GetNextRequest	10	1	00001	**10100001**	**A1**
Response	10	1	00010	**10100010**	**A2**
SetRequest	10	1	00011	**10100011**	**A3**
GetBulkRequest	10	1	00101	**10100101**	**A5**
InformRequest	10	1	00110	**10100110**	**A6**
Trap (SNMPv2)	10	1	00111	**10100111**	**A7**
Report	10	1	01000	**10101000**	**A8**

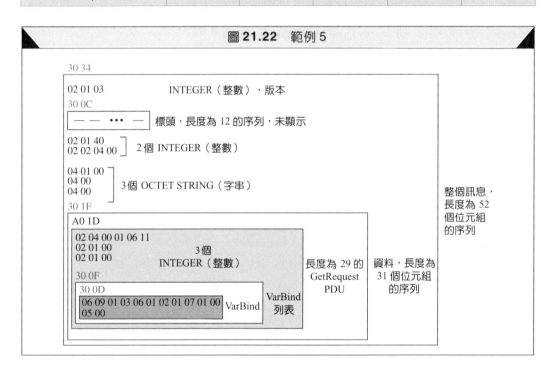

圖 **21.22** 範例 5

現在繼續往前推導，我們擁有關於加密參數、加密模式及旗標的 3 個 OCTET STRING $(04)_{16}$，接著我們有 2 個 INTEGER $(02)_{16}$ 來定義訊息 ID= $(64)_{10}$ = $(40)_{16}$ 與最大長度 = $(1024)_{10}$ = $(0400)_{16}$。接著標頭欄位為一個長度 $(12)_{10}$ = $(0C)_{16}$ 的序列 $(30)_{16}$，為了簡化直接留下空白。然後則是一個 INTEGER $(02)_{16}$ 來定義版本為第 3 版 $(03)_{16}$。整個訊息為一個長度 $(52)_{10}$ = $(34)_{16}$ 個位元組的序列 $(30)_{16}$。

圖 21.23 說明了訊息由管理者（用戶端）傳送給代理者（伺服端）的實際情況。

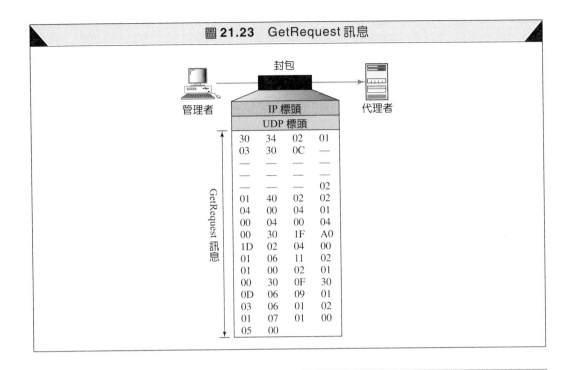

圖 21.23 GetRequest 訊息

21.7　UDP 通訊埠　*UDP Ports*

SNMP 使用 UDP 提供的服務，使用公認埠 161 及 162 號。第 161 埠號為伺服端（代理者）所使用，而第 162 埠號為用戶端（管理者）所使用。

　　伺服端（代理者）使用第 161 埠號發出一個被動式開啟，然後等待用戶端（管理者）來建立連線。用戶端使用某一個短暫埠號發出一個主動式開啟，由用戶端送到伺服端的要求訊息以短暫埠號為來源埠，並以公認埠號 161 為目的埠。由伺服端送到用戶端的回應訊息以公認埠號 161 為來源埠，並以該短暫埠號為目的埠位址。

　　用戶端（管理者）使用第 162 埠號發出一個被動式開啟，然後等待伺服端（代理者）的連線。伺服端若有軟體中斷 (trap) 訊息要傳送，就使用某一個短暫埠號發出一個主動式開啟，這條連線只是單一方向，且從伺服端到用戶端（見圖 21.24）。

　　SNMP 所使用的用戶／伺服機制與其他通訊協定不同，這裡用戶端及伺服端都使用公認埠號。除此之外，用戶端與伺服端都要一直維持運轉，原因是因為要求訊息是由用戶端（管理者）所發出，而中斷訊息是由伺服端（代理者）所發出。

21.8　安全性　*Security*

SNMPv3 與 SNMPv2 最大的差異在於安全性。 SNMPv3 提供 2 種安全措施，即一般性 (general) 與特定性 (specific)。而 SNMPv3 提供了訊息認證 (message authentication)、訊息隱密性 (message privacy)，及管理者授權 (manager authorization) 等措施。第 28 章會介紹到這些議題。另外， SNMPv3 可以允許管理者以遠端登錄方式改變安全的設定，網管者不用親自走到管理者機器旁做這件事。

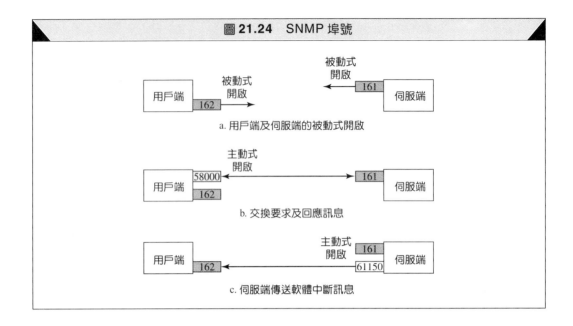

圖 **21.24** SNMP 埠號

21.9 重要名詞 *Key Terms*

抽象語法標示規則 1 (Abstract Syntax No-
tation 1, ASN.1)

代理者 (agent)

基本編碼規則 (Basic Encoding Rules, BER)

字典字母順序配置 (lexicographic ordering)

管理資訊資料庫 (Management Information
Base, MIB)

管理者 (manager)

物件 (object)

物件識別碼 (object identifier)

簡易型資料類型 (simple data type)

簡易網路管理通訊協定 (Simple Network
Management Protocol, SNMP)

管理資訊結構 (Structure of Management
Information, SMI)

結構型資料類型 (structured data type)

軟體中斷 (trap)

21.10 摘要 *Summary*

❑ 簡易網路管理通訊協定 (SNMP) 用來管理互連網路中使用 TCP/IP 通訊協定組的
裝置。

❑ 管理者通常為一台主機，用來控制及監督一群代理者（通常為路由器）。

❑ 管理者就是執行 SNMP 用戶端程式的主機。

❑ 代理者就是執行 SNMP 伺服端程式的主機或路由器。

❑ SNMP 的管理工作，不用操心被控管的裝置之物理特性及其底層的網路技術。

❑ SNMP 使用其他 2 種協定所提供的服務，即管理資訊結構 (SMI) 與管理資訊資料庫
(MIB)。

❑ SMI 替物件命名，定義可存在物件內的資料型態，及資料編碼。

- □ SMI 物件根據階層樹的結構來命名。
- □ SMI 的資料型態依抽象語法標示規則 1 (ASN.1) 的方式來定義。
- □ SMI 使用基本編碼規則 (BER) 來做資料編碼。
- □ MIB 為群組物件的集合。SNMP 可管理其物件。
- □ MIB 依字典字母順序配置來管理其變數。
- □ SNMP 有下列 3 項功能：
  - (a) 管理者可以檢索定義在代理者內物件的數值。
  - (b) 管理者寫一個數值到代理者內的物件。
  - (c) 代理者可以傳送警告訊息給管理者。
- □ SNMP 定義 8 種類型的封包：GetRequest、GetNextRequest、GetBulkRequest、SetRequest、Response、Trap、InformRequest，及 Report。
- □ SNMP 使用 UDP 提供的服務，使用公認埠 161 及 162 號。
- □ SNMPv3 的安全措施較之前版本強。

21.11　習題　*Practice Set*

練習題

1. 寫出 INTEGER（整數）1456 的編碼。
2. 寫出 OCTET STRING（字串）"Hello World" 的編碼。
3. 寫出長度為 1000 的任意 OCTET STRING（字串）的編碼。
4. 將以下紀錄（序列）編碼。

INTEGER	OCTET STRING	IP Address
2345	"COMPUTER"	185.32.1.5

5. 將以下紀錄（序列）編碼。

Time Tick	INTEGER	Object Id
12000	14564	1.3.6.1.2.1.7

6. 將以下陣列（的序列）編碼，每一個元素為整數。

2345
1236
122
1236

7. 將以下紀錄的陣列（序列的序列）編碼。

INTEGER	OCTET STRING	Counter
2345	"COMPUTER"	345
1123	"DISK"	1430
3456	"MONITOR"	2313

8. 將下列解碼。

(a) 02 04 01 02 14 32

(b) 30 06 02 01 11 02 01 14

(c) 30 09 04 03 41 43 42 02 02 14 14

(d) 30 0A 40 04 23 51 62 71 02 02 14 12

資料檢索

9. 請找出所有關於 SNMP 的 RFC 文件。

10. 請找出所有關於 MIB 的 RFC 文件。

11. 請找出更多關於 ASN.1 的資訊。

CHAPTER 22

全球資訊網：HTTP

World Wide Web: HTTP

全球資訊網 (World Wide Web, WWW) 為各種資訊的儲存庫，分布在世界各地，且連結在一起。WWW 具有彈性、可攜帶性，及容易使用等特點，這些特點使 WWW 與其他 Internet 所提供的服務大大地不同。原來的 WWW 計畫是由 CERN（歐洲分子物理實驗室 (European Laboratory for Particle Physics)）所提出執行，目的是為了建立一個系統來處理分散在各地的資源以進行科學性的研究。在本章，我們會先談到有關 Web 的議題，接著討論一個用來從 Web 獲取資訊的通訊協定，稱之為 HTTP。

22.1　架構　*Architecture*

今日的 WWW 屬於一種分散式的用戶／伺服服務，用戶端使用瀏覽器 (browser) 就可以存取伺服器所提供的服務，這些服務分布在世界各地的站台上（見圖 22.1）。

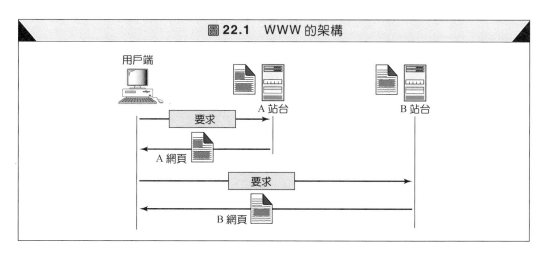

圖 22.1　WWW 的架構

每個站台上都有一份或是多份的文件，也就是**網頁 (Web page)**。網頁上可能會有鏈結 (link)，可以連到本站或是其他站台上的網頁，而這些網頁可以透過瀏覽器進行存取或瀏覽。讓我們討論一下圖 22.1 的情況，若用戶端想要看一下存在 A 站台的訊息，它可透過它的瀏覽器來傳送一個要求訊息，其瀏覽器就是一個設計用來擷取 Web 文件的程式。這個要求夾雜在其他資訊之中，包括站台和網頁的位址，這個位址稱做 URL，我們稍後會談論到它。A 站台的伺服器找到這份文件，並將它傳送給用戶端。當使用者瀏覽這份文件時，發現裡面有一些參考文件，包含一個在 B 站台上的網頁。這個參考文件列出了另一個站台的URL，而使用者也有興趣看看這份文件，因此用戶端就送出另一個要求訊息給新的站台，並且存取到新的網頁。

用戶端：瀏覽器

很多廠商提供了商業的瀏覽器 (browser) 用來解釋及顯示Web文件，這些瀏覽器使用的架構幾乎都相同。瀏覽器包括 3 個部分，即一個控制器、用戶端程式，以及數個直譯器 (interpreter)。控制器接收來自鍵盤或滑鼠的輸入，並使用用戶端程式來存取網頁內的文件。文件讀取到之後，由控制器使用對應的直譯器把它顯示在螢幕上。用戶端程式可以是先前提過的FTP、TELNET 或是 HTTP（稍後將會提到），而直譯器可以是 HTML、Java 或 JavaScript，取決於文件的種類。本章稍後會提到對於各種不同文件種類要使用的直譯器（見圖 22.2）。

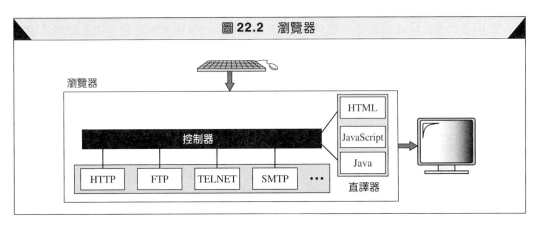

圖 22.2 瀏覽器

伺服器

網頁會儲存在伺服器上。每次收到用戶端的要求時，對應的文件就會傳送到用戶端。為了增加效率，伺服器通常將可能被要求的檔案放在快取記憶體裡，因為存取記憶體的速度比硬碟快。伺服端亦可透過多執行緒 (multithreading) 或是多處理器來增加效率。在這種情況下，伺服器可以在同一時間內回應超過一個以上的要求訊息。

全球資源定位器 (URL)

用戶端想要存取一個網頁時，需要位址。為了支援存取分散在全世界的各種文件，HTTP使用定位器的觀念。**全球資源定位器 (Uniform Resource Locator, URL)** 為一種標準，用來指定 Internet 上的任意資料。URL 定義了 4 件事情，即通訊協定、主機電腦、通訊埠，及路徑，如圖 22.3 所示。

圖 22.3 URL

通訊協定 (protocol) 是指用來讀取文件的用戶－伺服端程式，有很多通訊協定可以讀取到文件，包括 Gopher、FTP、HTTP、News 及 TELNET，現在最普遍的是 HTTP。

主機 (host) 是指資訊所在地的那台電腦，不過，電腦的名稱可以是別名。網頁通常是存在電腦裡的，而電腦常用的別名通常是以 www 開始，但這並不是強制性的，網頁的主機可以使用任意的名字。

URL 可以含有伺服器的通訊埠號，如果通訊埠 (port) 要加入，則要安插在主機與路徑之間，與主機間要有冒號隔開。

路徑 (path) 則是檔案所在地的名稱，注意，路徑本身可以含有反斜線，在 UNIX 作業系統中，反斜線把資料夾與子資料夾和檔案分開。

Cookie

全球資訊網 (WWW) 一開始就被設計成無國界的網路實體。其用戶端送出要求，而伺服端回應，然後它們的關係就結束了。原先設計用來存取公開文件的 WWW 達到了這個目的。現在 Web 上還需要其他的功能，列舉部分如下：

a.　有些網站只允許有註冊的用戶端存取。

b.　網站被當成電子商店，允許使用者瀏覽商店，並選擇想要的物品，然後放置在電子購物車中，最後以信用卡付款。

c.　有些網站只是一個入口網站，使用者可在其中選擇想要瀏覽的網站。

d.　有些網站只是單純做廣告。

Cookie 的機制就是為了這些目的所發明的。我們在第 13 章討論過傳輸層使用 Cookie 的概念，現在我們討論如何將 Cookie 應用在網頁上。

Cookie 的建立與儲存

Cookie 的建立和儲存視實現的方法而定，但大原則是不變的。

1.　當伺服端從用戶端收到一個要求時，它將有關此用戶端的資訊儲存在檔案或是字串中，這些資訊可能包含用戶端的網域名稱、Cookie 的內容（伺服器蒐集到有關用戶端的資訊，例如：名稱、註冊號碼等），或是時間戳記和其他與實作方法有關的資訊。

2.　伺服端將 Cookie 放入要回應給用戶端的訊息中。

3.　當用戶端接收到回應，瀏覽器將 Cookie 存到 Cookie 的目錄，以網域伺服器的名稱來儲存。

使用 Cookie

當用戶端欲傳送要求訊息到伺服器時，瀏覽器會先去尋找 Cookie 目錄，看看是否可以找到此伺服器傳送過來的 Cookie，如果找到，該 Cookie 就會被加在要求訊息裡。當伺服器收到要求，它就知道這是來自一個之前造訪過的用戶端，而不是新來的。值得注意的是，Cookie 的內容從未讓瀏覽器讀取，也不會透露給使用者。這個 Cookie 是由伺服端所製造，也由伺服端吃掉。現在讓我們來看看，Cookie 如何應用在先前所述的 4 種情況。

a.　限制只給有註冊的用戶端使用的站台，只在用戶端第1次註冊時發給Cookie，之後只有送出正確 Cookie 的用戶端才能重複存取。

b.　電子商店（電子商務）可以為用戶端的購物者提供Cookie。當用戶端選擇了1項物品，並將它丟入購物車，一個包含物品資訊（例如：編號和單價）的Cookie就會傳送到瀏覽器。如果用戶選擇了第2項物品，Cookie會以新選擇物品的資訊被更新，依此類推。當用戶完成購物想要結帳時，最後更新的Cookie會被存取，以計算出總金額。

c.　一個入口網站用類似的方法使用Cookie。當使用者選擇自己喜歡的網頁，伺服端會建立 Cookie 並傳送。如果站台再次被存取，伺服器會收到這個 Cookie，就知道用戶端在尋找的網頁。

d.　廣告代理商也會用到 Cookie。廣告商會在一些很多使用者瀏覽的網站放上廣告橫幅，廣告商會提供橫幅一個 URL，當使用者瀏覽網站，按下有關廣告公司的圖像時，就會送出要求訊息給廣告商。廣告商傳送橫幅（例如：GIF 檔），以及包含使用者 ID 的 Cookie 給使用者。之後這個橫幅廣告的使用行為都會被加到資料庫中，表示出使用者在這個網站上的行為概況。廣告商可以將使用者的興趣整理好，賣給第三方。這種使用 Cookie 的方法相當具有爭議性。但願未來有新的規章可以保障使用者的隱私。

22.2　網路文件　*Web Documents*

WWW 內的文件可略分成為 3 類，即靜態 (static) 文件、動態 (dynamic) 文件，及主動式 (active) 文件。分類方式是以決定文件內容的時間為依據。

靜態文件

靜態文件 (static document) 為內容固定的文件，被建立後存放在伺服器上，用戶端可以獲得一份拷貝。換言之，檔案的內容決定於檔案建立時，而不是被使用時。當然伺服器文件的內容是可以被更改的，但是使用者不能更改它。用戶端存取該文件時，就可以得到一份拷貝，然後使用者用瀏覽程式把該文件顯示出來（見圖 22.4）。

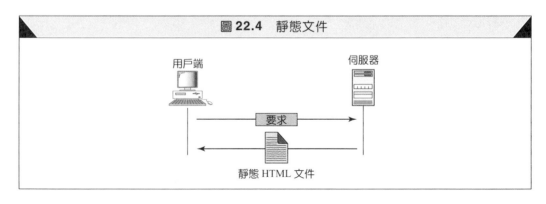

圖 22.4　靜態文件

用戶端　　　　　　　　　　伺服器

要求

靜態 HTML 文件

HTML

超文件標記語言 (HyperText Markup Language, HTML) 可使用來建立網頁。**標記語言 (markup language)** 一詞來自於，書籍出版商在一本書打好字準備印製之前，編輯在閱讀草稿時會做很多標記，這些標記告訴排版者如何安排本文。例如，某列文字要以粗體印刷，讀稿的人就會在這列文字下面畫一條線表示要印成粗體字，同樣道理，網頁的資料也要加以標記才能由瀏覽器解釋。

舉一個例子來說，HTML要讓某部分文字以粗體顯示時，必須在這個部分文字之前與之後以粗體標籤加以標記，如圖 22.5 所示。

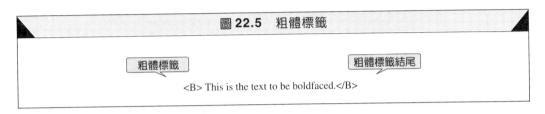

圖 22.5　粗體標籤

圖中 <B> 和 </B> 這兩個標籤是用來指示瀏覽器。當瀏覽器看到這兩個標記時，它知道這中間的文字要以粗體表示（見圖 22.6）。

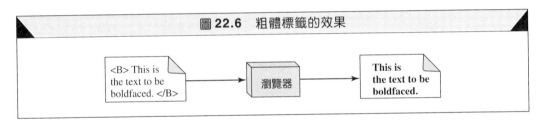

圖 22.6　粗體標籤的效果

像HTML這種標記語言可以讓我們在檔案中嵌入格式化的指令，這些指令與本文一同被儲存。如此一來，任何一種瀏覽器都可以讀取這些指令，然後依所使用的電腦把本文部分依指定格式顯示出來。有人會問，我們為什麼不用一些文書軟體的格式化能力，來建立與儲存格式化檔案呢？原因是不同的文書軟體使用不同的格式化技術，例如，某個使用者在麥金塔電腦上建立格式化本文，然後把它放在網頁上；另一個 IBM 電腦的使用者就無法獲得這個網頁，因為這兩台電腦使用不同的格式化程序。

HTML只允許我們使用ASCII字元來建立本文及格式化指令。每一台接收到這個文件的電腦都把它視為ASCII文件，把本文部分當做是資料，而格式化指令則是給瀏覽器格式化整個資料用的。

網頁分為2個部分，即標頭 (head) 與本體 (body)。標頭是一張網頁的第1個部分，包含本頁的標題 (title) 及瀏覽器會使用到的參數。網頁的真正內容放在本體。本體包括本文 (text) 及標籤 (tag)。本文為網頁內真正的內容，標籤則是定義整個文件出現的方式。每個 HTML 的標籤只是一個名字，其後跟著選項列以記載屬性。所有標籤被包含在小於、大於的符號之間（< 和 >）。

如果有屬性出現，屬性名稱後面跟著是等號，接著是該屬性的數值。有些標籤可以單獨使用，有些則必須成對使用。成對使用的標籤分別稱為**起始標籤**及**結束標籤**。起始標籤可以有屬性或數值，結束標籤不可以有屬性或數值，結束標籤的名字之前必須有一個反斜線。瀏覽器依照標籤所在的位置決定本文的結構，而標籤就和本文夾雜在一起。圖 22.7 說明了標籤的格式。

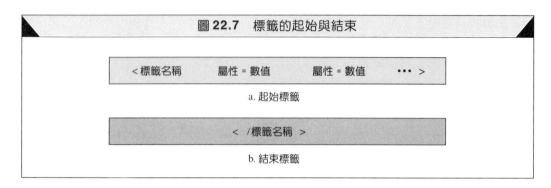

圖 22.7 標籤的起始與結束

最常被使用的標籤種類就是**格式化標籤** (text formatting tag)，例如 <B> 和 </B> 是用來將本文粗體化， <I> 和 </I> 用來將本文斜體化，<U> 和 </U> 用來將本文加上底線。

另一種有趣的標籤種類是**圖像標籤** (image tag)。圖片、照片等非文字型態資料並不是 HTML 文件的一部分，但是我們可以用一個圖像標籤來指到要被插入的照片或圖像。圖像標籤定義被插入圖像的位址 (URL)，它也指定圖要如何插入。我們可選擇的屬性有很多種，最常見的是 SRC（來源），用來定義圖像的來源位址。 ALIGN 定義了如何對齊圖像。 SRC 屬性是必要的，大部分的瀏覽器接收 GIF 或 JPEG 的格式。例如，以下這個標籤可以讀取存在 /bin/images 目錄下的 image1.gif：

<IMG SRC = "/bin/images/image1.gif" ALIGN=MIDDLE>

第 3 種有趣的種類是**超連結標籤** (hyperlink tag)，用來將文件連結在一起。任何的文詞、文章段落或圖像都可以指到另一份文件，透過一種稱為**拋錨** (anchor) 的技術。拋錨是以 <A......> 和 </A> 來定義，被拋錨到的項目，會使用 URL 來指到另一個文件，當文件顯示時，被拋錨到的項目會被畫上底線、閃爍，或是以粗體表示。使用者以滑鼠點在被拋錨到的項目就可以連到另一份文件，這份文件可能是也可能不是存放在同一個伺服器。被參照的項目放在起始標籤和結束標籤之間。起始標籤可含數個不同屬性，但一定要有的屬性是 HREF（超連結指標）， HREF 定義了被連結的文件的 URL 。例如，連結到某一本書的作者為：

<A HREF = "http://www.deanza.edu/forouzan">Author </A>

在本文中出現 Author 這個字，使用者用滑鼠點它就可以到這個作者的網頁。

動態文件

動態文件 (dynamic document) 是在瀏覽器要求該文件時才由 Web 伺服器建立出來。當要求抵達之後， Web 伺服器執行一個應用程式或**腳本 (Script)**，由它來產生所需的動態文件，伺服器把程式或 Script 所產生的輸出傳回給要求的那個瀏覽器，因為每次要求就建立一份新的文件，動態文件的內容可能每次都不同。舉一個簡單的例子，從伺服器獲取的時間和日期就是一種動態文件，時間和日期這種資訊是動態的，因為它們隨時在改變，用戶端要求伺服器去執行一個稱為 *date* 的程式（在 UNIX 系統裡），然後把輸出結果傳送回用戶端。

共同閘道介面 (CGI)

共同閘道介面 (Common Gateway Interface, CGI) 這種技術用來建立及處理動態文件。CGI 是一種標準，用來定義如何撰寫文件、如何把輸入資料交給程式，以及如何使用輸出結果。

CGI 不是一種新的語言，CGI 允許使用任何一種語言如 C、C++、Bourne Shell、Korn Shell、C Shell、Tcl 或 Perl。CGI 所定義的事情只是一些規則和項目，撰寫程式的人必須遵循。

CGI 中的「共同」(common) 這個詞的意義是，CGI 所定義的標準具有任何一種語言或平台的共通性。「閘道」(gateway) 的意義是指把 CGI 程式當作一個閘道器，可以用來存取其他的資源，像是資料庫、圖像軟體等。「介面」(interface) 的意思是指一組預先定義的項目、變數、副程式呼叫等，可以給任何 CGI 程式用。最簡單的 CGI 程式可以用支援 CGI 的任何一種語言來撰寫，任何程式設計者只要知道這些語言的語法，就可以撰寫簡單的 CGI 程式。圖 22.8 說明了利用 CGI 技術來建立動態程式的步驟。

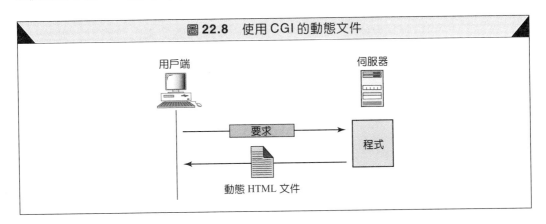

圖 22.8　使用 CGI 的動態文件

輸入　傳統上程式在執行時可以把參數傳給它，參數傳遞讓寫程式的人可以寫一個比較一般化的程式，可以使用在不同的場合。例如，具備有一般性的拷貝程式可以用來拷貝任何檔案，使用者可以使用這個程式來拷貝一個稱為 *x* 的檔案到另一個叫 *y* 的檔案，只要我們給它 *x* 和 *y* 即可。

瀏覽器使用一種稱為**型式** (form) 的技巧把輸入傳送給伺服器，如果要放到型式的資訊不大（如 1 個字），這個資訊可以接在 URL 後面，其間加一個問號，例如，以下的 URL 攜帶型式的資訊（23 這個值）：

http://www.deanza/cgi-bin/prog.pl?23

當伺服器收到這個 URL 後，伺服器先使用在問號前面的 URL 去找要執行的程式，伺服器把後面的 23 當做是用戶端送來的輸入，它把這個輸入字串存到一個變數中。當這個 CGI 程式執行時，它就可以存取這個變數。

如果輸入太大無法放到字串變數內，瀏覽器可以要求伺服器送一個型式過來，然後瀏覽器就把輸入資料填到這個型式內，再送過去給伺服器，CGI程式以型式內的資訊當作它的輸入。

輸出 CGI的整個觀念環繞在伺服器端執行CGI的程式，然後把輸出送回給用戶端（瀏覽器）。輸出通常為文字或是HTML結構的文字，但是輸出也可以是其他型態，例如圖像、二進制資料、狀態代碼、要瀏覽器把結果放在快取記憶體內的指令，或是給伺服器指令去要求伺服器傳送一個現存的文件，而不是CGI程式的輸出。

CGI程式要建立標頭來告訴給用戶的文件型態。事實上，CGI程式的輸出包含2個部分，即標頭和本體。標頭和本體之間以一個空白行隔開，這表示任何CGI程式，首先要建立標頭，然後空一行，接著是本體。標頭與空白並沒有顯示在瀏覽器上，但是瀏覽器要使用標頭來解釋本體的東西。

動態文件的 Scripting 技術

CGI技術的問題是缺乏效率，如果被產生的動態文件中有部分的內容是固定的，就會缺乏效率。舉例來說，假設我們需要存取一張清單，有關特定汽車廠牌的車子是否有貨，以及價錢多少。雖然庫存和價格會隨著時間變動，但車名、描述和圖片的部分則是固定的。如果我們使用CGI，在每一次有要求訊息時，程式就必須要重新建立整份文件。解決方法是，使用HTML來建立一個包含文件中固定部分的檔案，並使用一個嵌入式的Script或程式碼交給伺服端執行，以提供如庫存和價錢等會變動的部分。圖22.9說明了這個方法。

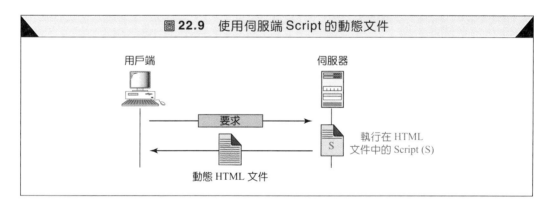

圖22.9 使用伺服端 Script 的動態文件

使用 Script 產生動態文件的方法中，加進了一些新技術，最普遍的有 **Hypertext Preprocessor (PHP)**，它使用 Perl 語言；**Java Server Pages (JSP)**，使用 Java 語言來撰寫 Script；**Active Server Pages (ASP)**，它是微軟的產品，使用 Visual Basic 語言來撰寫 Script；**ColdFusion**，可在 HTML 文件中嵌入 SQL 資料庫詢問。

動態文件有時又被稱為伺服端動態文件。

主動式文件

有很多應用，我們要讓程式在用戶端執行，這些稱為**主動式文件 (active document)**。
例如，我們要一個程式在螢幕上產生動畫與使用者互動，這種程式就要在用戶端執行。
如果瀏覽器要求主動式文件，伺服器會送回一份文件，然後這份文件就在用戶端（瀏覽
器）執行。

Java Applet

使用 **Java Applet** 是建立主動式文件的一種方法。 **Java** 為一種高階程式語言、執行環
境、及類別函式庫 (class library) 的組合。 Java 允許程式設計者撰寫主動式文件讓瀏覽
器來執行，用 Java 寫的程式也可以作為一個單獨的程式，不需要瀏覽器。

　　Applet 是一個用 Java 寫出，且在伺服器上運作的程式。它已經被編譯過，可以直接
執行，文件是以 Bytecode（二進制）的格式存在。用戶端程序（瀏覽器）產生一個 Applet
的實例並執行。瀏覽器可使用 2 種方法來執行 Java Applet。第 1 種，瀏覽器可以直接要
求位於 URL 上的 Java Applet 程式，收到的是二進位形式的 Applet；第 2 種，瀏覽器可
以取得並執行一個 HTML 檔，而 Applet 的位址就嵌入在其中的標籤裡。圖 22.10 說明了
Java Applet 使用第 1 種方法的情形，而第 2 種方法也相似，只是需要 2 次的網路存取。

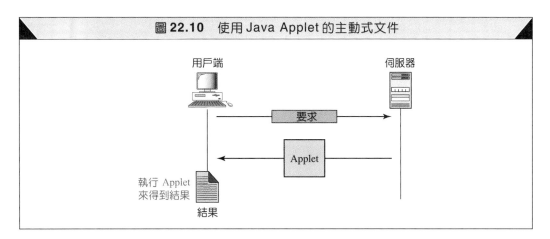

圖 22.10　使用 Java Applet 的主動式文件

JavaScript

使用在動態文件中的 Script 之概念，同樣也可以使用在主動式文件。如果文件中主動式
的部分很少，它就可以用 Script 語言撰寫，用戶端可以一面轉譯一面執行。 Script 是撰
寫在原始碼（文字）之中，而不是二進位的形式中。這種應用下所使用的 Script 通常是
JavaScript 。 JavaScript 和 Java 語言有些許相似，是一個為此目的而發展出來的高階
Script 語言。圖 22.11 說明了 JavaScript 如何用來建立主動式文件。

主動式文件有時又被稱為用戶端動態文件。

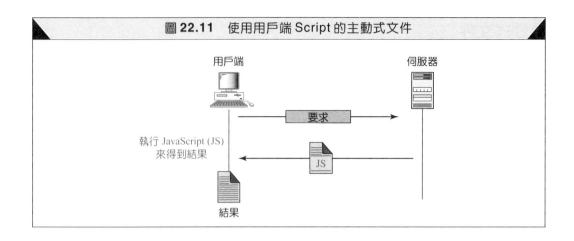

圖 22.11　使用用戶端 Script 的主動式文件

22.3　超文件傳輸通訊協定 (HTTP)

Hypertext Transfer Protocol (HTTP)

超文件傳輸通訊協定 (Hypertext Transfer Protocol, HTTP) 主要使用在全球資訊網 (WWW) 上存取資料。HTTP 的功能像是 FTP 及 SMTP 的組合。HTTP 像 FTP 是因為 HTTP 使用 TCP 服務來傳送檔案，但是 HTTP 比 FTP 簡單，因為 HTTP 只使用一個 TCP 連線，沒有一條分開的控制連線，只有資料在用戶端與伺服端間傳送。

HTTP 像 SMTP 是因為 HTTP 的資料在用戶端及伺服端之間傳送，如同 SMTP 的訊息一般。除此之外，HTTP 訊息是藉由類似 MIME 的標頭來控制。但是，HTTP 與 SMTP 不同的是，HTTP 的訊息不是給人讀的，而是給 HTTP 伺服器及 HTTP 用戶端（瀏覽器）來解讀。SMTP 的訊息被存起來再轉送，但 HTTP 訊息是立即傳送的。用戶端送給伺服器的命令被嵌入在如信件一般的要求訊息裡，而被要求的檔案內容或其他資訊也是嵌入到回應訊息裡。HTTP 於第 80 公認埠號上使用 TCP 的服務。

> HTTP 於第 80 公認埠號上使用 TCP 的服務。

HTTP 交易

圖 22.12 說明了 HTTP 在用戶端與伺服器之間的處理程序。雖然 HTTP 使用 TCP 的服務，HTTP 本身是無狀態的通訊協定，用戶端送出一個要求訊息以啟動交易，伺服器送出一個回應訊息來答覆。

訊息

HTTP 有 2 種訊息型態，如圖 22.13 所示。這 2 種訊息有著幾乎相同的格式。要求訊息包含一個要求文字列，以及一個標頭，有時會有本體；而回應訊息含有一個狀態文字列，以及一個標頭，有時會有本體。

要求文字列與狀態文字列　要求訊息的第 1 行就是**要求文字列 (request line)**，而回應訊息的第 1 行是**狀態文字列 (status line)**，它們有個共通的欄位，如圖 22.14 所示。

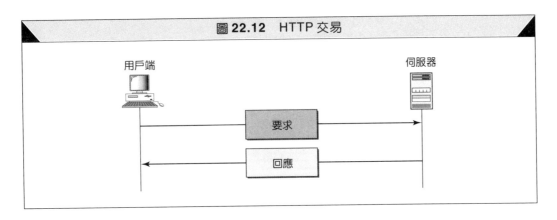

圖 **22.12** HTTP 交易

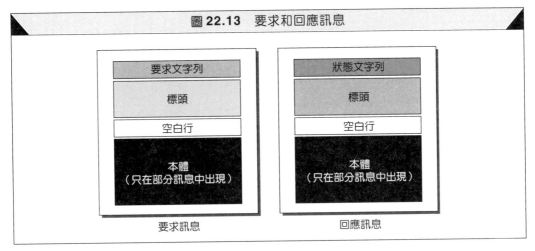

圖 **22.13** 要求和回應訊息

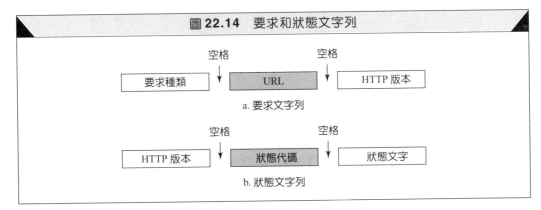

圖 **22.14** 要求和狀態文字列

❑ **要求種類**：這個欄位在要求訊息中使用。在 HTTP 1.1 版本中，定義了數種要求，這幾種要求被稱為方法 (method)，整理於表 22.1 中。

❑ **全球資源定位器 (URL)**：我們已經在本章的前面介紹過 URL。

❑ **版本**：現在 HTTP 最新的版本是 1.1。

表 22.1 方法

方法	動作
GET	向伺服器要求一份文件
HEAD	要求一份文件的資訊，而不是文件本身
POST	用戶端傳送一些資訊到伺服端
PUT	伺服端傳送一份文件到用戶端
TRACE	印出收到的要求訊息
CONNECT	保留欄位
OPTION	詢問可用的選項

❑ **狀態代碼**：狀態代碼欄位被使用在回應訊息中，與 FTP 及 SMTP 類似，包含 3 個數字，我們把 3 個數字代表為 xyz。代碼落在 1yz 的範圍內表示提供相關訊息，落在 2yz 的範圍內表示要求成功，落在 3yz 的範圍內表示要把用戶端轉送到其他 URL，落在 4yz 的範圍內表示用戶端有錯誤，落在 5yz 的範圍內表示伺服端有錯誤。一些常見的代碼如表 22.2 所示。

❑ **狀態文字**：本欄用在回應訊息中，以文字方式解釋狀態代碼。表 22.2 也列出了狀態文字。

表 22.2 狀態代碼

代碼	狀態文字	敘述
	相關訊息	
100	Continue	要求的起始部分已收到，用戶可以繼續它的要求
101	Switching	伺服器同意用戶的要求，切換到升級標頭中所定的協定
	成功	
200	OK	要求成功
201	Created	建立一個新的 URL
202	Accepted	要求被接受，但是尚未採取行動
204	No content	本體沒有內容
	轉址	
301	Moved permanently	要求的 URL 不再為伺服器使用
302	Moved temporarily	要求的 URL 暫時移走
304	Not modified	文件未被更改
	用戶端錯誤	
400	Bad request	要求的語法錯誤
401	Unauthorized	要求缺少適當的授權

代碼	狀態文字	敘述
403	Forbidden	拒絕提供服務
404	Not found	文件找不到
405	Method not allowed	本 URL 不支援這個方法
406	Not acceptable	要求的格式無法接受
伺服器錯誤		
500	Internal server error	伺服器當機
501	Not implemented	要求的動作無法執行
503	Service unavailable	服務暫時無法獲得，但是之後可以再來要求服務

標頭 標頭提供給用戶與伺服器交換其他的資訊，例如，用戶可以要求文件以某種特殊格式傳送，或者伺服器可以送來文件的相關訊息。標頭可以為一個標頭文字列、或數個標頭文字列。每個標頭文字列由一個標頭名稱、冒號、空格，及標頭數值所構成，如圖22.15所示。本章後面將會介紹一些標頭文字列的範例。標頭文字列分為4大類，其類別可分為**一般標頭 (general header)**、**要求標頭 (request header)**、**回應標頭 (response header)**、及**實體標頭 (entity header)**。要求訊息只能含有一般、要求及實體標頭，而回應訊息只能含有一般、回應及實體標頭。

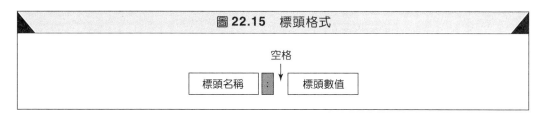

圖 **22.15** 標頭格式

❑ **一般標頭**：一般標頭提供有關於訊息的一般資訊，一般標頭可以出現在要求及回應訊息裡。表 22.3 列出了一些一般標頭與其涵義。

表 **22.3** 一般標頭

標頭	敘述
Cache-control	指定如何使用快取記憶體
Connection	顯示是否要關閉連線
Date	顯示目前日期
MIME-version	顯示使用的 MIME 版本
Upgrade	指定想用的通訊協定

❑ **要求標頭**：要求標頭只能出現在要求訊息裡，它指定用戶端的組態及用戶端喜歡的文件格式。表 22.4 列出了一些要求標頭與其涵義。

表 22.4 要求標頭

標頭	敘述
Accept	顯示用戶能接受的媒體格式
Accept-charset	顯示用戶能處理的字元集
Accept-encoding	顯示用戶能處理的編碼方式
Accept-language	顯示用戶能接受的語言
Authorization	顯示用戶的權限
From	顯示用戶的電子郵件位址
Host	顯示用戶的主機及埠號
If-modified-since	如果文件比指定日期新就送出
If-match	如果文件與給予的標記相同，就傳送文件
If-non-match	如果文件與給予的標記不相同，就傳送文件
If-range	只傳送文件的遺失部分
If-unmodified-since	如果文件自指定日期後沒有更改，就送出
Referrer	指定被連結文件的URL
User-agent	表明用戶程式

❑ **回應標頭**：回應標頭只能出現在回應訊息，它指定伺服器的組態及關於要求的特殊資訊。表 22.5 列出了一些回應標頭與其涵義。

表 22.5 回應標頭

標頭	敘述
Accept-range	顯示伺服器是否接受用戶所要求範圍
Age	顯示文件的時間
Public	顯示所支援的方法
Retry-after	指定伺服器可以使用的日期
Server	顯示伺服器的名稱與版本

❑ **實體標頭**：實體標頭提供文件本體的資訊，實體標頭大多數出現在回應訊息，但是像POST或PUT等方法也會使用這種標頭。表22.6列出了一些實體標頭與其涵義。

本體 本體在要求或回應訊息中都有可能出現，它通常包含要被傳送或是接收到的文件。

表 **22.6**　實體標頭

標頭	敘述
Allow	顯示在本 URL 可使用的方法
Content-encoding	指定編碼方式
Content-language	指定語言
Content-length	指定文件長度
Content-range	指定文件範圍
Content-type	指定媒體型態
Etag	給予一個實體標籤
Expires	給予內容可以更改的時間與日期
Last-modified	給予上次更改的時間與日期
Location	指定被建立或移走文件的位址

範例 1

本範例介紹文件的讀取。我們使用 GET 方法讀取一個圖像檔，其路徑為 /user/bin/ image1 。在要求文字列上顯示 GET 、 URL ，及 HTTP 版本 (1.1)。標頭有 2 列顯示用戶 可以接受 GIF 及 JPEG 的圖像格式。這個要求沒有本體，其回應訊息包括狀態文字列及 4 列標頭。標頭定義了日期、伺服器、 MIME 版本，及文件的長度。接著之後是文件的 本體，如圖 22.16 所示。

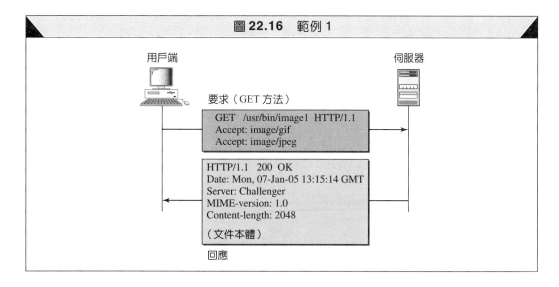

圖 **22.16**　範例 1

範例 2

本範例介紹用戶端傳送資料到伺服端的情況。我們使用 POST 方法，要求文字列顯示所 使用的方法 (POST)、 URL ，及 HTTP 版本 (1.1)，其中有 4 列標頭。回應訊息的本體包含了輸入資訊，而回應訊息包含狀態文字列和 4 列標頭。產生出的 CGI 文件加在本體裡（見圖 22.17）。

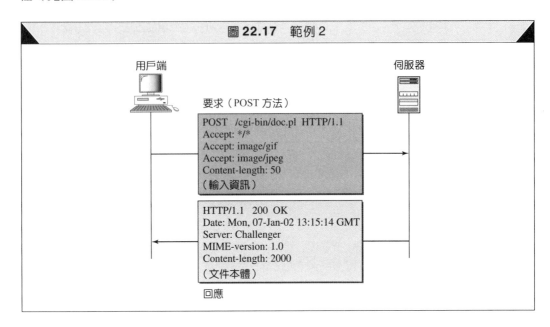

圖 22.17　範例 2

用戶端

伺服器

要求（POST 方法）

POST　/cgi-bin/doc.pl　HTTP/1.1
Accept: */*
Accept: image/gif
Accept: image/jpeg
Content-length: 50
（輸入資訊）

HTTP/1.1　200　OK
Date: Mon, 07-Jan-02 13:15:14 GMT
Server: Challenger
MIME-version: 1.0
Content-length: 2000
（文件本體）

回應

範例 3

HTTP 使用 ASCII 字元。用戶端可以使用第 80 埠號登入，直接以 TELNET 連接到伺服器，後面 3 行顯示連線成功。然後我們鍵入 3 行，第 1 行是要求文字列（GET 方法），第 2 行是標頭（定義主機），而第 3 行是空白，結束要求。伺服端回應訊息有 7 行，從狀態文字列開始。其最後 1 行下面的空白行結束伺服器的回應。在空白行之後收到 14230 行的檔案（未表示於圖上）。其最後 1 行則是用戶端的輸出訊息。

```
$ telnet www.mhhe.com 80
Trying 198.45.24.104...
Connected to www.mhhe.com (198.45.24.104).
Escape character is '^]'.
GET /engcs/compsci/forouzan HTTP/1.1
From: forouzanbehrouz@fhda.edu

HTTP/1.1 200 OK
Date: Thu, 28 Oct 2004 16:27:46 GMT
Server: Apache/1.3.9 (Unix) ApacheJServ/1.1.2 PHP/4.1.2 PHP/3.0.18
MIME-version:1.0
Content-Type: text/html
Last-modified: Friday, 15-Oct-04 02:11:31 GMT
Content-length: 14230

Connection closed by foreign host.
```

持續性與非持續性連線

HTTP 在 1.1 版以前定義了一種非持續性連線，而 1.1 版中預設為持續性連線。

非持續性連線

使用**非持續性連線 (nonpersistent connection)** 時，每一次的要求回應就建立一個 TCP 連線，其步驟如下：

1. 用戶端開啟一個 TCP 連線，並且傳送一個要求。
2. 伺服器傳送回應過來，並且關閉該連線。
3. 用戶端讀取資料，直到遇到檔案結束的標記，然後將連線關掉。

用這種方式，在 N 個不同檔案中讀取 N 個圖片時，連線要被開啟關閉 N 次。非持續性連線會在伺服器產生很多額外的工作，它需要 N 個不同的緩衝器，每次連線打開時，要做一次慢速啟動 (slow start) 的程序。

持續性連線

第 1.1 版的 HTTP 預設為**持續性連線 (persistent connection)**。伺服器傳送回應後維持連線開啟，以等待更多的要求到來。伺服器可以應用戶端的要求或逾時而關掉連線。資料傳送者通常回應資料的長度，但有時候傳送者不知道資料的長度為何。例如，當資料為動態文件或是主動式文件時。如果是這樣，伺服器告知用戶端它不知道資料長度為何，並在送出資料後關掉連線，這樣用戶就知道資料末端已經到達。

> HTTP 的 1.1 版預設為持續性連線。

代理伺服器

HTTP 支援**代理伺服器 (proxy server)**。代理伺服器保存最近要求的回應資料。使用代理伺服器時，HTTP用戶端送出要求給代理伺服器。代理伺服器檢查其快取記憶體，如果回應不在快取內，代理伺服器再將該要求送到相關的伺服器。到來的回應會被存到代理伺服器以回應未來的要求。

　　代理伺服器降低了原來伺服器的負擔，也降低交通量，並減少回應的時間。但用戶端必須要設定代理伺服器才能加以使用。

22.4　重要名詞　*Key Terms*

主動式文件 (active document)

ASP (Active Server Pages)

Applet

瀏覽器 (browser)

ColdFusion

共同閘道介面 (Common Gateway Interface, CGI)

動態文件 (dynamic document)

實體標頭 (entity header)

一般標頭 (general header)

超文件 (hypertext)

超文件標記語言 (HyperText Markup Language, HTML)

PHP (Hypertext Preprocessor)

超文件傳輸通訊協定 (Hypertext Transfer Protocol, HTTP)

Java

JavaScript

Java Server Pages (JSP)

非持續性連線 (nonpersistent connection)

持續性連線 (persistent connection)

代理伺服器 (proxy server)

要求標頭 (request header)

要求文字列 (request line)

要求類別 (request type)

回應標頭 (response header)

靜態文件 (static document)

狀態代碼 (status code)

狀態文字列 (status line)

標籤 (tag)

全球資源定位器 (Uniform Resource Locator, URL)

資訊網 (Web)

全球資訊網 (World Wide Web, WWW)

22.5 摘要 *Summary*

❑ 全球資訊網 (WWW) 為各種資訊的儲存庫，分布在世界各地而且連在一起。

❑ 超文件是以指標為概念相互連接的文件。

❑ 瀏覽器解釋Web文件的意義並將之顯示在螢幕上。

❑ 瀏覽器包含3個部分，即一個控制器、用戶端程式，以及數個直譯器。

❑ Web文件可分為靜態、動態，及主動式三種。

❑ 靜態文件指其內容固定放在伺服器上，而用戶無法改變在伺服器的文件。

❑ 超文件標記語言 (HTML) 可以用來建立靜態網頁。

❑ 瀏覽器可以解釋嵌入在 HTML 文件中的格式化指令（標籤）。

❑ 標籤定義了文件的結構、標題、標頭、如何格式化本文、控制資料段落、允許插圖，以及將不同文件接在一起，也定義了執行碼。

❑ 動態文件只有在瀏覽器要求時才由伺服器建立。

❑ 共同閘道介面 (CGI) 是一種標準，用來建立及處理動態網頁文件。

❑ CGI程式內嵌入CGI介面標籤，可以用C、C++、Shell Script或Perl等語言撰寫。

❑ 主動式文件為用戶端所擷取到的程式備份，並且在用戶端執行。

❑ Java為高階程式語言、執行環境，及類別程序庫的組合。Java允許程式設計師撰寫主動式文件讓瀏覽器來執行。

❑ Java 可用來建立 Applet（小的應用程式）。

❑ 超文件傳輸通訊協定 (HTTP) 主要用來存取全球資訊網 (WWW) 的資料。

❑ HTTP 使用一個 TCP 連線來傳輸檔案。

❑ HTTP 訊息與 SMTP 訊息的形式相似。

❑ HTTP 的要求文字列包含要求類別、一個 URL，及 HTTP 版本。

❑ 全球資源定位器 (URL) 包含一個方法、一台主機電腦、通訊埠（可有可無），及路徑名稱，用這些來尋找在WWW上的資訊。

- ❑ HTTP的要求類別或方法事實上就是用戶發出給伺服器的命令。
- ❑ 狀態文字列包含HTTP版本、狀態代碼,及狀態文字。
- ❑ HTTP的狀態代碼提供一般資訊、要求達成的資訊、轉址資訊,及錯誤等資訊。
- ❑ HTTP的標頭提供用戶端與伺服器兩者需要知道的額外資訊。
- ❑ HTTP的標頭包括標頭名稱及標頭數值。
- ❑ HTTP的一般標頭提供要求及回應訊息有關資訊。
- ❑ HTTP的要求標頭指定用戶端的組態及想使用的文件格式。
- ❑ HTTP的回應標頭指定伺服器的組態與提供給要求訊息相關的資料。
- ❑ HTTP的實體標頭提供有關文件本體的資訊。
- ❑ 第1.1版的HTTP規範持續性連線。
- ❑ 代理伺服器保存有最近要求的回應。

22.6　習題　*Practice Set*

練習題

1. 下列各圖會顯示在螢幕的哪裡?

    請看下面的圖片:

    然後告訴我,您覺得如何:

    <IMG SRC="Pictures/Funny1.gif" ALIGN=middle>

    <IMG SRC="Pictures/Funny2.gif" ALIGN=bottom>

    <B>What is your feeling? </B>

2. 說明以下HTML區段的效果。

    The publisher of this book is <A HREF="www.mhhe"

    McGraw-Hill Publisher </A>

3. 繪出一個欲取得 /usr/users/doc/doc1 文件的要求訊息,至少使用2個一般標頭、2個要求標頭和1個實體標頭。

4. 繪出在第3題中,要求成功時得到的回應訊息。

5. 繪出在第3題中,文件被永久移至 /usr/deads/doc1 時的回應訊息。

6. 繪出在第3題中,要求訊息的語法錯誤時的回應訊息。

7. 繪出在第3題中,用戶端沒有存取此文件的權限時的回應訊息。

8. 繪出一個欲取得 /bin/users/file 文件的資訊的要求訊息,至少使用2個一般標頭和1個要求標頭。

9. 繪出在第8題中,要求成功時的回應訊息。

10. 繪出欲將 /bin/usr/bin/file1 檔案複製到 /bin/file1 的要求訊息。

11. 繪出第10題中的回應訊息。

12. 繪出欲將 /bin/file1 檔案刪除的要求訊息。

13. 繪出第12題中的回應訊息。

14. 繪出一個欲取得/bin/etc/file1 檔案的要求訊息，這個檔案必須是在 1999 年 1 月 23 日以後被修改過，用戶端才要存取。

15. 繪出第 14 題中的回應訊息。

16. 繪出一個欲取得/bin/etc/file1 檔案的要求訊息，用戶端必須證明自己的身分。

17. 繪出第 16 題中的回應訊息。

18. 繪出欲存檔在/bin/letter 的要求訊息，用戶端必須說明自己能接受的檔案格式。

19. 繪出第 18 題中的回應訊息，其回應訊息中說明文件內容被更改的年份、日期和時間。

資料檢索

20. 請找出一些有關 HTTP 的 RFC 文件。

21. 請找出一些有關 Cookie 的 RFC 文件。

22. 請找出 IP 位址不能取代 Cookie 的原因。

23. 什麼是 XHTML？

24. 什麼是 XML？

25. 什麼是 XSL？

CHAPTER 23

ATM 上執行 IP 通訊協定

IP over ATM

本 書定義的互連網路及網際網路,就是藉由路由器將各個 LAN 及 WAN 連接在一起的組合。這表示一個 IP 資料包從來源端到目的端的過程中,可能經過這些不同的網路。

之前,我們已經了解如何將一個資料包封裝成為一個訊框,經由 LAN 來傳送。訊框使用 LAN 所定義的實體位址,並以 ARP 通訊協定來連結 IP 位址與實體位址的對應關係。如果 IP 封包大於該 LAN 的 MTU 大小,則 IP 層會將該封包分段,而分段並不是由 LAN 來做。

本章將介紹如何讓一個 IP 資料包通過 ATM 架構的 WAN。我們將會了解其相似與不同之處。在 ATM 中,IP 封包被封裝成好幾個小資料胞 (cell)。ATM 網路自己有定義實體位址的一套做法。IP 位址與 ATM 的實體位址之間的對應是藉由一個稱為 ATMARP 的通訊協定來達成。而分段會發生在兩個層次,其中一個在 IP 層將封包分為預設的大小,另一個則在 AAL 層將封包分為更小的區塊。

23.1 ATM WANS *ATM WANS*

我們先複習一些 ATM WAN 的特性,有助於了解 IP over ATM。我們在第 3 章曾介紹過 ATM WAN,ATM 是一種**資料胞交換網路** (cell-switched network),可作為 IP 資料包的高速傳輸路徑。圖 23.1 說明了如何在 Internet 上使用 ATM 網路。

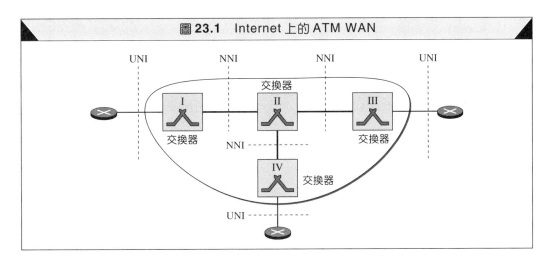

圖 23.1　Internet 上的 ATM WAN

分層

ATM 的分層在第 3 章介紹過（見圖 3.23）。ATM 網路上的路由器會使用到全部 3 個分層（AAL 層、ATM 層，及實體層），不過，在網路內的交換器只會使用到底部的 2 層（ATM 層及實體層），如圖 23.2 所示。

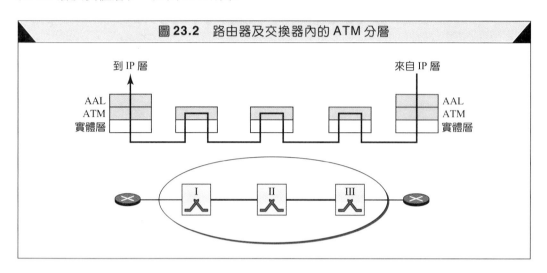

圖 23.2　路由器及交換器內的 ATM 分層

端點設備（例如：路由器）使用全部 3 個分層，而交換器只使用底部的 2 個分層。

AAL5 分層

在第 3 章討論過不同的 AAL 與其應用。Internet 只使用到 AAL5，這一分層也被稱為**簡效適應層 (Simple and Efficient Adaptation Layer, SEAL)**。AAL5 假設來自某個 IP 資料包所創造出來的所有資料胞屬於同一訊息。因此，AAL5 不提供定址、定序或其他標頭訊息。AAL5 只在 IP 封包後面加入所需的填充位元組及 1 個 4 欄位的尾端資訊。

AAL5 接受的 IP 封包不可大於 65,536 個位元組，之後它加入 1 個 8 位元組長的尾端資訊，如有需要，會在最後 1 個資料胞的最後 8 個位元組前面填入補充位元組，以確保尾端資料的位置符合其接受裝置之所需（最後 1 個資料胞中的最後 8 個位元組），如圖 23.3 所示。只要填充位元組及尾端資訊放好，AAL5 將訊息以 48 個位元組為單位的小區段傳遞給 ATM 分層。

加在訊息後面的各欄位包括：

☐ **填充資料 (PAD)**：一封包可能加入的填充位元組可在 0 到 47 個之間。

☐ **使用者之間的識別碼 (UU)**：使用者可自由決定是否使用這 1 個位元組。

☐ **類別 (T)**：這 1 個位元組的 T 欄位被保留，尚未定義其使用。

☐ **長度 (L)**：這 2 個位元組的 L 欄位用來表示訊息中資料的長度。

☐ **CRC**：最後 4 個位元組為 CRC，用來做為整個資料的錯誤檢查之用。

IP 通訊協定所使用的 AAL 分層是 AAL5。

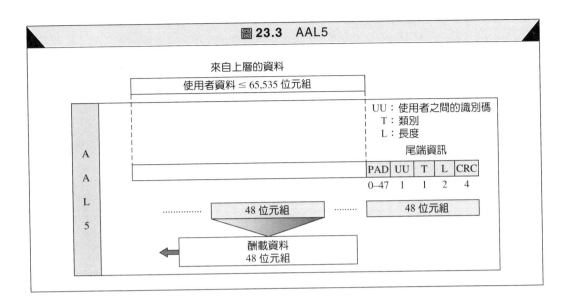

圖 **23.3** AAL5

ATM 分層

ATM 分層提供路徑選擇、交通管理、交換及多工的服務。 ATM 分層接收來自 AAL 子分層的 48 位元組之小區段，然後加入 5 個位元組的標頭，使之成為 53 位元組長的資料胞。（見圖 23.4）

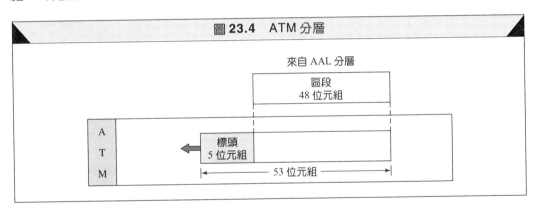

圖 **23.4** ATM 分層

標頭格式

ATM 使用 2 種標頭，其中 1 種是使用於**使用者到網路介面 (User-to-Network Interface, UNI)** 的資料胞，另一種是使用於**網路到網路介面 (Network-to-Network Interface, NNI)** 的資料胞。圖 23.5 說明了 ITU-T 所指定的格式（以每列為 1 個位元組的方式呈現）。

❏ **一般流量控制 (GFC)**：此 4 位元欄位是給 UNI 資料胞做流量控制用。 ITU-T 已決定這層的流量控制不需要做在 NNI 資料胞中，所以在 NNI 標頭，這 4 個位元被併到 VPI。較長的 VPI 可以在 NNI 層定義更多的虛擬路徑，不過增加這部分的格式尚未被定義，因此目前還不用。

❏ **虛擬路徑識別碼 (VPI)**：在 UNI 資料胞裡 VPI 是 8 位元，而在 NNI 資料胞裡，VPI 為 12 位元（關於 VPI 的說明請參考第 3.3 節）。

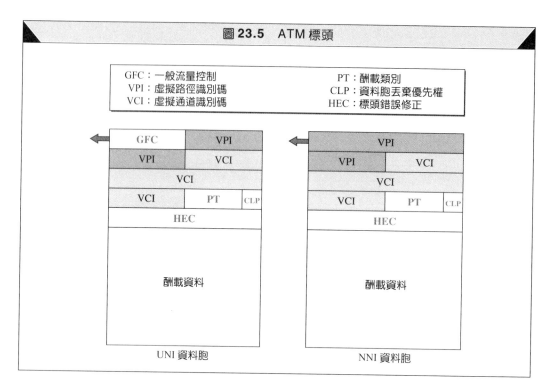

圖 23.5　ATM 標頭

- **虛擬通道識別碼 (VCI)**：VCI 在 2 種資料胞中，皆為 16 位元（關於 VCI 的說明請參考第 3.3 節）。

- **酬載類別 (PT)**：這 3 個位元用來定義酬載資料的類別。以資料胞攜帶 IP 封包時，如果此 ATM 資料胞不是最後 1 個資料胞，其值為 000，若是最後 1 個資料胞，則值為 001。

- **資料胞丟棄優先權 (CLP)**：本位元做為壅塞控制之用。當連線壅塞時可以丟棄優先權低的資料胞，以保留高優先權資料胞的服務品質。所以此位元告知交換器，哪個資料可以被丟棄，哪個被保留下來。只要還有 CLP 值為 0 的資料胞時，CLP 為 1 的資料胞就必須被保留下來。

- **標頭錯誤修正 (HEC)**：HEC 為一錯誤修正方法，以標頭的前 4 個位元組計算而得。HEC 為一 CRC 演算法，其分母為 $x^8 + x^2 + x + 1$，可以修正單一位元的錯誤及許多種多位元的錯誤。

實體層

實體層定義傳輸介質、位元傳輸、編碼方式及光電訊號的轉換。實體層涵蓋各種傳輸的協定，如 SONET（見第 3 章）及 T-3 等，實體層也定義將資料胞轉換成位元串流的機制。

23.2　在 ATM 資料胞中攜帶一個 IP 資料包

Carrying a Datagram in Cells

我們先說明如何將 140 位元組的資料包 (datagram) 封裝成 4 個資料胞 (cell)，以 ATM 網路傳送的範例。在封裝之前，先加 8 個位元組的尾端資訊到此資料包。如此，資料包大小變成 148 位元組，無法被 48 整除。所以要再加 44 個位元組的填充資料，總長度變為 192 個位元組。這個封包現在可分成 4 個 48 位元組長的區塊，如圖 23.6 所示。

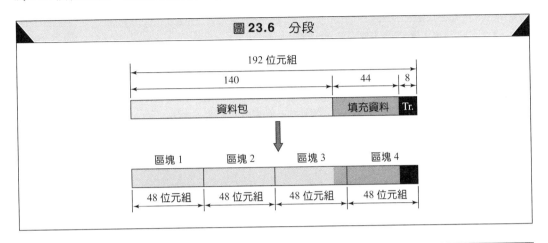

圖 23.6 分段

> 只有最後 1 個資料胞攜帶有加入 IP 資料包的尾端記號，填充位元組只能被加到最後 1 個資料胞或最後 2 個資料胞。

在 ATM 層，每個 48 位元組的資料區塊被包成 1 個資料胞，如圖 23.7 所示。注意最後 1 個資料胞並未攜帶有用資料。也注意最後 1 個資料胞的 PT 欄位其值為 001，表示它是最後 1 個。

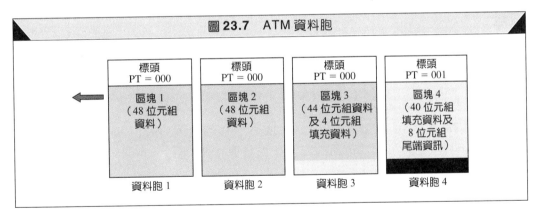

圖 23.7 ATM 資料胞

> 所有攜帶 IP 資料包片段的資料胞，其 PT 欄位的值都是 000，除了最後 1 個資料胞以外，其 PT 欄位的值為 001。

為何使用 AAL5 ？

一個很常被問到的問題是，我們為什麼要使用 AAL5 ？為什麼不能直接將一個 IP 封包封裝在一個資料胞中？答案是因為使用 AAL5 比較有效率。如果一個 IP 資料包要被封裝在一個資料胞中，IP 層的資料一定要是 53 − 5 − 20 = 27 個位元組，因為 IP 標頭最少需要 20 個位元組，而 ATM 標頭需要 5 位元組。此效率是 27/53，接近 51%。如果讓 IP 資料包分散到數個資料胞,就可以將IP層的額外負擔(20位元組)分散到這些資料胞中,增加傳輸效率。

23.3 資料胞的路徑選擇 *Routing the Cells*

ATM網路在兩台路由器之間建立一條路徑。我們分別稱這兩台路由器為**進入點路由器** (entering-point router) 及**出口點路由器** (exiting-point router)。資料胞由進入點路由器進入ATM網路,而由出口點路由器出來,如圖23.8所示。

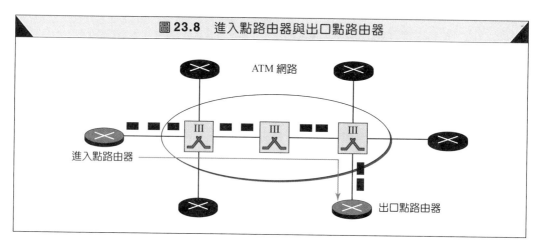

圖23.8 進入點路由器與出口點路由器

位址

一個資料胞從某特定進入點路由器進入到某特定出口點路由器出來,其間做路徑選擇需要3種位址,即IP位址、實體位址及虛擬線路識別碼 (virtual circuit identifier)。

IP位址

每台連到ATM網路的路由器需要一個IP位址。稍後我們會了解此位址可以有不同的前置位元。IP位址定義在IP層的路由器,IP位址與ATM網路一點關係都沒有。

實體位址

每個連到ATM網路的路由器(或是任何其他的裝置)也有一個實體位址,實體位址與ATM網路有關,而與Internet無關。ATM論壇定義的ATM位址為20個位元組長,每個位址在一個網路內必須是唯一的,為網路管理者所管理。ATM網路的實體位址就如同LAN內的MAC位址一般,而實體位址則使用在連線建立之時。

虛擬線路代碼

在ATM網路內的交換器是以虛擬線路識別碼(VPI與VCI)來為資料胞進行路徑選擇,如第3章所敘述,虛擬線路識別碼使用在資料傳送時。

位址連結

ATM 網路使用虛擬線路識別碼來做資料胞的路徑選擇，而 IP 資料包內含有 IP 來源位址及目的位址。虛擬線路識別碼必須由 IP 的目的位址來決定。其步驟如下：

1. 進入點路由器接收到一個 IP 資料包。它使用 IP 的目的位址與路由表找到下一個路由器（出口點路由器）的 IP 位址，這與資料包通過 LAN 時的步驟一樣。
2. 進入點路由器使用ATMARP以找到出口點路由器的實體位址。ATMARP與ARP類似（見第 7 章），ATMARP 在下節介紹。
3. 將虛擬線路識別碼連結到實體位址。

23.4 ATMARP *ATMARP*

當我們知道出口點路由器的 IP 位址時，如何找出實體位址，這需要一個通訊協定來完成。這與 ARP 在 LAN 做的事情一樣。但是，ATM 網路與 LAN 不同的是，LAN 是一條廣播式網路（在資料鏈結層），ARP 使用 LAN 的廣播功能送出（廣播出）ARP 要求訊息。ATM 網路不是廣播式網路，要以其他方式來處理這項工作。

封包格式

ATMARP 封包的格式與 ARP 封包類似，如圖 23.9 所示。

圖 23.9　ATMARP 封包

<table>
<tr><td colspan="2">硬體類別</td><td colspan="2">通訊協定類別</td></tr>
<tr><td>傳送者
硬體長度</td><td>保留</td><td colspan="2">運作</td></tr>
<tr><td>傳送者
通訊協定長度</td><td>目標
硬體長度</td><td>保留</td><td>目標通訊
協定長度</td></tr>
<tr><td colspan="4">傳送者硬體位址
（20 個位元組）</td></tr>
<tr><td colspan="4">傳送者通訊協定位址</td></tr>
<tr><td colspan="4">目標硬體位址
（20 個位元組）</td></tr>
<tr><td colspan="4">目標通訊協定位址</td></tr>
</table>

其各欄位意義如下：

- **硬體類別**：這 16 位元的 HTYPE 欄位定義了實體網路的類別。以 ATM 網路而言，其值為 $(0013)_{16}$。
- **通訊協定類別**：這 16 位元的 PTYPE 欄位定義了通訊協定的類別，以 IPv4 通訊協定而言，其值為 $(0800)_{16}$。

❑ **傳送者硬體長度**：這 8 位元的 SHLEN 欄位定義傳送者實體位址之長度，以位元組為單位。以 ATM 網路而言，其值為 20。注意，如果 ATM 網路要用到第 2 層的硬體位址做位址連結時，本欄旁邊 8 位元的**保留欄**則定義第 2 個位址長度。

❑ **運作**：這 16 位元的 OPER 欄位定義了封包的類別，總共定義了 5 種類別，如表 23.1 所列。

表 **23.1** OPER 欄位

訊息	OPER 數值
要求	1
回應	2
反向要求	8
反向回應	9
NACK	10

❑ **傳送者通訊協定長度**：這 8 位元的 SPLEN 欄位定義了所使用通訊協定位址的長度，以位元組為單位，以 IPv4 而言，其值為 4。

❑ **目標硬體長度**：這 8 位元的 TLEN 欄位定義了接收者實體位址之長度，以位元組為單位。以 ATM 網路而言，其值為 20。注意，如果 ATM 網路要用到第 2 層的硬體位址做位址連結時，本欄旁邊 8 位元的**保留欄**則定義第 2 個位址長度。

❑ **目標通訊協定長度**：這 8 位元的 TPLEN 欄位定義了所使用通訊協定位址的長度，以位元組為單位，以 IPv4 而言，其值為 4。

❑ **傳送者硬體位址**：這可變長度的 SHA 欄位定義了傳送者的實體位址。以 ATM 論壇所定義的 ATM 網路而言，其長度為 20 位元組。

❑ **傳送者通訊協定位址**：這可變長度的 SPA 欄位定義了傳送者的通訊協定位址。以 IPv4 而言，其長度為 4 位元組。

❑ **目標硬體位址**：這可變長度的 THA 欄位定義了接收者的實體位址。以 ATM 論壇所定義的 ATM 網路而言，其長度為 20 位元組。本欄在要求訊息內為空白，在回應和 NACK 訊息內才填入。

❑ **目標通訊協定位址**：這可變長度的 TPA 欄位定義了接收者的通訊協定位址。以 IPv4 而言，其長度為 4 位元組。

ATMARP 的運作

在 ATM 網路上連接兩台路由器有兩種方法，第一種是經由固定虛擬線路，另一種是經由交換虛擬線路。ATMARP 的運作依使用方法而定。

PVC

在兩端點間的**固定虛擬線路 (Permanent Virtual Circuit, PVC)** 的連線是由網路提供者所建立。固定連線所需的 VPI 與 VCI 被定義後，其數值被填到每個交換器內部的一個表格中。

如果固定虛擬線路建立在兩台路由器間，就不需要有 ATMARP 伺服器。不過這些路由器必須能夠將實體位址連結 (bind) 到一個IP位址。**反向要求訊息 (inverse request message)** 及**反向回應訊息 (inverse reply message)** 可做連結之用。當某一台路由器要建立一條PVC時，它送出一個反向要求訊息。連線另一端的路由器接收到此訊息（包含傳送者的實體位址及 IP 位址）後，送出一個反向回應訊息（包含自己的實體位址及 IP 位址）。

交換之後，這兩台路由器分別將實體位址與 PVC 的對應填入表中。現在當某一台路由器收到一個 IP 資料包，此表格提供的資訊就可讓路由器將此資料包封裝成使用虛擬線路識別碼的資料胞。圖 23.10 說明了這兩台路由器交換訊息的過程。

> 反向要求訊息及反向回應訊息可用在 PVC 連線，作為連結實體位址及其 IP 位址之用。

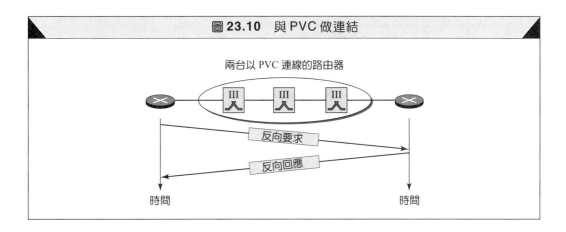

圖 23.10 與 PVC 做連結

SVC

在一個**交換虛擬線路 (Switched Virtual Circuit, SVC)** 的連線中，每次路由器要與另一台路由器（或電腦）連線時，都要建立一條新的虛擬線路。然而，此虛擬線路只能在進入點路由器知道出口點路由器的實體位址時才建立（ATM 無法辨識 IP 位址）。

要將IP 位址對應到實體位址，每台路由器要執行一個ATMARP的用戶端程式，但只有一台電腦執行ATMARP的伺服端程式。ARP和ATMARP的不同是，ARP用在LAN上，而LAN是一條廣播式網路。ARP用戶端可以廣播一個ARP要求訊息，而在網路上的每台路由器都可以收到，但只有目的端路由器才會回應。ATM 不是廣播式網路，一個 ATMARP 要求訊息無法到達在網路上的每台路由器。

建立一條虛擬連線需要以下3個步驟，即連線到伺服器、接收實體位址，然後建立連線，如圖 23.11 所示。

連線到伺服器 正常而言，每台路由器與 ATMARP 伺服器之間會有 1 條固定虛擬線路 (PVC)。如果沒有，伺服器至少要知道路由器的實體位址，才能在交換ATMARP要求及回應訊息之前先建立 1 條 SVC 連線。

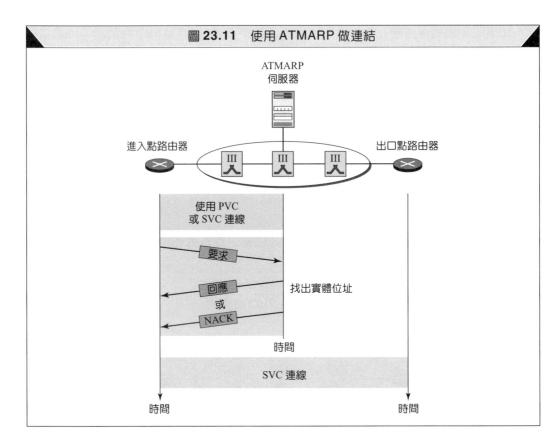

圖 23.11　使用 ATMARP 做連結

接收實體位址　當進入點路由器與伺服器建立好 1 條連線後，路由器送出 ATMARP 要求訊息給伺服器。如果找得到實體位址，伺服器送回 1 個 ATMARP 回應訊息。如果找不到，則送回 1 個 ATMARP NACK 訊息。如果進入點路由器收到的是 NACK，那麼進入的資料包會被丟棄。

建立虛擬線路　在進入點路由器接收到出口點路由器的實體位址之後，它可以要求與出口點路由器建立 1 條 SVC。ATM 網路使用這兩者的實體位址建立 1 條虛擬線路使用，直到進入點路由器要求中斷連線為止。在此過程中，網路內的每一台交換器會在其表格中填入 1 個條目，讓它們能夠替攜帶此 IP 資料包的 ATM 資料胞做路徑選擇。

> 要求及回應訊息可用在 SVC 連線，作為連結實體及其 IP 位址之用。

表格的建立

ATM 伺服器如何建立其對應表格？這也是透過 ATMARP 以及兩種反向訊息（反向要求訊息與反向回應訊息）來完成。當一台路由器第 1 次連接到 ATM 網路時，它與伺服器之間就會建立 1 條固定虛擬連線。伺服器藉此傳送 1 個反向要求訊息到這台路由器。而路由器則以反向回應訊息傳回其 IP 位址與實體位址。使用這 2 個位址，伺服器就可以在其路由表中建立 1 個條目，以做為未來該路由器變成一個出口點路由器之用。圖 23.12 說明了 ATMARP 反向訊息之運作。

> 反向要求訊息及反向回應訊息也可用來建立伺服器的對應表。

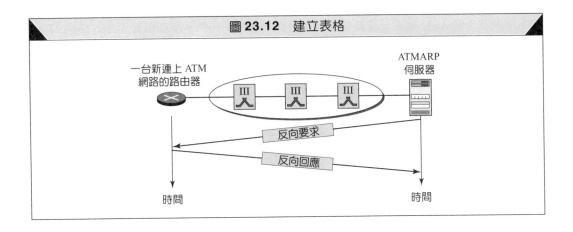

圖 23.12 建立表格

23.5 **邏輯 IP 子網路 (LIS)** *Logical IP Subnet (LIS)*

在結束 ATM 上執行 IP 這個主題之前，我們要介紹**邏輯 IP 子網路 (Logical IP Subnet, LIS)** 的概念。就如同一個大型 LAN 可分成數個子網路一般，一個 ATM 網路也可以分成數個邏輯子網路（不是實體子網路）。這麼做可以幫助 ATMARP 或其他通訊協定（如IGMP）的運作，以達到在 ATM 網路上模擬廣播的目的。

ATM 網路上的路由器可以屬於一個或數個邏輯子網路，如圖 23.13 所示。B、C、D 路由器屬於一個邏輯子網路（如虛線方塊所示），F、G、H 路由器屬於另一個邏輯子網路（如灰影方塊所示），而 A、E 路由器同時屬於這兩個邏輯子網路。一台路由器可以送 IP 封包到同一子網路的另一台路由器，如果要傳送到屬於另一子網路的路由器，封包必須先被傳送到同屬於這 2 個子網路的路由器。例如，B 路由器可以直接傳送封包給 C、D 路由器，但是由 B 傳送給 F 的封包就必須經由 A 或 E 路由器。

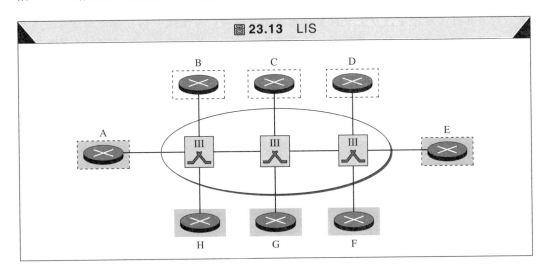

圖 23.13 LIS

注意屬於同一邏輯子網路的路由器有相同的前置位元 (prefix) 與子網路遮罩。而不同子網路的路由器之前置位元不同。

在每個子網路上要有不同的 ATMARP 伺服器才能使用 ATMARP。以前圖為例，共需要 2 台 ATMARP 伺服器，其中每個子網路各一台。

> LIS 允許 1 個 ATM 網路分成數個邏輯子網路。每個子網路上都必須有 1 台 ATMARP 伺服器才能使用 ATMARP。

23.6 重要名詞 *Key Terms*

AAL5 分層 (AAL5 layer)

應用適應層 (Application Adaptation Layer, AAL)

非同步傳輸模式 (Asynchronous Transfer Mode, ATM)

ATMARP

進入點路由器 (entering-point router)

出口點路由器 (exiting-point router)

反向回應訊息 (inverse reply message)

反向要求訊息 (inverse request message)

邏輯 IP 子網路 (Logical IP Subnet, LIS)

固定虛擬線路 (Permanent Virtual Circuit, PVC)

回應訊息 (reply message)

要求訊息 (request message)

交換虛擬線路 (Switched Virtual Circuit, SVC)

23.7 摘要 *Summary*

❑ IP 通訊協定所使用的 AAL 分層為 AAL5。

❑ ATM 分層接收來自 AAL 的 48 位元組區段，然後加上 5 個位元組的標頭，轉換成為 53 位元組的資料胞。

❑ ATM 網路在進入點路由器與出口點路由器之間建立一條路徑。

❑ ATM 可以使用固定虛擬線路 (PVC) 或交換虛擬線路 (SVC)。

❑ 如果在進入點路由器及出口點路由器之間有一條 PVC 連線，則交換反向要求訊息及反向回應訊息可以用來連結 IP 位址與實體位址。之後，實體位址就可以被連結到這條 PVC。

❑ ATMARP 是一種使用在 ATM 網路上的通訊協定，用來連結一個實體位址與一個 IP 位址。

❑ 要在進入點路由器及出口點路由器之間建立 1 條 SVC 通道，要使用 ATMARP 伺服器的服務，以找到出口點路由器的實體位址。

❑ ATMARP 伺服器的對應表是藉由反向要求訊息與反向回應訊息而建立。

❑ 一個 ATM 網路可以分成數個邏輯子網路 (LIS)，分別支援 ATMARP 和其他通訊協定的運作。

23.8 習題 *Practice Set*

練習題

1. 將一個 IP 資料包轉換為 ATM 資料胞，最少數目的 ATM 資料胞為何？最大數目的 ATM 資料胞又為何？

2. 解釋為什麼在 AAL5 需要做填充？

3. 使用 AAL5 來分別舉例為何需要下列位元組的填充資料。

   (a) 0 位元組（不需填充）

   (b) 40 位元組

   (c) 47 位元組

4. 在 1 個 53 位元組的資料胞（非最後 1 個資料胞）中，如果沒有填充資料，有幾個位元組屬於 IP 封包？又如果是最後 1 個資料胞呢？

5. 如果 1 個 IP 封包為 42 位元組，要建立幾個 ATM 資料胞？寫出每個資料胞的內容。

6. 解釋為什麼不能有超過 2 個資料胞攜帶填充的資料？

7. 寫出使用 PVC 連線的 2 個路由器之間所交換的 ATMARP 反向封包的內容。IP 位址分別是 172.14.20.16/16 和 180.25.23.14/24。任意選用 2 個 20 位元組的實體位址，各欄位使用十六進制數字表示。

8. 寫出一台路由器與一台伺服器之間所交換的 ATMARP 封包內容。路由器的 IP 位址是 14.56.12.8/16，伺服器的 IP 位址是 200.23.54.8/24。任意選用 2 個 20 位元組的實體位址，各欄位使用十六進制數字表示。

9. 在圖 23.13 中的路由器加入 IP 位址。注意每個 LIS 的前置位元必須相同，不同 LIS 的前置位元必須不同。注意，同屬於 2 個 LIS 的路由器必須有 2 個 IP 位址。

10. ATMARP 的封包要用 ATM 資料胞來攜帶。本章所討論的 ATMARP 封包要多少個 ATM 資料胞來攜帶？

11. 某資料包經由 ATM 網路傳送，如果其中一個 ATM 資料胞因壅塞被交換器丟棄，試問這會發生什麼反應？

12. 某資料包經由 ATM 網路傳送，最後 1 個 ATM 資料胞只攜帶填充資料及尾端記號，如果此 ATM 資料胞因壅塞被交換器丟棄，請問會發生什麼事？這個 IP 資料包能被復原嗎？試解釋之。

13. 在 IP 層中，分別對以下 2 種情況計算 1 個 1024 位元組封包的傳輸效率：

    (a) 此資料包被分段，每個獨立的片段（擁有自己的標頭）都正好可以放進 1 個資料胞中。

    (b) 整個資料包都以 AAL5 包進資料胞中（圖 23.3）。

資料檢索

14. 請找出有關 AAL 的 RFC 文件。

15. 請找出有關 ATMARP 的 RFC 文件。

16. 請比較 ARP 和 ATMARP。

17. 請找出為什麼不需要有 ATMRARP 的原因。

CHAPTER 24

行動 IP
Mobile IP

過 去十年，行動通訊已引起相當多的注意。對 Internet 上行動通訊的需求，意味著原來設計給靜止裝置的 IP 通訊協定，需要加以改進以允許行動電腦的使用，並允許電腦可以從一個網路移到另一個網路。

24.1 定址 *Addressing*

使用 IP 通訊協定支援行動通訊，必須克服的主要問題就是定址方式 (addressing)。

靜止主機

原來 IP 定址的設計是假設主機為靜止的，是連接到某一特定網路。路由器使用 IP 位址的階層架構來做 IP 資料包的路徑選擇。如第 4 章及第 5 章所述，一個 IP 位址分為兩個部分，一個是前置位元（定義網路或子網路位址），而另一個則是後置位元（定義主機 ID）。前置位元將一主機關連到一個網路。例如，IP 位址 10.3.4.24/8 定義一台主機連到 10.0.0.0/8 的網路。這意指在 Internet 中的一台主機，沒有一個位址可以讓它帶著到處走。這個位址只在該主機連接在該網路上才有效，如果網路改變，原來的位址也會失效。路由器使用這層關係做路徑選擇，而路由器使用前置位元來傳送封包到目的端主機所連結的網路，這個方法用在**靜止主機 (stationary host)** 上相當成功。

> IP 位址設計給靜止的主機使用，因為 IP 的部分位址是用來定義主機所連接到的網路。

行動主機

當一台主機從一個網路移到另一個網路時，IP 定址的結構需要加以修改，有數個方案已經被提出來了。

改變位址

最簡單的方法就是到不同的網路後，讓**行動主機 (mobile host)** 更換位址。在新的網路上，主機可以使用 DHCP 取得新的位址。但這個方法有幾項缺點，第一，設定檔要改變。第二，每次電腦從一個網路移到另一個網路時都要重新開機。第三，DNS 表要加以修改，讓 Internet 上的其他主機知道改變。第四，主機若從一個網路漫遊到另一個網路時，正在進行中的資料傳輸會被中斷。這是因為在連線期間，用戶端與伺服端的 IP 位址與埠號都必須要維持不變。

兩個位址

比較可行的方案是使用兩個位址。主機擁有原本的位址稱為**本地位址 (home address)**，以及另一個臨時的位址，稱為**轉交位址 (care-of address)**。本地位址為固定位址，將主機關連到原本的網路，我們稱原本的網路為**本地網路 (home network)**。轉交位址為臨時性，當主機從一個網路移到另一個網路時，轉交位址就會跟著改變。轉交位址將主機關連到主機目前移動到的**外地網路 (foreign network)**。圖 24.1 說明了這樣一個概念。

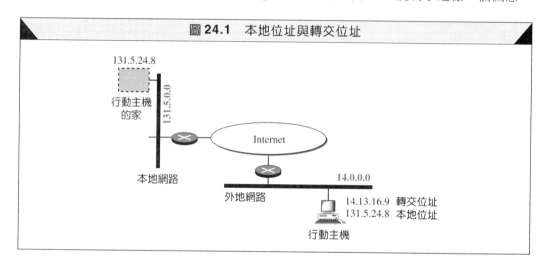

圖 24.1 本地位址與轉交位址

> 行動IP給每台行動主機兩個位址：一個是本地位址，而另一個是轉交位址。
> 本地位址是固定不變的；當主機從一個網路移到另一個網路時，轉交位址會隨之改變。

　　當某一台行動主機拜訪一個外地網路時，它可以在代理器探索 (agent discovery) 及註冊 (registration) 階段獲得轉交位址。

24.2 代理器 *Agents*

要讓位址的改變達到通透性才不會影響到 Internet，這必須使用到一台**本地代理器 (home agent)** 及一台**外地代理器 (foreign agent)**。如圖 24.2 所示，本地代理器對應於本地網路，而外地代理器對應於外地網路。我們將本地代理器和外地代理器畫成電腦，而非路由器，藉以強調它們可以做為代理器的特殊功用，此功能乃是實現於應用層 (application layer)，換句話說，它們既是路由器，也是網路上的主機。

本地代理器

本地代理器通常為一台連接到行動主機之本地網路上的路由器。當一台遠端主機傳送封包到行動主機時，本地代理器的角色就是取代原本的行動主機接收這些封包，然後將之傳送到外地代理器。

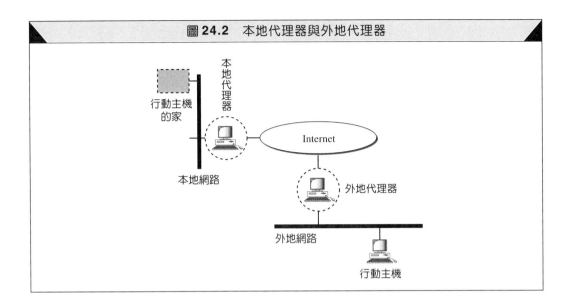

圖 24.2 本地代理器與外地代理器

外地代理器

外地代理器通常為一台連接到行動主機所到的外地網路上的路由器，外地代理器接收並傳遞來自本地代理器傳送過來給行動主機的封包。

行動主機本身也可以是外地代理器。換句話說，行動主機與外地代理器可以是相同的一台電腦。不過要達到這個目的，行動主機必須能夠自己接收一個轉交位址，可以透過DHCP來完成。除此之外，行動主機亦需要有必要之軟體與本地代理器通訊，並同時擁有本地位址及轉交位址。而應用程式必須要不受到支援雙位址定址的影響。

當行動主機也具備外地代理器的角色時，此轉交位址又稱為**共同分配轉交位址 (co-located care-of address)**。

> 當行動主機與外地代理器相同時，此轉交位址又稱為共同分配轉交位址。

使用共同分配轉交位址的好處是，行動主機可以移動到任意的網路，不用擔心是否有外地代理器。缺點則是行動主機要執行額外的軟體，以執行外地代理器的功能。

24.3　三個階段　*Three Phases*

行動主機透過3個階段與遠端主機建立通訊，即代理器探索、註冊，及資料傳輸，如圖24.3 所示。

第 1 階段的**代理器探索**牽涉到行動主機、外地代理器及本地代理器。第 2 階段的**註冊**也同樣牽涉到這 3 者。而第 3 階段的**資料傳輸**則是牽涉到這 3 者再加上遠端主機。我們分別介紹每一個階段的過程。

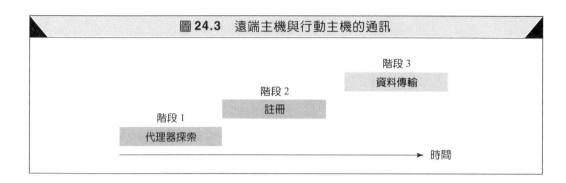

圖 24.3 遠端主機與行動主機的通訊

代理器探索

代理器探索 (agent discovery) 是行動通訊的第 1 階段,它有 2 個子階段。一台行動主機必須找到本地代理器的位址,才能離開它的本地網路。接著它必須在到達外地網路之後找到外地代理器。這個探索的過程,包括得到轉交位址與外地代理器的位址。而探索的過程需要使用 2 種訊息,即公告 (advertisement) 及請求 (solicitation) 訊息。

代理器公告

當一台路由器使用 ICMP 的路由器公告訊息來告知它出現在網路上時,可以在此公告封包後面附加一個**代理器公告 (agent advertisement)**,以表示它將扮演代理器的角色。圖 24.4 說明了代理器公告如何被挾帶於路由器公告的封包中。

> 行動 IP 並沒有使用新的封包格式來執行代理器公告;它使用了 ICMP 的路由器公告封包,並將代理器公告訊息附加在其後。

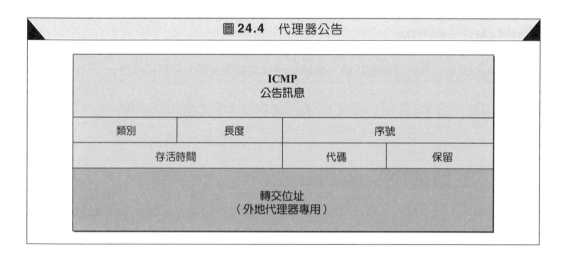

圖 24.4 代理器公告

公告訊息的各欄位如下:

❑ **類別**:這 8 位元的類別欄位被設為 16。

❑ **長度**:這 8 位元的長度欄位定義延伸訊息的全部長度(不是 ICMP 公告訊息的長度)。

❏ **序號**：這 16 位元的序號欄位放置訊息的號碼，接收者可以使用此號碼以決定是否有訊息遺失。

❏ **存活時間**：這 16 位元的存活時間欄位定義代理器接受要求的秒數，如果全部都是 1，則表示存活時間為無限長。

❏ **代碼**：代碼欄位為 8 位元的旗標欄，每個位元不是 1 就是 0，各位元意義如表 24.1 所示。

表 24.1　代碼位元

位元	意義
0	需要註冊，沒有共同分配轉交位址
1	代理器忙碌中，此時無法接受註冊
2	代理器為本地代理器
3	代理器為外地代理器
4	代理器使用最少之封裝
5	代理器使用一般路由封裝 (GRE)
6	代理器支援標頭壓縮
7	未使用 (0)

❏ **轉交位址**：本欄攜帶一系列可使用的轉交位址。行動主機可以從中選擇一個。選擇哪一個轉交位址則要在註冊要求中告知。要注意的是，本欄位只提供給外地代理器使用。

代理器請求

當一台行動主機移動到一個新網路且未收到代理器公告時，它可以發出**代理器請求 (agent solicitation)** 訊息。行動主機使用 ICMP 的路由器請求訊息，以告知代理器它需要協助。

> 行動 IP 並沒有使用新的封包格式來執行代理器請求；它使用了 ICMP 的路由器請求封包。

註冊

行動通訊的第2階段為**註冊 (registration)**。在行動主機移動到一個新網路且找到外地代理器之後，它必須註冊。其註冊包含 4 個概念：

1. 行動主機必須為自己向外地代理器註冊。
2. 行動主機必須為自己向本地代理器註冊，通常此事由外地代理器替行動主機代勞。
3. 如果註冊過期，行動主機必須更新註冊。
4. 如果行動主機回到本地網路，它必須取消註冊。

要求及回應

行動主機使用**註冊要求 (registration request)** 及**註冊回應 (registration reply)** 訊息來向外地代理器及本地代理器註冊,如圖 24.5 所示。

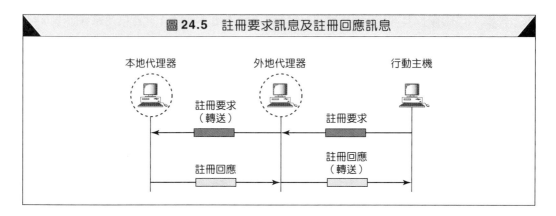

圖24.5 註冊要求訊息及註冊回應訊息

註冊要求 行動主機傳送註冊要求給外地代理器,以註冊其轉交位址,並告知本地位址及本地代理器位址。外地代理器在接收到註冊要求並做好註冊動作後,將訊息轉送給本地代理器。注意,本地代理器從外地代理器轉送過來的封包之來源位址,知道外地代理器的 IP 位址。圖 24.6 說明了註冊要求封包的格式。

圖24.6 註冊要求訊息之格式

類別	旗標	存活時間
本地位址		
本地代理器位址		
轉交位址		
識別碼		
延伸……		

各欄位意義如下:

❑ **類別**:這 8 位元的類別欄位定義了訊息之類別,對要求訊息來說,其值為 1。

❑ **旗標**:這 8 位元的旗標欄位定義了轉送資訊,每個位元不是 1 就是 0,其意義見表 24.2。

❑ **存活時間**:本欄位定義了註冊的有效時間,單位為秒。如果值全部為 0,表示此要求訊息是為了註銷已有的註冊。如果全部為 1,表示存活時間為無限長。

❑ **本地位址**:本欄位內含行動主機的永久位址(即第 1 個位址)。

表 24.2 註冊要求的旗標欄位之各位元

位元	意義
0	行動主機要求本地代理器保留其先前的轉交位址
1	行動主機要求本地代理器以隧道模式處理所有的廣播訊息
2	行動主機使用共同分配之轉交位址
3	行動主機要求本地代理器使用最小封裝之封包
4	行動主機要求使用一般路由封裝 (GRE)
5	行動主機要求對標頭做壓縮
6~7	保留位元

❏ **本地代理器位址**：本欄內容為本地代理器的位址。

❏ **轉交位址**：本欄位之內容為行動主機的臨時位址（即第 2 個位址）。

❏ **識別碼**：本欄位之內容為 64 位元的數字，由行動主機放在要求訊息內，並重複出現在回應訊息中，作為要求訊息與其回應訊息之對應用。

❏ **延伸**：延伸欄位為可變長度，用來做認證。允許本地代理器確認是否為真正的行動主機。我們會在第 28 章介紹認證 (authentication)。

註冊回應 註冊回應由本地代理器傳送給外地代理器，然後轉送到行動主機。回應目的在於確認或拒絕註冊的要求。圖 24.7 說明了註冊回應訊息的格式。

圖 24.7 註冊回應訊息的格式

類別	代碼	存活時間
本地位址		
本地代理器位址		
識別碼		
延伸……		

其中各欄位與註冊要求訊息類似，不同點在於類別欄的值為 3，而代碼欄取代了旗標欄以告知註冊要求的結果（接收或拒絕）。另外，也不需要轉交位址的欄位。

封裝

註冊訊息被封裝在 UDP 使用者資料包內。代理器使用第 434 公認埠號，而行動主機使用短暫埠號。

註冊要求或回應訊息由 UDP 送出，使用第 434 公認埠號。

資料傳輸

完成代理器探索及註冊之後,行動主機便可與遠端主機通訊,如圖 24.8 所示。

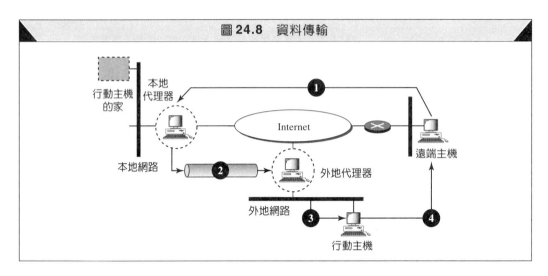

圖 24.8 資料傳輸

從遠端主機到本地代理器

當一台遠端主機欲送一封包到行動主機時,它使用自己的位址為來源位址,並使用行動主機的本地位址為目的位址。亦即,遠端主機看待行動主機,如同在其本地的網路一般。然而,封包被本地代理器所攔截,本地代理器假裝自己就是行動主機。這可藉由使用第 7 章所介紹的 ARP 代理器之技術來完成。圖 24.8 的路徑 1 即代表此步驟。

從本地代理器到外地代理器

本地代理器攔截到封包後,使用隧道化的技術(第 15 章所介紹)將封包送到外地代理器。本地代理器將整個攔截到的 IP 封包封裝在另一個 IP 封包內,這個新封包使用本地代理器的位址作為來源位址,以外地代理器的位址為目的位址。圖 24.8 的路徑 2 代表此步驟。

從外地代理器到行動主機

當外地代理器接收到封包之後,它找出原來的封包,然而此封包的目的位址為行動主機的本地位址,於是外地代理器搜尋註冊的資料,找出該行動主機的轉送位址(如果找不到轉送位址,封包送回其本地網路),封包即送往這個轉送位址,此一過程說明在圖 24.8 中的路徑 3。

從行動主機到遠端主機

當行動主機要傳送封包給一台遠端主機時(例如,行動主機對於自己所收到之封包的回應),它以平常慣用的方式送出。行動主機以自己的本地位址作為來源位址,而以遠端主機的位址為目的位址。雖然,封包是來自外地網路,但它有行動主機的本地位址。如圖 24.8 中所示的路徑 4。

通透性

上述的資料傳送過程，遠端主機並不知道行動主機是否有到處移動。遠端主機以行動主機的本地位址作為其封包的目的位址，而遠端主機接收到的封包其來源位址為行動主機的本地位址。移動過程完全是透明的，Internet 的其他地方並不知道這個主機會移動。

> 行動主機的移動完全透明於 Internet 的其他地方。

24.4　行動 IP 效率不好的問題　*Inefficiency in Mobile IP*

使用行動 IP 通訊的效率並不好，可能是普通差，也可能到很差的狀況。效率很差的狀況稱為**雙倍繞路**或 **2X**，而普通差的狀況稱為**三角繞路**或**折線繞路** (dog-leg routing)。

雙倍繞路

雙倍繞路 (double crossing) 發生在行動主機移到與遠端主機相同的地點或網路時。當行動主機傳送一個封包給遠端主機時，其效率並不差，因為此通訊是區域性的。但是，當遠端主機傳送一個封包給行動主機時，這個封包在 Internet 上來回 2 次（見圖 24.9）。

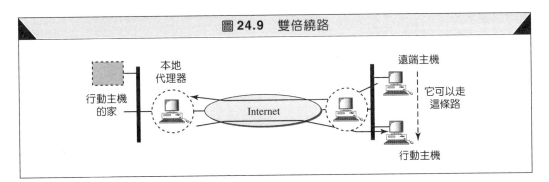

圖 24.9　雙倍繞路

　　因為電腦通常會與其他鄰近的電腦通訊（區域性原則），因此，由雙倍繞路所造成沒有效率的狀況是值得注意的議題。

三角繞路

三角繞路 (triangle routing) 發生在遠端主機與行動主機所在的網路不同時。當行動主機傳送一個封包給遠端主機時，沒有效率不好的問題。但是，當遠端主機要傳送封包給行動主機時，封包要從遠端主機送到本地代理器，然後轉送到行動主機。封包要走過三角形之二邊的路徑（見圖 24.10）。

解決方案

如果遠端主機能將行動主機的轉交位址連結到其本地位址，這樣做可以解決上述效率不好的狀況。例如，當本地代理器接收到要傳送給行動主機的第 1 個封包時，它將封包轉

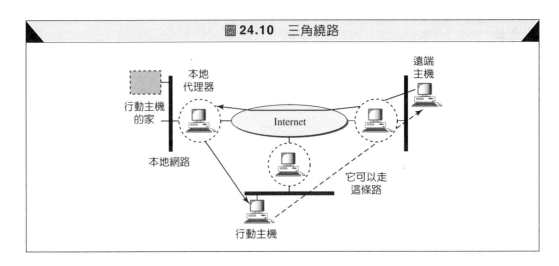

圖 24.10　三角繞路

送給外地代理器，同時本地代理器也可以傳送一個**更新連結封包 (update binding packet)** 給遠端主機，之後如果還有要傳送給這台行動主機的封包，就直接送到其轉交位址即可。遠端主機可以將此訊息放在快取記憶體中。

　　這個方法有一個問題，就是當行動主機移動後，快取的內容就不是最新的。如果是這樣，本地代理器需要再傳送一個**警告封包 (warning packet)** 給遠端主機，告知已發生的改變。

24.5　重要名詞　*Key Terms*

代理器公告 (agent advertisement)

代理器探索 (agent discovery)

代理器請求 (agent solicitation)

轉交位址 (care-of address)

共同分配轉交位址 (co-located care-of address)

雙倍繞路 (double crossing)

外地代理器 (foreign agent)

外地網路 (foreign network)

本地位址 (home address)

本地代理器 (home agent)

本地網路 (home network)

行動主機 (mobile host)

註冊 (registration)

註冊回應 (registration reply)

註冊要求 (registration request)

靜止主機 (stationary host)

三角繞路 (triangle routing)

更新連結封包 (update binding packet)

警告封包 (warning packet)

24.6　摘要　*Summary*

❑　行動 IP 是為了行動通訊所設計，為 IP 通訊協定的加強版本。

❑　一台行動主機在本地網路上有一個本地位址，到外地網路時有一個轉交位址。

❑　當行動主機在外地網路時，本地代理器轉送（要給行動主機的）訊息到外地代理器。

❑ 外地代理器將轉送過來的訊息傳送給行動主機。

❑ 行動主機在本地網路上藉由代理器探索之程序得知本地代理器的位址。在外地網路的行動主機藉由代理器探索或是代理器請求的程序得知外地代理器的位址。

❑ 在外地網路上的行動主機必須為自己向本地代理器及外地代理器註冊。

❑ 來自遠端主機的訊息，從遠端主機送出，先到達本地代理器之後，再到外地代理器，最後到達行動主機。

❑ 由於訊息的傳遞會多走一些距離，這讓行動通訊的效率不好。雙倍繞路及三角繞路為效率不好之最典型的範例。

24.7　習題　*Practice Set*

練習題

1. 如果行動主機也當外地代理器，這樣還要不要註冊？解釋你的答案。

2. 如果行動主機也當外地代理器時，重新繪出圖24.5。

3. 寫出一個本地代理器公告訊息，序號為1456，存活時間3小時。自訂代碼欄之值，計算長度欄之值並填入。

4. 寫出一個外地代理器公告訊息，序號為1672，存活時間為4小時，自訂代碼欄之值，自選至少3個轉交位址。計算長度欄之值並填入。

5. 討論ICMP的路由器請求訊息如何使用為代理器請求之用？為何不用外加欄位？

6. 代理器公告及代理器請求訊息使用哪一種通訊協定來傳送？

7. 寫出第3題中公告訊息之IP資料包封裝形式，通訊協定欄之值為何？

8. 解釋為什麼註冊要求與註冊回應訊息並不直接封裝在IP資料包內。為什麼需要用UDP使用者資料包？

9. 已知下列訊息，寫出遠端主機送給本地代理器之IP資料包的標頭內容。

> 行動主機的本地位址：130.45.6.7/16
> 行動主機的轉交位址：14.56.8.9/8
> 遠端主機位址：200.4.7.14/24
> 本地代理器位址：130.45.10.20/16
> 外地代理器位址：14.67.34.6/8

10. 使用第9題的資料，寫出本地代理器傳送給外地代理器之IP資料包內容。使用隧道技術。

11. 使用第9題的資料，寫出外地代理器傳送給行動主機的IP資料包內容。

12. 使用第9題的資料，寫出行動主機傳送給遠端主機的IP資料包內容。

13. 第9題會產生哪一種效率不好的狀況？解釋你的答案。

資料檢索

14. 請找出有關行動 IP 的 RFC 文件。

15. 我們提過註冊訊息是封裝在 UDP 之中,請找出我們選擇 UDP 而不用 TCP 的原因。

16. 請探討代理器公告訊息被傳送的頻繁程度。

17. 請找出行動 IP 所需要的各個不同種類的認證機制。

18. 請探討群播 (multicasting) 在行動 IP 中扮演的角色。

CHAPTER 25

多媒體
Multimedia

最 新的科技發展已經改變了我們對音訊和視訊的使用。在過去,我們用收音機聽廣播,用電視看節目,用電話和其他人通訊。但是時代改變了,人們不想只用Internet來做文字和圖片的通訊,進一步希望能夠得到音訊和視訊的服務。在這一章中,我們專注於應用 Internet 來提供音訊和視訊的服務。

我們可以將音訊和視訊的服務分成 3 大類,即**串流儲存音訊/視訊 (streaming stored audio/video)**、**串流即時音訊/視訊 (streaming live audio/video)** 和**互動式音訊/視訊 (interactive audio/video)**,如圖 25.1 所示。串流指的是,一旦開始下載檔案,使用者就可以開始收聽(或觀賞)檔案。

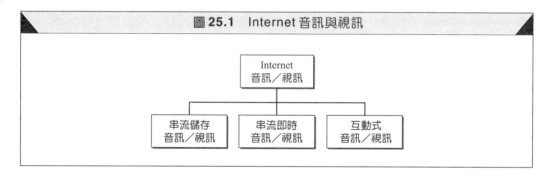

圖 25.1 Internet 音訊與視訊

對第 1 類串流儲存音訊/視訊來說,檔案被壓縮並儲存在伺服器。用戶端可以透過Internet來下載檔案,這有時也稱為**隨選音訊/視訊 (on-demand audio/video)**。這一類音訊的例子如歌曲、交響樂、有聲書和著名的演講等,而視訊的例子則有電影、電視表演和音樂錄影帶剪輯等。

串流儲存音訊/視訊可以滿足對於壓縮的音訊/視訊檔案的隨選要求。

對第 2 類串流即時音訊/視訊來說,使用者透過 Internet 來收聽廣播和影像節目。這一類的最佳例子就是Internet的收音機,還有一些電台只在Internet上提供節目,不過有很多的電台是同時在Internet和空中提供。Internet電視還不普及,不過很多人相信在未來,電視台會將電視節目放在 Internet 上。

串流即時音訊/視訊提供了透過 Internet 播放廣播和電視節目的服務。

對第 3 類互動式音訊／視訊來說，人們使用 Internet 和其他人做互動式的通訊，一個最好的例子就是網路電話和網路會議。

> 互動式音訊／視訊提供了 Internet 上的互動式音訊／視訊的應用。

我們將在本章討論以上 3 個應用，但首先我們要先討論的是一些和音訊／視訊有關的議題，即是將音訊／視訊數位化及壓縮。

25.1　音訊和視訊的數位化　*Digitizing Audio and Video*

在音訊和視訊信號能在 Internet 上傳送之前，必須先經過數位化的程序。我們將音訊和視訊分開討論。

音訊數位化

當聲音從麥克風接收到時，產生了一個電子類比訊號，它以時間為函數，表示出聲音振幅的變化，這訊號就稱為**類比音訊 (analog audio signal)**。類比音訊可以透過數位化的程序，產生一個數位訊號。根據 Nyquist 定理，如果訊號的最高頻率是 f 的話，我們就需要以每秒 $2f$ 次的頻率來取樣。當然還有其他的方法將訊號數位化，但其原理都是相同的。

人聲是以每秒 8,000 次，而每次以 8 位元大小的方式來取樣，產生 64 kbps 的數位訊號。音樂則是以每秒 44,100 次，而每次以 16 位元大小的方式來取樣，產生 705.6 kbps 的單聲道訊號和 1.411 Mbps 的立體聲訊號。

視訊數位化

影像由一連串的**訊框 (frame)** 所組成。當訊框在螢幕上顯示速度夠快的話，就會有在動的感覺，理由是我們的眼睛無法分辨快速閃過的訊框其實是由個別的訊框所組成。並沒有一定的標準定義每秒要有幾張訊框，在北美普遍來說是每秒 25 張訊框，不過為了避免畫面閃爍，每張訊框都需要更新，在電視工業中會將每張訊框重複兩次。這代表一共要傳送 50 張訊框，或者如果在傳送端有記憶體的話，就有 25 張訊框要從記憶體中被重複讀出。

每張訊框都可以分成很多小格點，稱做**圖片元素**或是**像素 (pixel)**。在黑白電視機上，每一個 8 位元的像素表示 256 層不同灰階的一層，但在彩色電視機上，每個像素是 24 位元，而每 8 個位元用來表示一個主色（紅、綠和藍）。

我們可以計算出，對一個特定的解析度下，每秒需要的位元個數。一張彩色訊框在最低解析度下是由 1024 × 768 個像素組成，這代表我們需要

$$2 \times 25 \times 1024 \times 768 \times 24 = 944 \text{ Mbps}$$

此資料速率需要有傳輸速度相當快的技術才能支援，例如 SONET。若使用較低速的技術做傳輸，則需要先將視訊壓縮。

想在 Internet 上傳送視訊，就需要先做壓縮。

25.2　音訊和視訊的壓縮　*Audio and Video Compression*

想在 Internet 上傳送音訊或視訊，就要先做**壓縮 (compression)**。在這一節中，我們先談音訊壓縮，再談視訊壓縮。

音訊壓縮

音訊壓縮可以用在語音 (speech) 或音樂 (music)。對語音來說，我們要壓縮 64 kHz 的數位化訊號；對音樂來說，要壓縮 1.411 MHz 的訊號。以下 2 種技術是用來做音訊壓縮的，即預測編碼與知覺編碼。

預測編碼

預測編碼 (predictive encoding) 的原理是，只將樣本之間的差異編碼，而不是將所有樣本的值都編碼。這類的壓縮通常用在語音上。現在已經有一些標準被定義出來，例如：GSM (13 kbps)、G.279 (8 kbps) 和 G.723.3（6.4 或 5.3 kbps）。有關這些技術的詳細描述則已超出本書的範圍。

知覺編碼：MP3

最普遍用來產生 CD 般品質之音訊的壓縮技術，就是植基於**知覺編碼 (perceptual encoding)** 技術。如同我們先前所提，這類的音訊至少是 1.411 Mbps，因此若不經壓縮就無法在 Internet 上傳送。**MP3**（MPEG audio layer 3）即是使用這個技術，亦是 MPEG 標準中的一部分（將在視訊壓縮一節中談到）。

知覺編碼植基於心理聲學，一門研究人們如何理解聲音的科學。想法是以我們聽覺系統中的缺點為基礎，即某些聲音可能會掩蓋過其他的聲音。這種遮罩的效應可以分成頻率和時間部分來討論。在**頻率遮罩 (frequency masking)** 中，在一個頻率範圍中，很大聲的聲音會將其他頻率範圍中較輕柔的聲音，部分或是全部地掩蓋掉。舉例來說，在一個有重金屬演奏的空間內，我們聽不到舞伴說的話。在**時間遮罩 (temporal masking)** 中，一個很大聲的聲音會讓我們的耳朵麻木一段時間，即使聲音已經停止。

MP3 使用頻率和時間遮罩這 2 種現象來壓縮音訊。這個技術分析頻譜，並將頻譜分成幾組。0 位元分配給完全被遮罩的頻率範圍，較小的位元分配給部分被遮罩的頻率範圍，而較大的位元分配給沒有被遮罩的頻率範圍。

MP3 產生 3 種資料速率，即 96 kbps、128 kbps 和 160 kbps。資料速率植基於原先類比音訊的頻率範圍。

視訊壓縮

如同先前提到的，視訊是由多張訊框所組成。每張訊框都是一張影像。我們可以先透過壓縮圖像來達到壓縮影片的目的。市場上有 2 種普遍的標準，即 Joint Photographic Experts Group (JPEG)，用來壓縮圖像；以及Moving Picture Experts Group (MPEG)，用來壓縮視訊。以下簡單介紹 JPEG 和 MPEG。

圖像壓縮：JPEG

如同前面所述，如果圖片不是彩色的（是灰階），則每個像素可以用8位元的整數（256層）來表示。如果圖片是彩色的，每個像素可以用24位元（3×8位元）來表示，其中每8位元表示紅、藍或綠 (RBG)。為了簡化討論，我們只將重心放在灰階圖片。

在 JPEG 中，灰階圖片被分成很多個 8×8 像素的區塊（見圖 25.2）。

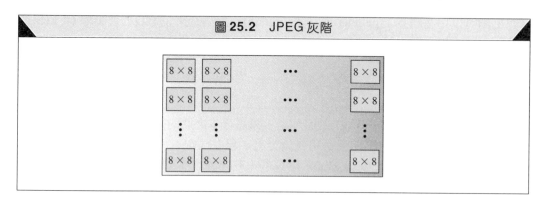

圖 25.2　JPEG 灰階

將圖片分成很多區塊的原因是為了簡化計算的數量，你將很快看到，每張圖片的數學計算量是其單位數量的平方。

JPEG 主要的概念是將圖片改成一組線性（向量）的數字，以展現出冗餘的部分。而冗餘（缺少變化）的部分就可以用其中一種文字壓縮的方法消除。圖 25.3 說明了這個過程的簡化結構。

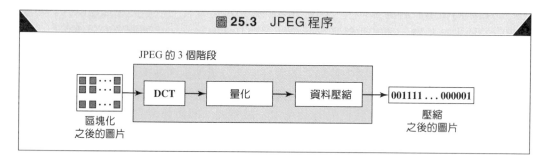

圖 25.3　JPEG 程序

JPEG 的 3 個階段

區塊化之後的圖片 → DCT → 量化 → 資料壓縮 → 001111 . . . 000001　壓縮之後的圖片

離散餘弦轉換 (DCT)　在這個步驟中，每一個包含 64 個像素的區塊都要通過**離散餘弦轉換 (Discrete Cosine Transform, DCT)**，這個轉換將 64 個像素的值改變，保持像素之間的相對關係，並將冗餘的部分除去。在這裡我們不把公式列出來，而是舉 3 個例子，說明其經過轉換後的結果。

實例 1　在這個例子中，有 1 張顏色均勻分布的灰階圖片區塊，而每個像素的值都是 20。當我們做轉換的時候，從第 1 個元素（左上角）得到一個非 0 的值，其他像素的值都是 0。$T(0,0)$ 是 $P(x,y)$ 的平均值（乘上一個常數），稱為 dc 值（從電子工程中的直流電借詞而來）。$T(m,n)$ 中剩下的值稱為 ac 值，用來表示各像素值的變化。但因為各像素值都沒有變化，因此剩下的值都是 0（見圖 25.4）。

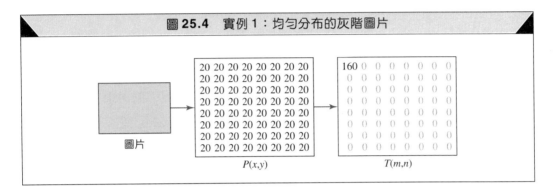

圖 **25.4**　實例 1：均勻分布的灰階圖片

實例 2　在第 2 個例子中，這張圖片區塊擁有兩個不同均勻灰階分布的片段，像素值有明顯的變化（從 20 到 50）。在做轉換的時候，可以得到一個 dc 值和一些非 0 的 ac 值。然而，只有一些聚集在 dc 值附近的 ac 值不是 0，大部分的都還是 0（見圖 25.5）。

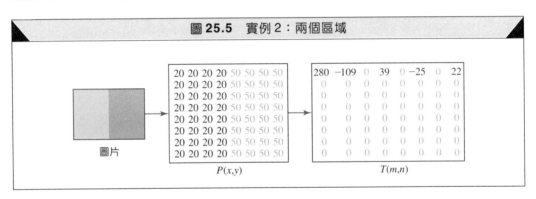

圖 **25.5**　實例 2：兩個區域

實例 3　在第 3 個例子中，這張圖片區塊的灰階是逐漸變化的，也就是說，相鄰的像素值並沒有劇烈的變化。做轉換時，可以得到一個 dc 值和多個非 0 的 ac 值（圖 25.6）。

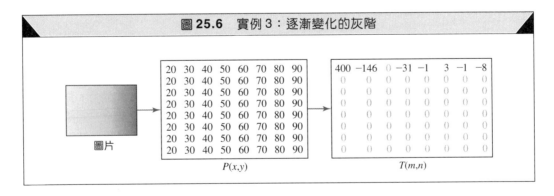

圖 **25.6**　實例 3：逐漸變化的灰階

從圖 25.4、25.5 和 25.6 中，可得以下的說明：

❑　轉換過程中，由 P 表格產生 T 表格。

❑　dc 值是像素的平均值（乘上一個常數）。

❑ *ac* 值是變化量。

❑ 相鄰而缺少變化的像素值產生 0 值。

量化 *T* 表格產生後，其中的值都會被**量化 (quantization)**，以減少編碼所需的位元數。以前在量化過程中，捨去小數部分，只保留整數部分。在此，我們將每個數字除以一個常數，並將結果的小數部分捨去。這樣更能減少所需的位元數。在大部分的實現中，量化表 (8 × 8) 用來定義量化每個值的方法。除數由 *T* 表格中某個位置上的值決定。對每個特定的應用程式來說，可以最佳化所需的位元數和 0 的數目。請注意，在整個程序中，唯一不可逆的就是量化這個階段，因為量化過程中會捨去一些資訊。事實上，JPEG 被稱為**失真壓縮 (lossy compression)** 的理由就是來自量化這個階段。

壓縮 量化之後，從表中讀出值，將多餘的 0 移除。為了將 0 收集在一起，讀表的方式是採用 Z 字形般斜斜地讀取，而不是一列接著一列或是一行接著一行。原因是，如果圖片的色階變化得很平順的話，*T* 表格中右下角的部分就會全部是 0。圖 25.7 說明了這個程序。

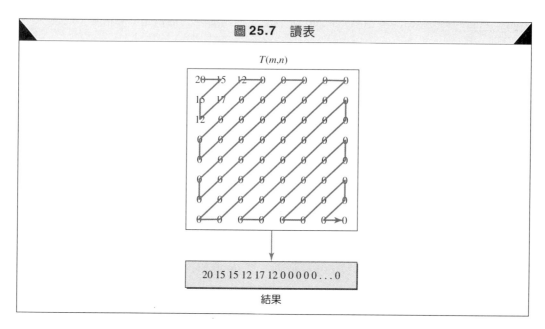

圖 25.7　讀表

視訊壓縮：MPEG

Moving Picture Experts Group (MPEG) 的方法是用來壓縮視訊的。原則上，動畫就是一連串快速流動的訊框，每張訊框都是一張影像。換言之，訊框是像素的空間組合，而視訊是訊框的時間組合。因此壓縮視訊包含在空間上壓縮每張訊框，以及在時間上壓縮一系列的訊框。

空間上的壓縮 **空間上的壓縮 (spatial compression)** 是以 JPEG（或是它的修改版本）來做，每一張訊框都是可以獨立壓縮的圖片。

時間上的壓縮 **時間上的壓縮 (temporal compression)** 會把多餘的訊框移除。當我們在看電視時，每秒接收到 50 張訊框，然而，大部分連續的訊框，其內容幾乎一模一樣。

舉例來說，當有個人在講話，訊框中除了嘴唇附近的部分每一張會不一樣之外，大部分的訊框都和前一張訊框一樣。

為了要做時間上的壓縮，MPEG 的方法先將訊框分成 3 類，即 I 訊框、P 訊框和 B 訊框。

❑ **I 訊框**：一個**內部編碼訊框 (Intracoded frame, I-frame)** 是一個獨立的訊框，和其他的訊框都不相關（不是其他訊框之前或是之後的訊框）。它們會在規律的時間間隔中出現（例如，每 9 個訊框就是一個 I-frame）。I-frame 必須週期性地出現，以便處理一些像是前一張或是後一張訊框無法顯示的突發狀況。此外，如果視訊被廣播出去，觀眾可能會在任何時間收看它，而如果只有一張 I-frame 落在視訊的一開始，那麼晚一點開始收看的觀眾就無法收到完整的影像。I-frame 獨立於其他種類的訊框，而且無法由其他種類的訊框建構出。

❑ **P 訊框**：一個**預先參照訊框 (Predicted frame, P-frame)** 和前面的 I-frame 或是 P-frame 相關。換言之，每一張 P-frame 只包含從前面訊框過來的改變，然而這個改變不能是大範圍的。舉例來說，對一個快速移動的物體來說，所有新的改變不能夠全部記錄在 P-frame 裡。P-frame 可以從前面的 I-frame 或 P-frame 建構出。P-frame 比其他種類的訊框攜帶較少的資訊，而且經過壓縮後的位元數也較小。

❑ **B 訊框**：一個**雙向修正訊框 (Bidirectional frame, B-frame)** 與前面和後面的 I-frame 或 P-frame 相關。換言之，每張 B-frame 都和過去和未來有關。請注意每張 B-frame 和其他的 B-frame 都沒有相關。

圖 25.8 說明了一連串訊框組合的例子。

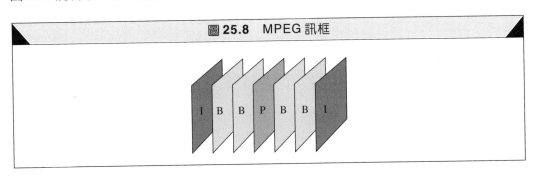

圖 25.8　MPEG 訊框

圖 25.9 說明了如何從一組 7 張訊框中，建構出 I-frame、P-frame 和 B-frame。

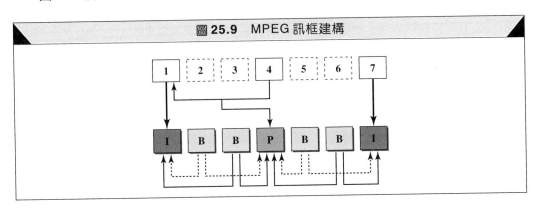

圖 25.9　MPEG 訊框建構

MPEG 已經歷經 2 個版本，MPEG 1 是為 CD-ROM 設計，適用資料速率為 1.5 Mbps；而 MPEG 2 是為高品質 DVD 設計，適用資料速率為 3 到 6 Mbps。

25.3 串流儲存音訊／視訊 *Streaming Stored Audio/Video*

我們已經討論過將音訊／視訊數位化和壓縮的議題，現在把注意力轉到特定的應用上。首先是串流儲存音訊和視訊。從Web伺服器下載這類型的檔案，和下載其他類型的檔案是不一樣的。為了了解這個觀念，讓我們來討論 4 個不同複雜度的方法。

第 1 種方法：使用 Web 伺服器

一個壓縮過的音訊／視訊檔案可以如同文字檔一般地被下載。用戶端（瀏覽器）可以使用 HTTP 的服務，傳送一個 GET 訊息來下載檔案。Web 伺服器就會將壓縮的檔案傳送給瀏覽器，然後瀏覽器使用一個輔助的應用程式，通常稱為**媒體播放器 (media player)**，來播放檔案。圖 25.10 說明了這個方法。

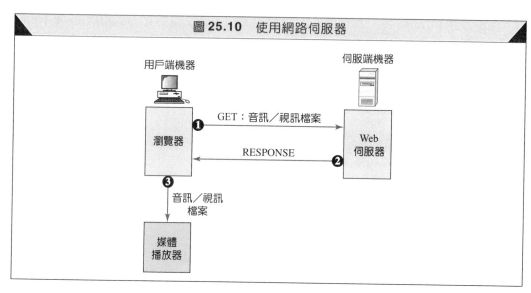

圖 25.10 使用網路伺服器

這個方法非常簡單，而且和串流無關，但卻存在一個缺點，即音訊／視訊檔案即使經過壓縮後，通常還是很大，且音訊檔可能有數十 Mb，而視訊檔可能有數百 Mb。在這個方法中，必須要完整下載整個檔案後才能夠播放。以現在網路的資料傳輸率來說，使用者必須等待幾秒或幾十秒後，才能播放檔案。

第 2 種方法：使用 Web 伺服器以及中繼檔

在另一個方法中，媒體播放器直接連到 Web 伺服器去下載音訊／視訊檔案。Web 伺服器儲存 2 個檔案，即真正的音訊／視訊檔案和一個**中繼檔 (metafile)**，中繼檔裡頭包含音訊 / 視訊檔案的相關資訊。圖 25.11 說明了這個方法的步驟。

1. HTTP 用戶端以 GET 訊息存取 Web 伺服器。
2. 有關中繼檔的資訊由回應訊息傳回。

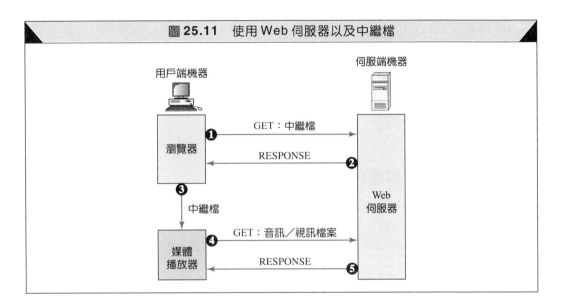

圖 **25.11** 使用 Web 伺服器以及中繼檔

3. 中繼檔被傳送到媒體播放器。
4. 媒體播放器使用中繼檔裡面的 URL 來存取音訊／視訊檔案。
5. Web 伺服器回應。

第 3 種方法：使用媒體伺服器

第 2 種方法的問題是，瀏覽器和媒體播放器同時使用 HTTP 的服務。HTTP 是設計在 TCP 上層執行的，它適合存取中繼檔，但不適合存取音訊／視訊檔案。理由是，TCP 會重傳遺失或毀損的封包，這違背了串流的理念。我們必須拋棄 TCP 和它的錯誤控制，轉而投向 UDP 的懷抱。然而，存取 Web 伺服器的 HTTP 以及 Web 伺服器本身，都是設計相容於 TCP，所以我們需要一種新的伺服器，即**媒體伺服器 (media server)**。圖 25.12 說明了這個概念。

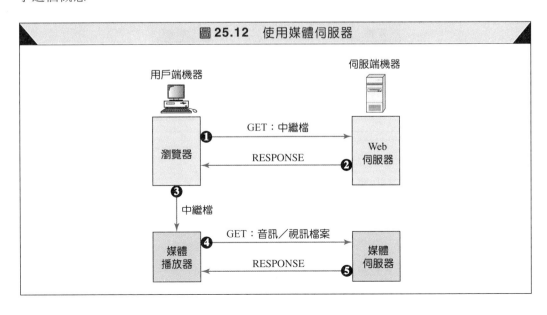

圖 **25.12** 使用媒體伺服器

1. HTTP 用戶端以 GET 訊息存取 Web 伺服器。
2. 有關中繼檔的資訊由回應訊息傳回。
3. 中繼檔被傳遞到媒體播放器。
4. 媒體播放器使用中繼檔裡面的 URL 來存取媒體伺服器以下載檔案。可以利用任何使用 UDP 的通訊協定下載。
5. 媒體伺服器回應。

第 4 種方法：使用媒體伺服器和 RTSP

即時串流通訊協定 (Real-Time Streaming Protocol, RTSP) 是一個設計讓串流程序能擁有更多功能的控制通訊協定。使用 RTSP，我們可以控制音訊／視訊的播放。 RTSP 是相似於第 2 條 FTP 連線的頻外 (out-of-band) 控制通訊協定。圖 25.13 說明了媒體伺服器和 RTSP。

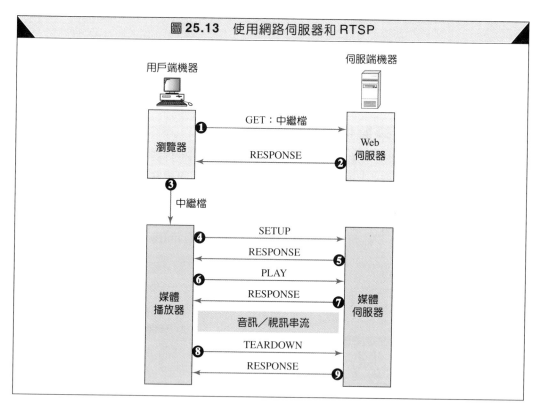

圖 25.13　使用網路伺服器和 RTSP

1. HTTP 用戶端以 GET 訊息存取 Web 伺服器。
2. 有關中繼檔的資訊由回應訊息傳回。
3. 中繼檔被傳遞到媒體播放器。
4. 媒體播放器傳送 SETUP 訊息來和媒體伺服器建立連線。
5. 媒體伺服器回應。
6. 媒體播放器傳送 PLAY 訊息來開始播放動作（下載）。
7. 使用另外執行在 UDP 上層的通訊協定來下載音訊／視訊檔案。

8. 用 TEARDOWN 訊息來中斷連線。

9. 媒體伺服器回應。

媒體播放器可以傳送其他種類的訊息，舉例來說，PAUSE 訊息可以暫時中斷下載動作，並且可以用 PLAY 訊息來繼續下載動作。

25.4 串流即時音訊／視訊 *Streaming Live Audio/Video*

串流即時音訊／視訊相似於廣播或電視台播放音訊和視訊，但不是廣播於空中，而是廣播於 Internet。串流儲存音訊／視訊和串流即時音訊／視訊有一些相似之處，即兩者都對網路延遲很敏感，而且都不能接受重送。不過，也有一些不同之處，即第 1 個應用中，傳輸是單點傳播，並且是隨選傳輸；而第 2 個應用中，傳輸是群播，而且是即時的。即時串流比較適合 IP 的群播服務，以及 UDP 和 RTP（稍會談到）的使用；然而，目前的即時串流仍使用TCP和多重單點傳播，而不是群播。在這部分的發展還有很長的路要走。

25.5 即時互動的音訊／視訊
Real-time Interactive Audio/Video

在音訊／視訊的即時互動中，人們可以即時與其他人通訊。**網路電話 (Voice over IP, VoIP)** 就是這類應用的最好例子。視訊會議是另一個例子，它讓人們可以看到彼此，且聽到彼此以做溝通。

特性

在談論這一類應用所使用的通訊協定之前，先談談一些即時音訊／視訊傳輸的特性。

時間關係

在封包交換的網路上傳輸即時資料，需要維持屬於同一會議 (session) 封包間的時間關係。假設有一即時影像伺服器產生現場的影像，經由線路傳出。影像首先被數位化，然後封裝成封包。假設只有 3 個封包，每個封包含有 10 秒鐘的影像。第 1 個封包在時間 00:00:00 開始，第 2 個封包在 00:00:10 開始，第 3 個封包在 00:00:20 開始。且假設每個封包要花 1 秒鐘才到達目的地。接收者在 00:00:01 可以播放第 1 個封包，在 00:00:11 播放第二個封包，在 00:00:21 播放第 3 個封包。雖然攝影機前面的人與遠端從電腦上看到影像的人有 1 秒鐘的時間差，這整個過程依然是即時的。封包間的時間關係維持相同，1 秒的延遲並不重要，如圖 25.14 所示。

如果封包到達的延遲時間不同，會如何呢？例如，第 1 個封包在 00:00:01 到達，有 1 秒的延遲；第 2 個封包在 00:00:15 到達，有 5 秒的延遲；而第 3 個封包在 00:00:27 到達有 7 秒的延遲。如果接收者在 00:00:01 開始放影像，這會在 00:00:11 時結束，然而第 2 個封包尚未到達，再過 4 秒鐘才來。因此從遠端看，在第 1 及第 2 個封包，第 2 與第 3 個封包間，會有時間空隙，這個現象稱為 **抖動 (jitter)**。圖 25.15 說明了這樣的情況。

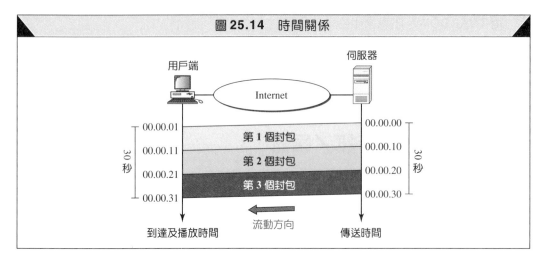

圖 25.14 時間關係

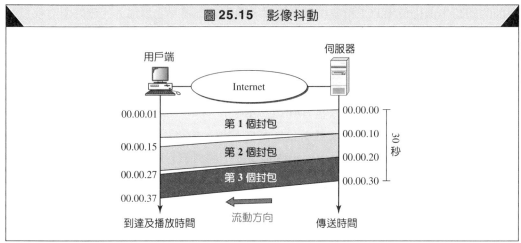

圖 25.15 影像抖動

即時資料傳輸封包之間的延遲會造成抖動的情況發生。

時間戳記

解決抖動的方法之一就是使用**時間戳記 (timestamp)**。如果每個封包有一個時間戳記，記載其產生的相對時間（相對於前 1 封包或第 1 個封包）。接收者可以將此時間加到它開始播放的時間，換言之，接收者可以知道每一個封包的播放時間。前例中，第 1 個封包的時間戳記為 0，第 2 個封包的時間戳記為 10，第 3 個封包的時間戳記為 20。如果接收者在 00:00:08 播放第 1 個封包，則會在 00:00:18 播放第 2 個，在 00:00:28 播放第 3個，這樣封包間就不會有間際，如圖 25.16 所示。

可以賦予封包時間戳記，並區別播放時間與到達時間就可以防止抖動。

播放緩衝器

如果要區別到達時間與播放時間，我們要將先來的資料儲存在緩衝器內直到播放，此緩衝器稱為**播放緩衝器 (playback buffer)**。當第 1 個封包的第 1 個位元到達時，接收者延

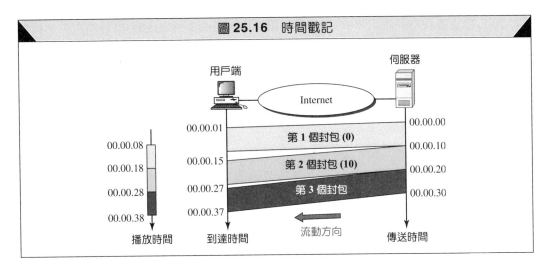

圖 **25.16** 時間戳記

後播放開始的時間，直到一個臨界設定值。以先前的例子而言，第 1 個封包第 1 個位元到達的時間為 00:00:01，若臨界值為 7 秒，則播放時間設為 00:00:08。臨界值是以時間為單位。播放時間是等到臨界值到時才開始。

資料存入緩衝器的速率可以不是固定的，但是將資料取出來播放的速率則是固定的。注意，在緩衝器內的資料量時多時少，但是，只要延遲的時間小於播放完臨界值內資料所花的時間，就不會有抖動發生。圖 25.17 說明了緩衝器的變化狀況。

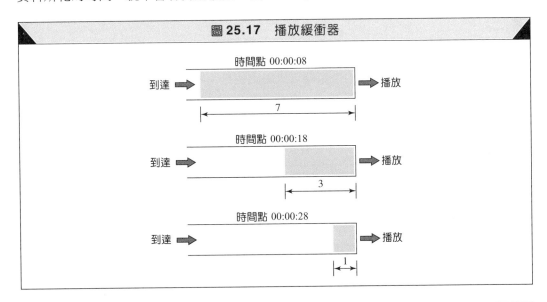

圖 **25.17** 播放緩衝器

即時傳輸需要播放緩衝器。

順序

即時傳輸除了需要有時間關係的訊息與時間戳記之外，還需要給每個封包一個**序號** (sequence number)。時間戳記本身無法告知接收者是否有封包遺失。例如，時間戳記若為 0、10 和 20，如果第 2 個封包遺失，接收者只會收到 2 個封包，其時間戳記分別為

0 和 20。接收者將時間戳記 20 的封包視為第 2 個，在第 1 個之後的 20 秒所產生。接收者無法知道第 2 個封包實際上已經遺失了。序號可以定出封包的順序，即可以解決上述的問題。

> 即時傳輸需要給每個封包 1 個序號。

群播

在音訊和視訊會議中，多媒體扮演主要角色。需要傳輸的資料很多，可以藉用**群播 (multicasting)** 的技術傳送。做視訊會議時，在接收者與傳送者之間需要做雙向的通訊。

> 即時傳輸需要群播的支援。

轉碼

有些時候，即時傳輸需要用到**轉碼 (translation)**。轉碼器是一台電腦可以將高頻寬的視訊規格換成低頻寬的視訊訊號，這樣做有時候是必要的。例如，當來源端可以產生 5 Mbps 的高畫質影像，送給接收端，但其頻寬小於 1 Mbps。想要接收訊號，就需要一個轉碼器，解碼原來的訊號，並重新編碼成較低畫質的影像，才能給較小頻寬者使用。

> 轉碼的意義是將資料重新編碼成較差的畫質，以符合接收網路頻寬較小的限制。

混合

如果同一時間有超過 1 個以上的來源端可以送出資料（如視訊會議的場合），整個傳輸因此由數個資料串流 (stream) 所構成。如果要將之變成 1 條資料串流，可以把來自不同來源的資料混合而成為 1 條資料串流。這可由**混合器 (mixer)** 來處理，它將來自不同來源的訊號，依數學演算法混合成為 1 條訊號。

> 混合的意義是指將數條不同的資料串流合併成為 1 條。

傳輸層的支援

前面所提的程序步驟可以實現在應用層。不過，一般即時應用都傾向於將其實現在傳輸層。讓我們看看哪個傳輸層通訊協定比較適合。

TCP 並不適合即時傳輸。因為它沒有做時間戳記，也不支援群播。不過 TCP 有提供序號做排序的動作，而 TCP 的錯誤控制機制讓它最不適合用在即時傳輸。做即時傳輸時，不能因為封包的遺失或損壞而有重送的事情發生。在即時傳輸系統，如果有封包遺失或損壞，能做的就是忽略掉這個封包，而重送會造成時間戳記與播放的困擾。今日的多媒體技術，在聲音或影像訊號內提供了不少多餘的訊息，所以我們可以直接忽略掉遺失的封包，在接收端的閱聽者或許根本不會注意到。

> 複雜的 TCP 並不適合用在即時傳輸上，因為我們不允許封包重送。

　　UDP比較適合即時多媒體傳輸。UDP支援群播,沒有重送的機制。然而,UDP沒有時間戳記、序號或混合的機制。欲使用UDP並同時提供UDP沒有的功能,我們可以合併使用UDP與即時傳輸通訊協定 (Real-time Transport Protocol, RTP)。這樣,就可在Internet上支援即時傳輸。

> UDP比TCP更適合做即時傳輸之用,不過,我們需要RTP的服務以彌補UDP所缺少的特性。

25.6　即時傳輸通訊協定 (RTP)
Real-time Transport Protocol (RTP)

即時傳輸通訊協定 (Real-time Transport Protocol, RTP) 是設計用來處理Internet上的即時傳輸作業。RTP沒有傳輸的機制(如群播、通訊埠號碼等),所以必須與UDP搭配使用。RTP位於UDP與應用程式之間,主要功能在於提供時間戳記、序號,及混合資料串流等機制。圖25.18說明了RTP在通訊協定組之中的位置。

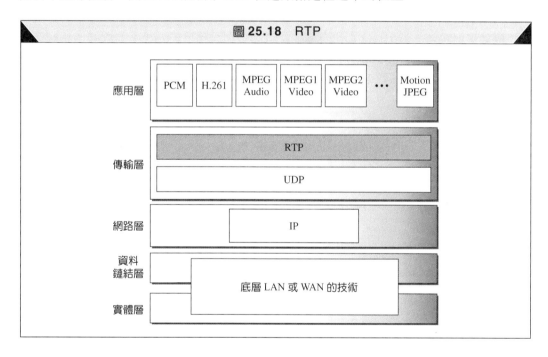

圖 25.18　RTP

RTP 封包格式

圖25.19說明了RTP封包標頭的格式。這個格式簡單也夠一般化,足以應付所有即時應用之需求。應用程式如果需要放更多的資訊,可以將它加到酬載資料 (payload) 的開端。其各欄位意義如下:

- ❑ **版本**:由2個位元欄位定義版本號碼,目前是第2版。
- ❑ **P位元**:這個位元設為1時,代表封包後面有填充資料出現。如果是這樣,填充資料的最後1個位元組的數值代表整個填充資料的長度。如果P的值為0,則代表沒有填充資料。

圖 25.19　RTP 封包標頭格式

版本	P	X	參與者個數	M	酬載資料類別	序號
時間戳記						
同步來源識別碼						
參與者識別碼						
⋮						
參與者識別碼						

□ **X 位元**：這個位元如果設為 1 時，代表在基本標頭與資料之間，有額外的延伸標頭。這個位元如果設為 0 時，則表示沒有延伸標頭。

□ **參與者個數**：這 4 個位元代表參與者的個數，最多可以有 15 個參與者，因為 4 位元可以表示的最大值為 15。

□ **M 位元**：這一個位元是給應用程式做記號用，可以代表是否是資料結束的地方。

□ **酬載資料類別**：這 7 個位元代表酬載資料的類別。到目前為止，有許多的酬載資料類別已經被定義，我們將最常見的一些應用列在表 25.1 中。而類別意義的討論已經超出本書的範圍。

表 25.1　酬載資料類別

類別	應用	類別	應用	類別	應用
0	PCMµ 音訊	7	LPC 音訊	15	G728 音訊
1	1016	8	PCMA 音訊	26	Motion JPEG
2	G721 音訊	9	G722 音訊	31	H.261
3	GSM 音訊	10~11	L16 音訊	32	MPEG1 視訊
5~6	DV14 音訊	14	MPEG 音訊	33	MPEG2 視訊

□ **序號**：本欄位長度為 16 位元，為記載 RTP 封包的號碼。第 1 封包的序號是隨機選出，之後每個封包加 1。序號是給接收者，用來偵測是否有封包遺失或次序亂掉的狀況。

□ **時間戳記**：本欄位長度為 32 位元，記載各封包之間的時間關係。第 1 個封包的時間戳記為一隨機數字，之後每個連續的封包，其值為前 1 個的時間戳記加上目前第 1 個位元組產生（取樣）的時間。時間跳動 (clock tick) 的大小依應用而定。例如，音訊的應用，正常一次產生 160 個位元組，對這個應用而言，其時間跳動大小為 160；亦即對這個應用而言，每個 RTP 封包，其時間戳記每次增加 160。

□ **同步來源識別碼**：本欄位長度為 32 位元，如果只有 1 個來源，則定義該來源。如果有多個來源，則由混合器 (mixer) 代表為同步來源，而其他來源則為參與者。來源識別碼是在來源端以亂數選出。萬一,兩個來源用相同的識別碼(衝突發生),RTP 有解決的方法。

❑ **參與者識別碼**:這些 32 位元的識別碼,每一個就定義一個來源,最多可有 15 個參與者。同一時間,來源超過 1 個以上時,混合器 (mixer) 作為同步來源,而其他來源則定為參與者。

UDP 埠

雖然 RTP 本身是一個傳輸層通訊協定,但是 RTP 封包並沒有直接封裝在 IP 資料包內。RTP 封包被視為應用程式,封裝在 UDP 使用者資料包內。然而,與其他應用程式不同的是,並沒有公認埠分配給 RTP。埠號是依需求而選,但有一限制,即埠號必須是一個偶數。這個偶數加 1 的號碼(奇數)是提供給 RTP 的同伴,也就是**即時傳輸控制通訊協定 (Real-time Transport Control Protocol, RTCP)** 來使用的。

> RTP 使用一個偶數的 UDP 臨時埠。

25.7 即時傳輸控制通訊協定 (RTCP)
Real-time Transport Control Protocol (RTCP)

RTP 只允許使用一種訊息,就是從來源攜帶資料到目的端的訊息。在播放時,常常需要其他訊息,這些訊息可以做流量與品質控制,允許接收者回送訊息給其來源端。**即時傳輸控制通訊協定 (Real-time Transport Control Protocol, RTCP)** 即為此目的設計。RTCP 有 5 種訊息,如圖 25.20 所示。圖中每個方塊右邊的整數定義了訊息類別。

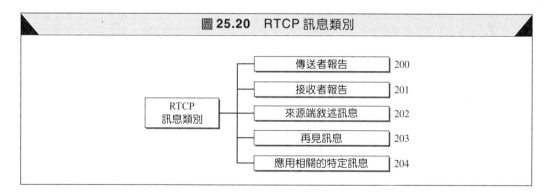

圖 25.20 RTCP 訊息類別

傳送者報告

在視訊會議時,傳送者在固定時間內會送出一份報告,告知上一段時間內,所有 RTP 封包的傳送與接收狀況之統計結果。傳送者報告還包括一個絕對的時間戳記,其時間是從 1970 年 1 月 1 日午夜開始到現在的秒數。接收者使用絕對時間戳記來同步不同的 RTP 訊息。這對音訊與視訊的同步特別的重要,因為音訊與視訊各有其相對的時間戳記。

接收者報告

接收者報告是由被動的參與者發出，即那些不會送出RTP封包的接收者。這種報告用來告知傳送者與其他的接收者，服務品質好不好。

來源端敘述訊息

來源端會定期送出一個來源端敘述訊息，內容包括其名稱、電子郵件位址、電話號碼、擁有者的位址，或是來源的控制者。

再見訊息

來源端可送出再見訊息以結束一條資料串流。來源端以再見訊息宣告自己即將要離開會議。雖然其他參與者可以偵測是否有人已離開，但是此訊息可以直接宣布。這對混合器來說非常有用。

應用相關的特定訊息

當一個應用程式想要使用另一種新的應用程式（標準中並無定義）時，它使用這個訊息。應用相關之特定訊息允許定義新類別的訊息。

UDP 埠

如同RTP一般，RTCP沒有使用UDP公認埠，它使用臨時埠。RTCP使用的埠號為RTP選用的 UDP 埠號加 1，而 RTCP 的埠號為奇數。

> RTCP 使用的埠號為奇數，為 RTP 選用的 UDP 埠號值加 1。

25.8 網路電話 (VoIP) *Voice over IP (VoIP)*

讓我們專注在一個即時互動的音訊與視訊應用，即**網路電話 (Voice over IP, VoIP)**。這樣的概念把 Internet 當成是一個具有額外功能的電話網路。這樣的應用允許我們可能在封包交換式的 Internet 上講電話，而不是一般在線路交換式的網路上講電話。

會議初始通訊協定 (SIP)

會議初始通訊協定 (Session Initiation Protocol, SIP) 是由 IETF 所設計。SIP 是一種應用層的通訊協定，用來建立、管理與終止一個多媒體會議（呼叫）。SIP 可以用來建立雙方、多方或群播式的會議。SIP 被設計與底層的傳輸層無相依性，SIP 可以在 UDP、TCP 或 SCTP 上執行。

訊息

SIP 是一種文字模式的通訊協定，就好像 HTTP 一樣。SIP 也和 HTTP 一樣使用訊息。SIP 定義了 6 種訊息，如圖 25.21 所示。

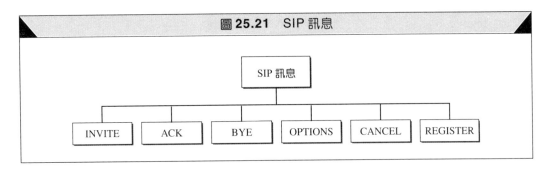

圖 25.21　SIP 訊息

每一種訊息有一個標頭和一個本文。標頭的部分由訊息的結構、呼叫者的能力，及媒體的類別等敘述所構成。我們簡短地描述一下各個訊息，然後使用一個簡單會議的範例來說明其應用。

呼叫者 (caller) 使用初始訊息 (INVITE) 來初始化一個會議。然後**被呼叫者** (callee) 就回應此呼叫動作，呼叫者傳送回應訊息 (ACK) 來批准這個呼叫動作。再見訊息 (BYE) 用來終止一個會議。選擇訊息 (OPTIONS) 用來詢問一台機器有關它的能力。取消訊息 (CANCEL) 用來取消一個已經開始初始化的程序。當無法取得被呼叫者時，註冊訊息 (REGISTER) 用來建立一條連線。

位址

在正規的電話通訊中，傳送者與接收者都各自擁有一個電話號碼來識別，而 SIP 就更有彈性了。在 SIP 中，一個 E-mail 位址、IP 位址、電話號碼或是其他型式的位址都可以用來識別傳送者與接收者。然而，此位址需要用 SIP 的格式來表示。圖 25.22 說明了一般的格式。

圖 25.22　SIP 格式

簡易會議

一個使用 SIP 的簡易會議包含 3 個模組，即建立、進行通訊及終止。圖 25.23 說明了一個使用 SIP 的簡易會議。

建立一個會議　在 SIP 中建立一個會議需要使用三向交握 (three-way handshake) 的方式。呼叫者傳送一個初始訊息 (INVITE)，使用 UDP、TCP 或 SCTP 來開始通訊。如果被呼叫者願意開始進行會議，它會傳送一個回覆訊息。為了確認此回覆訊息有傳回到呼叫者，呼叫者會再傳送一個回應訊息 (ACK) 給被呼叫者。

進行通訊　在建立會議之後，呼叫者與被呼叫者可以使用 2 個臨時埠來進行通訊。

終止會議　任何一方可以送出再見訊息 (BYE) 用來終止會議。

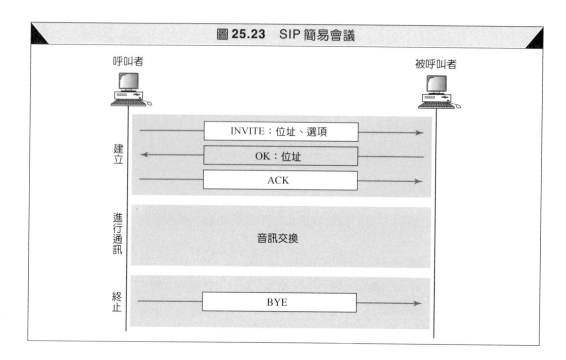

圖 25.23　SIP 簡易會議

追蹤被呼叫者

如果被呼叫者並沒有位於他的電腦前，會發生什麼情況？他或許目前不使用電腦或是使用位於其他地點的電腦。他或許沒有一個固定的IP位址，而是使用DHCP來取得動態位址。SIP使用一種類似DNS的技巧來找出被呼叫者目前所使用的電腦的IP位址。SIP使用註冊的概念，執行這樣的追蹤動作。SIP定義一些伺服器來負責註冊的動作。任何時刻，使用者至少要向一台以上的**註冊伺服器 (registrar server)** 進行註冊的動作，這些註冊伺服器知道目前被呼叫者所使用的 IP 位址。

當一個呼叫者要與被呼叫者進行通訊時，呼叫者可以使用E-mail位址來代替在初始訊息 (INVITE) 中的IP位址。這個訊息會先傳送到代理伺服器，然後代理伺服器會傳送查尋的訊息給那一些有被呼叫者註冊資訊的註冊伺服器，其中的查尋訊息並不屬於SIP的部分。當代理伺服器從註冊伺服器接收到回應訊息時，代理伺服器會將原本位於呼叫者的初始訊息 (INVITE) 中的 E-mail 位址取代為剛剛得知的 IP 位址，並將此訊息傳送到被呼叫者。圖 25.24 說明了這樣的程序。

H.323

H.323 是由國際電信聯盟 (ITU) 所制訂的標準，它允許位於公開電話網路上的電話與網際網路上的電腦進行對話，這裡提到的電腦在 H.323 中稱之為**終端機 (terminal)**。圖 25.25 說明了 H.323 的一般架構。

一個**閘道器 (gateway)** 將Internet銜接到電話網路中。一般的閘道器屬於5層 (five-layer) 的設備，可以將某套通訊協定堆疊轉換成另外一套通訊協定堆疊。這裡提到的閘道器恰好在做相同的工作，它將電話網路的訊息轉換成 Internet 的訊息。在區域網路中的**閘道管理員 (gatekeeper)** 伺服器所扮演的角色，就如同我們在討論SIP通訊協定時的登錄者伺服器。

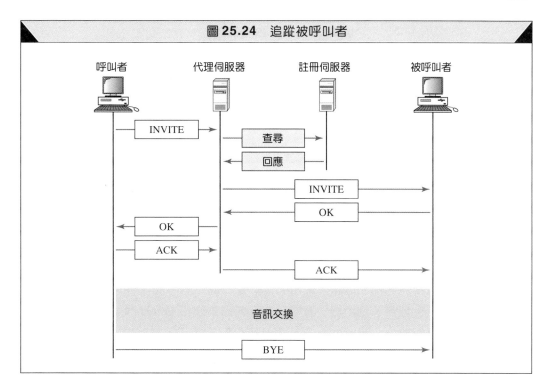

圖 25.24 追蹤被呼叫者

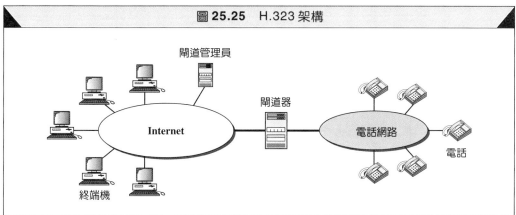

圖 25.25 H.323 架構

通訊協定

H.323 使用一些通訊協定來建立及維持聲音（或視訊）的傳達。圖 25.26 說明了這些通訊協定。

　H.323 使用 G.71 或 G.723.1 來壓縮音訊，並且藉由 H.245 通訊協定來共同協商壓縮的方法。 Q.931 則是用來建立及終止連線。另外要與閘道管理員 (Gatekeeper) 登錄時，使用了 H.225 的通訊協定，此通訊協定又稱為 RAS (Registration/Administration/Status)。

運作

讓我們看一個簡單的範例，此範例說明了使用 H.323 來進行電話通訊時的運作。而圖 25.27 說明了一個終端機與電話相互通訊時的各個步驟。

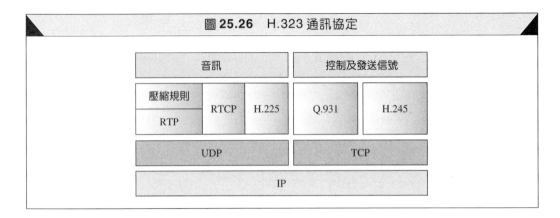

圖 25.26 H.323 通訊協定

1. 終端機 (terminal) 發送一個廣播訊號給閘道管理員 (gatekeeper)。其閘道管理員則回應自己的 IP 位址。
2. 終端機、閘道管理員相互通訊,使用 H.225 來協商頻寬 (bandwidth) 的配置。
3. 終端機、閘道管理員、閘道器、及電話相互通訊,使用 Q.931 來建立一條連線。
4. 終端機、閘道管理員、閘道器、及電話相互通訊,使用 H.245 來協商壓縮的方法。
5. 終端機、閘道器、及電話使用 RTP 進行音訊的交換,並使用 RTCP 來管理。
6. 終端機、閘道管理員、閘道器、及電話相互通訊,使用 Q.931 來終止一條連線。

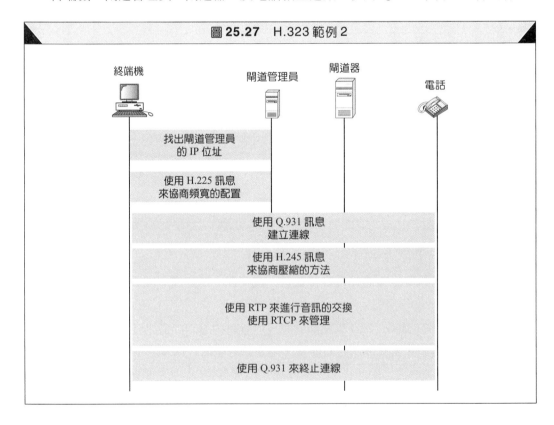

圖 25.27 H.323 範例 2

25.9 重要名詞 *Key Terms*

雙向修正訊框 (Bidirectional frame, B-frame)

離散餘弦轉換 (Discrete Cosine Transform, DCT)

頻率遮罩 (frequency masking)

閘道管理員 (gatekeeper)

閘道器 (gateway)

H.323

互動式音訊／視訊 (interactive audio/video)

抖動 (jitter)

JPEG (Joint Photographic Experts Group)

媒體播放器 (media player)

媒體伺服器 (media server)

中繼檔 (metafile)

混合器 (mixer)

MPEG (Moving Picture Experts Group)

MP3 (MPEG audio layer 3)

隨選音訊／視訊 (on-demand audio/video)

知覺編碼 (perceptual encoding)

像素 (pixel)

播放緩衝器 (playback buffer)

預先參照訊框 (Predicted frame, P-frame)

預測編碼 (predictive encoding)

量化 (quantization)

即時串流通訊協定 (Real-Time Streaming Protocol, RTSP)

即時傳輸 (real-time traffic)

即時傳輸控制通訊協定 (Real-time Transport Control Protocol, RTCP)

即時傳輸通訊協定 (Real-time Transport Protocol, RTP)

註冊伺服器 (registrar server)

會議初始通訊協定 (Session Initiation Protocol, SIP)

空間上的壓縮 (spatial compression)

串流即時音訊／視訊 (streaming live audio/video)

串流儲存音訊／視訊 (streaming stored audio/video)

時間上的壓縮 (temporal compression)

時間遮罩 (temporal masking)

轉碼 (translation)

VoIP (Voice over IP)

25.10 摘要 *Summary*

❑ 音訊／視訊檔案可以下載之後供以後使用（串流儲存音訊／視訊），或是透過 Internet 廣播給用戶端（串流即時音訊／視訊）。Internet 也能夠使用在即時音訊／視訊互動上。

❑ 音訊和視訊在透過 Internet 傳送之前，必須先經過數位化。

❑ 音訊檔透過預測編碼或是知覺編碼來進行壓縮。

❑ Joint Photographic Experts Group (JPEG) 是壓縮照片和圖像的方法。

❑ JPEG 的程序包含區塊化、離散餘弦轉換、量化和無失真壓縮。

❑ Moving Pictures Experts Group (MPEG) 是一個壓縮視訊的方法。

❑ MPEG 包含空間上的壓縮和時間上的壓縮，前者相似於 JPEG，而後者則會除去多餘的訊框。

□ 我們可以透過Web伺服器、Web伺服器搭配中繼檔、媒體伺服器,或是媒體伺服器搭配RTSP來下載串流音訊/視訊檔案。

□ 在封包交換網路中傳送即時資料時,需要維持會議封包的時間關係。

□ 連續封包到達接收者的時間間隙稱為抖動。

□ 抖動可藉由時間戳記之使用與適當的選擇播放時間而加以控制。

□ 播放緩衝器儲存資料直到這些資料可被播放為止。

□ 接收者延後播放存在播放緩衝器內的即時資料,直到一個臨界時間到時才開始播放。

□ 即時資料封包內的序號可作為錯誤控制之用。

□ 即時資料以群播的方式傳送給接收者。

□ 即時傳輸有時需要轉碼器將高頻寬的訊號轉為較低品質、較低頻寬的訊號。

□ 混合器將來自不同來源的訊號合併為1條。

□ 即時多媒體傳輸需要UDP與即時傳輸通訊協定 (RTP)。

□ RTP處理時間戳記、序號,及訊號混合。

□ 即時傳輸控制通訊協定 (RTCP) 提供流量控制、資料控制之品質等作用,並回饋給其來源端。

□ VoIP是即時互動音訊/視訊的一種應用。

□ 會議初始通訊協定 (SIP) 是一種用來建立、管理和結束多媒體會議的應用層通訊協定。

□ H.323是ITU的標準,可允許位於公開電話網路上的電話與 Internet 上的電腦進行對話。

25.11　習題　*Practice Set*

練習題

1. 圖 25.17 在下列時間點的時候,播放緩衝器內的資料為多少?

 (a) 00:00:17

 (b) 00:00:20

 (c) 00:00:25

 (d) 00:00:30

2. 比較並對照TCP和RTP,兩者做的事情一樣嗎?

3. 我們能不能說 UDP 加上 RTP 就等於 TCP?

4. 為什麼RTP需要另外一個通訊協定RTCP所提供的服務,而TCP不用?

5. 在圖 25.12 中,Web伺服器和媒體伺服器可以執行在不同的機器嗎?

6. 在這一章中,我們討論了SIP在音訊方面的應用,若想將之應用在視訊方面,會有什麼缺點嗎?

7. 你認為 H.323 實際上和 SIP 相同嗎?它們的差異點為何?將兩者做個比較。

8. 想全面實現Voice over IP的問題在哪裡？你認為我們很快就會停止使用傳統電話網路嗎？

9. H.323 也可以用在視訊嗎？

資料檢索

10. 請找出 RTCP 傳送者報告的格式，並特別注意封包的長度與重複的部分。解釋各欄位。

11. 請找出 RTCP 接收者報告的格式，並特別注意封包的長度與重複的部分。解釋各欄位。

12. 請找出RTCP來源端敘述訊息的格式，並特別注意封包的長度與重複的部分。解釋各欄位。

13. 請找出RTCP來源敘述封包內的來源敘述項目有哪些，代表的意義為何？特別是找出 CNAME、NAME、EMAIL、PHONE、LOC、TOOL、NOTE和PRIV的定義。

14. 請找出RTCP再見訊息的格式。特別注意封包之長度與重複的部分。解釋各欄位。

15. 請找出RTCP應用相關特定訊息的格式。

CHAPTER 26

私有網路、虛擬私有網路 及網路位址轉換

Private Networks, Virtual Private Networs, and Network Address Translation

本 章介紹 3 個相關的議題,這些議題在 Internet 日漸成長與安全問題的考量下更加重要。我們先介紹私有網路的概念,私有網路是指獨立於 Internet 之外,使用 TCP/IP 通訊協定的網路。接著我們介紹虛擬私有網路,這種網路使用 Internet,但是要求猶如私有網路一般的隱密性。最後,我們介紹網路位址轉換,這種技術可以讓一個私有網路使用 2 組位址,其中 1 組為私有 (private) 位址,而另 1 組為全域性 (global) 位址。

26.1　私有網路　*Private Networks*

私有網路 (private network) 使用在特定的組織機構內。私有網路允許存取共享的資源,同時具有隱密性。在介紹相關議題之前,我們先定義兩個常用名詞,即內部網路及外部網路。

內部網路

內部網路 (intranet) 為一個使用 TCP/IP 通訊協定組的私有區域網路。只有該組織的使用者才可以存取該網路。內部網路使用如 HTTP 等應用程式以連接 Internet,它可以有 WWW 伺服器、印表機伺服器,以及檔案伺服器等設施。

外部網路

外部網路 (extranet) 與內部網路只有一點不同。外部網路的某些資源可以在網管者的控制下,給組織外的特定使用者使用。例如,一個組織可以允許授權的用戶,讀取產品的規格或做線上訂購。一個大學或學院可以讓遠距學習的學生以輸入密碼的方式使用電腦教室中的電腦。

定址

使用 TCP/IP 通訊協定組的私有網路必須使用 IP 位址。這有 3 種選擇,分別為:

1. 網路使用者可以申請 1 組位址，但不連到 Internet。這樣的好處是，想要連上 Internet 時很容易做到，然而缺點是該位址空間被浪費掉。

2. 網路可以使用任意 1 組的位址，但不去 Internet 管理單位註冊。因為這個網路本身是獨立的，所以不會有問題。然而，這方法有個嚴重的缺點，就是可能會讓使用者誤認這些位址屬於 Internet。

3. 為了克服上述 2 個選擇造成的問題，Internet 當局保留了 3 組位址可以自由使用，不需要註冊（見表 26.1）。

表 26.1 私有網路使用的位址

範圍	總數
10.0.0.0 到 10.255.255.255	2^{24}
172.16.0.0 到 172.31.255.255	2^{20}
192.168.0.0 到 192.168.255.255	2^{16}

任何組織都可以使用這幾組 IP 位址，並不需要先取得 Internet 當局的允許。大家都知道這些**保留位址 (reserved addresses)** 是提供給私有網路使用的，只在組織內具備有唯一性；但在 Internet 上，不具唯一性，路由器不會傳送以這些位址為目的位址的封包。

26.2 虛擬私有網路 (VPN) *Virtual Private Network (VPN)*

虛擬私有網路 (Virtual Private Network, VPN) 的技術在大型機構愈來愈受歡迎。這些機構使用具全域性的 Internet 作為內部及跨組織的通訊，但又需要組織內部的通訊保有隱密性。

隱密性的達成

要達到訊息傳遞具備隱密性的組織機構，可以使用以下 3 種網路中的其中一種，即私有網路、混合網路，及虛擬私有網路。

私有網路

如上所述，要達到訊息傳遞具備隱密性的機構可以使用私有網路。小型機構可以使用一條隔絕的 LAN。如此，這個機構內的使用者互相傳送的資訊完全封閉在該機構內部，外人無從知悉。而有數個不同地點的大型機構則可以建立一條專用的互連網路，不同地點的 LAN 可以使用路由器及租用專線 (leased line) 連接在一起。換言之，此互連網路是由私有的 LAN 及 WAN 所形成。圖 26.1 說明了某個機構其兩地的 LAN 由路由器及租用專線所連接。

在這種情況下，這個機構所建之專用互連網路完全與外界 Internet 隔離，在不同地點的端點對端點通訊可以使用 TCP/IP 通訊協定，不過這並不需要向 Internet 的管理當局申請 IP 位址，它使用的是私有 IP 位址。這個組織可以使用任何一個位址等級與自行分

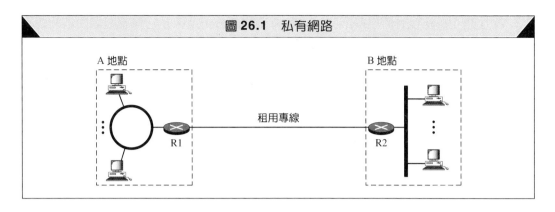

配內部的網路與主機位址。因為此互連網路是私有的，Internet 上若有人使用相同位址也不會構成問題。

混合網路

大多數的機構需要內部通訊具有隱密性，但同時又需要連到 Internet 上與其他單位交換資料與訊息，這時可以使用**混合網路 (hybrid network)**。混合網路允許該單位有自己的私有互連網路，同時又可連到具全域性的 Internet。機構內部資料經由私有互連網路傳送，而到其他機構的資料則由 Internet 傳送，如圖 26.2 所示。

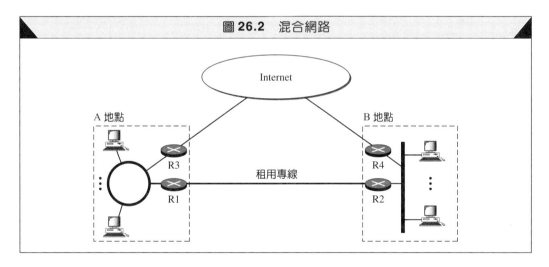

　　圖中有 2 個地點透過租用專線分別使用 R1 及 R2 路由器做私有網路連接，使用 R3 及 R4 路由器以連到外部的 Internet。對於這 2 種通訊都使用全域性的 IP 位址，不過，給內部接收者的封包是透過 R1 及 R2 路由器，而 R3 及 R4 路由器則是將封包繞送到外部的接收者。

虛擬私有網路

私有網路與混合網路的最大缺點就是成本高。私有的廣域網路很貴，要連數個地方就要租用數條專線，這意味每個月要花相當多的錢。解決之道就是使用 Internet 來做所有的通訊，虛擬私有網路 (VPN) 這種技術可以達到這個目的。

　　VPN 建立一條私有的虛擬網路。「私有」的部分，是因為它保證組織內部的隱密性；「虛擬」的部分，是因為它沒有真正使用私有的 WAN。網路實體本身是公開的，但提供虛擬的私有性。

　　圖 26.3 說明了一個虛擬私有網路。R1 和 R2 路由器使用 VPN 技術以確保組織內部傳輸的隱密性。

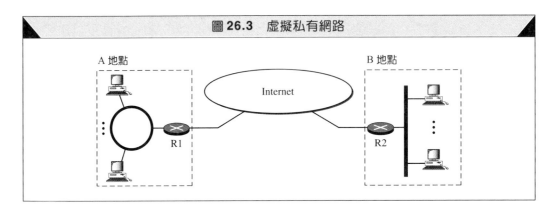

圖 26.3　虛擬私有網路

VPN 技術

VPN 同時使用 2 種技術以確保隱密性，包括 IPSec 和隧道化。

IPSec

我們將會在第 28 章介紹 IPSec。

隧道化

要確保組織內的隱密性，VPN 規定供組織專用的 IP 資料包要被封裝在另一個資料包內，如圖 26.4 所示。

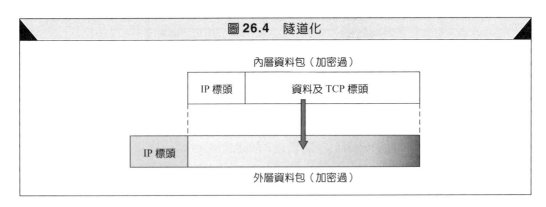

圖 26.4　隧道化

　　這個做法稱為**隧道化 (tunneling)**，因為原來的資料包被藏在另一個資料包裡面，當原來的資料包離開圖 26.5 中的 R1 路由器之後，就看不見了，直到它到達 R2 路由器之後再現身。就如同是原來的資料包經過 R1、R2 間的一條地下隧道一般。

　　如圖所示，原來整個 IP 資料包（包含標頭）先被加密，然後再封裝變成另一個資料包，並具有新的標頭。內層的資料包才帶有原來真正的來源及目的位址（屬於該組織內部的兩台電腦），外層資料包的來源位址與目的位址為位在私有網路與公眾網路邊界的兩台路由器的位址。如圖 26.5 所示。

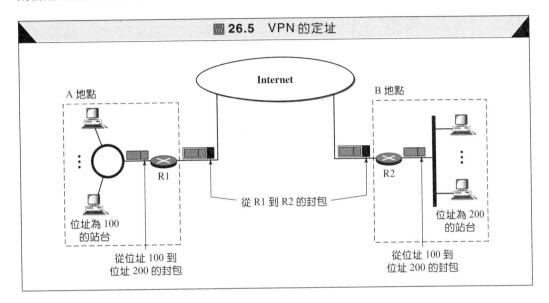

圖 26.5　VPN 的定址

　　公眾網路（即 Internet）負責將封包從 R1 傳送到 R2，外人無法解開內層封包的內容及其真正的來源與目的位址。封包在 R2 被解密並找到真正的位址後，再加以傳送。

26.3　網路位址轉換 (NAT)　*Network Address Translation (NAT)*

網路位址轉換 (Network Address Translation, NAT) 的技術與私有網路或虛擬私有網路有關。NAT 允許一個地區使用一套私有位址做為內部通訊之用，另外使用一套（至少 1 個）**全域性網際網路 (global Internet)** 的位址與其他地區通訊。使用 NAT 的地區必須有一台執行 NAT 軟體的路由器與 Internet 做連線。圖 26.6 說明了一種簡單實現 NAT 的方法。

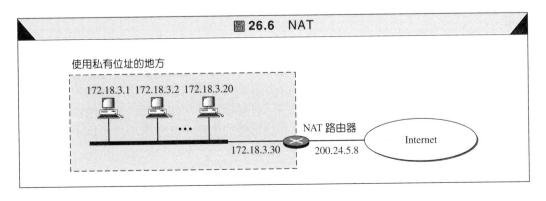

圖 26.6　NAT

圖中的私有網路使用自己的位址。路由器則一端使用一個私有位址，另一端使用全域性的 IP 位址。私有網路從 Internet 看來是不存在的，Internet 只看到這台位址為200.24.5.8的 NAT 路由器。

位址轉換

所有從NAT路由器出去的封包，其來源位址都換成NAT的全域性位址。所有經由NAT路由器進來的封包，其目的位址（本來是NAT路由器的全域性位址）則換成適當的私有位址。如圖 26.7 中說明的範例。

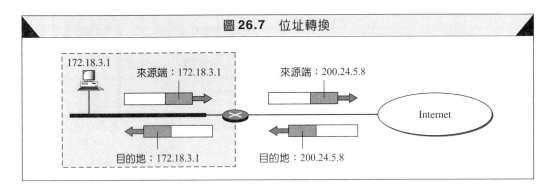

圖 26.7　位址轉換

轉換表

讀者或許注意到，要將傳輸出去的封包之來源位址做轉換的動作是很容易的事。但另一方面，NAT路由器如何將來自Internet封包的目的位址轉換成一個私有位址呢？能使用的私有位址可能有上百個之多，每個位址都屬於一台主機。而NAT路由器使用一張**轉換表 (translation table)** 來解決這個問題。

使用一個 IP 位址

以最簡單的表格形式而言，轉換表內有 2 行，分別放了私有位址及外部位址（即封包的目的位址）。當路由器轉換要傳送出去的封包來源位址時，它也記下了封包要前往的目的位址。當目的地有封包回來時，路由器使用該封包的來源位址（即外部位址），以找到對應的私有位址。圖 26.8 說明了這些過程。注意，被改變（轉換）過的位址以淺色代表。

使用這種技巧時，通訊的啟動必須來自私有網路。NAT的技術需要由私有網路啟動通訊。一般而言，NAT 為 ISP 所用，ISP 通常給用戶端一個 IP 位址。用戶端位址可能是眾多私有網路位址中的一個。所以與 Internet 的通訊都是由用戶端啟動用戶端程式，如 HTTP 、 TELNET 或 FTP 以存取相關的伺服端程式。例如，來自非用戶端的電子郵件，由ISP的郵件伺服器收到以後，即存在該用戶的信箱，直到用戶使用POP通訊協定加以讀取。

使用 NAT 技術的私有網路無法替位於該網路外的用戶端執行伺服端的程式。

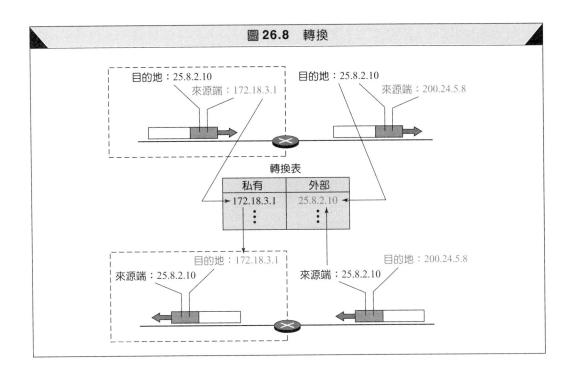

圖 26.8　轉換

使用數個 IP 位址

僅使用一個全域性 IP 位址的 NAT 路由器，對同一台外部主機來說，同一時間只能讓一個私有網路中的主機和其連線。為了消除這個限制，NAT路由器可以使用數個全域性位址。例如，假設路由器可使用 4 個位址（如：200.24.5.8、200.24.5.9、200.24.5.10，及 200.24.5.11），如此一來，私有網路上的 4 台主機可與外部 1 台相同的主機同時建立連線。不過這樣做也有缺點，對相同的目的端至多只能建立 4 條連線。同一時間，私有主機無法存取到 2 個外部伺服端程式（例如：HTTP 和 TELNET），而同時 2 台私有網路上的主機也無法連到相同的外部伺服程式（例如：HTTP 和 TELNET）。

使用 IP 位址與埠號

為了允許私有網路與外部伺服端程式能建立多對多的連線關係，在轉換表中需要更多的東西。例如，在一個私有網路內的 2 台主機，其位址分別是 172.18.3.1 及 172.18.3.2，想要與外部位址為 25.8.3.2 的主機建立 HTTP 連線，而轉換表中有 5 個欄位，包含來源端埠號和位址、目的端埠號和位址與傳輸層通訊協定種類，這樣就可以達到建立多對多連線的需求，表 26.2 說明了此一轉換表的範例。

表 26.2　5 欄的轉換表

私有位址	私有埠號	外部位址	外部埠號	傳輸通訊協定
172.18.3.1	1400	25.8.3.2	80	TCP
172.18.3.2	1401	25.8.3.2	80	TCP
...	...	...	...	... ...

　　注意來自 HTTP 的回應封包到達時,來源位址 (25.8.3.2) 及目的埠號 (1400) 就可以決定私有網路上的哪一台主機可以接收該封包。值得注意的是,短暫埠號 (1400 及 1401) 也必須是唯一的,如此轉換才會成功。

NAT 和 ISP

提供撥號上網的 ISP,可以使用 NAT 技術以節省 IP 位址。例如,某 ISP 有 1,000 個 IP 位址,但有 100,000 個用戶,此 ISP 可以分配給每一位用戶一個私有的網路位址。就送出的封包而言,ISP 將來自這 100,000 個用戶的來源位址轉換成一個 1,000 個全域性 IP 位址的其中一個;就進來的封包而言,ISP 將每個封包的目的位址轉換成相對應的私有位址。圖 26.9 說明了這樣一個概念。

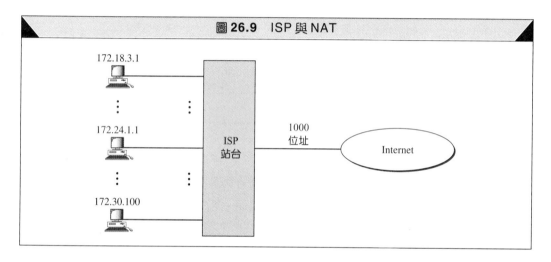

圖 26.9　ISP 與 NAT

26.4　重要名詞　*Key Terms*

外部網路 (extranet)

全域性網際網路 (global Internet)

混合網路 (hybrid network)

內部網路 (intranet)

網路位址轉換 (Network Address Translation, NAT)

私有網路 (private network)

保留位址 (reserved address)

轉換表 (translation table)

隧道化 (tunneling)

虛擬私有網路 (Virtual Private Network, VPN)

26.5　摘要　*Summary*

❑　私有網路使用於一個組織之內。

❑　內部網路為一個使用 TCP/IP 通訊協定組的私有網路。

❑　外部網路為允許外部使用者進入的內部網路。

❑　Internet 管理單位定義保留位址給私有網路用。

❑　虛擬私有網路提供與 Internet 通訊的 LAN 所需的隱密性。

- VPN技術同時使用包括加密／認證與隧道化等機制以確保隱密性。
- IP Security (IPSec) 為 VPN 上常用的加密與認證技術。
- 隧道化的做法是將一個已加密的 IP 資料包封裝在一個外層 IP 資料包中。
- 網路位址轉換 (NAT) 允許一個私有網路使用一組私有位址做為內部通訊之用，及使用一組全域性 IP 位址做外部通訊之用。
- NAT 使用轉換表以協助訊息做路徑選擇。

26.6 習題 *Practice Set*

練習題

1. 說明一台利用撥號上網的個人電腦如何使用 VPN 技術存取私有網路。

2. 如何避免轉換表不斷地變大？表中的條目何時可以被刪除？你有什麼策略可運用？

資料檢索

3. 請找出並說明點對點隧道化通訊協定 (Point-to-Point Tunneling, PPTP) 如何使用在 VPN。

4. 請找出並說明第 2 層轉送 (Layer 2 Forwarding, L2F) 如何使用在 VPN。

5. 請找出並說明第 2 層隧道化通訊協定 (Layer 2 Tunneling Protocol, L2TP) 如何使用在 VPN。

6. 請找出並說明多重協定標記交換 (Multiprotocol Label Switching, MPLS) 如何使用在 VPN。

7. 請研究是否有辦法在使用NAT網路上，由外部主機主動通訊。

8. 請研究 DNS 如何使用在 NAT。

9. 請找出並說明 IPSec 的安全群組 (Security Association, SA) 如何使用在 VPN。

10. 請找出並說明IPSec的網際網路金鑰交換 (Internet Key Exchange, IKE) 如何使用在 VPN。

CHAPTER 27

下一代：IPv6 和 ICMPv6

Next Generation: IPv6 and ICMPv6

目前 TCP/IP 的網路層通訊協定為 IPv4 (Internetworking Protocol, version 4)。在 Internet 裡，IPv4 提供了兩個系統間的主機對主機通訊，雖然 IPv4 設計得相當好，但是從 1970 年代 IPv4 誕生以來，資料通訊已有所改變，面對快速成長的 Internet，IPv4 有下列的缺點：

❑ 儘管有些短期的解決方法，像是子網路化 (subnetting)、無級式定址 (classless addressing) 和網路位址轉換 (NAT) 等等。但網路位址的短缺仍然是 Internet 中一個長期的問題。

❑ Internet 要提供即時的音訊和影像傳輸，這種傳輸需要用到最低延遲策略和保留頻寬的方法，這些 IPv4 中並未提供。

❑ Internet 應該提供資料加密及認證等功能，這些在 IPv4 也沒有提供。

要克服這些問題，因此提出了 **IPv6 (Internetworking Protocol, version 6)**，現在它已經成為標準。IPv6 也稱為**下一代的網際網路通訊協定 (Internetworking Protocol, next generation, IPng)**。新的 IPv6 通訊協定經過廣泛的修改，以面對 Internet 未來無法預見的成長。IP 位址的格式、長度，及封包格式都做了改變，相關通訊協定如 ICMP 也做了更改，其他通訊協定如 ARP、RARP、IGMP 等不是被刪除，就是被合併到 ICMPv6 通訊協定裡。而路由通訊協定，如 RIP 和 OSPF 也稍做更動以符合這些改變。通訊專家預測 IPv6 很快就會取代目前的 IPv4。本章首先談談 IPv6，然後介紹 ICMPv6，最後提供一些由 IPv4 轉換到 IPv6 的策略。

　　IPv6 被採用的速度緩慢，主要的原因是因為當初發展出它的理由——IPv4 位址的短缺問題——已經以 3 種短期方法稍作解決，這 3 種方法分別為無級式定址、使用 DHCP 做動態位址分配，和 NAT。然而 Internet 持續快速地發展，而且像是行動 IP、IP 電話以及相容於 IP 系統的行動電話等的服務，都使得 IPv6 全面替換掉 IPv4 成為重要的需求。

27.1　IPv6　*IPv6*

IPv6 比 IPv4 好的地方可以摘要如下：

❑ **較大的位址空間**：IPv6 位址是 128 位元，比起 IPv4 的 32 位元的位址空間，IPv6 大了很多 (2^{96}) 倍。

❑ **較佳的標頭格式**：IPv6 使用新標頭，其中選項與基本標頭的部分是分開的。如果需要使用選項的時候，才會將選項加到基本標頭與上層資料之間。這樣做可以簡化路徑選擇的過程，因為大部分的選項不需要給路由器檢查。

❑ **新的選項**：IPv6 加入了新的選項，提供更多額外的功能。

❑ **允許擴充**：IPv6 的設計方式允許通訊協定的擴充，如果有新科技或應用時，就可直接支援。

❑ **支援資源分配**：在 IPv6 中，服務類別 (type-of-service) 欄位已被刪去，取而代之的是一種稱為**訊流標記** (flow label) 的技術，讓來源端可以要求對封包的特殊處理，這項技術可以使用來支援即時音訊和視訊的傳遞。

❑ **支援更多安全措施**：IPv6 的選項中支援加密及認證，可以提升資料的隱密性及完整性。

IPv6 位址

IPv6 位址包含了 16 個位元組，共 128 位元長，如圖 27.1 所示。

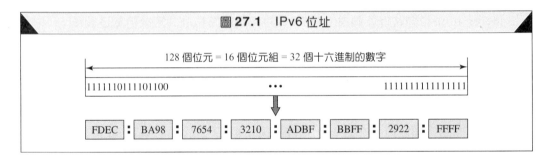

圖 27.1 IPv6 位址

十六進制冒號表示法

為了讓位址更容易辨讀，IPv6 的位址指定了一種**十六進制冒號表示法 (hexadecimal colon notation)**。它將 128 個位元 (16 個位元組) 分成 8 個區域，每個區域 2 個位元組。以十六進制來代表這 2 個位元組，這樣需要 4 個十六進制數字，所以 1 個 IPv6 的位址包含 32 個十六進制的數字，每 4 個數字以冒號隔開。

縮寫 雖然，IP 位址已經使用十六進制的格式來表示，但它還是很長，而其中很多數字可能為 0。在這種情況下，我們可以將這個位址縮寫。在每個區域 (冒號間的 4 個數字) 中前面的 0 是可以省略的，但只有前面的 0 可以省，後面的 0 不可以，圖 27.2 說明了一個範例。

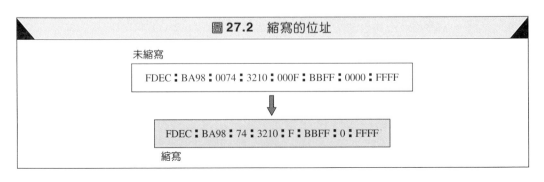

圖 27.2 縮寫的位址

　　使用這種**縮寫 (abbreviation)** 方法，0074可以只寫為74，000F為F，0000為0。注意3210不可以縮寫。如果有連續部分為0，則我們可以更進一步的縮寫，我們可以把所有0拿掉，而以2個冒號取代它們，如圖27.3所示。

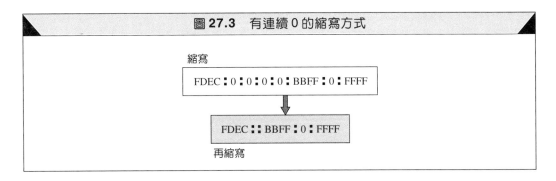

圖 27.3　有連續 0 的縮寫方式

　　注意這種縮寫方法，每個位址只能使用一次，也就是說如果位址裡面有2個0的區域，只有其中的一個區域可以被縮寫。把被縮寫的位址擴展回來是很容易的，只要將沒有縮寫的部分對齊好，然後插入0即可。

CIDR 表示法　　IPv6允許無級式定址和CIDR的表示法。如圖27.4說明了該如何使用CIDR表示法來定義一前置位元為60位元的位址。

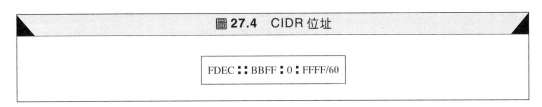

圖 27.4　CIDR 位址

位址分類

IPv6定義了3種類別的位址，即單點傳播、任意傳播，及群播。

　　一個**單點傳播位址 (unicast address)** 定義一台電腦。傳送到一個單點傳播位址的封包，應該只被傳遞到一台特定的電腦上。

　　一個**任意傳播位址 (anycast address)** 定義出一個群組的電腦，其位址有相同的前置位元 (prefix)。例如，所有連到相同實體網路上的電腦有相同的前置位元之位址，一個送到任意傳播位址的封包只能傳送到這群電腦中的其中一台，只能是其中一台，可以是最接近或最容易到達的一台電腦。

　　一個**群播位址 (multicast address)** 定義一個群組的電腦，一個送到群播位址的封包要讓整個群組的每一個成員都接收到。

位址空間分配

位址空間 (address space) 擁有很多不同的使用目的，IP位址的設計者把整個位址分成兩個部分，第一個部分稱為**類別前置碼 (type prefix)**，這是一個不固定長度的前置碼，定義位址的目的。前置碼的設計方式是，沒有一個前置碼與其他前置碼的前面部分是相同的，如此就不會涵義不清。所以當給予一個位址時，類別前置碼可以很快地被決定出來，圖 27.5 說明了 IPv6 的位址格式。

圖 **27.5** 位址結構

表 27.1 列出了每一種位址的前置碼，第 3 行列出每一種位址占整個位址空間的比例。

表 **27.1** IPv6 位址的類別前置碼

類別前置碼	類別	比例
0000 0000	保留	1/256
0000 0001	保留	1/256
0000 001	網路服務存取點 (NSAP)	1/128
0000 010	IPX (Novell)	1/128
0000 011	保留	1/128
0000 100	保留	1/128
0000 101	保留	1/128
0000 110	保留	1/128
0000 111	保留	1/128
0001	保留	1/16
001	保留	1/8
010	**提供者單點傳播位址**	**1/8**
011	保留	1/8
100	地域性單點傳播位址	1/8
101	保留	1/8
110	保留	1/8
1110	保留	1/16
1111 0	保留	1/32
1111 10	保留	1/64
1111 110	保留	1/128

類別前置碼	類別	比例
1111 1110 0	保留	1/512
1111 1110 10	鏈結區域位址	1/1024
1111 1110 11	地點區域位址	1/1024
1111 1111	群播位址	1/256

提供者單點傳播位址

提供者單點傳播位址一般當作是正常主機的單點傳播位址,這種位址的格式如圖 27.6 所示。

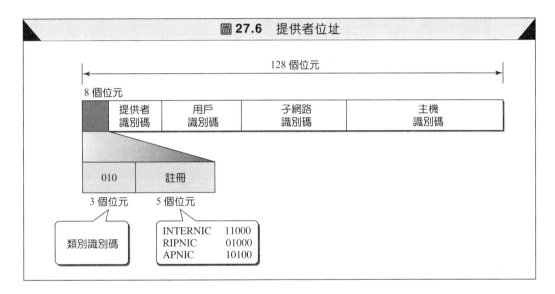

圖 27.6 提供者位址

提供者單點傳播位址之各欄位意義如下:

❏ **類別識別碼**:這 3 個位元把位址定義為提供者單點傳播位址。

❏ **註冊識別碼**:這 5 個位元定義已註冊位址的經辦中心。目前已經定義 3 個註冊中心,分別是 INTERNIC(代碼為 11000)為北美註冊中心、RIPNIC(代碼為 01000)代表歐洲註冊中心,及 APNIC(代碼為 10100)為亞洲及太平洋國家註冊中心。

❏ **提供者識別碼**:本欄不固定長度,代表提供 Internet 服務的提供者(例如 ISP),本欄建議的使用長度為 16 位元。

❏ **用戶識別碼**:當使用單位經由提供者申請使用 Internet 時,就給予一個用戶識別碼,本欄建議的使用長度為 24 位元。

❏ **子網路識別碼**:每個用戶可以有好幾個不同的子網路,而每個網路可以有不同的識別碼。子網路識別碼定義在這個用戶管轄內的特定網路,本欄建議的使用長度為 32 位元。

❏ **主機識別碼**:最後一欄定義連到某個子網路的主機身分,本欄建議為 48 位元,以便和乙太網路所使用的實體位址相容。未來主機實體位址與主機識別碼可能會相同。

我們可以把提供者單點傳播位址視為一種階層式的身分，有好幾個前置碼。如圖 27.7 所示，每個前置碼定義不同的層級。類別前置碼定義了類別，註冊前置碼定義了註冊地，提供者前置碼定義了一個提供者，用戶識別碼定義了某個使用單位，而子網路前置碼定義了某個子網路。

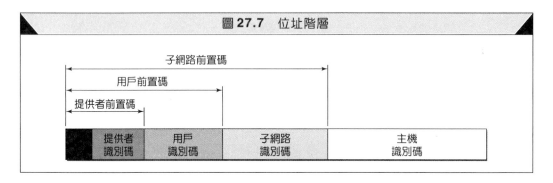

圖 27.7　位址階層

保留位址

我們簡單介紹類別前置碼為 (00000000) 的保留位址。

未指定位址　這個位址是指非前置碼的部分也是 0，即整個位址都是 0。這個位址使用在一台電腦不知道自己的 IP 位址，並且要傳送詢問封包去找位址的時候，詢問封包的來源位址就可用這個全部為 0 的位址。特別注意，**未指定位址 (unspecified address)** 不可以被拿來當目的位址，未指定位址格式如圖 27.8 所示。

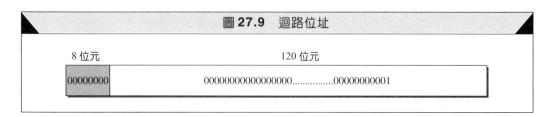

圖 27.8　未指定位址

迴路位址　這個位址是提供給主機在不上網的情況就可以進行網路功能的自我測試。進行這個測試時，由應用層產生一個訊息送到傳輸層，再到網路層。不過訊息不會進入實體網路，它回到傳輸層，接者再回到應用層。如此一來，在連到網路之前，可以用來測試這幾層軟體的功能是否正常。**迴路位址 (loopback address)**，如圖 27.9 所示，包含前置碼 00000000 及後面 119 個 0，最後一個位元為 1。

圖 27.9　迴路位址

8 位元	120 位元
00000000	00000000000000000...............00000000001

IPv4 位址　本章後面我們會介紹，由 IPv4 轉換到 IPv6 的這段期間，主機可以使用它們的 IPv4 位址，但要嵌入在 IPv6 的位址內。為了達到這個目的，定義了兩種格式，即相

容格式及對應格式。**相容位址 (compatible address)** 使用96個0，後面接32位元的IPv4
位址，使用在一台 IPv6 的電腦，想要傳送訊息給另一台 IPv6 的電腦，但是封包會經過
一段仍然使用IPv4的網路。傳送者就使用與IPv4相容的位址來幫忙封包通過IPv4的地
區（見第 27.3 節，由 IPv4 轉換至 IPv6 的部分）。例如，若 IPv4 位址為 2.13.17.14（點
式十進制表示法），其IPv6位址為0::020D:110E（十六進制冒號表示法）。這是以IPv4
位址前面接了 96 個 0 變成 128 位元的 IPv6 位址，如圖 27.10 所示。

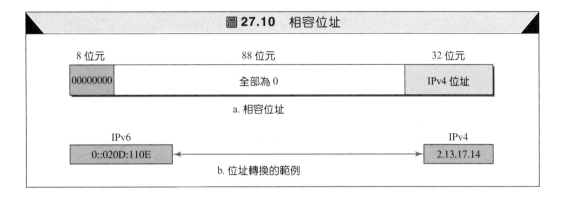

圖 27.10 相容位址

對應位址 (mapped address) 則包含 80 個 0，後接 16 個 1，然後是 32 位元的 IPv4
位址。對應位址使用在一台已經使用IPv6的電腦，要傳送封包給一台依然使用IPv4的電
腦時。這個封包漫遊經過的大部分是IPv6的網路，但最後送到一台使用IPv4的電腦。例
如，IPv4 位址 2.13.17.14（點式十進制表示法），其IPv6 位址變成 0::FFFF:020D:110E
（十六進制冒號表示法）。這是由IPv4位址前接16個1，再接80個0而來，產生出128
位元的 IPv6 位址（見第 27.3 節的轉換策略）。圖 27.11 說明了對應位址。

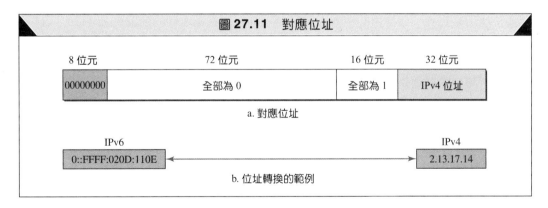

圖 27.11 對應位址

相容位址及對應位址有一個非常有趣的地方，它們的檢查碼計算對象可以使用IPv4
位址的部分或是整個 IPv6 位址。因為多出來的 0 或 1 為 16 的倍數，並不會影響到檢查
碼的計算。這很重要，因為路由器將封包的位址由 IPv6 改變為 IPv4 時，檢查碼計算是
不受影響的。

區域位址

以下簡單介紹類別前置碼為 (11111110) 的保留位址。

鏈結區域位址 　如果一個 LAN 使用 Internet 通訊協定，但是因為安全考量而沒有連到 Internet 時，可以使用這種類別的位址。這些位址的前置碼為 1111 1110 10。**鏈結區域位址 (link local address)** 只被使用在被隔離的網路上，沒有全域性的作用。在隔離網路之外，任何一台電腦都無法傳送訊息給使用這些位址的電腦（見圖 27.12）。

圖 27.12	**鏈結區域位址**	

10 位元	70 位元	48 位元
1111111010	全部為 0	主機位址

地點區域位址 　如果某個地點有數個網路使用 Internet 通訊協定，但是因為安全考慮而不連到 Internet 時，可以使用這種類別的位址。這些位址的前置碼為 1111 1110 11。**地點區域位址 (site local address)** 只被使用在這些被隔離的網路上，沒有全域性的作用。在隔離網路之外，任何一台電腦都無法傳送訊息給使用這些位址的電腦（見圖 27.13）。

圖 27.13	**地點區域位址**

10 位元	38 位元	32 位元	48 位元
1111111011	全部為 0	子網路位址	主機位址

群播位址

群播位址用來定義一個群組的主機，這種類別的位址在第 1 欄的前置碼為 1111 1111。第 2 欄為旗標，定義群體位址為固定或是暫時的。固定群播位址由 Internet 管理當局定義，隨時都可以存取。暫時群播位址顧名思義是臨時性的，例如，視訊會議的系統就可以使用暫時性的群播位址。第 3 欄定義群組位址的範圍，其範圍有很多種，如圖 27.14 所示。

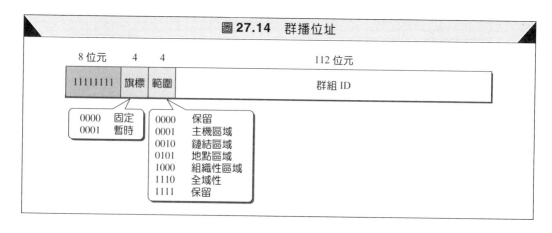

圖 27.14　群播位址

封包格式

IPv6的封包如圖 27.15 所示。每個封包都要有一個強制性的基本標頭 (base header)，之後為酬載資料。酬載資料包括 2 部分，即選項延伸標頭 (optional extension headers)，以及來自上層的資料。基本標頭為 40 個位元組長，而延伸標頭與所攜帶的資訊全長可達 65,535 個位元組。

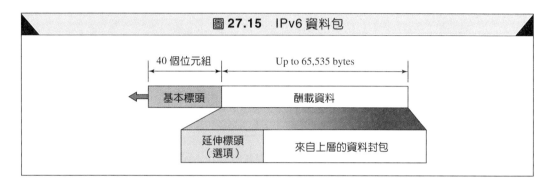

圖 27.15 IPv6 資料包

基本標頭

圖 27.16 說明了**基本標頭 (base header)** 與它的 8 個欄位。

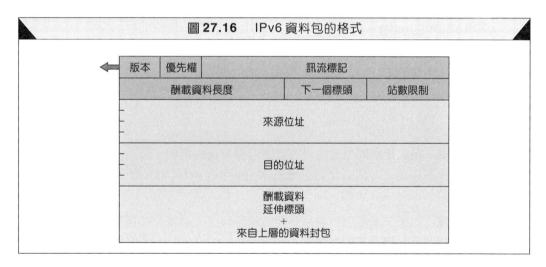

圖 27.16 IPv6 資料包的格式

這些欄位的意義如下：

❑ **版本**：本欄為 4 位元，定義了 IP 的版本，對 IPv6 來說，其值為 6。

❑ **優先權**：本欄為 4 位元，定義了封包的優先權，相對於交通的壅塞程度而定，稍後將會介紹。

❑ **訊流標記**：本欄為 3 位元組（24 位元），做為對某一特定資料串流的處理，稍後介紹。

❑ **酬載資料長度**：本欄為 2 位元組，定義了酬載資料的長度，但不包含基本標頭。

❑ **下一個標頭**：本欄為 8 位元，定義了此資料包中接在基本標頭後面的標頭，這個標頭可為 IP 所使用的選項延伸標頭，或者是由上層通訊協定如 UDP 或 TCP 提供的標頭。每一個延伸標頭也有這個欄位，表27.2說明了下一個標頭的數值。注意在IPv4中，這一欄位稱為**通訊協定** (protocol)。

表 **27.2**　下一個標頭代碼

代碼	下一個標頭
0	逐站選項 (Hop-by-hop option)
2	ICMP
6	TCP
17	UDP
43	來源端路由 (Source routing)
44	分段 (Fragmentation)
50	加密安全酬載資料 (Encrypted security payload)
51	認證 (Authentication)
59	空白（沒有下一個標頭）
60	目的地選項 (Destination option)

- ❑　**站數限制 (hop limit)**：本欄為 8 位元，與 IPv4 中 TTL 欄位的目的相同。
- ❑　**來源位址**：本欄為 16 位元組（128 位元）的 Internet 位址，代表資料包的來源端。
- ❑　**目的位址**：本欄為 16 位元組（128 位元）的 Internet 位址，代表目的位址。不過，如果是使用在來源端路由 (source routing)，本欄為下一個路由器的位址。

優先權

IPv6中的優先欄，定義從相同來源的封包之間的優先權。例如，有兩個連續資料包因為壅塞而要被丟掉其中之一，則丟棄**封包優先權 (packet priority)** 較低者。IPv6 將資料來往的交通運輸情況分成 2 大類，即壅塞控制型，以及非壅塞控制型。

壅塞控制型運輸　如果來源端因壅塞發生而能調整自己，適應交通運輸放慢的狀況，這種交通運輸的情況稱為**壅塞控制型運輸 (congestion-controlled traffic)**。例如，TCP使用滑動窗口協定，可以輕易回應交通運輸的狀況。在壅塞控制型運輸中，大家知道封包抵達時間可能被延遲，甚至遺失或不依原來順序接收到。壅塞控制型的資料被給予0到7（總共 8 種）優先權，如表 27.3 所列。其中優先權 0 為最低，優先權 7 為最高。

表 **27.3**　壅塞控制型運輸之優先權

優先權	意義
0	非特定運輸
1	背景資料
2	非現場等待資料運輸

優先權	意義
3	保留
4	現場等待大量資料的運輸
5	保留
6	互動式運輸
7	控制用途的運輸

各優先權的敘述如下：

❑ **非特定運輸**：當程序沒有定義優先權時，封包設定的優先權為 0。

❑ **背景資料**：這個群組（優先權 1）定義以背景方式傳送的資料。新聞的傳送即為最佳例子。

❑ **非現場等待資料的運輸**：如果使用者不是正在等待資料的到來，這種封包可給予優先權 2。電子郵件即為此類範例，使用者送出一個電子郵件給對方時，接收者並不知道何時電子郵件會到達。除此之外，電子郵件通常是以儲存再轉送的方式傳輸，稍微延遲並不要緊。

❑ **現場等待大量資料的運輸**：要傳送的資料很多而使用者也正等待這些資料的到來（可能有發生一些延遲），這種給優先權 4。FTP 及 HTTP 皆屬於這類。

❑ **互動式運輸**：像是 TELNET 這種通訊協定需要與使用者有直接互動的給優先權 6。

❑ **控制用途的運輸**：控制用途的運輸被給予最高優先權 (7)。路由通訊協定，如 OSPF、RIP 或是網管通訊協定 SNMP 皆屬於這一類。

非壅塞控制型運輸　這類型的交通運輸會期望最少的傳輸延遲，最好不要將封包丟掉，大部分情況下，重送是不可能的。換句話說，來源端無法因壅塞而自行調整適應。即時音訊和視訊的傳輸就是這類交通運輸的最佳例子。

優先權 8 到 15 分配給非壅塞控制型運輸，這一類優先權的分配方法尚未有標準，不過優先權的分配方法通常是基於丟掉多少封包會影響到接收資料的品質而定。比較沒有多餘訊息的資料（如低逼真度的聲音或影像）要給予較高的優先權 (15)，而含有多餘訊息較多的資料（如高逼真度的聲音或影像）可以給與較低的優先權 (8)，如表 27.4 所列。

表 27.4　非壅塞控制交通的優先權

優先權	意義
8	多餘訊息較多的資料
. . . .	.
15	多餘訊息較少的資料

訊流標記

一連串的封包，從某個特定來源到某個特定目的地，需要路由器給予特別的處理，這些封包構成一個封包流 (flow)。來源端位址與**訊流標記** (flow label) 的組合，可以唯一地定義一個封包流。

對路由器來講，某一特定封包流為一連串有著相同特性的封包。例如，這些封包使用相同的路徑、相同的資源，以及相同的安全機制等。支援訊流標記的路由器有一個訊流標記表，每個活動的訊流標記在表中就有一個條目，每一個條目為其相對應的訊流標記，定義路由器所提供的服務。當路由器收到一個封包，它以封包內的訊流標記，到訊流標記表內找相對應的條目，路由器就提供該條目所設定的服務給這個封包。不過，要注意的是，訊流標記本身並不提供存放在訊流標記表內的資訊，這些資訊要用其他方法提供，如逐站選項或靠其他通訊協定。

用這種簡單的方式，訊流標記可以讓路由器加快封包的處理速度。當路由器接收到一個封包後，路由器可以在訊流標記表內找到下一站的路由器，而不用去路由表中找尋。

將訊流標記表設計得複雜一點，就可以用來支援即時聲音與影像傳輸。這些即時訊息需要較多的頻寬、較大的緩衝器，以及較長的處理時間等。所以事前可藉由程序先將所需要的資源保留起來，以保證即時性的資料不會因資源不夠而受到延遲。除了IPv6以外，即時資料及資源保留還需要其他通訊協定的幫忙，如**即時傳輸通訊協定** (Real-time Transport Protocol, RTP) 和**資源保留通訊協定** (Resource Reservation Protocol, RSVP)。

要有效地使用訊流標記需配合 3 項規則：

1. 訊流標記由來源端主機指定給封包，標記為 1 到 $2^{24} - 1$ 間的一個亂數。如果原來的封包流尚在來源端，則不可以重複使用同一個標記。

2. 如果主機不支援訊流標記，其值設為 0。如果路由器不支援訊流標記，路由器就不理會它。

3. 所有屬於同一個封包流的封包要有相同的來源、相同的目的地、相同的優先權，及相同的選項。

IPv4 與 IPv6 標頭的比較

表 27.5 比較了 IPv4 和 IPv6 的標頭。

表 **27.5** IPv4 和 IPv6 封包標頭的比較

比較
1. IPv6 的標頭沒有標頭長度欄位，因為 IPv6 的標頭長度固定（40 個位元組）。
2. IPv6 的標頭沒有服務種類欄位，IPv6 使用優先權和訊流標記取代服務種類欄位的功能。
3. IPv6 沒有總長度欄位，且 IPv6 只有酬載資料長度欄位。
4. IPv6 的基本標頭中沒有識別碼、旗標及差量欄位，這些欄位移到分段延伸標頭。
5. TTL 欄在 IPv6 稱為站數限制。

比較
6. 通訊協定欄在IPv6中以下一個標頭欄位取代。
7. IPv6沒有標頭檢查碼,因為檢查碼由上層通訊協定提供,所以本層不需要。
8. IPv4的選項欄位改放置在IPv6的延伸標頭裡。

延伸標頭

基本標頭的長度固定為 40 個位元組,不過要給 IP 資料包更多的功能,在基本標頭之後可以再加上 6 種**延伸標頭 (extension header)**,其中很多標頭為原本 IPv4 中的選項。圖 27.17 說明了延伸標頭的格式。

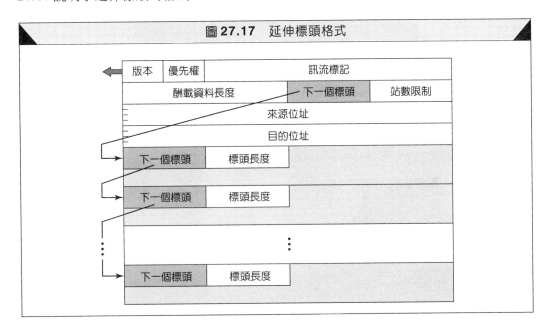

圖 27.17 延伸標頭格式

IPv6 所定義的 6 種延伸標頭分別是逐站選項、來源端路由、分段、認證、加密安全酬載資料,及目的地選項(見圖 27.18)。

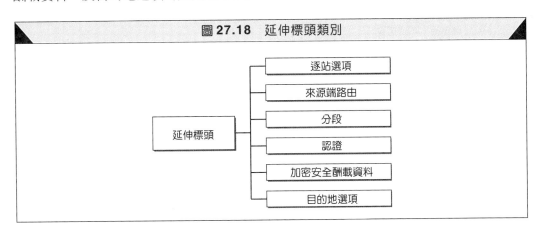

圖 27.18 延伸標頭類別

逐站選項 逐站選項 (hop-by-hop option) 使用在來源端想要提供資訊給封包將要經過的所有路由器時。例如，要告知路由器某種管理上、除錯、控制的功能，或者是資料包的長度大於正常的 65,535 個位元組時，路由器需要這些資訊。圖 27.19 說明了逐站選項的標頭格式。第 1 欄定義在標頭鏈中的下一個標頭，標頭長度欄位定義此標頭的長度（包括下一個標頭欄位），其他部分則是包含不同的選項。

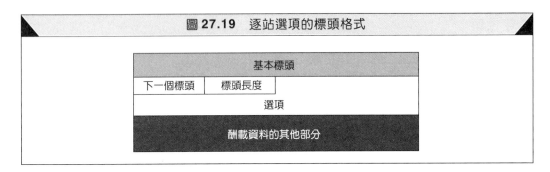

圖 27.19 逐站選項的標頭格式

目前只有定義了 3 種選項，即 **Pad1**、**PadN**，及**巨大酬載資料 (jumbo payload)**。圖 27.20 說明了這些選項的一般格式。

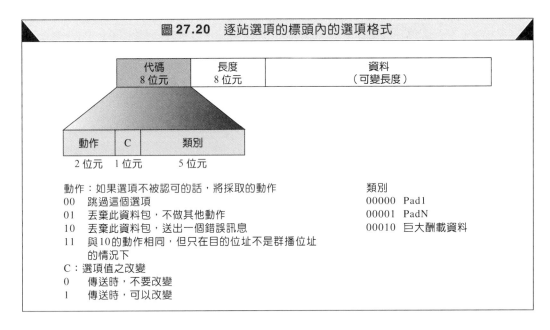

圖 27.20 逐站選項的標頭內的選項格式

□ **Pad1**：這個選項有 1 個位元組長，目的是作為對齊用。有些選項的起點要以 32 位元中的某個特定位元開始（可以參考下面關於巨大酬載資料的說明），如果某些選項剛好缺少 1 個位元組，Pad1 可以作為填充之用。Pad1 不含長度欄及資料欄，它只有 8 個 0（動作位元是 00，C 位元是 0，類別位元是 00000），Pad1 可以填充在逐站選項標頭中的任意一個地方（見圖 27.21）。

□ **PadN**：PadN 的觀念與 Pad1 類似。不同的地方在 PadN 使用於超過 1 個位元組以上的對齊填充用。PadN 包含 1 個位元組的代碼，而 1 個位元組的長度欄及不固定長度的填充位元組。PadN 的代碼為 1（動作位元是 00，C 位元是 0，類別位元是 00001），長度欄表示填充位元組的長度（見圖 27.22）。

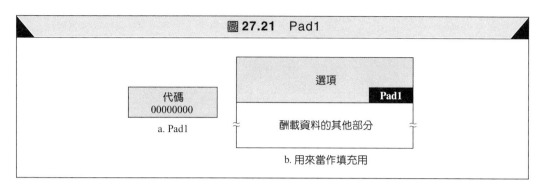

圖 **27.21** Pad1

代碼
00000000

a. Pad1

選項

Pad1

酬載資料的其他部分

b. 用來當作填充用

圖 **27.22** PadN

代碼　　　　長度　　　　　　　資料

00000001　　　　　　　　全部為 0

1 位元組　　1 位元組　　　　可變長度

❑ **巨大酬載資料**：記得 IP 資料包可攜帶資料的最大長度為 65,535 個位元組，不過如果需要傳送更長的資料時，可以使用巨大酬載資料選項定義長度。此選項的代碼為 194（動作位元是 11，C 位元是 0，類別位元是 00010），長度欄定義資料欄位的位元組數，目前固定為 4。這表示最大可攜帶的資料為 $2^{32} - 1$ (4,294,967,295) 個位元組。

巨大酬載資料選項有一個對齊的限制，它擺放的位置從延伸標頭開始算必須是 4 的倍數加 2，即開始的地方為 $(4n + 2)$ 位元組處，n 為一小整數，如圖 27.23 所示。

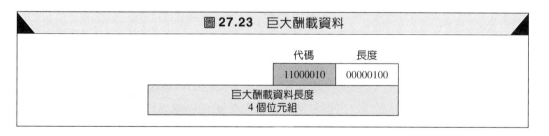

圖 **27.23** 巨大酬載資料

代碼　　　　長度

11000010　　00000100

巨大酬載資料長度
4 個位元組

來源端路由　來源端路由延伸標頭結合 IPv4 的嚴格受控來源端路由 (strict source route) 及寬鬆受控來源端路由 (loose source route) 兩種選項。這個選項的標頭至少含有 7 個欄位（見圖 27.24），最前面 2 個欄位與逐站選項之延伸標頭的一樣。接下來的類別欄位定義是寬鬆或是嚴格受控來源端路由，位址剩餘欄位表示到目的地還要經過的站數。嚴格／寬鬆遮罩欄位決定路徑選擇的嚴格度，如果設為嚴格，則必須完全遵守來源端所規定的路徑；如果設為寬鬆，則除了設定路徑外還可以路過其他的路由器。

在來源端路由封包中的目的位址欄位的定義與我們先前知道的（資料包的最後目的地）不同，其內容會隨著路由器而變。在圖 27.25 中，A 主機要傳送一個資料包到主機 B，使用的路徑為 A 到 R1，再到 R2，之後到 R3，最後到達 B。注意目的位址在基本標頭內，這個位址不是如你所預期為固定的，而是每經過一台路由器就改變一次，在延伸標頭中的位址也是每經過一台路由器就改變一次。

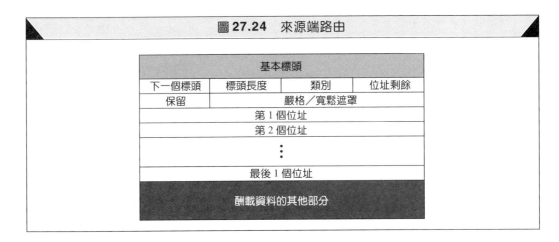

圖 27.24 來源端路由

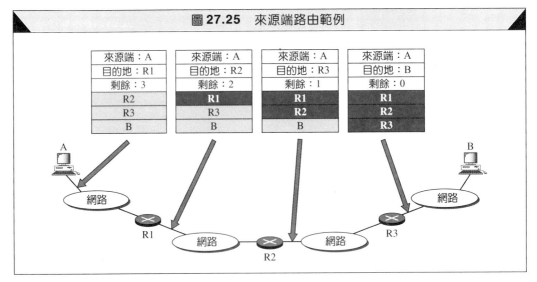

圖 27.25 來源端路由範例

分段 分段 (fragmentation) 的觀念與 IPv4 相同，但是分段發生的地方不一樣。在 IPv4，來源端或路由器要負責做分段，亦即如果資料包大於要經過的網路之 MTU 時要做分段。在 IPv6 只有來源端可以做分段，來源端要使用一種**路徑 MTU 探索技術 (path MTU discovery technique)**，把封包會經過的所有路徑中的最小 MTU 找出來，然後來源端用這個數值來分段。

如果來源端不使用路徑 MTU 探索技術，那麼它要把資料包分成 576 個位元組或更小，這個大小是連到 Internet 最小必須支援的 MTU 長度。圖 27.26 說明了分段延伸標頭的格式。

認證 認證 (authenticaton) 延伸標頭有兩個目的，第一，驗證訊息的傳送者；第二，確保資料的完整性。前者讓接收者確定訊息來自真正的傳送者而不是冒充者，後者用來檢查資料在傳遞過程是否被駭客所更改。

圖 27.27 說明了認證延伸標頭的格式。圖中的安全參數索引 (security parameter index, SPI) 欄位定義認證的演算法，而認證資料欄位則包含由演算法產生的資料。我們將在第 28 章中討論有關認證的議題。

圖 **27.26** 分段

圖 **27.27** 認證

有很多不同演算法可以用來做認證，圖 27.28 整理出計算認證欄資料的程序。傳送者提供一支 128 位元的安全金鑰、整個 IP 資料包、再給一次 128 位元安全金鑰輸入給演算法。那些在資料包傳遞過程中會改變內容（如站數）的欄位則設為 0，傳送給演算法的資料包含有認證延伸標頭欄位，其中的認證資料欄位設為 0。演算法在算出認證資料後，填入到認證延伸標頭內，之後資料包才會送出。

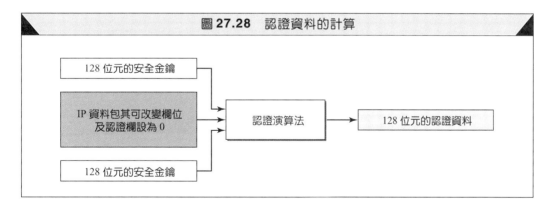

圖 **27.28** 認證資料的計算

接收者以類似的方法做認證，接收者將私有金鑰及已接收的資料包（會改變的部分設為 0）輸入到認證演算法。如果計算所得與認證資料欄所記載的一樣，表示該 IP 資料包為真實的，否則就丟掉它。

加密安全酬載資料 **加密安全酬載資料 (Encrypted Security Payload, ESP)** 這項延伸功能提供訊息保密，防止不當的竊取。圖 27.29 說明了其格式。安全參數索引欄位為 32 位元，定義加密／解密的方法。其他欄位包含被加密的資料及演算法所需的其他參數。加密 (encryption) 可以用 2 種方法實現，一是傳輸模式，而另一是隧道模式。

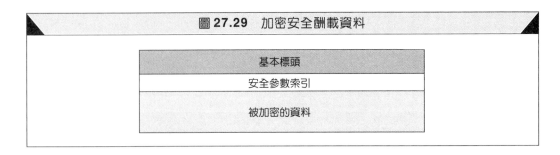

圖 **27.29** 加密安全酬載資料

❏ **傳輸模式**：這個方法是先把 TCP 區段或 UDP 使用者資料包加密，然後封裝於 IPv6 的封包內。傳輸模式的加密方法主要是使用於從一台主機到另一台主機的資料加密（見圖 27.30）。

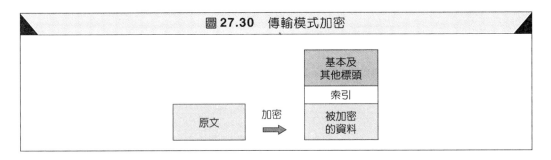

圖 **27.30** 傳輸模式加密

❏ **隧道模式**：這個方法是把整個 IP 資料包連同基本標頭和延伸標頭全部加密，然後使用 ESP 延伸標頭把結果封裝在一個新的 IP 封包。換句話說，你有 2 個基本標頭，一個是加密的，而另一個沒有。**隧道模式 (tunnel mode)** 的加密方法，常用於安全閘道器 (security gateway)。圖 27.31 說明了這個觀念。

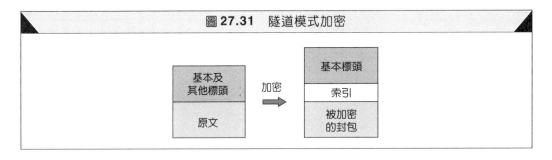

圖 **27.31** 隧道模式加密

目的地選項 目的地選項 (destionation option) 使用在來源端需要傳遞資訊給目的地，而且只給目的地，其中間經過的路由器不允許存取這項資訊。目的地選項的格式與逐站選項一樣（見圖 27.19），目的地選項目前只定義 Pad1 和 PadN 選項。

IPv4 和 IPv6 之比較

表 27.6 比較了 IPv4 的選項與 IPv6 的延伸標頭。

表 27.6 IPv4 的選項與 IPv6 的延伸標頭的比較

比較
1. IPv4 中的無動作選項及選項結束選項，這兩種選項在 IPv6 中以 PadI 和 PadN 取代。
2. IPv6 中沒有紀錄路由選項，因為它沒有被使用。
3. IPv6 中沒有時間戳記選項，因為它沒有被使用。
4. 來源端路由選項在 IPv6 中稱為來源端路由延伸標頭。
5. IPv4 標頭的分段欄位在 IPv6 中移到分段延伸標頭。
6. 認證延伸標頭為新加入到 IPv6 的功能。
7. 加密安全酬載資料延伸標頭為新加入到 IPv6 的功能。

27.2 ICMPv6 *ICMPv6*

另外一個在第 6 版 TCP/IP 被更改的通訊協定是 ICMP。新版的 ICMPv6 遵循第 4 版的策略與目的，只是把 ICMPv4 改得更適合 IPv6。除此之外，原來在第 4 版為獨立的通訊協定現在變成 ICMPv6 的一部分。圖 27.32 比較了第 4 版與第 6 版的網路層。

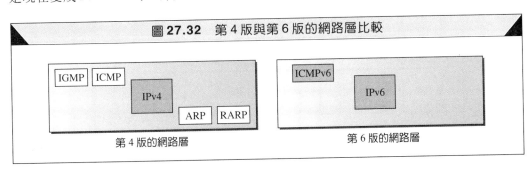

圖 27.32 第 4 版與第 6 版的網路層比較

在第 4 版的 ARP 及 IGMP 兩個通訊協定被合併到 ICMPv6 內。因為 RARP 的功能也可透過 BOOTP 來達到，所以 RARP 通訊協定被移除了。

正如介紹 ICMPv4 一樣，我們把 ICMP 的訊息分成兩大類，不過每一類的訊息種類比以前多（見圖 27.33）。雖然 ICMP 每一種訊息的格式都不相同，但是前面 4 個位元組是共通的，如圖 27.34 所示。第 1 欄 ICMP 的類別欄位定義訊息的概括性分類，代碼欄位代表訊息的原因，而最後 1 欄為檢查碼欄位，計算方式與 ICMPv4 的相同。

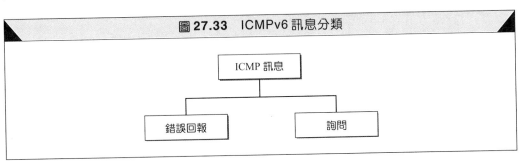

圖 27.33 ICMPv6 訊息分類

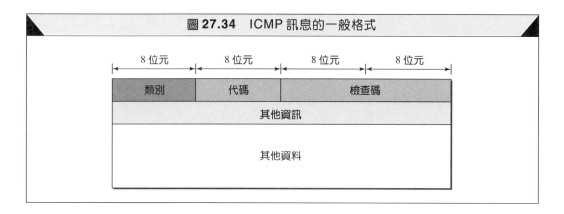

圖 27.34　ICMP 訊息的一般格式

8 位元	8 位元	8 位元	8 位元
類別	代碼	檢查碼	

其他資訊

其他資料

錯誤回報

在 ICMPv4 介紹過，ICMP 的主要任務之一是回報錯誤的發生。在 ICMPv6 中，總共要處理 5 種錯誤，即無法到達目的地、封包過大、時間超過、參數問題，及轉址（見圖 27.35）。ICMPv6 建構一個用來回報錯誤的封包，然後將之封裝在 IP 資料包內，這個資料包就被傳回原來的來源端。

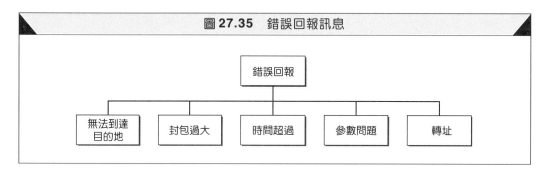

圖 27.35　錯誤回報訊息

表 27.7 比較了 ICMPv4 和 ICMPv6 的**錯誤回報訊息 (error-reporting messages)**。第 6 版沒有來源端放慢 (source-quench) 這個訊息，因為優先權和訊流標記允許路由器來控制壅塞狀況，將較不重要的訊息丟掉，所以在 ICMPv6 沒有必要告知傳送者要慢下來。ICMPv6 加了封包過大 (packet-too-big) 這個訊息，因為分段的工作現在是傳送者的責任，如果傳送者沒有選好正確的封包大小，路由器沒有辦法只好丟掉封包，然後傳送錯誤訊息給傳送者。

表 27.7　比較 ICMPv4 和 ICMPv6 的錯誤回報訊息

訊息類別	第 4 版	第 6 版
無法到達目的地	有	有
來源端放慢	有	沒有
封包過大	沒有	有
時間超過	有	有
參數問題	有	有
轉址	有	有

無法到達目的地

無法到達目的地訊息 (destination unreachable message) 觀念與ICMPv4完全相同。圖 27.36 說明了訊息格式,其與第 4 版類似,且類別為 1。

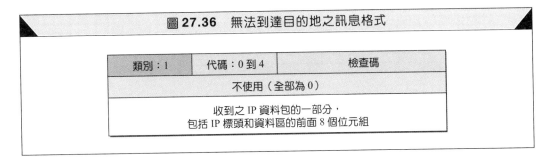

圖 27.36 無法到達目的地之訊息格式

類別:1	代碼:0 到 4	檢查碼
不使用(全部為 0)		
收到之 IP 資料包的一部分, 包括 IP 標頭和資料區的前面 8 個位元組		

代碼欄位解釋了丟掉資料包的確切原因:

- **代碼 0**:沒有路徑能夠到達目的地。
- **代碼 1**:通訊被禁止。
- **代碼 2**:嚴格受控來源端路由不可行。
- **代碼 3**:目的地的位址無法到達。
- **代碼 4**:無法取得通訊埠。

封包過大

這是加到 ICMPv6 的新訊息,如果路由器收到一個資料包,其大小比要通過網路的最大傳輸單位 (MTU) 還大,有兩件事會發生,第一,路由器丟掉這個封包;第二,路由器送一個 ICMP 錯誤封包,且**封包過大訊息 (packet-too-big message)** 會傳送給來源端。圖 27.37 說明了這種封包的格式。注意只有一個代碼 (0),而訊息中的 MTU 欄告知來源端該網路所接受的最大 MTU。

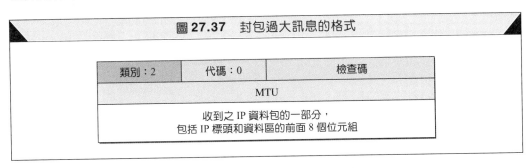

圖 27.37 封包過大訊息的格式

類別:2	代碼:0	檢查碼
MTU		
收到之 IP 資料包的一部分, 包括 IP 標頭和資料區的前面 8 個位元組		

時間超過

這個訊息與第 4 版類似,唯一不同點在於類別的值改為 3。圖 27.38 說明了**時間超過訊息 (time-exceeded message)** 的格式。如第 4 版,代碼 0 表示因為站數限制的值為 0 才把封包丟掉;而代碼 1 表示因為其他分段在期限內尚未到達,因而把封包丟掉。

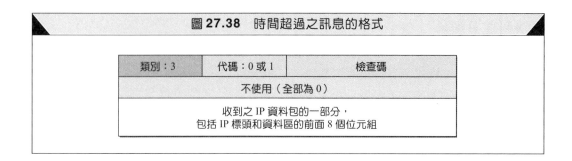

圖 27.38　時間超過之訊息的格式

類別：3	代碼：0 或 1	檢查碼
不使用（全部為 0）		
收到之 IP 資料包的一部分， 包括 IP 標頭和資料區的前面 8 個位元組		

參數問題

這個訊息與第 4 版相似。不過類別值改為 4，且差量指標欄位被增加到 4 個位元組。現在代碼有 3 個而不是 2 個。代碼告知為什麼把資料包丟掉以及錯誤發生的原因。

❑ **代碼 0**：表示標頭欄位有錯誤或不清楚。在這種情況下，差量指標欄位內的數值指出問題發生的那個位元組。例如，指標值為 0，表示第 1 個位元組不是有效。

❑ **代碼 1**：本代碼代表延伸標頭無法識別。

❑ **代碼 2**：本代碼代表選項無法識別。

圖 27.39 說明了**參數問題訊息 (parameter problem message)** 的格式。

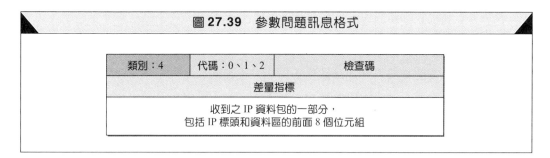

圖 27.39　參數問題訊息格式

類別：4	代碼：0、1、2	檢查碼
差量指標		
收到之 IP 資料包的一部分， 包括 IP 標頭和資料區的前面 8 個位元組		

轉址

轉址訊息 (redirection message) 的目的與第 4 版中的一樣。不過，封包的格式已做改變以符合第 6 版 IP 位址的大小，除此之外，加入一個選項讓主機知道目的路由器的實體位址，如圖 27.40 所示。

詢問

除了做錯誤報告之外，ICMP 也能幫助網路問題之診斷，這可經由**詢問訊息 (query message)** 來達成。ICMP 共計定義了 4 組訊息，包括回應之要求與答覆、路由器請求與公告、鄰居請求與公告，及群組成員身分，如圖 27.41 所示。

表 27.8 比較了第 4 版與第 6 版的詢問訊息。在 ICMPv6 中，時間截記要求與答覆及位址遮罩要求與答覆被刪除。不使用時間截記要求與答覆的原因，是因為它們可以實現在其他通訊協定（如 TCP），另外也因為過去它們很少被使用到。不使用位址遮罩要求與答覆的原因，是因為在 IPv6 允許用戶使用子網路數達 $2^{32} - 1$ 個，所以定義在 IPv4 的子網路遮罩就不再需要了。

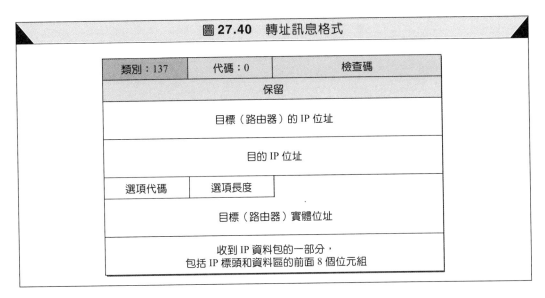

圖 27.40 轉址訊息格式

類別：137	代碼：0	檢查碼
保留		
目標（路由器）的 IP 位址		
目的 IP 位址		
選項代碼	選項長度	
目標（路由器）實體位址		
收到 IP 資料包的一部分，包括 IP 標頭和資料區的前面 8 個位元組		

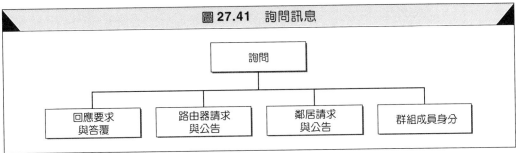

圖 27.41 詢問訊息

表 27.8 ICMPv4 和 ICMPv6 詢問訊息的比較

訊息類別	第 4 版	第 6 版
回應要求與答覆	有	有
時間戳記要求與答覆	有	沒有
位址遮罩要求與答覆	有	沒有
路由器請求與公告	有	有
鄰居請求與公告	ARP	有
群組成員身分	IGMP	有

回應要求與答覆

這個訊息的觀念和格式與第 4 版一樣。唯一不同的是類別的數值，如圖 27.42 所示。

路由器請求與公告

這個訊息的觀念與第 4 版相同。路由器詢問的格式與 ICMPv4 一樣，不過加入一個選項允許主機宣布其實體位址，讓路由器比較容易做回應。路由器公告訊息的格式與 ICMPv4 的不一樣，這裡路由器只公布自己但不公布其他路由器。封包也可加入選項，

圖 27.42 回應要求與答覆訊息

<table>
<tr><td>類別：128 或 129</td><td>代碼：0</td><td>檢查碼</td></tr>
<tr><td colspan="2">識別碼</td><td>序號</td></tr>
<tr><td colspan="3">選項資料
由要求訊息送來，由答覆訊息重複</td></tr>
</table>

其中一個選項公布路由器的實體位址，讓主機方便一些；另一個選項給路由器公布 MTU 的長度，第 3 個選項允許路由器定義有效的存活時間 (lifetime)。圖 27.43 說明了這兩種訊息的格式。

圖 27.43 路由器請求與公告訊息的格式

<table>
<tr><td>類別：133</td><td>代碼：0</td><td>檢查碼</td></tr>
<tr><td colspan="3">不用（全部為 0）</td></tr>
<tr><td>選項代碼：1</td><td>選項長度</td><td rowspan="2">主機實體位址</td></tr>
<tr><td colspan="2"></td></tr>
</table>

a. 路由器請求訊息之格式

<table>
<tr><td>類別：134</td><td colspan="3">代碼：0</td><td>檢查碼</td></tr>
<tr><td>最大站數</td><td>M</td><td>O</td><td>不用
（全部為 0）</td><td>路由器運作期限</td></tr>
<tr><td colspan="5">可到達的存活期限</td></tr>
<tr><td colspan="5">可到達的傳輸間隔</td></tr>
<tr><td>選項代碼：1</td><td colspan="3">選項長度</td><td rowspan="2">路由器實體位址</td></tr>
<tr><td colspan="4"></td></tr>
<tr><td>選項代碼：5</td><td colspan="3">選項長度</td><td>不用（全部為 0）</td></tr>
<tr><td colspan="5">MTU 大小</td></tr>
</table>

b. 路由器公告訊息的格式

鄰居請求與公告

如前面提及，第 4 版的網路層含有一個獨立的通訊協定，稱為位址解析通訊協定 (ARP)，在第 6 版這個通訊協定被刪除。ARP 所負責的任務就轉到 ICMPv6，所用的觀念完全相同，但是訊息的格式改變。圖 27.44 說明了**鄰居請求與公告訊息 (neighbor-solicitation and advertisement message)** 的格式，其中加入一個選項，提供傳送者的實體位址。

圖 27.44　鄰居請求與公告訊息的格式

類別：135	代碼：0	檢查碼
	不用（全部為 0）	

目標 IP 位址

選項代碼：1	選項長度	

請求者實體位址

a. 鄰居請求

類別：136	代碼：0	檢查碼
R S	不用（全部為 0）	

目標 IP 位址

選項代碼：2	選項長度	

目標實體位址

b. 鄰居公告

群組成員身分

如先前所述，第 4 版的網路層有一個獨立通訊協定稱為 IGMP。但在第 6 版 IGMP 已被刪除，而任務交由 ICMPv6 來負責，其目的完全一樣。

　　群組成員身分訊息 (group-membership message) 分為 3 類，分別是報告、詢問，及結束，如圖 27.45 所示。報告及結束訊息由主機送到路由器，詢問訊息則由路由器送到主機。圖 27.46 說明了群組成員身分訊息的格式。

圖 27.45　群組成員身分訊息

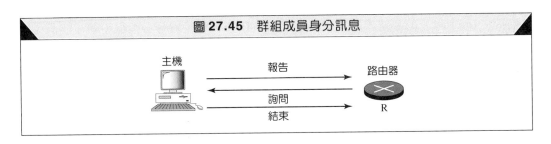

圖 **27.46** 群組成員身分訊息的格式

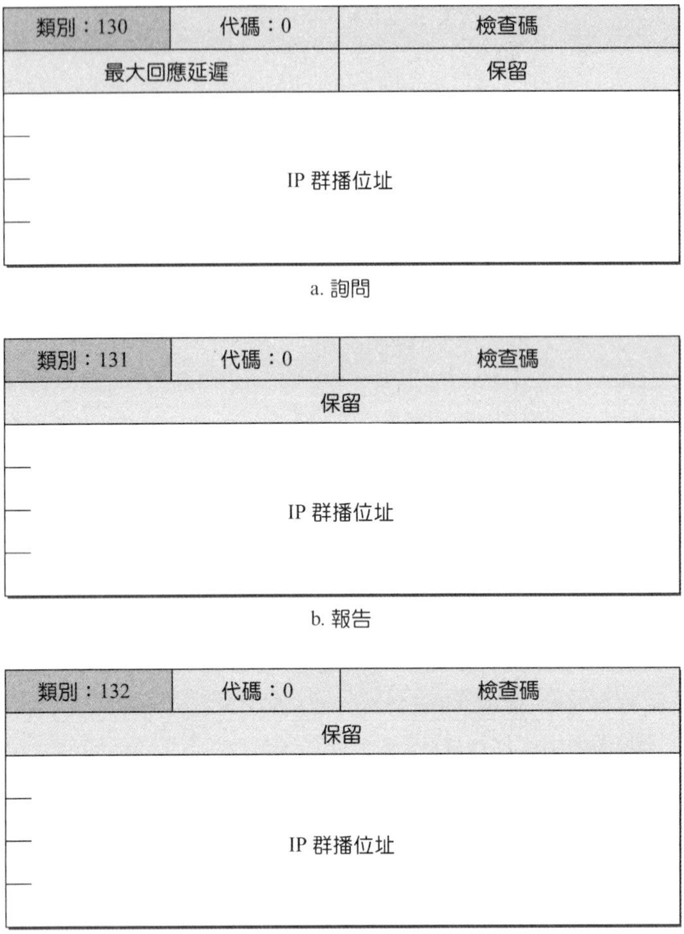

類別：130	代碼：0	檢查碼
最大回應延遲		保留

IP 群播位址

a. 詢問

類別：131	代碼：0	檢查碼
保留		

IP 群播位址

b. 報告

類別：132	代碼：0	檢查碼
保留		

IP 群播位址

c. 結束

　　如我們在第 4 版中的討論所強調，有 4 種不同情況牽涉到群組身分訊息的使用，如圖 27.47 所示。

27.3　由 IPv4 轉換到 IPv6　*Transitions from IPv4 to IPv6*

因為 Internet 上有太多的系統，使得將 IPv4 轉到 IPv6 無法立即完成，可能要花費相當長的時間，Internet 上的系統才能由 IPv4 全部轉到 IPv6。轉換過程必須很平順才能避免任何問題的出現。IETF 已提供了 3 種轉換策略（見圖 27.48）。

雙協定堆疊

IETF 建議在完全換成 IPv6 前，所有系統都要有**雙協定堆疊 (dual stack)**。換言之，各站台要能同時支援 IPv4 及 IPv6，直到 Internet 全部使用 IPv6 為止。圖 27.49 說明了使用雙協定堆疊的配置。

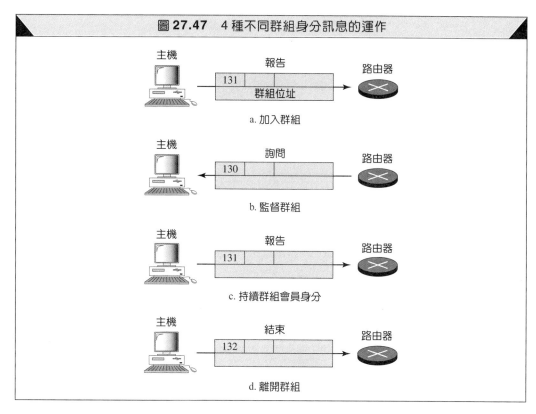

圖 **27.47**　4 種不同群組身分訊息的運作

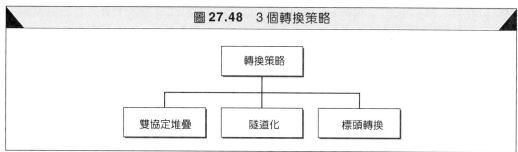

圖 **27.48**　3 個轉換策略

　　來源端主機要詢問 DNS，以便決定傳送封包要用哪一個版本。如果 DNS 回應的是 IPv4 位址，則來源端主機以 IPv4 封包送去；如果 DNS 回應的是 IPv6 位址，則來源端主機以 IPv6 封包送出。

隧道化

隧道化 **(tunneling)** 這種方法使用在兩台電腦使用 IPv6 要彼此通訊，但是封包必須經過一個 IPv4 的地區。要通過這個地區，封包必須有一個 IPv4 位址，所以當 IPv6 封包通過 IPv4 地區時，就要被封裝成為 IPv4 的封包，當離開這個位址時再把 IPv4 的外衣脫掉，這就好像 IPv6 封包從隧道的一端進入而在另一端出現。要清楚表示 IPv4 封包攜帶的是 IPv6 封包的資料，而通訊協定值要設為 41。其隧道化使用**相容位址**，如第 27.1 節中的 IPv6 位址所介紹的。

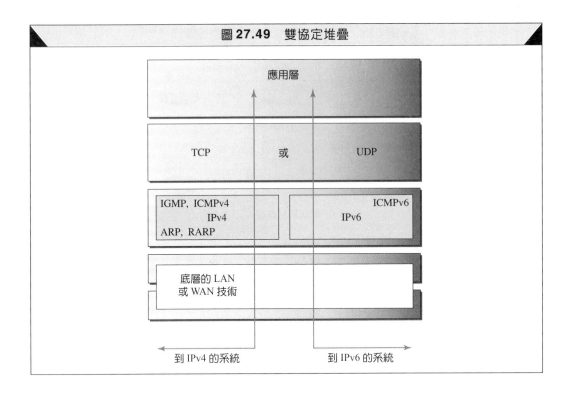

圖 27.49   雙協定堆疊

自動型隧道化

如果接收的主機使用相容的IPv6位址，隧道自動發生不用任何重新配置。在**自動型隧道化 (automatic tunneling)** 中，傳送者傳送給接收者一個 IPv6 封包，使用 IPv6 相容位址為目的位址。當封包到達 IPv4 網路的邊界，路由器把它封裝在 IPv4 封包內，這個封包要使用的是一個 IPv4 的位址。若要得到這個位址，路由器要從 IPv6 裡把嵌入的 IPv4 位址找出來，之後這個封包會以IPv4封包漫遊，而目的地主機本身使用雙協定堆疊，現在收到一個 IPv4 封包，它認得這個 IPv4 的位址，讀出標頭發現這個封包所攜帶的是一個 IPv6 封包，之後將它傳送給 IPv6 的軟體來處理（見圖 27.50）。

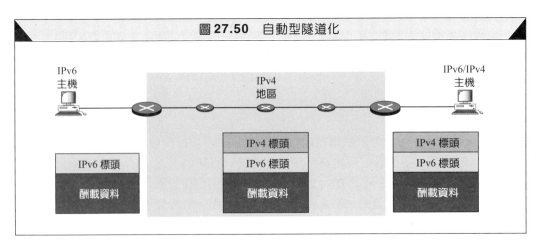

圖 27.50   自動型隧道化

配置型隧道化

如果接收主機不支援 IPv6 相容位址，傳送者會由 DNS 收到一個非相容的 IPv6 位址。在這種情況下，就會使用到**配置型隧道化 (configured Tunneling)**。傳送者以接收者的非相容 IPv6 位址為目的地送出其 IPv6 封包，不過封包還是要封裝成 IPv4 封包才能通過 IPv4 的區域，在 IPv4 區域兩台邊界路由器要被配置來傳送這些被封裝成 IPv4 的封包。進入端的路由器以自己的 IPv4 位址作為此封包的來源位址，而以另一端路由器的 IPv4 位址為封包目的位址。目的端這台路由器在接收到封包後，會脫掉 IPv4 的外衣，找回原來被封裝的 IPv6 封包，然後目的端主機就收到以 IPv6 為格式的封包而進行處理（見圖 27.51）。

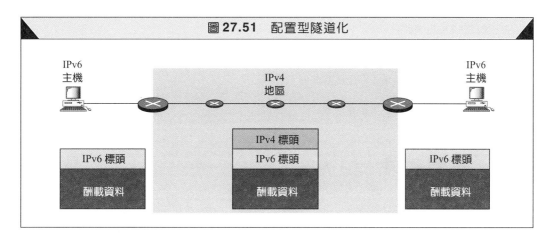

圖 27.51　配置型隧道化

標頭轉換

多數的 Internet 系統都改為 IPv6 後，在仍然有些系統使用 IPv4 的情況下，就需要做**標頭轉換 (header translation)**。傳送者想要使用 IPv6，但是接收者並不了解 IPv6，隧道化在這種狀況是沒有用的，因為接收者只看得懂 IPv4 的格式，這樣就要使用標頭轉換來完全改變標頭的格式，即 IPv6 封包的標頭轉換成 IPv4 的標頭（見圖 27.52）。

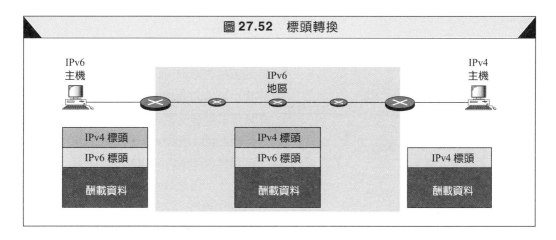

圖 27.52　標頭轉換

標頭轉換使用對應位址來把IPv6位址轉換成為IPv4位址。表27.9列出了一些轉換標頭的規則。

表 27.9 標頭轉換

標頭轉換程序
1. 擷取出IPv6位址的最右邊32位元來將IPv6的對應位址轉為IPv4的位址。
2. 不用管IPv6優先欄的數值，即放棄此值。
3. 把IPv4中的服務欄設為0。
4. 計算IPv4的檢查碼並填入該欄。
5. 不用管IPv6的訊流標記。
6. 相容性的延伸標頭轉換成IPv4的選項並填入IPv4的標頭。
7. 計算IPv4標頭的長度並填入標頭長度欄位。
8. 計算IPv4封包的總長度並填入適當欄位。

27.4 重要名詞 *Key Terms*

縮寫 (abbreviation)

任意傳播位址 (anycast address)

現場等待大量資料的運輸 (attended bulk data traffic)

自動型隧道化 (automatic tunneling)

背景資料 (background data)

基本標頭 (base header)

相容位址 (compatible address)

配置型隧道化 (configured tunneling)

控制用途的運輸 (control traffic)

目的地選項 (destination option)

雙協定堆疊 (dual stack)

加密安全酬載資料 (Encrypted Security Payload, ESP)

延伸標頭 (extension header)

訊流標記 (flow label)

標頭轉換 (header translation)

十六進制冒號表示法 (hexadecimal colon notation)

站數限制 (hop limit)

逐站選項 (hop-by-hop option)

互動式運輸 (interactive traffic)

第 6 版的網際網路控制訊息通訊協定 (Internetworking Control Message Protocol, version 6, ICMPv6)

下一代網際網路通訊協定 (Internetworking Protocol, next generation, IPng)

第 6 版的網際網路通訊協定 (Internetworking Protocol, version 6, IPv6)

巨大酬載資料 (jumbo payload)

鏈結區域位址 (link local address)

對應位址 (mapped address)

鄰居請求與公告訊息 (neighbor-solicitation and advertisement message)

下一個標頭 (next header)

非壅塞控制運輸 (noncongestion-controlled traffic)

封包優先權 (packet priority)

封包過大訊息 (packet-too-big message)

Pad1

PadN

路徑 MTU 探索技術 (Path MTU Discovery technique)

保留位址 (reserved address)

資源分配 (resource allocation)

地點區域位址 (site local address)

傳輸模式 (transport mode)

隧道模式 (tunnel mode)

隧道化 (tunneling)

非現場等待資料的運輸 (unattended data traffic)

未指定的位址 (unspecified address)

27.5　摘要　*Summary*

❑ 最新的網際網路協定IPv6有128位元位址,其標頭格式經過修改、有新選項、允許延伸,及支援資源分配並提供安全認證措施。

❑ IPv6使用十六進制冒號表示法,可以縮寫。

❑ IPv6有3種位址,即單點傳播位址、任意傳播位址,以及群播位址。

❑ 類別前置碼定義位址類別與其使用目的。

❑ IP資料包由基本標頭及酬載資料組成。

❑ 基本標頭為40位元組長,內容包括版本、優先權、訊流標記、酬載資料長度、下一個標頭、站數限制、來源位址,及目的位址。

❑ 優先權欄位為衡量資料包重要性的方法。

❑ 訊流標記指出一連串需要特別處理的封包。

❑ 酬載資料包含選擇性的延伸標頭及來自上層的資料。

❑ 延伸標頭增加IPv6資料包的功能。

❑ 逐站選項用來傳送資訊給封包路徑上的每台路由器。

❑ 來源端路由延伸標頭使用在來源端主機想要指定其傳輸路徑時。

❑ 分段延伸標頭使用在所酬載資料為某全部訊息的個別分段時。

❑ 認證延伸標頭驗證傳送者的訊息,保護資料不受駭客竄改。

❑ 加密安全酬載資料延伸標頭提供傳送者與接收者之間的隱密性。

❑ 目的地選項延伸標頭讓來源端傳送資訊給目的端,而且只給目的端使用。

❑ ICMPv6如ICMPv4一樣,報告錯誤之發生、處理群組成員問題、更新特定路由器及主機的路由表,並檢查是否可達到某一台主機。

❑ ICMPv6有5種錯誤訊息,分別處理無法到達目的地、封包過大、分段逾時、站數超過、標頭有問題,及路由效率差等問題。

❑ 詢問訊息的形式為要求與答覆。

❑ 回應之要求與答覆訊息用來測試兩個系統是否可通。

❑ 路由器請求與公告訊息用來讓路由器更新其路由表。

❑ 群組成員身分訊息可以用來將一主機加入一個群組、結束其成員身分、監看群組,及維持群組成員身分等運作。

❑ 由IPv4轉換到IPv6的三大策略是雙協定堆疊、隧道化,及標頭轉換。

27.6　習題　*Practice Set*

練習題

1. 寫出下列位址的最短型式。

   (a) 2340:1ABC:119A:A000:0000:0000:0000:0000

   (b) 0000:00AA:0000:0000:0000:0000:119A:A231

   (c) 2340:0000:0000:0000:0000:119A:A001:0000

   (d) 0000:0000:0000:2340:0000:0000:0000:0000

2. 寫出下列位址的原來（未縮寫）型式。

   (a) 0::0

   (b) 0:AA::0

   (c) 0:1234::3

   (d) 123::1:2

3. 下列位址的類別為何？

   (a) FE80::12

   (b) FEC0::24A2

   (c) FF02::0

   (d) 0::01

4. 下列位址的類別為何？

   (a) 0::0

   (b) 0::FFFF:0:0

   (c) 582F:1234::2222

   (d) 4821::14:22

   (e) 54EF::A234:2

5. 寫出 IP 位址提供者前置碼（使用十六進制冒號表示法），這個位址分配在美國註冊的用戶，提供者識別碼為 ABC1。

6. 使用十六進制冒號表示法寫出與 IPv4 位址 129.6.12.34 相容的 IPv6 位址。

7. 使用十六進制冒號表示法寫出與 IPv4 位址 129.6.12.34 對應的 IPv6 位址。

8. 使用十六進制冒號表示法寫出與 IPv6 的迴路位址。

9. 使用十六進制冒號表示法寫出主機識別碼為 00::123/48 的鏈結區域位址。

10. 使用十六進制冒號表示法寫出主機識別碼為 00::123/48 的地點區域位址。

11. 使用十六進制冒號表示法寫出在鏈結區域範圍內的固定群播位址。

12. 群播位址的最前面 2 個位元組可以是什麼？

13. 某主機位址 581E:1456:2314:ABCD::1211，如果其主機識別碼為 48 位元，找出主機所在的子網路位址。

14. 某主機位址 581E:1456:2314:ABCD::1211，如果其主機識別碼為 48 位元，子網路識別碼為 32 位元，找出提供者的前置碼。

15. 某地點有200個子網路，有一個等級B的位址132.45.0.0，此地點最近轉換為IPv6，用戶的前置碼為581E:1456:2314::ABCD/80，設計子網路並定義子網路位址，其使用的子網路識別碼為32位元。

16. 有IPv6封包包含基本標頭及一個TCP區段，資料長度為320個位元組，畫出此封包並給予每個欄位一個數值。

17. 有個IPv6封包包含基本標頭及一個TCP區段，資料長度為128,000（巨大酬載資料）個位元組，畫出此封包並給予每個欄位一個數值。

18. 哪一類ICMP訊息包含IP資料包的一部分？為什麼要加入這一部分？

19. 逐欄比較ICMPv4和ICMPv6的無法到達目的地訊息。

20. 逐欄比較ICMPv4和ICMPv6的時間超過訊息。

21. 逐欄比較ICMPv4和ICMPv6的參數問題訊息。

22. 逐欄比較ICMPv4和ICMPv6的轉址訊息。

23. 逐欄比較ICMPv4和ICMPv6的回應要求與答覆訊息。

24. 逐欄比較ICMPv4和ICMPv6的路由器請求與公告訊息。

25. 逐欄比較ICMPv6的鄰居請求與公告訊息、ARP的詢問及回答訊息。

26. 逐欄比較IPv6的群組成員身分訊息與IGMP的相對應訊息。

27. 為什麼IPv4的相容位址和IPv4的對應位址不同？

28. 119.254.254.254的IPv4相容位址為何？

29. 119.254.254.254的IPv4對應位址為何？

30. IPv6比IPv4多了多少可用的位址？

31. 在設計IPv4的對應位址時，為什麼不在IPv4位址前直接接上96個1？

資料檢索

32. 請找出有關IPv6的RFC文件。

33. 請找出有關ICMPv6的RFC文件。

34. 請找出ICMPv4和IGMPv4是如何轉換到ICMPv6的。

35. 請比較一下IPv4和IPv6在使用CIDR這方面有何異同。

36. 請找出為何IPv6中會有2個安全通訊協定（AH和ESP）。

CHAPTER 28

網路安全
Network Security

安 全性是一個非常廣泛的課題,包含了許多層面的問題。本章我們要探討的是和 Internet 有關的網路安全。在開始介紹之前,我們首先複習一些通常會在資料通訊導論或安全的課程中被討論到的內容。我們將從密碼學開始談起,但不會牽扯到數論中較抽象的數學。然後我們將說明安全所涵蓋的四個層面,即**隱密性** (privacy)、**完整性** (integrity)、**鑑定性** (authentication) 及**不可否認性** (nonrepudiation),該如何應用在傳遞訊息上。接下來將討論網路實體之間的認證及金鑰的管理,然後討論到 Internet 的安全。最後,我們將討論應用在使用者存取系統的防火牆。

28.1　密碼學　*Cryptography*

我們從密碼學的入門知識出發,作為討論網路安全的開始。密碼學的技術日新月異,到目前為止,已經有一整本專門討論這個主題的書籍。一位密碼學的專家必須要對數學、電子和程式設計有豐富的知識。在這一節中,我們先探討一些了解安全議題所需要知道的概念,之後再來討論網路安全。

　　密碼學 (cryptography) 一詞乃是希臘字的「祕密寫作」(secret writing),而這個名詞現今則意指轉換訊息內容以獲得安全性,免於遭受攻擊的科學及藝術。圖 28.1 描繪出和密碼學有關的元件。

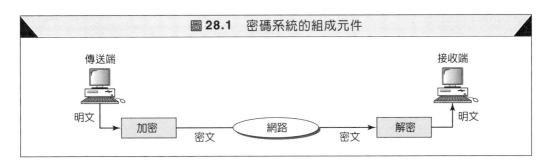

圖 28.1　密碼系統的組成元件

傳送端　接收端

明文　加密　密文　網路　密文　解密　明文

　　被轉換以前的原始訊息稱為**明文 (plaintext)**,轉換之後的訊息則稱為**密文 (ciphertext)**。**加密 (encryption)** 的演算法可將明文轉換成密文,而**解密 (decryption)** 的演算法則將密文轉回明文。傳送端使用的是加密的演算法,接收端使用的是解密的演算法。

在這一章中，我們把加密／解密的演算法當作**密碼器 (cipher)**，這個字在密碼學中也常用來代表不同種類的演算法。我們應該要知道的是，並非每一對傳送端和接收端都需要屬於自己獨一無二的密碼器，才能確保安全的傳輸。相反地，只要透過金鑰的使用，密碼器便可以用來服務幾百萬對的傳送端與接收端。**金鑰 (key)** 是一個讓密碼器（也就是演算法）能夠順利操作的數值。在加密一個訊息時，我們需要一個加密演算法，一支加密金鑰，和欲加密的明文，便可以產生密文；而解密訊息時，我們需要一個解密演算法，一支解密金鑰，以及密文，便可以解出明文。

加密和解密的演算法是公開的，任何人都可以知道；而金鑰是祕密的，需要妥善保管。

> 在密碼學中，加密和解密演算法是公開的，而金鑰是祕密的。

習慣上在密碼學中我們會引用3個角色，我們稱之 Alice、Bob 和 Eve。Alice 是想要安全地傳送資料的人，Bob 是資料的接收者，而 Eve 則是想要干擾 Alice 和 Bob 通訊的人，可能是想攔截資料或是傳送她偽裝的資料。這3個名字代表著實際上傳送或接收資料、攔截或竄改資料的電腦或是程序。

我們可以把這世界上所有的密碼學演算法分成以下 2 類：

1. 對稱金鑰密碼系統（有時也叫做祕密金鑰密碼系統）演算法。
2. 非對稱金鑰密碼系統（有時也叫做公開金鑰密碼系統）演算法。

對稱金鑰密碼系統

在**對稱金鑰密碼系統 (symmetric-key cryptography)** 中，兩端使用的金鑰是一樣的。傳送端使用這支金鑰和一個加密演算法來加密資料，接收端使用同樣的金鑰和對應的解密演算法來解密資料（見圖 28.2）。

> 在對稱金鑰密碼系統中，相同的金鑰被傳送端（拿來加密）和接收端（拿來解密）使用，這支金鑰是共用的。

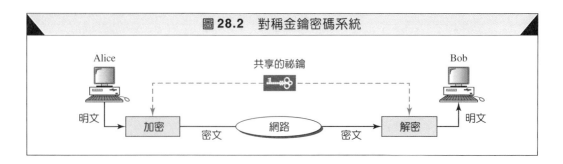

圖 28.2 對稱金鑰密碼系統

在對稱金鑰密碼系統中，用來解密的演算法就是加密演算法的反運算。這代表如果加密演算法使用加法和乘法的組合，則解密演算法將使用除法和減法的組合。

值得注意的是，對稱金鑰密碼系統是因為在傳送端和接收端都使用相同的金鑰而得此名。

在對稱金鑰密碼系統中，傳輸雙方都使用同一支金鑰。

傳統的密碼器

在最早期最簡單的密碼器中，字元是用來加密每筆資料的基本單位。而傳統的密碼器包含了資料的代換 (substitution) 和換位 (transposition)。

代換密碼器　使用**代換 (substitution)** 方法的密碼器，就是將一個符號用另一個符號來代替。如果明文中的符號是由字母所組成的話，我們就把符號一個一個置換即可。舉例來說，可以將 A 換成 D，將 T 換成 Z。如果明文中的符號是數字（例如：0 到 9），那我們可以把 3 換成 7、把 2 換成 6 等等。但是我們討論的重心將放在字母的符號上。

　　第 1 個被記錄下來的密文是由 Julius Caesar 所使用，現在仍被稱作 *Caesar* 密碼器。這個密文把每一個字元往後移 3 位，圖 28.3 說明了 Caesar 密碼器的操作方法。

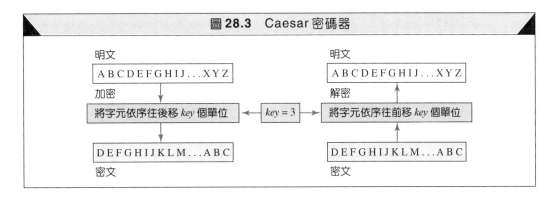

圖 28.3 Caesar 密碼器

　　在我們繼續討論之前，讓我們分析一下 Caesar 密碼器的加密演算法、解密演算法，和對稱金鑰。如上圖所示，加密演算法是將字元依序往後移 key 個單位，而解密演算法則是將字元依序往前移 key 個單位，其 key 的值是 3。請注意，其加解密的演算法互為反運算，而 key 值都相同。

　　我們可以用另外一種方法來思考置換形式的密文，指定一個數字給每個字母 (A = 0, B = 1, C = 3, ..., Z = 25)。於是我們可以把加密演算法當作是，把每個明文字母所代表的數字加上 key 的值，來得到密文的數字。解密也一樣，只是把加法運算換成減法，來從密文得出明文。當然不論是加法或減法都是採用模數 26 (modulo 26) 的運算，這表示 24 + 3 會變成 1 而不是 27；Y (24) 會被換成 B (1)。

換位密碼器　在一個使用**換位 (transposition)** 的密碼器中，明文中的字元保持原來的符號，但藉著改變位置來產生密文。欲傳送的文字被展開成一個二維的表格，行與行之間根據金鑰的內容作互換的動作。舉例來說，我們可以將明文組織成一個 8 行的表格，然後根據金鑰中定義的交換方法將各行的順序重新排列。圖 28.4 說明了一個使用換位加密的例子，其中的金鑰定義了哪幾行應該被交換。

資料加密標準 (DES)

傳統的密碼器以字元或符號當作加解密的單位。另一方面，現今的密碼器使用區塊 (block) 當作加解密的單位，其中一個例子便是一種複雜的區塊密碼器，即**資料加密標**

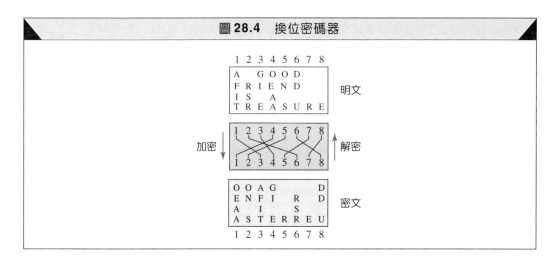

圖 **28.4**　換位密碼器

準 **(Data Encryption Standard, DES)**。DES由美國IBM公司所設計，並且被美國政府採用為非軍事以及非機密性用途的加密標準。其演算法乃使用一支56位元的金鑰來加密64位元的明文。如圖28.5所示，明文會經過19個不同而且複雜的處理程序來產生64位元的密文。DES有2個**換位區塊** (transposition block)、1個**交換區塊** (swapping block)，以及 16 個稱作**疊代區塊** (iteration block) 的複雜區塊。

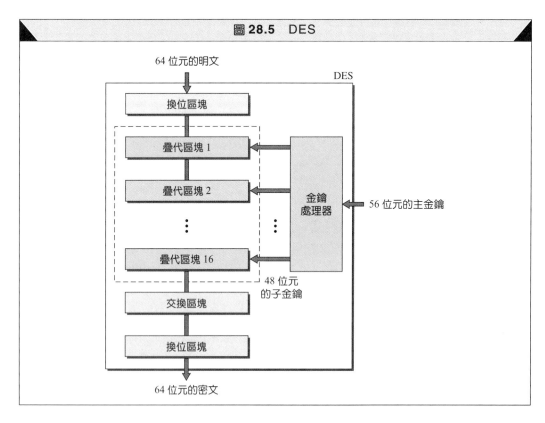

圖 **28.5**　DES

　　雖然那16個疊代區塊在概念上是一樣的，但每個區塊都使用不一樣的金鑰，金鑰是從上一個區塊使用的金鑰所推算出的。圖 28.6 說明了疊代區塊的概要。

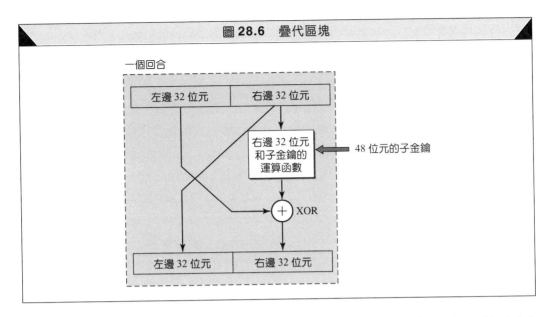

圖 **28.6** 疊代區塊

在每一個區塊中，上一個區塊的右邊 32 位元變成下一個區塊的左邊 32 位元（交換）。而下一個區塊的右邊 32 位元，則來自上一個區塊的右邊 32 位元先經過某函數的運算後，再和上一個區塊的左邊 32 位元作 XOR 運算所得。

請注意，整個 DES 加密區塊就是一個把 64 位元明文轉換成 64 位元密文的代換區塊。換句話說，它並不是在一個時間單位內替換 1 個字元，而是一次替換 8 個字元（位元組），使用的是很複雜的加解密演算法。

DES 將資料切成多個以 8 位元組為單位的區段，而每個區段使用相同的加密演算法和金鑰。因此，如果輸入的是 4 個相同的區段，輸出的也會是 4 個相同的區段。

三重DES 一般對DES的批評認為其金鑰長度太短，因此為了加長金鑰長度，同時又能兼顧與原來 DES 的相容性，**三重 DES (triple DES)** 於焉誕生。如圖 28.7 所示，它使用了 3 個 DES 區塊和 2 個 56 位元的金鑰值。要注意的是，在加密區塊中使用的是加密－解密－加密的DES組合，而在解密區塊中則使用解密－加密－解密的組合。這樣的方法在 K1 和 K2 一樣的情況下，可以提供原本 DES 和三重 DES 之間的相容性。

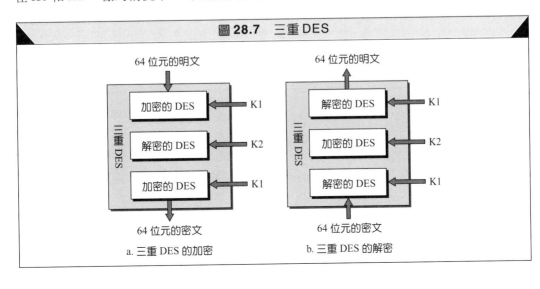

圖 **28.7** 三重 DES

> DES密碼器使用和Caesar密碼器一樣的概念，但加解密演算法則更為複雜。

公開金鑰密碼系統

在**公開金鑰密碼系統 (public-key cryptography)** 中有2種金鑰，即**私有金鑰 (private key)** 和**公開金鑰 (public key)**。私鑰由接收者保存，而公鑰則公布給大家知道。

如圖28.8所示，假設Alice想要送一個訊息給Bob，Alice使用Bob的公鑰來加密訊息，當Bob收到訊息後，就可以用私鑰來解密訊息。

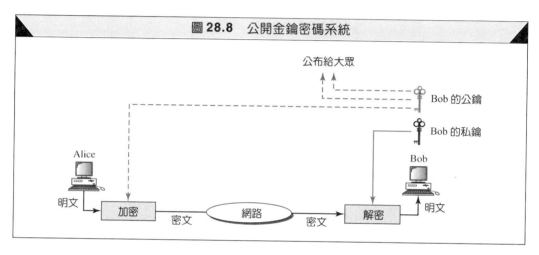

圖28.8　公開金鑰密碼系統

在公開金鑰密碼系統的加解密中，用來加密的公鑰和用來解密的私鑰是不相同的。公鑰可以公布給大家，而私鑰只有自己才能知道。

RSA

最普遍被採用的公開金鑰演算法就叫做**RSA**，得名於其發明者（Rivest、Shamir和Adleman）。這個演算法中的私鑰是一對數字 (N, d)，而公鑰也是一對數字 (N, e)。請注意在私鑰和公鑰中的 N 是一樣的。

傳送端使用下列的演算法來加密訊息：

$$C = P^e \bmod N$$

在這個演算法中，P 是明文，代表一個數字；C 是代表密文的數字；e 和 N 是公鑰中的2個數字。明文 P 用 e 次方提升，再除以 N，而 mod 運算則代表其餘數被當作密文來傳送。

接收端使用下列的演算法來解密訊息：

$$P = C^d \bmod N$$

在這個演算法中，P 與 C 和之前一樣，而 d 和 N 是私鑰中的2個數字。如圖28.9中一範例說明。

假設私鑰為 $(119, 77)$，公鑰為 $(119, 5)$，而傳送端要送一個字元 F。這個字元可以被表示成數字6（F是字母表中的第6個）。加密演算法計算 $C = 6^5 \bmod 119 = 41$，這

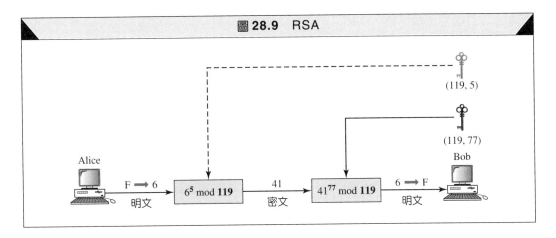

圖 28.9 RSA

個數字被當作密文傳送到接收端。接收端使用解密演算法來計算 $P = 41^{77} \bmod 119 = 6$（原先的數字），最後 6 被解讀成 F。

　　讀者可能會懷疑這個演算法是否有效。如果一個破密者知道解密演算法和 $N = 119$，唯獨不知道 $d = 77$，那麼破密者何不使用**嘗試錯誤法** (Trial & Error) 來找出 d 呢？答案是肯定的，在這個例子中，破密者可以輕易地試出 d 的值。不過 RSA 演算法的一個重要概念是，d 和 e 使用一個非常大的數字。實際上，數字會大到好幾百位數，以致於即使使用現今最快速的電腦來進行嘗試錯誤法，也需要花上很長的時間（即使不花個幾年，最少也要數個月）才能夠破解。

公鑰和私鑰的選擇　　這時有個問題在我們的腦中浮現：該如何選擇 N、d 和 e 這 3 個數字來做加解密呢？RSA 的發明者已用數論證明出：透過下列的步驟，就可以確保演算法的運作無誤。雖然證明的過程超出了這本書涵蓋的內容，我們仍將步驟概述如下：

1. 選擇 p 和 q 兩個大的質數。
2. 計算 $N = p \times q$，以及 $\phi(N) = (p - 1)(q - 1)$。
3. 選擇 e（必須比 N 小），使得 e 和 $\phi(N)$ 互質（除了 1 以外，沒有共同的因數）。
4. 根據 $(e \times d) \bmod \phi(N) = 1$ 來計算出 d，我們稱 d 為 e 在模 $\phi(N)$ 下的乘法反元素。

比較

在結束這一節有關密碼系統的討論之前，讓我們把兩種密碼系統做一個簡短的比較。

對稱金鑰密碼系統的優缺點

對稱金鑰演算法是很有效率的，用對稱金鑰演算法來加密訊息所花的時間，比用非對稱金鑰演算法還要少，理由是其金鑰的長度通常較短。也因為如此，對稱金鑰演算法常用來加解密較長的訊息。

對稱金鑰密碼系統常應用在加解密較長的訊息。

　　對稱金鑰密碼系統有兩個主要的缺點，首先是每一對傳送／接收的使用者必須各自擁有 1 對獨一無二的對稱金鑰，這代表如果世界上有 N 個人要使用這種方法，就一共需

要 $N(N-1)/2$ 支對稱金鑰。例如，若有 100 萬個人想要通訊，那麼世界上就會有 5,000 億支對稱金鑰。另外的缺點則是，兩端之間的金鑰分配也是一個困難的問題。

非對稱金鑰密碼系統的優缺點

非對稱金鑰的加解密系統有兩個優點。第一，它消除了 2 個欲通訊的實體（例如：2 個人）之間必須擁有共享對稱金鑰的限制。任一支共享的對稱金鑰只能用在某通訊雙方之間，無法讓其中一方再拿來和第三方通訊，而在公開金鑰密碼系統中，每個實體都會產生一對金鑰，其中的私鑰自己保存，而公鑰則公諸大眾。且每個實體都是互相獨立的，所以各個實體創造出的一對金鑰可以用來和任何其他的實體通訊。第二個優點是所需要的金鑰數目大大減少，在這種系統中，如果有 100 萬個人想要通訊，只會需要 200 萬支金鑰，而不是在對稱式密碼系統中的 5,000 億支。

公開金鑰密碼系統也有兩個缺點，最主要的缺點是演算法的複雜度。如果我們想要演算法確實有效，那麼就需要計算很大的數字，而使用很長的金鑰來將明文轉換成密文是很花時間的，這也是為什麼公開金鑰密碼系統不建議用來處理大量資料的緣故。

> 非對稱金鑰演算法在處理較短的訊息時比較有效率。

公開金鑰密碼系統的第二個缺點是，必須要驗證某實體與其公開金鑰的關聯性。假設 Alice 透過電子郵件傳送其公鑰給 Bob，那麼 Bob 就必須確認這支金鑰是真的屬於 Alice，而不是其他人假冒的。在我們使用公開金鑰密碼系統做認證的時候，就會知道這個證明過程是很重要的。然而，這項缺點可以藉由使用**憑證機構**（Certification Aauthority, CA）的方式來克服，有關 CA 我們會在這一章較後面的部分談到。對稱金鑰和祕密金鑰、以及非對稱金鑰和公開金鑰，都是可以互換通用的術語。

28.2　隱密性　*Privacy*

我們期望從一個安全系統中可得到的第一個服務就是隱密性。**隱密性 (privacy)** 指的是傳送端和接收端所期待的機密性。被傳送的訊息必須只對特定的接收端有意義，並且對其他人來說必須相當難理解。

有關如何達到隱密性的概念，從古至今從未改變，也就是將訊息加密。換言之，必須要讓訊息對其他未經授權的接收端而言，變得無法理解。一個提供隱密性的方法，必須在某種程度上保證任何侵入者（或竊聽者）無法了解訊息的內容，才能稱得上優秀。

對稱金鑰密碼系統的隱密性

使用對稱金鑰的加解密能夠達到隱密性，如圖 28.10 所示。如同我們前面說的，在對稱金鑰的密碼系統中，金鑰為 Alice 和 Bob 所共享。

使用對稱金鑰密碼系統是一個普遍用來提供隱密性的方法，在本章較後面的部分，我們會學到如何管理對稱金鑰的分配。

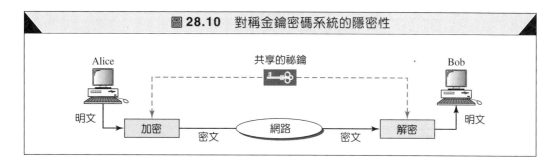

圖 28.10 對稱金鑰密碼系統的隱密性

非對稱金鑰密碼系統的隱密性

我們也可使用非對稱金鑰（公開金鑰）的加密來達到隱密性。系統中有 2 種金鑰，即私鑰和公鑰。私鑰由接收端所持有，而公鑰則公布給大眾，如圖 28.11 所示。

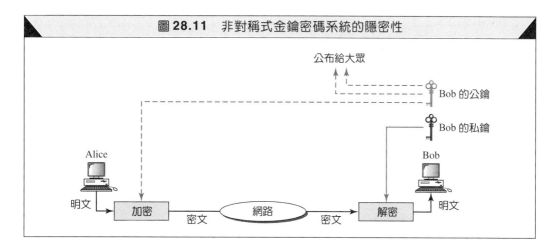

圖 28.11 非對稱式金鑰密碼系統的隱密性

　　公開金鑰密碼系統的主要問題是，必須要對每支公開金鑰 (public key) 的持有者作認證的動作，我們不久後就會知道如何解決這個問題。

28.3 數位簽章 *Digital Signature*

我們期望從一個安全的系統中所得到的服務，還包括訊息的鑑定性、完整性和不可否認性。**訊息鑑定性 (message authentication)** 指的是接收端必須確認傳送端的身分，確保訊息不是由冒充者所傳送。**訊息完整性 (message integrity)** 指的是接收端收到的訊息必須和傳送端傳送出的訊息一模一樣，不論是非刻意或是刻意的情況下，訊息都不應該有修改的情形發生。由於愈來愈多的金錢交易是透過網路來進行，因此完整性就變得相當重要。舉例來說，如果一個要求轉帳 $100 的訊息，被竄改成 $10,000 甚至是 $100,000 的話，將會造成多大的影響。一個安全的通訊中，必須要謹慎維持訊息的完整性。**不可否認性 (nonrepudiation)** 指的是接收端必須要能夠證明所接收到的訊息是來自某特定的傳送端，要讓傳送端無法否認任何他確實傳送過的訊息，而證明的責任落在接收端身上。舉例來說，當某客戶傳送一個要求匯款的訊息，銀行必須要確定該客戶確實有要求這筆交易。以上 3 種皆可藉由**數位簽章 (digital signature)** 來達成。

> 數位簽章可以對訊息提供鑑定性、完整性和不可否認性。

這個方法相似於在文件上簽名,當我們利用電子方式傳送一份文件,也能夠對它簽名。我們有2個選擇,我們可以對整份文件簽章,或者是我們只對文件的摘要(濃縮版本)簽章。

整份文件的簽章

公開金鑰加密可用來對文件簽章。不過,在此公鑰及私鑰的角色並不相同。傳送者使用其私鑰將訊息加密(即簽章),就如同自己做書面簽名一般,不易被偽造。另一方面,接收者以傳送者給的公鑰將訊息解密,如同自己憑著記憶,印證別人的簽名一般。

在數位簽章中,私鑰是用來加密,而公鑰是用來解密。這樣做是可行的,因為用來做加解密的演算法,如RSA,都是數學方程式,有類似的結構。圖28.12說明了簽章的過程。

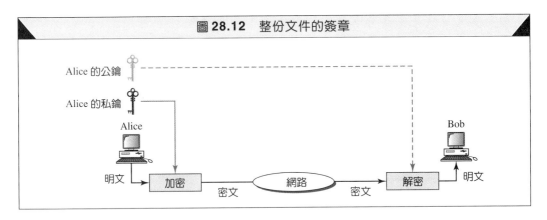

圖 28.12　整份文件的簽章

數位簽章可以提供鑑定性、完整性,及不可否認性。數位簽章之所以能提供訊息的完整性是由於,如果有侵入者Eve攔截到訊息並將之做部分或全部的竄改,將會造成解密後的訊息變得無法被閱讀。

我們可用下面的推理,解釋為何訊息可被認證。如果Eve(某入侵者)送出一訊息假裝是來自Alice,則Eve必須用自己的私鑰來加密。訊息由Alice的公鑰來解密所得的結果將是無法閱讀的。用Eve的私鑰加密,以Alice的公鑰解密,所造成的結果是無法閱讀的垃圾資料。

數位簽章具有不可否認性。前提是,我們需要一個可信賴的第三方。第三方必須將Alice傳送出的訊息儲存,如果Alice爾後否認曾經送過該訊息,Bob可以請第三方裁決,並利用Alice的私鑰和公鑰來測試明文,看做出的訊息是否會和第三方儲存的一樣。

> 數位簽章沒有提供隱密性。如果需要隱密性,可以再使用另一層的加密/解密。

文件摘要的簽章

前面提過,如果是短暫訊息,那麼以公開金鑰系統加密才有效率。如果訊息很長,用公開金鑰加密做簽章的效率會很不好。要解決這個問題,是讓傳送者只對文件的摘要進行簽章而非對整份文件。傳送者建立一份原來文件的縮小版,或稱為**摘要 (digest)**,再加以簽章,接收者則檢查此縮小版的簽章。

欲產生訊息的摘要,可以使用**雜湊函數 (hash function)**。雜湊函數可以從一個非固定長度的訊息,產生一份固定長度的摘要,如圖 28.13 所示。

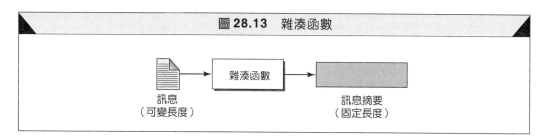

圖 **28.13** 雜湊函數

最常見的 2 個雜湊函數分別是 MD5 (Message Digest 5) 及 SHA-1 (Secure Hash Algorithm 1)。MD5 產生 1 份 120 位元的摘要,而 SHA-1 則產生 1 份 160 位元的摘要。

注意,一個雜湊函數必須有以下兩項特性,以保證其動作的成功。首先,雜湊函數是單向的,摘要只能從訊息產生,無法反過來做。第二,雜湊函數必須是一對一函數,2 個訊息發生相同摘要的機率相當低。待會兒我們會說明此條件的原因。

摘要建立後,傳送者用其私鑰加以加密(即做簽章)。被加密的摘要,附在原始訊息之後,送給接收者。圖 28.14 說明了傳送端的狀況。

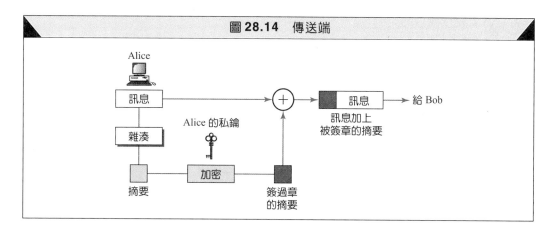

圖 **28.14** 傳送端

接收者接到原始訊息與經過加密的摘要後,便將這兩者分開。之後,將原始訊息進行相同的雜湊函數,以產生第二份摘要。並且以傳送者的公鑰將收到的摘要加以解密。如果這兩份摘要相同,那麼表示安全問題無虞。圖 28.15 說明了接收端的情況。

根據第28.1節所述,我們得知摘要具有完整性、鑑定性及不可否認性。不過訊息本身呢?以下理由,說明事實上訊息本身也具有安全性:

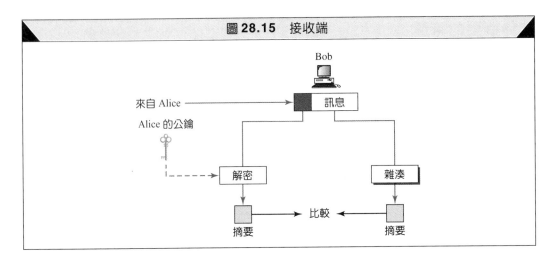

1. 摘要未被改變（完整性），摘要由訊息而得，所以訊息也沒被改變（記住不會有 2 個訊息會有相同的摘要），因此具備完整性。

2. 摘要來自真正的傳送者，所以訊息一定來自真正的傳送者。訊息若是由入侵者所送出，此訊息無法產生相同的摘要（不會有 2 個訊息，能產生相同的摘要）。

3. 傳送者因為無法否認摘要，所以也無法否認訊息。在很高的機率下，只有已被接收到的那一個訊息才能產生此一摘要。

28.4 實體認證 *Entity Authentication*

討論安全性的最重要議題就是金鑰的管理，我們將在後面看到這部分的說明。然而，金鑰管理牽扯到**實體認證 (entity authentication)**，因此我們將會在談論金鑰管理之前，先對實體認證作簡短的說明。

以對稱金鑰密碼系統做實體認證

在這一節中，我們將認證形容成一個可以讓某個實體的身分供其他實體做驗證的方法。一個實體 (entity) 可以是一個人、一個程式，或是一個用戶端電腦或是伺服器，我們的例子是人。明確地說，Bob 必須驗證 Alice 的身分，反之亦然。請特別注意，這裡所談的實體認證和前節中所提的訊息認證是不一樣的。在訊息認證中，對每個訊息都要確認傳送者的身分，而在實體認認中，在整個系統存取過程中，只需要做 1 次的身分確認。

第 1 種方法

在第 1 種方法中，Alice 利用對稱金鑰 K_{AB} 將她的身分和密碼加密後傳送，整個程序如圖 28.16 所示。我們使用一個寫上對應之金鑰（Alice 和 Bob 共享的金鑰）的掛鎖，來表示訊息已使用該金鑰加密。

這是一個安全的方法嗎？在某種程度上是的。Eve（侵入者）因為不知道 K_{AB}，因此無法將密碼或資料解密。然而，Eve 可以在不存取資料內容的情況下為非作歹。假設 Eve 對 Alice 傳送給 Bob 的訊息有興趣，她可以攔截認證訊息和資料訊息，將之儲存，然後晚一點再一次傳送給 Bob。Bob 完全無法知道這是否為前一個訊息的重送，因為在

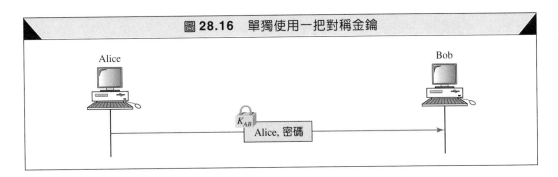

圖 28.16 單獨使用一把對稱金鑰

整個程序中沒有方法可以保證訊息是否為第 1 次送達。舉例來說，假設 Alice 的訊息是要 Bob（一個銀行經理）付給 Eve 一筆薪水，如果 Eve 將訊息重送，那麼銀行就會再付一次錢給 Eve，這就叫做**重送攻擊法 (replay attack)** 或播放攻擊法 (playback attack)。

第 2 種方法

為了避免重送攻擊法，我們在整個認證程序中加入一些東西，以幫助Bob分辨訊息是新的或是重複傳送的。這個東西就是 **Nonce**。Nonce 是一個只用 1 次，且為非常大的隨機數。在第 2 種方法中，Bob 使用 Nonce 來盤問 Alice，確認真的是她，而非 Eve 假扮。圖 28.17 說明了整個程序。

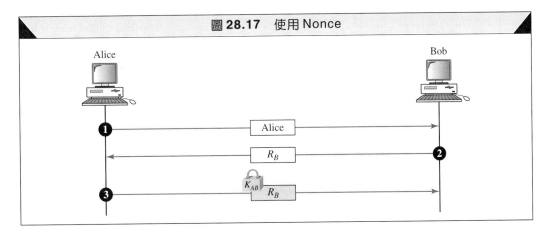

圖 28.17 使用 Nonce

認證程序包括 3 個步驟。首先，Alice 以明文傳送她的身分給 Bob，再來 Bob 以明文送一個 Nonce (R_B) 給 Alice 做盤問，最後 Alice 用對稱金鑰來加密 Nonce，將之送回給 Bob。而 Eve 無法重送訊息，因為 R_B 只能用一次。

雙向認證

上述第 2 個方法包括 1 次的盤問和回應，使 Bob 得以認證 Alice。那麼，能不能使用**雙向認證 (bidirectional authentication)** 呢？圖 28.18 說明了一個方法。

在第 1 步中，Alice 傳送她的身分和Nonce來盤問Bob。第 2 步，Bob回應Alice的盤問，並將自己的Nonce傳送給 Alice。第 3 步，Alice回應Bob的盤問。這個認證方法安全嗎？除非 Alice 和 Bob 在不同的時間使用不同組的 Nonce，而且同一時間內不能同

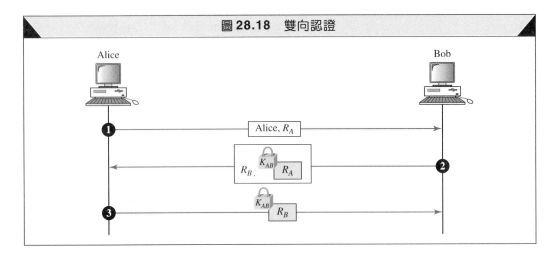

圖 28.18 雙向認證

時做多個身分的認證,否則這個方法就會成為**反射攻擊法 (reflection attack)** 的攻擊目標,關於這部分我們留到資料檢索中探討。

以公開金鑰密碼系統做實體認證

我們可以使用公開金鑰密碼系統來認證某個實體。圖28.18中,Alice可以用她的私鑰加密訊息,並讓 Bob 使用 Alice 的公鑰來解密訊息並做認證。然而,存在著一個**攔截式攻擊法 (man-in-the-middle attack)** 的問題(下一節會看到),因為 Eve 可以將自己的公鑰告訴 Bob,並宣稱自己是 Alice。接下來 Eve 可以用她的私鑰加密含有一個 Nonce 的訊息,而 Bob 可以用 Eve 的公鑰解開,但是 Bob 會以為這是 Alice 的,被愚弄而渾然不知。因此 Alice 需要一個更好的方法來廣播她的公鑰,Bob 則需要一個更好的方法來驗證 Alice 的公鑰。接下來我們將談到公開金鑰的認證。

28.5 金鑰管理 *Key Management*

我們已經談過祕密金鑰和公開金鑰密碼系統如何用在訊息的安全和實體的認證。然而,我們尚未解釋過對稱金鑰該如何分配,而公開金鑰該如何認證的問題,現在讓我們來探索這 2 個重要的議題。

對稱金鑰的分配

對稱金鑰存在 3 個問題:

1. 首先,如果有 n 個人想要彼此通訊,就會需要 $n(n-1)/2$ 支對稱金鑰。如果這 n 個人中的每一個人都要和 $n-1$ 個人通訊,就代表我們需要 $n(n-1)$ 支金鑰。然而,對稱金鑰是由通訊的雙方所共享,因此,實際上所需的金鑰數目為 $n(n-1)/2$。這通常被稱為 n^2 **問題 (n^2 problem)**,如果 n 是一個小的數目,還可以接受。例如,有5 個人想要通訊,則只需要 10 支金鑰就可以辦到。但是如果 n 是一個大數目,問題就嚴重了。舉例來說,如果 n 是 100 萬,則需要將近 5,000 億支金鑰。

2. 第二，在一個由 n 個人組成的團體裡，每個人都必須擁有和記得 n – 1 支金鑰，也就是和團體中每一個人共享的金鑰。這代表如果有 100 萬個人想要彼此通訊，每個人就必須在電腦中記住（或儲存）將近 100 萬支金鑰。

3. 第三，通訊雙方該如何安全地獲得欲交換的金鑰？不能透過電話或是網路，因為這些管道都是不安全的。

會議金鑰

考慮上述問題，如果對稱金鑰是動態的，也就是說每次通訊會議開始時產生，通訊會議結束就銷毀的金鑰，對通訊的雙方來說就很實用。因為如此一來，雙方都不必記住這支金鑰。

> 如果一支對稱金鑰只能使用 1 次，對會議雙方來說就相當實用。這支金鑰在通訊會議開始時產生，在通訊會議結束時銷毀。

Diffie-Hellman 方法　一個由 Diffie 和 Hellman 提出的通訊協定，叫做 **Diffie-Hellman (DH) 通訊協定**，可以提供通訊雙方只用一次就丟的會議金鑰。通訊雙方使用會議金鑰來交換資料，而結束後不需要將金鑰記住或儲存，而且通訊雙方不需要當面協議金鑰內容，只要透過 Internet 就可以完成協議。讓我們來看看當 Alice 和 Bob 需要 1 支對稱金鑰來通訊的時候，這個通訊協定能夠幫上什麼忙。

在建立 1 支對稱金鑰之前，通訊雙方必須要選擇 N 和 G 這 2 個數字。 N 是一個大的質數，必須滿足 (N – 1)/2 也是一個質數； G 也要是質數，但必須滿足更多的限制。這兩個數不是機密，可以公開地藉由 Internet 傳送。任何適當選擇的 2 個數，都足以滿足整個世界的需求。這 2 個數不是祕密， Alice 和 Bob 都知道這 2 個魔術數字。圖 28.19 說明了整個程序。

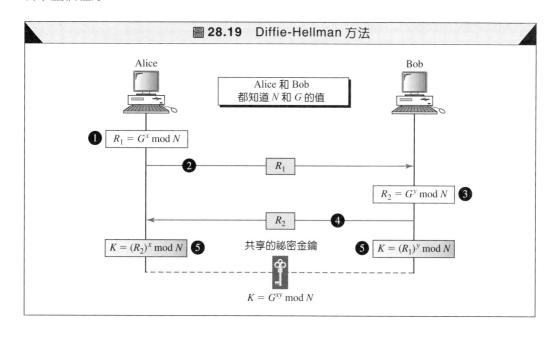

圖 28.19　Diffie-Hellman 方法

DH 協定的步驟如下：

☐ **步驟 1**：Alice 選擇一個大的亂數 x，並計算 $R_1 = G^x \bmod N$。

☐ **步驟 2**：Alice 將 R_1 傳送給 Bob。請注意 Alice 沒有傳送 x，只有傳送 R_1。

☐ **步驟 3**：Bob 選擇另一個大的亂數 y，並計算 $R_2 = G^y \bmod N$。

☐ **步驟 4**：Bob 將 R_2 傳送給 Alice。同樣地，Bob 沒有傳送 y，只有傳送 R_2。

☐ **步驟 5**：Alice 計算 $K = (R_2)^x \bmod N$，Bob 也計算 $K = (R_1)^y \bmod N$。而 K 就是這次會議的對稱金鑰。

讀者也許懷疑，為什麼不一樣的計算可以得到同樣的 K 值，答案是來自一個以數論證明的等式。

$$(G^x \bmod N)^y \bmod N = (G^y \bmod N)^x \bmod N = G^{xy} \bmod N$$

Bob 計算的是 $K = (R_1)^y \bmod N = (G^x \bmod N)^y \bmod N = G^{xy} \bmod N$，而 Alice 計算的是 $K = (R_2)^x \bmod N = (G^y \bmod N)^x \bmod N = G^{xy} \bmod N$。兩者都得到一樣的數值，而且 Bob 不需要知道 x，Alice 也不需要知道 y。

在 Diffie-Hellman 協定中，對稱（共享）金鑰是 $K = G^{xy} \bmod N$。

範例 1

我們舉個例子，讓上述觀念更加清楚。我們的例子使用一個小的數字，但請注意在實際應用情況下，數字是相當大的。假設 $G = 7$，而 $N = 23$，步驟如下：

1. Alice 選擇 $x = 3$ 並計算 $R_1 = 7^3 \bmod 23 = 21$。

2. Alice 將數字 21 傳送給 Bob。

3. Bob 選擇 $y = 6$ 並計算 $R_2 = 7^6 \bmod 23 = 4$。

4. Bob 將數字 4 傳送給 Alice。

5. Alice 計算出對稱金鑰 $K = 4^3 \bmod 23 = 18$。

6. Bob 計算出對稱金鑰 $K = 21^6 \bmod 23 = 18$。

Alice 和 Bob 算出的 K 值都一樣：$G^{xy} \bmod N = 7^{18} \bmod 23 = 18$。

攔截式攻擊法　Diffie-Hellman 通訊協定是一個非常高明之產生對稱金鑰的演算法。如果 x 和 y 是很大的數，則 Eve 很難單憑 N 和 G 來找到金鑰。即使侵入者已經攔截到 R_1 和 R_2，他還是必須決定 x 和 y 的值，而從 R_1 找到 x 以及從 R_2 找到 y 是兩個困難的工作，即使是一台先進的電腦也得花上很長的時間才能找到金鑰。此外，Alice 和 Bob 在下一次通訊時會改變金鑰內容。

然而，這個通訊協定存在一個弱點。Eve 並不需要找到 x 和 y 的值來破解此通訊協定，她可以自己創造兩支金鑰來愚弄 Alice 和 Bob，一支由她和 Alice 共享，一支由她和 Bob 共享。圖 28.20 說明了這個情況。

會發生以下的情況：

1. Alice 選擇 x 並計算 $R_1 = G^x \bmod N$，然後將 R_1 傳送給 Bob。

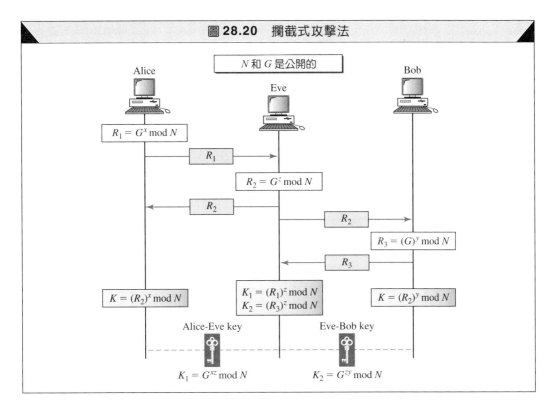

圖 28.20 攔截式攻擊法

2. 侵入者 Eve 攔截到 R_1，她選擇 z 並計算 $R_2 = G^z \bmod N$，然後將 R_2 傳送給 Alice 和 Bob。

3. Bob 選擇 y 並計算 $R_3 = G^y \bmod N$，然後將 R_3 傳送給 Alice，但 R_3 並沒有到達 Alice 的手上，而是中途被 Eve 攔截了。

4. Alice 和 Eve 計算 $K_1 = G^{xz} \bmod N$，這支金鑰變成是 Alice 和 Eve 共享的金鑰，但 Alice 會以為這是自己和 Bob 共享的金鑰。

5. Eve 和 Bob 計算 $K_2 = G^{yz} \bmod N$，這支金鑰變成是 Eve 和 Bob 共享的金鑰，但 Bob 會以為這是自己和 Alice 共享的金鑰。

換句話說，有 2 支金鑰（而非原本的 1 支）被產生了，一個由 Alice 和 Eve 共享，一個由 Eve 和 Bob 共享。當 Alice 傳送以 K_1（由 Alice 和 Eve 共享）加密的資料給 Bob 時，資料會被 Eve 解密並讀出；而 Eve 可以將該資料以 K_2（由 Eve 和 Bob 共享）加密後傳送給 Bob，甚至可以改變訊息內容，或是送一個全新的訊息給 Bob，而 Bob 會以為訊息是來自於 Alice。同樣的情況也可能反過來發生在 Alice 身上。

這情況就叫做**攔截式攻擊法 (man-in-the-middle attack)**，因為 Eve 居中攔截了 Alice 要傳送給 Bob 的 R_1，以及 Bob 要傳送給 Alice 的 R_3。這又叫做**水桶團隊攻擊法 (bucket brigade attack)**，因為它類似於一些志願者排著一直線，一個接著一個傳遞一桶水。

金鑰分配中心 (KDC)

上述通訊協定的缺點就是，以明文方式傳送的 R_1 和 R_2 會被侵入者攔截。任何祕密的通訊都要利用對稱金鑰加密，但這會產生一個有問題的循環，即兩方必須要先有一支對稱金鑰，才能用它來建立通訊用的對稱金鑰。其解決方法是透過一個值得信賴的、能夠讓 Alice 和 Bob 信任的第三方，這便是**金鑰分配中心 (Key Distribution Center, KDC)** 背後的概念。

Alice 和 Bob 都是 KDC 的用戶，Alice 透過一個安全的管道來建立和中心共享的金鑰，例如說親自到中心走一趟。我們把 Alice 建立的金鑰叫做 K_A，而 Bob 也做一樣的事情，他的金鑰叫做 K_B。

使用 KDC 的第 1 種方法　讓我們來看看 KDC 如何建立一支可讓 Alice 和 Bob 共享的會議金鑰 K_{AB}，圖 28.21 說明了整個步驟。

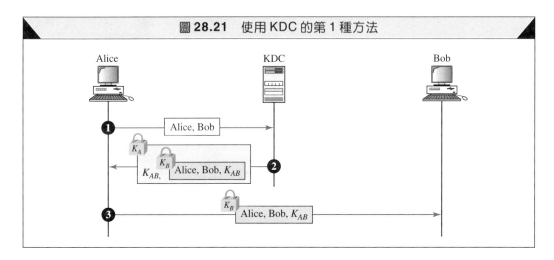

圖 **28.21**　使用 KDC 的第 1 種方法

- **步驟 1**：Alice 傳送一個明文訊息給 KDC，來獲得一個她自己和 Bob 共享的對稱會議金鑰。這個訊息包含她所註冊的識別身分（圖中的 *Alice* 這個字），以及 Bob 的識別身分（圖中的 *Bob* 這個字）。這個訊息不必加密，可以公開傳送，KDC 不會在意。

- **步驟 2**：KDC 收到訊息，然後產生一張所謂的**票證 (ticket)**。這張票證使用 Bob 的金鑰 (K_B) 加密，票證上包含 Alice 和 Bob 的識別身分，以及會議金鑰 (K_{AB})。Alice 會收到這張票證連同一份複製的會議金鑰。請注意當 Alice 收到訊息，解密後就可得到會議金鑰，但她無法解開 Bob 的票證，因為那張票證是給 Bob 而不是給她的。此外也請注意，我們在這個訊息中加密了 2 次，即對票證加密了 1 次，又對整個訊息加密 1 次。

- **步驟 3**：Alice 將票證傳送給 Bob，Bob 打開票證後便知道 Alice 需要使用 K_{AB} 當作會議金鑰來傳送訊息給他。

- **傳送資料**：在步驟 3 後，Alice 和 Bob 已經能夠使用 K_{AB}（只用 1 次就丟的會議金鑰）來交換資料。不過 Eve 可以使用我們先前提到的重送攻擊法，她只要將步驟 3 的訊息以及之後傳送的資料訊息存起來，再重送就可以辦到。

Needham-Schroeder 通訊協定　另一種方法是很漂亮的 Needham-Schroeder 通訊協定，它是很多其他通訊協定的基礎架構。這個通訊協定讓通訊雙方使用很多次盤問回應的互動，以避免任何瑕疵。在最新版的協定中，Needham 和 Schroeder 使用 4 個不同的 Nonce，即 R_A、R_B、R_1 和 R_2。圖 28.22 說明了通訊協定中的 7 個步驟。

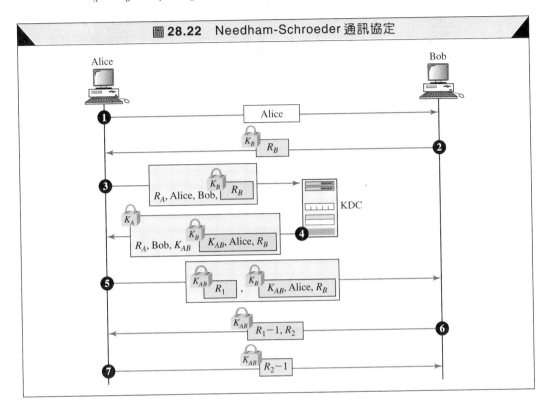

圖 28.22 Needham-Schroeder 通訊協定

以下是各步驟的概略說明：

□ **步驟 1**：Alice 把自己的識別身分傳送給 Bob，藉此告訴 Bob 自己要和他通訊。

□ **步驟 2**：Bob 使用 Nonce R_B 並將之以他的對稱金鑰 K_B 加密，Nonce R_B 是後來要傳送給 KDC 的，但現在先傳送給 Alice。Alice 將 R_B 傳送給 KDC，便可以證明和 Bob 通訊的人以及和 KDC 通訊的人是同一個人。

□ **步驟 3**：Alice 傳送一個訊息給 KDC，訊息中包含她的 Nonce R_A、她的身分識別、Bob 的身分識別以及由 Bob 加密過的 Nonce。

□ **步驟 4**：KDC 傳送一個加密過的訊息給 Alice，內容包含 Alice 的 Nonce、Bob 的身分識別、會議金鑰，以及一張加密過要傳送給 Bob 的票證，票證中即包含他的 Nonce。現在 Alice 已經收到她發出 Nonce 盤問的回應，以及一支會議金鑰 (K_{AB})。

□ **步驟 5**：Alice 傳送給 Bob 屬於他的票證，並送出一個新的 Nonce R_1 來盤問他。

□ **步驟 6**：Bob 回應 Alice 的盤問，並傳送他的盤問 (R_2) 給 Alice。請注意，要回應 Alice 盤問的回應值是 $R_1 - 1$，如此一來可以確定 Bob 有將 Alice 加密的 R_1 解開。換句話說，這樣就可以讓冒充者沒辦法送回正確的加密訊息。

□ **步驟 7**：Alice 回應 Bob 的盤問。再次要注意的是，回應的內容是 $R_2 - 1$，而非 R_2。

Otway-Rees 通訊協定 第 3 個方法是 **Otway-Rees 通訊協定**，它是另一個步驟較少卻很漂亮的通訊協定。圖 28.23 說明了這個只有 5 個步驟的通訊協定過程，以下簡單地描述這些步驟。

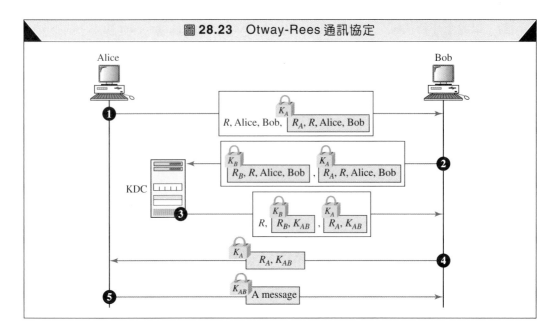

圖 28.23　Otway-Rees 通訊協定

- ❑ **步驟 1**：Alice 傳送一個訊息給 Bob，訊息中包括一個公用的 Nonce R、Alice 和 Bob 的身分識別，和一張要給 KDC 的票證，票證中包含 Alice 的 Nonce R_A（可以讓 KDC 使用的盤問）、一份公用的 Nonce R 的複製，以及 Alice 和 Bob 的身分識別。

- ❑ **步驟 2**：Bob 產生一樣形式的票證，不過是用自己的 Nonce R_B，然後將 2 張票證都送交 KDC。

- ❑ **步驟 3**：KDC 產生一個訊息，訊息中包含公用的 Nonce R、給 Alice 的票證以及給 Bob 的票證，然後把訊息傳送給 Bob。而票證中包含對應的 Nonce（R_A 或 R_B），以及會議金鑰 K_{AB}。

- ❑ **步驟 4**：Bob 將 Alice 的票證交給她。

- ❑ **步驟 5**：Alice 可以開始利用會議金鑰加密訊息並傳送了。

公開金鑰認證

在公開金鑰密碼系統中，使用者不需要有共享的對稱金鑰。如果 Alice 想要送訊息給 Bob，她只需要知道 Bob 的公鑰，而這公鑰是公布給大眾的，任何人都可以取得。如果 Bob 想要送訊息給 Alice，也是只需要知道 Alice 的公鑰就可以了。在公開金鑰密碼系統中，每個人保護好自己的私鑰，並公布自己的公鑰。

> 在公開金鑰密碼系統中，每個人都可以獲得其他人的公鑰。

隱含的問題

在公開金鑰密碼系統中，任何人想要收到別人傳送過來的訊息，都必須先公布自己的公鑰給傳送者知道。而問題就是，如何不被 Eve 干擾，而安全地公布其公鑰。如果 Bob 將其公鑰傳送給 Alice，Eve 可能會從中攔截，並傳送她 (Eve) 自己的公鑰給 Alice，則 Alice 把這支金鑰當作是 Bob 的公鑰，用之加密訊息後傳送給 Bob；而 Eve 再次攔截訊息，用自己的私鑰解密訊息，就可以知道 Alice 傳送給 Bob 的訊息內容了。 Eve 甚至可以將自己的公鑰放在網路上，並宣稱這是 Bob 的公鑰。

憑證管理中心 (CA)

Bob 想要的兩件事，即希望大眾知道他的公鑰，並希望沒有人拿到假冒他的公鑰。 Bob 可以前往**憑證管理中心 (Certification Authority, CA)**，一個負責替通訊實體註冊公開金鑰並發行憑證的國家組織。CA 本身有眾所周知而無法被偽造的公鑰。CA 先確認 Bob 的身分（使用照片識別身分搭配其他的證明方法），然後詢問 Bob 的公鑰，並將它寫在憑證上。為了避免憑證本身被偽造，CA 從憑證上產生一份訊息摘要，並用自己的私鑰加密。如此 Bob 就可以公開地以明文方式宣布這份憑證及加密過的訊息摘要，任何人想要 Bob 之公鑰的人都會拿到憑證和加密的摘要，然後用 CA 的公鑰將加密過的摘要解密，將它和原憑證中可自行計算出的摘要做比對。如果完全一樣，憑證就是有效的，確實不是有人假冒 Bob 發出這份憑證。

X.509

雖然採用 CA 的方法解決了假冒公開金鑰的問題，卻產生了副作用，就是每個憑證可能會有不一樣的格式。如果 Alice 想要使用一個程式自動下載屬於不同人的憑證和訊息摘要，程式可能做不到，而各個憑證所標示的公開金鑰格式可能會全然不同。公開金鑰可能會坐落在某份憑證的第 1 行，而在另一份憑證上又落在第 3 行。想要普遍使用的東西就得要有普遍統一的格式。

　　為了解決這個副作用，ITU 發明了一種叫做 **X.509** 的協定，它在經過一些改變之後，已經在 Internet 上被當作標準來使用了。 X.509 提供一個用結構化方式來描述認證的方法。它採用一個為人熟知的 ASN.1 (Abstract Syntax Notation 1) 協定，而我們已經在第 21 章討論過它。 X.509 中定義的一些欄位及其意義都列在表 28.1 中。

表 **28.1** X.509 的欄位

欄位	解釋
版本	X.509 的版本號碼
序號	CA 所使用的獨一無二的識別碼
簽章	憑證簽章
發行者	由 X.509 所定義的 CA 之名稱
有效時間	憑證有效的開始和結束時間
主題名稱	其公開金鑰接受認證的實體名稱
公開金鑰	公開金鑰以及使用它的演算法

公開金鑰基礎建設 (PKI)

當我們欲普遍地使用公開金鑰，就會遇到一個相似於第 17 章中有關 DNS (Domain Name System) 的問題。我們發現只有一台 DNS 伺服器是不足以服務所有的查詢，我們需要很多台伺服器同時工作。此外，我們發現最好的安排方法，是把所有的伺服器安排成階層式的架構。如果 Alice 需要知道 Bob 的 IP 位址， Alice 可以傳送一個訊息給她附近的伺服器，但這台伺服器可能知道也可能不知道Bob的IP位址。如果不知道，這台伺服器就會去詢問它上面的伺服器，甚至一直往上問到根 (root)，直到找到 IP 位址為止。

同樣地，提供詢問公開金鑰的解決方案就是**公開金鑰基礎建設 （Public-Key Infrastructure, PKI)**，它就是一個階層式的架構。圖28.24說明了這種階層式排列的一個例子。

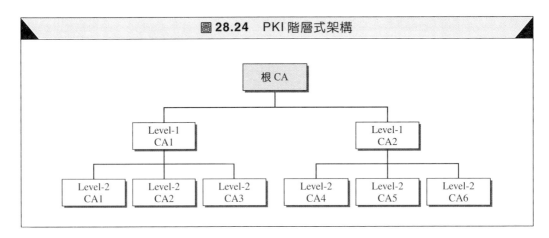

圖 28.24 PKI 階層式架構

在第1層有一個根CA，用來確保第2層CA的效能。而這些 level-1 CA 的工作地點可能涵蓋一個很大的範圍或是邏輯區域，而level-2 CA可能就工作在一個比較小的範圍中。

在這種階層架構中，每個人都必須信任根，但不一定要信任中間的CA。如果Alice需要拿到Bob的憑證，她可以找到發行此憑證的CA。但Alice可能不信任這個CA，於是在這樣的階層中，她可以去找這個CA的上一層CA，請它認證這個CA，而這樣的詢問可以一直往上延伸到根。

PKI 是 Internet 上的新議題，無疑地它將在接下來的幾年中不斷修正，繼續拓展影響範圍。

Kerberos

Kerberos 是一個認證的通訊協定，在這同時， KDC 變得很流行。包含 Windows 2000 在內的很多系統都採用Kerberos。Kerberos是以希臘神話中，看守地獄大門的三頭犬所命名，是由MIT的人設計出來，並且已歷經數個版本的修訂。我們只討論目前最受歡迎的第4版，並且簡單地指出第4版和最新的第5版的差異。

伺服器

在 Kerberos 通訊協定中有 3 種伺服器，即認證伺服器 (Authentication Server, AS)、票證核發伺服器 (Ticket-Granting Server, TGS)，以及真正提供服務的（資料）伺服器。在我們舉的例子和圖中，*Bob* 是真正的伺服器，而 *Alice* 是要求服務的實體主機。圖 28.25 說明了這 3 個伺服器之間的關係。

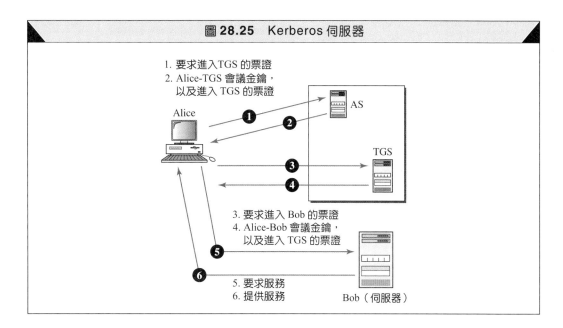

圖 28.25 Kerberos 伺服器

認證伺服器 (AS) AS 在 Kerberos 通訊協定中扮演 KDC 的角色。每一個實體都要向 AS 註冊，以獲得一個識別身分及密碼。AS 有一個用來儲存識別身分和對應密碼的資料庫。AS 驗證實體，發布供 Alice 和 TGS 使用的會議金鑰，以及一張進入 TGS 的票證。

票證核發伺服器 (TGS) TGS 負責發行進入真正的伺服器 (Bob) 的票證，同時它也提供 Alice 和 Bob 之間的會議金鑰 (K_{AB})。Kerberos 將驗證實體和發行通行票證的動作分開，如此一來，雖然 Alice 只向 AS 驗證過一次身分，她卻可以向 TGS 接洽很多次，來得到進入不同伺服器的票證。

真正的伺服器 (RS) 真正的伺服器 (Bob) 提供服務給實體 (Alice)。Kerberos 是設計給像 FTP 這種用戶－伺服程式使用，這類的程式中，實體使用用戶端的程序來存取伺服端的程序。Kerberos 並非用在個人與個人之間的認證。

操作

一個用戶端程序 (Alice) 想得到真正的伺服器 (Bob) 上執行程序所提供的服務，只需經過 6 個步驟，如圖 28.26 所示。

❑ **步驟 1**：Alice 以自己註冊的識別身分，用明文方式傳送請求訊息給 AS。

❑ **步驟 2**：AS 傳送一個以 Alice 的對稱金鑰 K_A 加密的訊息，此訊息包含了 2 個項目，一支提供 Alice 和 TGS 聯絡的會議金鑰 K_S，和一張用來進入 TGS 的票證，此票證使用 TGS 的對稱金鑰 K_{TG} 來加密。Alice 並不知道 K_A，當訊息到達時，她輸入自己的密碼，如果密碼正確，密碼就會和適當的演算法一起產生 K_A，然後密碼立刻就會被銷毀。密碼並未傳送至網路上，也沒有在終端機上留下痕跡，只是在產生 K_A 的過程中使用到一下子而已。於是，現在可以使用 K_A 把從 AS 收到的訊息解密，然後得到 K_S 和進入 TGS 的票證。

❑ **步驟 3**：Alice 傳送三項東西給 TGS，第一是從 AS 那邊得到的票證，第二是真正的伺服器的名稱 (Bob)，第三是以 K_S 加密的時間戳記 (timestamp)。其中時間戳記是為了要防止 Eve 做重送攻擊。

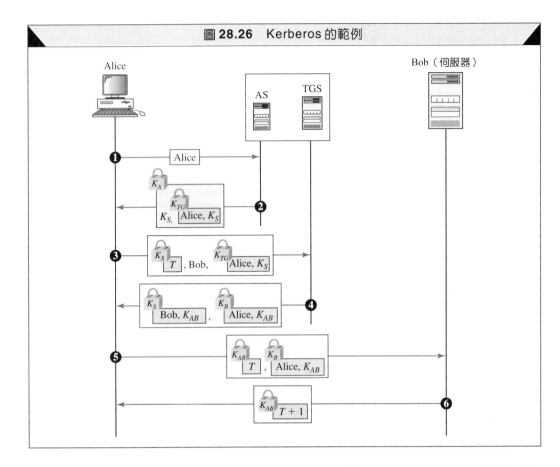

圖 **28.26** Kerberos 的範例

- ❏ **步驟 4**：TGS 傳送回來 2 張票證，這 2 張票證裡面都包含讓 Alice 和 Bob 通訊的會議金鑰 K_{AB}。給 Alice 的票證用 K_S 加密，給 Bob 的票證則用 Bob 的金鑰 K_B 加密。請注意，Eve 沒辦法取得 K_{AB}，因為她並不知道 K_S 或 K_B。並且因為她沒辦法更換新的時間戳記（她沒有 K_S），所以無法對步驟 3 做重送攻擊。即使她的速度很快，可以在時間戳記過期前將步驟 3 重送，還是會得到 2 張她完全無法解密的票證。
- ❏ **步驟 5**：Alice 將 Bob 的票證及使用 K_{AB} 加密過的時間戳記傳送給 Bob。
- ❏ **步驟 6**：Bob 將時間戳記加 1，來確認收到的訊息。此訊息用 K_{AB} 加密後傳送給 Alice。

使用不同的伺服器

請注意，如果 Alice 需要從不同的伺服器得到服務，只需要重複最後 4 個步驟。前 2 個步驟已經確認好 Alice 的身分，因此不需要再重複。Alice 可以要求 TGS 給她進入不同伺服器的票證，只需要重複步驟 3 到 6 即可。

第 5 版的 Kerberos

第 4 版和第 5 版的 Kerberos 之間的小小不同點，簡列如下：

1. 第 5 版的票證有較長的存活時間 (lifetime)。
2. 第 5 版允許通行票證的更新動作。

3.　第 5 版接受所有的對稱金鑰演算法。

4.　第 5 版使用不同的通訊協定來描述資料型態。

5.　第 5 版的額外負擔 (overhead) 比第 4 版更多。

領域

Kerberos 允許 AS 和 TGS 分布在世界各地，而每組系統都稱為一個**領域 (realm)**。任可實體都可以得到前往本地端伺服器或是遠端伺服器的票證。舉例來說，在第 2 種情況下，Alice 可能會要求本地端的 TGS 給她一張進入遠端 TGS 的票證。而如果遠端 TGS 有對本地端 TGS 註冊過的話，本地端 TGS 就能夠發行這張票證，於是 Alice 就可以透過遠端 TGS 來存取遠端之真正的伺服器。

28.6　網際網路安全　*Security in the Internet*

所有前面討論過的觀念和做法，都可以使用在 Internet 上，以提供網路安全。更清楚地說，安全措施可以使用在網路層、傳輸層及應用層。

　　將安全措施實現在 IP 層相當複雜，因為每個網路裝置都必須能夠處理相關動作。IP 不僅提供服務給使用者應用程式，也得提供服務給其他通訊協定，如 OSPF、ICMP，及 IGMP 等。這表示，在 IP 層做安全措施，如果不是每種裝置都能使用的話，效率是不會好的。本章後面會介紹一個在 IP 層實現安全方案的通訊協定，稱為 IPSec。

　　安全措施放在傳輸層時，會更加地複雜。我們可以透過修改應用層或傳輸層以達到網路安全的目的。不過，在這裡我們將介紹一個通訊協定，它藉著在傳輸層上「貼」了一層新的通訊協定，以代表傳輸層來提供安全措施。

　　在應用層做安全措施時，則由每個程式自己負責。在本層實現安全措施，最為簡單。做法上包括 2 個主體，即用戶端程式與伺服端程式。在本章，我們討論一個應用層的安全方案，稱為 PGP。

IP 層的安全：IPSec

IP 安全通訊協定 (IP Security, IPSec) 是由 IETF 所設計的一套通訊協定，以提供 Internet 上封包的網路安全。IPSec 並沒有規定要使用哪一種特定的加密或認證方法。IPSec 只規範一個架構與機制，將加密、認證與雜湊方法的選擇留給使用者。

安全群組（SA）

IPSec 使用一個信令協定 (signaling protocol) 來維持兩個主機之間的邏輯連線，稱為**安全群組 (Security Association, SA)**。換句話說，IPSec 在能夠啟用以前，必須先將非預接式的 IP 層通訊協定轉變成預接式。SA 連線是來源端和目標端之間的單一（單向）連線。如果需要全雙工的連線，就需要 2 條 SA 連線，一個方向一個。每一條 SA 連線都由下列 3 個要素來獨一無二地定義：

1.　一個 32 位元的**安全參數索引** (Security Parameter Index, SPI)。它的意義相當於預接式通訊協定（例如：Frame Relay 或 ATM 等等）中的虛擬線路識別碼 (VCI)。

2. 安全措施採用的通訊協定種類，我們馬上就會看到 IPSec 定義了 2 種可選擇的通訊協定，即 AH 和 ESP。

3. 來源端的 IP 位址。

2 種模式

IPSec 可以操作在 2 種不同的模式，即**傳輸模式** (transport mode) 和**隧道模式** (tunnel mode)。不同的模式定義出 IPSec 的標頭要加在 IP 封包的哪裡。

傳輸模式 在這種模式下，IPSec 的標頭加在封包中 IP 標頭和封包剩下部分的中間，如圖 28.27 所示。

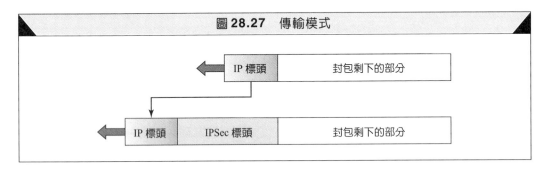

圖 28.27 傳輸模式

隧道模式 在這種模式下，IPSec 的標頭加在原始 IP 標頭的前面，並在前面再加上一個新的 IP 標頭。IPSec 標頭，以及原來的 IP 標頭和封包剩下的部分，都被當成新標頭的酬載資料 (payload)。圖 28.28 說明了原先的 IP 封包和新的 IP 封包。

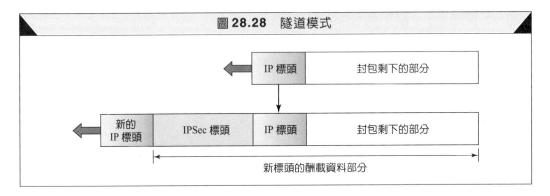

圖 28.28 隧道模式

2 種安全通訊協定

IPSec 定義了 2 個通訊協定，即**認證標頭** (Authentication Header, AH) 通訊協定及**封裝安全酬載資料** (Encapsulating Security Payload, ESP) 通訊協定。以下分別介紹這 2 個通訊協定。

認證標頭通訊協定 (AH) 認證標頭通訊協定 **(Authentication Header protocol, AH protocol)** 是設計用來認證來源端主機，以及確保 IP 酬載資料的完整性。這個通訊協定使用雜湊函數和對稱金鑰來計算一個訊息的摘要，並將摘要插入認證標頭中。AH 根據不同的模式（傳輸模式或隧道模式）被放置在不同的位置。圖 28.29 說明了認證標頭在傳輸模式下各個欄位和位置。

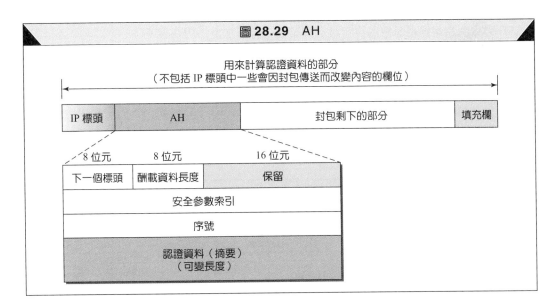

圖 28.29 AH

　　當一個 IP 資料包有認證標頭 (AH) 時，在 IP 標頭的通訊協定欄的值要設為 51。而在 AH 標頭內的一個欄位，則定義原來的通訊協定欄之值（即此 IP 資料包之酬載資料類別）。加入 AH 標頭的步驟如下：

1. 將 AH 標頭加入到酬載資料，AH 的認證資料欄設為 0。

2. 加入填充欄，使總長度符合特定的雜湊演算法所規定的長度規範。

3. 雜湊的計算範圍包括整個封包。不過，只有那些不會因封包傳送而改變內容的欄位才會被加入訊息摘要（認證資料）的計算中。

4. 將認證資料填入 AH 標頭。

5. 新的 IP 標頭的通訊協定欄之值設為 51，然後放到 AH 標頭之前。

　　各個欄位的簡短敘述如下：

❏ **下一個標頭**：本欄 8 位元，定義 IP 資料包之酬載資料類別（即 TCP、UDP、ICMP 與 OSPF 等）。此欄與原來 IP 資料包通訊協定欄意義相同。換句話說，可以將原來 IP 資料包的通訊協定欄之值複製到這裡，而原來 IP 通訊協定欄之值則改為 51，以表示此封包攜帶一個 AH 標頭。

❏ **酬載資料長度**：本欄 8 位元，使用酬載資料長度這個名稱可能會造成誤解。事實上，本欄定義的並不是酬載資料的長度，而是 AH 標頭的長度，以 4 個位元組為單位，不過不包括前 8 個位元組。

❏ **安全參數索引**：本欄 32 位元，扮演虛擬線路識別碼 (VCI) 的角色。而在一條 SA 連線中傳送的所有封包，其 SPI 值都是固定的。

❏ **序號**：本欄 32 位元，提供一連串資料包的順序資訊，可以用來防止重送攻擊。值得注意的是，即使封包重送，序號也不會重複。序號在到達 2^{32} 後，並不會重新開始計算，因而必須要建立一條新的連線。

❏ **認證資料**：本欄放置整個 IP 資料包（不包括會因傳送而改變的欄位，如 TTL）被雜湊後之結果，也就是認證資料。

> AH 通訊協定可提供訊息的鑑定性和完整性，但無法提供隱密性。

封裝安全酬載資料 (ESP) AH 並未提供隱密性， AH 只提供完整性及鑑定性。 IPSec 之後就定義另一個協定以提供隱密性，同時也能提供訊息的完整性與鑑定性。這個通訊協定，稱為**封裝安全酬載資料 (Encapsulating Security Payload, ESP)**。ESP 會加上標頭和尾端資訊 (trailer)。值得注意的是， ESP 的認證資料是加在封包的最後，這麼做比較容易計算。圖 28.30 說明了 ESP 的標頭和尾端資訊的位置。

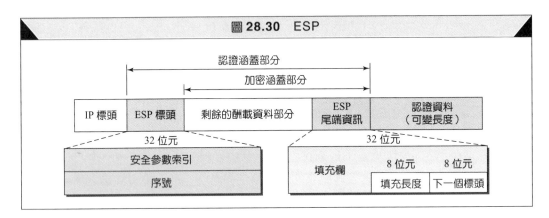

圖 28.30 ESP

當一個 IP 資料包攜帶 ESP 標頭與尾端資訊時，在 IP 標頭的通訊協定欄之值要設為 50 。而在 ESP 尾端資訊內的一個欄位（下一個標頭），則定義原來的通訊協定欄之值（即此 IP 資料包之酬載資料類別，例如， TCP 或 UDP ）。使用 ESP 的步驟如下：

1. 將 ESP 的尾端資訊加到酬載資料後面。
2. 將酬載資料及尾端資訊加密。
3. 加入 ESP 標頭。
4. 使用 ESP 標頭、酬載資料及 ESP 尾端資訊以產生認證資料。
5. ESP 認證資料加在 ESP 尾端資訊之後。
6. 加入 IP 標頭，其通訊協定欄之值改為 50 。

標頭和尾端資訊中的各欄位分述如下：

❑ **安全參數索引**：這 32 位元欄位與 AH 通訊協定之安全參數索引欄位意義相同。
❑ **序號**：這 32 位元序號欄位與 AH 通訊協定中的序號欄位意義一樣。
❑ **填充欄**：本欄為可變長度， 0 到 255 位元組，可填入 0 作為填充資料。
❑ **填充長度**：本欄 8 位元，定義了填充資料的長度，其值在 0 到 255 之間。一般而言，所填充之長度很少到達最大值。
❑ **下一個標頭**：本欄 8 位元與 AH 通訊協定中所定義的一樣，並且此欄與原來 IP 資料包通訊協定欄意義相同。
❑ **認證資料**：本欄放置部分資料包經過認證以後產生之結果。請特別注意 AH 和 ESP 中認證資料的差異性，在 AH 中，有一部分的 IP 標頭會被加入認證資料的計算當中，在 ESP 則沒有。

> ESP 通訊協定可提供訊息的鑑定性、完整性和隱密性。

IPv4 和 IPv6 IPSec 支援 IPv4 和 IPv6。不過，在 IPv6 中，AH 和 ESP 都是屬於延伸標頭的一部分。

AH 和 ESP ESP 協定是在 AH 通訊協定已被採用之後，才被設計出來的。ESP 能做到所有 AH 能做的事，且提供了一項額外的功能（隱密性）。而問題來了，那我們為什麼還要 AH？答案是，我們不需要。然而，在一些商業產品中，早就已經實作 AH 在其中了，這代表在這些產品被淘汰以前，AH 還是會存在於 Internet 上的。

傳輸層安全通訊協定

傳輸層安全通訊協定 (Transport Layer Security, TLS) 是為了提供傳輸層的安全性所設計的。TLS 乃是由一個稱為**安全插座層** (Secure Sockets Layer, SSL) 所衍生出的。SSL 是 Netscape 設計，用來提供 WWW 上的安全。TLS 是由 IETF 所設計出的 SSL 非營利版本。若要在 Internet 上交易，瀏覽器必須要做到下列幾點：

1. 客戶必須能確定所連結的伺服器為販賣商家，而不是假冒者。例如，客戶可不希望自己的信用卡被假冒者盜刷。換言之，伺服器的真實性必須被認證。
2. 客戶必須能確定在訊息傳送期間，其內容沒有被更改過。100 元的帳單不能被改成 1000 元，亦即訊息的完整性必須被保持。
3. 客戶必須能確定駭客無法攔截敏感的訊息，例如信用卡號碼。也就是說，需要有隱密性。

除了上述的安全問題外，其他可以考量在內的議題，包括商家也需要知道客戶身分的真實與否。TLS 也提供額外的措施加以支援。

TLS 的位置

TLS 在應用層與傳輸層 (TCP) 之間，如圖 28.31 所示。

圖 28.31 TLS 的位置

圖中的應用層，以 HTTP 為例，使用 TLS 所提供的服務，而 TLS 則使用傳輸層的服務。

一般的概念

TLS 可讓通訊雙方在安全的環境下交換訊息。為了完成這個目標，TLS 必須：

1. 通訊雙方先對3個通訊協定達成協議,即一個實體認證通訊協定、一個訊息認證通訊協定,以及一個加解密通訊協定。
2. 實體認證通訊協定是用來讓通訊雙方互相認證,並且建立兩方之間的祕密。
3. 雙方都用一個預先定義好的函數來產生會議金鑰,以及訊息認證通訊協定和加解密通訊協定的參數。
4. 使用訊息認證通訊協定和對應的金鑰/參數來計算出訊息摘要,並把它加在每個要傳送的訊息中。
5. 使用加解密通訊協定和對應的金鑰/參數來加密訊息和摘要。
6. 通訊雙方設法得到訊息認證和加解密演算法所需的金鑰和參數。

2個層次

TLS 包含2層,即上層包含了3個通訊協定,一個用來建立會議(交握),一個在發生不尋常狀況時用來通知對方,以及一個用來通知安全參數的建立。下層是紀錄通訊協定(record protocol),用來封裝從上層和應用層傳遞過來的訊息。圖28.32 說明了這2層的關係。

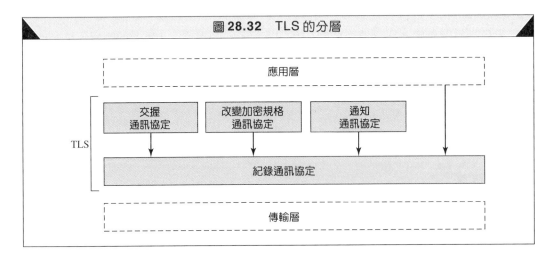

圖 28.32 TLS 的分層

交握通訊協定 交握通訊協定使用一連串訊息的交換程序,其包含讓伺服端認證用戶端、讓用戶端認證伺服端、協商加密、雜湊的演算法,以及產生資料交換時所需的金鑰。交握通訊協定要經過4個階段完成動作,如圖28.33所示。

❑ **階段 I**:在階段 I 中,用戶端和伺服端公布自己支援的安全措施,並選擇出彼此同意的辦法。在這個階段裡,會決定出會議金鑰、加密組合和壓縮方法。最後,用戶端和伺服端各選出一個亂數,用來產生安全參數。

❑ **階段 II**:在階段 II 中,伺服器認證自己。伺服端送出自己的憑證和公開金鑰,可能還會要求用戶端的憑證。

❑ **階段 III**:如果伺服端要求認證用戶端時,就會進入階段 III。用戶端會根據所選擇的加密組合,送出一個稱為**前置主祕鑰** (pre-master secret) 的祕密數字,用來計算會議金鑰。

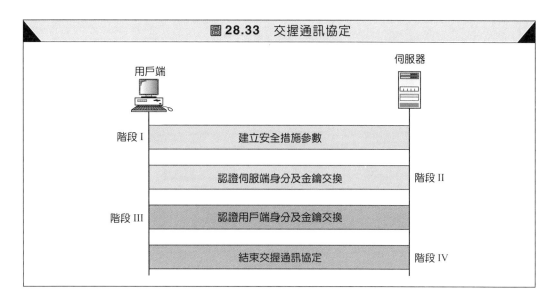

圖 28.33　交握通訊協定

□　**階段 IV**：在階段 IV 中，用戶端和伺服端傳送訊息以建立加密規格，之後就可以開始使用協商的金鑰和參數了。

改變加密規格通訊協定　這個通訊協定是在交握通訊協定完成後，用來啟動安全性服務（訊息認證和加解密）。只要交換過一個此通訊協定中定義的訊息後，兩方就可以開始使用安全服務。

通知通訊協定　通知通訊協定是用來通知對方有錯誤發生，或是有潛在錯誤即將發生。交換的封包中定義發生狀況的安全等級（警告或是錯誤），以及通知訊息的描述。

紀錄通訊協定　紀錄通訊協定從應用層或其他 3 層通訊協定接收到訊息（或者是長訊息的片段），將之壓縮（選擇性的），產生一份摘要，將之加密，並在其上加入紀錄通訊協定的標頭。最後的結果傳遞到 TCP 做傳送，如圖 28.34 所示。

　　不過值得注意的是，從其他 3 層送來的訊息中，有部分是無法被壓縮、認證或加密的問題，因為當訊息送過來的時候，可能還沒協商加密組合和參數。這些訊息將會跳過圖上的步驟。

應用層的安全方案：PGP

在應用層實現安全措施較為可行也較簡單，尤其是當 Internet 上的通訊只牽涉到兩方時，例如：電子郵件和 TELNET。傳送者與接收者可以基於雙方同意的相同通訊協定，使用任何一種安全服務措施。本節我們介紹一種使用在應用層的安全通訊協定：PGP。

　　由 Phil Zimmermann 所發明的**極佳隱密性 (Pretty Good Privacy, PGP)**，提供了電子郵件 4 個方面的安全要求，其包括隱密性、完整性、鑑定性及不可否認性。

　　PGP 使用數位簽章（結合雜湊及公開金鑰加密），以提供完整性、鑑定性及不可否認性。PGP 結合了祕密金鑰與公開金鑰加密以提供隱密性。PGP 使用雜湊函數、一支祕密金鑰，及兩對的私有／公開金鑰，如圖 28.35 所示。

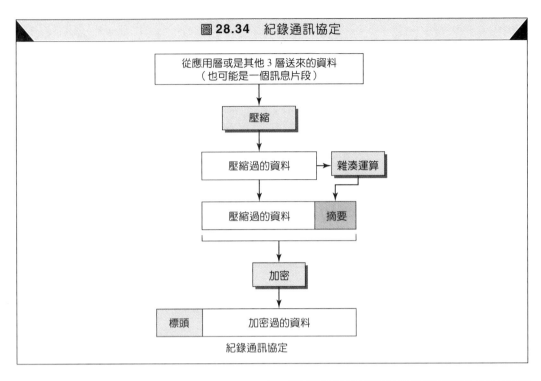

圖 28.34　紀錄通訊協定

從應用層或是其他 3 層送來的資料
（也可能是一個訊息片段）

壓縮

壓縮過的資料　→　雜湊運算

壓縮過的資料　摘要

加密

標頭　加密過的資料

紀錄通訊協定

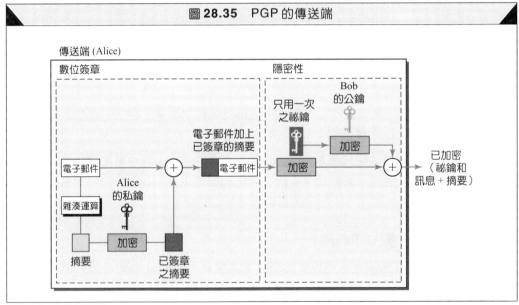

圖 28.35　PGP 的傳送端

傳送端 (Alice)

數位簽章

隱密性

Bob
的公鑰

只用一次
之祕鑰

加密

電子郵件加上
已簽章的摘要

電子郵件

已加密
（祕鑰和
訊息＋摘要）

電子郵件

Alice
的私鑰

加密

雜湊運算

摘要

加密

已簽章
之摘要

上圖說明傳送端如何使用PGP產生安全的電子郵件。電子郵件訊息經過雜湊而產生一摘要。摘要使用Alice的私鑰加密。訊息與摘要再使用Alice產生的祕鑰加密，這把祕鑰以 Bob 的公鑰加密後，與前面已加密的訊息和摘要一起送出。

圖 28.36 說明了在接收端，PGP 如何使用雜湊及上述 3 支金鑰將原來訊息取出。

被加密的祕鑰、訊息與摘要一同被接收到，被加密的祕鑰先用B的私鑰加以解密，就得到傳送者送來的這把只使用一次的祕鑰。此祕鑰接著用來將訊息和摘要加以解密。

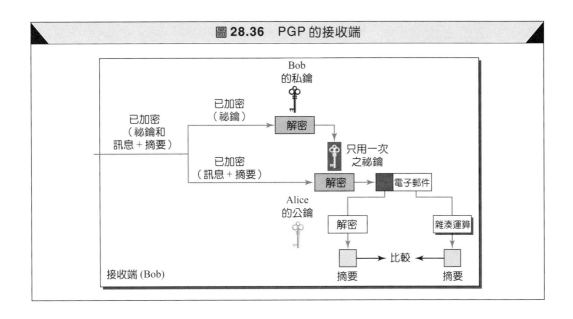

圖 28.36 PGP 的接收端

28.7 防火牆 *Firewall*

所有上述的安全措施都無法防範 Eve 送出有危害的訊息給系統。為了控管系統的存取，我們需要**防火牆 (firewall)**。防火牆是一個裝置（通常是路由器或是電腦），安裝在組織的內部網路與外部網路之間，用來轉送封包並過濾掉某些封包，如圖 28.37 所示。

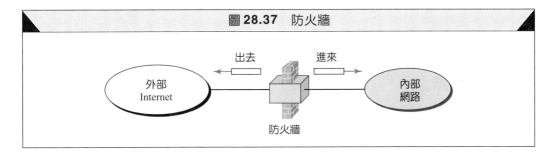

圖 28.37 防火牆

舉例來說，防火牆可以過濾掉所有到某一台主機或某一特定伺服器（如 HTTP 埠號）的封包。其防火牆也可用來拒絕對組織中某特定主機或某特定服務的存取。

防火牆通常被分成 2 種，即**封包過濾防火牆**和**代理器防火牆**。

封包過濾防火牆

防火牆可以用來作為封包過濾器。防火牆可以依網路層和傳輸層標頭之資訊，如來源或目的 IP 位址、來源或目的埠，以及通訊協定類別（TCP 或 UDP）等，做封包的轉送或攔截。**封包過濾防火牆 (packet-filter firewall)** 是一台路由器，它使用一張列有過濾名單的表格，決定哪些封包要被過濾掉。圖 28.38 說明了一過濾表的內容。

依照該表，以下封包會被過濾：

1. 來自網路 131.34.0.0 的封包會被攔截下來（安全措施）。圖中以 * 表示任何一個。

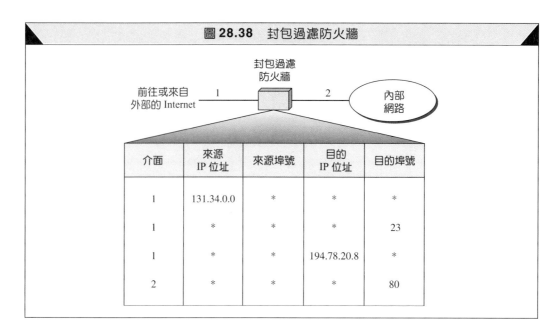

圖 28.38 封包過濾防火牆

2. 所有封包到內部的 TELNET 伺服器（23 埠）會被攔截下來。

3. 所有封包到內部 (194.78.20.8) 的主機會被攔截下來。該組織只將這台機器作為內部用途。

4. 到 HTTP 伺服器（80 埠）的外出封包會被攔截下來。該組織不想讓其員工上網瀏覽網頁。

封包過濾防火牆運作在網路層或傳輸層。

代理器防火牆

封包過濾防火牆利用網路層及傳輸層標頭的資訊運作。不過有些時候，我們想依訊息內容來過濾封包，亦即運作在應用層。例如，某組織在其網頁上做如下規定，只有先前與公司有建立商業往來的 Internet 使用者，才能存取其網頁，而其他人要被擋下來。在這種情況下，使用封包過濾防火牆就無法達到目的，因為它無法區分出所有送到 TCP 埠號 80 (HTTP) 之封包的差異性。因此，檢查要在應用層做才行（使用 URL）。

解決之道，是在客戶電腦與公司電腦間，使用一台**代理器電腦**（有時稱為**應用程式閘道器**）。當使用者的用戶端程序送來一個訊息時，代理器電腦執行一個伺服端程序去接收該要求。而伺服端程序打開封包，找出應用層的資訊，看看是否為合法之要求。若是，該伺服端程序轉為用戶端的角色，將訊息送到真正的公司伺服器。如果不是，該訊息即被丟棄，送出一錯誤訊息給外部的使用者。這樣子，外部使用者的要求，依照應用層的內容，決定被過濾掉與否。圖 28.39 說明了一個實現 HTTP 的**代理器防火牆 (proxy firewall)**。

代理器防火牆運作在應用層內。

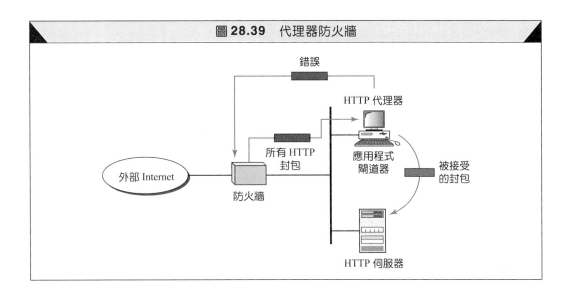

圖 28.39 代理器防火牆

28.8 重要名詞 *Key Terms*

認證標頭協定 (Authentication Header protocol, AH protocol)

認證伺服器 (Authentication Server, AS)

雙向認證 (bidirectional authentication)

區塊密碼器 (block cipher)

憑證管理中心 (Certification Authority, CA)

密碼器 (cipher)

密文 (ciphertext)

密碼學 (cryptography)

資料加密標準 (Data Encryption Standard, DES)

解密 (decryption)

摘要 (digest)

數位簽章 (digital signature)

封裝安全酬載資料 (Encapsulating Security Payload, ESP)

實體認證 (entity authentication)

防火牆 (firewall)

交握通訊協定 (handshake protocol)

雜湊函數 (hash function)

IP 安全通訊協定 (IP Security, IPSec)

Kerberos

金鑰 (key)

金鑰分配中心 (Key Distribution Center, KDC)

攔截式攻擊法 (man-in-the-middle attack)

訊息鑑定性 (message authentication)

訊息完整性 (message integrity)

n^2 問題 (n^2 problem)

Needham-Schroeder 通訊協定 (Needham-Schroeder protocol)

Nonce

不可否認性 (nonrepudiation)

Otway-Rees 通訊協定 (Otway-Rees protocol)

封包過濾防火牆 (packet-filter-firewall)

明文 (plaintext)

極佳隱密性協定 (Pretty Good Privacy, PGP)

隱密性 (privacy)

私有金鑰 (private key)

代理器防火牆 (proxy firewall)

公開金鑰 (public key)

公開金鑰密碼系統 (public-key cryptography)

公開金鑰基礎建設 (public-key infrastructure)

領域 (realm)

反射攻擊法 (reflection attack)

RSA 方法 (RSA method)

安全群組 (Security Association, SA)

代換 (substitution)

對稱金鑰密碼系統 (symmetric-key cryptography)

票證 (ticket)

票證核發伺服器 (Ticket-Granting Server, TGS)

傳輸層安全協定 (Transport Layer Security, TLS)

換位密碼器 (transpositional cipher)

三重 DES (triple DES)

X.509

28.9 摘要 *Summary*

❑ 密碼學是一門把訊息變得安全而免於被攻擊的科學與藝術。

❑ 加密使訊息（明文）在未經授權的人看來完全無法理解。

❑ 解密將故意弄成無法理解的訊息轉換成有意義的資訊。

❑ 密碼學演算法分成使用對稱金鑰和使用公開金鑰兩種。

❑ 對稱金鑰演算法中，傳送端和接收端使用同一支祕鑰。

❑ DES 是為美國採用的對稱金鑰加密法。

❑ 公開金鑰演算法中，傳送端使用公鑰加密訊息，接收端使用私鑰解密訊息。

❑ 其中一個廣為使用的公開金鑰演算法是 RSA 演算法。

❑ 網路安全牽涉到隱密性、鑑定性、完整性及不可否認性。

❑ 隱密性藉由明文加密與密文的解密而達成。

❑ 鑑定性、完整性及不可否認性可以藉由數位簽章來達成。

❑ 數位簽章可以使用在整份訊息或是訊息的摘要。訊息摘要，是由原來文件經雜湊函數處理而產生。

❑ 使用共享之對稱金鑰來加密的訊息有遭受重送攻擊的風險，而使用 Nonce 可以避免這類的攻擊。

❑ 如果使用者過多，使用對稱金鑰做實體認證將需要非常多的共享金鑰。

❑ Diffie-Hellman 方法提供通訊雙方只需要使用一次的會議金鑰，但卻有遭受攔截式攻擊的風險。

❑ 金鑰分配中心 (KDC) 是一個可信賴的第三方，它分配對稱金鑰給通訊雙方。

❑ 用 Needham-Schroeder 通訊協定做使用者認證時，通訊雙方必須通過一連串的盤問－回應互動，而用 Otway-Rees 通訊協定做使用者認證時，所需的盤問－回應互動較少。

❑ 憑證管理中心 (CA) 負責替通訊實體註冊公開金鑰並發行憑證的國家組織。

❑ 公開金鑰基礎建設 (PKI) 是一個階層式的系統，負責回應有關金鑰憑證的查詢。

❑ Kerberos 是一個普遍使用的認證通訊協定，存在一個認證伺服器和一個票證核發伺服器。

❑ 網路安全方案可以建構在應用層、傳輸層或 IP 層。

❑ IP安全協定 (IPSec) 為IETF所設計的一套通訊協定，用以提供Internet封包的安全服務。

❑ 認證標頭通訊協定 (AH) 提供訊息的完整性及鑑定性。

❑ 封裝安全酬載資料通訊協定 (ESP) 提供訊息的完整性、鑑定性與隱密性服務。

❑ 傳輸層安全通訊協定 (TLS) 使用交握協定及資料交換協定以達到傳輸層的安全服務。

❑ 極佳隱密性協定 (PGP) 提供電子郵件傳送的安全服務。

❑ 防火牆為一路由器，安裝在組織內部網路與外部網際網路之間。

❑ 封包過濾防火牆依網路層與傳輸層的資訊，決定要阻擋或是轉送封包。

❑ 代理器防火牆依應用層之資訊，決定要阻擋或是轉送封包。

28.10　習題　*Practice Set*

練習題

1. 使用 key = 4 的代換機制來加密以下訊息：

    THIS IS A GOOD EXAMPLE

2. 使用 key = 4 的代換機制來解密以下訊息：

    IRGVCTXMSR MW JYR

3. 在不知道 key 的情況下，使用代換機制解密以下訊息：

    KTIXEVZOUT OY ROQK KTIRUYOTM G YKIXKZ OT GT KTBKRUVK

4. 使用下列加密演算法來加密 GOOD DAY 這個訊息。

    (a) 將每個字元換成 ASCII 碼。

    (b) 在左邊加個 0 的位元，使每個字元都是 8 位元的長度。

    (c) 將前 4 位元和後 4 位元做交換 (swap)。

    (d) 以 4 位元為一個單元，轉換成對應的十六進制數字。

    這個演算法的關鍵為何？

5. 使用下列加密演算法來加密 ABCADEFGH 這個訊息（假設訊息皆由大寫字組成）。

    (a) 將每個字元用 ASCII 碼（65 到 90 之間）換成十進制數字。

    (b) 把每個字元對應的數字減去 65。

    (c) 把每個數字換成 5 位元的形式。

6. 使用 RSA 演算法，加解密 BE 這個訊息，已知金鑰對為 (3, 15) 和 (5, 15)。

7. 已知 2 個質數，$p = 19$、$q = 23$，試找出 N、e 和 d。

8. 為了去了解 RSA 演算法的安全性，如果現在知道 $e = 17$、$N = 187$，請找出 d。

9. 在 RSA 演算法中，使用 $C = P^e \bmod N$ 來加密數字。如果 e 和 N 都是很大的數字（幾百位數），那麼即使使用超級電腦做運算，也會因為溢位錯誤而無法計算。其中一個解決方法（並非最佳）就是使用數論，經過一些步驟，每個步驟使用到前面步驟的結果：

(a) $C = 1$。

(b) 重複 e 次：$C = (C \times P) \bmod N$。

這麼一來，就可以寫出一個電腦程式，使用迴圈來計算 C 值。舉例來說，$6^5 \bmod 119$ 會得到 41，如以下的計算：

$$(1 \times 6) \bmod 119 = 6$$
$$(6 \times 6) \bmod 119 = 36$$
$$(36 \times 6) \bmod 119 = 97$$
$$(97 \times 6) \bmod 119 = 106$$
$$(106 \times 6) \bmod 119 = 41$$

使用這個方法來計算 $227^{16} \bmod 100$。

10. 加一層對稱金鑰的加解密運算到圖 28.12 上，以提供隱密性。

11. 加一層公開金鑰的加解密運算到圖 28.12 上，來提供隱密性。

12. 證明 G^{xy} 相等於 $(G^x)^y$ 相同，使用 $G = 11$、$x = 3$ 和 $y = 4$。

13. 證明 $G^{xy} \bmod N$ 相等於 $(G^x \bmod N)^y \bmod N$，使用 $G = 7$、$x = 2$、$y = 3$ 和 $N = 11$。

14. $G^{xy} \bmod N$ 相等於 $(G^x \bmod N)^y \bmod N$，因此可以大大簡化 $G^{xy} \bmod N$ 的計算。請用這個方法計算 $7^{18} \bmod 11$。**提示**：分解 18 這個因子做 3 次運算。

15. 在 Diffie-Hellman 通訊協定中，如果 $G = 7$、$N = 23$、$x = 3$、$y = 5$，則對稱金鑰的值為何？

16. 在 Diffie-Hellman 通訊協定中，如果 $G = 7$、$N = 23$、$x = 3$、$y = 5$，則 R_1 和 R_2 的值為何？

17. 在 Diffie-Hellman 通訊協定中，如果 x 和 y 的值一樣，會發生什麼事？也就是說，Alice 和 Bob 選到了一樣的數字。R_1 和 R_2 之值會一樣嗎？Alice 和 Bob 計算出的會議金鑰一樣嗎？用一個例子來證明你的推論。

18. 在使用 KDC 的第 1 個方法中，如果步驟 2 沒有把給 Bob 的票證用 K_B 加密，而是在步驟 3 用 K_{AB} 加密的話，會發生什麼情況？

19. 在雙向認證的方法中，如果可以同時進行多個會議的認證，Eve 攔截到 Bob 在第 1 個會議送出的 Nonce R_B，在第 2 個會議中將它當作 Alice 的 Nonce 送出。而 Bob 若沒有檢查出這個 Nonce 和他自己傳送出的一樣，就直接加密這個 R_B 並將它和自己的 Nonce 放在一起，Eve 就可以使用加密過的 R_B 來假裝她是 Alice，回到第 1 個會議並以加密過的 R_B 來回應 Bob。這就叫做反射攻擊法 (reflection attack)。請寫出這個狀況的明確步驟。

20. 繪出隧道模式下的 AH。

21. 繪出隧道模式下的 ESP。

22. 繪一個圖來指出 AH 在 IPv6 的位置。

23. 繪一個圖來指出 ESP 在 IPv6 的位置。

24. PGP 協定使用 3 支金鑰。請各別解釋其用途。

25. PGP 協定需要 KDC 的服務嗎？解釋你的答案。

26. PGP 協定需要 CA 的服務嗎？解釋你的答案。

資料檢索

27. 為什麼在 Needham-Schroeder 通訊協定中需要 4 個 Nonce？

28. 在 Needham-Schroeder 通訊協定中，Alice 如何被 KDC 認證？ Bob 如何被 KDC 認證？ KDC 如何被 Alice 認證？ KDC 如何被 Bob 認證？ Bob 如何認證 Alice？ Alice 如何認證 Bob？

29. 在 Needham-Schroeder 通訊協定中，Alice 要和 KDC 接觸；而在 Otway-Rees 通訊協定中，則是 Bob 要和 KDC 接觸，你能解釋其原因嗎？

30. 在 Needham-Schroeder 通訊協定中有 4 個 Nonce（R_A、R_B、R_1 和 R_2），但在 Otway-Rees 通訊協定中，只有 3 個 Nonce（R_A、R_B 和 R_1），你能解釋為什麼在第 1 個通訊協定中需要多 1 個 Nonce R_2 嗎？

31. 為什麼在 Kerberos 中，我們只需要一個時間戳記，而非像 Needham-Schroeder 中要 4 個 Nonce，或是像 Otway-Rees 中要 3 個 Nonce 呢？

32. 請找一些有關 AES 這個對稱金鑰密碼器的資料。

33. 找一些有關 ElGamal 這個公開金鑰密碼器的資料。

34. 這一章談到的數位簽章的系統是以 RSA 為基礎。試著找一些有關 ElGamal 這個數位簽章系統的資料。

詞彙表

Glossary

1000BASE-CX：使用遮蔽雙絞線電纜之 Gigabit 雙線乙太網路。

1000BASE-LX：使用光纜傳送長波雷射訊號之 Gigabit 雙線乙太網路。

1000BASE-SX：使用光纜傳送短波雷射訊號之 Gigabit 雙線乙太網路。

1000BASE-T：使用雙絞線電纜之 Gigabit 四線乙太網路。

100BASE-FX：使用光纜之雙線快速乙太網路。

100BASE-T4：使用雙絞線電纜之四線快速乙太網路。

100BASE-TX：使用雙絞線電纜之雙線快速乙太網路。

100BASE-X：雙線快速乙太網路。

10BASE-FL：IEEE802.3 標準之雙絞線乙太網路，使用星型接法及光纜，速度為 10 Mbps。

10BASE-T：IEEE802.3 標準之雙絞線乙太網路，使用星型接法及雙絞線電纜，速度為 10 Mbps。

10BASE2：IEEE802.3標準之細纜線乙太網路，使用匯流排接法及同軸電纜，最大長度 185 公尺，速度為 10 Mbps。

10BASE5：IEEE802.3標準之粗纜線乙太網路，使用匯流排接法及同軸電纜，最大長度 500 公尺，速度為 10 Mbps。

A

abbreviation（縮寫）：一種縮短 IPv6 位址的方法，將 0 位元刪除。

Abstract Syntax Notation l, ASN.1（摘要語法表示法 1）：一種使用在 SNMP、SSL 及 TSL 的正規語言。

access control（存取控制）：一種管理方案，用來決定哪個裝置可以存取一條路線。

active close（主動式關閉）：由一個程序來關閉一條 TCP 連線。

active document（主動式文件）：在 WWW 中，在本地端執行的文件。

active open（主動式開啟）：由一個程序來建立一條 TCP 連線。

additive increase（加法式增加）：一種壅塞避免的策略，窗口大小會每次增加一個分段。

address mask（位址遮罩）：一 32 位元數值，可將網路位址或子網路位址摘取出來。

Address Resolution Protocol , ARP（位址解析協定）：TCP/IP 的一個通訊協定，已知邏輯位址，可求出其實體位址。

address space（位址空間）：一通訊協定所使用的全部位址個數。

Advanced Networks and Services, ANS（先進網路與服務）：自 1995 以來 Internet 的擁有者及操作者。

Advanced Networks and Services Network, ANSNET（先進網路及服務網路）：網際網路之高速骨幹。

Advanced Research Project Agency, ARPA（高等研究計畫局）：資助 ARPANET 的政府部門。

Advanced Research Project Agency Network, ARPANET（先進研究計畫網路）：ARPA 所資助建造的封包交換式網路。

agent（代理者）：執行 SNMP 伺服端程式的路由器或主機。

agent advertisement（代理器公告）：路由器將自己的位址通知給一台行動主機知道的程序。

agent discovery（代理器探索）：行動主機在本地網路獲知其本地代理器之位址的程序。

agent solicitation（代理器請求）：行動主機在外地網路使用 ICMP 以獲知代理器之位址的程序。

alias（別名）：在 SMTP，一個名稱用以代表一群接收者。

American National Standards Institute, ANSI（美國國家標準協會）：制訂美國國家標準的組織。

American Standard Code for Information Interchange, ASCII（美國資訊交換標準碼）：由 ANSI 所制訂的字元編碼。

anonymous FTP（匿名 FTP）：一種協定讓遠端使用者不用帳號及密碼就可以使用 FTP 存取一台機器。

anycast address（任意傳播位址）：一種位址，定義一群有相同前置位元位址的電腦，但封包只會到達其中一台。

applet：一種用來建立主動式 Web 文件的電腦程式，通常以 Java 寫成。

Application Adaptation Layer, AAL（應用適應層）：ATM 通訊協定的一個分層，將使用者資料分成以 48 位元組為單位的酬載資料，實作的部分包括 AAL1、AAL2、AAL3/4 及 AAL5。

application layer（應用層）：OSI 分層模型中的第七層，TCP/IP 通訊協定組中的第五層。

area（區域）：在一自治系統內的網路、主機與路由器之組合。

area border router（區域邊界路由器）：負責散播關於某區域之路由資訊的路由器。

association（關聯）：在 SCTP 中的一條連線。

Asymmetric Digital Subscriber Line, ADSL（非對稱式數位用戶線路）：一種 DSL 技術的版本。

Asynchronous Transfer Mode, ATM（非同步傳輸模式）：一種高資料速率的 WAN 通訊協定。

ATM consortium（ATM 聯盟）：一群販賣 ATM 軟體或硬體的廠家。

ATM forum（ATM 論壇）：加速 ATM 發展及標準制訂的參與團體。

ATM switch（ATM 交換器）：一種 ATM 裝置，提供交換、多工等功能。

ATMARP：用來將 ARP 應用在 ATM WAN 上的一種通訊協定。

attended bulk data traffic（現場等待大量資料的運輸）：使用者正在等待接收的資料傳輸。

authentication（認證）：訊息傳送者的驗證。

Authentication Header Protocol（認證標頭通訊協定）：在 IPSec 中的一種通訊協定，提供了訊息的完整性及鑑定性。

automatic tunneling（自動型隧道化）：一種隧道化的技術，其接收主機使用 IPv6 相容位址。

Autonomous System, AS（自治系統）：由單一管理局所管轄的一群網路及路由器。

autonomous system boundary router（自治系統邊界路由器）：負責散播關於某自治系統之路由資訊的路由器。

B

backbone router（骨幹路由器）：在骨幹區域內的路由器。

background data（背景資料）：在 IPv6 中，以背景程序傳輸的較低優先權之資料。

bandwidth on demand（隨選頻寬）：根據需求來分配頻寬。

Basic Encoding Rules, BER（基本編碼規則）：一種資料編碼的標準，以便讓資料在網路上傳輸。

Basic Service Set, BSS（基本服務集合）：無線 LAN 的基本建構單元，其由 IEEE 802.11 標準所訂定。

Bellman-Ford algorithm（Bellman-Ford 演算法）：在距離向量路徑選擇法中，用來計算路由表的演算法。

best-effort delivery（盡力傳送）：IP 所使用的非可靠性傳送機制，不保證訊息傳輸的可靠性。

block mode（區塊模式）：一種 FTP 傳輸模式，資料以區塊的方式來傳遞。

Bootstrap Protocol, BOOTP（開機通訊協定）：一種通訊協定可從一個檔案或表格提供組態的資訊。

Border Gateway Protocol, BGP（邊界閘道器通訊協定）：一種基於路徑向量路徑選擇法的跨網域系統之路由通訊協定。

bridge（橋接器）：一種網路裝置，運用在 OSI 分層模型中的前二個分層，有過濾封包和轉送的功能。

broadcast address（廣播位址）：一種位址可以讓一訊息傳輸到網路上的所有節點。

broadcasting（廣播）：將一訊息傳到一個網路上的所有節點。

browser（瀏覽器）：一種顯示 WWW 文件的應用程式。

C

cable modem（有線電視數據機）：一種可以在有線電視的通道中提供上網服務的技術。

Cable Modem Transmission System, CMTS（有線電視數據機傳輸系統）：一種有線電視數據機的裝置，被安裝在分配中心。

caching（快取）：將要被處理的資料存放在一個小而快的記憶體中。

care-of address（轉交位址）：行動主機在外地網路時的臨時位址。

Carrier Sense Multiple Access, CSMA（載波感應多重存取）：一種競爭存取的方法，每個站台在傳送資料之前要傾聽線路的載波。

Carrier Sense Multiple Access with Collision Avoidance, CSMA/CA（載波感應多重存取／碰撞避免）：一種 CSMA 的延伸，用來避免碰撞的發生。

Carrier Sense Multiple Access with Collision Detection, CSMA/CD（載波感應多重存取 / 碰撞偵測）：一種 CSMA 的延伸，每個站台在介質可用時傳送資料，若是碰撞發生，則重送。

cell（資料胞）：一固定大小的小資料單元。

cell（細胞格）：在無線電話系統中，指由一個基地台所構成的通訊區域。

cell network（資料胞網路）：使用資料胞為基本資料單元的網路。

Certification Authority, CA（憑證管理中心）：在公開金鑰密碼系統中，一個負責核發憑證之受信任的單位。

channel（通道）：通訊的路徑。

character mode（字元模式）：一種 TELNET 運作模式，用戶端鍵下的每一個字元都立即傳送到伺服端。

checksum（檢查碼）：一種錯誤偵測的方法。

cipher（密碼器）：一種加密／解密的演算法。

ciphertext（密文）：被加密的資料。

Clark's solution（Clark 的方法）：防止傻瓜視窗症候群的方法。

classful addressing（分級式定址）：一種 IPv4 的定址機制，將 IP 位址空間分為五個等級（A、B、C、D 及 E）。

classless addressing（無級式定址）：一種不將 IP 位址分級的定址機制。

Classless Inter-Domain Routing, CIDR（無級式跨網域路徑選擇）：一種用來降低路由表項目個數的技術。

client process（用戶端程序）：在本地端執行的程式，會對另一個在遠端執行的程式（伺服端程序）提出服務的要求。

collision（碰撞）：一個事件，當兩個傳送器在同一時間於同一通道送出資料，但是這個通道只設計為一次一個傳送時，且資料會被破壞掉。

co-located care-of address（共同分配之轉交位址）：一個行動主機的轉交位址，此行動主機同時扮演外地代理器的角色。

Common Gateway Interface, CGI（共同閘道介面）：一種用來建立動態文件的標準。

compatible address（相容位址）：一種 IPv6 的位址，含有 96 個 0 後接一 32 位元的 IPv4 位址。

community antenna TV, cable TV（有線電視）：一種有線電視網路的服務，主要是將廣播視訊的訊號傳送到訊號微弱或是接收不到訊號的地區。

compression（壓縮）：在不嚴重遺失資訊的情形下，減少資訊的量。

configuration file（組態檔）：一個含有電腦開機時所需之資訊的檔案。

configured tunneling（配置型隧道化）：一種隧道化的技術，當接收主機不支援 IPv6 相容位址時，需要重新組態。

congestion（壅塞）：在網路或互連網路中，過多的網路交通量造成服務品質的下降。

congestion controlled traffic（壅塞控制型運輸）：來源端可以依網路壅塞狀況降低其傳輸量。

connecting device（連接裝置）：連接電腦或網路之工具。

connection establishment（連線建立）：在資料傳送之前的前置動作，以建立一條邏輯連線。

connection resetting（連線重置）：結束一條已存在的連線並重新建立一條新的連線的程序。

connection termination（連線結束）：結束一條連線的程序。

connectionless protocol（非預接式通訊協定）：一種使用非預接式服務的通訊協定。

connectionless service（非預接式服務）：一種資料傳輸的服務，沒有使用連線建立或連線結束的機制。

connection-oriented protocol（預接式通訊協定）：一種使用預接式服務的通訊協定。

connection-oriented service（預接式服務）：一種資料傳輸的服務，使用連線建立及連線結束的機制。

Consultative Committee for International Telegraphy and Telephony, CCITT（國際電報電話諮詢委員會）：一個國際標準組織，現稱為 ITU-T。

contiguous mask（連續式遮罩）：由一串 1 接著一串 0 所組成的遮罩。

control character（控制字元）：傳遞有關傳輸之訊息的字元，而不是真正的資料。

control connection（控制連線）：FTP 的連線，被使用來交換控制訊息。

control traffic（控制用途的運輸）：最高優先權之運輸，例如路徑選擇與管理訊息。

cookie（餅乾）：一串包含用戶端資訊的字元，必須原封不動地被傳回伺服端。

Core-Based Tree, CBT（核心基礎樹）：一種群組共享的群播通訊協定，使用一台中央路由器作為樹的根。

corrupted segment（受損的區段）：有錯誤的資料區段。

country domain（國家網域）：網域名稱系統 (DNS) 的一個子網域，使用兩個字元作為後置碼。

crossbar switch（矩陣交換器）：由垂直與水平路徑交錯之格狀所構成的交換器，每個路徑的交錯處使用一個稱為交錯點的元件連接。

crosspoint（交錯點）：在交換器中，輸入和輸出交錯的地方，通常為一個電子式微動開關。

cryptography（密碼學）：轉換訊息內容來獲得安全性並且免於攻擊的科學及藝術。

Computer Science Network, CSNET（計算機科學網路）：美國國家科學基金會 (NSF) 所資助的網路。

D

data connection（資料連線）：FTP 的連線，被用來進行資料傳輸。

Data Encryption Standard, DES（資料加密標準）：一種對稱金鑰之區塊密碼器，被美國政府採用為非軍事以及非機密性用途的加密標準。

data link layer（資料鏈結層）：OSI 分層模型及 TCP/IP 通訊協定組中的第二層，負責節點對節點傳送。

datagram（資料包）：封包交換機制中的一個獨立資料單元。

de facto standard（事實上的標準）：未經官方承認之協定，但因廣泛使用而成為標準。

de jure standard（法規上的標準）：由官方團體立法而成的協定。

deadlock（死結）：傳送者和接收者都等待對方資訊的情況。

decapsulation（拆裝）：從一訊息中將標頭及尾端資訊除去的程序。

decryption（解密）：將經過加密的資料還原成原本的訊息。

default mask（預設遮罩）：在分級式定址中等級 A、B、C 的遮罩。

default mode（預設模式）：一種 TELNET 的運作模式，當選項商議沒有設定其他模式時使用。

default routing（預設路徑選擇）：一種封包路徑選擇的方式，當封包沒有被定義特定路徑時使用。

Defense Advanced Research Projects Agency, DARPA（國防高等研究計畫處）：美國的政府單位，以 ARPA 的名義去資助 ARPANET 和 Internet 的發展。

Defense Data Network, DDN（國防資料網路）：Internet 中屬於軍事用途的那一部分。

delayed response strategy（延遲回應策略）：IGMP 所使用的一種技術，用來防止 LAN 上不必要的傳輸。

delivery（傳送）：實際的封包傳送。

denial-of-service attack（阻斷服務攻擊）：一種網路攻擊的形式，使用大量假要求來癱瘓某伺服器，迫使伺服器拒絕所有服務要求。

designated parent router（指定母路由器）：在距離向量群播路徑選擇中，負責將群播封包散播到各個下游網路的路由器。

destination address（目的位址）：資料單元接收者的位址。

dialog（對話）：兩個通訊裝置之間的訊息交換。

dialog control（對話控制）：在會議層中，用來控制對話的技術。

digest（摘要）：透過雜湊函數所建立的一個文件之濃縮版。

digital signature（數位簽章）：一種用來驗證訊息之傳送者的方法。

Digital Subscriber Line, DSL（數位用戶線路）：一種使用目前電信網路以達到資料、語音、視訊，及多媒體的高速傳輸之技術。

Dijkstra's algorithm（Dijkstra演算法）：使用在鏈結狀態路徑選擇中的一種演算法，用來找出到其他路由器的最短路徑。

direct broadcast address（直接廣播位址）：路由器所使用的一種特殊位址，用來傳送一個封包給在某一特定網路上的所有主機。

direct delivery（直接傳送）：封包的目的主機與傳送者位於同一實體網路上的傳送。

Direct Sequence Spread Spectrum, DSSS（直接序列展頻）：一種無線傳輸技術，將傳送者送出的每一個位元以一串稱為晶片碼的位元串來取代。

Discrete Cosine Transform, DCT（離散餘弦轉換）：JPEG壓縮過程中的其中一個步驟，這個轉換將64個像素的值改變，保持像素之間的相對關係，並將冗餘的部分除去。

Distance Vector Multicast Routing Protocol, DVMRP（距離向量群播路由通訊協定）：一種基於距離向量路徑選擇的群播路由通訊協定。

distance vector routing（距離向量路徑選擇）：一種路徑選擇的方法，每個路由器傳送給其鄰居它能到達的網路及到該網路的距離。

distributed database（分散式資料庫）：訊息存放在很多地點。

DNS server（DNS伺服器）：一台持有名稱空間訊息的電腦。

domain（網域）：網域名稱空間的一個子樹。

domain name（網域名稱）：在DNS裡，依序由英文句點分開的標記。

domain name space（網域名稱空間）：一種組織名稱空間的結構，其中名稱被定義成一種反樹狀結構，樹的根在頂點。

Domain Name System, DNS（網域名稱系統）：一種將使用者熟悉的名字轉換為IP位址的服務。

dotted-decimal notation（點式十進制表示法）：一種IPv4位址的表示法，每個位元組被轉換成一個十進制的數字，其間用英文句點分開。

double crossing（雙倍繞路）：一種效率不好的繞送狀況，當遠端主機要和一個已經移動到和自己相同網路內的行動主機進行通訊時所造成的結果。

dual stack（雙協定堆疊）：一個站台上同時支援IPv4與IPv6兩種協定。

duplex mode（雙工模式）：請參考full-duplex mode（全雙工模式）。

duplicate segment（重複區段）：與另一個區段完全相同的區段。

dynamic configuration protocol（動態組態通訊協定）：一種通訊協定且具有的表格可以在改變發生時自動更新。

dynamic document（動態文件）：一種Web文件，在伺服端被產生。

Dynamic Domain Name System, DDNS（動態網域名稱系統）：一種自動更新DNS中網域名稱的方法。

Dynamic Host Configuration Protocol, DHCP（動態主機組態通訊協定）：為BOOTP通訊協定的延伸，以動態的方式分配IP位址並更新組態檔。

dynamic mapping（動態對應）：動態的在實體位址與邏輯位址之間進行對應的動作。

dynamic port number（動態埠）：不受 ICANN 控制也不用註冊的埠號，任何程序都可使用。

dynamic routing（動態路徑選擇）：一種路徑選擇的方法，其路徑表使用路由通訊協定做動態更新。

dynamic routing table（動態路由表）：一種路由表，其條目使用路由通訊協定做動態更新。

E

electronic mail, E-mail（電子郵件）：一種使用信箱位址而非直接主機對主機交換訊息的電子訊息傳送方法。

Electronic Industries Association, EIA（電子工業協會）：一個組織，主要目標為促進發展電子製造業者所關心的議題。

Encapsulating Security Payload, ESP（封裝安全酬載資料）：IPSec 所定義的一種通訊協定，除了提供訊息的隱密性之外，同時也能提供訊息的完整性與鑑定性。

encapsulation（封裝）：將一個標頭及尾端資訊加到一個資料單元的程序。

encryption（加密）：將訊息轉換成不可讀的形式，除非再經過解密。

end-to-end message delivery（端點對端點訊息傳遞）：將完整的訊息從傳送者傳送到接收者。

entering-point router（進入點路由器）：在 ATM 網路中，資料胞開始傳輸時所在的路由器。

entity（主體）：任何可傳送或接收訊息的東西。

envelope（信封）：電子郵件的一部分，包含傳送者位址、接收者位址，及其他的資訊。

ephemeral port number（短暫埠號）：一種埠號，在通訊的時間很短暫時使用。

error control（錯誤控制）：在資料傳送中偵測並更正錯誤。

error correction（錯誤更正）：在資料傳送中更正錯誤位元的程序。

error detection（錯誤偵測）：決定傳送過程中是否有位元被改變的程序。

Ethernet（乙太網路）：一種區域網路的通訊協定，已經歷經好幾代了。

exiting-point router（出口點路由器）：在 ATM 網路中，資料胞結束傳輸時所在的路由器。

expiration timer（期限計時器）：一種計時器，用來管理路徑的有效期限。

Extended Binary Coded Decimal Interchange Code, EBCDIC（延伸二進制形式的十進制交換碼）：一種 8 位元字元碼，由 IBM 所制訂。

Extended Service Set, ESS（延伸服務集合）：一種無線 LAN 服務，包含兩個以上有 AP 的 BSS，定義在 IEEE 802.11 標準內。

extension header（延伸標頭）：IPv6 資料包的額外標頭，提供額外功能。

external link（外部鏈結）：一種通告，允許自治系統內的路由器去了解該自治系統外有哪些網路是可通行的。

extranet（外部網路）：一種使用 TCP/IP 通訊協定組的私有網路，可允許授權外部使用者的存取。

F

Fast Ethernet（快速乙太網路）：第二代的乙太網路，其資料傳輸速率為 100 Mbps。

Federal Communications Commission, FCC（美國聯邦通訊委員會）：美國政府的一個部門，負責無線電、電視、及通訊等事務之管理。

File Transfer, Access, and Management, FTAM（檔案傳輸存取及管理）：在 OSI 分層模型下的一種應用層服務，提供遠端檔案處理。

File Transfer Protocol, FTP（檔案傳輸通訊協定）：屬於 TCP/IP 的一個應用層通訊協定，用在兩電腦之間傳遞檔案。

finite state machine（有限狀態機）：一種在有限的狀態內轉變的機器。

firewall（防火牆）：一種裝置（通常是路由器），裝在網路的內部與外部 Internet 之間，以提供安全性。

flat name space（單層式命名空間）：一種將名稱對應到位址的方法，不使用階層式命名架構。

flooding（氾濫傳送）：將一個封包轉送到所有的介面，但是原本接受此封包的那個介面除外。

flow control（流量控制）：一種技術用來控制訊框、封包或訊息的傳輸速率。

flow label（訊流標記）：一種 IPv6 的機制，可讓傳送端去要求如何處理一個封包。

foreign agent（外地代理器）：連接在外地網路的一台主機，接收並轉送本地代理器要傳送給行動主機的封包。

foreign network（外地網路）：一行動主機所移動到的網路。

forum（論壇）：一種組織，為新科技進行測試、評估或制訂標準。

four-way handshake（四向交握）：為了連線的建立或結束所進行的連續四個步驟。

fractional T line（部分 T 線路）：一種服務，允許數個用戶以多工傳輸的方式共享一條 T 線路。

fragmentation（分段）：將一封包分成較小之單元以符合 MTU 之要求。

frame（訊框）：在資料鏈結層的一個封包。

Frame Relay（訊框轉送）：一種封包交換式的通訊協定，定義在 OSI 分層模型中的最前面二個分層。

Frame Relay Forum（訊框轉送論壇）：由一些公司所組成的一個團體，目的在促進訊框轉送之普及與實作。

Frequency Hopping Spread Spectrum, FHSS（跳頻展頻）：一種無線傳輸的方法，傳送者依序重複跳躍於不同的載波頻率。

frequency masking（頻率遮罩）：在一個頻率範圍中很大聲的聲音，會將其他頻率範圍中一個較輕柔的聲音，部分或是全部地掩蓋掉的一種現象。

full-duplex Ethernet（全雙工乙太網路）：一種乙太網路實現方式，每個站台使用二條個別的路徑連到中央集線器。

full-duplex mode（全雙工模式）：一種傳輸模式，雙向通訊可以同時進行。

Fully Qualified Domain Name, FQDN（完全合格網域名稱）：一個網域名稱，包含了從主機到根節點中所有階層的標記。

G

garbage collection timer（垃圾收集計時器）：一個用來公布某條路徑故障的計時器。

gateway（閘道器）：一種裝置用來連接兩個使用不同通訊協定的網路，其運作範圍包含 Internet 模型中全部五個分層。

generic domain（一般網域）：網域名稱系統 (DNS) 的一個子網域，使用一般性後置碼。

geographical routing（依地理位置路徑選擇）：一種路徑選擇的技術，將整個位址空間依實際的地理位置分成多個區塊。

Gigabit Ethernet（十億位元乙太網路）：第三代的乙太網路，其資料傳輸速率為 1,000 Mbps。

grafting（續接）：恢復群播訊息之傳送。

groupid（群組代碼）：即一群組的群播位址。

group-shared tree（群組共享樹）：一種群播路徑選擇的特性，其系統內的每一個群組共用相同的最短路徑樹。

H

H.323：由ITU所設計的一個標準，允許在公開電話網路中的電話於連接到Internet上的電腦進行對話。

half-duplex mode（半雙工模式）：一種傳輸模式，通訊可以雙向但是不能同時。

handshaking（交握）：用來建立或結束一條連線的程序。

hardware address（硬體位址）：資料鏈結層使用的位址，用來辨識一個裝置，又稱為實體位址。

hash function（雜湊函數）：一種演算法，將一可變長度訊息轉變成為一固定大小的摘要。

header（標頭）：加到資料封包或訊息前面的控制資訊。

header translation（標頭轉換）：將 IPv6 的標頭轉換成 IPv4。

hexadecimal colon notation（十六進制冒號表示法）：IPv6 使用的 IP 位址表示法，一個位址包含 32 個十六進制數字，每 4 個數字以冒號分開。

hidden terminal problem（終端機隱匿問題）：在無線傳輸的環境中，某個終端機有可能隱匿於另外一個終端機（因為自然的障礙物）所造成的一種情況。

hierarchical name space（階層式命名空間）：一種樹狀的名稱空間，接續的每一個層次會愈來愈特定。

hierarchical routing（階層式路徑選擇）：一種路徑選擇的技術，將整個位址空間依某種規則分成數個階層。

High bit rate Digital Subscriber Line, HDSL（高速率數位用戶線路）：具有更高資料傳輸速率的 DSL 服務。

home address（本地位址）：一行動主機在它的本地網路中的永久固定位址。

home agent（本地代理器）：一台主機連接到行動主機的本地網路，替行動主機在本地網路接收與傳送封包給外地代理器。

home network（本地網路）：一行動主機的固定所在網路。

homepage（首頁）：在 Web 上可獲得的超文件或超媒體的單位，為一個組織或個人網站的首頁。

hop count（跳躍次數）：路徑上的節點數，做為 RIP 中度量距離之用。

host（主機）：網路上的一個站台或節點。

host file（主機檔案）：記載主機名稱與主機位址之對應的一個檔案。

host-specific routing（特定主機之路徑選擇）：一種路徑選擇的方法，將整個主機的全部位址放在路由表內。

Hostid（主機代碼）：IP 位址中定義主機的部分。

host-to-host protocol（主機對主機通訊協定）：一種通訊協定可將封包從一站台送到另一站台。

hybrid network（混合網路）：一種私有網路，同時也可以存取外部的 Internet。

hypermedia（超媒體）：含有文字、圖片、影像、聲音等資訊，透過鏈結 (URL) 連結到其他文件。

hypertext（超文件）：含有文字的資訊，透過鏈結 (URL) 連結到其他文件。

Hypertext Markup Language, HTML（超文件標記語言）：一種電腦語言用來設定Web文件的內容及格式，它允許使用文字來定義字型、布局、嵌入式圖像及做超文件鏈結。

Hypertext Transfer Protocol, HTTP（超文件傳輸通訊協定）：一種應用服務用來讀取 Web 文件。

I

image file（映像檔）：在 FTP 中，傳送二進制檔的預設格式。

inbound stream（輸入串流）：在 SCTP 通訊協定中，主機的一條輸入串流。

indirect delivery（間接傳送）：指封包在一台路由器與路由器之間的傳遞。

Institute of Electrical and Electronics Engineers, IEEE（電子電機工程師協會）：一個組織，包含專業的工程師及專業的委員會制訂標準。

integrity（完整性）：資料未被損壞。

interactive traffic（互動式運輸）：需要與使用者互動的傳輸。

interdomain routing（跨網域之路徑選擇）：處理各自治系統之間的路徑選擇。

interface（介面）：位於兩個設備之間的邊界；或為了兩個層次之間的通訊所定義出來的一組命令。

International Organization of Standardization, ISO（國際標準組織）：一個定義並發展各種標準的世界性組織。

International Telecommunications Union-Telecommunication Standardization Sector, ITU-T（國際電訊聯盟之電訊標準部門）：一個制訂標準的組織，以前稱為CCITT。

internet（互連網路）：透過路由器之類的互連網路裝置，將一群網路連接在一起而形成更大的網路。

Internet（網際網路）：一個全球性的互連網路，使用 TCP/IP 通訊協定。

Internet address（網際網路位址）：一個 32 位元或 128 位元的網路層位址，用來唯一的定義連接到 Internet 上的某一台主機。

Internet Architecture Board, IAB（網際網路架構委員會）：ISOC 的技術顧問團，監督 TCP/IP 的持續發展。

Internet Assigned Numbers Authority, IANA（網際網路區號管理局）：在 1998 年之前由美國政府所支援的一個團體，負責 Internet 網域名稱與位址的管理。

Internet Control Message Protocol, ICMP（網際網路控制訊息通訊協定）：TCP/IP 通訊協定組中的一個通訊協定，處理錯誤及控制訊息。

Internet Corporation for Assigned Names and Numbers, ICANN（網際網路名號管理公司）：一個私立之非營利組織由一個國際委員會所管理，承接 IANA 的工作。

Internet draft（網際網路草約）：一個進行中的 Internet 文件，尚未具有官方的認可，有效期限為 6 個月。

Internet Engineering Steering Group, IESG（網際網路工程主控組）：一個組織，監督 IETF 的活動。

Internet Engineering Task Force, IETF（網際網路工程工作群）：一個工作群組，負責 TCP/IP 通訊協定及 Internet 的設計與發展。

Internet Group Management Protocol, IGMP（網際網路群組管理通訊協定）：屬於 TCP/IP 通訊協定組中的一個通訊協定，負責處理群播。

Internet Mail Access Protocol, IMAP（網際網路郵件存取協定）：一個複雜且功能強大的通訊協定，用來處理電子郵件的傳輸。

Internet Network Information Center, INTERNIC（網際網路網路資訊中心）：一個負責收集及分發 TCP/IP 通訊協定相關資訊的單位。

Internet Research Task Force, IRTF（網際網路研究工作群）：一個工作群，專注在 Internet 相關議題的長期研究上。

Internet Service Provider, ISP（網際網路服務提供者）：通常是一家提供 Internet 服務的公司。

Internet Society, ISOC（網際網路協會）：為宣傳 Internet 而成立的非營利性團體。

Internet standard（網際網路標準）：經過完整測試，符合 Internet 運作的規格。

internetworking（互連網路）：使用類似路由器或閘道器這類的互連網路裝置來連接多個網路而成的網路。

internetworking devices（互連網路裝置）：如路由器、閘道器的電子裝置，用來連接個別網路使之成為一個互連網路。

Internetworking Protocol, IP（網際網路通訊協定）：TCP/IP 通訊協定組的網路層協定，在封包交換式網路上負責非預接式的傳輸。

Internetworking Protocol, next generation, IPng（下一代的網際網路通訊協定）：第六版的網際網路通訊協定（IPv6）。

intracoded frame, I-frame（內部編碼訊框）：在 MPEG 中的一種獨立的訊框，和其他的訊框都不相關，並且會在規律的時間間隔中出現。

intranet（內部網路）：一使用 TCP/IP 通訊協定組的私有網路。

inverse domain（反向網域）：DNS 的一個子網域，給予一個 IP 位址以找到網域名稱。

IP address（IP 位址）：請參考 Internet address（網際網路位址）。

IP address class（IP 位址等級）：在 IPv4 中，將 IP 位址分成五個等級（A、B、C、D 及 E）。

IP datagram（IP 資料包）：網際網路通訊協定 (IP) 的資料單元。

IP Security, IPSec（IP 安全通訊協定）：由 IETF 所制訂的一套通訊協定，以提供封包在 Internet 中的安全。

iterative resolution（疊代式求解）：求得 IP 位址的方法，用戶在得到答案之前將它的要求送到數個伺服器。

J

Java（爪哇）：一種程式語言，被用來建立主動式 Web 文件。

jitter（抖動）：一種即時傳輸的現象，由到達接收者之連續封包的時間間隙所產生。

K

Karn's Algorithm（Karn 演算法）：一種演算法，在計算往返時間時，計算的對象不包含重送的區段。

keepalive timer（維持存活計時器）：用來防止兩個 TCP 之間的連線閒置太久的計時器。

Key Distribution Center, KDC（金鑰分配中心）：在對稱金鑰密碼系統中，一個與每個使用者都共享一把金鑰之受信任的第三方。

L

layered architecture（分層架構）：一種根據 tier 的分層模式。

lexicographic ordering（字典字母順序安排）：根據字典中字母的順序來排序。

limited broadcast address（有限廣播位址）：一種定義某網路內部之全部主機的目的位址。

line mode（行模式）：一種 TELNET 的運作模式，整行之編輯在用戶端執行。

Link Control Protocol, LCP（鏈結控制通訊協定）：一種 PPP 的通訊協定，負責鏈結的建立、維護、組態與結束。

link local address（鏈結區域位址）：私有的 LAN 所使用的 IPv6 位址。

link state database（鏈結狀態資料庫）：在鏈結狀態路徑選擇中，每個路由器都擁有一個相同的資料庫，並透過 LSP 資訊獲得。

local address（本地位址）：電子郵件位址定義使用者信箱的那一部分。

local area network, LAN（區域網路）：指在一個建築物或鄰近建築物裡面的網路。

local host（本地主機）：使用者親自實體使用的電腦。

local login（本地登錄）：使用直接連到電腦的終端機以進入系統。

local loop（地區性迴路）：連接用戶到電信局的鏈結線路。

logical address（邏輯位址）：在網路層中所定義的位址。

logical IP subnet, LIS（邏輯 IP 子網）：ATM 網路的電腦群組，其連接以邏輯觀點而非實體觀點。

longest mask match（最長遮罩先比對）：在 CIDR 中的一種技術，搜尋路由表時從最長的前置位元開始處理。

loopback address（迴路位址）：被主機使用來測試內部軟體的位址。

M

magic cookie（代換變數）：在 BOOTP 中，如果出現和 IP 位址 99.130.83.99 相同格式號碼，則表示有選項。

mail exchanger（郵件交換器）：任何一台可以接收電子郵件的電腦。

Management Information Base, MIB（管理資訊資料庫）：SNMP 所使用的資料庫，儲存網路管理所需的資料。

manager（管理者）：執行 SNMP 用戶端程式的主機。

mapped address（對應位址）：一個 IPv6 位址，當一台已經使用 IPv6 的電腦要送封包給一台依然使用 IPv4 的電腦時使用。

mask（遮罩）：對 IPv4 而言，是一個 32 位元二進制數字，與網路區塊中的任何一個位址進行 ANDed 運算，就可取得網路區塊中的第一個位址（網路位址）。

masking（遮取）：從一個 IP 位址摘取出網路位址之過程。

maturity level（成熟層次）：一份 RFC 經過的各個階段。

Maximum Transfer Unit, MTU（最大傳輸單元）：一個特定網路能夠處理的最大長度之資料單元。

media player（媒體播放器）：一個可以播放音訊／視訊檔案的應用程式。

media server（媒體伺服器）：一個被媒體播放器所存取並下載音訊／視訊檔案的伺服器。

message（訊息）：從來源端傳送到接收端的資料。

Message Access Agent, MAA（訊息存取代理器）：一種用戶／伺服端程式，用來拉取已經儲存在郵件伺服器上之電子郵件訊息。

Message Transfer Agent, MTA（訊息傳送代理器）：SMTP 中的一個元件，透過 Internet 來傳送訊息。

metric（成本度量準則）：經過一個網路所被指定的成本。

Military Network, MILNET（軍事用網路）：軍方使用的網路，原為 ARPANET 的一部分。

mixer（混合器）：一種裝置，將數個即時訊號混合成為一個訊號。

mobile host（行動主機）：一台可以從一個網路移到另一個網路的主機。

multicast address（群播位址）：用來做群播的位址。

Multicast Backbone, MBONE（群播骨幹）：指一群路由器使用隧道化 (tunneling) 的方法來支援群播。

Multicast Open Shortest Path First, MOSPF（群播開放式最短路徑優先）：一種群播通訊協定，使用群播鏈結狀態路徑選擇來建立一棵來源基礎最低成本樹。

multicast router（群播路由器）：一個路由器，使用每個介面所建立的成員身分資訊來傳送群播封包。

multicast routing（群播路徑選擇）：將群播封包傳送到目的地。

multicasting（群播）：一種傳輸方法，讓單一封包可以被數個接收者接收。

multihomed device（多重位址裝置）：一台裝置連到一個以上的網路。

multimedia traffic（多媒體傳輸）：包含資料、影像、音訊的傳輸。

multiple unicasting（多重單點傳播）：傳送某一份訊息的多個備份，每個都使用不同的單點傳播位址。

multiplexing（多工）：一種處理程序，將來自多個來源的訊號加以組合，以使它通過一條單一的資料路徑。

multiplicative decrease（乘法式減少）：一種壅塞避免的技術，將臨界值設為前一個壅塞窗口的一半，而壅塞窗口大小從 1 開始。

Multipurpose Internet Mail Extension, MIME（多目的網際網路郵件擴充）：允許非 ASCII 的資料可以透過電子郵件來傳送的一個通訊協定。

N

Nagle's algorithm（Nagle 演算法）：一種演算法，用來防止傳送端發生傻瓜視窗症候群。

name server（名稱伺服器）：將電腦名稱對應到其 IP 位址的電腦。

name space（命名空間）：所有可以分配給網際網路中的電腦的所有名稱之集合。

name-address resolution（名稱位址解析）：將一名稱對應到一個位址或將一位址對應到一個名稱。

National Science Foundation, NSF（美國國家科學基金會）：美國政府的部門，負責提供給 Internet 資金。

National Science Foundation Network, NSFNET（國家科學基金會網路）：由 NSF 支援的骨幹網路。

Netid（網路代碼）：IP 位址中代表網路的那一個部分。

network（網路）：一個系統包含連接在一起的節點，用以共享資料、硬體及設備。

Network Access Point, NAP（網路存取點）：一種複雜的交換站台，將骨幹網路連接起來。

network address（網路位址）：一個位址用來識別 Internet 中的一個網路，是整個位址區塊的第一個位址。

Network Address Translation, NAT（網路位址轉換）：一種技術可以讓私有網路使用一組私有位址做內部通訊。

Network Control Protocol, NCP（網路控制通訊協定）：PPP 的一組控制通訊協定，可封裝來自網路層的資料。

Network File System, NFS（網路檔案系統）：一種 TCP/IP 通訊協定的應用，允許使用者如同在本地端一樣的存取使用遠端檔案系統，NFS 使用遠端程序呼叫。

Network Information Center, NIC（網路資訊中心）：一個負責收集與散布 TCP/IP 通訊協定的單位。

network interface card, NIC（網路卡）：一種電子裝置，放在站台的內部或外部，含有電路系統，它的作用在使站台連接到網路上。

network layer（網路層）：OSI 分層模型及 TCP/IP 通訊協定組中的第三層，負責來源端主機到目的端主機之間的封包傳遞。

network support layers（網路支援層）：指實體層、資料鏈結層與網路層。

network-specific routing（特定網路之路徑選擇）：一種路徑選擇的方式，所有在同一網路上的全部主機共享路由表的一個項目。

Network-to Network Interface, NNI（網路對網路介面）：一種 ATM 介面位於兩個網路之間。

Network Virtual Terminal, NVT（網路虛擬終端機）：一種允許遠端登錄的方法。

next-hop address（次站位址）：封包接著要被傳送到的第一個路由器。

next-hop routing（次站路徑選擇法）：一種路徑選擇的方式，只將下一站的位址列在路由表中。

node-to node delivery（節點對節點傳輸）：將資料從一個節點傳到另一個節點。

noise（雜訊）：雜亂的電器訊號，因為資料的衰竭或失真所造成的情況。

noncontiguous mask（非連續式遮罩）：有 1 與 0 混合而成的遮罩，而非一串 1 接一串 0。

nonpersistent connection（非持續性連線）：一種連線的方式，對每一次的要求與回應都會使用獨立的一條 TCP 連線。

nonrepudiation（不可否認性）：四種安全層面之一，接收者必須能夠證明所收到的訊息來自特定的傳送者。

O

object（物件）：SNMP 封包中的一個變數。

object identifier（物件識別碼）：SMI 所使用的一種階層式方法，用來命名 SNMP 所管理的名稱變數。

octet：8 個位元。

one's complement（1 的補數）：一種二進制數字的表示方法，一個數的補數可將原來 0 與 1 位元互換而得。

Open Shortest Path First, OSPF（開放式最短路徑優先）：一種使用鏈結狀態路徑選擇法的內部路由通訊協定。

Open System Interconnection, OSI（開放系統互連）：一種由 ISO 所定義的七層模型，做為資料通訊之用。

Optical Carrier, OC（光載波）：由 SONET 所定義的光纖載波階層。

option negotiation（選項商議）：在 TELNET 中，用戶端與伺服端的一種互動程序，以決定使用哪些選項。

Orthogonal Frequency-Division Multiplexing, OFDM（正交分頻多工）：一種類似於 FDM 的分工方法，在一特定時間內，所有的子頻帶都提供給某一個來源端使用。

out-of-band signaling（頻外信號通知）：一種信號通知的方法，控制資料和使用者資料在不同通道上漫遊。

outbound stream（輸出串流）：使用 SCTP 之主機的一條輸出串流。

P

packet（封包）：資料單元的同意字，大部分被使用在網路層。

Packet Internet Groper, PING（網際網路探測封包）：一個應用程式用來決定是否可到達某個目的地，使用 ICMP 的回應要求及答覆訊息。

packet-filter firewall（封包過濾防火牆）：一種防火牆系統，以網路層與傳輸層的標頭資訊作為轉送或阻擋封包之依據。

page（頁）：在 Web 上可獲得的超文件或超媒體的一個單元。

parent server（母伺服器）：一不停運轉之伺服器，以接收來自用戶的連線。

Partially Qualified Domain Name, PQDN（部分合格網域名稱）：一種網域名稱，不包含從主機到樹節點的所有階層。

passive open（被動式開啟）：一種伺服器的狀態，等待用戶的要求。

path（路徑）：訊號漫遊經過的通道。

Path MTU Discovery technique（路徑 MTU 發現技術）：一種 IPv6 方法，用來找出某路徑的所有網路中所支援的最小 MTU。

path vector routing（路徑向量路徑選擇）：BGP 所使用的一種路徑選擇方法，其中封包要經過的所有 AS 要被明確地條列出來。

perceptual encoding（知覺編碼）：一種使用於音訊壓縮的編碼技術，利用人類聽覺系統的缺點來對音訊的訊號進行編碼。

peer-to-peer process（點對點程序）：位於傳送機器與接收機器某一對等分層的程序。

periodic timer（週期計時器）：RIP 使用的三種計時器之一，用來控制訊息的傳送。

Permanent Virtual Circuit, PVC（固定虛擬線路）：一種虛擬線路傳輸方法，來源端與目的端持續地使用相同的虛擬線路。

persistence timer（持續計時器）：一種處理窗口大小為 0 之通告的技術，防止死結的發生。

persistent connection（持續性連線）：一種連線，在送出回應後，伺服器讓連線繼續開啟等待更多要求的到來。

physical address（實體位址）：一個裝置在資料鏈結層所使用的位址（MAC 位址）。

physical layer（實體層）：OSI 分層模型以及 TCP/IP 通訊協定組中的第一層，規範介質的機械及電器特性。

physical topology（實體拓樸）：各裝置連接成某個網路的方式。

piggybacking（挾帶）：將回應嵌入到資料訊框中。

plaintext（明文）：就加密／解密而言，明文指原本的訊息。

playback buffer（播放緩衝器）：放置資料的緩衝器，直到可以被播放。

point-to-point link（點對點連線）：兩個裝置之間的專用傳輸連線。

Point-to-Point Protocol, PPP（點對點通訊協定）：一種通訊協定，用在使用一條串列線路的資料傳送。

poison reverse（逆向封殺）：逆向封殺為水平分割的變異做法。使用這種方法時，路由器收到用來更新其路由表的訊息後，將之經由所有的介面傳送出去，但是來自某個介面的路由表項目再由原來介面送出時，該項目的站數設定為無窮大。

policy routing（策略性路徑選擇）：一種路徑向量路徑選擇的特性，其路由表是依網管者所設的規則而定，而不是以路徑的成本度量準則。

port address（埠位址）：在 TCP/IP 裡，埠位址是一個用來辨識一個程序的整數。

port number（埠號）：請參考 port address（埠位址）。

Post Office Protocol, POP（郵局通訊協定）：一種簡單廣泛使用的 SMTP 郵件存取通訊協定。

PPP over Ethernet, PPPoE（乙太網路點對點通訊協定）：使用在乙太網路上的 PPP 通訊協定。

Predicted frame, P-frame（預先參照訊框）：一種 MPEG 的訊框，內容只包含與先前訊框之間的變化。

prefix（前置位元）：就網路而言，指位址的共同部分如 Netid。

presentation layer（表達層）：OSI 分層模型的第六層，主要是負責資料的轉換、壓縮及加密。

Pretty Good Privacy, PGP（極佳隱密性協定）：一種協定用來提供給電子郵件傳送的四個層面的安全要求。

primary server（主伺服器）：儲存所管轄地區檔案的伺服器。

privacy（隱密性）：四種安全層面之一，指訊息只有真正的接收者才看得懂。

private key（私鑰）：在非對稱金鑰密碼系統中，私鑰是祕密，只有接收者知道。

private network（私有網路）：獨立於 Internet 之外的網路。

process（程序）：一個正在執行的程式。

process identification（程序代碼）：一個號碼，用來唯一的定義一個程序。

process-to-process communication（程序對程序通訊）：兩個正在執行的程式之間的通訊。

Protection Against Wrap Sequence, PAWS（防止序號回歸）：使用時間戳記來防止延遲或遺失的封包在下一輪的序號中出現相同的序號。

protocol（通訊協定）：通訊規則。

Protocol Independent Multicast, PIM(非限定通訊協定群播)：一群播通訊協定家族，成員包含 PIM-DM 與 PIM-SM，這兩種通訊協定都相依於單點傳播通訊協定。

Protocol Independent Multicast, Dense Mode, PIM-DM（非限定通訊協定群播－密集模式）：一種來源基礎樹路由通訊協定，使用 RPF 與刪除／續接的方法來處理群播。

Protocol Independent Multicast, Sparse Mode, PIM-SM(非限定通訊協定群播－稀疏模式)：一種群組共享樹路由通訊協定，類似 CBT 使用會合點作為樹的來源。

protocol suite（通訊協定組）：一個通訊協定堆疊或通訊協定家族，用來定義一個複雜的通訊系統。

proxy ARP（ARP 代理器）：一種可以用來創造與子網路化相同效果的技術，某個裝置替多個主機回應其 ARP 要求。

proxy firewall（代理器防火牆）：一種防火牆的系統，根據某訊息本身（應用層）可獲得的資訊來決定是否過濾此封包。

proxy server（代理器伺服器）：一台電腦存有對最近要求的回應。

pruning（刪除）：停止從某一個介面送出群播訊息。

pseudoheader（虛擬標頭）：來自 IP 標頭的資訊，僅使用於 UDP 和 TCP 封包的檢查碼計算。

public key（公鑰）：在非對稱金鑰密碼系統中，公鑰為大家所知。

public-key cryptography（公開金鑰密碼系統）：一種密碼系統的方法，這種方法使用兩種鑰匙，一是為大家所知的公鑰，另一是只有接收者知道的私鑰；又可稱為非對稱金鑰密碼系統。

push data（資料推送）：被堆送的資料必須以最小延遲送出，由設定 TCP 標頭中的堆送位元來標示。

Q

queue（佇列）：排隊等待的隊伍。

R

radio frequency wave（無線電波）：一種電磁波能量頻率在 3 KHz 到 300 GHz 之間。

Rate Adaptive asymmetrical Digital Subscriber Line, RADSL（速率可調非對稱數位用戶線路）：一種使用DSL技術的科技，依照通訊的類別可以有不同的資料速率。

raw socket（原始插座）：一種結構給不使用資料串流插座與資料包插座，而直接使用 IP 服務的通訊協定使用。

Read-Only Memory, ROM（唯讀記憶體）：有固定的內容不能被更改的記憶體。

real-time multimedia traffic（即時多媒體傳輸）：包含資料、語音、影像同時被產生與被使用的傳輸。

Real-Time Streaming Protocol, RTSP（即時串流通訊協定）：一種頻外信號通知之控制通訊協定，設計讓串流程序能擁有更多功能。

real-time traffic（即時傳輸）：資料同時被產生與被使用的傳輸。

Real-time Transport Control Protocol, RTCP（即時傳輸控制通訊協定）：RTP 的同伴協定，使用的訊息可以控制資料的流量與品質，允許接收者傳送反饋資訊給一個或多個來源端。

Real-time Transport Protocol, RTP（即時傳輸通訊協定）：一種即時傳輸的通訊協定，與 UDP 搭配使用。

receiver（接收者）：一個傳輸的目標點。

recursive resolution（遞迴式求解）：IP 位址的找尋方法，用戶送出它的要求到一個伺服器，直到該伺服器回應。

registered port（已註冊埠）：一種埠號，範圍從 1,024 到 49,151，不受 IANA 所支配。

registrar（註冊機構）：一個負責註冊新網域名稱到 DNS 中的管理機構。

registration（註冊）：在遠端主機與行動主機之間通訊的其中一個階段，行動主機將自己的資訊給外地代理器。

registration request（註冊要求）：一個封包從行動主機送到外地代理器去註冊它的轉交位址，並告知自己的本地位址與本地代理器之位址。

relay agent（轉送代理器）：在 BOOTP 中，幫忙傳送本地要求到遠端伺服器的一台路由器。

relay MTA（轉送 MTA）：一台可以轉送電子郵件的 MTA。

remote host（遠端主機）：離使用者所在處很遠的一台電腦。

remote login（遠端登錄）：從本地端電腦的終端機登錄到一台遠端電腦的程序。

remote server（遠端伺服器）：一個程式在一台遠端主機上執行。

rendezvous router（會合點路由器）：一個群播群組的中央路由器，為樹之根。

rendezvous-point tree（會合點樹）：一種群組共享樹，每一個群組使用一棵樹。

repeater（訊號增益器）：一種裝置，將訊號重新產生一次，使其能漫遊的距離延長。

Request For Comment, RFC（要求建議）：關於 Internet 相關議題的正式 Internet 文件。

requirement level（需求層次）：五種 RFC 層次之一。

reserved address（保留位址）：Internet 當局保留給未來使用的一群 IP 位址的集合。

resolver（解析者）：一個 DNS 的用戶端，被主機用來做位址與名稱的對應。

retransmission timer（重送計時器）：控制區段回應所等待之時間的計時器。

reverse address resolution protocol, RARP（反向位址解析通訊協定）：一種 TCP/IP 通訊協定，允許一台主機以其實體位址尋找自己的 IP 位址。

Reverse Path Broadcasting, RPB（反向路徑廣播）：一種技術，RPB 從來源到目的建立一條最短路徑的廣播樹，它保證每個目的只接收到一份封包。

Reverse Path Forwarding, RPF（反向路徑轉送）：一種技術，指路由器只轉送從來源到此路由器漫遊距離最短的封包。

Reverse Path Multicasting, RPM(反向路徑群播)：一種技術，將刪除與續接加到RPB以建立一群播最短路徑樹，支援動態成員身分更改。

ring topology（環形拓樸）：將各個裝置連成一個環形的拓樸。

root label（根標記）：DNS 的空字串。

root server（根伺服器）：在 DNS 中，負責的地區包含整棵樹的一台伺服器。

Round-Trip Time, RTT（往返時間）：傳送端傳送一個分段給接收端，一直到傳送端接收到一個回應為止所需要的時間。

router（路由器）：一種網路互連的裝置，運作在OSI分層模型與 TCP/IP 通訊協定組的前三個分層。

routing（路徑選擇）：路由器執行的工作，找出一個資料包的下一個站台。

Routing Information Protocol, RIP（路由資訊通訊協定）：一種基於距離向量路徑選擇法的路由協定。

routing table（路由表）：一張表格，包含路由器用來繞送封包的資訊。

RSA encryption（RSA 加密）：廣為使用的公開金鑰密碼系統，由 Rivest、Shamir 和 Adleman 設計。

S

secondary server（副伺服器）：在 DNS，一台從其他伺服器將全部的地區資訊檔案傳送到自己硬碟的伺服器。

secret-key encryption（密鑰加密）：一種加密方法，加密所用的金鑰與解密所用的金鑰相同，傳送者與接收者雙方使用相同的金鑰。

security（安全措施）：保護網路不受非法入侵、病毒危害等重大事故。

Security Association, SA（安全群組）：一種 IPSec 的信令通訊協定，用來維持兩個主機之間的邏輯連線。

segment（區段）：傳輸層的封包稱為區段。

segmentation（區段）：將一個訊息分成數個封包稱為區段；通常被執行於傳輸層。

semantics（語義）：每一個資料單位或部分資料單位所代表的意義。

sender（傳送者）：訊息的原發者。

sequence number（序號）：一個號碼，用來代表訊框或封包在訊息中的位置。

server（伺服器）：在遠端站台中，一種執行中的應用程式（程序），提供服務給其他稱為用戶的程式。

service-point address（服務點位址）：見通訊埠位 port address（通訊埠位址）。

session layer（會議層）：OSI 分層模型中的第五層，負責建立、管理，及結束兩個使用者間的邏輯連線。

shortest path（最短路徑）：從某個來源端到某個目的端之間的最佳路徑。

silly window syndrome（傻瓜視窗症候群）：一種狀況，指接收者告知一個小的窗口大小，而傳送者只能送一個小的區段。

Simple and Efficient Adaptation Layer, SEAL（簡效適應層）：為了 Internet 而設計的一種 AAL 層次（AAL5）。

simple data type（簡易型資料類型）：一種最小無法分割的 SMI 資料型態，其他資料型態可基於此而建構出來。

Simple Mail Transfer Protocol, SMTP（簡易郵件傳輸通訊協定）：定義 Internet 上電子郵件服務的 TCP/IP 通訊協定。

Simple Network Management Protocol, SNMP（簡易網路管理通訊協定）：規範 Internet 上網路管理程序的 TCP/IP 通訊協定。

simplex mode（單工模式）：一種傳輸模式，通訊只有單一方向。

site local address（地點區域位址）：一種 IPv6 位址，當某個地點擁有數個使用 Internet 通訊協定的網路，但是因為安全考量而不連到 Internet 時使用。

slash notation（斜線表示法）：一種簡便的表示法，用以表示遮罩內 1 的個數。

sliding window protocol（滑動窗口通訊協定）：一個通訊協定允許數個資料單元在接收到一個回應之前被送出。

slow convergence（慢慢收斂）：RIP 的一項缺點，當網路某處有所改變時，此訊息傳播到其他地方的速率相當慢。

slow start（慢慢開始）：一種壅塞控制方法，一開始時，壅塞窗口的大小以指數方式增加。

socket address（插座位址）：一個資料結構，含有一個 IP 位址及一個埠號。

sorcerer's apprentice bug（魔法師學徒錯誤）：一種 TFTP 的問題，發生在一個封包因為延遲而重送，結果造成之後的每一個區塊被送兩次，回應也收到兩次。

source address（來源位址）：訊息傳送者的位址。

source quench（來源端放慢）：一種方法使用在 ICMP 作流量控制用，因為壅塞的原因，來源端被要求放慢或停止資料包的傳送。

source routing（來源端路徑選擇）：由封包的傳送端事先定義封包傳送的路徑。

source-based tree（來源基礎樹）：在群播路由協定中，為了達到群播傳送所使用的一棵樹，對每一對來源端與群組都要做一棵樹。

source-to-destination delivery（來源端到目的端的傳遞）：訊息從原始的傳送者到預期的接收者之間的傳輸。

spanning tree（擴展樹）：一種樹，以來源端當樹的根，群組當樹的葉，此樹包含所有的節點。

spatial compression（空間上的壓縮）：藉由去除圖片中多餘的資訊來達到圖片壓縮的效果。

specific host on this network（特定主機在此網路上）：一種特殊的網路位址，所有 Netid 為 0，而 Hostid 則特定且明確。

split horizon（水平分割）：一種提升 RIP 穩定度的方法，路由器選擇適當介面以送出更新訊息。

spread spectrum（展頻）：一種無線傳輸技術，所需的頻寬為原來頻寬的好幾倍。

standard（標準）：一種大家所同意的準則或模型。

star topology（星狀拓樸）：一種網路連接拓樸，所有的站台都連到一個中央裝置（集線器）。

state transition diagram（狀態轉換圖）：有限狀態機之各狀態的轉換說明圖。

static configuration protocol（靜態組態通訊協定）：一種如 BOOTP 的通訊協定，其實體位址與 IP 位址的連結為靜態，固定在一表格內直到網管者改變。

static document（靜態文件）：在 WWW 上，一種內容固定的文件，由伺服器所建立並儲存。

static mapping（靜態對應）：一種提供位址解析的技術，由人工的方式將邏輯位址與實體位址之間的對應關係建立成冊，供位址轉換使用。

static routing（靜態繞送）：一種路徑選擇的方式，其路由表保持不變。

static-routing table（靜態路由表）：靜態路徑選擇時所使用的路由表，通常以人工方式更新。

stationary host（靜止主機）：持續地連接在固定單一網路上的主機。

stop-and-wait protocol（暫停並等待通訊協定）：一種錯誤控制通訊協定，傳送一個訊息之後暫停並等待回應。

Stream Control Transmission Protocol, SCTP（串流控制傳輸通訊協定）：為了網路電話及相關應用而設計的一種新的傳輸層通訊協定。

Stream Identifier, SI（串流識別碼）：在多重資料串流的通訊協定中，例如 SCTP，某一條串流的身分識別碼。

Stream Sequence Number, SSN（串流序號）：在 SCTP 中，某一條串流中的某個資料區塊的序號。

stream mode（串流模式）：一種 FTP 傳輸模式，資料以位元組串流的方式來傳遞。

Structure of Management Information, SMI（管理資訊結構）：在 SNMP 中，用在網路管理的成員之一。

structured data type（結構型資料類型）：一種 SMI 資料類型，由簡單型資料類型組成。

stub link（根形鏈結）：只連接到一台路由器的網路。

subdomain（子網域）：DNS 網域的一部分。

subnet address（子網路位址）：子網路的網路位址。

subnet mask（子網路遮罩）：子網路所使用的遮罩。

subnetting（子網路化）：將一網路分成數個較小的單元。

subnetwork（子網路）：一個網路的一部分。

suboption negotiation（子選項商議）：在 TELNET 中，用戶與伺服間決定使用哪個子選項的動作。

suffix（後置位元、後置字元）：對網路而言，意指位址的可變部分如 Hostid；在 DNS 中，則為使用單位用來定義主機或資源的字串。

supernet（超網路）：一種網路由二個或多個較小的網路形成。

supernet mask（超網路遮罩）：超網路所使用的遮罩。

supernetting（超網路化）：將數個等級 C 的網路結合成更大的網路。

switch（交換器）：一種裝置將數條通訊線路連在一起。

switching fabric（交換結構）：在路由器中的封包交換技術，將輸入封包傳送到輸出封包。

switched Ethernet（交換式乙太網路）：使用交換器取代集線器的乙太網路，封包可以直接傳輸到目的地。

Switched Virtual Circuit, SVC（交換式虛擬線路）：一種虛擬線路傳輸方法，虛擬線路只在資料交換時存在。

Symmetric Digital Subscriber Line, SDSL（對稱式數位用戶線路）：一種 DSL 技術，類似 HDSL，但只使用單一對的雙絞線電纜。

symmetric-key cryptography（對稱金鑰密碼系統）：一種密碼器，其加密和解密所使用的金鑰是相同的，所以又被稱為祕密金鑰密碼系統。

synchronization point（同步點）：在會議層中，介入到資料的參考點，用來做流量及錯誤控制。

Synchronous Digital Hierarchy, SDH（同步數位階層）：在 ITU-T 裡與 SONET 相當的標準。

Synchronous Optical Network, SONET（同步光纖網路）：ANSI 所制訂的光纖科技標準，做為高速資料傳輸之用，可以用來傳遞文字、音訊及影像。

Synchronous Transport Module, STM（同步傳輸模組）：SDH 的一種訊號。

Synchronous Transport Signal, STS（同步傳輸訊號）：SONET 的一種訊號。

syntax（語法）：資料的格式或結構，以及資料出現順序的意義。

T

T-line（T 線路）：一種數位線路的階層，被設計用來以數位的方式攜帶語音及其他訊號，階層的部分定義了 T-1 和 T-3 線路。

tag（標籤）：一種格式化的指令，嵌入在 HTML 的文件內。在 SCTP 中，則為一個會議的識別碼。

TCP timer（TCP 計時器）：TCP 所使用的計時器以處理重送、窗口大小為 0 之通告、長期閒置的連線與連線結束。

TCP/IP protocol suite（TCP/IP 通訊協定組）：使用在一個互連網路上的一組階層式通訊協定。

teleconferencing（電訊會議）：遠端使用者之間的音訊及視訊通訊。

temporal compression（時間上的壓縮）：一種 MPEG 的壓縮方法，藉由去除多餘的訊框來達到壓縮的效果。

Terminal Network, TELNET（終端機網路）：一種一般用途的用戶／伺服程式，允許遠端登入。

This host on this network（此主機在此網路上）：一個特殊位址，其 Netid 與 Hostid 全部為 0，使用在一主機開機不知道自己的 IP 位址時。

three-way handshake（三向交握）：一系列的事件用來做連線建立、或終結要求之回應、及回應之確認。

Time To Live, TTL（存活時間）：封包在網路中漫遊的時限，封包超過這個時限時如果未到達目的地，此封包就被丟棄。

time-sharing（分時共享）：很多使用者一起分享一台大型電腦的資源。

TIME-WAIT Timer（等候結束計時器）：一個 TCP 計時器，用在連線結束時允許遲來的封包可以安全抵達。

timing（時序）：指資料何時送與可以送多快。

topology（拓樸）：網路的結構，包括實體裝置的安排。

trailer（尾端資訊）：加在資料單元後面的控制資訊。

transient link（暫態鏈結）：有好幾個路由器接到的網路。

translation（轉換）：將一種編碼或通訊協定改成另一種。

translation table（轉換表）：NAT 路由器所使用的表格，用來解決以一個外部位址使用私有位址的問題。

translator（轉碼器）：一台電腦可以將高頻寬影像訊號轉成較低影像品質之低頻寬訊號。

Transmission Control Protocol, TCP（傳輸控制通訊協定）：TCP/IP 通訊協定組的傳輸層。

Transmission Control Protocol/Internetworking Protocol, TCP/IP：一種五層的通訊協定組，定義在網際網路上的資料傳輸。

Transmission Sequence Number, TSN（傳輸序號）：在 SCTP 中，每一個區塊的序號。

transparency（通透性）：指具備能夠送出任何位元組合的資料，而不會被誤認為是控制位元的能力。

transport layer（傳輸層）：OSI 分層模型與 TCP/IP 通訊協定組中的第四層。

Transport Layer Security, TLS（傳輸層安全通訊協定）：使用在傳輸層的一種安全通訊協定，被設計用來提供 WWW 上的安全。

transport mode（傳輸模式）：一種加密的模式，一個 TCP 區段或 UDP 資料包先被加密，然後封裝在 IPv6 的封包內。

transpositional cipher（換位密碼器）：一種加解密的方法，明文中的字元保持原來的符號，但藉著改變位置來產生密文。

tree（樹）：一種階層式的資料結構，每個樹的節點有一個母節點，可以沒有子節點或有數個子節點。

triangle routing（三角繞路）：一種效率不好的繞送狀況，當一台遠端主機要傳送封包給行動主機時，封包從遠端主機傳送到本地代理器，然後才轉送到行動主機。

triggered update process（觸發性更新程序）：一個 RIP 用來補救不穩定現象的特性，在改變後即刻送出更新。

Trivial File Transfer Protocol, TFTP（簡易檔案傳輸通訊協定）：一種非可靠性的 TCP/IP 通訊協定，用來傳送檔案，用戶及伺服端不需要複雜的訊息交換。

tunnel mode（隧道模式）：一種加密的模式，整個 IP 資料包連同基本標頭與延伸標頭一起被加密，然後使用 ESP 延伸標頭封裝成一個新的 IP 封包。

tunneling（隧道化）：以群播而言，指將一個群播封包以單點傳播封包送出的做法；以 VPN 而言，指封裝一個已加密的 IP 資料包為另一個資料包；對 IPv6 而言，是一種策略用在兩台 IPv6 的電腦要通訊，但是封包必須通過一個 IPv4 的地區時。

Type Of Service, TOS（服務類別）：一數值設定資料包之處理方式。

U

unattended data traffic（非現場等待資料的運輸）：指使用者不是在現場等待資料的傳輸。

unicast address（單點傳播位址）：只定義一個單一目的地的位址。

unicast message（單點傳播訊息）：只傳送給單一目的地的訊息。

unicasting（單點傳播）：只將封包傳送到單一目的地的動作。

Uniform Resource Locator, URL（全球資訊定位器）：用來識別在 WWW 上某個網頁的一串字元（位址）。

unsolicited response（主動提供之回應訊息）：一個週期性傳送的 RIP 回應，每 30 秒送出含有整個路由表的資訊。

unspecified address（未指定位址）：全部為 0 的 IPv6 位址。

update binding packet（更新連結封包）：一封包用來連結轉交位址與行動主機的本地位址。

urgent data（緊急資料）：在 TCP/IP 中需要盡可能地快速送到應用程式的資料。

urgent pointer（緊急指標）：一個指標，指向緊急資料與普通資料之間的邊界。

user agent, UA（使用者代理器）：SMTP 中的一個模組，用以準備訊息、建立信封，以及將訊息放到信封裡。

user datagram（使用者資料包）：UDP 通訊協定的封包名稱。

User Datagram Protocol, UDP（使用者資料包通訊協定）：一種非預接式的 TCP/IP 傳輸層通訊協定。

User-to-Network Interface, UNI（使用者對網路介面）：指介於使用者與 ATM 網路之間的介面。

user support layers（使用者支援層）：即 OSI 分層模型中的會議層、表達層及應用層。

V

variable-length subnetting（可變長度子網路化）：使用不同的遮罩來安排一條網路上的各個子網路。

verification tag（驗證標籤）：這個標籤用來定義 SCTP 中某個關聯。

Very high bit rate Digital Subscriber Line, VDSL（極高速數位用戶線路）：一種短距離用的 DSL 技術。

videotext（電傳視訊）：互動式存取遠端資料庫的程序。

Virtual Channel Identifier, VCI(虛擬通道識別碼)：ATM資料胞標頭中的一個欄位，用來定義一個通道。

Virtual Circuit, VC（虛擬線路）：一種建立在傳送端電腦與接收端電腦之間的邏輯線路，在雙方電腦交握後建立連線，之後所有封包以相同路徑依序到達接收端。

virtual connection identifier（虛擬連線識別碼）：一個 VCI 或是 VPI。

virtual link（虛擬鏈結）：在兩台路由器之間的一種 OSPF 連線，在實際鏈結壞掉後建立此鏈結。

Virtual Path Identifier, VPI（虛擬路徑識別碼）：ATM 資料胞標頭中的一個欄位，用來識別一條路徑。

Virtual Private Network, VPN（虛擬私有網路）：一種私有網路建立的技術，將實體為公用的網路虛擬成私有網路。

voice over IP, VoIP：將 Internet 當成是電話網路的一種技術。

W

warning packet（警告封包）：一個由本地代理器所送出的封包，用來告知遠端主機說行動主機已經走開了。

Web（全球資訊網）：即 WWW。

well-known attribute（公認屬性）：路徑資訊，每台 BGP 路由器都必須知道。

well-known port（公認埠）：一種埠號，用來辨識伺服器上的一個程序。

wide area network, WAN（廣域網路）：一種網路，使用的科技可以讓網路涵蓋很大的區域。

window scale factor（窗口調整係數）：一個係數用來增加窗口大小。

wireless transmission（無線傳輸）：使用非導引式介質通訊。

working group（工作群）：IETF 的委員會，專注 Internet 的相關議題。

World Wide Web, WWW（全球資訊網）：一種多媒體網際網路服務，提供使用者在網際網路上存取文件，藉由文件的連結而達成。

X

X.25：一個 ITU-T 的通訊協定，定義資料終端裝置與一封包交換網路之間的介面。

Z

zone（地區）：在 DNS 中，一台伺服器所負責或管轄的範圍。

索引

Index